GRUNDRISS DER
MIKROBIOLOGIE

VON

DR. AUGUST RIPPEL-BALDES

O. PROFESSOR AN DER UNIVERSITÄT GÖTTINGEN

DRITTE AUFLAGE

MIT 160 ABBILDUNGEN

SPRINGER-VERLAG BERLIN HEIDELBERG GMBH

ISBN 978-3-662-01455-4   ISBN 978-3-662-01454-7 (eBook)
DOI 10.1007/978-3-662-01454-7

BRÜHLSCHE UNIVERSITÄTSDRUCKEREI GIESSEN

Vorwort zur dritten Auflage.

Gegenüber der zweiten Auflage wurden alle wesentlichen neuesten Ergebnisse berücksichtigt, die Abbildungen um 7 vermehrt, einige, namentlich elektronenoptische, durch modernere ersetzt. Durch Textkürzungen war es möglich, den Umfang dabei nur um 12 Seiten zu erhöhen. Von einer stärkeren Berücksichtigung der Algen und Protozoen abgesehen, ist im übrigen die vorherige Durchführung beibehalten worden, ebenso die Absicht, unter Verzicht auf die Anführung zu vieler Einzelheiten einen Rahmen des allgemeinen Wissens über das Gebiet zu schaffen. Dabei wurde besonderer Wert darauf gelegt, die biologischen Zusammenhänge herauszuarbeiten.

Man kann verschiedener Meinung darüber sein, wie das Gebiet der Mikrobiologie abgegrenzt werden sollte. Gegenwärtig scheinen dem Verf. Zweckmäßigkeitsgründe ausschlaggebend zu sein, d. h. die Ergänzung dessen, was schon, insbesondere in der Botanik, bisher gelehrt wurde und unter Berücksichtigung eines heterogenen Hörerkreises, der sich aus Naturwissenschaftlern, Chemikern und Landwirten zusammensetzt. In über 30 Jahren hat sich diese Unterrichtsmethode in Göttingen auf das beste bewährt. Der Verf. ist davon überzeugt, daß die stürmische Aufwärtsentwicklung des Wissensgebietes und des mikrobiologischen Unterrichtes bald die Wege finden wird, die eine einheitliche Umgrenzung schaffen werden.

Eine Liste der zusammenfassenden selbständigen Literatur sowie der wichtigsten Periodika ist am Schluß des Buches gegeben. Hier und auch hin und wieder im Text ist bewußt auch ältere Literatur zitiert; das Tempo unserer Zeit läßt oft vergessen, daß vieles auch schon früher bekannt war. Im übrigen sind die Literaturstellen keine Vollbelege, sondern nur Hinweise, die weiter helfen sollen.

Den Mitarbeitern meines Institutes, den Herren Dr. PFENNIG, Dr. RADLER, Dr. SCHÖNBORN, Dr. JANNASCH sowie cand. rer. nat. CLAUS und MENNIGMANN danke ich für manche Unterstützung, einschl. der Korrektur, dem Verlag für das verständnisvolle Eingehen auf meine Wünsche.

Göttingen, im Juli 1955.

August Rippel-Baldes.

Inhaltsverzeichnis.

Inhaltsverzeichnis. V

Abkürzungen: *Asp.* = *Aspergillus*
Bac. = *Bacillus*
Bact. = *Bacterium*
Pen. = *Penicillium*
Ps. = *Pseudomonas*

Allgemeines.

Umgrenzung des Gebietes.

Die Mikrobiologie ist der dritte und jüngste Zweig der Gesamt-
biologie neben Botanik und Zoologie. Ihr Gebiet ist eindeutig gekennzeichnet durch ihre Stellung im Stoffumsatz in der Natur: Die
farblosen Mikroorganismen sind die notwendigen Vermittler der Nahrung
— mittelbar oder unmittelbar — für *Pflanze* und *Tier* und, sofern noch
die photosynthetisch arbeitenden *Algen* betrachtet werden, auch des
Aufbaues der organischen Substanz im Lebensraum der Gewässer, denen
wiederum der feste Boden als Domäne der aufbauenden, höheren
Pflanzen gegenübersteht. Die Aufgabe der Mikrobiologie ist demnach die
Erfassung des gesamten biologischen Lebensraumes, in dem sie diese
Tätigkeit entfalten, einschließlich der mannigfachen Anwendungs-
gebiete, also der Beziehungen zwischen Mensch und Organismen. Wir
verwenden dabei den Begriff „*Mikroorganismen*" lediglich im Hinblick
auf selbständige Organismen, unbeschadet der Tatsache, daß auch die
Kenntnis der kleinsten Bestandteile jeder lebenden Zelle bzw. jedes
Lebewesens in übergeordnetem Sinne als Mikrobiologie bezeichnet
werden kann.

Es ist müßig, darüber zu streiten, ob die Mikrobiologie nur ein Teil
anderer Wissensgebiete sei, der Botanik (wenn man von dem Gesichtspunkt der Zugehörigkeit der Organismen ausginge) oder etwa der Landwirtschaft bzw. Agrikulturchemie (wenn man die landwirtschaftliche
Bedeutung, namentlich der Vorgänge im Boden, besonders heraus-
stellen wollte) oder endlich der Enzymologie (wenn man die Biochemie
der Abbauvorgänge im Auge hätte). Tatsache ist, daß in keinem Falle
eine solche Zugehörigkeit die Besonderheiten des Gebietes gänzlich
erfassen und zu einer Gesamtschau vereinigen könnte.

Die Mikrobiologie wird sich nur als selbständiger Zweig der
Biologie fruchtbringend weiterentwickeln und nur in ihrer Selbständigkeit allen Anforderungen genügen können, was nicht der Fall sein kann,
wenn sie als Anhangsgebilde von vornherein in bestimmten Bahnen,
sei es theoretischer oder angewandter Art, festgelegt ist. In jenem Fall
liegt die Gefahr vor (ein Einblick in die Literatur zeigt dies zur Genüge),
daß nur theoretisch besonders interessante Einzelfragen untersucht
werden, die Mehrzahl der Vorgänge aber vor den dringlicher erschei-
nenden Aufgaben des eigentlichen Gebietes zurücktreten müssen; in
diesem Falle aber, daß die Theorie hinter der Anwendung zu kurz
kommt. Um einen Vergleich zu gebrauchen: Es genügt nicht, in jenem
Falle nur einige Prunkstücke des Gebäudes fertigzustellen und das ganze
Füllmaterial zu vernachlässigen, in diesem Falle, Füllmaterial herbei-
zuschaffen, ohne es zu einer Einheit zu verbinden. Diese Gefahr der

Einseitigkeit zeigt sich mit aller Deutlichkeit bei der Betrachtung verschiedener, angewandter Gebiete, die vielfach ohne wesentlichen Zusammenhang mit den allgemeinen mikrobiologischen Fragen arbeiten.

Die allgemeine Mikrobiologie gibt nun im allgemeinen Rahmen des lebenden Geschehens das Grundsätzliche, das seinerseits in mannigfacher Weise auf die Bedürfnisse der Menschen angewendet wird. Es handelt sich dabei um ausgedehnte Gebiete angewandter Biologie, die sich mit teils für den Menschen nützlichen, teils für ihn schädlichen Vorgängen befassen: in der Landwirtschaft, einschließlich der Milchwirtschaft, den Gärungsgewerben, den mannigfachen industriell ausgebeuteten Vorgängen, der Haltbarmachung organischer Stoffe, der Bekämpfung von Tier- und Pflanzenkrankheiten. Später wird dargestellt werden, daß der Mensch dabei völlig im Rahmen der im allgemeinen biologischen Geschehen sich abspielenden Vorgänge bleibt, jedoch zur bewußten Ausbeutung fortgeschritten ist.

Hier ist noch ein Wort über die Abgrenzung der in Frage kommenden Mikroorganismen zu sagen. Es handelt sich im wesentlichen um *Bakterien* und *Pilze* nebst einer Reihe von anderen mehr oder weniger eng zu diesen gehörigen Gruppen, einzellige *Algen* und *Protozoen*[1]. Sehen wir zunächst von den Algen ab, so handelt es sich also in der Hauptsache um die heterotroph arbeitenden Mikroorganismen. Daß eine solche Abgrenzung in vieler Hinsicht willkürlich erscheinen muß und man Gefahr laufen könnte, organische Zusammenhänge zu zerreißen, liegt auf der Hand. Aber heute hat kein Wissenszweig mehr die starre Abgrenzung, die man ihm früher zusprach. Der theoretische Vererbungsforscher z. B. wird als Zoologe immer auch Beispiele aus der Botanik heranziehen müssen und umgekehrt. Und die Humanphysiologie und Pflanzenphysiologie werden nicht umhinkommen, Kohlenhydrat- und Stickstoffumsetzungen theoretisch in gleicher Weise (vornehmlich auch in energetischer Hinsicht) grundsätzlich zu behandeln und daran erst die Anwendung auf ihr besonderes Gebiet anzuschließen. Bei diesen engen Beziehungen zwischen einzelnen Wissenschaftsgebieten spielen eben für die Abgrenzung Zweckmäßigkeitsgründe eine wesentliche Rolle.

Es ist also durchaus nicht nötig, ein Gebiet streng nach Organismen abzugrenzen; entscheidend ist allein der leitende Gesichtspunkt biologischer Natur, der hier bei der Mikrobiologie, wie schon hervorgehoben, die Mittlerrolle im Stoffumsatz der Natur ist. Daß nicht eine Beschränkung auf die *Bakterien* erfolgen kann, sondern auch die *Pilze* eingehend herangezogen werden müssen, ist klar. Denn ohne Darstellung z. B. der an der *Hefe* gewonnenen Vorstellungen über den Zuckerabbau wird man die Auseinandersetzung über den Betriebsstoffwechsel nicht fruchtbringend gestalten können. Auch für das Vorkommen und das Zusammenleben der Mikroorganismen untereinander und mit höheren Organismen in der Natur ist eine Trennung von *Bakterien* und *Pilzen* unmöglich. Mikrobiologie und Bakteriologie gleichzusetzen geht nicht an.

---

[1] Das Gesamtgebiet wird durch den Begriff „*Protophyten*" (von E. HAECKEL geprägt) umfaßt: SCHUSSNIG, BR.: Handbuch der Protophytenkunde. Jena: G. Fischer 1953.

Andererseits werden in einer kurzen Darstellung rein systematische, morphologische, entwicklungsgeschichtliche, genetische und phylogenetische Fragen bei *Pilzen*, *Algen* und *Protozoen* zurücktreten müssen und können, weil eine eingehende Darstellung einfach den gesteckten Rahmen sprengen würde; und hier engt sich, wenigstens für die vorliegenden Zwecke und auf den erwähnten Teilgebieten, die Grenze zwischen Mikrobiologie und Bakteriologie stärker zugunsten der reinen Bakteriologie ein, die stärker einer solchen Ergänzung bedarf, als dies bei den viel häufiger und eingehender behandelten Pilzen und Algen der Fall ist, auf die deshalb im folgenden in dieser Hinsicht nur so weit eingegangen ist, wie es für die Charakterisierung der aus besonderen Gründen erwähnten Formen nützlich erscheint.

Eine solche Einstellung ergibt sich so zwanglos, wie man es eben erwarten kann, aus der Definition der Mikrobiologie vom Gesichtspunkt der Stellung der heterotrophen Mikroorganismen im Stoffumsatz der Natur. Wie im Einzelorganismus Enzyme und ihre Hilfsstoffe das Getriebe des Lebens aufrechterhalten, so die farblosen Mikroorganismen die Gesamttätigkeit der Organismenwelt. Man könnte diese Seite der Mikrobiologie geradezu als Zymologie der Gesamtheit der Lebensvorgänge bezeichnen. Allein durch diese Tatsache verliert die Mikrobiologie aber auch den Charakter eines engen Spezialfaches, den man ihr vielleicht hin und wieder zubilligen möchte, und wird zum unentbehrlichen Faktor in der Ganzheitsbetrachtung der Natur.

Geschichtliches.

Bei den oft sehr sinnfälligen Äußerungen der Lebenstätigkeit der Mikroorganismen konnte es nicht ausbleiben, daß der Mensch, auch ohne tiefere Kenntnis zu besitzen, gewisse Vorgänge beobachten und ausbeuten lernte, welche die Wirkung dieser Tätigkeit sind. Die ersten Anfänge waren offenbar der Genuß von Pflanzenaufgüssen[1], die durch *Milchsäurebakterien* und alkoholbildende *Hefen* in Gärung gerieten. So gibt es wohl kaum eine noch so primitive Völkerschaft, die nicht die Bereitung irgendeines milchsauren oder alkoholischen Getränkes verstünde, zumal auch in der Natur solche spontanen Gärungen zu beobachten waren, wie beim Blutungssaft von Bäumen usw. Auch die Verwendung von Sauerteig beim Brotbacken und die Herstellung von Sauermilch und Käse sind uralt. Die bodenverbessernde Wirkung der *Leguminosen* war schon den Römern (früheste Angabe bei CATO MAIOR)[2] bekannt, die natürlich solche Wirkungen nicht auf ihre tatsächlichen Ursachen zurückführen konnten. Ein anderer ihrer landwirtschaftlichen Schriftsteller, VARRO, vermutete ferner, daß Krankheiten der Menschen durch kleine, unsichtbare Lebewesen verursacht würden, die durch die Atmungswege in den Körper gelangten. Die malariaverseuchten Gegenden Italiens gaben hierzu ein ständiges Beobachtungsmaterial, wenn auch die Ansteckung in diesem Falle anders verläuft.

---

[1] MAURIZIO, A.: Die Geschichte unserer Pflanzennahrung. Berlin: P. Parey 1927.
[2] Vgl. A. WEISSE: Angew. Bot. **6**, 313 (1924).

1*

Den ersten Fortschritt brachte die Erfindung des Mikroskops. KIRCHER soll im 17. Jahrhundert zuerst Bakterien gesehen haben. Die erste Abbildung gab ANTONIE VAN LEEUWENHOEK (1683) bereits von allen drei Grundformen der Bakterien (Kokken, Stäbchen, Spirillen); auch die Bewegung sah er und deutete sie bildlich an. Die noch heute gebräuchlichen Namen *Bacillus*, *Spirillum*, *Vibrio* führte FRIEDRICH MÜLLER 1786 ein. Zahlreiche Mikroorganismen wurden dann von dem eifrigen Forscher der mikroskopischen Lebewelt, EHRENBERG, beschrieben. Endlich gab COHN 1870 der engeren Gruppe den Namen Bakterien.

Man untersuchte früher insbesondere faulende Flüssigkeiten, vor allem sog. Infuse, Aufgüsse von Wasser auf organischem Material, ein Parallelfall zu der oben erwähnten Herstellung von Nahrungsaufgüssen. Die völlige Unkenntnis über die Herkunft der beobachteten Organismen führte zur Annahme der Urzeugung, des Entstehens lebender Organismen aus faulendem, totem, organischem Material. Obwohl z. B. bereits Ende des 18. Jahrhunderts SPALLANZANI die abtötende Wirkung höherer Temperatur auf die Entwicklung von Mikroorganismen und das Ausbleiben der Entwicklung bei verhinderter Infektion gezeigt hatte, wurde das immer wieder auftauchende Märchen von der Urzeugung erst 1862 durch LOUIS PASTEUR endgültig zerstört, der einwandfrei zeigte, daß die verschiedenen Gärungserscheinungen auf die Wirkung von Mikroorganismen zurückzuführen sind. JUSTUS VON LIEBIG, sein großer Gegner, beurteilte damals jedoch die Rolle der Mikroorganismen ganz anders; er hielt, wie schon viele vor ihm, die *Hefe* bei der alkoholischen Gärung für durchaus nebensächlich und glaubte, daß die Zuckerspaltung durch katalytisch wirkende, faulende, organische Stoffe bewirkt werde. PASTEURs grundlegende Entdeckung war dadurch möglich, daß es ihm gelang, die betreffenden Mikroorganismen künstlich fortzuzüchten. Diese Kulturmöglichkeit, durch ROBERT KOCH erfolgreich ausgebaut, brachte ungeahnte Fortschritte.

Eine weitere Etappe bedeutete BUCHNERs Entdeckung 1897: Während bisher eine Durchführung der Alkoholgärung nur mit lebender *Hefe* gelungen war, zeigte er, daß man das betreffende Agens, das Enzym (genauer eine Vielzahl von Enzymen), durch Zerreiben der Hefezellen mit Quarzsand aus dem Zellinnern gewinnen und unabhängig von der eigentlichen Lebenstätigkeit der Zelle zur Wirkung bringen kann. Man mag darin eine Annäherung an LIEBIGs Vorstellung sehen, nur daß allerdings der lebende Organismus als Produzent des Enzyms vorhanden sein muß. Später gelang die Darstellung der reinen Enzymwirkungen noch auf andere Weise, und deren Studium brachte weitere bahnbrechende Erkenntnisse.

Die Entdeckung der organischen Hilfsstoffe (Vitamine, Hormone) und ihrer Wirkungen bei den Stoffwechselabläufen schuf neue Erkenntnismöglichkeiten. Andere Forscher rollten die Probleme mehr nach der chemischen Seite auf oder machten uns, wie HELLRIEGEL, BEIJERINCK, WINOGRADSKY und andere, mit einer Fülle von biologischen und physiologischen Einzelheiten bekannt. Dazu gesellt sich in neuester Zeit der Ausbau der Isotopentechnik und der gewaltige Aufschwung der Genetik, die gerade an Mikroorganismen äußerst dankbare Objekte fand. Man darf wohl sagen, daß damit die Mikrobiologie zur Zeit in den Mittelpunkt der biologischen Forschung überhaupt gerückt ist. Nicht vergessen werden darf die Weiterentwicklung der mikroskopischen Technik, vom gewöhnlichen Mikroskop über das Ultramikroskop bis zum modernsten Elektronenmikroskop. So ebnete sich der Weg, der zum erfolgreichen Studium der Mikroorganismen und der durch sie bewirkten Umsetzungen führen konnte und noch weiter führen wird.

Der wissenschaftlichen Erkenntnis folgte die praktische Auswertung, wobei nicht vergessen werden darf, daß zuerst, wie es bei den meisten Wissenschaftszweigen der Fall war, praktische Ziele die wissenschaftliche Erkenntnis einleiteten, aber andererseits nur durch die rein wissenschaftliche Behandlung weiterer Fortschritt möglich war. In der Medizin wurden die mannigfachsten Methoden zur Bekämpfung der Parasiten entwickelt, nachdem man diese erkannt und zu züchten gelernt hatte, eine Entwicklung, die mit der Entdeckung der antibiotischen Wirkung vieler Mikroorganismen (Penicillin, FLEMING 1929) in eine neue bedeutsame Phase trat. Im Gärungsgewerbe, der Milch- und Käsemikrobiologie, der industriellen Anwendung lernte man mit Reinkulturen und Auslesen geeigneter Rassen arbeiten; die Landwirtschaft zog aus der Kenntnis der Knöllchenbakteriensymbiose und der Humusfrage den größten Nutzen, die Pflanzenpathologie führte zu erfolgreichen Bekämpfungsmaßnahmen und zur Züchtung widerstandsfähiger Sorten der Kulturformen, und gleichen Schritt hielt die Bändigung der Mikroorganismen auf allen sonstigen angewandten Gebieten.

Kultur und Erkennungsverfahren.

Bei der Kultivierung der Mikroorganismen kam es, abgesehen von der Kulturmöglichkeit selbst, darauf an, eine Reinkultur zu erhalten, also eine Kultur, in der nur der gewünschte Organismus vorhanden ist. In einer beliebigen gärenden Flüssigkeit hat man eine Rohkultur, in der gegebenenfalls durch Schaffen der für den gewünschten Organismus günstigen Bedingungen, insbesondere also der Ernährungsverhältnisse, dieser angereichert ist: Elektiv-, Anreicherungs- oder Anhäufungskultur. Vorbedingung zur Herstellung der Reinkultur war zunächst, die Kulturflüssigkeit keimfrei zu machen und keimfrei zu halten (S. 143ff.).

BREFELD, bei Kulturen von *Pilzen*, und HANSEN, bei *Hefen*, benutzten das Verdünnungsverfahren: Aus der Rohkultur bringt man eine kleine Menge in einen Kolben mit neuer Nährlösung, von dieser wieder etwas in einen dritten ebensolchen Kolben usw. Nach entsprechender Verdünnung wird der durch Ausprobieren festzustellende Fall eintreten, daß etwa in 2 cm³ Flüssigkeit, die man weiterimpft, nur eine Zelle vorhanden ist. Impft man nun davon 10 Kolben mit je 1 cm³, so wird in 5 Kolben Wachstum und Gärung eintreten, während die 5 anderen steril bleiben. Man kann dann mit einiger Wahrscheinlichkeit annehmen, daß man in den 5 infizierten Kolben 5 Reinkulturen gewonnen hat, falls die Gärungserscheinungen denen entsprechen, deren Erreger man isolieren will. Diese Methode kommt auch sinngemäß zur Zählung von Mikroorganismen in Betracht, wenn andere versagen oder unvollständig bleiben (S. 259), und kann sich hin und wieder auch als Reinkulturmethode überlegen zeigen, wie bei *Nitrifikanten*, wenn die folgend beschriebenen Methoden aus gewissen Gründen ergebnislos bleiben[1]. Oder aber man kann von entsprechenden Verdünnungen Tröpfchenkulturen anlegen, die nach mikroskopischer Kontrolle nur 1 Zelle enthalten.

Allerdings kann dieses Verfahren in den meisten Fällen keine völlige Sicherheit hinsichtlich der Gewinnung einer Reinkultur bieten, da es sich nur bei größeren Objekten (*Hefen*, Sporen von *Pilzen*) anwenden läßt, nicht aber bei den nicht eindeutig erkennbaren *Bakterien*, bei denen es zudem unmöglich ist, in einer Mischung zweier morphologisch gleichartig aussehender, physiologisch aber abweichender Formen die beiden verschiedenen auseinanderzuhalten oder auch ein nur in geringer Zahl vorhandenes Bakterium zu fassen. Einen wesentlichen Fortschritt brachte die Einführung fester Nährböden durch ROBERT KOCH 1876 in Form von Gelatine.

Man bringt in die sterilisierte, noch warme und dann flüssige Gelatine (10—15%) ein wenig aus der entsprechend verdünnten Rohkultur und verteilt die Zellen durch Schütteln. Dann gießt man die Gelatine in eine Petrischale aus, die Gelatine erstarrt beim Abkühlen, und überall da, wo eine Zelle fixiert ist, tritt Wachstum und Vermehrung ein: Es bilden sich makroskopisch sichtbare Kolonien (Abb. 106, S. 278), von denen man zur weiteren Kultur abimpfen kann.

Die aus Knochenleim hergestellte Gelatine besteht aus Eiweißverbindungen, die für viele Mikroorganismen nicht angreifbar sind, wohl aber unter Verflüssigung (S. 242) für gewisse *eiweißzersetzende Bakterien*. Verflüssigung tritt auch bei höherer Temperatur oder bei saurer Reaktion ein. Infolge dieses Nachteils verwendet man das im übrigen ebenso zu behandelnde, nur für wenige Bakterien unter Verflüssigung angreifbare (S. 117) Agar-Agar (1—2%), das[2] aus Schwefelsäureestern hemicelluloseartiger Stoffe[3] besteht und aus *Rotalgen* der asiatischen Küste gewonnen wird; es ist nahezu stickstofffrei. Bei beiden Gallerten müssen natürlich die notwendigen Nahrungsbestandteile (Salze und organische Stoffe, je nach den Bedürfnissen des Organismus) zugesetzt werden. Als feste Gallerte ohne organischen Bestandteil verwendet man Kieselsäuregallerte (z. B. für *autotrophe Bakterien*), bei der man allerdings nicht in der gleichen Weise Platten gießen kann. Versuche, das Agar-Agar durch andere natürliche Gallerten, wie Pectin, oder durch synthetisch hergestellte, wie Polyvinylalkohol usw., zu ersetzen, haben bisher zu keinem befriedigenden Ergebnis geführt.

Teilweise mit gutem Erfolg hat man auch die Unterdrückung von Begleitorganismen durch Antibiotica zur Gewinnung von Reinkulturen herangezogen; selbst die Sterilisierung des Tierdarmes (z. B. beim *Blutegel*[4]) konnte auf solche Weise erzielt werden. Die Weiterführung der

---

[1] ENGEL, H., u. W. SKALLAU: Zbl. Bakter. II **97**, 305 (1937).

[2] Ältere Form „das", in neuerer Zeit vielfach auch „der" Agar.

[3] JONES, W. G. M., u. S. PEAT: J. Chem. Soc. (London) **1942**, 225.

[4] BÜSING, K.-H., u. Mitarb.: Arch. Mikrobiol. **19**, 52 (1953). — Weitere Beispiele: VAN WAGTENDONK, W. J., u. P. L. HACKETT: Proc. Nat. Acad. Sci. USA **35**, 155 (1949); *Paramaecien*. — ZIEGLER, H.: Arch. Mikrobiol. **16**, 363 (1951); *Orchideen*. — HEALD, P. A., u. Mitarb.: Nature (London) **169**, 1055 (1952); *Ciliaten* aus Pansen. — SPENCER, C. P.: J. Mar. Biol. Assoc. U. Kingd. **31**, 85 (1952); *marine Algen*.

gewonnenen Reinkulturen geschieht meist in Schrägröhrchen (Reagenzröhrchen mit schräg erstarrter Fläche) oder in Flüssigkeit (Milch, Bierwürze, Bouillon, Hefewasser, künstlich zusammengesetzten Nährlösungen, wie sie auch den Gallerten zugesetzt werden) oder auf Kartoffelstückchen, Möhrenscheiben, auf Erde, Cellulose, Holz usw., je nach dem Zweck, den man verfolgt, und je nach den Ansprüchen des Organismus. Doch läßt sich nur ein Teil der Mikroorganismen auf diese Weise kultivieren, während andere künstlich überhaupt noch nicht züchtbar sind oder noch andere Verfahren nötig machen, wie z. B. *parasitische Bakterien* vielfach nur in Körperflüssigkeiten oder auf bestimmten Organextrakten zu kultivieren sind. In rein synthetisch zusammengesetzten Nährlösungen ist gegebenenfalls ein Zusatz von Ergänzungsstoffen (Vitaminen, oft in Form von Extrakten von Naturstoffen gegeben) notwendig. Zur physiologischen Unterscheidung sind natürlich jeweils entsprechende Nährlösungen und Apparate (z. B. für die Untersuchung des Gasstoffwechsels) notwendig. Die bisher beschriebenen Verfahren sind im allgemeinen auch nur möglich bei aeroben (sauerstoffliebenden) Organismen, während anaerobe (sauerstoffscheue) andere Methoden verlangen (S. 171). Eine weitere Hilfe beim Studium der Mikroorganismen, insbesondere des Entwicklungsverlaufes, ist die Kultur im Hängetropfen: Ein sterilisiertes Deckglas mit einem Tröpfchen steriler Nährlösung oder einer dünnen Agar- oder Gelatineschicht liegt auf einem eine eingeschliffene Höhlung enthaltenden Objektträger, so daß die Entwicklung dauernd unter dem Mikroskop verfolgt werden kann, was bei den größeren Pilzen auch in Petrischalen-Kulturen möglich ist.

Die oben beschriebenen Verfahren der Plattenkultur oder der Verdünnung bieten zwar, bei genügender Sorgfalt und Kritik, die insbesondere notwendig sind, wo es sich um das Vorhandensein etwa eines sehr schwierig zu entfernenden „Begleitbakteriums" handelt, einigermaßen Gewähr dafür, daß man eine Reinkultur gewonnen hat, aber zum mindesten nicht dafür, daß man als Ausgangsmaterial eine einzige Zelle dieser Mikroorganismenart hatte, also eine Einzell-Kultur vorliegt, eine unerläßliche Vorbedingung für manche Fragen, insbesondere solche der Variabilität. Wenn zufällig eine Kultur aus zwei nebeneinanderliegenden Zellen der gleichen Mikroorganismenart entstanden ist und als Reinkultur verwendet wird, so kann sie zwar artenrein sein, aber doch aus zwei verschiedenen Rassen des Organismus bestehen. Bei geeigneten Kulturbedingungen kann die eine oder die andere Rasse stärker in Erscheinung treten, wodurch eine Variabilität vorgetäuscht würde. Man hätte es dann mit einer Population zu tun.

Zur Herstellung einer nur aus einer Zelle hervorgegangenen Kultur arbeitete BURRI das Tuschepunktverfahren aus: Auf einem Deckglas wird eine dünne Gelatine- oder Agarschicht angebracht, und darauf werden mit einer Stahlfeder feine Punkte aus einer Aufschwemmung von Bakterien in verdünnter Tusche gesetzt, in der die Bakterien als helle Gebilde inmitten der dunklen Grundmasse leicht zu sehen sind (Abb. 3, S. 18); es kann ein Tuschepunkt mit nur einer Zelle ausgewählt und nach dem Verfahren der Hängetropfenkultur von der sich daraus entwickelnden Kultur abgeimpft werden. Bei größeren Objekten, wie *Hefen* und Sporen von *Pilzen*, kann man auch in ähnlicher Weise, wie oben schon angedeutet, ohne Tusche einzelne Zellen leicht isolieren.

Weiterhin hat man den Mikromanipulator entwickelt, eine Apparatur, die gestattet, mit Hilfe von feinen Glascapillaren, die durch Schrauben oder Gleitvorrichtungen nach beliebiger Richtung bewegt werden können, unmittelbar unter dem Mikroskop eine einzige Zelle aus einer Aufschwemmung herauszusaugen und auf den gewünschten Nährboden zu übertragen. So erhält man also völlig eindeutig eine aus nur einer Zelle erwachsene Kultur. Aber auch dann ist die dauernde mikroskopische und kulturelle Überprüfung der Reinkultur unerläßlich. Es sind nämlich Fälle bekannt, in denen in der Schleimhülle einer Bakterienart kleinere Begleitbakterien hartnäckig festgehalten werden und weder mikroskopisch noch kulturell mit den gewöhnlichen Verfahren erkannt werden und unter geeigneten Bedingungen eine Variabilität vortäuschen können[1].

Das Mikroorganismenindividuum kann nur im Mikroskop erkannt werden. Jedoch ist die Leistungsfähigkeit des normalen Mikroskops nicht unbegrenzt, sondern hängt von der Wellenlänge des Lichtes ab. Ein Gegenstand, der kleiner ist als eine halbe Wellenlänge der betreffenden Lichtstrahlen, kann nicht mehr in seiner Form erkannt werden, da ein Bild nur entstehen kann, wenn Interferenz stattfindet, wenn Wellenberg und Wellental zusammentreffen. So kann man mit gewöhnlichem Licht bis 0,27 μ, mit violettem Licht bis 0,19 μ auflösen, d. h. zwei Linien als getrennt erkennen. Kleinere Organismen oder Strukturen kann man also nicht als solche erkennen. Durch ultraviolette Strahlen, wobei die Mikroskop-Optik aus Quarz bestehen muß *(Ultraviolettmikroskop)*, da gewöhnliches Glas diese Strahlen absorbiert, kann bis etwa 0,1 μ aufgelöst werden, was natürlich nur photographisch möglich ist. Dieses Mikroskop wurde von KÖHLER und v. ROHR entwickelt, die Theorie des Mikroskops von ABBE und HELMHOLTZ.

Eine Weiterentwicklung des Lichtmikroskopes brachte das Phasenkontrastverfahren nach ZERNIKE, das Brechungs- und Schichthöhen in Helligkeitsunterschiede umwandelt, daher für die Beobachtung des lebenden Objektes außerordentlich wertvoll ist.

Mit dem Ultramikroskop nach ZSIGMONDY und SIEDENTOPF und seiner Dunkelfeldbeleuchtung, wobei von dem seitlich eintretenden Licht nur die vom Objekt gebeugten Strahlen in das Okular gelangen, können zwar noch kleinere Teilchen sichtbar gemacht werden, jedoch kann man auch hier keine Struktur sehen, sondern nur Lichtbündel. Man könnte also ein winziges Bakterium nicht von einem kolloidalen Teilchen unterscheiden. Immerhin ist dieses Mikroskop für besondere Zwecke höchst wertvoll, z. B. für die Sichtbarmachung der Bewegungsorgane am lebenden Objekt (S. 25, 28).

---

[1] FISCHER, W. K.: Arch. Mikrobiol. **14**, 353 (1950).

Das Übermikroskop (Elektronenmikroskop)[1] von Siemens u. Halske und der AEG gestattet dagegen noch Teilchen zu erkennen, deren Größe etwa 100mal kleiner[2] ist als der im sichtbaren Licht erkennbaren, womit allerdings die theoretische Leistungsfähigkeit bei weitem noch nicht erreicht ist; denn die Wellenlänge der Elektronenstrahlen ist etwa 100000mal kleiner als die des sichtbaren Lichtes.

Das zur Aufnahme notwendige Trocknen im Vakuum führt allerdings zu Strukturveränderungen, die jedoch durch vorherige Fixierung vermieden werden können[3]. Die infolge der Elektronenbestrahlung eintretende Verkohlung der organischen Substanz scheint indessen die Strukturen nicht zu verändern. Schrägbedampfung mit Goldteilchen u. a. ergibt durch Schattenwirkung der Zelle mit ihren Oberflächenkonturen plastische Bilder. Überhaupt ist die Bakterienzelle für die Elektronenstrahlung viel zu dick, daher wenig durchsichtig. Sehr dünne Schnitte, bis unter $0,1\ \mu$ Dicke[4] (Abb. 1), werden weitere Aufschlüsse geben können. Unter allen Umständen aber kann für Innenstrukturen der Bakterienzelle das Elektronenmikroskop allein die Entscheidung nicht bringen, sondern es muß der Anschluß an die lichtoptischen Beobachtungen hergestellt werden.

Die Kleinheit der Bakterien und die damit verbundene Schwierigkeit, sie in ihrer natürlichen Umgebung festzustellen, hat dazu geführt, sie durch Färbung sichtbar zu machen. Besonders der Mediziner war darauf angewiesen, bei dem Suchen danach im Blut und Körpergewebe, da gerade die parasitären Bakterien oft nicht gezüchtet werden konnten, so daß das unmittelbare Auffinden der einzige Nachweis für ihr Vorhandensein blieb. Leider hat sich die Färbung der Bakterien so eingebürgert, daß die bei Mikroorganismen allerdings oft recht schwierige Beobachtung der lebenden Zelle meist sehr

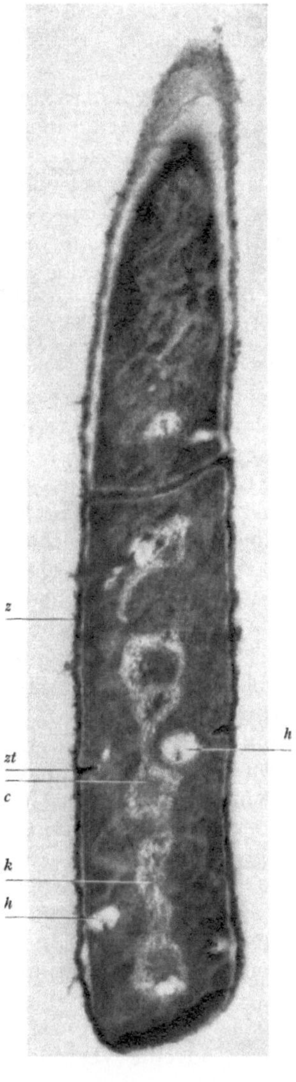

---

[1] BORRIES, B. VON: Die Übermikroskopie. Aulendorf: Editio Cantor 1949. — Zusammenfassung elektronenoptischer Untersuchungen für die Zeit von 1940—1949 bei J. HILLIER: Ann. Rev. Microbiol. **4**, 1 (1950).

[2] Die Vergrößerung liegt also bei 1:300000. Aus technischen Gründen kann aber nur bis zur Vergrößerung 1:30000 aufgenommen, jedoch bis auf 1:300000 nachvergrößert werden.

[3] KÖNIG, H., u. A. WINKLER: Naturwiss. **35**, 136 (1948); **38**, 241 (1951). — KÖNIG, H.: Erg. exakt. Naturwiss. **27**, 188 (1953).

[4] CHAPMAN, G. B., u. J. HILLIER: J. Bacter. **66**, 362 (1953). — BIRCH-ANDERSON, A.: Biochim. et Biophysica Acta **12**, 395 (1953). — BRADFIELD, J. R. G.: Nature (London) **173**, 184 (1954).

Abb. 1. *Bac. cereus.* Längsschnitt $< 0,1\ \mu$. Protoplast etwas von der Zellwand (z) abgehoben, bei Zellteilung (zt) irisblendenartig vorrückend. In der Mitte „Kernsubstanz (k)" (in Teilung?), die dunklere Partien (c) umschließt (Cytoplasma?). Die sehr hellen Bezirke (h) von unbekannter Natur. Elektronenoptisch. Vergr. etwa 20000 mal. (Nach CHAPMAN u. HILLIER).

vernachlässigt wurde und mancherlei Irrtümer dadurch entstanden, daß man beim Färben und dem vorangehenden Fixieren erhaltene Kunstprodukte für tatsächlich in der Zelle vorhandene Gebilde hielt. Im folgenden sind nur einige Grundfärbungen erwähnt, während auf die wesentlichsten Spezialmethoden an geeigneter Stelle zurückzukommen sein wird.

Die gewöhnlichste Färbemethode ist die Intensivfärbung: Bakterienhaltige Flüssigkeit wird auf ein Deckglas ausgebreitet, dann läßt man eintrocknen und fixiert durch kurzes Durchziehen durch die Flamme. Hierauf wird mit einer Farbstofflösung basischer Anilinfarbstoffe (Gentianaviolett, Fuchsin, Safranin, Methylenblau usw.) gefärbt, zweckmäßigerweise unter Zusatz von Carbolsäure zur Farblösung.

Die genannten Farbstoffe haben den Nachteil, andere organische Teilchen, z. B. im Boden Humusteilchen usw., anzufärben, so daß man die Bakterien nicht erkennen kann. Hier ergeben gewisse wasserlösliche Farbstoffe, wie Erythrosin, Cyanosin, Bengalrosa usw., bessere Erfolge, indem sie nur die Bakterien anfärben, die somit leicht in diesem trüben Medium erkannt werden können[1].

Gewissen färberischen Eigenschaften schenkt man wegen ihrer mehr oder weniger selektiven Wirkung besondere Beachtung, so der Säurefestigkeit, u. a. bei *Mycobact. tuberculosis* und bei *saprophytischen Mycobakterien*: Nach der Intensivfärbung läßt sich der Farbstoff nicht mehr durch Behandeln mit verdünnten Säuren entfärben, was sonst allgemein eintritt. Möglicherweise ist diese Eigenschaft auf das Vorhandensein von Fetten oder besonders auch wachsartigen Stoffen (S. 34) bzw. der durch sie bedingten Plasmastruktur zurückzuführen[2].

Für systematische Zwecke wichtig ist das Verhalten bei Gramfärbung (Färbung nach GRAM), das positiv und negativ sein kann, wobei Alter und Ernährung eine Rolle spielen, was zweifellos eine Abschwächung ihres Wertes bedeutet (das gilt auch für die vorerwähnte Säurefestigkeit)[3]; die zu untersuchende Kultur soll stets 24 Std. alt sein[4]. Der Gang dieser Färbung ist: Fixieren und Färben, wie erwähnt, dann Behandeln mit Jod-Jodkaliumlösung, darauf mit 90 bis 100% Alkohol. Positiv ist die Gramfärbung, wenn die Bakterien völlig gefärbt bleiben; werden sie farblos, so ist sie gramnegativ, wenn auch meist der grampositive Stoff in geringer Menge vorhanden ist. Liegen zwei verschieden reagierende Bakterien im gleichen Präparat vor, so erhält man gute Kontrastbilder, wenn man nach dem Entfärben mit einem Farbstoff von anderer Tönung nachfärbt. Das grampositive Bakterium zeigt sich durch den ersten, das gramnegative durch den zweiten Farbstoff gefärbt. Der positive Ausfall kommt dadurch zustande, daß Farbstoff und Jod eine Verbindung eingehen, die von irgendeiner, nicht überall

---

[1] Literatur bei A. RIPPEL: BLANCKs Handbuch der Bodenlehre, 1. Erg.-Bd., S. 441—442. Berlin: Julius Springer 1939.

[2] PLOTHO, O. v.: Arch. Mikrobiol. **13**, 93 (1943).

[3] Es können auch grampositive in gramnegative Bakterien umgewandelt werden: FISCHER, R., u. P. LAROSE: J. Bacter. **64**, 435 (1952); Science (Lancaster, Pa.) **117**, 449 (1953).

[4] Grampositive sollen mehr Mg benötigen als Gramnegative: WEBB, M.: J. Gen. Microbiol. **5**, 485 (1951).

in gleicher Menge vorhandenen Zellsubstanz intensiv festgehalten wird, sei es aus chemisch-physikalischen Gründen oder infolge chemischer Bindung. Das Wesen der Gramfärbung ist indessen bisher noch nicht ganz geklärt. Doch nimmt man an, daß es sich bei dem grampositiven Stoff um das Magnesiumsalz von Pentose-Nucleinsäure handelt, das durch Gallensalze entfernt und wieder hinzugebracht werden kann, bei entsprechender Gramfärbung[1], vielleicht unter Beteiligung noch weiterer Stoffe[2]. Das gramnegative *Bact. coli* wird durch Zusatz von viscoser Desoxy-ribonucleinsäure grampositiv[3].

Besonderes Interesse findet auch die färberische Unterscheidung lebender und toter Zellen; zahlreiche Angaben haben sich nicht bewährt. Doch scheint nach STRUGGER[4] eine Unterscheidung mit Hilfe von Fluorochromen möglich zu sein. Acridinorange läßt im Fluorescenzspektrum lebende Bakterien grün, tote kupferrot fluorescieren, allerdings nur bei Farbstoffüberschuß. Auch ist Acridinorange nicht unschädlich[5]. Die Erscheinung kommt durch vermehrte Farbstoffspeicherung des toten Plasmas zustande, was wiederum mit tiefgreifenden Änderungen des Micellargefüges des Plasmas zusammenhängt. Weiterhin hat sich Tetrazoliumchlorid (vgl. S. 238) als ein ausgezeichneter Indicator erwiesen[6].

Die Endosporen der Bakterien lassen sich nicht ohne weiteres färben, offenbar weil ihre derbe Membran oder ihre chemische Beschaffenheit das Eindringen von Farbstoffen verhindert. Erst wenn sie 20 min auf 165—170° C erhitzt waren oder nach Vorbehandlung mit geeigneten Chemikalien nehmen sie den Farbstoff an.

Der Bau der Zelle.

Form und Größe der Zelle.

Die Bakterien seien vorläufig als einzellige Lebewesen definiert mit drei Grundformen: Der *Coccus* ist im optischen Querschnitt rund, körperlich eine Kugel. Das *Stäbchen* ist im optischen Längsschnitt ein Rechteck, aber mit abgerundeten Ecken, körperlich etwa wie eine kürzere oder längere Wurst; die Länge ist also größer als der Querdurchmesser, in sehr verschiedenem Verhältnis. Das *Spirillum* ist meist

---

[1] HENRY, H., u. M. STACEY: Nature (London) **151**, 671 (1943). — PARSONS, CL. H.: Arch. of Biochem. a. Biophysics **47**, 76 (1953).

[2] BARTHOLOMEW, I. W., u. T. MITTWER: Bacter. Rev. **16**, 1 (1952). — Literaturbericht: WEBB, U.: Research (London) **3**, 113 (1950).

[3] BAKER, H., u. W. L. BLOOM: J. Bacter. **56**, 387 (1948). — Zum Verhalten grampositiver und gramnegativer Bakterien vgl. u. a. B. MALMGREN u. C. G. HEDÉN: Acta path. scand. (Copenh.) **24**, 448, 472, 496 (1947).

[4] STRUGGER, S.: Fluoreszenzmikroskopie und Mikrobiologie. Hannover: M. u. H. Schaper 1949.

[5] BOGEN, H. J.: Arch. Mikrobiol. **18**, 170 (1953). — FLEGEL, H.: Zbl. Bakter. I Orig. **159**, 342 (1953).

[6] WALLHÄUSSER, K. H.: Naturwiss. **37**, 450 (1950). — Arch. Mikrobiol. **16**, 201 (1951). — BIELIG, H. J. u. Mitarb.: Z. Naturforsch. **4b**, 80 (1949). — Ein scheinbares Versagen dieses Testes konnte auf das Fehlen von Zucker (Bereitstellung des Wasserstoffs!) zurückgeführt werden: STOLP, H.: Arch. Mikrobiol. **17**, 209 (1952).

noch erheblich mehr in die Länge gestreckt, dazu schraubig gewunden, so daß bei vielen Windungen etwa das körperliche Bild eines Schlangenkühlers, aber mit weit ausgezogenen Windungen, zustande kommt. Die Zahl der Windungen ist aber, oft selbst bei der gleichen Art, sehr verschieden; es kommen eine bis sehr viele Windungen vor. Formen mit einer nur halben Schraubenumdrehung nennt man *Vibrio*. Sie sind gewissermaßen Übergangsformen zu den Stäbchen, die ebenfalls hin und wieder leicht gekrümmt sein können (Abb. 25, S. 48), möglicherweise unter sehr geringer Torsion.

Bei der Kleinheit der Bakterien ist es praktisch, die Maßeinheit $1\,\mu = 0,001$ mm (1 Mikron) anzuwenden. 1 mm ist also 1000 μ. Für noch kleinere Einheiten wählt man 1 mμ (Millimü) = 0,001 μ.

Wenn überhaupt ein allgemeines Maß angegeben werden soll, so kann man sagen, daß als häufigster Durchmesser der Bakterienzelle etwa 1 μ erscheint. (Der Durchmesser der Zelle der *Bierhefe* ist etwa 6, einer *Aspergillus*-Hyphe etwa 10 μ, der Parenchymzelle einer höheren Pflanze 10—90 μ.) Sieht man von *Beggiatoa gigantea* mit einem Zelldurchmesser bis zu 55 μ ab, die nicht zu den eigentlichen Bakterien zu rechnen ist, ebenso von weiteren Formen, deren Zugehörigkeit zu den eigentlichen Bakterien zweifelhaft ist, so finden sich die größten Formen unter den Spirillen: *Spirillum jenense* erreicht bis 100 μ Länge bei 3,5 μ Durchmesser, *Sp. rubrum* die gleiche Länge bei nur 1—1,2 μ Durchmesser. Doch finden sich unter den Spirillen auch sehr kleine Formen, wie *Spirillum* (oder *Vibrio*)[1] *parvum* mit nur 1—3 μ Länge bei nur 0,1 bis 0,3 μ Dicke. Als sehr kleines Stäbchen sei *Bacterium murisepticum*, der Erreger der Mäuseseptikämie, genannt, mit 1 μ Länge und 0,2—0,3 μ Dicke. Kleine Vertreter finden sich ferner unter den *Kokken*, bei denen ja auch die im Vergleich zum Breitendurchmesser größere Längenausdehnung wegfällt (je nach der Art 0,5—2 μ Durchmesser). Zwischen den angegebenen Maßen bewegt sich die Größe der zahllosen übrigen Bakterien.

Nun entsteht die Frage nach der unteren Grenze der Bakteriengröße: Gibt es noch kleinere Bakterien als die eben genannten? Daß das Mikroskop hier nicht ohne weiteres die Entscheidung bringen kann, geht aus den obigen Ausführungen hervor. Wir betrachten dazu die Filtrationsmöglichkeit. Durch gewöhnliche Papierfilter können Bakterien wegen der viel zu großen Filterporen nicht von ihrer Kulturflüssigkeit getrennt werden. Man verwendet zu solcher Trennung CHAMBERLAND-Kerzen (unglasiertes Porzellan) und BERKEFELD-Filter (Kieselgur), auch im praktischen Gebrauch zur Gewinnung von keimfreiem Trinkwasser aus keimhaltigem. Sie besitzen eine Porenweite von ungefähr 0,1 μ, so daß alle bekannten Bakterien zurückgehalten werden, zumal die Bakterien auch durch Adsorption festgehalten werden. Nur von *Sp. parvum* mit seiner gerade an dieser Grenze liegenden Dicke hat man Passierbarkeit festgestellt. Es kommt jedoch vor, daß ungenügend gereinigte Filter mit der Zeit durchwachsen werden; der Organismus kann sich also zu einem ihm sonst ungewohnten kleineren Durchmesser

---

[1] GIESBERGER, H. E.: Siehe S. 73, Anm. 4.

zwingen. Große Bedeutung haben die Membranfilter nach ZSIGMONDY gewonnen, mit verschiedener, beliebig herzustellender und durch Eichung zu ermittelnder Porenweite. Sie haben außerdem für die Laboratoriumstätigkeit den Vorteil, daß die Bakterienmasse leicht von der Membran entfernt und quantitativ bestimmt werden kann. Bakterien (z. B. *Tuberkelbakterien*) können auf diesen Membranen direkt gefärbt und mikroskopisch nachgewiesen werden. Oder man kann die Membranen auf feste Nährböden legen und die sich entwickelnden Kulturen prüfen (Nachweis von *Bact. coli*). Für Wasseruntersuchungen ist diese Methode äußerst aufschlußreich und unentbehrlich[1]. Die Filtration ist außerdem in der Labortechnik ein wertvolles Hilfsmittel zur Entkeimung von Kulturflüssigkeiten, die ein Erhitzen nicht vertragen (S. 144).

Man glaubte nun vielfach, filtrierbare[2] oder ultravisible Bakterien festgestellt zu haben. Soweit es sich um ein Virus handelt, sei nur hervorgehoben, daß sog. große Virusarten (*Cystidium*-Arten der Bronchopneumonie der Maus, *Rickettsia Provazeki*, Erreger des Fleckfiebers u. a.) nach Größe (0,5 μ und wenig darunter) und cellulärem Bau sich durchaus in den Rahmen der *Bakterien* oder *Protozoen* einfügen, während die echten Viren nicht als selbständige Lebewesen gewertet werden dürfen[3]. Eine sehr eigenartige Gruppe sind die *pleuropneumonieähnlichen Bakterien*, deren Größe bis zu 0,15 μ heruntergehen soll (S. 74). Im übrigen sind immer wieder auftauchende Angaben über die Gewinnung filtrierbarer Bakterien, z. B. aus Boden, widerlegt worden[4], und die kritischen Ausführungen von KNÖLL haben gezeigt, wie schwierig die Technik der Feststellung der „Filtrierbarkeit" ist[5]. Es wäre allerdings möglich, daß es von bekannten Bakterien filtrierbare Stadien gäbe (vgl. das Durchwachsen der Filterporen), was sich indessen nur in seltenen Ausnahmefällen bis zu einem gewissen Grade bestätigte, wie bei den unter S. 57 erwähnten „Knospen" von *Bac. amylobacter*[6]. Bei diesem Bakterium hat man weiter das Auftreten sehr kleiner kokkenartiger Degenerationsformen beobachtet. Es ist so durchaus möglich, daß sich eine Form unter besonderen Bedingungen (vgl. auch die sehr kleinen Bakterienzellen in nährstoffarmem Wasser S. 263) der Grenze der Filtrierbarkeit nähert und gelegentlich eine noch lebende Zelle durchschlüpfen kann. Aber solche Fälle werden immer nur Ausnahmen bleiben, falls es sich nicht überhaupt, wie bei angeblich sehr kleinen Kokkenformen von *Azotobacter* von 0,2 μ Durchmesser, offenbar um Verunreinigungen handelt[7]. Man vergleiche hierzu weiter die Ausführungen S. 58 über die L-Formen.

---

[1] Vgl. H. W. JANNASCH, S. 263, Anm. 1.

[2] Es scheint in dieser Hinsicht z. Z. einige Verwirrung zu herrschen. Als filtrierbar sollten nur Teilchen unter 0,1 μ bezeichnet werden.

[3] RIPPEL-BALDES, A.: Zbl. Bakter. I Orig. **154**, 175* (1944).

[4] Für *Bac. amylobacter*: BUCKSTEEG, W.: Zbl. Bakter. II **91**, 321 (1935); für *Azotobacter*: ROBERG, M.: Jb. wiss. Bot. **82**, 1 (1934).

[5] KNÖLL, H.: Erg. Hyg. **24**, 266 (1941); vgl. weiter unter Anm. 3.

[6] IMSENECKI, A.: Arch. Mikrobiol. **5**, 451 (1934).

[7] IWASAKI, K.: Biochem. Z. **226**, 32 (1930). — Hierzu W. FISCHER: Arch. Mikrobiol. **14**, 353 (1949).

Gegen die Möglichkeit des Vorkommens filtrierbarer bzw. ultravisibler Bakterien spricht, daß man noch niemals eine Kolonie gesehen hat, die unter dem Mikroskop nicht in Bakterien aufzulösen gewesen wäre. Aber man könnte einwenden, daß auch diese sehr klein, wenig auffällig seien und sehr langsam wüchsen. Dagegen wird man kaum annehmen können, daß eine lebende Zelle unendlich klein werden kann. Eine Zelle von 0,15 μ Durchmesser, die also an die kleinsten bekannten Bakterien heranreicht, könnte nur mehr 30000 Eiweißmoleküle enthalten, was sicher nicht viel ist bei den mannigfachen Organen mit ihren spezifischen Lebensäußerungen, welche diese einzige Zelle umschließt. Auch ist es sehr wohl möglich, daß ein tieferer Sinn darin liegt, daß die Grenze der Auflösungsfähigkeit des Mikroskops mit dem Größenminimum der Bakterien annähernd zusammenfällt. Denn ungefähr bei dieser Größenordnung befindet sich ein Sprung von der Suspension zur kolloidalen Verteilung fester Körper mit tiefgreifenden Veränderungen in gewissen Eigenschaften der Teilchen[1]. Es ist also am wahrscheinlichsten, daß die bekannte sichtbare Mindestgrenze der Bakteriengröße nur ausnahmsweise und nur geringfügig und wohl auch nur von gewissen, vielleicht nicht einmal normalen Entwicklungsstadien unterschritten wird. Theoretische Berechnungen führten auch etwa zu der oben angegebenen Grenze[2].

Die Bedeutung der Kleinheit der Bakterien liegt, wenn wir von der leichten Verbreitungsmöglichkeit und der Möglichkeit zur Ausnützung kleinster Räume absehen, in der Wirkung auf die Intensität des Stoffwechsels. Es vergrößert sich nämlich absolut und relativ zum Körperinhalt mit zunehmender Kleinheit die Körperoberfläche sehr stark: 1 Würfel von 1 mm³ bei 1 mm Seitenlänge hat 6 mm² Oberfläche; 1000 Millionen Würfel von zusammen 1 mm³ bei je 0,001 mm Seitenlänge, also etwa der Normalgröße der Bakterien haben 6000 mm² Oberfläche.

Es ist klar, daß dies von weittragender Bedeutung für die Geschwindigkeit des Stoffaustausches der Zelle sein muß, zumal auch der Diffusionsweg in der Zelle selbst sehr verkürzt ist. Die Schnelligkeit, mit der oft mikrobiologische Vorgänge verlaufen, steht damit in ursächlichem Zusammenhang; junge *Azotobacter*-Zellen atmen je Einheit der Trockensubstanz etwa 2000mal intensiver als Wurzeln oder Blätter höherer Pflanzen[3]. Eine weitere Folge ist die schnelle Entwicklungsmöglichkeit und somit die Ausnützung sehr kurz andauernder, günstiger äußerer Verhältnisse, etwa vorübergehender Feuchtigkeit oder Wärme, ein für das Vorkommen in der Natur sehr bedeutsamer Umstand (S. 273).

Infolge der Kleinheit der Bakterien kann eine große Anzahl in einem kleinen Raum Platz finden. Bei 1 Milliarde Bakterien je Kubikzentimeter

---

[1] MIEHE, H.: Biol. Zbl. **43**, 1 (1923).

[2] SCHULZ, G. V.: Naturwiss. **37**, 196, 223 (1950).

[3] Vgl. die Zusammenstellung bei W. FRANKE: Die Chemie. (Angew. Chem. N.F.) **56**, 55 (1943).

und einer Größe der Bakterien von $1\,\mu$ Breite und $5\,\mu$ Länge, also einem Inhalt von $5\,\mu^1$, was schon recht groß ist, würden diese 1 Milliarde Bakterien doch nur den 200. Teil des Raumes dieses einen Kubikzentimeters ausfüllen.

Bau der Zelle und des Zellverbandes.

Allgemeines.

Die Zelle der *Bakterien* ist eine Pflanzenzelle. Wir dürfen an sie aber nicht den Maßstab der Kenntnisse legen, die man von jener hat. Einmal verbietet die Kleinheit der Bakterienzelle eine so genaue Durchforschung. Sodann fehlt bei den Bakterien eine Differenzierung zu verschiedenartigen Zellen: Alle sind, von den Sporen abgesehen, unter sich gleichartig bzw. gleichwertig, und jede einzelne Zelle muß in ihrem kleinen Raum alle Funktionen der lebenden Zelle erfüllen, die notwendig sind von der Keimung bis zur Sporenbildung, während bei den höheren Pflanzen eine weitgehende Arbeitsteilung in der Ausbildung von Geweben verschiedenartiger Funktion eingetreten ist. Auch bei den *Pilzen*[3], namentlich bei den *Ascomycetes* und noch mehr bei den *Basidiomycetes*, findet sich, abgesehen von der Fortpflanzung, öfters eine Arbeitsteilung in Rindenzellen, wasserleitende Zellen und ähnliches. Endlich sind in der Bakterienzelle wie auch in derjenigen der Pilze eine Anzahl von Stoffen zu finden, die in den höheren Pflanzen fehlen und sonst nur vom tierischen Organismus bekannt sind (u. a. Glykogen, S. 31, Harnstoff, S. 36, bei Pilzen auch Chitin, S. 16 f.). Die Schwierigkeit der Beobachtung hat zu vielen auch heute noch nicht behobenen Unklarheiten über den inneren Bau der Bakterienzelle geführt.

Das spezifische Gewicht der *Bakterien*- und *Hefe*-Zellen, auch stark fetthaltiger[2], ist ein wenig größer als 1, jedoch namentlich bei Bakterien mit etwa 1,07 nur sehr wenig[3], so daß man scharf zentrifugieren muß, um sie von der Flüssigkeit, in der sie aufgeschwemmt sind, zu trennen. Kahmhäute (S. 18) sinken bei Erschütterung unter, was ebenfalls die größere Dichte zeigt.

Pilzdecken werden auf flüssigen Nährböden durch die zwischen den Hyphen befindliche Luft am Untersinken verhindert. Man kann ferner beobachten, daß keimende Pilzsporen frühzeitig zur Oberfläche der Nährlösung gelangen infolge des Auftriebes, den sie durch an der Spitze des Keimschlauches ausgeschiedene Kohlensäurebläschen erhalten. Biologische Bedeutung dürfte solchen Vorgängen indessen kaum zukommen, da in der Natur entsprechende Bedingungen höchstens sehr selten verwirklicht sein dürften. Hingegen könnten Gasvacuolen (S. 37) den Zellen Auftrieb verschaffen, in denen sie vorkommen.

---

[1] LOHWAG, H.: Die Anatomie der Asco- und Basidiomyceten. In Handbuch der Pflanzenanatomie. II. Abt., 3. Teil, Bd. C. Eumyceten. Berlin: Bornträger 1941. — LENTZ, P. L.: Bot. Revs. **20**, 135 (1954).

[2] Eigene, nicht veröffentlichte Beobachtungen zeigten, daß gut verfettete Zellen von *Nectaromyces Reukaufii* sich erheblich schneller absetzen als nicht verfettete Sproßzellen.

[3] RAHN, O.: Physiology of bacteria. Philadelphia: P. Blakiston's Son a. Co. 1932.

Zellmembran und Schleimschicht.

Die Umhüllung der Bakterienzelle besteht aus der eigentlichen Zellmembran (Abb. 2), die den Protoplasten umschließt, und der die Zellmembran umgebenden Schleimschicht, die bei den Bakterien sozusagen zum normalen Aufbau gehört, bei den Pilzen mit echtem Luftmycel aber sehr zurücktritt. Bei einigen, wie *Dematium pullulans* und vielen *Hefen* ist sie indessen stark entwickelt.

Die Zellmembran der *Bakterien* enthält in gewissen Fällen echte Cellulose, so bei dem Essigsäurebakterium *Bact. xylinum*, wie durch Röntgengitter einwandfrei festgestellt werden konnte[1]. Sie besteht im übrigen aus Hemicellulosen oder pectinartigen Stoffen. Sie löst sich dann im Gegensatz zur Cellulosemembran nicht in Kupferoxydammoniak und gibt mit Chlorzinkjod höchstens eine schwache, keine intensive Blaufärbung wie jene. Als Abbauprodukte beim Kochen mit Säuren erscheinen neben Glucose die Zucker der Hemicellulosen, namentlich Galaktose und Arabinose. Die Zellwand von *Corynebact. diphtheriae* z. B. ist ein Oligosaccharid aus 2 Molekülen Galaktose,

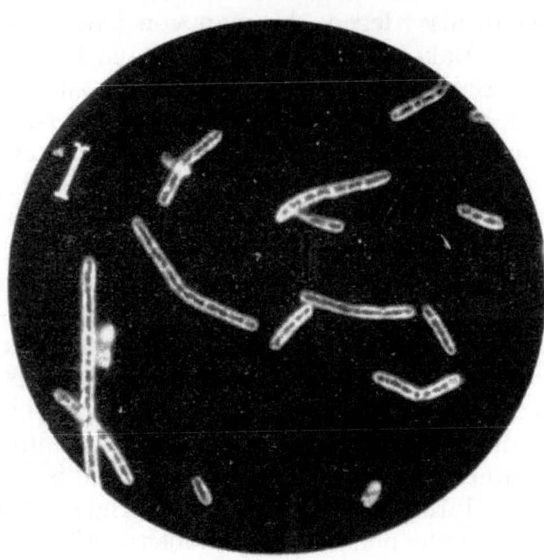

Abb. 2. *Bac. mycoides*. Kürzere und längere Ketten mit Querwandbildung. Dunkelfeldaufnahme. Vergr. 650mal. (Nach STAPP u. ZYCHA.)

1 Mol. Mannose und 3 Mol. Arabinose. Doch scheint die Zellwand oft komplexer zusammengesetzt zu sein: Die Zellwand gramnegativer Bakterien enthält Lipo-polysaccharide (phosphoryliertes Polysaccharid an Phospholipoid gebunden). Das Polysaccharid enthält bevorzugt Glucosamin und Hexosen, häufig Methylpentosen (Rhamnose) u. a., keine Uronsäuren. Grampositive hingegen enthalten vielfach Uronsäuren und haben keine feste Bindung an Lipoide; auch fehlen z. B. Methylpentosen und es fehlt die Phosphorylierung[2] (vgl. weiter S. 34). Chitin fehlt bei den Bakterien. Die Zellmembran ist sehr dünn, elektronenmikroskopische Messungen ergaben[3] eine Dicke von nur 8 bis 20 mμ. Was im gewöhnlichen Mikroskop als Membran erscheint, dürfte größtenteils ein

---

[1] FRANZ, E., u. Mitarb.: Naturwiss. **31**, 350 (1943). — KAUSHAL, R., u. T. K. WALTER: Nature (London) **160**, 572 (1947). — MÜHLETHALER, K.: Biochim. et Biophysica Acta **3**, 527 (1949).

[2] WESTPHAL, O., u. O. LÜDERITZ: Angew. Chem. **66**, 407 (1954).

[3] FRÜHBRODT, E., u. H. RUSKA: Arch. Mikrobiol. **11**, 137 (1940). — CHAPMAN, H. B., u. I. HILLIER: J. Bacter. **66**, 362 (1953).

optisches Trugbild sein. Für den *anaeroben Cellulosezersetzer* hat man sogar den Schluß gezogen, daß das Vorhandensein einer Zellmembran nicht absolut sicher sei[1].

Bei vielen *Pilzen* ist (vgl. S. 81 ff.) Chitin neben Hemicellulosen als Bestandteil der Zellmembran festgestellt[2] und kann bei *Asp. niger* unter gewissen Ernährungsbedingungen (saure Reaktion, bei neutraler wird das Chitin vom Organismus selbst abgebaut) bis zu 22% der Trockensubstanz betragen[3]. Das bei *Tieren* (Insekten-, Krebspanzer) verbreitete, den höheren Pflanzen völlig fehlende Chitin ist mit der Cellulose verwandt, liefert aber als Abbauprodukt bei der Säurehydrolyse keine Glucose, sondern Glucosamin, das sich von der Glucose durch

$$CH_2OH \cdot (CHOH)_4 \cdot CHO \ldots \ldots \ldots \ldots \text{Glucose}$$
$$CH_2OH \cdot (CHOH)_3 \cdot CHNH_2 \cdot CHO \ldots \ldots \text{Glucosamin}$$
$$CH_2OH \cdot (CHOH)_3 \cdot CHNH (CO \cdot CH_3) \cdot CHO \quad \text{Acetylglucosamin}$$

eine Aminogruppe an Stelle einer OH-Gruppe unterscheidet und im Chitin als Acetylglucosamin vorhanden ist; bei der Hydrolyse wird also Essigsäure abgespalten. Der Nachweis des Chitins ist mikroskopisch mittels Überführen durch schmelzendes Ätzkali in Chitosan und Violettfärbung mit Jod und Schwefelsäure möglich[4]; er wurde auch makrochemisch geführt[5]. Glucosamin ist auch im Streptomycin enthalten (S. 365), ferner in Liposacchariden (S. 16) und in Eiweiß. Bei *Fusarium* bildet die Zellwand einen Chitin-Kohlenhydrat-Komplex[6].

Die Schleimschicht kann an Dicke den Durchmesser der Zelle weit übertreffen. Für ihre Ausbildung sind bestimmte Ernährungsbedingungen entscheidend, vor allem reichliches Vorhandensein assimilierbarer Kohlenhydrate, wobei aber die Zucker nicht gleichwertig sind[7], ebenso Phosphor- und Stickstoffmangel[8]. Aber selbst bei starker Ausbildung ist sie von äußerst dünnschleimiger Beschaffenheit, so daß sie auch in Dunkelfeldbeleuchtung nicht sichtbar gemacht werden kann, auch durch Färbung nur ausnahmsweise. Nach dem Eintrocknen ist sie so zusammengeschrumpft, daß sie kaum mehr zu erkennen ist. Deutlich tritt sie aber in nicht allzu verdünnter Tusche hervor, deren grobe Teilchen nicht eindringen können, so daß die Tusche als heller Hof die Zelle umgibt (Abb. 3).

Die Schleimschicht löst sich zum Unterschied von der eigentlichen Zellmembran in Kupferoxydammoniak, besteht aber wie jene aus Hemicellulosen und enthält jedenfalls auch Uronsäuren (S. 195); sie besteht z. B. bei *Azotobacter* (wie bei

[1] MEYER, R.: Arch. Mikrobiol. **5**, 185 (1934). — Vgl. *Myxobacteria*, S. 19.

[2] Ob der Proteingehalt von *Bäckerhefe* (6% bei 68% Polysacchariden, je zur Hälfte aus Glucosan und Mannan, zudem geringe Mengen Chitin) tatsächlich der reinen Zellwand zukommt, kann noch fraglich sein: ROELOFSEN, P. A.: Biochim. et Biophysica Acta **10**, 477 (1953).

[3] BEHR, G.: Arch. Mikrobiol. **1**, 418 (1930).

[4] NABEL, K.: Arch. Mikrobiol. **10**, 515 (1939).

[5] BEHR, G.: Arch. Mikrobiol. **1**, 418 (1930). — SCHMIDT, M.: Arch. Mikrobiol. **7**, 241 (1936).

[6] DAMM, H.: Zbl. Bakter. I Orig. **155**, 337* (1950).

[7] MEYER, A.: Die Zelle der Bakterien, S. 168—169. Jena: G. Fischer 1912.

[8] DUGUID, Z. P.: J. of Path. **60**, 265 (1948).

Pneumokokken) aus Polysacchariden, die 90% Glucose und 3—4% Uronsäuren enthalten[1]. Es ist jedoch nicht bekannt, ob sie durch Verquellen aus der eigentlichen Zellmembran hervorgeht oder unmittelbar aus dem Inneren der Zellen ausgeschieden
wird. Die oft geäußerte Ansicht, daß es sich bei der Schleimschicht um Mucine,

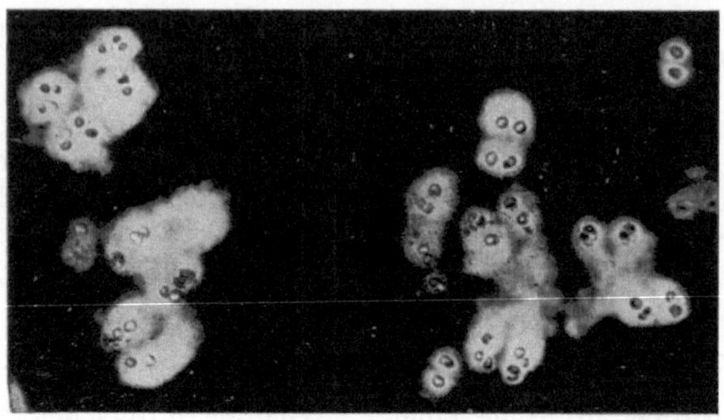

Abb. 3. *Azotobacter chroococcum*. Hellfeldaufnahme, in Tusche liegend, die Schleimschicht zeigend. Vergr. 450mal. (Phot. R. Meyer.)

tierische, stickstoffhaltige Schleimstoffe handele, trifft für eine Anzahl von Bakterien sicher nicht zu; es ist kaum anzunehmen, daß es in einigen Fällen anders
sein sollte[2].

Die Schleimschicht bedingt die schleimige Beschaffenheit der
Bakterienkolonien. Das beste Beispiel hierfür bietet *Streptococcus mesenterioides*, das Froschlaichbakterium, das seinen Namen von der Bildung
froschlaichähnlicher Massen in zuckerhaltigen Flüssigkeiten trägt. Merkwürdig ist *Bact. pediculatum*, das einseitig Schleim absondert und so
gleichsam auf einem Fuß von Schleim steht (Abb. 4).

Auch bei der Kahmhaut, einer zusammenhängenden Bakteriendecke auf der Oberfläche einer Nährflüssigkeit, spielt das Verkleben der
Bakterien durch Schleim sicherlich eine Rolle. Im Zusammenhang
mit der Fähigkeit vieler Mikroorganismen zur Schleimbildung
steht wohl auch die Umwandlung
von zuckerhaltigen Flüssigkeiten
zu einer einzigen Schleim- oder
Gallertmasse (S. 228).

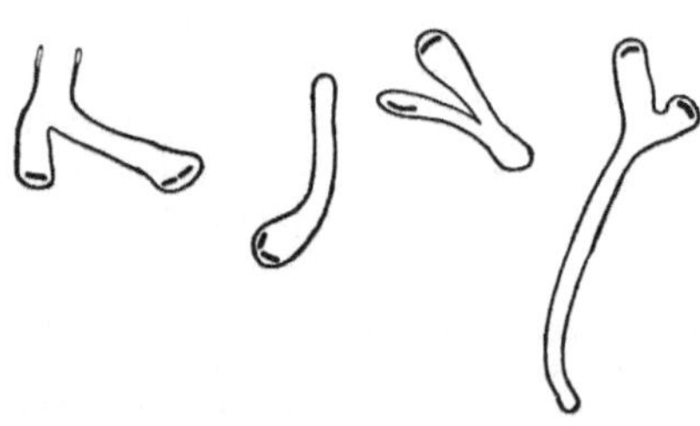

Abb. 4. *Bact. pediculatum* mit einseitiger Schleimbildung. Zeichnung. Vergr. 400mal. (Nach A. Koch
u. H. Hosaeus.)

Die Bedeutung der eigentlichen Zellmembran liegt in der
Hauptsache im festen Abschluß
nach außen; sie gibt der Zelle
die für sie typische, stabile Form und Gestalt. Infolgedessen ist die
Bakterienzelle verhältnismäßig starr und nur bei großer Länge etwas
biegsam, wie sich bei einem Vergleich der stark biegsamen zellwandlosen *Spirochaeta* (kein Bakterium!) mit einem *Spirillum* zeigt, bei dem
die Windungen zu einer weiteren Versteifung der oft sehr langen Zelle

---

[1] Siehe S. 17, Anm. 8.
[2] Cooper, E. A., u. Mitarb.: Biochemic. J. 32, 1752 (1938).

führen, was bei der schnellen Bewegung (S. 28) bedeutsam ist. Stärker biegsam sind die zellwandlosen Stäbchen der *Myxobacteria*[1].

Ob die eigentliche Zellmembran und die Schleimschicht bei dem Stoffaustausch beteiligt sind, weiß man noch nicht; doch ist das für die Schleimhaut möglich[2], zumal die darin enthaltenen gepaarten Uronsäuren ein beträchtliches Lösungsvermögen für „unlösliche" (u. a. P- und Fe-) Verbindungen haben[3]. Dabei werden auch das durch den Schleim ermöglichte Haften an festen Partikelchen und Adsorptionsvorgänge (S. 260) eine Rolle spielen. Die Schleimschicht wird ferner vor direkter Berührung mit festen Teilchen schützen können, wie der oben erwähnte Tuscheversuch zeigt.

Außerdem könnte sie das spezifische Gewicht vermindern und endlich beim Eintrocknen die Zelle gegen Austrocknung schützen; gerade diese Annahme liegt im Hinblick auf die Verhältnisse bei höheren Pflanzen nahe. Vielleicht liegt darin die Bedeutung „Cysten"-ähnlicher, harter Kolonien, wie sie z. B. bei dem Nitritbildner *Nitrosomonas* vorkommen (Abb. 5)[4]. Es scheinen ferner Bakterien mit reichlich Schleim nicht so gern von Protozoen gefressen zu werden. Wahrscheinlich liegt die Bedeutung nicht nur in einer Richtung.

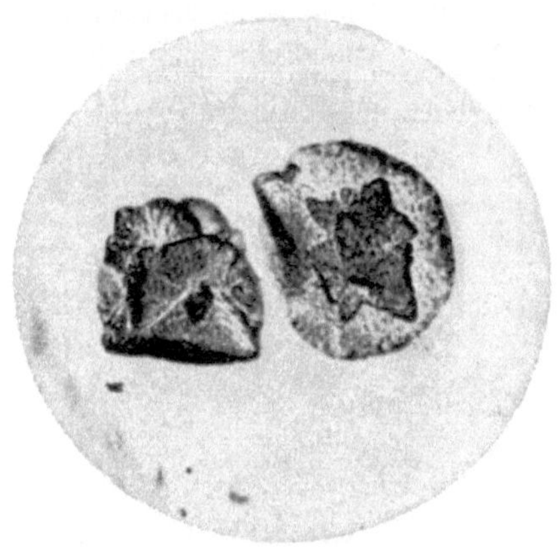

Abb. 5. *Nitrosomonas europaea.* „Cysten"ähnliche Kolonien. Hellfeldaufnahme. Vergr. 110mal. (Nach T. Y. Kingma Boltjes.)

In manchen Fällen erfährt die Membran weitere Veränderungen. Sie färbt sich z. B. bei *Azotobacter chroococcum* im Alter braun bis schwarz, bei anderen Bakterien vielfach rötlich, vermutlich infolge Bildung von Melaninen oder huminartigen Stoffen. Auch die Schwarzfärbung der Sporen von *Asp. niger* und die Dunkelfärbung der Membran der Sporen und Hyphen vieler Pilze dürfte auf ähnlichen Erscheinungen beruhen (S. 200). Bei *Eisen-* und *Manganbakterien* (S. 78) werden große Mengen von Eisen- und Manganverbindungen in der Membran abgelagert, die somit eine besonders starke Ausdehnung erlangen kann.

Bei den Sporen erfährt die Membran eine oft erhebliche Verstärkung, namentlich bei Dauersporen. *Bac. asterosporus* trägt auf den ovalen Endosporen erhabene Längsleisten, so daß die Sporen im Quer-

---

[1] Meyer-Pietschmann, K.: Arch. Mikrobiol. **16**, 163 (1951).

[2] Rippel, A., u. Mitarb.: Arch. Mikrobiol. **9**, 375, 406 (1938).

[3] Neuberg, C., u. Mitarb.: Enzymologia **15**, 115 (1951); Biochim. et Biophysica Acta **10**, 540 (1953).

[4] Winogradsky, S.: Ann. Inst. Pasteur **50**, 350 (1933). — Romell, L. G.: Sv. bot. Tidskr. **26**, 303 (1932). — Kingma Boltjes, T. Y.: Arch. Mikrobiol. **6**, 79 (1935).

schnitt sternförmig aussehen (Abb. 6). Andere Endosporen von Bakterien führen kleine Spitzchen an den Enden; doch ist es in diesen Fällen nicht sicher, ob es sich nicht um Reste der Sporenmutterzelle handelt. Die Membran von *Actinomycetes*, insbesondere deren Sporen, trägt häufig Stacheln, fädige Auswüchse usw., wie erst elektronenoptische Untersuchungen gezeigt haben (Abb. 7)[1]. Die Membran der Sporen von *Pilzen* ist vielfach gekörnelt oder auch mit Stacheln besetzt, was wohl das Haften an Tieren und die Verbreitung durch diese (S. 289) erleichtert oder auch die Schwebefähigkeit erhöht. Sehr derbe und unregelmäßig verdickte Membranen besitzen die Chlamydosporen der Pilze (S. 89).

Endlich müssen noch einige Worte über den in der medizinischen Bakteriologie häufigen Begriff der Kapsel gesagt werden: Es handelt sich um ein in gefärbten Präparaten

Abb. 6. *Bac. asterosporus* mit Längsleisten auf den Endosporen. Links Längsansicht, Mitte Querschnitt, rechts keimende Sporen. Zeichnung. Vergr. 3000- bzw. 1880mal. (Nach A. Meyer.)

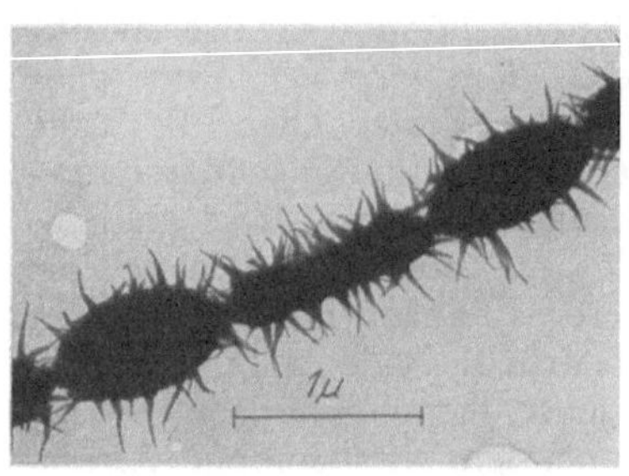

Abb. 7. Streptomyces spec. Sporen mit Stacheln. Elektronenoptisch. Vergr. etwa 15 000 mal. (Nach W. Flaig.)

erscheinendes Gebilde nach Art einer die Bakterienzelle umschließenden Kapsel. Es hat sich jedoch bei kritischer Untersuchung herausgestellt, daß man hier die verschiedenartigsten Dinge beobachtete, von der Zellmembran und Schleimschicht selbst bis zu zufälligen, der Art der Fixierung und Färbung ihren Ursprung verdankenden Kunstprodukten, die mit der Bakterienzelle in gar keinem Zusammenhang stehen[2]. Man sollte daher den Begriff der Kapsel ganz vermeiden.

Cytoplasma und Trophoplasten.

Die Zellmembran umschließt den Protoplasten, dessen Grundsubstanz, das Cytoplasma, bei den Bakterien naturgemäß noch nicht erforscht ist. Auch bei ihnen wird jedoch, wie bei allen Pflanzen, die äußere Schicht als Plasmamembran ausgebildet sein, die den Stoffverkehr regelt. Sie stellt wohl ein Hydrokolloidsystem dar mit Eiweiß und Lipoiden (Phosphatiden, z. B. Lecithin) als Dispersoiden. Bei den höheren Pflanzen unterscheidet sie sich durch hyalines Aussehen von dem körnigen Innenplasma, was bei Bakterien aus begreiflichen Gründen nicht festzustellen ist. Auch elektronenoptische Untersuchungen an 0,1 μ dicken Schnitten konnten keine Plasmamembran aufzeigen[3].

[1] Flaig, W.: Z. Pflanzenernähr. **56**, 63 (1952); Zbl. Bakter. II. **108**, 376 (1955). — Enghusen, H.: Arch. Mikrobiol. 21, 329 (1955).

[2] Frühbrodt, E., u. H. Ruska: Arch. Mikrobiol. **11**, 137 (1940).

[3] Zit. S. 9, Anm. 4. — Zur Frage einer inneren, plasmatischen Membranschicht (zweischichtige Zellmembran bei Blaualgen) vgl. J. Metzner,: Arch. Mikrobiol. **22**, 45 (1955).

Trophoplasten (Chromatophoren), Organe wie Chlorophyllkörner der höheren Pflanzen und die sehr verschiedenartig gestalteten Trophoplasten der *Algen* fehlen natürlich den farblosen Mikroorganismen. Solche sind jedoch in submikroskopischer Größe (etwa 0,05 μ) bei den Chlorophyll führenden Bakterien nachgewiesen (S. 40).

Zellkern.

Ein sehr wesentliches Organ jeder Pflanzenzelle ist der Zellkern, der eine sehr stark färbbare, aus Nucleoproteiden (S. 251) bestehende Substanz enthält, das Chromatin, das sich zu bestimmten, die Gene (Erbanlagen) enthaltenden Gebilden, den Chromosomen, formt, deren Masse bei der Kernteilung in komplizierter Weise verteilt wird.

Während bei *Pilzen* und *Algen* ein echter Zellkern nachgewiesen ist, der sich in der von den höheren Pflanzen bekannten Weise verhält, ist die Frage bei den *Bakterien* bisher noch nicht eindeutig entschieden: Zwar hatten Färbungen mit den üblichen Kernfärbungsstoffen Strukturen ergeben, die als Kerne oder Kernsubstanz gedeutet werden konnten. Aber solche Färbungen geben zu widersprechende und verschieden deutbare Ergebnisse, und die beobachteten Gebilde nur nach dem Ausfall der durchaus nicht selektiven Färbung der Zellkerne zu deuten, war nicht möglich[1]. Die Ursache hierfür ist die starke Färbbarkeit des ganzen Zellinhaltes, die verursacht sein soll durch das starke Hervortreten der Hefe-Nucleinsäure (Ribose-Nucleinsäure) im Plasma. Erst als es gelang, diesen Stoff aus dem Plasma zu entfernen, entweder durch Salzsäurebehandlung[2] oder durch Verdauung mittels Ribose-Nuclease[3], erhielt man, z. B. mit der, allerdings sehr wenig spezifischen, GIEMSA-Färbung[4] (Azur-Eosin in Glycerin-Methylalkohol) Färbungen, die als „Kerne" gedeutet werden könnten.

Schon vorher hatte (STILLE, PIEKARSKI) die Anwendung der FEULGEN-Reaktion (zuerst von VOIT auf Bakterien angewendet) zu ähnlichen Strukturen geführt[5]. Sie beruht darauf, daß bei milder Hydrolyse

---

[1] Vgl. den Sammelbericht von K. PIETSCHMANN: Arch. Mikrobiol. **2**, 310 (1931). Es ist auch zu beachten, daß Färbungen meist Farbstoffauflagerungen sind. Vgl. A. WINKLER u. Mitarb.: Naturwiss. **38**, 241 (1951).

[2] ROBINOW, C. F.: Proc. Roy. Soc. (London) B **130**, 299 (1942) — J. of Hyg. **43**, 413 (1944). — KLIENEBERGER-NOBEL, E.: J. of Hyg. **44**, 99 (1945).

[3] TULASNE, R., u. R. VENDRELY: Nature (London) **106**, 225 (1947), BOIVIN, A.: Zbl. Bakter. I Orig. **155**, 58* (1950).

[4] Noch nicht veröffentlichte Versuche von K. MEYER-PIETSCHMANN haben gezeigt, daß die GIEMSA-Färbung bei Pilzen im Vergleich zur Feulgenreaktion ganz andere Bilder ergibt.

[5] Neueste zusammenfassende Literatur: MILOVIDOV, F.: Physik und Chemie des Zellkerns. Berlin: Gebr. Bornträger 1949 (Bd. I), 1954 (Bd. II). — BISSET, K. A.: The cytology and life-history of bacteria. Livingstone. Edinburgh 1950. — KNAYSI, G.: Elements of bacterial cytology. New York: Ithaca 1951; Bacter. Revs. **12**, 19 (1948); Bot. Review **15**, 106 (1949). — PIEKARSKI, G.: Erg. Hyg. **26**, 333 (1949); Naturwiss. **37**, 201 (1950). — KNÖLL, H., u. K. ZAPF: Zbl. Bakter. I. Orig. **157**, 389 (1951); **161**, 241 (1954). — Bacterial cytology. VI. Congr. intern. Microbiology. Rom 1953. — DONDERO, N. C., u. Mitarb.: J. Bacter. **68**, 483 (1954). — MUDD, S. u. E. D. DeLAMATER: Ann. Rev. Microbiol. **8**, 1, 23 (1954).

(4 min bei 60° C 3,5% Salzsäure) in der für die Kernsubstanz charakteristischen Thymonucleinsäure (Desoxy-ribose-Nucleinsäure) Aldehydgruppen freigelegt werden, die durch fuchsinschweflige Säure unter blaustichiger Violettfärbung nachgewiesen werden können. Auch makrochemisch wurde Desoxy-ribonucleinsäure in Bakterien und Pilzen festgestellt (S. 97).

Diese distinkt färbbaren Gebilde wurden von PIEKARSKI als Nucleoide bezeichnet, um anzudeuten, daß sie zwar dem Kern der höheren Organismen äquivalent, aber in morphologischer Hinsicht nicht gleichzusetzen seien. Wie der typische Zellkern enthalten sie also Desoxy-ribonucleinsäure, sollen nur aus ihresgleichen hervorgehen und das Zentrum der Eiweißbildung darstellen. Sie werden als Homologe der Chromosomen betrachtet. Jede Zelle eines sporenbildenden Bakteriums enthält in der Regel zwei

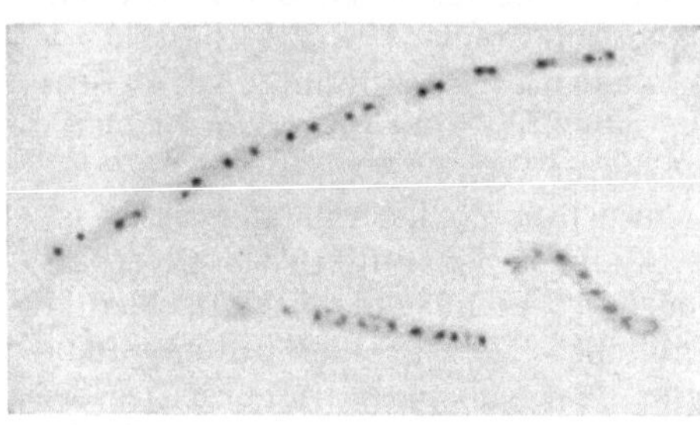

Abb. 8. *Bac. mycoides.* Nuclealreaktion nach FEULGEN. Hellfeldaufnahme. Vergr. 1800mal. (Nach R. SCHAEDE.)

Nucleoide (Abb. 8), von denen das eine in die Spore übergehen, das andere außerhalb der Spore zugrunde gehen soll (Abb. 9). Man hat diese Gebilde auch durch Ultraviolettaufnahmen photographieren können, nachdem vorher die ebenfalls die Ultraviolettstrahlen absorbierende

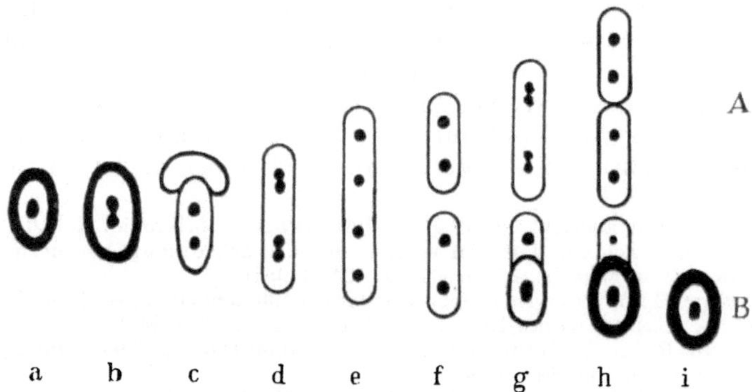

Abb. 9. Schematische Darstellung der kernähnlichen Gebilde bei einem Sporenbildner. A bei vegetativer Vermehrung, B bei Sporenbildung. Aus PIEKARSKI (nach Auffassung von STILLE).

Ribonucleinsäure entfernt war, deren Vorhandensein sie überdeckt[1]. Im Phasenkonstrastverfahren wurden ebenfalls den Nucleoiden entsprechende Bezirke festgestellt, und es ist nunmehr auch gelungen, in 0,1 μ dicken Schnitten elektronenoptisch eine ähnliche, wenn auch nicht ganz entsprechende Verteilung der Kernsubstanz nachzuweisen (Abb. 1,

---

[1] Literatur bei G. PIEKARSKI: Siehe S. 21, Anm. 5.

S. 9). Unter allen Umständen widerlegen diese Befunde die Annahme von Kernteilungs-Strukturen, deren angeblicher lichtoptischer Nachweis schon an der Grenze des Auflösungsvermögens scheitern muß.

So unzweifelhaft das Vorhandensein solcher Körnchen ist, so ist die Kernfrage doch noch nicht ganz klar entschieden, da einige Autoren[1] einen diffusen Ausfall der FEULGEN-Reaktion gefunden haben (genauer eine submikroskopische Verteilung) oder eine „Entmischung" zu distinkten, unregelmäßig geformten Körnchen unter Umständen von verschiedener Größe, die normalerweise oder unter gewissen Bedingungen (z. B. bei Behandlung von *Bac. mycoides* mit Lithium- oder Magnesiumsalzen) auftreten[1]. Die Unsicherheit der Lage beleuchtet die Tatsache, daß für den diffusen, als Kunstprodukt angesehenen Ausfall der FEULGEN-Reaktion die Autoren teils eine zu starke, teils eine zu schwache Hydrolyse annehmen. Ohne Aufklärung dieser Beobachtungen dürfte aber die Kernfrage noch nicht endgültig entschieden sein, und es besteht immer noch die Möglichkeit, daß die Verhältnisse labil sind und unter Umständen beide Möglichkeiten verwirklicht sind[2] oder ähnliche Verhältnisse vorliegen wie bei den *Cyanophyceae* (s. unten).

Die immer noch bestehende Unsicherheit betrifft also nicht die Frage eines Zellkernäquivalentes bei den Bakterien, sondern lediglich dessen morphologische Natur. Für die bei Bakterien festgestellten Mutationsvorgänge (S. 64) ist es zunächst gleichgültig, in welcher Form die Gene in der Zelle verteilt sind. In dieser Hinsicht sind die Beobachtungen der „retardierten Gendispersion" von Bedeutung, d. h. die Herstellung eines stabilen, durch Bestrahlung erzielten Mutantenzustandes erst in den Nachgenerationen, was auf frei in den Zellen vorhandene Erbeinheiten schließen läßt[3]. Darüber hinaus gewinnt auch die Frage eines unter Umständen vorkommenden Sexualaktes Bedeutung (vgl. S. 65). Nach STAPP[4] soll bei den „Sternformen" von *Ps. tumefaciens* unter gewissen Umständen Verschmelzung der „Kerne" eintreten (S. 61); solchen Beobachtungen ist zweifellos erhöhte Aufmerksamkeit zu schenken.

Ein ebenfalls uneinheitliches Bild bieten theoretische Überlegungen bei Auswertung der Strahlenwirkung. Während JORDAN aus Versuchen mit Röntgenstrahlen nach der Treffertheorie das Vorhandensein eines Steuerungszentrums in Größe von 0,1 μ bei *Bact. coli* berechnet, sollen nach TIMOFÉEFF-RESSOVSKY[5] etwa 1200 Treffbereiche in einer Bakterienzelle vorhanden sein, von denen nur eines getroffen zu werden braucht, um eine tödliche Wirkung auszuüben. Es bleibt

[1] PIETSCHMANN, K., u. A. RIPPEL: Arch. Mikrobiol. 3, 422 (1932). — SCHAEDE, R.: Arch. Mikrobiol. 10, 473 (1939). — IMSENECKI, A. A.: Struktur der Bakterien (1940) (russ.).

[2] Daß bei einigen Bakterien diffuse Reaktion festgestellt wurde, bei anderen außer dieser auch Körnchen, wird von SCHAEDE ausdrücklich betont. Im übrigen entsprechen seine Bilder (z. B. Abb. 5) vollkommen dem der Abb. 1. Es sei auch darauf hingewiesen, daß MILOVIDOV (zit. S. 21, Anm. 5) eingehend die Möglichkeit einer u. U. zeitweise vorhandenen diffusen Reaktion erörtert (z. B. S. 200, 206—212).

[3] DEMEREC, M.: Proc. Nat. Acad. Sci. USA 37, 36 (1947). — NEWCOMBE, H. B., u. G. W. SCOTT: Genetics 34, 475 (1949). — KAPLAN, R.: Arch. Mikrobiol. 15, 152 (1950).

[4] STAPP, C.: Siehe S. 61, Anm. 2, 4.

[5] TIMOFÉEFF-RESSOVSKY, N. W.: Das Trefferprinzip in der Biologie. Leipzig: S. Hirzel 1947; vgl. noch S. 163.

allerdings unbestimmt, ob diese Treffbereiche in einem Steuerungszentrum lokalisiert sind oder sich frei in der Zelle verteilen. Auch hier äußert sich der Gegensatz lokalisiert oder diffus.

Für *Mycobakterien* und *Actinomycetes*[1] wird teils mit Hilfe der FEULGEN-Reaktion ein distinkt in der Zelle gefärbter Bezirk angegeben; aber dieser erwies sich als eine Art von Sporen (S. 76), wie sein Auskeimen bei *Mycobakterien* zeigte, während bei *Streptomyces* deutlich die allmähliche Verdichtung des jungen, diffus gefärbten Plasmas bis zu den distinkten Bezirken sich verfolgen ließ, die somit nur verdichtetes Plasma sporenähnlicher Gebilde darstellen (Abb. 10). Andererseits sollen aber auch bei *Actinomyceten* Nucleoide vorkommen[2]. Das Bild entspricht also völlig dem bei den Bakterien.

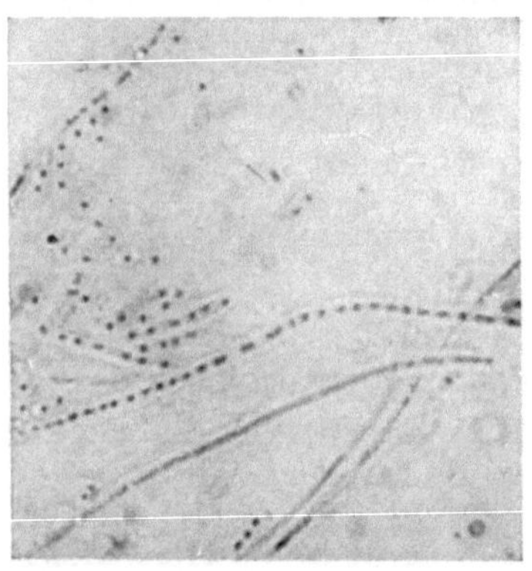

Abb. 10. *Actinomyces* spec. Nuclealreaktion nach FEULGEN. Fortschreitende Plasmaverdichtung. Vergr. 1500mal. (Hellfeldaufnahme nach O. v. PLOTHO.)

Daß man im übrigen nicht bei jeder Pflanzenzelle a priori einen Zellkern nach Art der höheren Pflanzen erwarten darf, zeigen die *Cyanophyceae* (Blaualgen), mit ihrem peripher grün gefärbten Chromatoplasma und einem farblosen Zentralkörper, in dem sich durch die FEULGEN-Reaktion Desoxyribonucleinsäure nachweisen läßt, die jedoch nicht, wie bisher angenommen, als fädiges „Chromidialsystem" verteilt, sondern in der Jugend homogen verteilt ist und sich mit fortschreitendem Alter immer mehr in Grana zerteilt[3].

Geißeln und Bewegung.

Geißeln sind die Bewegungsorgane der Bakterien, fehlen also den unbeweglichen Formen. Sie können monopolar an einem oder bipolar an beiden Polen stehen. Ist nur je eine Geißel vorhanden, so spricht man von monotricher, bei Vorhandensein eines Geißelbüschels (Abb. 16, S. 28) von lophotricher, cephalotricher, wenn mehrere getrennt inserierte Geißeln an einem Pol sitzen, von peritricher Begeißelung bei allseitig angeordneten Geißeln[4]. Ob *Thiovolum* mit äquatorialem Wimperkranz[5] ein eigentliches Bakterium ist, ist fraglich.

---

[1] PLOTHO, O. v.: Arch. Mikrobiol. 11, 285 (1940); 13, 93 (1943). — RIPPEL, A., u. P. WITTER: Arch. Mikrobiol. 5, 24 (1934). — SCHAEDE, R.: Arch. Mikrobiol. 10, 473 (1939).

[2] BISSET, K. A.: J. Gen. Microbiol. 3, 93 (1949). — BRINGMANN, G.: Zbl. Bakter. I Orig. 157, 349 (1951). — WEBB, R. B. u. Mitarb.: J. Bacter. 67, 498 (1954). — HAGEDORN, H.: Zbl. Bakter. II 108, 353 (1955).

[3] ZASTROW, E. M. v.: Arch. Mikrobiol. 19, 174 (1953). — HERBST, FR.: Ber. dtsch. bot. Ges. 66, 283 (1953).

[4] Eine Einteilung gibt E. LEIFSON: J. Bacter. 62, 377 (1951).

[5] METZNER, E.: Biol. Zbl. 68, 49 (1949).

Die Geißeln stehen nicht streng polar, sondern mehr oder weniger nach der Seite gerückt (seitlich-polar, Abb. 11), vielleicht mit Ausnahme der *Spirillaceae*; das ist ohne weiteres erklärlich, da die Geißeln vielfach schon ausgebildet sind, wenn die Zellen nach erfolgter Teilung noch zusammenhängen. Bei sehr kurzen Zellen erscheinen die Geißeln schon nahe der Seitenmitte angeheftet.

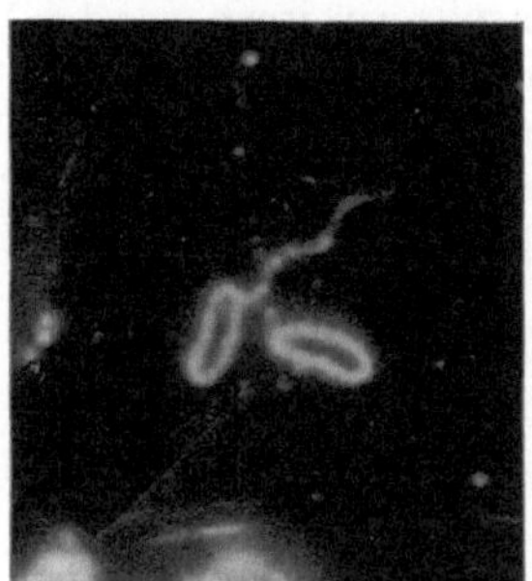

Abb. 11. *Bact. rubidaeum.* Seitlich-polare Begei-ßelung, Dunkelfeldaufnahme. Vergr. 1850mal. (Nach K. Pietschmann.)

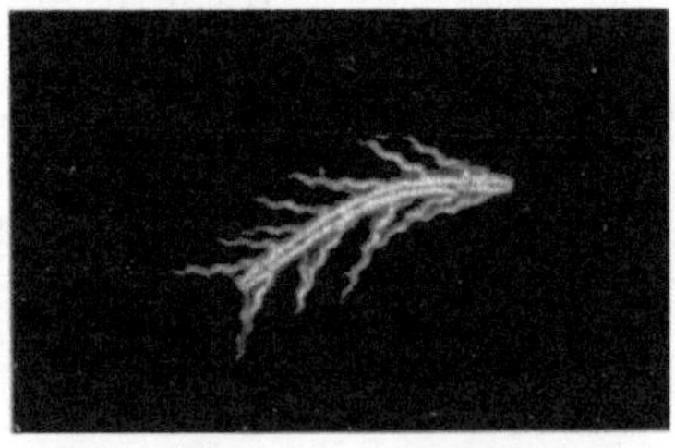

Abb. 12. *Bact. vulgare.* Zellverband mit Geißeln in regelmäßigen Abständen. Geißeln gespreizt, nicht in Funktion. Dunkelfeldaufnahme. Vergr. 1500mal. (Nach F. Neumann.)

Für die peritriche Begeißelung nahm man an, daß zahlreiche Einzel-geißeln über die Oberfläche verteilt seien, was sich aber bei vielen[1] unter-suchten Formen als unrichtig herausstellte. Der Irrtum war einerseits durch die Präparationstechnik entstanden, andererseits dadurch, daß z. B. bei *Bact. vulgare*, dem Schulbeispiel für „peritriche" Begeißelung, häufig zwar sehr viele Geißeln an einem Stäbchen sitzen, dessen Länge aber ebenso wie die regelmäßigen Abstände im Ansatz der Geißeln, den

Abb. 12 (in Abb. 13 die Schwimmhaltung) für dieses Bakterium zeigt, beweisen, daß hier noch keine Zellteilung zu sehen und keine Tren-nung der Zellen er-folgt ist[2]. Die Abstände entsprechen genau der Größe der wirklichen Einzelzelle, die offenbar zwei Geißeln, je eine seit-

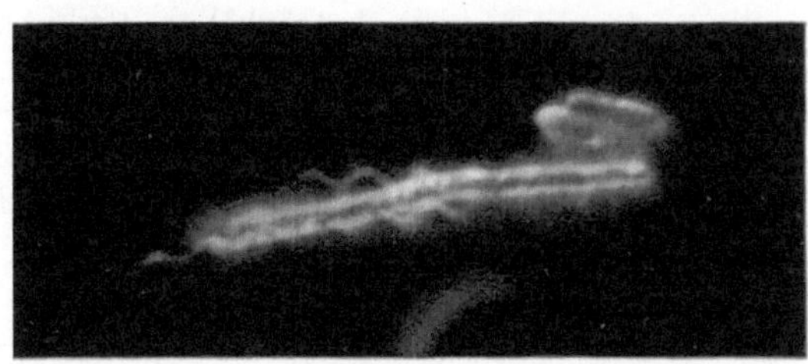

Abb. 13. *Bact. vulgare.* Zellverband mit Geißeln in Schwimmstellung nach rechts. Dunkelfeldaufnahme. Vergr. 2500mal. (Nach K. Pietschmann.)

lich von jedem Pol, besitzt. Ob es bei Bakterien überhaupt eine peri-triche Begeißelung im alten Sinne gibt, ist zweifelhaft geworden, da auch neuere elektronenoptische Aufnahmen in dieser Hinsicht nicht

---

[1] Pijper, A.: Zbl. Bakter. I Orig. **118**, 113 (1930). — Pietschmann, K.: Arch. Mikrobiol. **10**, 133 (1939); **12**, 377 (1942). — Iterson, W. van: Biochim. et Bio-physica Acta **1**, 527 (1947). — Eine Zusammenfassung: The nature of the bacterial surface. Symp. of the Soc. for Gener. Microbiol. Oxford 1949.

[2] Genau das soeben beschriebene Bild der „peritrichen" Begeißelung konnte soeben an *Spirillum* bei verhinderter Zellteilung erzielt werden: Bünning, E., u. J. Gössel: Arch. Mikrobiol. **21**, 411 (1955).

überzeugend sind, teilweise auch eine peritriche Begeißelung widerlegen[1]. Die Geißeln durchsetzen Schleimschicht und Zellmembran und
stehen so mit dem Cytoplasma in Beziehung, wie man nach elektronenoptischen Untersuchungen[2] mit großer Wahrscheinlichkeit annehmen
muß. Sie bestehen selbst aus Eiweiß[3]. An der Ansatzstelle im Plasma
sind sie bei *Spirillum* trichter- oder knöllchenförmig erweitert, was den Verhältnissen des Basalkörpers bei *Protozoen* entsprechen dürfte (Abb. 14).

Die Länge der Geißeln, die wenigstens in Bewegung nicht gerade, sondern schraubig gewunden sind, ist sehr verschieden: Bei *Nitrosomonas javanensis* übertrifft sie z. B. mit bis zu 30 μ die Körperlänge

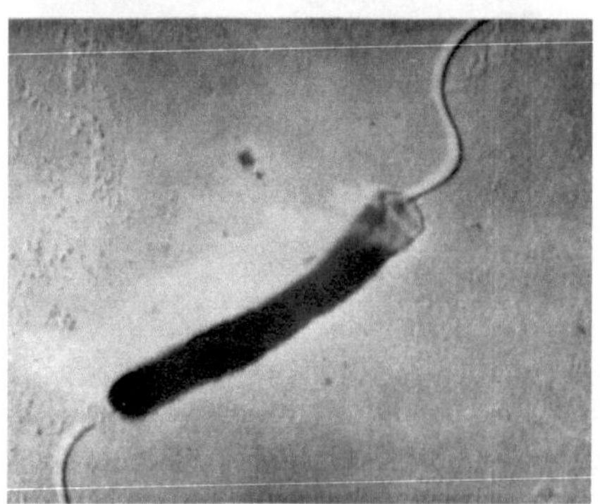
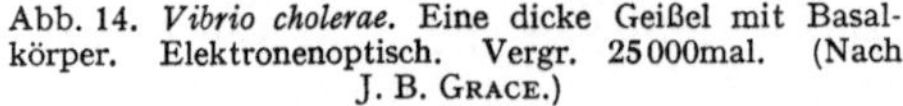

Abb. 14. *Vibrio cholerae.* Eine dicke Geißel mit Basal-
körper. Elektronenoptisch. Vergr. 25000mal. (Nach
J. B. GRACE.)

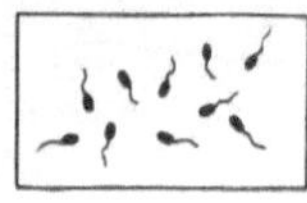
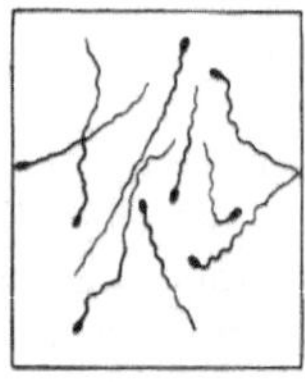

Abb. 15. *Nitrosomonas europaea* (oben) und
N. javanensis (unten) Begeißelung. Vergr.
660mal. (Nach S. WINOGRADSKY.)

von nur etwa 1 μ ganz beträchtlich (vgl. Abb. 15). Bei *Bac. subtilis*
beträgt sie 6—12 μ, bei 2—8 μ Körperlänge. Bei *Spirillum* mit je
nur einem Geißelbüschel[4] sind die Geißeln verhältnismäßig kurz, etwa
so lang wie der Zellkörper, falls dieser nicht zu lang ist (vgl. Abb. 16,
S. 28). Im allgemeinen kann man sagen, daß die relative Länge der
Geißel um so größer ist, je kleiner die Zelle.

Die Dicke der Geißel ist gering, höchstens wohl 0,05 μ; sie ist wahrscheinlich aus vielen einzelnen Fibrillen zusammengesetzt[5], die sich
unter Umständen auflösen, und, wie im Elektronenmikroskop, aber
wohl auch bei der Färbepräparationstechnik, zahlreiche Einzelgeißeln
vortäuschen können. Mit dem gewöhnlichen Mikroskop ist die Geißel
nicht zu sehen; sie läßt sich im lebenden Zustande nur in Dunkelfeld-

---

[1] Man vergleiche die Abb. 1, S. 21 von *Bact. coli* bei J. W. SMITH: Biochim. et
Biophysica Acta 15, 20 (1954). Es ist natürlich unmöglich, von 2—4 peritrich
angeordneten Geißeln zu sprechen wie in der angegebenen Arbeit.

[2] ITERSON, W. VAN: Biochim. et Biophysica Acta 1, 527 (1947). — GRACE, J. B.:
J. Gen. Microbiol. 10, 325 (1954).

[3] WEIBULL, CL.: Biochim. et Biophysica Acta 3, 378 (1949); Nature (London)
167, 511 (1951).

[4] Nach den elektronenoptischen Abbildungen VAN ITERSONs scheinen aber bei
Sp. serpens mehrere getrennte polare Geißeln vorhanden zu sein.

[5] MALLET, G. E., u. Mitarb.: J. Bacter. 61, 703 (1951).

beleuchtung[1] sichtbar machen, wobei zweckmäßigerweise ein viscoser Stoff (etwa Tragant oder Gummilösung) zur Bremsung der Bewegung zugesetzt wird. Damit sie sonst beobachtet werden können, müssen sie fixiert und gebeizt werden, wobei sie den Farbstoff intensiv aufnehmen; oder man stellt Metall-, z. B. Silberniederschläge, auf den Geißeln her.

Wenn man auch annimmt, daß nicht alle Bakterienarten beweglich sind und Geißeln besitzen, so muß man doch beachten, daß die Geißeln nur während eines mehr oder weniger kurzen jugendlichen Entwicklungsstadiums ausgebildet sind. Zum Beispiel findet man bei *Azotobacter chroococcum* nur in sehr jungen Flüssigkeitskulturen und auch da nur etwa 10% bewegliche, begeißelte Zellen. Die Beweglichkeit wird sehr gefördert bei Zusatz von geringen Mengen Agar-Agar (0,1%)[2]. Es wäre also durchaus denkbar, daß manche der uns als geißellos bekannten Formen nur unter den anomalen Kulturbedingungen keine Geißeln ausbilden.

Es kommt noch hinzu, daß die Geißeln außerordentlich empfindliche Organe sind und bei dem geringsten störenden Eingriff augenblicklich abgeworfen werden können, z. B. bei der Färbung und den ihr vorangegangenen Manipulationen; auch auf diese Weise ist gelegentlich das Trugbild der „peritrichen" Begeißelung entstanden. Abgeworfene oder abgerissene[3] Geißeln findet man in Präparaten häufig zu Geißelzöpfen ineinandergedreht, eine biologische Bedeutung kommt ihnen nicht zu.

Unter den *Pilzen* finden sich mit 1 oder 2 Geißeln versehene Schwärmsporen (Zoosporen) bei den niedrigen Formen *(Myxomycetes* und *Phycomycetes)*.

Bei der Bewegung der Bakterien handelt es sich um eine aktive Bewegung, die im Mikroskop leicht erkannt werden kann und sich dadurch, daß die Bewegungsrichtung verschiedener Individuen verschieden ist, von der passiven, durch Flüssigkeitsströmungen hervorgerufenen, nach gleicher Richtung gehenden Bewegung unterscheidet. Eine weitere passive Bewegung kommt durch den ungleichmäßigen Anprall der Moleküle zustande (BROWNsche Molekularbewegung); hierbei handelt es sich um ein unregelmäßiges, sehr schnelles Hin- und Herpendeln in geringer Entfernung um einen bleibenden Mittelpunkt.

Die Bewegung der Bakterien[4] findet mit Hilfe einer Schwingung der Geißeln statt, während eine Fortbewegung durch Ruderbewegung anscheinend nur gelegentlich vorkommt, etwa beim Umlegen der Geißel bei Umkehr der Bewegungsrichtung (Vorwärts- und Rückwärtsschwimmen) und bei gleitender Bewegung, wie sie bei langsamer Bewegung und vor dem Bewegungsloswerden zu beobachten ist[5]. Die Geißeln beschreiben bei der Bewegung einen Schwingungskörper, auch der

---

[1] NEUMANN, F.: Zbl. Bakter. I Orig. **96**, 250 (1925); **109**, 143 (1928). — PIETSCHMANN, K.: Arch. Mikrobiol. **10**, 133 (1939); **12**, 377 (1942).

[2] RIPPEL, A.: Arch. Mikrobiol. **7**, 210, 218 (1936). — TITTSLE, R. B., u. L. A. SANDHOLZER: J. Bacter **31**, 575 (1936).

[3] Abgerissene Geißeln kann man vielfach in elektronenoptischen Abbildungen feststellen.

[4] BUDER, J.: Jb. Bot. **56**, 529 (1915). — METZNER, P.: Biol. Zbl. **40**, 49 (1920).

[5] PIETSCHMANN, K.: Arch. Mikrobiol. **12**, 377 (1942) (auf S. 468).

Körper des Bakteriums gerät in entgegengesetzte Rotation. Die Schwingung der Geißel kommt durch ungleichmäßige Kontraktion der Einzelgeißel bzw. ihrer Fibrillen zustande[1].

Der Bewegung am besten angepaßt ist *Spirillum.* Sie wurde untersucht an Modellen und bei Dunkelfeldbeleuchtung unter Zusatz kolloidaler Teilchen zur Nährlösung am lebenden Objekt. Bei *Sp. volutans*

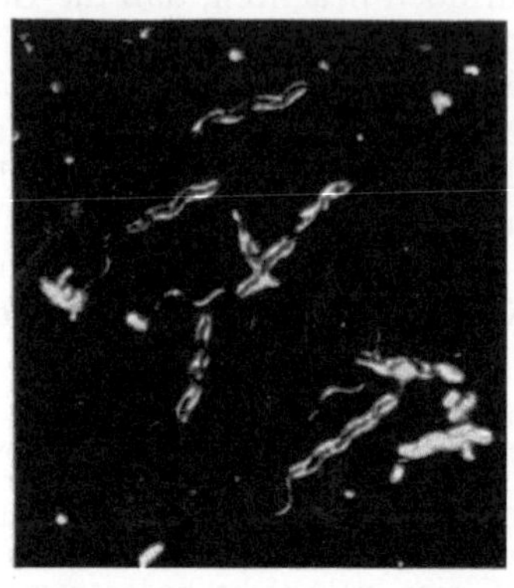
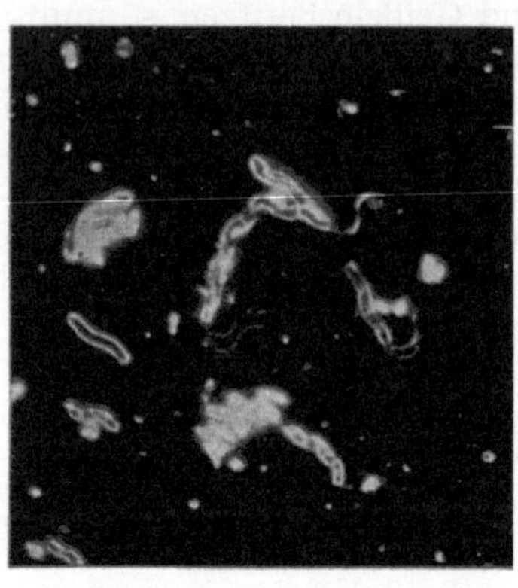

a   b

Abb. 16a u. b. *Spirillum* aus Schweinejauche. a) ein Geißelbüschel zusammen, b) in Einzelgeißeln aufgelöst. Dunkelfeld-Lebendaufnahme. Vergr. 750mal. (Phot. R. Meyer.)

findet sich an jedem Polende ein Geißelbüschel (Abb. 16), das bei der Bewegung als Einheit wirkt. Das am Vorderende der Bewegungsrichtung befindliche beschreibt einen breit glockenförmigen Schwingungskörper, wobei die Öffnung der Glocke nach dem Körper zu liegt, das Geißelbüschel also infolge Biegung des basalen Teils zurückgeschlagen ist. Das Geißelbüschel des Hinterendes beschreibt einen langgezogenen, tulpenförmigen Schwingungskörper (Abb. 17). Bei Umkehr der Bewegungsrichtung wird augenblicklich das Bewegungssystem der Richtung entsprechend umgeschaltet. Infolge der durch die Geißelbewegung hervorgerufenen Rotation bohrt sich der schraubenförmig gewundene Bakterienkörper in das Wasser hinein. Die Geißeln machen 37—40,

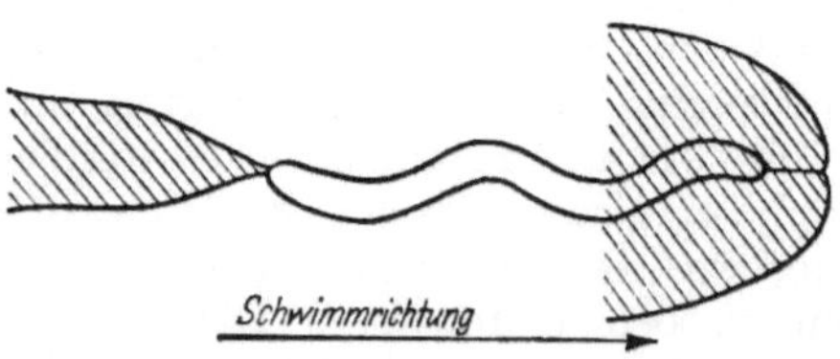

Abb. 17. *Spirillum.* Bewegungsmechanismus. Die schraffierten Teile deuten den Schwingungsraum der Geißeln an. (Schematische Zeichnung nach J. Buder u. P. Metzner.)

der Bakterienkörper etwa 13 Umdrehungen in der Sekunde. Infolge der Geschwindigkeit der Bewegung ist die eingeschlagene Richtung äußerst stabil: Die Spirillen können sich nur in gerader Richtung fortbewegen, biegen einem Widerstand nicht aus, sondern schießen in gerader Richtung zurück, wie erwähnt, unter Umschaltung des

---

[1] Vgl. Cl. Weibull: Nature (London) **167**, 511 (1951).

Bewegungsapparates. Nur ganz kleine Individuen können von der geraden Richtung abweichen, was dann aber nur durch eine schwache Unsymmetrie des Körpers zustande kommt, die entsprechend ablenken muß.

Chromatium Okenii hat nur eine kräftige Geißel, die aus mehreren Einzelgeißeln wie ein Tau zusammengedreht ist und die einen tulpenförmigen Schwingungskörper am Hinterende bildet. Bei Bewegungsumschaltung schwimmt das Bakterium mit der gleichen Form der Geißelschwingung am Vorderende. Die Geißel ist also verhältnismäßig starr und wirkt wie eine Schiffsschraube, wobei indessen der Bakterienkörper, der Geißelschwingung entgegengesetzt, rotiert.

Bei den seitlich polar begeißelten Formen sind die Geißeln in der Bewegungsrichtung nach hinten gerichtet und dem Körper ganz eng angelegt (Abb. 13). Die in Abb. 12 dargestellte gespreizte Geißelhaltung ist anomal; die Geißeln sind nicht mehr in Funktion. Auch hier rotieren Geißeln und Bakterienkörper, dieser in entgegengesetzter Richtung. Die Bewegung ist plumper als die von *Spirillum* und erscheint oft, wenn sie verlangsamt ist, als ein Herumwälzen des Körpers. Die Geißeln sind bei diesen Formen (nach der Bakterienart sehr verschieden) auch im Dunkelfeld oft schwer zu sehen. Schon die Art einer solchen Bewegung zeigt, daß Geißeln nicht regellos über den Bakterienkörper zerstreut sitzen können, wie man früher für die als „peritrich" begeißelt geltenden Formen vielfach annahm. Der seitlich polare Geißelansatz wirkt sich für die Mechanik der Bewegung genau so aus wie ein polarer Ansatz bei den gewundenen Spirillen.

Die absolute Schnelligkeit der Fortbewegung beträgt bei *Chromatium* 20—40 μ, bei *Spirillum* bis zu 100 μ in der Sekunde, ist aber sehr von äußeren Verhältnissen abhängig, insbesondere von der Temperatur. Bei Nahrungsmangel kommt sie infolge Fehlens des Betriebsmaterials schnell zum Stillstand. Die relative Schnelligkeit macht man sich am besten klar, wenn man die Zahlen auf menschliche Verhältnisse bezieht. Wenn ein *Spirillum* von 10 μ Länge je Sekunde 100 μ zurücklegt, so würde ein Mensch von 1,70 m Größe bei gleicher relativer Schnelligkeit 17 m in der Sekunde, d. h. rund 60 km in der Stunde zurücklegen müssen. Um diese Leistung richtig einzuschätzen, muß man aber noch berücksichtigen, daß das Wasser für ein *Spirillum* ein Medium von sehr viel höherem Reibungswiderstand ist, als die Luft für den Menschen.

Die Bewegung wird ausgelöst durch äußere Reize, wobei die positive Reaktion (zu der Reizursache hin) durch eine negative (von der Reizursache weg) abgelöst wird, wenn der Reiz zu stark wird. Die quantitativen Abstufungen folgen dabei einer ähnlichen Gesetzmäßigkeit wie die Wirkung der Nährstoffe auf den Ertrag (S. 153). Wirkt der Reiz in verschiedener Stärke, so ist der Reizerfolg durch die Resultante der einwirkenden Reizmengen bestimmt (Resultantengesetz).

Die durch den Reiz ausgelöste, freie Ortsbewegung bezeichnet man als Taxis. Verbreitet ist die Chemotaxis. Diese Reaktionsfähigkeit auf chemisch wirksame Stoffe gibt dem Organismus die Möglichkeit, der Nahrung nachzugehen (positive), bzw. schädliche Stoffe oder

Konzentrationen zu meiden (negative Chemotaxis). Als Beispiel für die chemotaktische Empfindlichkeit diene die farblose Flagellate *Polytoma uvella*, die durch Triolein[1] noch in einer Konzentration von $1/10^8$ bis $1/10^9$ angelockt wird[2].

Die chemotaktische Reizbarkeit gilt auch für den Sauerstoff (Aerotaxis). Bei Sauerstoffmangel sammeln sich bewegliche aerobe Bakterien an den Stellen bester Sauerstoffversorgung, z. B. am Rande des Deckglases oder um unter dem Deckglas eingeschlossene Luftblasen an. Der ENGELMANNsche Bakterienversuch benutzt diese Eigenschaft zum Nachweis äußerst geringer Mengen von Sauerstoff: Unter dem Deckglas liegt etwa eine *Grünalge*. Hält man dunkel und läßt nur an einer Stelle einen kleinen Lichtfleck zutreten, so wird an dieser Stelle Photosynthese und Sauerstoffausscheidung erfolgen, und um sie sammeln sich dann die gleichzeitig in das Präparat eingeführten beweglichen Bakterien an.

Ein chemischer Reiz kann nicht nur richtungsbestimmend wirken, sondern kann sich auch bei homogener Verteilung bemerkbar machen. So führen die *Purpurbakterien* bei Gegenwart von narkotisch wirksamen Stoffen „rhythmische Schreckbewegungen" aus, ähnlicher Art, als wenn sie dauernd gegen einen festen Widerstand stießen.

Durch Licht ausgelöste freie Ortsbewegung, Phototaxis, ist namentlich bei den ja auch photosynthetisch arbeitenden *Purpurbakterien* (S. 106) bekannt. Je nach der Stärke des Lichtes schwimmen die Bakterien zu der Lichtquelle hin (positive) oder wenden sich von ihr ab (negative Phototaxis). Ein Übergang von hell zu dunkel wirkt dabei wie ein mechanisches Hindernis: Die Bakterien schrecken zurück und bleiben in dem Lichtfleck gefangen. Im Spektrum sammeln sich die Purpurbakterien hauptsächlich im Ultrarot (das kurzwellige Ultrarot ist auch phototaktisch am wirksamsten) und Gelb, weniger an anderen Stellen, entsprechend den Absorptionsbändern ihrer Farbstoffe[3]. Überhaupt hängt die Phototaxis von Verschiebungen in der Photosynthese ab; auch Carotinoide sind hierbei wirksam (S. 107)[4].

An *Spirillum* wurden noch weitere Kenntnisse über die Wirkung der Bewegungsreize und die Reizleitung gewonnen. Jedes der beiden polaren Geißelbüschel kann einzeln auf den Reiz reagieren, wobei als Angriffsort des Reizes die Geißelbasis festgestellt wurde. Die Reaktion folgt sehr schnell auf den Reiz, in weniger als $^1/_{10}$ sec, für menschliches Unterscheidungsvermögen also sofort. Doch gelang der Nachweis der Weiterleitung von einem zum anderen Geißelsystem durch Herabsetzen der Erregbarkeit mittels eines Narkotikums, womit gleichzeitig auch eine Herabsetzung der Schnelligkeit der Leitung erfolgt.

Kurz sei noch erwähnt, daß bei Bakterien auch noch andere Bewegungsarten unter Achsenrotation vorkommen, allerdings bei Formen, wie *Beggiatoa* (ebenso bei den eigentlichen *Cyanophyceae*)[5], *Thiothrix* u. a., die wir nicht mehr zu den

---

[1] Über die Bedeutung ungesättigter Fettsäuren als Wirkstoffe vgl. S. 134.

[2] PRINGSHEIM, E. G., u. F. MAINX: Planta **7**, 538 (1926).

[3] BUDER, J.: Jb. Bot. **58**, 525 (1919).

[4] CLAYTON, R. K.: Arch. Mikrobiol. **19**, 107, 125, 141 (1953).

[5] SCHULZ, G.: Arch. Mikrobiol. **21**, 335 (1955). Auch Membranstruktur.

eigentlichen Bakterien rechnen. Es ist eine langsame Kriechbewegung. *Thio-thrix* z. B. braucht zum Zurücklegen von 50—100 μ 1—2 Std., eine im Vergleich zu *Spirillum* kümmerliche Leistung. Die Bewegung erfolgt dadurch, daß durch Ausscheiden von Schleim seitens des Zellfadens dieser vorwärtsgeschoben wird. Die Bewegung der *Myxobakterien (Myxococcus)* scheint aber durch Kontraktions-bewegungen des Körpers zustande zu kommen[1].

Auf die mannigfachen Bewegungserscheinungen bei *Algen* und *Pilzen* sei hier nicht eingegangen. Über Phototropismus bei *Pilzen* vgl. S. 145.

Reservestoffe.

Kohlenhydrate. In dem Cytoplasma finden sich zahlreiche Ein-schlüsse, von denen vor allen Dingen Reservestoffe hervortreten, die sich als solche durch den Verbrauch in Zeiten von Nahrungsmangel und vor der Anlage von Sporen oder sonstigen Dauerorganen erweisen. Als löslicher Reservestoff ist Mannit bei *Pilzen* verbreitet (bis über 20% in jungen Fruchtkörpern von *Basidiomycetes* und bis 10% in jungem Mycel von *Asp. niger*), ferner Trehalose (aus 2 Glucosemole-külen bestehendes, nicht reduzierendes Disaccharid) in *Hefe*[2] (bis 10%). Weiter stellt Glykogen, die tierische Stärke, die in der Leber ge-speichert wird, auch bei *Bakterien* und *Pilzen* das eigentliche Reserve-kohlenhydrat dar (bis über 30% bei *Hefe*), eine Analogie im Stoffwechsel von höheren Tieren und Mikroorganismen wie das Chitin für die Pilze und niederen Tiere. *Hefe*[3] z. B., der man Rohrzuckerlösung zugibt, speichert in wenigen Stunden viel Glykogen. Das Glykogen ist in Form flüssiger Tropfen vorhanden, nicht als strukturiertes Stärkekorn wie die Stärke bei den höheren Pflanzen, der es aber nahe verwandt ist. Malz-auszug, Speichel, verdünnte Säuren lösen es wie Stärke, Jod färbt es aber nicht blau, sondern rotbraun; auf diese Weise wird es mikroskopisch nachgewiesen. Die zellfreie enzymatische Synthese von Glykogen aus Rohrzucker konnte bei *Micrococcus (Neisseria) perflavus* nachgewiesen werden[4]; allerdings handelt es sich dabei nicht um eigentliches Gly-kogen, sondern um ein Polysaccharid, das zwischen Amylopectin und Glykogen steht, mehr allerdings zu diesem neigt[5].

Bei einigen Bakterien kommt ein anderes Kohlenhydrat vor, Iogen, das sich mit Jod wie Stärke blau färbt; manche haben den Artnamen von diesem Vorkommen erhalten, so *Spir. amyliferum* und *Bac. amylobacter*. Viele Bakterien, u. a. *Corynebact. diphtheriae*, bilden stärkeähnliche Stoffe aus Glucose-1-phosphat[6]. Bei *Bac. amylobacter* ist vor der Sporen-bildung meist die ganze spindelförmige Zelle mit Iogen angefüllt, mit Ausnahme eines Pols, in dem sich später die Spore bildet (Abb. 18). Bei der Jodfärbung färbt sich daher diese Stelle nicht blau; mit Methylen-blau erhält man den umgekehrten Kontrast. Nach der Sporenbildung

---

[1] MEYER-PIETSCHMANN, K.: Arch. Mikrobiol. **16**, 163 (1951).

[2] BRANDT, K. M.: Biochem. Z. **309**, 190 (1941).

[3] Über Glykogenbildung bei Hefe siehe H. ALTHAUS: Ber. naturforsch. Ges. Baselland **18**, 99 (1950).

[4] HEHRE, E. J., u. Mitarb.: J. of Biol. Chem. **177**, 267 (1949).

[5] BARKER, S. A., u. Mitarb.: J. Chem. Soc. (London) **1950**, 2884.

[6] HEHRE, E. J., u. Mitarb.: Science (Lancaster, Pa.) **106**, 523 (1947). — CARISON, A. S., u. E. J. HEHRE: J. of Biol. Chem. **177**, 281 (1949).

ist das Iogen als Reservestoff verbraucht. Es handelt sich auch hierbei um keine eigentliche Stärke, sondern vielleicht um den von *Aspergillus* bekannten Stoff[1].

Ein solcher kommt nämlich bei zahlreichen Pilzen vor, namentlich *Aspergillus*- und *Penicillium*-Arten[2], in der Hauptsache als unregelmäßige, der Zellmembran aufgelagerte Schollen. Wahrscheinlich handelt es sich jedoch um ein mehr pathologisches Produkt; es wird, wie bei *Asp. niger*, bei stark saurer Reaktion der Nährlösung in erheblicher Menge gebildet[3] und auch in die Nährlösung ausgeschieden, die sich mit Jod bläut. Es handelt sich wahrscheinlich um **Amylose**[4], den Bestandteil, der zusammen mit dem Amylopectin die Stärke der höheren Pflanzen bildet. Amylose wurde auch bei *Torula histolytica* und *Diphtheriebakterien* festgestellt[5]. Jedenfalls wäre es höchst bemerkenswert, wenn die Bestandteile der Stärke der höheren Pflanzen bei den Mikroorganismen getrennt vorkämen.

Fett. Fett ist bei den Mikroorganismen sehr verbreitet[6]. Es scheint, daß sein Vorkommen in größerer Menge sich, ähnlich wie bei den Samen der höheren Pflanzen, mit dem der Kohlenhydrate bis zu einem gewissen Grade ausschließt. Von 71 geprüften sporenbildenden Bakterienarten enthielten[7]:

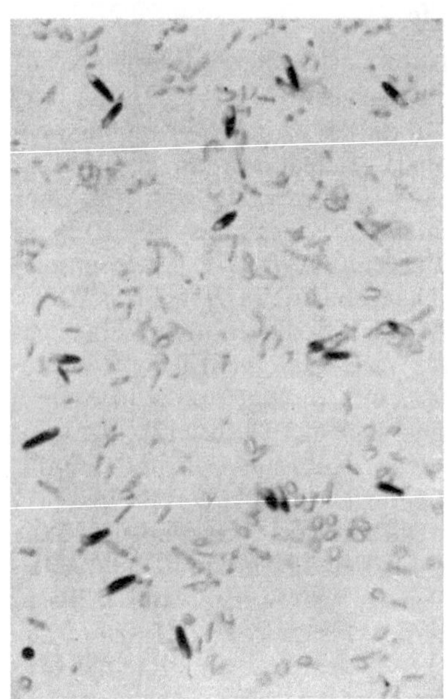

Abb. 18. *Bac. amylobacter* (Rohkultur). Iogen mit Jod blau gefärbt (in der Abbildung dunkel). Hellfeldaufnahme.   Vergr.   1000 mal.   (Phot. R. MEYER.)

K	F	V	K+F	K+V	F+V	K+F+V	0
19	4	8	1	13	3	2	11

K = Kohlenhydrat; F = Fett; V = Volutin; 0 = keines der drei festgestellt.

---

[1] Zur Bildung solcher Stoffe vergleiche noch: E. J. HEHRE u. D. M. HAMILTON: J. of Biol. Chem. **166**, 777 (1946).

[2] CHRZASZCZ, T., u. D. TIUKOW: Biochem. Z. **207**, 39 (1929); **222**, 243 (1930).

[3] BOAS, F.: Ber. dtsch. bot. Ges. **34**, 786 (1916); **37**, 50 (1919).

[4] SCHMIDT, D.: Biochem. Z. **158**, 223 (1925).

[5] HEHRE, E. J., u. Mitarb.: J. of Biol. Chem. **177**, 289 (1949).

[7] Vgl. die Zusammenstellungen von A. NIETHAMMER: Fette und Seifen **50**, 309 (1943). — BERAUD, P.: Ann. Ferment. 7, 93 (1942). — BERNHAUER, K.: Erg. Enzymforsch. **9**, 297 (1943).— RAVEUX, K.: Ann. Nutrit. et l'Aliment. 2, 39 (1948).— KLEINZELLER, A.: Adv. Enzymol. **8**, 299 (1948).

[7] Es wurden hierzu die Angaben der Schule von ARTHUR MEYER und G. BREDEMANN verwendet. — Zusammenfassung über die Chemie der Bakterienlipoide: J. ASSELINEAU u. E. LEDERER: Fortschr. Chem. organ. Naturstoffe **10**, 170 (1953).

Es scheint weiterhin eine Beziehung zwischen dem Vorkommen oder Fehlen von Fett und dem größeren bzw. geringeren Sauerstoffbedürfnis des Organismus zu bestehen, was verständlich wäre, da die Verarbeitung von Fett beträchtliche Mengen von Sauerstoff verlangt (S. 190f). Abb. 19 zeigt das Vorkommen von Fett bei *Bac. mycoides*; ein Vergleich mit Abb. 27, S. 50 läßt den Unterschied zu den größeren und regelmäßiger gelagerten Endosporen erkennen.

Die Menge des Fettes ist außerordentlich verschieden (vgl. S. 120 f.). *Bakterien* enthalten, von den Wachsen (s. unten, *Corynebact. mallei*, der Rotzerreger, mit 40%) abgesehen, meist nur geringe Mengen (3—4%), *Corynebact. diphtheriae*, der Diphtherieerreger, nur 1,6%, *Azotobacter* (S. 123) u. U. unter 1%, selten größere Mengen, 15% bei *Bac. amylobacter* und bei *Aerobacter cloacae*[1]. Eigenartigerweise sind die Endosporen der *Eubacteria* fettarm, 3—4%, auch wenn die vegetativen Stadien größere Mengen Fett bilden können. Bei den

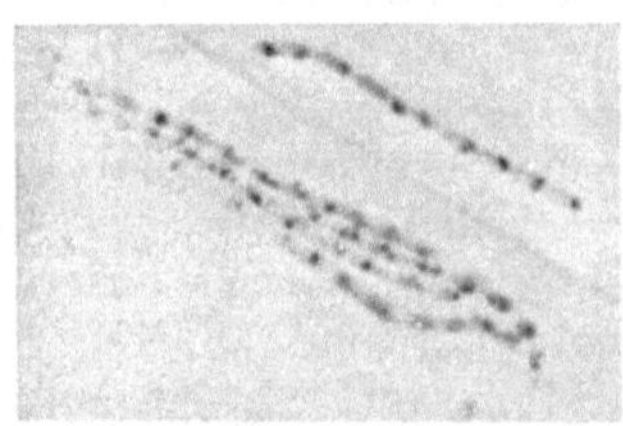

Abb. 19. *Bac. mycoides.* Stäbchen mit Fett (α-Naphtholfärbung, in Abbildung dunkel). Hellfeldaufnahme. Vergr. 700mal. (Phot. R. MEYER.)

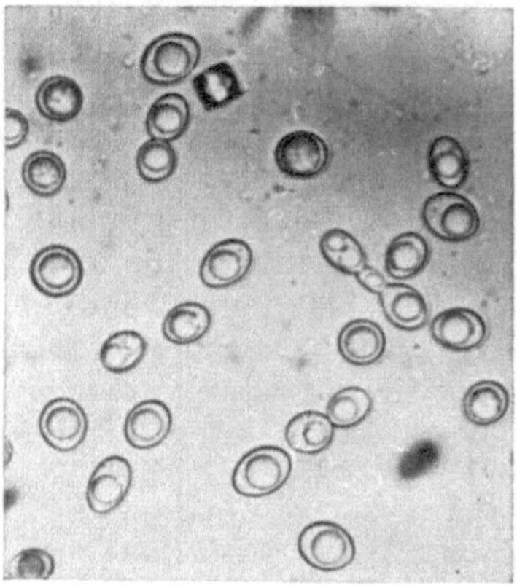

Abb. 20. *Candida (Nectaromyces) Reukaufii*-Zellen mit großem Fetttropfen. Hellfeld-Lebendaufnahme. Vergr. 600mal. (Phot. R. MEYER.)

Pilzen ist das Vorkommen von Fetten sehr verbreitet; es seien nur einige genauer untersuchte Formen genannt: bei *Fusarium*-Arten (S. 361), *Mucoraceae*, dem Milchschimmel *(Oospora lactis)* sowie bei einzelligen Hefen (*Torulopsis pulcherrima*, *Rhodotorula*-Arten), der Nektarhefe *Candida Reukaufii* (Abb. 20) sowie bei Mycelhefen [*Endomycopsis* (=*Endomyces*) *vernalis*], Abb. 23. Für *Oospora*[2] und *Candida*[3] sind fettreiche (bis zu 50% in der Trockensubstanz, für *Rhodotorula* werden sogar 74% angegeben[4]) und fettarme Stämme beobachtet worden. Sehr verbreitet ist die Fettbildung auch bei *Algen* (S. 361).

Bei *Lactobac. casei*[5] enthält das Fett 4% Stearinsäure, 16% „Lactobacillic acid" (C_{19}), 23% Palmitinsäure und 38% cis-Vaccensäure (ungesättigt C_{18}). Das Fett der *Pilze* ähnelt dem Olivenöl; es sind gewöhnliche Neutralfette: Glycerinester von Palmitin-, Stearin-, Ölsäure usw.[6], aber auch auffallend viel freie Fettsäuren, selbst in

---

[1] SCHÖNBORN, W.: Arch. Mikrobiol. **22**, 408 (1955) (für *Bac. amylobacter* in Flüssigkeitskultur). — SNEED, T., u. H. O. HALVORSON: Appl. Microbiol. **2**, 285 (1954); 15% bei *Aerobact. cloacae*.

[2] GEFFERS, H.: Arch. Mikrobiol. **8**, 66 (1937).

[3] MARTIN, H. H.: Arch. Mikrobiol. **20**, 141 (1954).

[4] Siehe S. 121, Anm. 1.

[5] HOFMAN, K., u. S. M. SAX: J. of Biol. Chem. **205**, 55 (1953).

[6] FINK, H., H. HAEHN u. W. HOERBURGER: Chem. Ztg. **61**, 689, 723, 744 (1937). — RIPPEL-BALDES, A., u. Mitarb.: Arch. Mikrobiol. **14**, 113 (1948) (für *Candida Reuk.*).

Sporen[1], die offenbar von teilweiser Spaltung herrühren. Wie bei den höheren Pflanzen fördert höhere Temperatur die Bildung gesättigter Fettsäuren, während ungesättigte bei niedrigerer Temperatur mehr hervortreten. Die Menge des gebildeten Fettes ist stark von den Kulturbedingungen abhängig. Außer der Sauerstoffversorgung fördern Wasserentzug, vor allem aber[2] verminderte Stickstoff- (Abb. 74, S. 121) und Phosphorsäureernährung[3]. Das in vegetativen Zellen, Sporen, Chlamydosporen und Sklerotien der Pilze sich findende Fett ist normalerweise Reservefett, in vegetativen Zellen häufig „Degenerationsfett" (pathologische Verfettung), ähnlich wie es in tierischen Geweben der Fall sein kann[4], das sich bei Hunger als nicht mehr resorptionsfähig erwies; die Zellen waren nicht mehr entwicklungsfähig. Zum mikroskopischen Nachweis von Fett dienen Sudan III, rot-gelb färbend, das gelb färbende Dimethylamidoazobenzol oder das blau färbende Gemisch von α-Naphthol und Dimethyl-p-phenylendiamin.

Besondere Beachtung findet das „Fett" von *Mycobact. tuberculosis*, des Tuberkuloseerregers (bis zu 40 % in der Trockensubstanz). Es handelt sich jedoch bei diesem und anderen säurefesten Bakterien (*Mycobacteria*, auch den saprophytischen[5]), ferner dem erwähnten *Corynebacterium* sowie gewissen *Actinomyces*-Arten nur teilweise um eigentliches Fett, vielmehr oft in der Hauptsache um wachsartige Stoffe. Es sind Ester hochmolekularer Alkohole, wie dem Phtiocerol (C_{35}) der *Tuberkelbakterien*, dem Octadecanol (C_{18}), Eikosanol (C_{20}) und anderen mit hochmolekularen Fettsäuren (C_{70} bei der Mycolinsäure, C_{87} bei Mycolsäure), verbunden mit einfachen oder Polysacchariden[6]. Auch Fettsäuren mit verzweigter Kohlenstoffkette wurden bei Bakterien gefunden[7]. Die Wachse sind in der Membran eingelagert, und vielleicht ist ihre Bildung als pathologisch zu werten. Wie oben schon gesagt, ist wahrscheinlich die Säurefestigkeit auf solche Stoffe zurückzuführen. Ihre Bildung hängt von den gleichen Kulturbedingungen ab wie die der Neutralfette[8].

Durch Extraktion, z. B. mittels Äther, ist das Fett aus Mikroorganismen nicht quantitativ zu gewinnen, da die unverletzten Zellen

---

[1] ZELLNER, J.: Sitzgsber. Akad. Wiss. Wien. Math.-Naturwiss. Kl. **119**, Abt. II b, 441 (1910).

[2] STEINER, W.: Ber. dtsch. bot. Ges. **56**, 73 (1938). — HEIDE, S.: Arch. Mikrobiol. **10**, 135 (1939). — RAAF, H.: Arch. Mikrobiol. **12**, 131 (1941). — Über allgemeine Kulturbedingungen vgl. noch A. RIPPEL-BALDES, unter Anm. 6, S. 33.

[3] DAMM, H.: Zbl. Bakter. I. Orig. **155**, 337* (1950). — SCHULZE, K. L.: Arch. Mikrobiol. **15**, 315 (1951). — MAAS-FÖRSTER, M.: Arch. Mikrobiol. **22**, 115 (1955).

[4] CORDES, H.: Bot. Archiv **3**, 282 (1923).

[5] PLOTHO, O. v.: Arch. Mikrobiol. **13**, 93 (1942). — Vgl. zu den Bestandteilen der Mycobakterien Fl. B. SEIBERT: Ann. Rev. Microbiol. **4**, 35 (1950). — S. 121, Anm. 3.

[6] LESUK, A., u. R. J. ANDERSON: J. of Biol. Chem. **136**, 603 (1940). — PEEK, R. L., u. R. J. ANDERSON: J. of Biol. Chem. **138**, 135 (1941); **140**, 89 (1941). — MATTIA, R. DE: Giorn. Batter. **29**, 211 (1942). — ASSELINEAU, J.: Biochim. et Biophysica Acta **10**, 453 (1953); Bull. Soc. chim. France **1953**, 427.

[7] VELICK, S. F.: J. of Biol. Chem. **152**, 533; **154**, 497; **156**, 101 (1944) *(Pseudomonas tumefaciens)*. Sammelbericht: J. BALTES: Fette und Seifen **52**, 41 (1950).

[8] BARTRAM, H.: Zbl. Bakter. I. Orig. **155**, 338* (1950).

das Lösungsmittel nicht eindringen lassen; die Zellen müssen vorher zertrümmert oder mit anderen Lösungsmitteln behandelt werden. Derartig gewonnenes Fett ist „Rohfett“, das außer Neutralfetten noch weitere Stoffe enthält, Phosphatide, z. B. Lecithin, und Sterine, die man einschließlich des Fettes auch mit dem Sammelbegriff „Lipoide“ bezeichnet. Unter den Sterinen ist das Ergosterin der *Hefe* als Muttersubstanz des antirachitischen Vitamins (Vitamin D) besonders bemerkenswert; es geht aus diesem durch Bestrahlung hervor, wie WINDAUS und POHL zeigten. Durch Wasserentzug und Alkoholdämpfe kann bei *Hefe* der Steringehalt sehr steigen, stärker als der ebenfalls zunehmende Fettgehalt, bis zu dem 60fachen der Ausgangsmenge, gegen das 20fache beim Fett. Im Maximum wurden bei der *Bierhefe* 13,5% der Trockensubstanz an Sterinen gefunden, bei 42,5% Gesamtlipoiden (gegen normal etwa 2%[1]). Als weiterer interessanter Körper findet sich in der *Hefe* das von keinem anderen Mikroorganismus bekannte Squalen, das in sonstigen tierischen und pflanzlichen Fetten hin und wieder vorkommt[2].

Eiweiß ist die dritte der allgemein als Reservestoffe verbreiteten Stoffgruppen; das oft in großen Mengen bei *Bakterien, Actinomyceten, Pilzen* und auch *Algen*, nicht aber bei höheren Pflanzen vorkommende Reserveeiweiß (genauer wohl Reservephosphat) ist das von A. MEYER aufgefundene Volutin[3], genannt nach seinem Vorkommen in *Spir. volutans* (Abb. 21 für *Spir. serpens*). In zahlreichen Fällen, so bei *Diphtheriebakterien* findet es sich als sog. „Polkörperchen“ (je eine Kugel an jedem Pol). Es wurde früher z. T. als „metachromatische Körperchen“ bezeichnet und auch vielfach fälschlich als Zellkern angesprochen, von dem es sich aber z. B. dadurch unterscheidet, daß es in heißem Wasser, das den Kern fixiert, löslich ist. Sonst teilt es mit diesem viele färberische Eigenschaften, so die intensive Färbung durch Methylenblau, die es aber zum Unterschied vom Kern auch in 1% Schwefelsäure beibehält. Es ist nach A. MEYER eine Nucleinsäureverbindung, nach an-

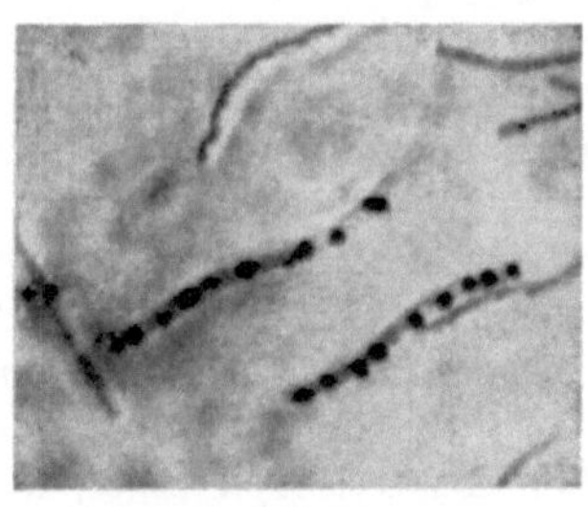

Abb. 21. *Spir. serpens.* Volutinkörper (mit Methylenblau gefärbt, in Abbildung dunkel). Hellfeldaufnahme. Vergr. 1500mal. (Nach G. GIESBERGER.)

deren[4] freie Nucleinsäure oder Ribonucleinsäure, nach elektronenoptischen Untersuchungen wenigstens in vielen Fällen das Calciumsalz einer Nucleinsäure[5]. Andererseits wird angegeben, daß es sich um

---

[1] HALDEN, W.: Hoppe-Seylers Z. **225**, 249 (1934). — SOBOTKA, M., u. Mitarb.: Hoppe-Seylers Z. **234**, 1 (1935).

[2] TÄUFEL, K., u. W. HEIMANN: Biochem. Z. **306**, 123 (1940).

[3] Bedingungen der Volutinbildung: SMITH, J. W., u. Mitarb.: J. Bacter. **68**, 450 (1954).

[4] SCHUMACHER, J.: Zbl. Bakter. I. Orig. **88**, 362 (1922); **97**, 81 (1926). — CASPERSSON, T., u. K. BRANDT: Protoplasma **35**, 507 (1941). — BRANDT, K.: Protoplasma **36**, 77 (1941).

[5] KÖNIG, H., u. A. WINKLER: Naturwiss. **35**, 136 (1948).

Metaphosphat (vgl. S. 167) handele[1]. Hier zeigt der Verbrauch bei der Sporenbildung die Reservestoffnatur; es dürfte sich in der Hauptsache um ein Phosphorsäure-Depot handeln, denn ausgiebige Phosphorversorgung ist für die Bildung des Volutins notwendig. Die Verbreitung des Volutins bei einigen Bakterien zeigt die S. 32 gegebene Übersicht, wobei noch zu bemerken ist, daß sehr geringe Mengen eines dort als fehlend angegebenen Reservestoffes überall vorkommen können und natürlich auch die Ernährungsbedingungen von Einfluß sind.

Harnstoff wird bei *Hutpilzen* u. a. in großen Mengen in den Fruchtkörpern gespeichert (bis zu 11% der Trockensubstanz bei *Bovista*[2]) und spielt hier offenbar die Rolle eines Reservestoffes, da er bei der Reife der Fruchtkörper verbraucht wird. Dieser Harnstoff wird aus Ammoniak synthetisiert, auch aus künstlich gebotenem. Kleinere Mengen von Harnstoff werden von vielen Schimmelpilzen, Hefen und Bakterien aus Arginin (S. 244) und Guanidin (S. 199) gebildet[3].

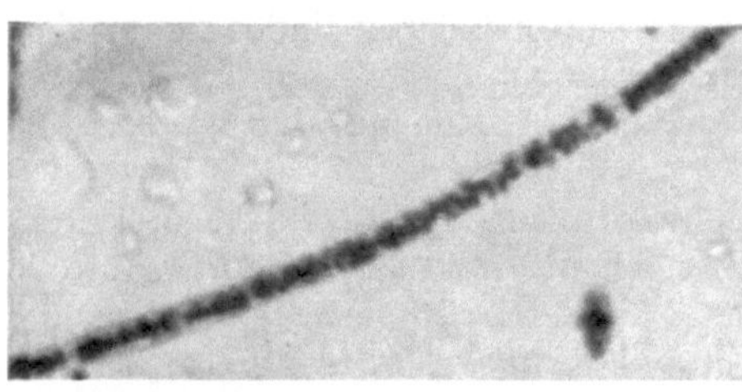

Abb. 22. *Beggiatoa alba.* Schwefeltröpfchen in der Zelle. Hellfeld-Lebendaufnahme. Vergr. 800mal. (Phot. R. MEYER.)

Schwefel. Ein eigenartiger Reservestoff zahlreicher *Schwefelbakterien* ist elementarer, aus der Oxydation von Schwefelwasserstoff als Zwischenprodukt entstehender (S. 106ff.) Schwefel (Abb. 22) in zähflüssiger, vielleicht kolloidaler[4] Form. Er löst sich leicht in Schwefelkohlenstoff, in angetrockneten Präparaten auch in absolutem Alkohol und kann zum Auskristallisieren im monoklinen System gebracht werden[5]. Verschwinden bei Hunger zeigt die Reservestoffnatur an. Schwierig ist allerdings die Frage, wie der wasserunlösliche Schwefel resorbiert wird, da eine Lösung in stark ungesättigtem Fett nicht in Frage zu kommen scheint[6]. Auch andere Mikroorganismen, einschließlich der *Algen*, namentlich der *Cyanophyceae*[7], können Schwefel speichern, wenn das Substrat Thiosulfat oder Schwefelwasserstoff enthält.

Vakuolen.

Als Vakuolen faßt man Gebilde im Zellinneren zusammen, die sicherlich verschiedene Aufgaben erfüllen. Das Plasma der jugendlichen Zelle erscheint homogen; später kann man Differenzierungen

[1] LINDEGREN, C. C.: Nature (London) **159**, 63 (1947). Über Metaphosphat bei Hefe vgl. HOFFMANN-OSTENHOF, O., u. W. WEIGERT: Naturwiss. **39**, 303 (1952). —
[2] IWANOFF, N. N.: Biochem. Z. **136**, 1, 9 (1923).
[3] IWANOFF, N. N., u. Mitarb.: Biochem. Z. **181**, 1, 8 (1927). — CHRZASZCZ, T., u. ZARKOMORNY: Biochem. Z. **273**, 31 (1934); **275**, 97 (1939).
[4] LEMBKE, A., u. H. LÜCK: Zbl. Bakter. I. Orig. **155**, 171 (1950).
[5] Über den Nachweis vgl. ferner: CHARLET, E.: Zbl. Bakter. II. **107**, 169 (1952/54).
[6] KNAYSI, G.: J. Bacter. **46**, 451 (1943).
[7] LANZ, J.: Ber. dtsch. bot. Ges. **60**, 469 (1942).

feststellen. Es treten Vakuolen auf, die sich vergrößern, auch zusammen-
fließen können, so daß im extremen Falle das Cytoplasma als dünner
Belag gegen die Innenseite der Zellmembran gepreßt ist. Die Vakuolen
sind Bezirke im Cytoplasma, die mit einem anderen Material erfüllt
sind, meist mit wäßrigem Inhalt (Zellsaftvakuolen), der anorganische
Salze (u. a. Phosphate) und organische Stoffe enthält. Sie bleiben
entweder in dieser Form bestehen oder erhalten Ablagerungen von
Glykogen, Fett oder Eiweiß (Abb. 23 für *Endomycopsis vernalis*): An
Stelle der ursprünglichen Vakuolen (links, hell) liegen später die Fetttropfen (rechts, dunkel)[1]. Die Vakuolen sind gegen das Cytoplasma

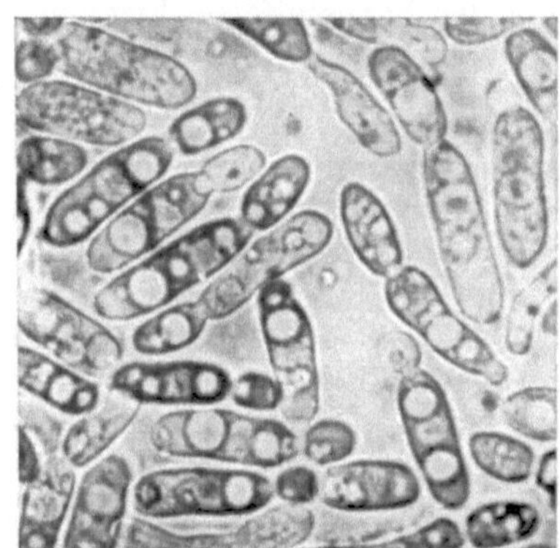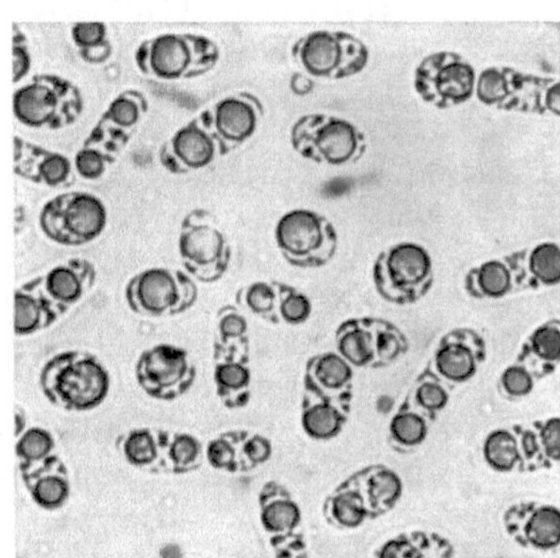

Abb. 23. *Endomycopsis vernalis*. Links 24 Stunden alt mit Vakuolen, rechts 6 Tage alt mit Fett.
Hellfeld-Lebendaufnahme. Vergr. 1000mal. (Nach S. Heide.)

durch eine Plasmamembran abgegrenzt. Es dürfte ihnen, abgesehen von
der Umbildung ihres Inhalts in Reservestoffe, auch die Aufgabe zukommen, durch Speicherung gewisser Stoffe, wie von Phosphaten,
Pufferlösungen im Innern der Zelle zu schaffen.

Exkretstoffe[2].

Ferner dürften in den Vakuolen vielfach Schlacken des Stoffwechsels abgelagert werden. So wurde[3] Vorkommen von kohlensaurem Kalk darin festgestellt, und weiterhin wurden Gasvakuolen[4] beobachtet. Im Verlauf des Stoffwechsels eines jeden Organismus gebildete Abfallstoffe, deren Beibehaltung im
Plasma unnötigen Ballast bedeuten oder schädlich wirken könnte, werden bei
Mikroorganismen in der Regel nach außen abgeschieden wie Alkohol, Ammoniak,

---

[1] Zur Entstehung der Fetttropfen vgl.: STEINER, M., u. H. HEINEMANN: Naturwiss. **41**, 40, 90 (1954).

[2] Auf die mannigfachen Duftstoffe sei noch hingewiesen. Vgl. Sachregister und
MÜLLER, A.: Fette u. Seifen **53**, 752 (1951), Duft der Pilze.

[3] BERSA, E.: Sitzgsber. Akad. Wiss. Wien, Math.-Naturwiss. Kl. Abt. I **129**,
1 (1920); Ber. dtsch. bot. Ges. **44**, 474 (1926); Planta **2**, 373 (1926).

[4] KOLKWITZ, R.: Ber. dtsch. bot. Ges. **46**, 29 (1928). — FOGG, G. E.: Rev.
Biol. Cambridge Philos. Soc. **16**, 205 (1941). (Sammelbericht über Gasvakuolen
bei *Cyanophyceae*.) — Gasvakuolen in Sporen von Pilzen: MUSKAT, J.: Arch. Mikrobiol. **22**, 21 (1955).

Kohlensäure, organische Säuren usw. Es ist recht bemerkenswert, daß dabei von den Mikroorganismen ähnliche Entgiftungsmaßnahmen ergriffen werden können wie im tierischen Organismus (Umwandlung von Ammoniak in Harnstoff, S. 36).

Von den Mikroorganismen können solche Stoffwechselprodukte leicht in das umgebende Medium ausgeschieden werden, was bei den höheren Pflanzen offenbar nicht in diesem Maße möglich ist, so daß bei diesen die Sekretion innerhalb der Zelle überwiegt. Sicherlich beruht darauf auch z. T. die Verschiedenheit der Bedeutung des säurebindenden Calciums für Mikroorganismen und höhere Pflanzen (S. 99).

Zu den Exkretstoffen gehören wohl auch Farbstoffe, von denen einige allerdings lebenswichtige Bestandteile der Zelle sind, ferner Antibiotica (S. 364 ff.) usw. Die Besprechung der Farbstoffe sei hier angeschlossen.

Farbstoffe.

Bakterien. Farbstoffe sind bei Bakterien verbreitet; man unterscheidet zwei Gruppen: je nachdem sie in der Zelle verbleiben oder in die Membran, bzw. nach außen abgeschieden werden. Diese letztgenannten können bis zu einem gewissen Grade als Exkretstoffe betrachtet werden. Die bekanntesten Bakterien mit Farbstoff außerhalb der Zelle sind: *Ps. fluorescens,* mit dem wasserlöslichen, daher in das Substrat diffundierenden Fluorescin, einem grün fluorescierenden Farbstoff unbekannter Zusammensetzung; außerdem wird Lactoflavin ausgeschieden[1]. Diesem Bakterium sehr nahestehend ist *Ps. aeruginosa (pyocyanea),* Erreger des blauen Eiters, das neben dem Fluorescin das Pyocyanin enthält, einen ebenfalls wasser- und chloroformlöslichen blauen Farbstoff. *Ps. syncyanea,* Erreger der blauen Milch, führt das blaue Syncyanin, ebenfalls neben dem Fluorescin; *Bact. prodigiosum,* das Bakterium der „blutigen Hostie" und der „Wundmale", bildet das Prodigiosin, das in amorphen Körperchen nach außen abgeschieden wird; es ist unlöslich in Wasser, aber löslich in Alkohol, in Säuren leuchtend rubinrot, in Alkalien kanariengelb. Sehr viele Farbstoffe von Mikroorganismen haben Indicatorencharakter.

Einige grüne und blaue Farbstoffe, das Chlororaphin, das von *Ps. chlororaphis* in grünen Kristallen in das Substrat ausgeschieden wird[2], das Pyocyanin (eine Komponente ist 1-Oxyphenazin[3]), das

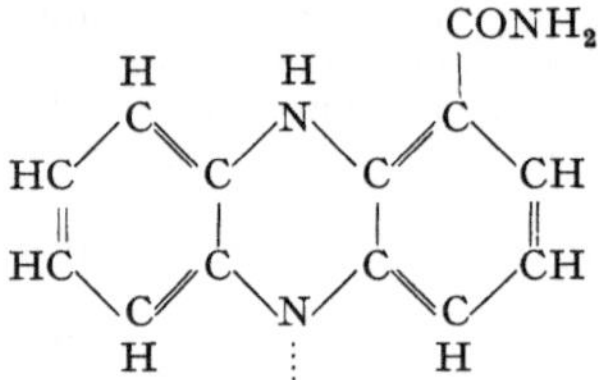

Chlororaphin (Amid der Säure)

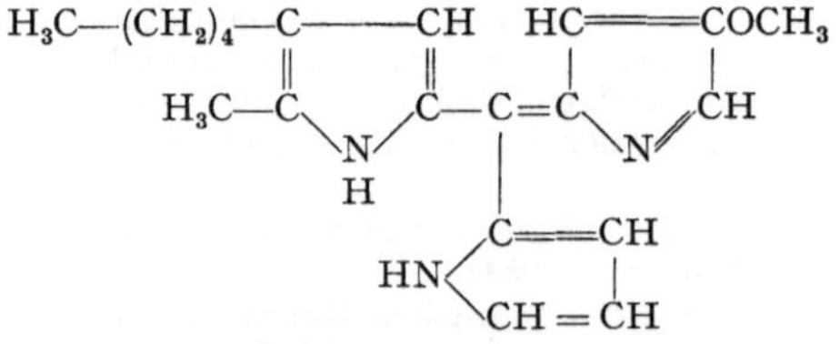

Prodigiosin

---

[1] BIRKHOFER, L., u. Mitarb.: Chem. Ber. **80**, 212 (1947); Z. Naturforsch. **3 b**, 136 (1948). — LANDENBERGER, R.: Z. Naturforsch. 7 b, 630 (1952).

[2] LASSEUR, PH.: Contributions à l'étude de B. chlororaphis. Nancy: G. et S. Thèse 1911; Trav. Labor. Microbiol. Fac. Pharmacie Nancy 7, 31 (1934).

[3] MOOS, W. S., u. I. W. ROWEN: Arch. of Biochem. a. Biophysics 43, 88 (1953).

Jodinin *(Ps. iodinum)* und andere sind Phenazinderivate, während einige rote und blaue Farbstoffe, das Prodigiosin und das von *Ps. violacea* gebildete Violacein Pyrrolkerne enthalten, wie auch das Bacteriochlorophyll. Diese Farbstoffe sind somit stickstoffhaltig und führen den Stickstoff in heterocyclischer Bindung[1].

Hingegen ist der rote Farbstoff von *Ps. Beijerinckii* das Calcium- oder Magnesiumsalz des Tetraoxybenzochinons, somit stickstofffrei und enthält einen einfachen Benzolkern[2]. *Ps. indigofera* bildet kein Indigo, sondern den Indigoidin genannten Farbstoff von gleicher Farbe, der aber keine Verwandtschaft zum Indigo besitzt[3].

Weiterhin gibt es eine große Anzahl von Bakterien mit gelben und orangen Farbstoffen, die Carotinoide sind, namentlich unter den *Coccaceen. Sarcina lutea* und *S. aurantiaca* haben den Namen von ihrer Färbung erhalten; der gelbe Gonorrhoeerreger, *Micrococcus gonorrhoeae*, sei ebenfalls in diesem Zusammenhang genannt. Carotinoide sind in geringer Menge wohl in den meisten Mikroorganismen vorhanden, in größerer Menge z. B. das rote Spirilloxanthin bei *Purpurbakterien*; sie sind bei der photochemischen Energieübertragung beteiligt (S. 107).

Endlich kommen häufig gelb, orange, rot, braun bis schwarz gefärbte Bakterien vor, deren Farbstoffe sich oft in keinem Lösungsmittel lösen, also keine Carotinoide sind. Solche Bakterien sind z. B. auf Käserinden häufig, deren Verfärbung sie bewirken, so *Bact. linens*, das zur Bräunung von Käserinden künstlich zugesetzt wird. Es seien noch erwähnt *Bac. mesentericus fuscus* mit fuchsiger und *Bac. mesentericus niger* mit schwarzer Färbung, *Azotobacter chroococcum*, im Alter braun bis schwarz gefärbt. Zum Teil dürfte es sich, wie schon S. 19 erwähnt wurde, um Melanine oder huminartige Stoffe[4] handeln, mit denen bisweilen, wie bei *Azotobacter*, die Membran inkrustiert ist; es handelt sich also nicht um eigentliche Farbstoffe. Häufig wird auch der Nährboden um die Bakterienkolonie in ähnlicher Weise verfärbt. Auch als farblos geltende Bakterien können unter gewissen Kulturbedingungen gefärbt sein, z. B. die Kahmhaut von *Bac. subtilis* trübrot[5], wobei es sich augenscheinlich ebenfalls um Inkrustierungen der Membran mit den eben genannten Stoffen handelt. Überhaupt färben sich die Kolonien der meisten farblosen Bakterien (wie auch *Hefen* usw.) im Alter bräunlich, offenbar wiederum infolge Bildung solcher Stoffe bei der eintretenden Autolyse. Selbst anaerobe Bakterien können trübrote oder auch, wie der *anaerobe Cellulosezersetzer*, ferner *Bac. amylobacter* usw.,

---

[1] KÖGL, F.: Handbuch der Pflanzenanalyse von KLEIN. 3, 2. Tl, S. 1410. Berlin: Julius Springer 1932. — WILLSTAEDT, H.: Carotinoide, Bakterien- und Pilzfarbstoffe. Sammlg. chem. u. chem.-technisch. Vorträge, 22. Stuttgart: F. Enke 1934. — WREDE, F.: Hoppe-Seylers Z. 226, 95 (1934). — Vgl. auch S. 43, Anm. 3. — Zum Prodigiosin: HUBHARD, R., u. C. RIMINGTON: Biochem. J. 46, 220 (1950).
[2] KLUYVER, A. J., u. Mitarb.: Enzymolog. 7, 257 (1939).
[3] ELAZARI-VOLCANI, B.: Arch. Mikrobiol. 10, 343 (1939).
[4] RIPPEL, A.: Handbuch der Bodenlehre von Blanck. 8, S. 657 ff. Berlin: Julius Springer 1931; 1. Erg.-Bd., S. 567 ff. 1939.
[5] LASSEUR, PH.: C. r. Acad. Sci. (Paris) 156, 166 (1913).

gelbe bis orange Färbungen zeigen[1]. Im allgemeinen treten jedoch Färbungen bei den Anaeroben zurück, was verständlich ist, da die Entstehung der Farbstoffe ein Oxydationsvorgang ist.

Zu den in die Zelle abgeschiedenen Farbstoffen gehören vor allem die Farbstoffe der *grünen* und *Purpurbakterien,* die keine Exkrete sind, sondern eine lebenswichtige Funktion erfüllen. Beide Gruppen enthalten Chlorophyll, die *Purpurbakterien* außerdem purpurrote Farbstoffe: Bacterioerythrin (Bacteriopurpurin, Spirilloxanthin) und Rhodoviolacein, die beide möglicherweise identisch und Carotinoide[2] sind, von denen sich noch verschiedene andere in teilweise geringen Mengen finden. Auf der wechselnden Zusammensetzung beruht die verschiedenartige Tönung der *Purpurbakterien* vom leuchtenden Purpurrot bis zum schmutzigen Braunrot *(Phaeobakterien).* Das Bacteriochlorophyll[3] ist

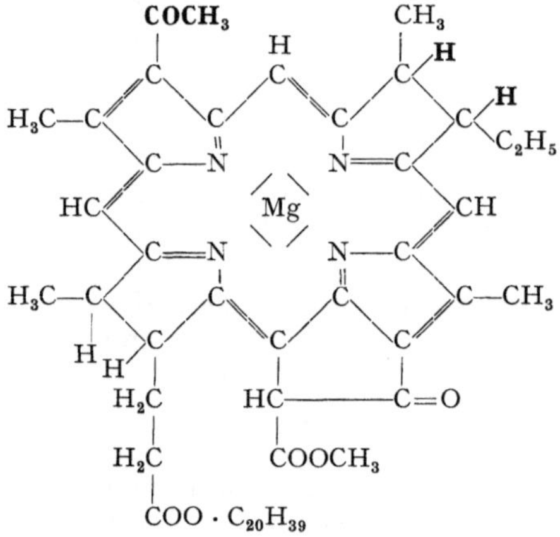

$$\text{(Strukturformel des Bacteriochlorophylls a mit Mg-Zentralatom, COCH}_3\text{, CH}_3\text{, C}_2\text{H}_5\text{, CH, C—CH}_3\text{, H}_2\text{C, HC, C=O, COOCH}_3\text{, COO·C}_{20}\text{H}_{39}\text{)}$$

Bacteriochlorophyll a der *Purpurbakterien* [MITTENZWEI, H.: Hoppe-Seylers Z. **275**, 93 (1942)].

submikroskopisch verteilt, ließ sich aber im Elektronenmikroskop als an kleine Scheibchen (etwa 5000 in jeder Zelle) von etwa 40—60 mμ Größe gebunden erkennen[4]. Es gehört der Chlorophyll a-Reihe an; zusammen mit dem Chlorophyll b (Oxydationsstufe des Chlorophylls a) kommen beide Chlorophylle bei höheren Pflanzen stets gemeinsam vor; bei *Algen* fehlt jedoch häufig das Chlorophyll b, und bei den *Flagellaten* finden sich Formen, die entweder beide Chlorophylle oder nur Chloro-

---

[1] McCoy, E., u. L. S. McClung: Arch. Mikrobiol. **6**, 230, 239 (1935). — Meyer, R.: Arch. Mikrobiol. **5**, 185 (1934); **9**, 80 (1938). — Ferner G. Bredemann: Zbl. Bakter. II **23**, 385 (463) (1919). — Hellinger, E.: J. Gen. Microbiol. **1**, 203 (1947) (rosa gefärbtes Buttersäurebakterium).

[2] Über Carotinoide bei Purpurbakterien vgl. C. B. van Niel: Leeuwenhoek **12**, 156 (1947).

[3] Fischer, H., u. Mitarb.: Hoppe-Seylers Z. **253**, 1 (1938). — Fischer, H., u. H. Ort: Die Chemie des Pyrrols 2, 2. Hälfte. Leipzig 1940.

[4] Pardee, u. Mitarb.: Nature (London) **169**, 282 (1952). — Thomas, J. B.: Proc. Kon. Ned. Akad. v. Wetensch. Ser. C. **55**, 207 (1952). — Schachman, H. K., u. Mitarb.: Arch. Biochem. a. Biophysics **38**, 245 (1952).

phyll a führen[1]. Von dem Chlorophyll a der höheren Pflanzen unterscheidet sich das Bacteriochlorophyll der *Purpurbakterien* durch das Vorhandensein einer Acetyl- an Stelle der Vinylgruppe und zweier zusätzlicher Wasserstoffatome (in der Formel fett gedruckt). Die *grünen Bakterien* enthalten das gleiche Bacteriochlorophyll, während *Cyanophyceae* Chlorophyll a führen[2].

Mit Hilfe des Bacteriochlorophylls können *grüne* und *Purpurbakterien* im Licht Kohlensäure assimilieren, allerdings in besonderer Form (S. 106f.). Für die Bildung des Bacteriochlorophylls ist Eisen notwendig, ohne das sie chlorotisch werden, also kein Chlorophyll ausbilden[3]. Das ist verständlich, da Eisen in der Photosynthese offenbar eine wichtige Rolle bei den am Chlorophyllmolekül während des photosynthetischen Vorganges sich vollziehenden Umsetzungen spielt.

Pilze. Bei den Pilzen sind viele Farbstoffe bekannt und z. T. genauer erforscht. Sehen wir von Lactoflavin, Cytochrom, Porphyrinen ab, die sozusagen nicht als eigentliche (Massen-)Farbstoffe zu betrachten sind[4], ferner von den Carotinen, so ist bemerkenswert, daß bei den Pilzen, im Gegensatz zu der Hauptmasse der Bakterien, soweit bekannt ist, überwiegend stickstofffreie cyclische Verbindungen als Farbstoffe vorkommen, was offenbar auf einen gewissen Gegensatz im Stoffwechsel beider Organismengruppen hinweist. Ohne daß hier auf die Fülle der Farbstoffe bei den Pilzen eingegangen werden soll, seien nur einige Angaben gemacht[5].

Die Farbstoffe finden sich bei *Aspergillus, Penicillium, Fusarium, Helminthosporium* und zahlreichen anderen Arten in der je nach der Pilzart braun-, gelb-, rot-, violettgefärbten Nährlösung; ferner sind bei *Aspergillus* und *Penicillium* meist die Sporen gefärbt, in den verschiedensten Farben, wobei der Pilz oft nach der Farbe benannt ist, z. B. *glaucum, niger, flavus* usw. Bei Hutpilzen *(Basidiomycetes)* findet sich der Farbstoff entweder lokalisiert, wie beim Fliegenpilz, *Amanita muscaria*, das rote Muscarufin im oberen Teil des Hutes oder im Zellsaft gelöst, wie bei dem Satanspilz, *Boletus satanas*, das gelbgefärbte Boletol, das bei Verletzungen unter der Wirkung oxydierender Enzyme des Pilzes sofort in einen blauen Farbstoff übergeht. Andere Verfärbungen finden sich bei Hutpilzen sehr häufig.

Diese Farbstoffe leiten sich von Chinonen her. Es sind teils Derivate des Benzochinons, wie das purpurrote Spinulosin von *Pen. spinulosum*, das auch in *Asp. fumigatus* vorkommt neben dem braunen

---

[1] SEYBOLD, A.: Bot. Archiv **42**, 254 (1941). — SEYBOLD, A., u. Mitarb.: Bot. Archiv **42**, 239 (1941).

[2] PRINGSHEIM, G.: Arch. Mikrobiol. **19**, 353 (1953). — SEYBOLD, A., u. G. HIRSCH: Naturwiss. **41**, 258 (1954).

[3] ZIRPEL, W.: Z. Bot. **36**, 538 (1940/41).

[4] Lactoflavin wird sogar technisch aus Pilzkulturen *(Ashbya gossypii)* gewonnen. Literatur: Annual Rev. Microbiol. **7**, 444ff. (1953).

[5] Vgl. S. 39, Anm. 1. — PASTAK, I. A.: Revue de Mycologie. Mém. hors-série Nr. 2 (1942). — RAISTRICK, H.: Annual Rev. Biochem. **9**, 571 (1940); Proc. Roy. Soc. (London) B. **136**, 481 (1950), sowie die weiteren Einzelveröffentlichungen. Indessen ist die gelbe Aspergillinsäure ein Pyrazin-Derivat, also eine zyklische N-Verbindung: DUNN, G., u. Mitarb.: J. Chem. Soc. London **1949**, Suppl. 1, 126.

Fumigatin (von jenem nur durch das Fehlen der 5-Oxygruppe verschieden). Die bei *Polyporaceen* vorkommende und mit Ammoniak eine violette Farbe ergebende Polyporsäure ist Diphenyl-dioxybenzochinon. Davon nur durch zwei weitere Oxygruppen verschieden ist das braungefärbte, in *Paxillus atrotomentosus* vorkommende Atromentin, während das oben erwähnte Muscarufin sich durch Substituenten unterscheidet. Der rote Farbstoff von *Fusarium solani* ist ein

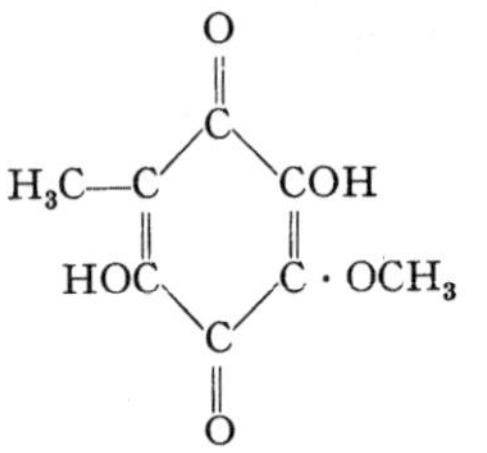

Spinulosin

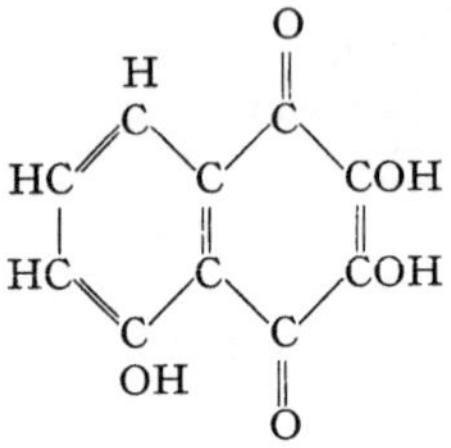

Aspergillorubin

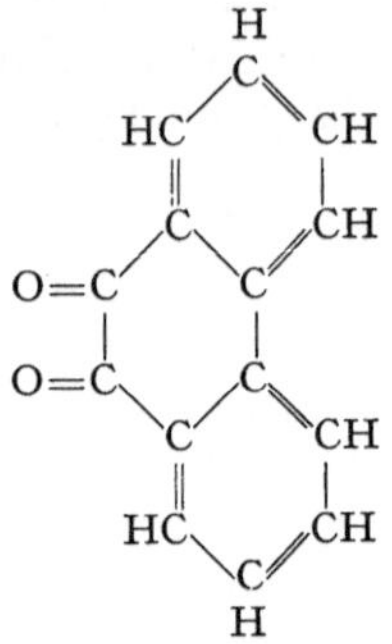

Phenanthrenchinon.
Derivate: Thelephorsäure und Xylindein (Konstitution noch nicht genau bekannt)

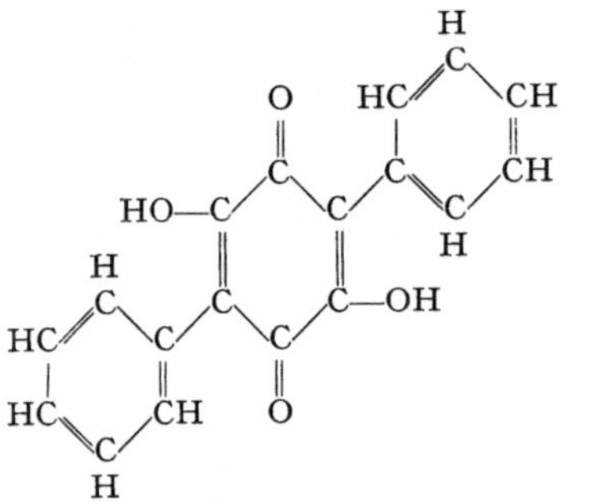

Polyporsäure: Diphenyl-dioxybenzochinon

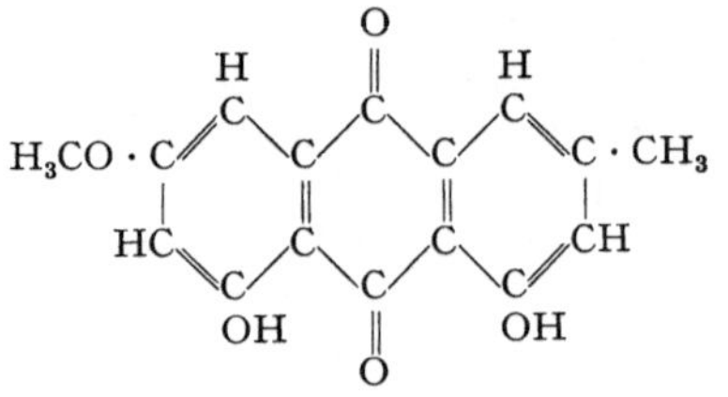

Physcion

Naphthochinon-Derivat, ebenso das purpurrote Aspergillorubin[1], das von gewissen *Asp. niger*-Stämmen gebildet wird. Vom Anthrachinon leiten sich wieder viele *Aspergillus-*, *Penicillium-* und *Helminthosporium*-Farbstoffe her (gelb und rot), das z. B. bei *Aspergillus* und in *Flechten* (S. 319) gefundene Physcion, gelb gefärbt (identisch mit dem Parietin der *Flechten*), ferner solche von *Basidiomycetes*, darunter das oben erwähnte Boletol. Endlich seien erwähnt die blauviolette Thelephorsäure (in *Basidiomycetes* wie *Thelephora*) und das grüne Xylindein in *Chlorosplenium aeruginosum*, einem *Ascomyceten (Discomycetales)*, durch den die Grünfärbung von Holz erzeugt wird. Beide Farbstoffe leiten sich vom Phenanthrenchinon her.

Carotinoide kommen bei Pilzen häufig vor, vor allem bei *roten Hefen*, jedoch nicht bei allen; bei einigen handelt es sich um melanin- oder huminartige Stoffe. In *Rhodotorula Sanniei* fand man[2] allein

---

[1] HERMANN, H.: Über Aspergillorubin, einen roten Farbstoff aus einem *Aspergillus niger*-Stamm. Diss. Göttingen 1953 (Trioxy-naphthochinon).

[2] FROMAGEOT, CL., u. J. L. TCHANG: Arch. Mikrobiol. **9**, 424 (1938).

7 Carotinoide von neutralem und 1 von saurem Charakter. Die drei häufigsten waren β-Carotin 10 γ, Torulin 143 γ und die Säure 29000 γ je 1 g trockener Hefemasse.

Die *Flechten* zeichnen sich durch eine Fülle von sog. Flechtensäuren[1] aus, die vielfach selbst Farbstoffe sind oder deren Spaltstücke zu Farbstoffen führen. Es sind stickstofffreie (nur in wenigen Fällen wurde Stickstoff festgestellt), meistens aromatische Verbindungen. Als Beispiel diene die in vielen Flechten vorkommende Lecanorsäure, selbst farblos, ein Orsellinsäure-Didepsid, aus dessen Spaltstück Orcin durch Ammoniak und Sauerstoffeinwirkung (S. 45) der Orceinfarbstoff der Orseille entsteht; in einem anderen Verfahren wird Lackmus daraus gewonnen. Sehr verbreitet ist ferner die gelbgefärbte Vulpinsäure, der Methylester der Pulvinsäure, von der weitere Derivate in Flechten zahlreich vorkommen.

Lecanorsäure

Orsellinsäure

Vulpinsäure

Orcin

Obwohl die Flechten viele für sie charakteristische Farbstoffe enthalten, zeigen sie doch grundsätzliche Übereinstimmung mit den Pilzen, wie namentlich das gemeinsame Vorkommen des Physcion zeigt[2]. Im übrigen gehören die Flechtenpilze vorwiegend zu den *Discomycetales*, während von den frei lebenden Pilzen fast nur *Pyrenomycetales* bzw. *Fungi imperfecti* und *Basidiomycetes* untersucht sind.

Actinomycetes. Sie nehmen, bei mancher Übereinstimmung mit *Bakterien* und *Pilzen*, eine eigentümliche Sonderstellung ein. Eine Art bildet einen prodigiosinähnlichen Farbstoff, der 5 CH_2-Gruppen mehr zu enthalten scheint als das eigentliche Prodigiosin[3]. Weitere Farbstoffe, die gleichzeitig Antibiotica sind, sind Chinon-Derivate, die teilweise als Chromatophor mit peptidartig verknüpften Aminosäuren verbunden sind (Chromopeptide). Die von verschiedenen Arten gebildeten Actinomycine[4] (mindestens 7 verschiedene) sind wahrscheinlich Acridin-Derivate[5] (also mit heterocyclisch gebundenem Stickstoff) als Chroma-

---

[1] TOBLER, F.: Siehe S. 318, Anm. 5. — ASAHIMA, J.: Fortschr. Chem. organ. Naturstoffe **8**, 208 (1951).

[2] Vgl. auch die sonst nur bei Flechten gefundenen Depsidone bei *Asp. nidulans*. DEAN, F. M., u. Mitarb.: J. Chem. Soc. (Lond.) **1954**, 1432.

[3] DIETZEL, E.: Naturwiss. **35**, 345 (1948); Hoppe-Seylers Z. **284**, 262 (1949).

[4] BROCKMANN, H.: Angew. Chem. **66**, 1 (1954); Naturwiss. **41**, 65 (1954). Nach H. GRÖNE: Darstellung und Charakterisierung reiner Actinomycine usw. Diss. Göttingen 1955, sogar mindestens 13 verschiedene Actinomycine.

[5] BROCKMANN, H., u. H. MUXFELDT: Naturwiss. **41**, 500 (1954).

tophor und L-Threonin, Sarkosin, L-Prolin, D-Valin, N-Methyl-L-Valin und (bei Actinomycin X bzw. B fehlend) D-Allo-isoleucin. Actinorhodin, von *Streptomyces coelicolor* gebildet, ist ein stickstofffreies Naphthochinon-Derivat; der Farbstoff schlägt beim Alkalisieren von Rot nach Blau um. Ein gelber Farbstoff ist das Aureomycin (S. 366).

Sieht man von den Carotinoiden ab, so können die übrigen Farbstoffe, wie schon gesagt, mehr oder weniger als Exkretstoffe betrachtet werden, die gelegentlich noch wichtige Funktionen ausüben können, zum mindesten aber im Zuge wichtiger Vorgänge entstehen. So ist auf die Beziehungen zu organischen Wirkstoffen hinzuweisen, z. B. Vitamin B_2 = Lactoflavin, das sogar technisch gewonnen werden kann (S. 41). Überhaupt tritt eine deutliche Beziehung zum Sauerstoff hervor.

Man hat weiter gefunden, daß die Farbstoffe Sauerstoff absorbieren und, sobald die Sauerstoffspannung auf 0 sinkt, langsam wieder abgeben, also bei vorübergehendem Sauerstoffmangel als Sauerstoffreservoir dienen können[1]; farblose Varietäten der gleichen Art zeigen diese Sauerstoffspeicherung nicht. Die Farbstoffe sind selbst Oxydationsprodukte und entstehen durch Oxydation einer farblosen Vorstufe (Leukoverbindung), z. B. bleibt bei *Bact. prodigiosum* die Bildung auf der Stufe der Leukoverbindung stehen, wenn das als Oxydationskatalysator wirksame Eisen fehlt. Die engen Beziehungen zum Sauerstoff, die sich auch darin ausdrücken, daß, wie erwähnt, in der Hauptsache aerobe Bakterien zu den Farbstoffbildnern gehören, weist deutlich auf gewisse direkte oder indirekte Beziehungen zur Atmung hin, auf die wir noch auf S. 178 zurückkommen werden. Den fluorescierenden Farbstoffen hat man weiterhin eine Bedeutung als Kampfstoffe zugeschrieben, da sie bei Belichtung stark giftig auf niedere Organismen, wie *Paramäcien*, wirken, welche Giftwirkung wohl durch Bildung eines Peroxydes zustande kommt[2]. Es sei nur erwähnt, daß den Farbstoffen bzw. dem chemischen System, das mit ihnen zusammenhängt, die Bedeutung eines Redox-Systems (S. 170) zukommen könnte (Chinone!); der Farbstoff selbst kann möglicherweise schon irreversibel verändert sein (Verfärbung von *Hutpilzen* beim Durchschneiden!).

Eisen scheint allgemein für die Bildung der Farbstoffe notwendig zu sein[3]. Wie ohne Eisen, bildet *Bact. prodigiosum* auch ohne Magnesium und ohne Zink[4] keinen Farbstoff. Dabei braucht der Farbstoff keine Verbindung des Elementes zu sein wie beim Chlorophyll und Magnesium oder bei dem Calcium- bzw. Magnesiumsalz, das (S. 39) den roten Farbstoff von *Ps. Beijerinckii* bildet, sondern die Unterdrückung kann das Ergebnis eines gestörten allgemeinen Stoffwechsels sein. Für die Bildung der braunen bis schwarzen Melanine bzw. huminartigen Stoffe ist Kupfer ein notwendiger Oxydationskatalysator (S. 102). Viele farb-

---

[1] Vgl. SHIBATA, K.: Jb. wiss. Bot. **51**, 179 (1912).

[2] NOACK, K.: Z. Bot. **12**, 273 (1920).

[3] Vgl. noch: METZ, O.: Arch. Mikrobiol. **1**, 197 (1930).

[4] BORTELS, H.: Biochem. Z. **182**, 301 (1927). — Die vorläufige Mitteilung darüber veröffentlichte A. RIPPEL: Z. Pflanzenernähr. A **8**, 268 (1927).

stoffbildende Bakterien können in farblosen Stämmen gezüchtet werden, die konstant bleiben (S. 62), ein Beweis dafür, daß das Vorhandensein des Farbstoffes in solchen Fällen nicht allzu tief im Stoffwechsel verankert ist, bzw. eine etwa vorhandene Bedeutung noch vor der Farbstoffbildung liegt.

Ihren Ursprung nehmen viele Farbstoffe wahrscheinlich aus Stoffen, die im Verlaufe des Eiweißstoffwechsels bzw. Eiweißabbaues entstehen (S. 200), wie Abb. 24 zeigt; doch läßt sich noch nichts allgemein Gültiges sagen, zumal es sich um sehr verschiedenartige Stoffe handelt.

Viele der Farbstoffe von *Pilzen* und *Actinomyceten* gehen offenbar im Verlaufe weiterer Oxydationen und Kondensationsvorgänge in huminartige Stoffe über, die z. B. bei *Asp. niger* die neutrale oder alkalische Nährlösung tiefbraun färben. Bei diesem Pilz besteht auch sicherlich der braune bis schwarze Farbstoff der Sporen aus derartigen Stoffen, denen überhaupt weitere Bedeutung zukommen dürfte (S. 347). Auch für die Bildung dieser Stoffe ist Kupfer notwendig (S. 102).

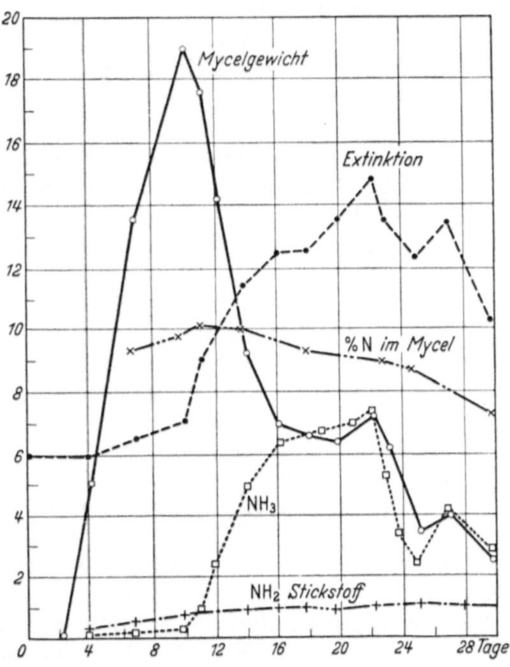

Abb. 24. Beziehungen zwischen Farbstoffbildung (Extinktion) und sonstigen Stoffwechselvorgängen bei einer *Streptomyces*-Art. (Nach DIETZEL[1].)

Farbstoffbildung durch Mikroorganismen kann technische Bedeutung besitzen, so bei der Gewinnung des Orseillefarbstoffes (S. 43): das aus der Lecanorsäure der betreffenden *Flechten* gebildete Orcin wird zu Orcein oxydiert. Es handelt sich also um die Oxydation eines Mikroorganismenproduktes durch andere Mikroorganismen *(Bakterien)*. Dagegen entsteht Indigo ohne Mikroorganismen, obwohl das Indican durch Bakterien in Glucose und Indoxyl (aus dem durch freiwillige Oxydation Indigo gebildet wird) gespalten werden kann. Die Spaltung erfolgt bei der Gewinnung von Indigo vielmehr durch ein Enzym der Pflanze.

Leuchten[2].

Viel Gemeinsames in biologischer Hinsicht mit der Farbstoffbildung zeigt das von MOLISCH zuerst genauer untersuchte Leuchten von Mikro-

---

[1] DIETZEL, E., u. Mitarb.: Arch. Mikrobiol. **15**, 179 (1950/51).
[2] Sammelberichte: JOHNSON, F. H., in WERKMAN-WILSON (zit. S. 392). — E. N. Harvey, Federat. Proc. **12**, 597 (1953). — McELROY, W. D., u. B. L. STREHLER: Bacter. Revs. **18**, 177 (1954).

organismen. Es sind zahlreiche Arten von Leuchtbakterien[1] beschrieben: Von unbeweglichen *Bact. phosphoreum*, von beweglichen *Bact. (Photobact.) phosphorescens* sowie das in der Ostsee vorkommende *Vibrio balticus*. Leuchtbakterien sind vor allem im Meerwasser verbreitet, fehlen aber auch dem Süßwasser nicht. Die einheimischen Arten sind kälteliebend (S. 141), in den Tropen kommen wärmeliebende Arten vor. Spontan treten sie häufig auf Seefischen auf (Bücklingen, grünen Heringen). Will man sie sonst gewinnen, so gelingt das häufig dadurch, daß man Fische oder Fleisch in 3% Kochsalzlösung so einlegt, daß die Oberfläche aus der Flüssigkeit herausragt, und bei kühler Temperatur aufbewahrt.

Die Farbe des Lichtes kann auch bei der gleichen Art etwas verschieden sein, sie ist im allgemeinen bläulich-grünlich. Die Intensität genügt zum Photographieren, auch um phototropische Krümmungen an höheren Pflanzen auszulösen, jedoch nicht, um bei diesen Chlorophyllbildung hervorzurufen. Die für die einzelnen Arten etwas verschiedene Wellenlänge des Bakterienlichtes liegt im blaugrünen Gebiet des Spektrums (Maxima bei 472, 489 und 496 mμ).

Von äußeren Bedingungen des Leuchtens bzw. des Wachstums der Leuchtbakterien überhaupt ist für die marinen Leuchtbakterien vor allem Kochsalz unentbehrlich, optimal bei einer Konzentration von etwa 3%, also ungefähr wie im Meereswasser (vgl. S. 97f.). Höhere Temperatur bringt das Leuchten früher zum Stillstand als das Wachstum. An Nährstoffen scheint vor allem Pepton wichtig zu sein, womit wohl auch das Auftreten von Leuchtbakterien auf Fischen und Fleisch zusammenhängt, während Eiweiß, Aminosäuren und mineralische Stickstoffverbindungen nicht verwertet werden können. Da Peptone beim Kochen mit Kalilauge oder Bromwasser leuchtende Verbindungen ergeben, so hat man ähnliche Zusammenhänge in den Leuchtorganismen vermutet, später jedoch die Chemoluminescenz der Dimethyl-diacridylium-Salze erörtert, und auch das Lactoflavin[2] in Betracht gezogen.

Wie bei den Bakterienfarbstoffen eine farblose, wird hier eine nichtleuchtende Vorstufe gebildet, das Luciferin, das durch ein Enzym, Luciferase, oxydiert wird und dann die Strahlen aussendet. Das Luciferin enthält Phosphat, das nach der Leuchtreaktion zu anorganischem Phosphat wird. Es soll sich folgende Reaktion vollziehen:

$$R \cdot CO \cdot CH_2OH + 2\,H_2O \rightarrow R \cdot COOH + CO_2 + 3\,H_2$$

Der Wasserstoff müßte demnach von molekularem Luftsauerstoff aufgenommen werden, da Leuchtbakterien Katalase besitzen (vgl. S. 177f.). Freier Sauerstoff ist jedenfalls für den Eintritt des Leuchtens unbedingt erforderlich; Sauerstoffmangel führt zum sofortigen Aufhören des

---

[1] SPRUIT-VAN DER BURG, A.: Biochim. et Biophysica Acta **5**, 175 (1950). — BREED, R. S., u. E. F. LESSEL: Leeuwenhoek **20**, 58 (1954). — KLUYVER, A. J., u. Mitarb.: Proc. Kon. Ned. Akad. Wetensch. **45**, 886 (1942). — VAN DER KERK, G. J. M.: Untersuchungen über die Bioluminescenz der Leuchtbakterien (holl.). Diss. Utrecht 1942.
[2] McELROY, W. D., u. Mitarb.: Science (Lancaster, Pa.) **118**, 385 (1953). — STREHLER, B. L., u. CH. S. SHOUP: Arch. Biochem. a. Biophysics **47**, 8 (1953).

Leuchtens, das bei erneuter Sauerstoffzufuhr ebenso plötzlich wieder auftritt. Das Leuchten soll bei Sauerstoffmangel auch durch Denitrifikation hervorgerufen werden können[1]; daß bei diesem Vorgang Sauerstoff verfügbar werden kann, ist bekannt. Mit der eigentlichen Atmung scheint der Leuchtvorgang nicht unmittelbar zusammenzuhängen[2]. Das Leuchten kann auch durch wäßrigen Extrakt von Acetontrockenpulver erzielt werden[3].

Unter den einheimischen Pilzen verursacht der Hallimasch, *Armillaria mellea*, das Leuchten des faulen Holzes. Die tropischen Wälder zeichnen sich durch eine Fülle von Pilzen mit leuchtenden Hüten aus. Ob das Leuchten für die Bakterien und Pilze eine biologische Bedeutung hat, ist nicht bekannt.

Es gibt eine große Anzahl von Tieren, vor allem *Tiefseefische*[4], mit Leuchtorganen[5]. Bei *Mollusken, Tausendfüßlern* usw., auch bei dem einheimischen *Johanniswürmchen* bilden die Tiere selbst den Leuchtstoff. Bei gewissen *Tunicaten*, bei *Sepien* (Tintenfischen) und bei zahlreichen *Tiefseefischen* handelt es sich hingegen um eine Symbiose von *Leuchtbakterien* in dem Leuchtorgan des Tieres (S. 352). Der Nutzen des Leuchtens für das Tier dürfte in erster Linie im Anlocken der Beute bestehen. Darauf weist hin, daß Fischer in Portugal leuchtendes Fleisch oder Fischfleisch als Köder benutzen.

Insekten können auch pathogenes Leuchten zeigen, verursacht durch ein parasitäres Leuchtbakterium, *Bact. haemophosphoreum*[6].

Entwicklung der Zelle und des Zellverbandes.

Mikroskopische Entwicklung.

Wir besprechen nunmehr den Entwicklungsverlauf zunächst der stäbchenförmigen Bakterien. Manche, nicht alle Bakterien bilden Endosporen, innerhalb der Zelle entstehende Dauerorgane (Definition der Spore, S. 56), die besonders widerstandsfähig gegen schädliche Einflüsse sind (S. 136). Gewisse Enzyme sind in ihnen nachweisbar[7]. Bei der Endospore erfolgt zunächst durch Wasseraufnahme Quellung, dann Keimung[8], unter allmählicher Auflösung der Sporenmembran oder unter Aufreißen der Sporenhaut entweder polar (Abb. 6, S. 20) oder äquatorial (Abb. 25); auch schiefe Keimung kann vorkommen. Endlich kann es auch zu

---

[1] MUDRAK, A.: Zbl. Bakter. II **88**, 353 (1933).

[2] SCHOUWENBURG, K. L. VAN, u. A. VAN DER BURG: Enzymol. **9**, 34 (1940).

[3] STREHLER, B. L.: J. Amer. Chem. Soc. **75**, 1264 (1953). Nach Aufhören des Leuchtens wird es durch Diphospho-pyridin-nucleotid wiederhergestellt.

[4] Das echte Meeresleuchten wird hauptsächlich durch *Peridineen* (Ordnung der *Flagellaten*) hervorgerufen.

[5] BUCHNER, P.: Nova Acta Leopoldina, N. F. **8**, Nr. 52, 257 (1940).

[6] PFEIFFER, H., u. H. J. STAMMER: Z. Morph. u. Ökol. Tiere **20**, 136 (1930).

[7] LAWRENCE, N. L., u. H. O. HALVORSON: J. Bacter. **68**, 334 (1954); Katalase. — Über Racemase vgl. S. 176. — Vgl. jedoch HARDWICK, W. A., u. J. W. FOSTER: J. Bacter. **65**, 355 (1953).

[8] LAMANNA, C.: J. Bacter. **40**, 347 (1940). — Eine Monographie der Endosporen: KNAYSI, G.: Bacter. Revs. **12**, 19 (1948).

völligem Aufreißen in der Querrichtung kommen, so daß die beiden Sporenkappen den Keimlingsenden aufsitzen. Alle diese Unterschiede sollen artcharakteristisch sein.

An der Spore, die keine Schleimschicht besitzt, lassen sich zwei Schichten der Zellmembran unterscheiden: eine derbe äußere Exine und eine zarte innere Intine. Jene bleibt als leere Hülle zurück, soweit sie nicht aufgelöst wird, die Intine wird die Zellmembran des heraustretenden Keimstäbchens[1]. Dieses wächst in die Länge und teilt sich später durch Querwände, die sich nach elektronenoptischen Untersuchungen (Abb. 1) durch allmähliches Wachstum von außen nach innen bilden, den Zellinhalt also schließlich durchschnüren[2]. Dabei

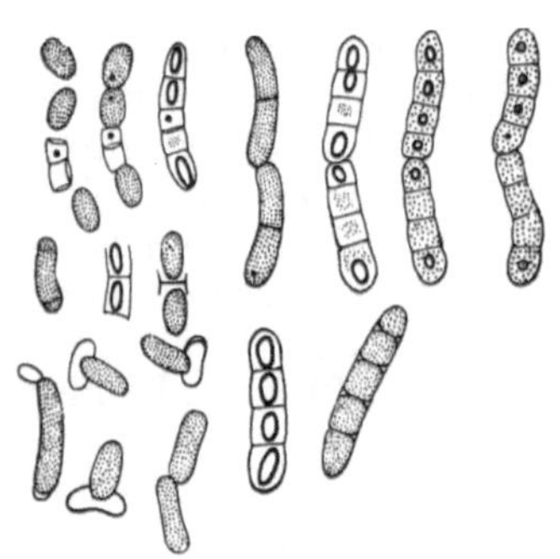

Abb. 25. *Bac. megaterium.* Entwicklungsverlauf. Zeichnung. Vergr. 2500mal. (Nach A. DE BARY.)

fallen die Zellen entweder auseinander oder bleiben zu kürzeren oder längeren Zellverbänden zusammen; Verzweigungen treten nicht auf. Es handelt sich aber nicht um echte Zellfäden, wie bei Pilzen, sondern nur um ganz lockere Verbände, Zellketten[3], welche die geringste mechanische Wirkung auseinanderreißen kann. Bei dem bereits 1884 durch DE BARY beschriebenen *Bac. megaterium* (Abb. 25) entsteht z. B. zuerst eine Querwand in dem Keimstäbchen, worauf jede der beiden so entstandenen Zellen sich durch drei weitere Querwände teilt, so daß im ganzen acht Zellen zu einer kurzen Kette zusammenhängen. An der zuerst entstandenen Teilungswand ist der Zusammenhang der Zellen besonders locker, und die beiden Hälften der Kette stehen meist mit schiefer Achse zueinander, was wohl dadurch zustande kommt, daß die beiden Hälften der Kette sich an den aneinanderstoßenden Enden abrunden, wie es nach der Trennung von Zellen bei den Bakterien allgemein der Fall ist. Infolge der Rotationsbewegung des Bakterienkörpers (S. 27/28) muß dann diese schiefe Stellung zustande kommen.

Bei reichlichem Vorhandensein von Nahrung kann die Entwicklung weitergehen, indem die beiden Hälften immer wieder auseinanderfallen und sich weiter teilen. Es erfolgt etwa alle halbe Stunde eine Teilung, so daß in einem Tag aus einer Zelle 2^{48} Zellen entstehen könnten, die, bei einer Zellgröße von $1\,\mu^3$ mit einem Trockensubstanzgehalt von 10% rund 30 g, in 2 Tagen ($= 2^{96}$) etwa 10 Milliarden Tonnen Bakterientrockenmasse ergeben würde. Tatsächlich wird selbstverständlich in

---

[1] Zur Keimung und dabei stattfindenden stofflichen Änderungen: LEVINSON, H. S., u. M. G. SEVAG: J. Gen. Physiology **36**, 617 (1953). — POWELL, J. F., u. R. E. STRANGE: Biochemic. J. **54**, 205 (1953).

[2] Vgl. weiter: DAWSON, J. M., u. H. STERN: Biochim. et Biophysica Acta **13**, 31 (1954).

[3] Als Kette sind aneinanderhängende Stäbchen bezeichnet, als Faden längere Stücke ohne Querwände; die Begriffe decken sich also nicht mit den bei Pilzen üblichen.

erster Linie Nahrungsmangel frühzeitig die Vermehrung zum Stillstand kommen lassen.

Bac. mycoides bildet (wie auch andere Bakterien) sehr lange Zellketten (daher der Name); doch kann man hier sehr schön beobachten, daß es sich nicht um eigentliche Zellfäden handelt; bei Störungen, etwa Druck auf das Deckglas, z. T. auch bei der Präparation zur Färbung, brechen sie wie ein spröder Glasfaden auseinander. In Abb. 2, S. 16, sind die Querwände in den Ketten zu sehen. Bei *Pseudomonas*-Arten, *Bac. amylobacter* usw. treten meist nur Einzelzellen auf, daneben wenige Doppelzellen. Doch hat die Zusammensetzung des Nährbodens großen Einfluß sowohl auf die Größe der Einzelzelle wie auf die Ausbildung von Ketten bzw. Fäden.

Bei der Wirkung der einzelnen Ionen, z. B. auf *Bact. prodigiosum*, nimmt die Fadenlänge mit zunehmender Quellungswirkung der Ionen zu und kann bei Cs

Benzoat$<$Formiat$<$Tartrat$<$SO$_4$$<Cl<(J, Br)<NO_3$
Ba, Sr, Ca, Mg$<$Li$<$K$<$Na$<$NH$_4$$<Rb<$Cs (als Chloride, 0.8
   molar, nur CsCl 0.04 molar)
Zunehmende Fadenlänge ————— $\longrightarrow$ (vgl. Abb. 26).

bis 200 μ erreichen (Abb. 26), während ganz links in der obigen Reihe die Einzelzellen sogar kleiner sind als in Normalkulturen. Ketten und Fäden treten hier bei keiner Konzentration auf, während bei höherer Konzentration von K und Na ebenfalls Fäden ausgebildet werden, die aber bei weitem nicht die Größe der Cs-Fäden

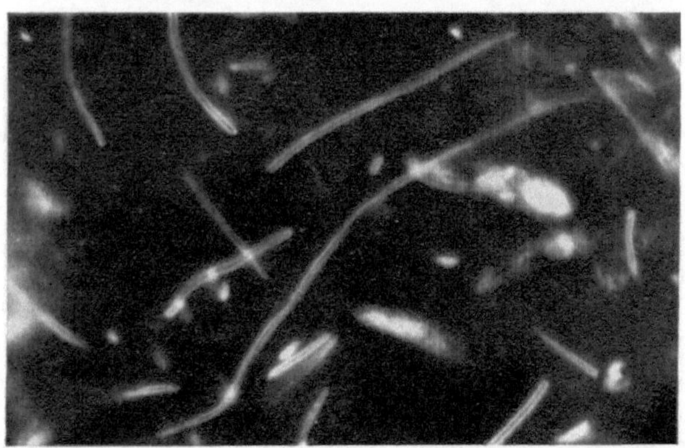

Abb. 26. *Bact. prodigiosum.* Zellfäden unter der Wirkung von Caesiumchlorid. Dunkelfeldaufnahme. Vergr. 1000mal. (Nach E. HEINZEL.)

erreichen. Diese Cs-Fäden besitzen also (s. obige Definition) keine Querwände, so daß die Teilung offenbar eher gehemmt wird als das Längenwachstum. Andere Bakterien verhalten sich teilweise ebenso, teilweise ganz anders. Bei *Bac. mycoides* läßt sich umgekehrt das normale Kettenwachstum durch diese Wirkung nicht zur Ausbildung von Einzelzellen beeinflussen; überhaupt reagieren die einzelnen Arten teilweise sehr verschieden gegen derartige Einflüsse.

Der vollständige Entwicklungsgang eines Bakteriums ist also Quellung, dann Wachstum (= Größenzunahme) der Zelle, weiter Teilung der herangewachsenen Zelle und, von weiterem Wachstum der Tochterzellen begleitet, die Vermehrung, falls die Tochterzellen sofort

---

[1] HEINZEL, E.: Arch. Mikrobiol. **15**, 119 (1950).

ihre Selbständigkeit aufnehmen; im anderen Falle müssen wir vom
Wachstum des Zellverbandes sprechen. Man sieht, hier, wo die Einzelzelle
teils selbständig, teils mehr oder weniger gebunden sein kann, ist es oft
schwer, die Grenze zwischen Wachstum und Vermehrung zu ziehen,
zumal selbst unter normalen Verhältnissen, wie bei *Bact. vulgare*, verhältnismäßig lange Fäden auftreten können, in denen die Zellteilung
unterdrückt oder wenigstens nicht ohne weiteres erkennbar sein kann.

Bei den beweglichen Formen werden die Keimstäbchen und späteren Tochterzellen bald zu beweglichen Schwärmern, ein Stadium,
das verschieden lange dauern kann und das wieder, nach Abwerfen oder

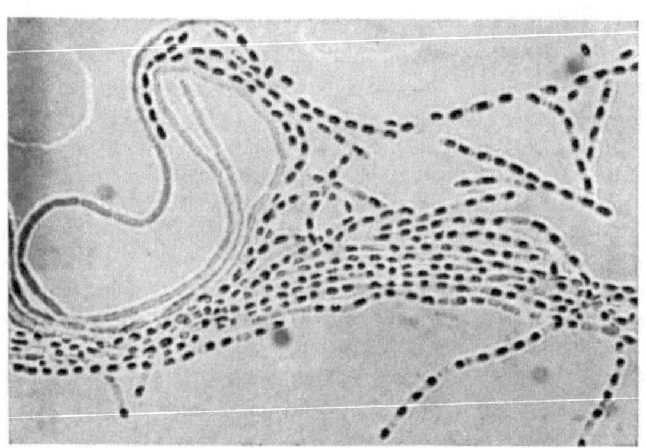

Abb. 27. *Bac. mycoides.* Sporenbildung im Zellverband. Links unversporte Zellen. Hellfeldaufnahme.
Vergr. 600mal. (Phot. R. Meyer.)

Einziehen bzw. Einschmelzen der Geißeln (ein Vorgang, der noch nicht
genau bekannt ist), von einem unbeweglichen Stadium abgelöst wird.
Bei der Teilung der Zellen werden die Geißeln bereits angelegt, bevor die
Zellen sich trennen, welche Tatsache einmal die vermeintliche „peritriche" Begeißelung (S. 25) erklärt und andererseits verständlich macht,
daß die Geißeln nicht völlig polar sitzen können.

Parallel mit der äußeren Entwicklung geht eine innere Differenzierung der Zelle. Das jugendliche Keimstäbchen hat homogenes Plasma;
später treten Vakuolen auf. Endlich, wenn das Wachstum der
Zelle abgeschlossen ist, beginnt in jeder Zelle eine Verdichtung des
Plasmas. Die in anderen Teilen der Zelle abgelagerten Reservestoffe
werden verbraucht, und die verdichtete Partie grenzt sich durch eine
Membran innerhalb der Zelle ab, die somit zur Sporenmutterzelle
(Abb. 25) wird. So entstehen die Endosporen, von denen wir aus-
gingen, u. zw. in der Regel nur eine, ausnahmsweise zwei in jeder
Zelle. Die Bildung der Endosporen stellt somit keine Vermehrung dar.
Durch Verquellen der Zellwand der Sporenmutterzelle werden die Endospo-
ren endlich frei. Bei *Bac. amylobacter* zeigt sich öfters ein anderes Bild: Die
Membran der Sporenmutterzelle umschließt eine hyaline Masse, die
verquillt und dadurch die Sporenmutterzelle einseitig aufreißt, so daß die
Spore in einer tulpenförmigen Sporenkapsel liegt (Abb. 28). Daß man

an anderen Bakteriensporen hin und wieder auch Reste der Sporenmutterzelle findet, wurde S. 20 erwähnt. Die Endosporen enthalten
keine Reservestoffe im üblichen Sinne, z. B. nur ganz wenig Fett[1].
Vor der Sporenbildung werden alle entbehrlichen Stickstoffverbindungen
(z. B. kohlenhydratabbauende Enzyme) abgebaut und zu sporeneigenen
Stoffen umgebaut[2], die in erster Linie als N- und P-Reservoire betrachtet
werden können. Das Keimstäbchen ist also im übrigen zur weiteren
Vermehrung und Deckung des Betriebsstoffwechsels auf die Zufuhr von
außen angewiesen, eine gewisse Parallele zu Orchideen-Samen (S. 339).
Als Dauerorgane werden die Endosporen gebildet, wenn die Verhältnisse
ungünstig sind oder werden (Anhäufung von Stoffwechselprodukten,
Nährstoff-, insbesondere Stickstoff-
mangel, Austrocknung usw.)[3]; ein
Beispiel ist S. 279 gegeben.

Die Sporenmutterzelle bleibt bei
der Bildung der Sporen, die in der
Mitte oder einem Ende genähert sitzen, oft unverändert (*Bac. anthracis,
megaterium, mycoides, subtilis* usw.)
oder sie schwillt spindelförmig an
(*Bac. amylobacter*), welche Form man
auch als *Clostridium* bezeichnet
(Abb. 18, S. 32, die Sporen entstehen
an den hellen Stellen); oder aber das

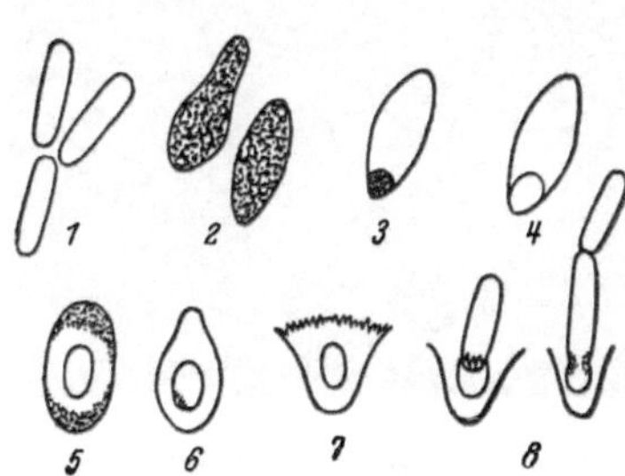

Abb. 28. Schema der Entwicklung von *Bac. amylobacter*. 1—8 die aufeinanderfolgenden Stadien. Vergr. 2000mal. (Nach S. WINOGRADSKY.)

eine Ende schwillt scharf abgegrenzt an, so daß die Form eines
Trommelschlägels entsteht; man nennt diese Form auch *Plectridium*; sie
ist u. a. vorhanden bei *Bac. putrificus, tetani, cellulosae-dissolvens*
(Abb. 29), doch gibt es auch Zwischenformen.

Bei den nichtsporenbildenden Stäbchenformen fällt die Keimung
und Bildung der Sporen, bei den unbeweglichen das Schwärmerstadium
weg; sonst ist das Bild das gleiche. Es kann sogar auch bei sporenbildenden Formen eine Unterdrückung der Sporenbildung in der Kultur
stattfinden, die durch geeignete Maßnahmen wieder regeneriert werden
kann; ähnliches gilt auch für die Ausbildung der Schwärmer. Bei
sporenlosen Formen kann die vegetative Zelle selbst ein gegen äußere
Einflüsse, jedoch nicht gegen feuchte Hitze (S. 140), verhältnismäßig
widerstandsfähiges Dauerorgan bilden, ohne jedoch die Widerstandsfähigkeit der Endosporen zu erreichen.

---

[1] VIRTANEN, A. I., u. L. PULKKI: Arch. Mikrobiol. **4**, 99 (1933). — SCHÖN-
BORN, W.: Arch. Mikrobiol. **22**, 408 (1955).

[2] HARDWICK, W. A., u. J. W. FOSTER: J. Gen. Physiol. **35**, 907 (1952); J. Bacter. **65**, 355 (1953). — Vgl. weiter: TINELLI, R.: C. r. Acad. Sci. Paris **235**, 836 (1952).

[3] ZIRONI, A., u. E. CARLINFANTI: Zbl. Bakter. I Orig. **149**, 142 (1942). — GRE-
LET, N.: Ann. Inst. Pasteur **81**, 430 (1951). — Biologie der Bakteriensporen:
WILLIAMS, O. B., u. Mitarb.: Bacter. Revs. **16**, 89 (1952). — Für die Bildung
der Endosporen soll insbesondere Kalium notwendig sein: FOSTER, J. W., u.
F. HEILIGMAN: J. Bacter. **57**, 613 (1949). — Über Mn. vgl. S. 102 Anm. 1 — Die
Sporenbildung wird gehemmt durch Zusatz von gesättigten Fettsäuren mit
10—14 C-Atomen: FOSTER, J. W., u. Mitarb.: J. Bacter. **59**, 463 (1950); **61**, 145 (1951).

Etwas anders vollzieht sich die Vermehrung bei den kugeligen
Kokkenformen. Nach der Teilung erfolgt sofort eine Abrundung der
Zellen, so daß die Zellverbände noch lockerer sind als bei Stäbchen-
formen. Es schiebt sich häufig Schleim zwischen die Zellen, auch wenn

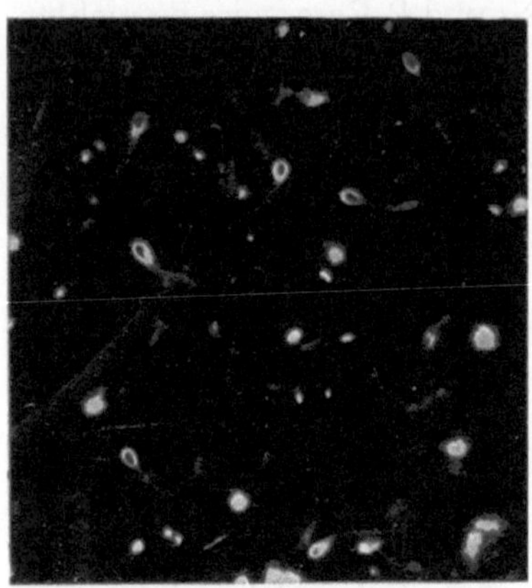

Abb. 29. *Bac. cellulosae-dissolvens* (anaerober
Cellulosezersetzer). Sporenbildung. Dunkel-
feld-Lebendaufnahme. Vergr. 700mal. (Phot.
R. Meyer.)

diese in größeren Verbänden zusammenbleiben (vgl. Abb. 3, S. 18, für
Azotobacter, obwohl dieser Organismus nicht eigentlich ein *Coccus* ist).
Die Teilung erfolgt auch je nach der
Bakterienart nicht nur nach einer
Richtung des Raumes, also zu Ketten,
in denen die Kokken perlschnurartig
aneinandergereiht erscheinen (*Streptococcus*, Abb. 30), sondern auch nach
zwei Richtungen des Raumes unter
Bildung tafelförmiger Wuchsformen
(*Merismopedium*[1]) oder endlich nach
den drei Richtungen des Raumes unter
Bildung oft sehr regelmäßiger paket-
förmiger Wuchsformen (*Sarcina*,
Abb. 31). Auch kann die Teilung nicht
nur in senkrechten Ebenen erfolgen,
sondern ganz unregelmäßig, so daß

traubenförmige Wuchsformen entstehen (*Staphylococcus*[1]). Auch bei
Kokken wirken Neutralsalze auf die Form der Zellen; z. B. vollzieht sich
mit steigender Konzentration von Na-, K- oder NH_4Cl ein Übergang vom
Einzelkokkus zur *Sarcina*-Form (Abb. 32); doch konnten niemals fädige

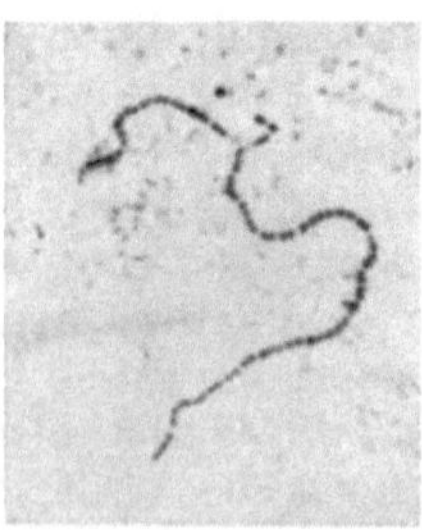

Abb. 30. *Streptococcus lactis*. Methylenblau-
färbung in Milch (in Abbildung dunkel). Vergr.
700mal. (Phot.R. Meyer.)

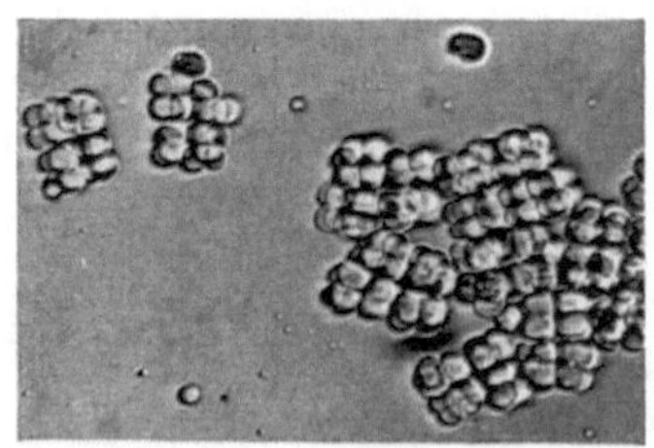

Abb. 31. *Sarcina maxima*. Hellfeld-Lebendaufnahme.
Vergr. 600mal. (Phot. H. Knöll.)

Formen erzielt werden[2]. Dies scheint darauf hinzuweisen, daß Stäbchen
und Kokken verwandtschaftlich recht weit auseinander stehen.

Die Teilung der Zellen erfolgt gewissermaßen durch Spaltung; man
hat die Bakterien deshalb auch „*Spaltpilze*" *(Schizomycetes)* genannt.

---

[1] Diese Namen für die betreffenden Wuchsformen sind hier erwähnt, obwohl
wir sie in der systematischen Übersicht (S. 70ff.) nicht gebrauchen.
[2] Voss, E.: Arch. Mikrobiol. **18**, 101 (1952/53).

Doch bezieht sich dieser Begriff im strengen Sinne auf die Teilung von Zellen, die keinen „normalen“ Zellkern besitzen. Die Teilung erfolgt stets quer zur Längsachse; hin und wieder wurde allerdings auch das Vorkommen von Längsteilung behauptet, z. B. bei Stäbchen und *Vibrio*-Arten. Solche Angaben sind aber sehr unsicher.

Hinsichtlich der *Pilze* sei nur erwähnt, daß dem Wachstum eines Pilzfadens ebenfalls die Bildung von Querwänden folgt, soweit solche ausgebildet werden (Abb. 62 u. 65, S. 84 u. 85). Der Entwicklungsgang ist kurz folgender: Aus der Spore treiben ein bis mehrere Keimschläuche aus, die wachsen, sich teilen und verästeln. Den einzelnen Pilzfaden bezeichnet man als Hyphe, deren Gesamtheit als Mycel. Besonderheiten, soweit sie für den vorliegenden Rahmen in Frage kommen, sind weiter unten erwähnt, ebenso die von sonstigen Gruppen der Mikroorganismen.

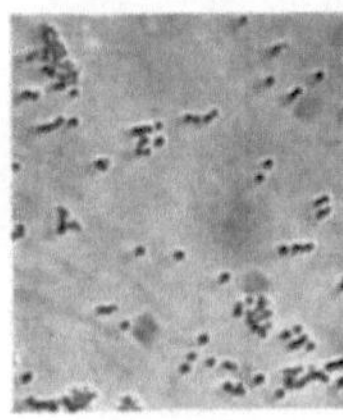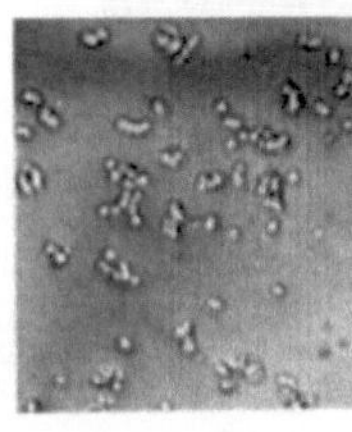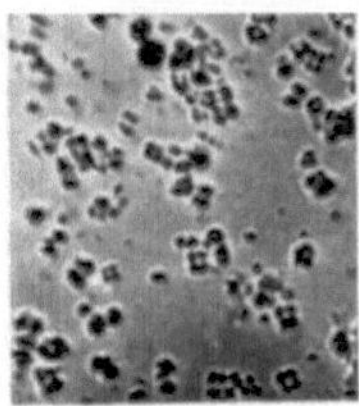

Abb. 32. *Micrococcus flavus*. Von links nach rechts: Normalkultur, 1,5 und 2,0 mol NaCl. Hellfeldaufnahme, gefärbtes Präparat. Vergr. 850mal. (Nach E. Voss.)

Makroskopische Entwicklung.

Es wurde schon gesagt, daß man die Vermehrung der Bakterien bei genügender Stärke makroskopisch sehen kann: in Flüssigkeiten als Trübungen, Bodensatz, als Ring an der Gefäßwand in Höhe der Flüssigkeitsoberfläche oder als eine für den jeweiligen Organismus verhältnismäßig charakteristisch aussehende Kahmhaut auf der Kulturflüssigkeit. Auf festen Nährböden entstehen Kolonien[1] (vgl. Abb. 106, S. 278) von bestimmter Farbe, Geruch, Konsistenz, Oberflächen-, Tiefen- und Randstruktur, was ebenfalls bis zu einem gewissen Grade für jede Art charakteristisch ist, wenn auch das Aussehen mit dem Nährboden variieren kann: Die Kolonie kann erhaben sein oder vertieft, die Konsistenz dünnschleimig, wäßrig, glasig oder wachsartig, glatt, faltig, konzentrisch gezont oder radial gestreift usw. Besonders sind auch die Ränder der Kolonie charakteristisch: glatt, gezackt, eckig, faserig, lappig, auslaufend usw.

Ein interessantes Kolonienwachstum zeigt *Bac. mycoides*, der meist in linkswendigen Spiralen wurzelartig über das feste Substrat wächst; auch konstant bleibende rechtswendige Stämme kommen vor (Abb. 33)[2]. Die Ursache dieses Wachstums liegt in der inneren Struktur und dem Baumechanismus der bei diesem Bakterium ja besonders ausgeprägten

---

[1] Die heterogenen Lebensverhältnisse in einer Kolonie bespricht CH. THOM: Mycologia (New York) **46**, 1 (1954).

[2] STAPP, C., u. H. ZYCHA: Arch. Mikrobiol. **2**, 493 (1931). — PIEKARSKI, G.: Arch. Mikrobiol. **11**, 406 (412f.) (1940).

Ketten, und wohl auch in der Struktur des Substrates[1]. Durch Zusatz von L-Weinsäure soll der Links-, von D-Weinsäure der Rechts-Stamm

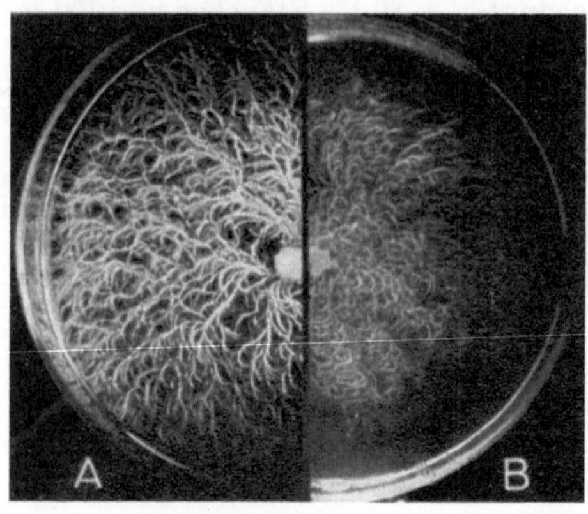

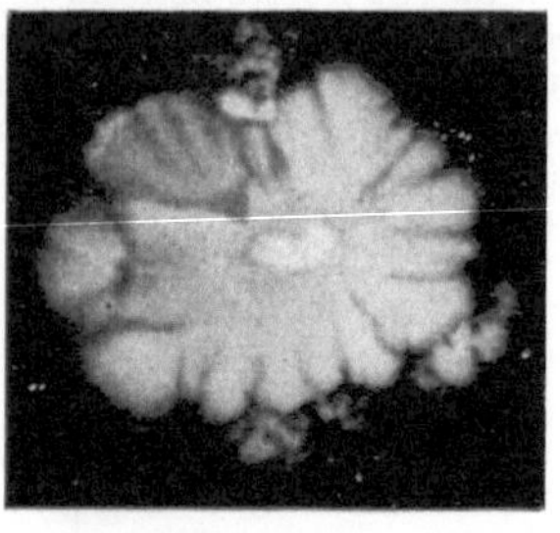

Abb. 33. *Bac. mycoides.* Rauhkolonien. *A* linksdrehender, *B* rechtsdrehender Stamm. Etwa $^1/_2$ natürlicher Größe. (Photo nach C. STAPP u. H. ZYCHA.)

Abb. 34. *Bac. mycoides.* Glattkolonie. Etwa $^1/_2$ natürlicher Größe. (Phot. nach C. STAPP u. H. ZYCHA.)

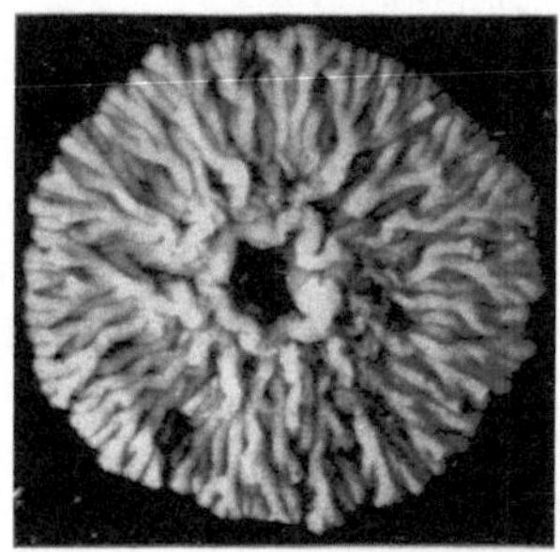

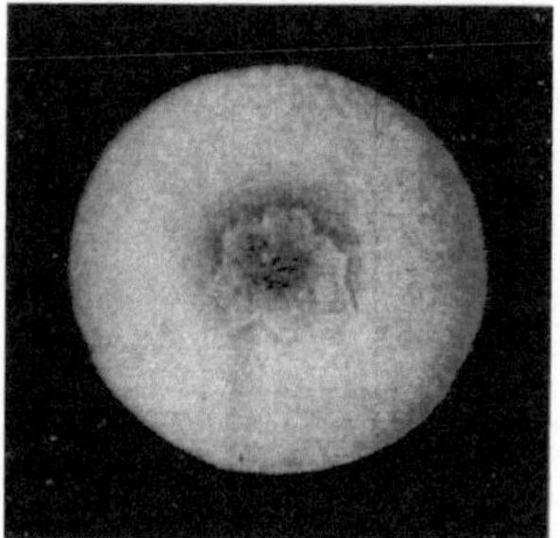

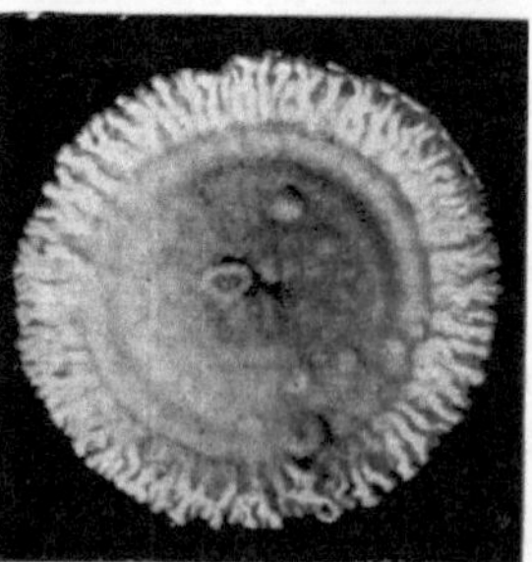

Abb. 35. *Hefen,* Riesenkolonien. Links *Zygosaccharomyces Priorianus* auf Maltose-Hefewasser-Gelatine bei 20° C, 4 Wochen alt. Unten *Z. variabilis* auf Saccharose-Hefewasser-Gelatine bei 22° C, 6 Wochen alt. Rechts *Z. amoeboideus,* ebenso. $^1/_2$ nat. Größe. (Nach G. KRUMBHOLZ.)

---

[1] Das Schwarmwachstum der *Myxobacteria* erfolgt gemäß der Richtung der Riesenmoleküle des Substrates. STANIER, R. Y.: J. Bacter. **44,** 405 (1942). Bewegung siehe K. MEYER-PIETSCHMANN: Arch. Mikrobiol. **16,** 163 (1951).

in die entgegengesetzte Modifikation übergeführt werden können[1]. Bei ihm, wie auch bei anderen Bakterien und bei *Hefen*, kommen jedoch auch bei frischen Isolierungen aus dem Boden[2] zwei Formen der Kolonien vor: **Rauh-** und **Glattformen** (Abb. 33 u. 34), die ineinander übergehen können bzw. alle Übergänge zeigen; auch der Nährboden kann von Einfluß sein[3]. Hierdurch wird natürlich die morphologische Unterscheidbarkeit sehr erschwert.

Die Kolonien der *Hefen* (Abb. 35) ähneln denen der Bakterien, sind aber nie dünnschleimig. Auch hier spielt die Struktur der Kolonie eine

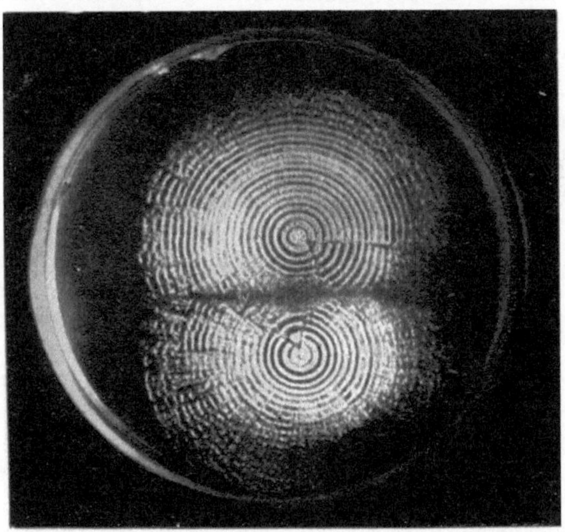

Abb. 36. *Streptomyces* spec. Hexenringbildung mit „Verwerfungen". $^2/_3$ nat. Größe. (Nach A. RIPPEL u. G. WITTER.)

große Rolle als Artcharakteristikum, wozu man sie ebenso wie Bakterien als Riesenkolonie züchtet.

Die Kolonien der *Pilze* (Abb. 106, S. 278) sind leicht von denjenigen der Bakterien zu unterscheiden: durch das strahlige Wachstum der auch in die Luft wachsenden Pilzfäden (besonders ausgeprägt bei den *Zygomycetes*), was besonders am Rande der Kolonie zu erkennen ist, durch die Bildung der charakteristischen, häufig gefärbten Luftsporen, vielfach auch an der Größe und Schnelligkeit ihres Wachstums. Sehr häufig sind die Kolonien durch den Wechsel sporenloser und sporenführender Teile des Mycels mehrfach konzentrisch gezont, ähnlich wie bei dem Abb. 36 für *Streptomyces* gegebenen Bild.

Die Kolonien der *Actinomycetes* und ihrer Verwandten sind kreisrund, klein, von sehr fester, knorpeliger Beschaffenheit; werden Luftsporen (S. 75) gebildet, so sind sie von kreidigem Aussehen und meist konzentrisch gezont: Hexenringe (Abb. 36). Sie sind vielfach gefärbt

---

[1] HETTENBACH, U., u. W. LUDWIG: Experientia (Basel) **7**, 457 (1951).
[2] GRUNDMANN, E.: Arch. Mikrobiol. **5**, 57 (1934).
[3] IMSENECKI, A. A.: Microbiol. (russ.) **10**, 3 (1941); ref. Bot. Zbl. **36**, 365.

und verfärben auch häufig das Substrat, meist braun, aber auch gelb, rot und blau, und zeigen häufig den typischen Erdgeruch, der den Sporen anhaften soll[1]. Sie wachsen sehr langsam und entziehen sich daher leicht der Beobachtung, wenn sie zusammen mit anderen Mikroorganismen auf einer mit einem üblichen Nährboden versehenen Platte vorhanden sind, weil sie von den übrigen überwuchert werden.

Sporenformen und Sklerotien.

Bei den Pilzen sind sehr verschiedenartige Sporenformen verbreitet und überaus charakteristisch. Soweit im vorliegenden Zusammenhang notwendig, wird in der systematischen Übersicht, S. 80 ff., kurz darauf eingegangen werden. Als Spore bezeichnet man eine exogen oder endogen auf vegetativem Wege entstandene, von den übrigen Zellen morphologisch verschiedene Einzelzelle (die sich aber auch noch teilen kann zu mehreren Sporen oder zu einer mehrzelligen Spore), und der entweder die Bedeutung der sofortigen Ausbreitung somit auch der Vermehrung zukommt; sie werden oft in ungeheurer Zahl gebildet. Oder sie sollen als Dauerorgane das Leben des Organismus über ungünstige Zeiten erhalten.

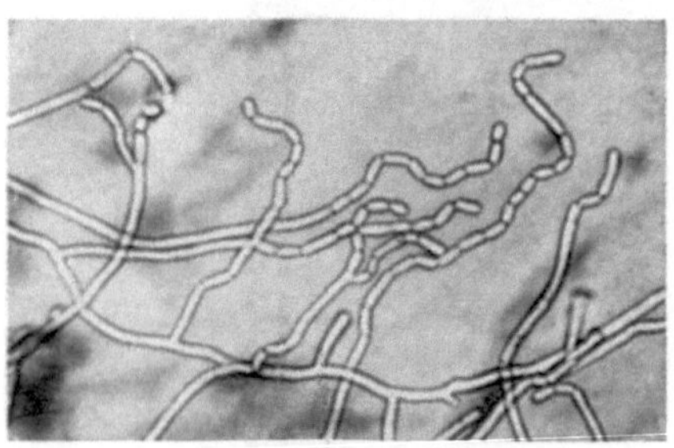

Abb. 37. *Oospora lactis*. Zerfall des Fadens in „Oidien". Hellfeld-Lebendaufnahme. Vergr. 300mal. (Phot. R. Meyer.)

Bei den eigentlichen Bakterien, den *Eubacteria* (S. 69 ff), sind die Endosporen die einzige normalerweise vorkommende Sporenform.

Hier sei noch auf folgendes aufmerksam gemacht: Wie S. 50 erwähnt, fällt bei den Bakterien Wachstum und Vermehrung bis zu einem gewissen Grade zusammen, wenn nämlich sofort nach der Zellteilung eine Trennung der Zellen erfolgt. Man könnte also zwar nicht in morphologischem, aber doch in biologischem Sinne diesen Vorgang als Sporenbildung bezeichnen, nur fehlt eben der morphologische Unterschied gegenüber der normalen Zelle, der erst den wirklichen Begriff der Spore schaffen würde. Eine gewisse Ähnlichkeit besteht mit Wachstum und Vermehrung des Pilzes (Abb. 37) *Oospora (Oidium) lactis* (S. 90): Man hat demgemäß auch gelegentlich die Einzelzellen der Bakterien als „Oidien" bezeichnet.

Man kann die ältere Einzelzelle der nicht sporenbildenden Bakterien als Chlamydospore (Arthrospore De Barys) auffassen. Man versteht darunter Dauerformen, wobei in einer vegetativen Zelle das Plasma sich verdichtet, die Membran sich verdickt und die Zelle in einen Ruhezustand übergeht; unter geeigneten Bedingungen wird sie dann zum Ausgangspunkt neuen Wachstums. Im Gegensatz zu den Pilzen[2] ist bei den Bakterien rein morphologisch die Ausbildung einer vegetativen Zelle zu einer solchen Dauerform seltener zu erkennen, deutlich aber z. B. in älteren Kulturen von *Azotobacter chroococcum*: die Zellen erscheinen

---

[1] Plotho, O. v.: Arch. Mikrobiol. **11**, 285 (1940).
[2] Vgl. Park, D.: Nature (London) **173**, 454 (1954).

abgerundeter (vgl. Abb. 3 S. 18), mit derberer Membran, die mit einem schwarzbraunen Farbstoff inkrustiert ist (S. 19). Die Sporennatur erweist sich auch dadurch, daß bei der Keimung ein Keimstäbchen aus der leer zurückbleibenden Hülle heraustritt (Abb. 38)[1]. In biologischem Sinne könnte wohl jede Bakterienzelle ohne Sporenbildung, aber mit besonderer Widerstandsfähigkeit, z. B. gegen Austrocknung, als Chlamydospore bezeichnet werden. Die bei den Pilzen verbreiteten Chlamydosporen (vgl. Abb. 60, S. 82) sind oft durch ihre Größe, ihre

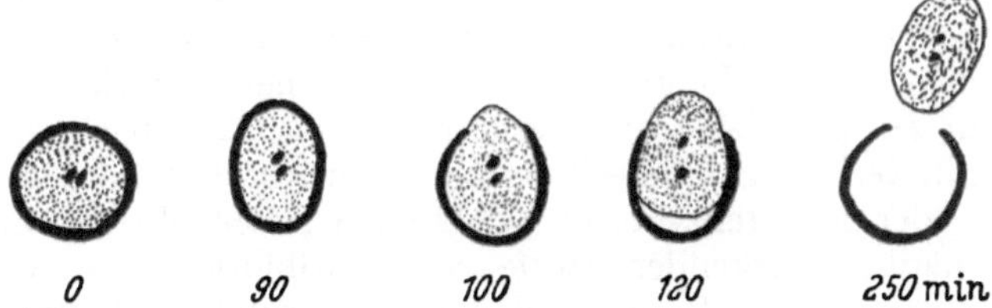

Abb. 38. Entwicklung einer alten *Azotobacter*-Zelle aus einer 20 Tage alten Kultur. Zeichnung. Vergr. etwa 2750mal. (Nach E. FLOETHMANN.)

oft unregelmäßige Gestalt, derbe meist stark konturierte Zellmembran und reichlichen Gehalt an Fett charakterisiert.

Bei Pilzen finden sich ferner als typische Dauerorgane sehr häufig Sklerotien, rundliche oder unregelmäßige Gebilde eines dichten Mycelgeflechts mit derber, oft schwarzer Rinde (Abb. 39, ferner S. 274), aus denen häufig die Sexualfruktifikation entsteht. Sie sind stets fettreich.

Ob Exosporen, durch Knospung und Abschnürung entstandene Sporen, bei Bakterien vorkommen, ist höchst zweifelhaft, obwohl es

Abb. 39. Sklerotien von *Claviceps purpurea* (Mutterkorn), oben normale Roggenkörner. 2 Sklerotien längs durchschnitten, die schwarze Rinde und das zentrale weiße Pilzmycel zeigend. Etwa $^2/_3$ natürlicher Größe. (Phot. R. MEYER.)

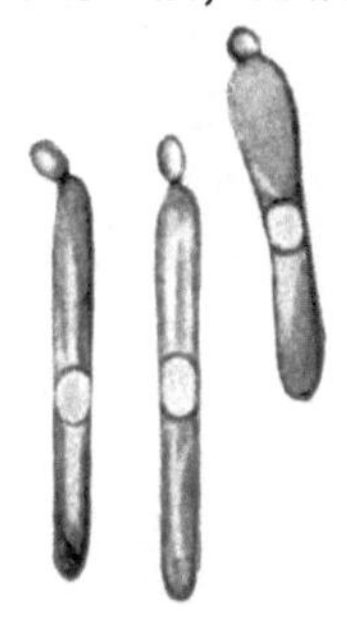

Abb. 40. *Bac. amylobacter.* „Knospung". Zeichnung. Vergr. 3500mal. (Nach A. IMSENECKI.)

z. B. vom *Vibrio comma* behauptet wurde[2]. Für *Granulobacter pectinovorum* (= *Bac. amylobacter*) wurde[3] eine Art Knospung angegeben (Abb. 40), ähnlich der bei *Hefen* vorkommenden (S. 85); doch handelt es sich offenbar lediglich um eine Ausstoßung der Sporenanlage.

[1] KRZEMIENIEWSKI, S.: Anz. Akad. Wiss. Krakau, Math.-Naturwiss. Kl. 9, 929 (1908). — WINOGRADSKY, S.: Ann. Inst. Pasteur 60, 351 (1938). — FLOETHMANN, E.: Arch. Mikrobiol. 20, 243 (1954).
[2] Vgl. LEHMANN-NEUMANN: Bakteriologische Diagnostik II, S. 16.
[3] IMSENECKI, A.: Arch. Mikrobiol. 5, 451 (1934).

Schließlich seien noch Gonidien erwähnt, eine Sporenform, die, wie die Endosporen, innerhalb der Zelle gebildet werden, wobei sehr oft in einer Zelle zahlreiche kleine Sporen entstehen (im Gegensatz dazu entstehen die Sporangiensporen der Pilze (S. 81 f.) in besonderen Behältern, den Sporangien, also nicht in den normalen Zellen). Die Gonidien sind keine Dauersporen wie die Endosporen, sondern dienen nur der augenblicklichen Verbreitung. Sehr charakteristisch finden sie sich bei den *Chlamydobacteria* (S. 77). Es wird verschiedentlich angegeben, daß sie auch bei den *Eubacteria* verbreitet seien. Angebliche Gonidien, z. B. bei den *Knöllchenbakterien*, erwiesen sich als Reservestoff-(Fett-)Körperchen[1]. Solche Vorstellungen haben in neuester Zeit eine Neubelebung in den sog. L-Formen[2] erfahren, etwa 0,25—0,4 μ große Einheiten, die in den „large-bodies" (s. folgenden Abschnitt) entstehen und Ausweich- oder Resistenz-Formen darstellen sollen, da sie unter dem Einfluß schädlich wirkender Stoffe, wie Antibiotica usw., entstehen. Wirklich überzeugende Beweise, daß es sich tatsächlich um Regenerationsformen handelt, konnten aber noch nicht beigebracht werden.

Involutionsformen.

Andererseits werden bei Bakterien häufig anomale Zellformen gebildet, die man teilweise ebenfalls als in den normalen Entwicklungsgang gehörig betrachtet hat, die indessen lediglich anomalen Lebensbedingungen ihre Entstehung verdanken und seit Nägeli (1877) als Involutionsformen bezeichnet werden; besondere Typen dieser Art bezeichnet man jetzt als „large bodies". Sie treten zumeist in Form von Anschwellungen, Aufblähungen, Verzweigungen der Zellen auf und verschwinden unter normalen Verhältnissen wieder[3]. Sie finden sich auch fast regelmäßig bei der Einwirkung von antibiotischen Stoffen.

Bei *Essigsäurebakterien* wachsen die Stäbchen bei höherer Temperatur zu Fäden von sehr viel größerem Durchmesser aus; wird die Temperatur erniedrigt, so zerfallen die Fäden wieder in Stäbchen (Abb. 41).

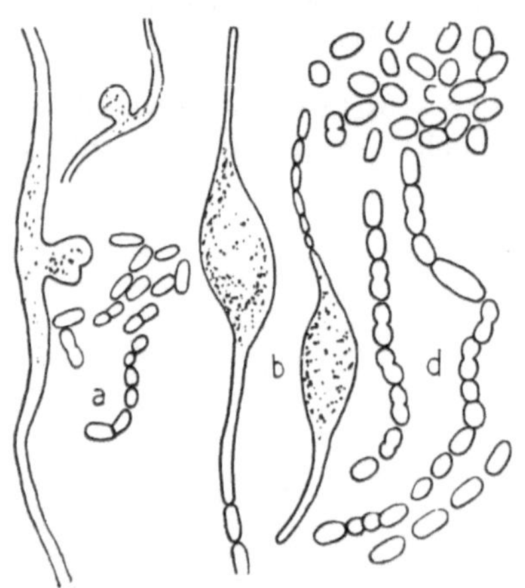

Abb. 41. *Bact. acetosum. a* und *b* Zellen aus der Kahmhaut auf Leipziger Gose (obergäriges Bier). *a* normale Zellen, links davon und *b* Involutionsformen, *c* Zellen aus Würzegelatine, *d* Zellketten aus der Haut auf untergärigem Lagerbier. Zeichnung. Vergr. 2000mal. (Nach F. Windisch.)

---

[1] Lewis, M. I.: J. Bacter. **35**, 573 (1938).

[2] Der Name stammt von E. Klieneberger: J. of Path. **40**, 93 (1935). Vgl. ferner: E. Klieneberger: Bacter. Revs. **15**, 78 (1951); — L. Dienes u. H. J. Weinberger: Bacter. Revs. **15**, 245 (1951). — v. Prittwitz u. J. Gaffron: Naturwiss. **40**, 590 (1953).— Kandler, G., u. O. Kandler: Arch. Mikrobiol. **21**, 178, 202 (1954).— Zur Kritik vgl. A. Rippel-Baldes, u. G. Busch: Nachr. Akad. Wiss. Göttingen, Math.-Phys. Kl. II b Biol.-physiol.-chem. Abt. Nr. 4, 23 ff. (1954). — Diese Formen sind unter gewissen Umständen weiter züchtbar.

[3] Über die Wirkung von Ionen vgl. E. Heinzel: S. 49, Anm. 1.

Bei dem Choleraerreger *Vibrio comma* kommt es bei Überführung der Bakterien in Lösungen von geringerer Konzentration zu blasenförmigen Anschwellungen: „Plasmoptyse". *Schimmelpilze* zeigen blasenförmige Anschwellungen der Zellen, wenn die Nährlösung sehr sauer ist (Abb. 42)[1]. Besonderes Interesse haben die durch Lithium- und Magnesiumsalze hervorgerufenen, zu kugeligen oder amöboiden Anschwellungen führenden Quellungen des Bakterienkörpers gefunden, die man für normale Entwicklungsformen oder auch für parasitäre Bildungen hielt. Für die Magnesiumsulfatformen von *Bac. mycoides* konnte nachgewiesen werden[2], daß es sich um anomale Formen handelt: sie sind nicht mehr entwicklungsfähig (Abb. 43). Dagegen

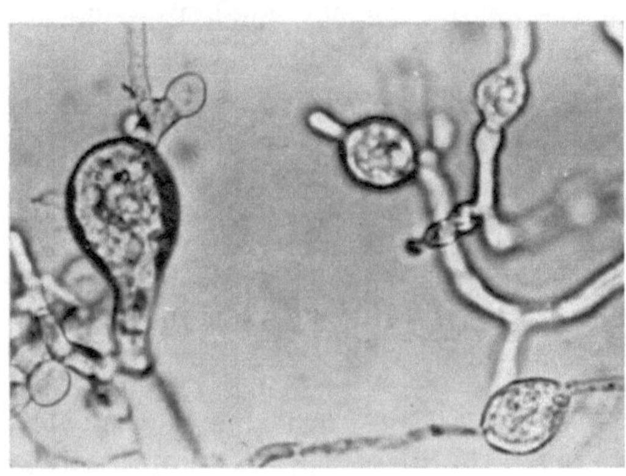

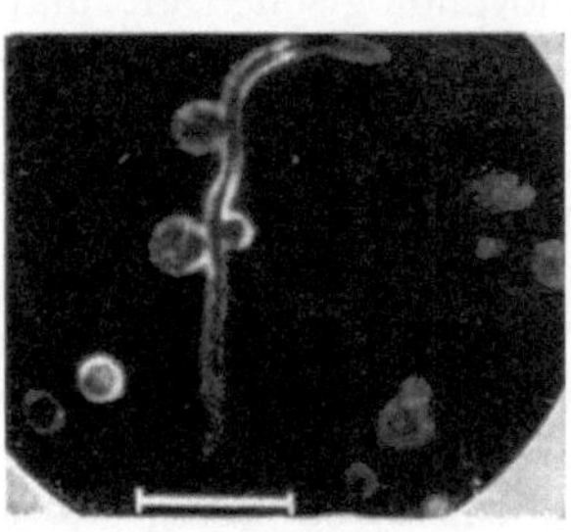

Abb. 42.   Abb. 43.

Abb. 42. *Asp. niger.* Riesenzellenbildung in saurer Nährlösung. Hellfeld-Lebendaufnahme. Vergr. 560mal. (Phot. R. MEYER.)

Abb. 43. *Bac. mycoides.* Entstehung von Blasen durch Einwirkung von Magnesiumsulfat. Dunkelfeld-Lebendaufnahme. Vergr. 1000mal. (Nach C. STAPP u. H. ZYCHA.)

sind die unter Penicillin-Einwirkung entstandenen „large bodies" bis zu einem gewissen Grade noch zu normaler Rückentwicklung befähigt.

Eine besondere Art von Involutionsformen liegt vor bei den Bakterioiden von *Bact. radicicola*, dem Stickstoffbinder in Leguminosenknöllchen (S. 324 ff.), ebenso bei anderen Bakteriensymbionten[3] (vgl. Abb. 122, S. 325). Diese Formen sind nicht mehr lebende[4], angeschwollene oder oft lappig verzweigte Gebilde, wie sie gerade für das Gewebe der Knöllchen charakteristisch sind; es handelt sich hierbei um Verdauungsformen (S. 127). Solche Gebilde können auch in Kultur durch Einwirkung von Coffein, Phosphaten u. dgl.[5], auch unter der Einwirkung anderer Bakterien, wie *Azotobacter*, erhalten werden[6].

---

[1] WEHMER, C.: Ber. dtsch. bot. Ges. **31**, 257 (1913).

[2] STAPP, C., u. H. ZYCHA: Arch. Mikrobiol. **2**, 493 (1931).

[3] Es sei insbesondere noch auf die Involutionsformen tierischer Symbionten hingewiesen. RESÜHR, BR.: Arch. Mikrobiol. **9**, 31 (1938).

[4] ALMON, L.: Zbl. Bakter. II **87**, 289 (1933). — Vgl. jedoch SPICHER, G.: Zbl. Bakter. II. **107**, 383 (1952/54). — HEUMANN, W.: Ber. Dtsch. Bot. Ges. **65**, 230 (1952).

[5] MÜLLER, A., u. C. STAPP: Arb. biol. Reichsanst. Land- u. Forstwirtsch. **14**, 455 (1925).

[6] NAUNDORF, G., u. R. NILSSON: Naturwiss. **30**, 753 (1942); **31**, 346 (1943). — HEUMANN, W.: Naturwiss. **41**, 192 (1954).

Bei all diesenErscheinungen kann es sich um sehr heterogene Dinge handeln. Die oben erwähnten Formen von *Bac. mycoides* lassen sich auch in ungeimpfter Nährlösung unter der Wirkung von Sulfat erzielen[1], und „Plasmazusammenballungen" von *Azotobacter* erwiesen sich als Schleimverklebungen, in denen die normalen Zellen lagen[2]. Andererseits können die Zellen bis zu einem gewissen Grade deformieren, ohne abzusterben und zu normalen Formen zurückkehren, wie das von den oben erwähnten Essigsäurebakterien schon lange bekannt ist und wie es auch bei den anomalen, durch Antibiotica erzielten Zellen der Fall zu sein scheint[3], wenn der schädigende Einfluß aufhört, z. B. Penicillinwirkung beim gleichen, schon veränderten Objekt durch Penicillinase (S. 368) aufgehoben wird.

Die wesentlichen Fragen hierbei sind: Wieweit kann eine solche morphologische Deformation getrieben werden, ohne daß der Organismus abstirbt? Und gehört diese Entwicklung in den normalen Entwicklungsgang der Bakterien, wie es häufig dargestellt wird; d. h. gibt es einen weitgehenden Pleomorphismus bei den Bakterien? Unter normalen Verhältnissen scheint das nicht der Fall zu sein. Denn Beobachtungen im Boden an Cholodnyplatten (S. 266f.) haben keine Andeutung für das Vorhandensein „anomaler" Formen ergeben, die Bakterien sehen doch vielmehr durchaus „klassisch" aus. Die Verhältnisse in der Kultur sind anomal und berechtigen zu keinem Schluß hinsichtlich natürlicher Verhältnisse, so wenig wie etwa unsere Haustiere den Wildformen völlig entsprechen. Man hat z. B. auch gefunden, daß Pilze, deren mikroskopisches Aussehen im Boden man kontrollieren konnte, in Kultur ganz anders aussehen[4]. Es ist weiterhin auch durchaus zweifelhaft, ob im Boden antibiotische Einflüsse in solcher Form überhaupt vorhanden sein können, wie wir das in Laboratoriumsversuchen mit ihren morphologischen Folgen feststellen.

So bleibt also noch die Frage kleiner Regenerationseinheiten (L-Formen), die, wie oben erwähnt, durchaus problematisch ist. Das Vorhandensein echt filtrierbarer Formen (S. 13) ist nach wie vor völlig unsicher. Involutionsformen der Bakterien zeigen einen höheren Gehalt an Desoxy-ribonucleinsäure im Vergleich zu den normalen Formen. Ferner enthalten die Involutionsformen mehr zyklische Aminosäuren als die Normalzellen. Beide Erscheinungen weisen auf ein jugendliches Stadium, also ungehemmtes Wachstum hin[5], was der Auffassung eines fortgeschrittenen Entwicklungsstadiums widersprechen würde.

---

[1] Voss, E.: Arch. Mikrobiol. **18**, 101 (1952/53). — Weitere Fälle bei: v. Prittwitz u. Gaffron, J.: Naturwiss. **42**, 113 (1955).

[2] Floethmann, E.: Arch. Mikrobiol. **20**, 243 (1954).

[3] v. Prittwitz u. Gaffron, J.: Naturwiss. **40**, 590 (1953). — S. 58, Anm. 2.

[4] Kubiena, W.: Arch. Mikrobiol. **3**, 507 (1932). — Renn, Ch. E.: Zbl. Bakter. II **91**, 267 (1935).

[5] Rippel-Baldes, A., u. G. Busch: Anm. 2, S. 58. — Jensen, J., u. Mitarb.: Naturwiss. **41**, 382 (1954). Der Gesamtgehalt an Nucleinsäuren ist jedoch geringer.

Sexualität und Variabilität.

Sicher vorhanden ist dagegen eine oft sehr große Variabilität der Bakterien in morphologischen und vor allem physiologischen Merkmalen, die unter Umständen zu konstant bleibenden Veränderungen führen. Bevor wir uns aber mit dieser Frage beschäftigen können, muß zunächst erörtert werden, ob bei den Bakterien ein Sexualitätsvorgang vorhanden ist.

Heterogamie (Anisogamie), Verschmelzung zweier morphologisch verschiedener, ungleichwertiger Geschlechtszellen, einer männlichen und einer weiblichen bzw. deren Kerne, wie sie bei höheren Organismen als Eizelle und Spermazelle (Oogamie) ausgebildet sind, fehlt den Bakterien sicher. Es sind bei ihnen keine differenzierten Geschlechtsorgane bzw. Geschlechtszellen vorhanden.

Als Isogamie, Vereinigung (Kopulation und Konjugation) zweier morphologisch gleichartiger Geschlechtszellen, könnten gewisse Beobachtungen an Bakterien gedeutet werden. Bei *Chromatium Okenii*, *Azotobacter chroococcum* und *Spirillum* beobachtete man[1], daß zwei nebeneinanderliegende Zellen sich mit je einer Ausstülpung berührten, die Kopulationskanäle darstellen könnten. Der Beweis jedoch, daß es sich um einen Sexualakt handelt, fehlt. Sehr merkwürdig ist das Zusammentreten einiger bis vieler Bakterien zu sternartigen Hau-

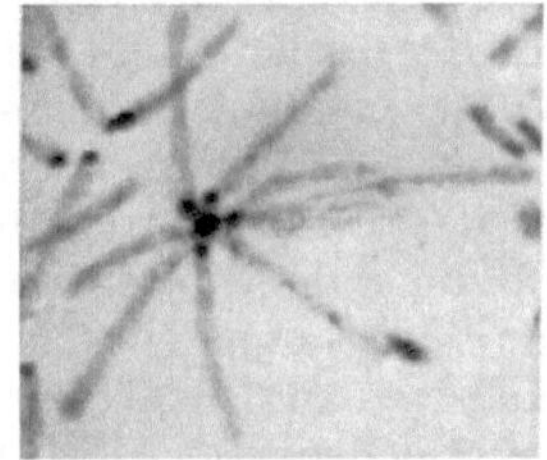

Abb. 44. *Ps. tumefaciens*. Sternformen. Feulgen-Reaktion (rot gefärbte Bezirke in Abbildung dunkel). Hellfeldaufnahme. Vergr. 2000mal. (Nach C. STAPP.)

fen, z. B. bei *Ps. tumefaciens*[2] (Abb. 44), wie es ähnlich bei gewissen Algen *(Chlamydomonas)* im Zusammenhang mit der Kopulation vorkommt. Da zudem das Vorhandensein eines Zellkernes in diesen Bakterien und das Verschmelzen bei dem Zusammentreten zu den erwähnten Sternhaufen angegeben wird, so könnte hier auf einen Sexualakt geschlossen werden, falls für die Beobachtung nicht doch noch eine andere Deutung gefunden würde, zumal nach anderweitiger Mitteilung die nuclealpositive Substanz nicht verschmelze, sondern durch Schleim (oder Plasma) getrennt bleibe[3,4]. Sternformen von *Granulobacter pectinovorum* können dadurch zustande kommen, daß die Bakterien (aus naßfaulen Kartoffeln) auf Bruchstückchen der Pectin-Mittellamelle sitzen; eine morphologische Verbindung der Bakterienzellen konnte nicht beobachtet werden[5]. Auf weiteres hierzu wird gleich zurückzukommen sein.

---

[1] FOERSTER, F.: Zbl. Bakter. I Orig. **11**, 257 (1892). — POTTHOFF, H.: Zbl. Bakter. II **55**, 96 (1922). — Nach N. A. KRASSILNIKOV: Bull. Acad. Sci. UdSSR, Math.-Naturwiss. Kl. Nr. 9, 1329), ref. Zbl. Bakter. II **88**, 427, handelt es sich lediglich um unvollendete Teilung; in den Brücken ist kein Chromatin!

[2] STAPP, C., u. H. BORTELS: Z. Parasitenkde. **4**, 101 (1931). — STAPP, C.: Zbl. Bakter. II **105**, 1 (1942).

[3] BRAUN, A. C., u. R. P. ELROD: J. Bacter. **52**, 675 (1946).

[4] *Zusatz bei der Korrektur:* Inzwischen wurden weitere Untersuchungen veröffentlicht, welche eindeutig das Verschmelzen der ,,Kernsubstanz" bei Sternformen zeigen sollen: STAPP, C., u. D. KNÖSEL: Zbl. Bakter. II, **108**, 243 (1954).

[5] STILLE, B.: Arch. Mikrobiol. **18**, 165 (1952/53).

Auch Autogamie, die Verschmelzung der Kerne (bzw. der Kernsubstanz) des gleichen Individuums, ist von Bakterien behauptet worden, namentlich in der älteren aber auch in der neuesten Literatur. Derartige Angaben sind aber schon deshalb ohne Beweiskraft, weil die Zellkernfrage für die Bakterien noch nicht eindeutig gelöst ist und gerade bei den fraglichen Beobachtungen berechtigte Zweifel hinsichtlich des Vorhandenseins bzw. der richtigen Deutung der beobachteten Strukturen bestehen. Dies dürfte auch für die S. 23 erwähnte angebliche Reduktionsteilung gelten.

Für die außerordentlich große Variabilität der Bakterien seien Beispiele aus der älteren Literatur gegeben. Zunächst ist die Größe der Einzelzelle oder die Länge des „Zellfadens" je nach der Beschaffenheit der Nährlösung sehr verschieden (S. 49); die Veränderung ist aber in veränderter Nährlösung nicht konstant. Besonders große Variabilität zeigt *Bact. prodigiosum*. Man konnte 14 verschiedene Stämme züchten, bei denen sich Farbe, Schleimigkeit usw. der Kolonien in verschiedener Weise kombinieren. Es gelingt z. B. durch Zusatz von Kupfersulfat farblose Stämme zu erzielen, die aber unter normalen Verhältnissen wieder Farbstoff bildeten, während durch Sublimat erzielte farblose Stämme auch unter normalen Verhältnissen farblos blieben[1]; bei *Bac. anthracis* konnte durch Zusatz von Gift Verlust der Sporenbildung erzielt werden usw. Nun sei noch kurz auf Änderungen unter der Wirkung verschiedenartiger Strahlen[2] hingewiesen, z. B. Bildung von Riesenzellen[3], ferner durch Campher und andere Stoffe (wobei indessen noch keine Abgrenzung gegenüber den S. 58ff. erwähnten Involutionsformen vorgenommen werden kann), während gerade das Colchicin, unter dessen Einwirkung man bei höheren Organismen durch Hemmung der Kernteilung Polyploidie erzielen kann, bei Mikroorganismen wirkungslos blieb, u. a. auch bei *Hefe*n, denen man, im Gegensatz zu den *Bakterien*, einen eigentlichen Zellkern zusprechen muß[4]. Gerade unter der Wirkung von Strahlen, namentlich Röntgenstrahlen, werden in neuester Zeit zahlreiche Veränderungen an Bakterien (und Pilzen) festgestellt, die sich durch den Verlust gewisser Fähigkeiten äußern: Verlust der Bildung gewisser Aminosäuren, gewisser Wirkstoffe oder von Stoffwechselzwischenprodukten oder auch Verlust der Fähigkeit zur Sulfatreduktion usw. Darüber wird gleich noch zu sprechen sein. Aber auch ohne Eingriffe können spontane Veränderungen auftreten. Der Fall von *Bac. mycoides* mit der spontan aufgetretenen und konstant gebliebenen anderswendigen Wuchsform sowie die Glatt- und Rauhformen wurden S. 55 bereits erwähnt. Abb. 45 zeigt spontan aufgetretene sporenlose Sektoren von *Streptomyces*. Ähnliche Fälle ließen sich häufen.

Während die bisher erwähnten Beispiele richtungslose Änderungen sind, liegen Fälle vor, die deutlich eine funktionelle Anpassung an

---

[1] WOLF, F.: Z. Abstammgslehre **2**, 90 (1909). — Farblose und gefärbte Stämme geben den gleichen Ertrag bei kleinerer Zellenzahl des farblosen Stammes (mit größeren Zellen).

[2] Vgl. D. E. LEA: Actions of Radiations on living Cells. Cambridge Univ. Press 1946.

[3] BAUCH, R.: Arch. Mikrobiol. **13**, 352 (1943).

[4] BAUCH, R.: Ber. dtsch. bot. Ges. **60**, 42 (1942); Naturwiss. **29**, 687 (1941); **30**, 263, 420 (1942). — LETTRÉ, H.: Naturwiss. **30**, 34 (1942). — STAPP, C.: Zbl. Bakter. II **106**, 338 (1947). — FISCHER, W.: Arch. Mikrobiol. **14**, 353 (1949).

die veränderten Bedingungen zeigen. BURRI hat an Einzell-Kulturen, die für die Entscheidung derartiger Fragen ja unerläßlich sind (S. 7f.), ein Bakterium aus der Gruppe des *Bact. coli*, das nicht auf Rohrzucker zu wachsen vermochte, durch allmähliche Anpassung dazu gebracht, daß es den Rohrzucker verarbeitete und diese erworbene Eigenschaft auch nicht mehr verlor[1]. Über ähnliche Anpassungen bei Giften ist S. 368, im Enzymsystem S. 175 berichtet.

Über diese Tatsachen hinaus erhebt sich nun die Frage nach ihrer Deutung vom genetischen Standpunkt aus. Ihr standen bis vor kurzer Zeit die noch unbekannten Verhältnisse des Zellkerns der Bakterien bzw. des Vorhandenseins von genetischer Substanz (Gene) entgegen. Da
deren Vorhandensein z. Z. allgemein
anerkannt ist, lassen sich auch Deutun-
gen auf genetischer Grundlage geben.
Für die Entstehung von Änderungen
kommen in Frage: Modifikation,
Mutation und Kombination sowie
einige weitere bei Bakterien entwickelte
Begriffe.

Wir finden bei den Bakterien mit
Sicherheit zunächst Modifikationen,
Veränderungen im Phänotypus, die in
den normalen Zustand zurückkehren,

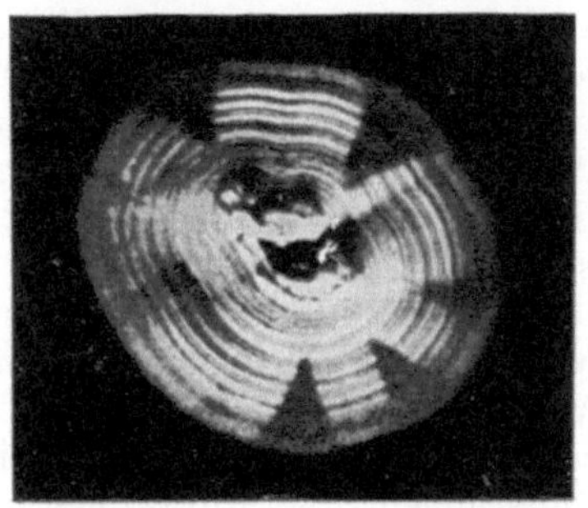

Abb. 45. *Streptomyces* spec. Sektorenbildung[2]. Natürliche Größe. (Nach A. RIPPEL u. P. WITTER.)

wenn der Organismus in die Ausgangs-
bedingungen zurückversetzt wird, z. B. die je nach der Nährlösung veränderte Zellgröße usw.

Nun bleiben allerdings manche Veränderungen auch bei Wieder-
herstellung der normalen Bedingungen konstant. Man kennt jedoch eine Nachwirkung eines modifizierenden Einflusses, die sehr lange an-
dauern kann, und spricht von Dauermodifikationen[3]. Das wurde an niederen tierischen Organismen gezeigt, bei denen man es in der Hand hat, sie beliebig lange rein vegetativ zu kultivieren oder sie zu einer beliebigen Zeit durch den Sexualakt hindurch zu führen. Eingetretene, bei rein vegetativer Vermehrung konstant gebliebene Veränderungen verschwanden dann; es waren also Dauermodifikationen, die nicht vererben.

Die moderne Genetik[4] hat allerdings noch andere Ausblicke er-
öffnet: Viele Veränderungen an Bakterien, wie sie oben hinsichtlich des Verlustes gewisser Fähigkeiten erwähnt wurden, die man durch

[1] BURRI, R.: Zbl. Bakter. II **28**, 321 (1910).

[2] Über Sektorenbildung bei Pilzen: DORN, M.: Arch. Mikrobiol. **21**, 237 (1954).

[3] JOLLOS, V.: Zbl. Bakter. I Orig. **93**, Beih. 22* (1924).

[4] Genes and Mutations. Cold Spring Harbor Symp. Quant. Biol. **11** (1946); **16** (1951). KAPLAN, R.: Annual Rev. Microbiol. **6**, 49 (1952). — WYSS, A. W., u. F. L. HAAS: Annual Rev. Microbiol. **7**, 47 (1953). — SPIEGELMANN, S., u. O. E. LANDMAN: Annual Rev. Microbiol. **8**, 181 (1954). — BRAUN, W.: Bacterial Genetics. Philadelphia u. London: W. Saunders Comp. 1953. — LEDERBERG, J., u. E. L. TATUM: Science (Lancaster) **118**, 169 (1953).

Bestrahlung, durch Chemikalien usw. erzielen kann, entsprechen ganz dem Bild, das man an dem Pilz *Neurospora* gewonnen hat, wie gleich auszuführen sein wird. Ähnliches gilt auch z. B. für das Auftreten von Farbvarianten (bei *Bact. prodigiosum*). Diese quantitativen Veränderungen folgen Gesetzmäßigkeiten, wie man sie bei höheren Organismen als im Sexualakt vererbbar gefunden hat, so daß man daraus den Schluß auf eine Veränderung der Gensubstanz ziehen kann, also auf eine echte Mutation, d. h. eine sprunghafte Veränderung der Erbsubstanz, die demnach ohne Sexualakt nachgewiesen werden kann. Diese Erkenntnis würde unabhängig davon sein, ob bei Bakterien ein morphologisch wie bei den höheren Organismen beschaffener Zellkern vorhanden wäre, in dem die Gene lokalisiert sind, oder ob die Gene anders im Plasma verteilt sind. Dieser letztgenannten Möglichkeit würde die S. 23 erwähnte Annahme von etwa 1000 Trefferbezirken in der Bakterienzelle entgegenkommen. Besondere Bedeutung könnte in diesem Zusammenhange bei Bakterien auch die Frage der plasmatischen Vererbung gewinnen.

Eine weitere Frage ist noch kurz zu erörtern: Daß richtungslose Veränderungen bzw. Mutationen ihre Lebensfähigkeit unter natürlichen Verhältnissen durch Selektion erweisen müssen, dürfte als selbstverständlich gelten können. Bei den oben erwähnten gerichteten Veränderungen bzw. Mutationen liegen die Dinge anders, da hier die Möglichkeit einer direkten Einwirkung des Substrates mit allmählicher Umformung zu diesem hin besteht (Adaptation). Es ist allerdings nicht ohne weiteres möglich zu entscheiden, ob dies der Fall ist oder eine Mutante mit nachfolgender Selektion vorliegt, die natürlich bei Wiederherstellung der ursprünglichen Bedingungen eine rückläufige Mutante aufkommen lassen müßte. Wenn auch z. Z. die vorherrschende Wirkung der Selektion angenommen wird[1], so mehren sich doch die Stimmen, die im Falle der gerichteten Veränderung eine allmähliche, schrittweise, wenigstens zunächst nicht genetisch bedingte Anpassung annehmen. Man kann das auf die Formel bringen: unstabile Anpassung = adaptiv, stabile = genetisch. Das gilt für die Anpassung von *Hefe* an Galaktose[2], aber auch in anderen Fällen: die Anpassung von *Micrococcus flavus* an Kochsalz erfolgt schwer und ist unstabil, die an Lithiumchlorid erfolgt schnell und ist stabil[3]. Es scheint, daß Anpassungen an stark schädigende Bedingungen nur in einem Mutationssprung überwunden werden können.

Nun die Frage der Kombination verschiedener elterlicher Eigenschaften und nachfolgende Aufspaltung nach den MENDELschen und sonstigen Vererbungsregeln. Sie setzt an und für sich einen Sexualakt voraus. Ein solcher ist allerdings bei Bakterien in morphologischem Sinne nicht bekannt, wie oben ausgeführt wurde. Einen indirekten

---

[1] Das ist z. B. für die Phagenresistenz von *Bact. coli* einwandfrei nachgewiesen: NEWCOMBE, H. B.: Nature (London) **164**, 150 (1949).

[2] SPIEGELMANN, S., u. Mitarb.: Proc. Nat. Acad. Sci. USA **36**, 591 (1950). — RAVIN, A. W.: J. Gen. Microbiol. **6**, 211 (1952); Experientia (Basel) **8**, 108 (1952).

[3] Voss, E.: Arch. Mikrobiol. **18**, 101 (1952/53).

Hinweis will man allerdings darin gefunden haben, daß bei Mischkultur von Mutanten des *Bact. coli* (Stamm *K-12*), die sich durch den Verlust gewisser Fähigkeiten, etwa zur Synthese gewisser Aminosäuren oder Wirkstoffe, auszeichnen, Vereinigung der sie unterscheidenden Eigenschaften (also Entstehung einer Normalform aus zwei Verlustmutanten in Mischkultur) und weiterhin Aufspaltung der kombinierten Form in die Ausgangsformen festgestellt wurde. Diese Beobachtung könnte also auf einen zwischen zwei Zellen stattfindenden Sexualakt schließen lassen[1]. Sie blieben vorerst noch sehr vereinzelt, wenn inzwischen auch weitere ähnliche Fälle gefunden wurden, z. B. bei *Mäusetyphusbakterien*, konnten aber in anderen Fällen nicht gemacht werden[2]. Jedoch ist der morphologische Beweis der Kopulation im Falle von *Bact. coli* noch nicht erbracht; für die endgültige Deutung bleibt dies aber der entscheidende Punkt, wenn entschieden werden soll, ob der Vorgang mit dem bei höheren Organismen völlig verglichen werden kann. An und für sich ist das nicht wahrscheinlich, da den Bakterien zwar nicht die Zellkernsubstanz, aber sehr wahrscheinlich deren komplizierter Verteilungsmechanismus, wie er bei höheren Organismen vorhanden ist, fehlt. Tatsächlich gibt es Vorstellungen, die diese Kombination bei den Bakterien ganz anders verlaufen lassen.

Der Begriff der Transformation erstreckt sich auf Fälle wie bei *Pneumococcus:* Übertragung Kapselbildung erzeugender Substanz auf andere Stämme bei genetischer Veränderung[3]. Unter Transduktion versteht man, daß ein filtrierbares Agens Eigenschaften überträgt, wie es z. B. bei durch schädigende Einflüsse erzielten *Salmonella*[4]-Typen der Fall ist. Möglicherweise wird später eine übergeordnete Vorstellung dieser Erscheinungen mit einer einheitlichen Begriffsbestimmung erfolgen können, wie es bereits vorgeschlagen wurde[5].

Aus den geschilderten Schwierigkeiten ergibt sich, daß auch die Anwendung des Artbegriffs bei den Bakterien sehr problematisch ist. Was man bei den höheren Pflanzen als Art bezeichnet, ist ein Sammelbegriff für eine Anzahl kleinerer Einheiten, die durch gegenseitige Kreuzung ineinander übergehen und so eine große Art von bestimmter Variationsbreite bilden. Falls eine echte Sexualität bei den Bakterien wirklich fehlt, so würde man eine solche Definition nicht anwenden, sondern höchstens zu einigen größeren Reihen mit gemeinsamen Merkmalen gruppieren können, die sich aus der Selektion der natürlichen Varianten ergeben (vgl. S. 61). Die Schwierigkeit wird dadurch besonders groß, daß bei der Abgrenzung der „Arten" bei den Bakterien vielfach solche Merkmale benutzt werden, namentlich physiologische, die besonders wandlungsfähig sind. Hier sei noch darauf hingewiesen, daß nach einer Angabe[6] die sporenbildenden Bakterien so wandlungs-

---

[1] Vgl. dazu: LEDERBERG, J., u. E. L. TATUM: Science (Lancast.,Pa.) **118**, 169 (1953).
[2] FISCHER, W.: Arch. Mikrobiol. **14**, 353 (1949).
[3] Über weitere Fälle vgl. EPHRUSSI-TAYLOR, H.: Exper. Cell. Res. **6**, 94 (1954).
[4] *Salmonella* ist die Gruppe des *Bact. typhosum*. — Über die Übertragung der Beweglichkeit vgl. STOCKER, B. A. D.: J. Gen. Microbiol. **9**, 410 (1953).
[5] EPHRUSSI, B., u. Mitarb.: Nature (London) **171**, 70 (1953).
[6] SMITH, N. R.: S. 72, Anm. 1.

fähig seien, daß *Bac. cereus* und *Bac. anthracis* (Milzbrand) Varianten von *Bac. mycoides* sein sollen.

In diesem Zusammenhang ist noch bemerkenswert, daß es auch Standortsrassen der Mikroorganismen gibt: die Thermophilen (vgl. S. 142f.). Auch unsere *Kulturhefen* sind zweifellos Kulturformen (S. 135) und können in kurzer Zeit in den ursprünglichen Zustand umgewandelt werden, wie die S. 218 erwähnte Veränderung im Cytochromsystem zeigt. Ähnliches wird für einige Milchsäurebakterien angegeben: *Streptobact. casei* (in der Milch, baut Casein ab, säuert Pentosen nicht) und *Streptobact. plantarum* (Naturform mit entgegengesetztem Verhalten) sollen nur Standortsformen der gleichen Art sein, die ineinander übergeführt werden können[1]. Ebenso scheinen geographische Rassen vorzukommen (S. 289). Endlich sei darauf hingewiesen, daß im Boden die verschiedensten Rassen eines Mikroorganismus unmittelbar nebeneinander vorkommen können, ohne daß ein eigentlicher Standortseinfluß erkannt werden kann (S. 269).

Bei den *Pilzen* liegen die Variabilitätserscheinungen z. T. ähnlich wie bei den Bakterien, z. B. bei den zahllosen natürlich vorkommenden, morphologisch und physiologisch verschiedenen Rassen von *Asp. niger* (S. 269), die auch durch Bestrahlung oder Behandlung mit Chemikalien hervorgerufen werden können. Bei diesem Pilz fehlt nämlich eine Sexualität, die bei vielen anderen Pilzen vorhanden ist und dann eine Analyse von Vererbungsvorgängen erlaubt. Eine solche wurde u. a. bei dem heterothallischen Ascomyceten *Neurospora crassa* schon weitgehend durchgeführt, von dem durch Röntgenbestrahlung Varianten erzielt werden konnten, die sich durch das Fehlen der Fähigkeit, bestimmte Aminosäuren, Wirkstoffe oder Enzyme zu bilden, unterscheiden[2]. Ein Beispiel ist S. 256 angeführt. Bei *Hefen* können durch Radiumstrahlen veränderte Varianten im Konkurrenzkampf der Ausgangsrasse sogar überlegen sein[3].

Systematische Übersicht.

Die für unsere Betrachtung in Frage kommenden Mikroorganismen gehören zu folgenden Gruppen, wobei bewußt auf die Aufstellung einer wirklichen Systematik verzichtet wurde und nur ein Überblick gegeben werden soll[4].

---

[1] HORNBOSTEL, W.: Arch. Mikrobiol. 7, 115 (1936).

[2] Zur Methodik vgl. G. W. BEADLE u. E. L. TATUM: Amer. J. Bot. 32, 378 (1945). — FOSTER, J. F.: Chemical Activities of Fungi. New York: Acad. Press 1949. — HOROWITZ, N. H.: Adv. Genet. 3, 33 (1950).

[3] NADSON, E. A., u. E. J. ROCHLIN: Arch. Mikrobiol. 4, 189 (1939). — OLENOW, J. M.: Arch. Mikrobiol. 7, 49, 264 (1936). — BAUCH, R.: Arch. Mikrobiol. 13, 352 (1944).

[4] Hinsichtlich der Pilze vgl. man R. HARDER: Thallophyten. In Lehrbuch der Botanik, 26. Aufl. Stuttgart: Piscator 1954. — GÄUMANN, E.: Vergleichende Morphologie der Pilze. Jena: G. Fischer 1926. — Die Pilze. Basel: Birkhäuser 1949. — GREIS, E.: Eumycetes in „Natürliche Pflanzenfamilien", 2. Aufl., Bd. 5a I. Leipzig: W. Engelmann 1943. — LUTZ, L.: Traité de Cryptogamie., 2. Aufl. Paris: Masson et Cie. 1948. — WOLF, F. A., u. F. P. WOLF: The Fungi. London: John

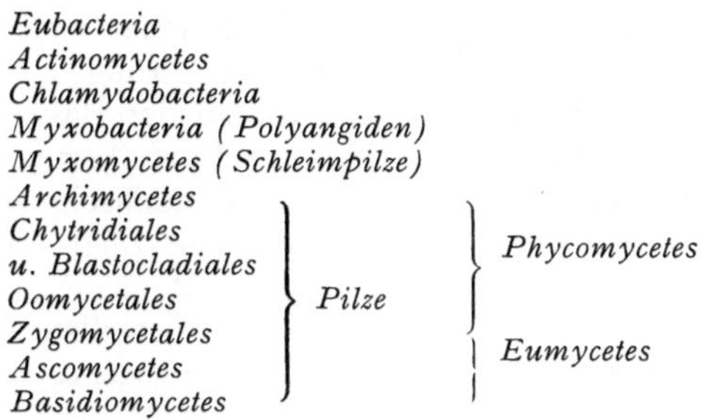

Eubacteria		*Cynanophyceae*
Actinomycetes		*Flagellaten*
Chlamydobacteria		*Algen*
Myxobacteria (Polyangiden)		*Protozoen*
Myxomycetes (Schleimpilze)		
Archimycetes		
Chytridiales		*Phycomycetes*
u. Blastocladiales	*Pilze*	
Oomycetales		
Zygomycetales		
Ascomycetes		*Eumycetes*
Basidiomycetes		

Die *Eubacteria* umfassen die eigentlichen Bakterien, während der Begriff der Bakterien oft noch weiter gefaßt und auf die drei nächstfolgenden Gruppen ausgedehnt wird, z. T. allerdings ohne Berechtigung. Hier seien nur einige Bemerkungen über die Abstammung der *Eubacteria* und *Pilze* vorausgeschickt.

Für die *Pilze* nimmt man vielfach an, daß sie von gewissen Algen *(Siphoneen* bzw. *Rhodophyceen)* abstammen. Durch Aufgabe ihrer selbständigen Lebensweise wären sie morphologisch reduziert worden, wie man es auch bei parasitierenden und saprophytisch lebenden höheren Pflanzen und Tieren findet. In neuerer Zeit neigt man indessen zu der Ansicht, daß die höheren Pilze *(Ascomycetes* und *Basidiomycetes)* sich aus niederen Pilzen fortentwickelt hätten und diese wiederum mit *Protozoen* auf gemeinsame Grundlage zurückgingen. Sollte diese Anschauung zutreffen, so wäre sie als ein Parallelfall zu den Bakterien anzusprechen, und die heterotrophen Mikroorganismen würden nicht nur durch ihre Stellung im Stoffkreislauf der Natur, sondern auch durch die Parallelität ihrer Entwicklungsgeschichte eine gewisse Einheit bilden. Denn auch für die Bakterien würde ähnliches gelten wie für die Pilze, falls die eben erwähnte Anschauung zutrifft.

Die *Eubacteria* werden vielfach als primitive Organismen, die ursprüngliche Zustände bewahrt hätten, betrachtet, und an die untere, gemeinsame Schwelle des Tier- und Pflanzenreiches gestellt. Primitive Merkmale wollte man sehen in der Thermophilie (die Bakterien sollen aus wärmeren Erdzeiten stammen und sich als Relikte in heißen Quellen gehalten haben), in der Bindung des elementaren Luftstickstoffs, endlich in der Fähigkeit zur Chemosynthese (S. 107 ff.), die man als ältesten Stoffwechseltypus betrachtete; es sollen Relikte aus einer Zeit sein, in der noch kein Chlorophyll durch den lebenden Organismus „entdeckt“ war und die Verarbeitung der Kohlensäure auf dem „ursprünglichen“ Wege erfolgte. Aber man vergißt dabei, daß die Bakterien in allen Spezialanpassungen einen Schritt weitergehen als die höheren Pflanzen, auch in der Anpassung an Salzkonzentration, niedere Temperatur usw. (vgl. S. 283). Zudem sind die erwähnten Bakterien überhaupt nicht primitiv,

Wiley u. Sons. 1949. — Gilman, J. C.: Soil Fungi, 3. Aufl. Jowa State College Press. 1950. — Hinsichtlich der Bakterien: Kluyver, A. J., u. C. B. van Niel: J. Bacter 42, 437 (1941); Cold Spring Harbor Symp. Quant. Biol. 11, 285 (1946). — Janke, A.: Österr. bot. Z. 96, 25 (1949). — Wood, E. J. F.: Proc. Linn. Soc. N. S. Wales 75, 195 (1950). — Eine ausführliche Bakteriensystematik (einschl. *Actinomyceten* usw.) mit sehr weit getriebener Aufteilung, z. T. nach physiologischen Gesichtspunkten und in dieser Hinsicht nicht immer glücklich in: Bergey, D. H.: Manual of Determinative Bacteriology, 6. Aufl. Baltimore: Williams and Wilkins Comp. 1948.

sondern „chemisch" weitgehend „fertig", wie MOTHES[1] sich ausdrückte. Der im Chlorophyll, also auch dem Bacteriochlorophyll, vorhandene Porphyrinkomplex ist auch in den Cytochromen der Bakterien, in der Katalase und im Leghämoglobin enthalten. Pyrrolkerne finden sich ferner im Prodigiosin und Violacein. Das Vorhandensein von Sterinen und der Aufbau von Vitaminen durch Bakterien zeigt ebenfalls eine komplizierte Organisation, die durch den Verlust solcher Fähigkeiten (S. 135) lediglich in der Gesamttendenz zum Spezialistentum unterstrichen wird. So wird man in der Entwicklung der Bakterien viel eher Spezialanpassungen zu sehen haben [unter Umständen unter Verlust chemischer Qualitäten (MOTHES)] als primitive chemische Organisation.

Es ist weiterhin nicht anzunehmen, daß die Chlorophyll führenden Bakterien fast genau den gleichen photochemisch wirksamen Stoff aufgebaut haben sollten wie die höheren Pflanzen, wenn man diese Eigenschaft als von den Bakterien später erworben ansieht, sondern beide müssen sich von einem gemeinsamen Ursprung herleiten. Dabei weisen die photosynthetisch arbeitenden Bakterien eher ursprüngliche Merkmale auf als die chemosynthetisch arbeitenden. Denn diese führen die Chemosynthese völlig auf der Grundlage von Oxydationsvorgängen mit dem freien Sauerstoff der Luft durch; die *grünen* und *Purpurbakterien* arbeiten aber (S. 105 ff.) unter Bedingungen des völligen Fehlens von freiem Sauerstoff. In den Anfängen der Erdentwicklung war aber freier Sauerstoff wahrscheinlich gar nicht vorhanden[2]. Somit müßte man diese Form der Photosynthese als die besonders alte ansprechen.

Die paläontologische Beweisführung läßt uns im Stich, da eine Erhaltung uralter Formen ausgeschlossen ist, obwohl fossile Bakterien aus sehr alten Erdschichten bekannt sind und wir ihre Tätigkeit schon in den ältesten Zeiten der Erdgeschichte annehmen müssen (S. 313).

Andererseits ist zu beachten, daß auf der Erde schon vor Beginn des organischen Lebens rein chemisch gebildete, einfache organische Stoffe vorhanden gewesen sein müssen, von denen aus der allmähliche komplizierte organische Aufbau denkbar wäre. Aber erst durch die Photosynthese konnte die Bildung großer organischer Massen erfolgen, und erst daran sich die große Fülle der Spezialanpassungen anschließen, die wir heute verwirklicht sehen.

Für die Ableitung der Bakterien von anderen Organismengruppen hat man Verwandtschaft mit den *Cyanophyceae (Blaualgen)* angenommen, die zusammen mit den *Bakterien (Schizomycetes)* auch als *Schizophyta* bezeichnet werden, eine recht unglückliche Zusammenstellung. Die *Cyanophyceae* stellen sicherlich einen uralten Organismenstamm dar. Aber es ist nicht möglich, die Bakterien von ihnen herzuleiten, da es undenkbar ist, daß sich aus den unbeweglichen *Cyanophyceae* die begeißelten Bakterien entwickelt hätten. Es ist aber zu beachten, daß unsere Betrachtung einstweilen nur für die *Eubacteria* gilt, nicht z. B. für die unzweifelhaft als farblose *Cyanophyceae* anzusprechenden *Beggiatoa* und vielleicht noch weitere Formen. Eine andere

---

[1] MOTHES, K.: Fortschr. Bot. **4**, 210 (1935); **6**, 224 (1937).
[2] Vgl. UREY, H. C.: Proc. Nat. Acad. Sci. USA **38**, 351 (1952).

Anschauung[1] betrachtet die Bakterien als reduzierte *Pilze (Ascomycetes)*, von denen sie sich in einem sehr frühen Entwicklungsstadium abgezweigt hätten, bei weiterer Reduktion der morphologischen Erscheinung. Es wurden dabei die Endosporen der Bakterien in Parallele mit den Ascosporen gesetzt, und insbesondere in den Hefen, bei denen jede isolierte Zelle einen Ascus bilden kann, hat man eine Mittelstellung zwischen beiden Sporenformen sehen wollen. Auch hier gilt der gleiche Einwand wie hinsichtlich der *Cyanophyceae*: bei den *Ascomycetes* finden sich keine beweglichen Formen, so daß wir die Bakterien nicht von ihnen herleiten können. Auch sind die Ascosporen nicht kochbeständig wie die Endosporen der Bakterien, was ebenfalls auf einen durchgreifenden Unterschied hinweist. Ferner dürfte in der Struktur der „Kernsubstanz" bei den Bakterien ein weiterer grundlegender Unterschied zu den *Ascomycetes* vorhanden sein, der aber aus weiter unten zu erwähnenden Gründen vielleicht nicht allzu schwer wiegen könnte. So werden gewisse Übereinstimmungen im chemischen Aufbau zwischen *Bakterien* und *Pilzen* (Glykogen, Volutin, Harnstoff, gegebenenfalls auch Chitin) und im physiologischen Verhalten (Oxalsäurebildung, Alkoholgärung usw.) lediglich physiologische Konvergenzerscheinungen darstellen, verursacht durch die gleichartigen Lebensbedingungen und die der Zelle innewohnenden potentiellen Fähigkeiten.

Wägt man alles gegeneinander ab, so dürfte es am wahrscheinlichsten sein, daß die *Bakterien* zusammen mit *Flagellaten* auf gemeinsame Urformen zurückgehen[2]. Gerade auch der seitlichpolare Ansatz der Geißeln (S. 25) zeigt in diese Richtung: in dieser Weise sind die Geißeln der *Flagellaten* angeheftet. Ein scheinbarer Unterschied besteht indessen darin, daß bei den *Flagellaten* fast nur Längsteilung der Zelle mit ihren Chromatophoren vorkommt. Aber hier zeigt sich auch, daß bei besonders schmalzelligen Formen *(Chlorogonium)* die Längsteilung durch eine Querteilung abgelöst wird, wie allgemein anerkannt ist, als Folge der Verschmälerung der Zelle.

Einige bedeutsam erscheinende Gegengründe könnten hier noch angeführt werden, einmal die andere Verteilung der Chromatinsubstanz bei den Bakterien und das an submikroskopische Strukturen gebundene Vorkommen des Chlorophylls. Aber es wäre durchaus denkbar, daß bei *Bakterien* (und *Actinomycetes*) eine Vereinfachung von Kernapparat und Chlorophyllträger erfolgte infolge der Unmöglichkeit, kompliziertere Vorgänge in dem engen Raum der Zelle ablaufen zu lassen[3]. Ein sehr wesentlicher Unterschied zu den *Flagellaten* bleibt allerdings bestehen: Diese haben Chlorophyll a (z. T. auch b), die Bakterien das Bakteriochlorophyll; hier ist kaum eine Deutung möglich.

Eubacteria.

Die *Eubacteria* sind Einzelzellen oder lockere, zum Zerfall neigende Ketten, die zu lockeren, schleimigen Kolonien vereinigt sind. Verzweigungen kommen nicht vor. Endosporen sind vorhanden oder

---

[1] MEYER, A.: Die Zelle der Bakterien. Jena: G. Fischer 1912.

[2] RIPPEL, A., u. K. PIETSCHMANN: Nachr. Ges. Wiss. Göttingen, Math.-Naturwiss. Kl. N.F. 1, 119 (1941).

[3] RIPPEL, A.: Göttingsche gelehrte Anz. 202, 178 (1940). — Diese Möglichkeit wird allerdings bestritten: ROTHMALER, W.: Biol. Zbl. 6, 242 (1948).

fehlen. Geißeln sind vorhanden oder fehlen. Einige führen ein Chlorophyll der a-Reihe. Chitin ist nicht vorhanden, Cellulose kommt selten vor.

Die Systematik der Bakterien ist das Unerfreulichste auf dem Gebiete der Bakteriologie. Bei den geringen morphologischen Unterschieden, deren Wert durch die Auffindung von Sporen bei früher als sporenlos geltenden Formen *(Sarcina ureae, Vibrio desulfuricans)* sowie das Nichtzutreffen der „peritrichen" Begeißelung mit der Schwierigkeit der Abgrenzung der Gattung *Pseudomonas* noch weiter herabgemindert wird, basiert die Einteilung auf ganz äußerlichen oder auf physiologischen Merkmalen, deren Wert in dieser Hinsicht bei ihrer Veränderlichkeit ganz problematisch ist. Eine Abgrenzung von *Schwefelbakterien* z. B. ist gänzlich unzulässig und nur als biologischer Begriff zu werten, da die Eigenschaft, Schwefelverbindungen zum autotrophen Leben zu verwenden, sich bei den verschiedensten morphologischen Typen findet[1]. Ebensowenig können chemosynthetisch arbeitende Formen vom Gesichtspunkt der oben beleuchteten „Primitivität" aus in eine gemeinsame Gruppe gestellt werden, ferner nicht Bacteriochlorophyll führende oder Stickstoffbinder usw. Auch scheint es bedenklich zu sein, Gattungen zu schaffen wie *Propionibacterium*, nur nach der Bildung von Propionsäure, *Streptobacterium* nach kettenförmigem Wachstum, wenn man das andererseits z. B. bei *Bac. mycoides* unterläßt. Eine Systematik der *Eubacteria* bleibt infolgedessen lediglich ein gewisses, allerdings notwendiges Einteilungsprinzip zwecks wissenschaftlicher Verständigung, eine Art von Kartothek. Erst eine genaue Kenntnis des gesamten physiologischen Apparates der Zelle würde einen Einblick schaffen können, wieweit insbesondere physiologische Merkmale als Einteilungsprinzip in Frage kommen.

Die folgende Übersicht, die lediglich den Zweck hat, einen Einblick in die vorhandenen Formen und deren Arbeitsweise im Stoffumsatz in der Natur zu geben, arbeitet mit möglichst wenig Untergruppierungen[2] und soll keineswegs ein wissenschaftliches System darstellen, das den Anspruch erhebt, die natürlichen Verwandtschaftsverhältnisse widerzuspiegeln, wie es die Aufgabe eines einwandfreien, natürlichen Systems wäre, dessen Aufstellung heute noch völlig unmöglich ist.

Vorbemerkung: In () ist bei einigen Formen die in der amerikanischen Literatur übliche Bezeichnung der Gattungen hinzugesetzt.

I. Coccaceae. Kugelförmige Einzelzellen in verschiedener, stets sehr lockerer Anordnung. Endosporen sehr selten; nur bei verhältnismäßig wenigen Formen Geißeln vorhanden. Färbung nach Gram bei den meisten Formen positiv.

1. *Streptococcus* (Abb. 30, S. 52). Teilung nur nach einer Richtung des Raumes zu kürzeren oder längeren perlschnurartigen Ketten.

Str. lactis, wichtiges Milchsäurebakterium, Erreger der spontanen Säuerung und Gerinnung der Milch. — *Str. (Leuconostoc) mesenterioides*, Froschlaichbakterium, mit viel Schleim, Schädling der Zucker-

---

[1] Rippel, A.: Zbl. Bakter. II **62**, 290 (1924).

[2] Bei den herrschenden Schwierigkeiten dürfte das einfachste System einstweilen das beste sein. Die folgende Darstellung lehnt sich an Migula an.

fabriken. — *Str. pyogenes*, kommt in Milch vor und tritt oft pathogen auf; diese Form sowie andere Streptokokken sind die hauptsächlichsten Erreger von Wund- und Wochenbettfieber sowie von Gelenkrheumatismus.

2. *Micrococcus.* Teilung regelmäßig oder unregelmäßig nach zwei Richtungen des Raumes; bei regelmäßiger Teilung entstehen Täfelchen. Viele Farbstoffbildner (gelb, rot, blau).

M. (Neisseria) gonorrhoeae, Erreger der Gonorrhöe. — *M. luteus*, gelb gefärbt, in Luft und Wasser verbreitet. — *M. (Staphylococcus) pyogenes*, der eigentliche Eitererreger. — Weiterhin gehören hierher eine große Zahl von nach physiologischen Eigenschaften bezeichneten Formen. *Siderocapsa Treubii*, Eisenbakterium. — *Thiophysa volutans*, großes, marines Schwefelbakterium von 7—18 μ Zelldurchmesser.

3. *Sarcina* (Abb. 31, S. 52). Teilung nach den drei Richtungen des Raumes zu paketartigen Gebilden. Viele Farbstoffbildner.

S. aurantiaca, orange, *S. lutea*, gelb gefärbt, kommen in der Luft vor. — *S. ureae*, Harnstoffzersetzer des Bodens. Bildet Endosporen[1]. — *S. ventriculi*, Gärungserreger. — Andere *Sarcina*-Arten sind Schädlinge des Bieres (unangenehme Geruchs- und Geschmacksstoffe. Trübungen). — *Thiosarcina rosea* und *Thiopedia rosea* sind *Purpurbakterien.*

II. Bacteriaceae. Die Einzelzelle ist ein Stäbchen. Doppelstäbchen oder kürzere oder längere, zerbrechliche Ketten mit Querwänden[2]. Teilung nur nach einer Richtung des Raumes. Einzelstäbchen meist gerade, seltener ganz schwach gekrümmt.

1. *Bacterium.* Endosporen nicht bekannt. Geißeln vorhanden (subpolar, an zwei Polen?; bisher als „peritrich" begeißelt geltend) oder fehlend. Färbung nach GRAM meist negativ.

B. (Acetobacter) aceti, unbewegliches Essigsäurebakterium. — *B. (Aerobacter) aerogenes*, gasbildendes (unechtes) Milchsäurebakterium. *B. (Escherichia) coli*, Darmbewohner bei Tieren, einschließlich des Menschen. Leitform des mit tierischen Exkrementen verunreinigten Wassers. — *B. herbicola*[3], gelb bis orange gefärbt, auf oberirdischen Pflanzenteilen verbreitet. — *B. pediculatum*, mit einseitig gerichteter Schleimbildung. — *B. (Photobacterium) phosphorescens* und *phosphoreum*, Leuchtbakterien. — *B. prodigiosum (Serratia marcescens)*, durch Ausscheiden von Prodigiosin rot gefärbt, Bakterium der „blutigen Hostie" und der Wundmale. — *B. (Rhizobium) radicicola*[4], stickstoffbindender Symbiont der *Leguminosen.* — *B. typhosum (Salmonella typhosa)*, Erreger des Typhus, in verunreinigtem Wasser vorkommend. — *B. vulgare (Proteus vulgaris)*, vielgestaltiges Bakterium der Eiweißzersetzung. — *B. (Acetobacter) xylinum*, unbewegliches, Essigsäure bildendes Bakterium mit sehr derben Kahmhäuten. Die Membran

---

[1] GIBSON, T.: Arch. Mikrobiol. **6**, 73 (1935).

[2] Die Querwände in langen Ketten sind im normalen Mikroskop kaum sichtbar, gut jedoch bei Dunkelfeldbeleuchtung. Vgl. S. 8.

[3] Bezeichnung unsicher; vgl. BERGEY, S. 173 u. 679.

[4] In verschiedene Formen aufgeteilt, für die teils „peritriche", teils monotriche Begeißelung angegeben wird.

enthält Cellulose. — Dazu *Propionibacterium*- (Propionsäure bildende), *Streptobacterium*- (Milchsäurebakterien) usw. Arten.

2. *Pseudomonas*. Stets beweglich mit einer polaren Geißel oder einem kleinen, polaren Geißelbüschel. Häufig mit wasserlöslichem fluorescierendem Farbstoff; ohne Endosporen. Färbung nach GRAM negativ. Hierunter viele pflanzenpathogene Formen, z. T. mit nichtfluorescierendem, gelbem, unlöslichem Farbstoff (als *Xanthomonas* bezeichnet).

Ps. chlororaphis. Scheidet grünes Chlororaphin in Kristallen in das Substrat aus. — *Ps. fluorescens*, in Wasser und Boden verbreitet. Der oft hinzugesetzte Name *liquefaciens* deutet auf seine Gelatine verflüssigende, eiweißabbauende Fähigkeit. Wasserlösliches Fluorescin wird in das Substrat ausgeschieden. — *Ps. Lindneri* führt als einziges bisher bekanntes Bakterium eine reine Alkoholgärung durch. — *Ps. (Rhodopseudomonas) palustris* u. a. sind schwefelfreie *Purpurbakterien*. — *Ps. aeruginosa (pyocyanea)*, bildet außer Fluorescin auch noch Pyocyanin; vielleicht mit *Ps. fluorescens* identisch. Ist auch pathogen. — *Ps. syncyanea*, bildet Syncyanin. — *Ps. (Agrobacterium) tumefaciens*, Erreger des Pflanzenkrebses.

3. *Bacillus*[1]. Mit Endosporen, meist beweglich, Geißeln wie bei *Bacterium*; Färbung nach GRAM positiv.

a) Sporenmutterzelle unverändert. Meist aerob.

B. anthracis, Erreger des Milzbrandes, hin und wieder im Boden. — *B. cereus* (= *ellenbachensis*), verbreitetes Erdbakterium. — *B. megaterium*, großer bodenbewohnender Eiweißzersetzer. Ältestes, genauer beschriebenes Bakterium[2]. — *B. mesentericus*, Kartoffelbazillus, sehr variabel mit farblosen, fuchsig oder schwarz gefärbten Varietäten. — *B. mycoides*, mit langen Zellketten und spiraligem Kolonienwachstum. Eiweißzersetzer, im Boden verbreitet, jedoch an tierische Exkremente gebunden. — *B. pycnoticus*, chemo-autotrophes Knallgasbakterium. — *B. subtilis*, Heubazillus, auf Abkochung von Heu erscheinend; überall verbreiteter Eiweißzersetzer. — *B. tumescens*, große, bodenbewohnende Form, Eiweißzersetzer des Bodens.

b) *Clostridium*-Form der Sporenmutterzelle (Abb. 18, S. 32, Abb. 28, S. 51). Aerob und anaerob.

B. amylobacter, Sammelbezeichnung für eine Reihe von Buttersäurebildnern mit weiteren, verschiedenartigen Stoffwechselformen (Pectinzersetzung, Bildung von Buttersäure, Butylalkohol, Aceton usw.). Wichtiger, frei lebender Stickstoffbinder, führt Iogen. Als Pectinzersetzer bei der Flachsröste beteiligt. Streng anaerob. — *B. asterosporus*, fakultativ anaerob, im Boden. Sporen mit hervorragenden Längsleisten. Schwacher Stickstoffbinder. — *B. probatus (pasteurii)*, im Boden verbreiteter Harnstoffzersetzer. Aerob.

c) *Plectridium*-Form der Sporenmutterzelle (Abb. 29, S. 52). Meist aerob.

---

[1] SMITH, N., u. Mitarb.: U.S. Dept. Agric. Misc. Publ. **559** (1946); Monographie der aeroben Sporenbildner.

[2] Zur Schreibweise gegenüber der meist üblichen *megatherium* vgl. A. RIPPEL: Arch. Mikrobiol. **11**, 470 (1940).

B. calfactor, thermophiles Bakterium der Selbsterhitzung von Heu. Aerob. — *B. cellulosae-dissolvens (omelianskii)*, anaerober Cellulosezersetzer. — *B. putrificus (lentoputrescens)*, wichtiger anaerober Eiweißzersetzer (Leichenfäulnis). — *B. tetani*, Erreger des Wundstarrkrampfes, stellenweise im Boden häufig; anaerob.

Dazu eine Anzahl von Formen, die mit eingebürgerten Gattungsnamen nach ihren physiologischen Leistungen bezeichnet sind.

Azotobacter chroococcum[1], wichtiger, frei lebender, aerober Stickstoffbinder. — *Azotomonas insolita*, Stickstoffbinder. — *Chlorobium limicola*, Bacteriochlorophyll führend; in Sumpfwasser. — *Chromatium okenii*, bewegliches Purpurbakterium mit Speicherung von Schwefel. — *Nitrobacter winogradskyi*, autotroph, Nitrit zu Nitrat oxydierend, *Nitrosomonas europaea*, autotroph Ammoniak zu Nitrit oxydierend; beweglich. *N. javanensis* mit sehr langer Geißel. — *Thiobacillus thiooxydans*[2], chemosynthetisch arbeitendes, Schwefel oxydierendes Bakterium des Bodens. — *Thiobac. thioparus*, farbloses, Schwefelwasserstoff oxydierendes Bakterium in Wasser und Boden. — *Sideromonas conferva*, autotrophes Eisenbakterium.

III. *Spirillaceae*. Zellen deutlich gebogen, oft korkenzieherartig gewunden. Meist ohne Sporen. Färbung nach Gram negativ.

1. *Vibrio*. $^1/_2$ Schraubenumlauf; eine polare Geißel.

V. balticus, Leuchtbakterium der Ostsee. — *V. comma (cholerae)*, Erreger der asiatischen Cholera; in verschmutztem Wasser vorkommend. *V. desulfuricans*, anaerob. Bildet Schwefelwasserstoff aus Sulfaten (Desulfurikation), Endosporen sind bei dieser Art vorhanden[3].

2. *Spirillum* (Abb. 16, S. 28). Ein bis mehrere Schraubengänge. Geißelschopf an jedem Pol.

Sp. amyliferum mit Iogen. — *Sp. (Rhodospirillum) rubrum*, schwefelfreies Purpurbakterium. — *Sp. thiospirillum*, schwefelführendes Purpurbakterium. — *Sp. undula* und *volutans*, in Sumpfwasser. — Spirillen sind im Sumpfwasser und anderen mit organischen Stoffen verunreinigten Flüssigkeiten, auch in Mist sehr häufig. Eine große Form mit schöner Bewegung erhält man namentlich im Winter auf Schweinejauche, die einige Tage gestanden hat. Die Spirillen sind durchweg schwer zu züchten[4].

Außer diesen eigentlichen Bakterien sind noch einige Formen bekannt, deren Einordnung nicht möglich ist. Es seien genannt, *Didymohelix (= Gallionella) ferruginea (= Spirophyllum ferrugineum)*: autotrophes Eisenbakterium (Abb. 46). Der bohnenförmig gekrümmte Vegetationskörper sitzt auf einem schraubig gewundenen, aus Längssträngen gebildeten Band, das mit Eisenhydroxyd imprägniert ist[5].

---

[1] Über weitere *Azotobacter*-Arten vgl. S. 124 f.

[2] Die Bezeichnung ....*bacillus* ist unglücklich, da das Bakterium keine Sporen bildet.

[3] Starkey, R.: Arch. Mikrobiol. **9**, 268 (1938).

[4] Giesberger, G.: Beiträge zur Kenntnis der Gattung Spirillum Ehrenberg. Diss. Delft 1936. — Myers, J.: J. Bacter. **40**, 708 (1940).

[5] Beger, H., u. G. Bringmann: Zbl. Bakter. II **107**, 305 (1952/54).

Hyphomicrobium vulgare findet sich in den Tropfen langsam fließender, wenig gebrauchter Wasserhähne und kann von der organischen Verunreinigung der Luft leben (S. 115). Am freien Ende der mit dem anderen Ende festsitzenden sehr dünnen Hyphen wächst eine Zelle heran, die bald als Schwärmer davonschwimmt. An der gleichen Stelle können weitere Schwärmer entstehen[1]. — Möglicherweise bestehen Beziehungen dieser beiden Formen zu der *Caulobacteriineae,* kleine Stäbchen mit einem mehr oder weniger langen Stiel, dessen freies Ende als Haftscheibe ausgebildet ist, mit der sie sich an andere Bakterien ansetzen und diese aussaugen[2].

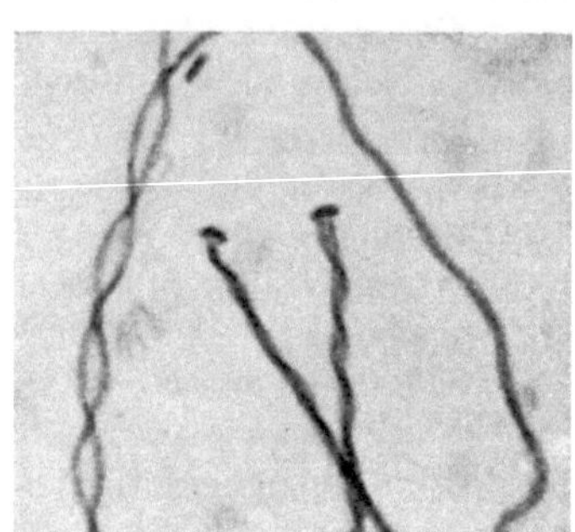

Abb. 46. *Didymohelix ferruginea,* Eisenbakterium. Hellfeldaufnahme. Vergr. 1250mal. (Nach D. Cholodny.)

Eine Sonderstellung nehmen ferner ein *Rickettsia,* kleine, kokkoide Formen von 0,25—0,4 μ, *R. prowazekii,* Erreger des Flecktyphus. — Von ähnlicher Größenordnung (bis herunter zu 0,15 μ) die *Pleuropneumonie-Bakterien* der Lungenseuche der Rinder mit weiteren parasitischen und saprophytischen Formen (PPLO = pleuropneumonia-like-organisms als vorläufige Abkürzung)[3].

Actinomycetes[4].

Gram-positive Organismen mit verzweigten, querwandlosen, meist um 1 μ dicken Zellen oder von unregelmäßiger Zellform. Chitin und Cellulose sind nicht vorhanden[5]. Viele bilden Farbstoffe. Stets unbeweglich, mit Ausnahme von *Corynebacterium.* Von zweifelhafter Stellung. Im Boden weit verbreitet. Wichtige Antibiotica-Bildner.

1. *Actinomyces, Streptomyces*[6]. Echte, sehr reich verzweigte, sehr dünne (0,5—1,0 μ) Zellfäden ohne Querwände. Die Seitenzweige gehen

---

[1] Kingma Boltjes, T. Y.: Arch. Mikrobiol. **7,** 188 (1936). — Mevius, W.: Arch. Mikrobiol. **19,** 1 (1953).

[2] Bowers, L. E., u. Mitarb.: J. Bacteriol. **68,** 194 (1954). — Kandler, O., u. Mitarb.: Arch. Mikrobiol. **21,** 57 (1954). — Houwink, A. L.: Leeuwenhoek 21, 49 (1955).

[3] Kandler, G., u. O. Kandler: Arch. Mikrobiol. **21,** 178, 202 (1954). — Edward, D. G.: J. Gen. Microbiol. **10,** 27 (1954).

[4] Waksman, S. A.: The Actinomycetes. Waltham, Mass. 1950. — Actinomycetales. Symp. VI. intern. Congr. Microbiology. Rom 1953. — Baldacci, E. u. Mitarb.: Arch. Mikrobiol. **20,** 347 (1954). — Flaig, W., u. H. J. Kutzner: Naturwiss. **41,** 287 (1954). — Über die Struktur der Sporen vgl. S. 20, Anm. 1. Dazu noch E. Küster: VI. intern. Congr. Mikrobiol. Rom 1, 114 (1953). — Auch bewegliche Formen *(Actinoplanes)* stellt man zu den *Actinomycetes*; Literatur S. 242, Anm. 1.

[5] Rippel, A., u. P. Witter: Arch. Mikrobiol. **5,** 24 (1934). — Plotho, O. v.: Arch. Mikrobiol. **11,** 33 (1940).

[6] Die Bezeichnung *Actinomyces* bleibt der pathogenen, anaeroben Form vorbehalten. *Act. bovis,* Erreger der Aktinomykose.

vom Mutterfaden senkrecht ab (Abb. 47). Viele Arten bilden Luftsporen. Die Hyphenenden biegen sich bischofsstabförmig oder spiralig um, der Inhalt kammert sich zu runden Luftsporen (Abb. 7, 48), wodurch die Kolonien kreidiges Aussehen erhalten. Die Sporenmembran trägt vielfach Stacheln, fädige Auswüchse u. dgl. (Abb. 7, S. 20). Das „Vierhyphenstadium" ist wohl nur ein Keimungsstadium stäbchenförmiger Zellen[1]. Bei manchen, namentlich anaeroben, Arten zerfallen die Fäden leicht in Bruchstücke. Die Kolonien sind weiß oder häufig gefärbt und zeichnen sich durch charakteristischen Geruch aus, z. T. „Erdgeruch". Die zahlreichen Arten sind oft nur physiologisch zu unterscheiden.

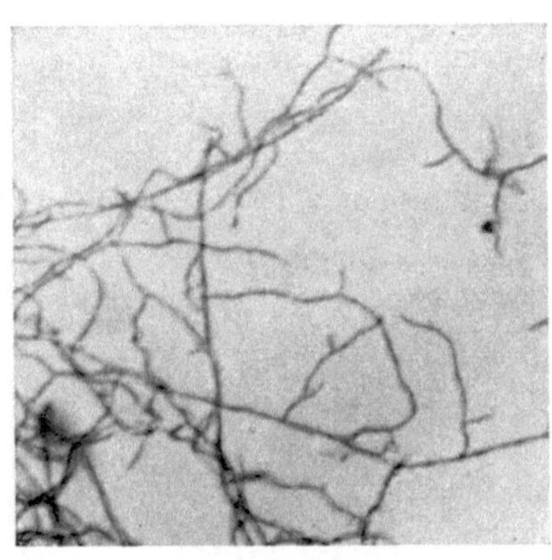

Abb. 47. *Streptomyces spec.* Mycel. Hellfeldaufnahme nach gefärbtem Präparat. Vergr. 800 mal. (Phot. R. Meyer.)

Str. alni, der Symbiont der Wurzelknöllchen der *Erle,* bindet elementaren Stickstoff, ebenso *Str. Elaeagni* in *Elaeagnaceen.* — *Str. albus,* sehr häufige farblose Form. — *Str. aureofaciens* bildet Aureomycin. — *Str.coelicolor* mit alkalisch blauem, sauer rotem Farbstoff. — *Str. griseus* bildet das Streptomycin. — *Str. scabies* verursacht den Schorf der Kartoffel.

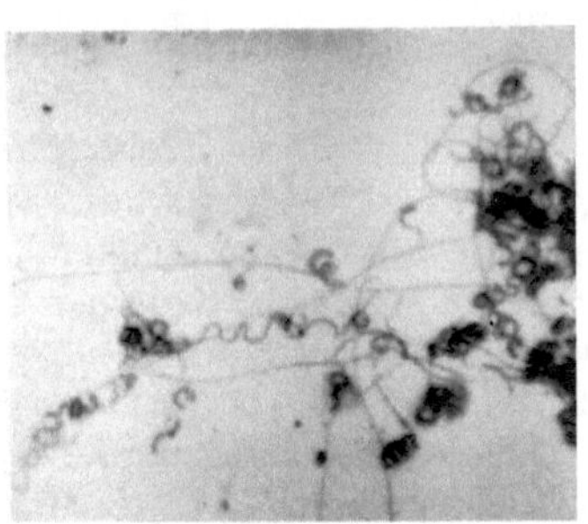

Abb. 48a. *Streptomyces* spec. Luftsporenbildung auf Cholodny-Platte. Hellfeldaufnahme nach gefärbtem Präparat. Vergr. 800mal. (Phot. R. Meyer.)

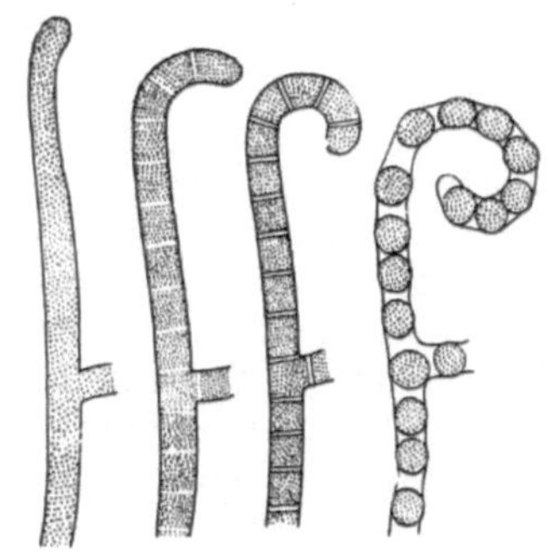

Abb. 48b. *Streptomyces.* Luftsporenbildung. Zeichnung. Vergr. 2000mal. (Nach R. Lieske.)

Außer der Luftsporenbildung scheint bei einigen Formen auch ein Zerfall der normalen Hyphen in Sporen stattzufinden: *Mycococcus cytophagus,* ein aerober Cellulosezersetzer[2].

---

[1] Plotho, O. v.: Arch. Mikrobiol. 11, 33 (1940).

[2] Bokor, F. [Arch. Mikrobiol. 1, 1 (1930)] stellte auf Grund dieses Merkmals die Gattung *Mycococcus* auf. — Vgl. weiter die Bilder der Feulgen-Reaktion bei O. v. Plotho: Arch. Mikrobiol. 11, 285 (1940).

2. *Proactinomyces*[1] = *Nocardia*. Anfänglich Bildung eines kleinen verzweigten Mycels, das bald in Stäbchen zerfällt (Abb. 49), die weiter zerfallen; im Alter oft nur kokkoide Formen. Im Erdboden verbreitet als wesentlicher Bestandteil der autochthonen Mikroflora (S. 276). Vermögen heterocyclische Kohlenstoff-Stickstoff-Verbindungen, wie Pyridin und Humusstoffe, anzugreifen, zersetzen Oxalsäure.

3. *Micromonospora*. Sehr feines (0,3—0,6 μ dickes) verzweigtes Mycel; an kurzen Seitenästen werden einzelne Sporen gebildet. Vorkommen wie vorige, z. T. thermophil in Kompost u. ä.

4. *Mycobacterium*[2]. Verzweigungen bei einigen Formen in sehr jungen Kulturen vorhanden (Abb. 50), im übrigen „falsche" Ver-

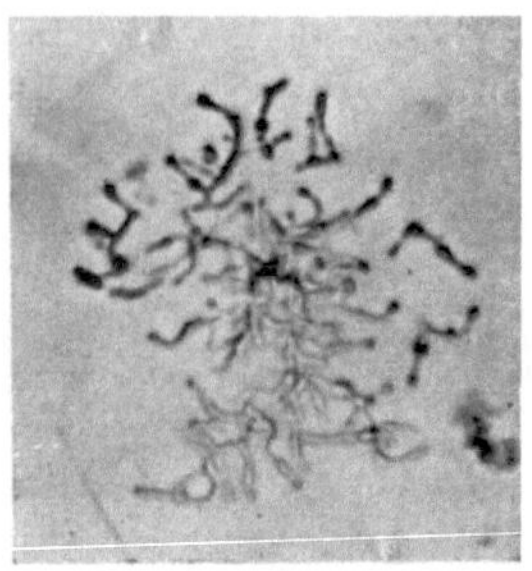

Abb. 49. *Proactinomyces* spec. Einzell-Kultur, verzweigt, im Zerfall begriffen. Hellfeldaufnahme. Vergr. 420mal. (Nach O. v. PLOTHO.)

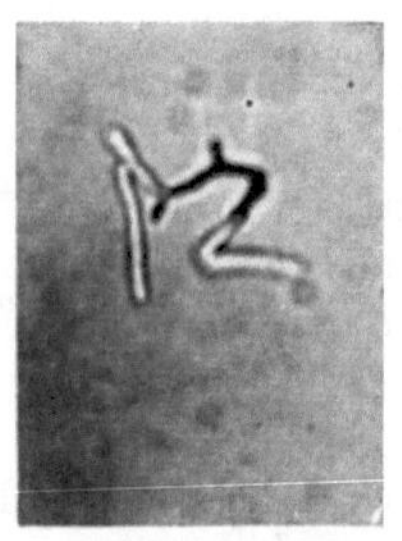

Abb. 50. *Mycobact. phlei*. 9 Stunden alte Einzell-Kultur. Hellfeldaufnahme. Vergr. 1200mal. (Nach O. v. PLOTHO.)

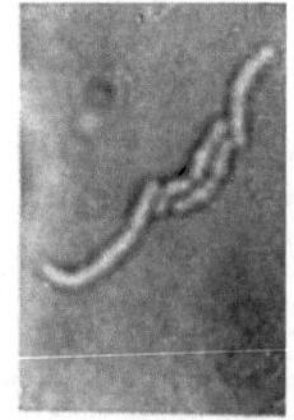

Abb. 51. *Mycobact. lacticola*. 31 Stunden alte Einzell-Kultur. Hellfeld-Lebendaufnahme. Vergr. 1250mal. (Nach O. v. PLOTHO.)

zweigungen (Abb. 51), d. h. ein seitliches Ausgleiten bzw. Übereinanderschieben der Zellen, das echte Verzweigungen vortäuschen kann. Später in den Zellen rundliche Körperchen, die auskeimen, vielleicht ein Parallelfall zu der Luftsporenbildung von *Streptomyces*. Kolonien meist lebhaft gefärbt (gelb, rot). Carotinoide kommen vor. Die *Mycobacterium*-Arten sind ganz oder teilweise säurefest, während sich bei *Actinomyceten* höchstens einige säurefeste Körnchen in den Zellen finden. In Boden und Mist. Verarbeiten u. a. flüchtige Kohlenwasserstoffe (S. 112).

M. lacticola, cremefarbig bis gelb, in jungen Kolonien nie Verzweigungen. Steht dem Tuberkelbakterium nahe. Streng säurefest. — *M. phlei*, gelb bis rot, in sehr jungen Kulturen Verzweigungen, im Alter nur kokkoide Formen. Teilweise säurefest. — *M. tuberculosis*, Erreger der Tuberkulose, mit vielen hinsichtlich der Pathogenität verschiedenen Formen; Bakterien der Kaltblüter für Menschen nicht pathogen. Streng säurefest.

---

[1] JENSEN, H. L.: Proc. Linnean Soc. N. S. Wales **56**, 345 (1931). — PLOTHO, O. v.: Arch. Mikrobiol. **14**, 12 (1948).

[2] PLOTHO, O. v.: Arch. Mikrobiol. **13**, 93 (1942).

5. *Corynebacterium*[1]. Mit keulen- und hantelförmig anschwellenden Zellen. Zum Teil beweglich. Stellung unsicher. Parasiten und saprophytische Bodenformen.

C. diphtheriae, Erreger der Diphtherie. — *C. (Malleomyces) mallei*, Erreger des Rotzes.

Chlamydobacteria.

Die Einzelzellen durch eine sie gemeinsam umhüllende Scheide (Abb. 52—54) zu einem Faden verbunden bleibend. Fäden unverzweigt oder mit „falschen" Verzweigungen (Abb. 52), d. h. in einer durch lebhafte Zellteilung sich auszeichnenden Zone des Fadens wird durch die auftretende Spannung eine Zelle oder ein Fadenstück seitlich aus dem Verbande herausgedrängt und wächst zu einem Seitenzweig aus, der locker an den Mutterfaden angelehnt bleibt. Vermehrung durch herausgestoßene, z. T. begeißelte Einzelzellen, die sich vorher noch mehrfach teilen können (Gonidien, Abb. 52, 53). Vorkommen in Wasser, frei oder festsitzend.

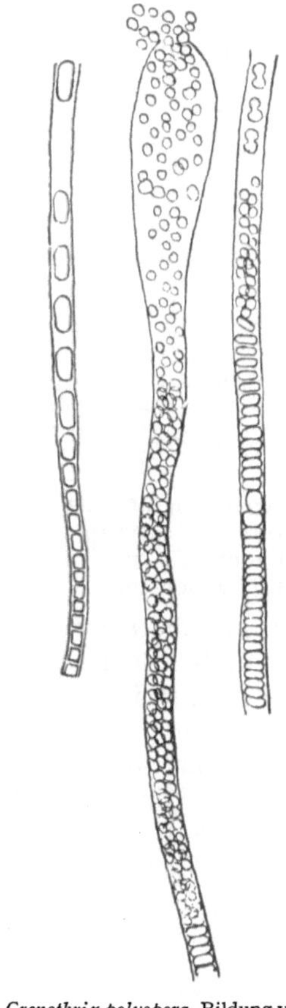

Abb. 52. *Cladothrix dichotoma*. Falsche Verzweigung und Bildung von Schwärmsporen. Vergr. 1000mal. (Nach A. Fischer.)

Abb. 53. *Crenothrix polyspora*. Bildung von Gonidien aus den umscheideten Fäden. Zeichnung. Vergr. 500mal. (Nach A. Fischer.)

I. Ohne besondere Inhaltsstoffe. Verbreitete Abwasserpilze.

Cladothrix dichotoma (damit wohl identisch *Sphaerotilus natans*)[2], unverzweigt oder mit falscher, dichotomer Verzweigung. Begeißelte

---

[1] Jensen, H. L.: Ann. Rev. Microbiol. **6**, 77 (1952).

[2] Körnlein, M.: Arch. Mikrobiol. **7**, 359 (1936). Diese Form als Eisenbakterium zu bezeichnen [Stokes, J. L.: J. Bacter. **67**, 278 (1954)] dürfte kaum angehen.

Schwärmer. Weiße, fellartige Überzüge auf Steinen, Ästen usw. in fließendem, durch organische Stoffe verunreinigtem Wasser (Abb. 52).

II. Scheiden mit Inkrustierungen von Eisen- und Manganverbindungen, autotrophe Eisen- bzw. Manganbakterien[1]. Die inkrustierte Scheide kann den Zelldurchmesser um ein Vielfaches übertreffen.

Clonothrix fusca, verzweigt. — *Crenothrix polyspora*, Brunnenfaden, unverzweigt. Gonidien vor dem Herausstoßen oft vielfach geteilt (Abb. 53). — *Leptothrix ochracea*, unverzweigt, gemeines Eisenbakterium der Ablagerungen eisenhaltiger Quellen (Abb. 54).

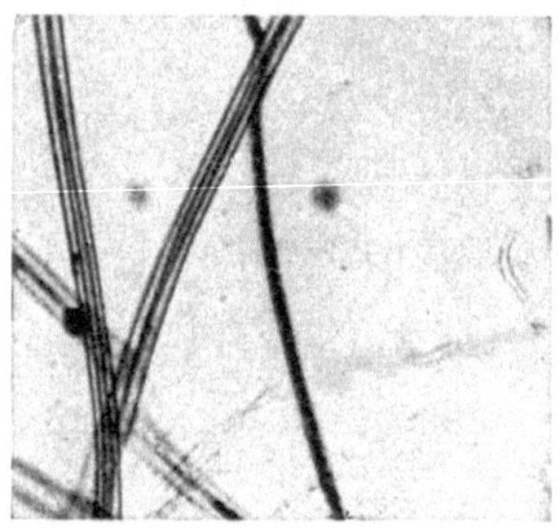

Abb. 54. *Leptothrix ochracea*, Eisenbakterium. Rechts ein Bakterienfaden ohne Scheide, links leere Scheiden. Hellfeld-Lebendaufnahme. Vergr. 1000mal. (Nach D. CHOLODNY.)

Myxobacteria.

Auch als *Polyangiden*[2] bezeichnet. Verwandtschaft zu den Bakterien oder zu anderen Mikroorganismengruppen durchaus fraglich.

In typischer Form bis zu 1 mm große, oft gestielte und bäumchenförmig verzweigte, meist orange, seltener bläulich gefärbte Fruchtkörper, in denen, oft in regelmäßig begrenzten Cysten, runde oder längliche Sporen liegen von meist kaum $1\,\mu$ Durchmesser. Diese keimen durch Streckung zu 5—$15\,\mu$ langen, $1\,\mu$ und darunter dicken Stäbchen aus, die als Schwarm weiterkriechen, wobei die langsame Bewegung durch Kontraktionswellen in den Stäbchen zustande kommt[3]. Unter geeigneten Bedingungen werden wieder Fruchtkörper und Sporen gebildet, indem die Stäbchen sich zu den runden Sporen verkürzen.

Die *Myxobakterien* finden sich auf Mist von Pflanzenfressern oder auf faulem Holz. Sie zersetzen Cellulose[4]. Spezifische Cellulosezersetzer des Bodens sind weiterhin eine Reihe von Organismen, die sich von den *Myxobakterien* nur durch das Fehlen der Fruchtkörper (soweit das bisher festzustellen war) und bei einigen Formen auch durch das Fehlen der runden Sporen (Mikrocysten) unterscheiden. Sie können als *Hemi-Myxobacteria* den *Eu-Myxobacteria* gegenübergestellt werden[5]. Sie zeigen die gleiche orange Farbe, die bei jenen vorherrscht.

---

[1] CHOLODNY, D.: Die Eisenbakterien. Jena: G. Fischer 1926; Beih. Bot. Zbl. **48**, 391 (1931). — Methoden zur Kultur der Eisenbakterien, in Abderhaldens Handbuch der biologischen Arbeitsmethoden, Abt. XII, Teil 2, S. 889, 1935. — DORFF, P.: Die Eisenorganismen. Pflanzenforsch., H. 16. Jena: G. Fischer 1934. — PRINGSHEIM, E. G.: Biol. Rev. Cambridge Philos. Soc. **24**, 200 (1949); Philosophic. Trans. Roy. Soc. London, Ser. B, Biol. Sect. **233**, 453 (1949). — BEGER, H.: Ber. dtsch. bot. Ges. **62**, 7 (1949); Zbl. Bakter. II **107**, 318 (1952/54).

[2] JAHN, E.: Die Polyangiden. Leipzig: Gebr. Bornträger 1924. — STANIER, R. Y.: J. Bacter. **44**, 405 (1942).

[3] MEYER-PIETSCHMANN, K.: Arch. Mikrobiol. **16**, 163 (1951).

[4] KRZEMIENIEWSKI, H., u. S.: Bull. Acad. Polon Sci. et Lettr. Math.-Naturwiss. Ser. B, Sci. Natur. (I) **11**, 33 (1937).

[5] RIPPEL, A., u. T. FLEHMIG: Arch. Mikrobiol. **4**, 229 (1933). — Dazu weiter: STANIER, R. Y.: J. Bacter. **40**, 619 (1940) mit anderer Nomenklatur.

Sporocytophaga (mit) und *Cytophaga* (ohne Mikrocysten) mit verschiedenen Formen (Abb. 55, 56), im Boden verbreitet[1].

Myxomycetes.

Der Name dieser auch als *Schleimpilze* bezeichneten Gruppe kommt von den nackten, schleimigen, oft lebhaft (gelb, rot) gefärbten Plasmamassen, die auf faulenden Blättern, Holz, auf Gerberlohe u. dgl. vorkommen. Diese vielkernigen Plasmodien entstehen durch Vereinigung vieler nackter, paarweise verschmelzender Einzelzellen, die wie tierische Amöben aussehen. Aus den Plasmodien entwickeln sich ungestielte oder gestielte Fruchtkörper, in denen Sporenbildung stattfindet, nachdem früher oder später Kernverschmelzung und Reduktionsteilung eingetreten war. Aus der Keimung der Spore entsteht eine mit einer Geißel versehene Schwärmspore, die nach Einziehen der Geißel zur Amöbe wird. In den Fruchtkörpern vieler Arten wird noch ein Capillitium ausgebildet, das, aus netzartigen Fasern bestehend, ein Gerüst oder einen Auflockerungsmechanismus darstellt. Die Hülle des

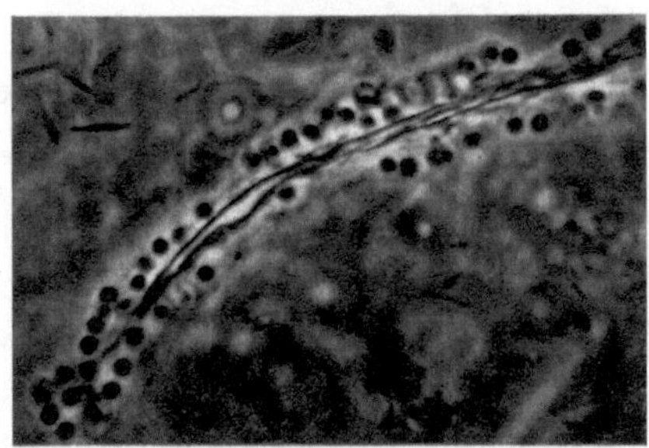

Abb. 55. *Sporocytophaga globulosa*. Stäbchen und Mikrocysten auf Rest einer Cellulosefaser. Färbepräparat, Hellfeldaufnahme. Vergr. 1250mal. (Nach E. Speyer.)

Fruchtkörperstieles von *Dictyostelium* besteht aus Cellulose[2]. Über die Bedeutung der *Myxomycetes* in der Natur ist wenig bekannt. Die Plasmodien nähren sich von organischen Resten, auch von Bakterien und Pilzen.

Archimycetes.

Eine Gruppe niederster Pilze, bei denen der ganze, membranlose Vegetationskörper bei der Anlage der Fruchtkörper verbraucht wird. Sexualität als Kopulation eingeißliger Schwärmer zu Amöben, die zu größeren Plasmodien verschmelzen, aus denen wieder, unter Umständen über die Bildung von Dauerzellen, nach Kernverschmelzung und Reduktionsteilung die Schwärmer entstehen. Parasiten von Pilzen, Algen und höheren Pflanzen oder auf toten Insekten. Vorwiegend Wasserformen[3].

Chytridiales *und* Blastocladiales[3].

Niedere Formen nicht, höhere (querwandlos) verzweigt. Die Gameten sind teilweise morphologisch

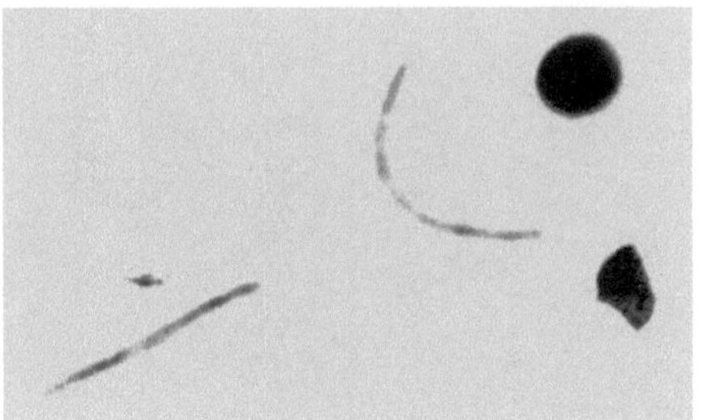

Abb. 56. *Sporocytophaga myxococcoides*. 2 Stäbchen und 1 Mikrocyste. Elektronenoptisch. Vergr. 7000mal. (Nach E. Speyer.)

---

[1] Stapp, C., u. H. Bortels: Zbl. Bakter. II **90**, 28 (1934). — Stanier, R. Y.: J. Bacter. **53**, 297 (1947) (hier weitere Einteilungsprinzipien). — Fåhraeus, G.: Siehe S. 195, Anm. 6. Speyer, E.: Arch. Mikrobiol. **18**, 245 (1953). — Bewegung siehe S. 78, Anm. 3.

[2] Raper, K. B., u. D. J. Fennell: Bull. Torrey Bot. Club **79**, 25 (1952).

[3] Sparrow, F. K. jun.: Aquatic Phycomycetes. Univ. Michigan Studies Scient. Ser. **15**, (1943). — Weitere Übersicht bei R. Emerson: Ann. Rev. Microbiol. **4**, 169 (1950). — Über die Verbreitung vgl. S. 285 f.

oder physiologisch differenziert. Lebensweise ähnlich den vorigen, aber auch im Boden weit verbreitet (S. 285 f.).

Beide Gruppen enthalten Chitin in der Zellmembran[1]. Bei *Rhizidiomyces bivellatus* wurde eine innere Chitinmembran, die später eingeschmolzen wird, und eine äußere, erhalten bleibende Cellulosemembran festgestellt. Allerdings wird das Vorkommen von Chitin bestritten; doch wurde die Originalform nicht nachuntersucht[2]. — Cellulosezersetzer ist die weitverbreitete *Karlingia (Rhizophlyctis) rosea* (S. 276), ferner *Macrochytrium*[3].

Oomycetales.

In den höheren Formen besitzt diese Gruppe ein wohlausgebildetes, jedoch querwandloses Mycel und Differenzierung in männliche (Antheridium) und weibliche (Oogonium) Geschlechtszellen, die zu einer Zygote (Oozygote) verschmelzen. Diese bildet bei der Keimung ein Sporangium mit mehreren beweglichen Zoosporen. Ferner werden vegetativ an oft stark verästelten Trägern Sporangien gebildet, die ebenfalls mit Zoosporen keimen (Abb. 57 für *Plasmopara*

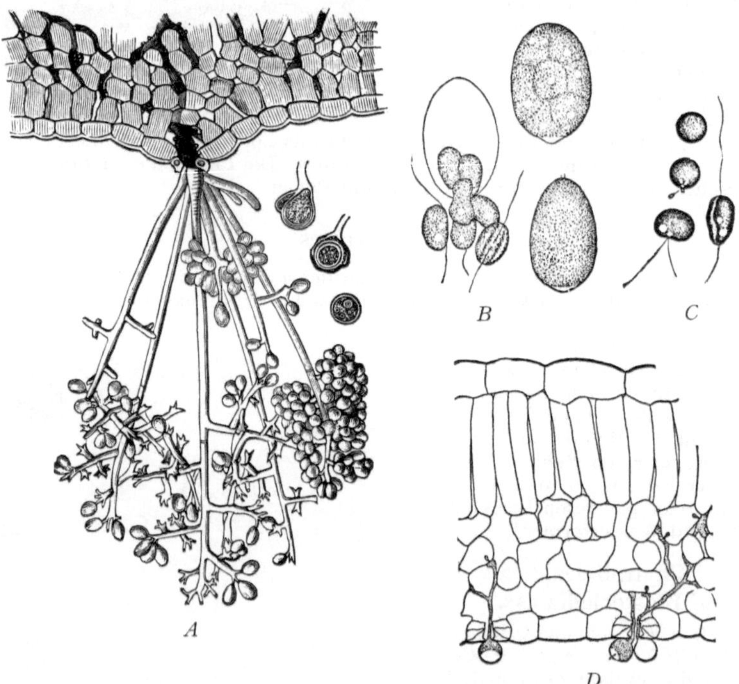

Abb. 57. *Plasmopara viticola.* *A* Sporangienträger aus einer Spaltöffnung hervorbrechend; rechts davon Oogonium (mit Antheridium) und Zygoten. *B* Bildung und Entleerung der Zoosporen. *C* Einziehen der Geißeln. *D* Keimung der Zoosporen durch die Spaltöffnung in die Interzellularen. Zeichnung. Aus R. HARDER (*A* nach MILLARDET, *B—D* nach ARENS.) Vergr. *A* 100mal, *B* und *C* 600mal, D 400mal.

---

[1] HARDER, R.: Nachr. Ges. Wiss. Göttingen, Math.-Physik. Kl. Fachgr. VI (Biologie) N. F. 3, 1 (1937). — NABEL, K.: Arch. Mikrobiol. 10, 515 (1939).

[2] FREY, R.: Ber. schweiz. bot. Ges. 60, 199 (1950).

[3] CRASEMANN, J.: Amer. J. Bot. 41, 302 (1954).

viticola, der Blattfallkrankheit des Weinstocks). Ausgesprochene Parasiten an Algen und höheren Pflanzen; einige leben auf toten Insekten im Wasser[1], andere befallen lebende Fische und deren Eier *(Saprolegnia).*

In dieser Gruppe vollzieht sich noch heute ein Übergang vom Wasser- zum Landleben: bei der die Krautfäule der Kartoffeln verursachenden *Phytophthora infestans* z. B. keimen die in den vegetativ entstandenen, an besonderen Trägern zahlreich gebildeten Sporangien normaler- weise mit beweglichen Schwärm- sporen; beim Liegen an trockener Luft keimt jedoch das Sporangium als Ganzes mit Keimschlauch; das Sporangium ist zur Conidie ge- worden. Die niederen Formen sind

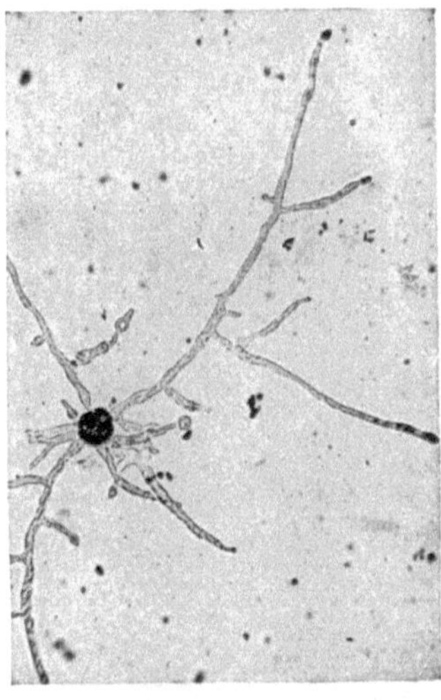

Abb. 58. *Cunninghamella elegans.* Junges, querwand- loses Mycel aus Spore. Hellfeld-Lebendaufnahme. Vergr. 150mal. (Phot. R. MEYER.)

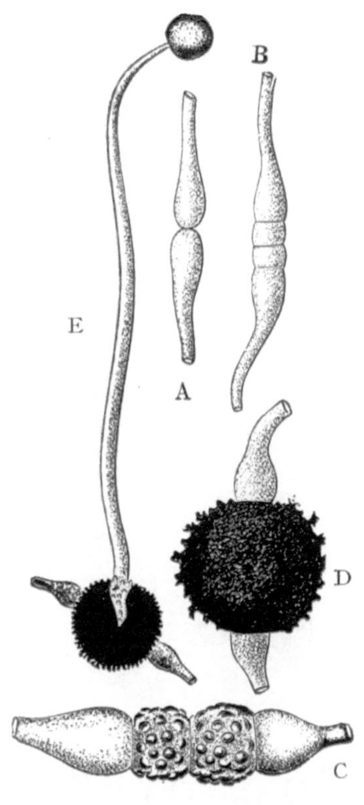

Abb. 59. *Mucor mucedo. A—D* Bildung der Zygote. Vergr. 225mal. *E* Keimung der Zygote zu einem Sporangium. Vergr. 60mal. Zeichnung. (Nach R. HARDER u. O. BREFELD.)

ausgesprochene Wasserformen, wie die schon erwähnte Gattung *Sapro- legnia* und die S. 384 erwähnten tierfangenden Pilze. Auch bei dieser Gruppe ist Cellulose vorhanden.

Zygomycetales.

Die meist sehr dicken Hyphen sind, von wenigen Formen abgesehen, querwandlos (Abb. 58); nur bei Anlage der Fruchtkörper wird eine Querwand gebildet. Hier interessiert insbesondere die Familie der *Mucoraceae*[2]. Bei dem Sexualvorgang verschmelzen die durch je eine Querwand abgeteilten Enden zweier Hyphen zu einer Zygote (Abb. 59).

---

[1] SPARROW, F. K. JUN.: Siehe S. 79, Anm. 3.
[2] ZYCHA, H.: Siehe S. 83, Anm. 2.

Eine morphologische Geschlechtsdifferenzierung ist nicht vorhanden, wohl aber eine physiologische: der Sexualakt kann nur zwischen zwei verschieden gerichteten Mycelien, (+)- und (—)-Stämme, auch in der Natur vorkommend[1], stattfinden: Heterothallie; (+)- und (—)- Stämme unterscheiden sich auch in geringfügigen physiologischen Eigenschaften[2].

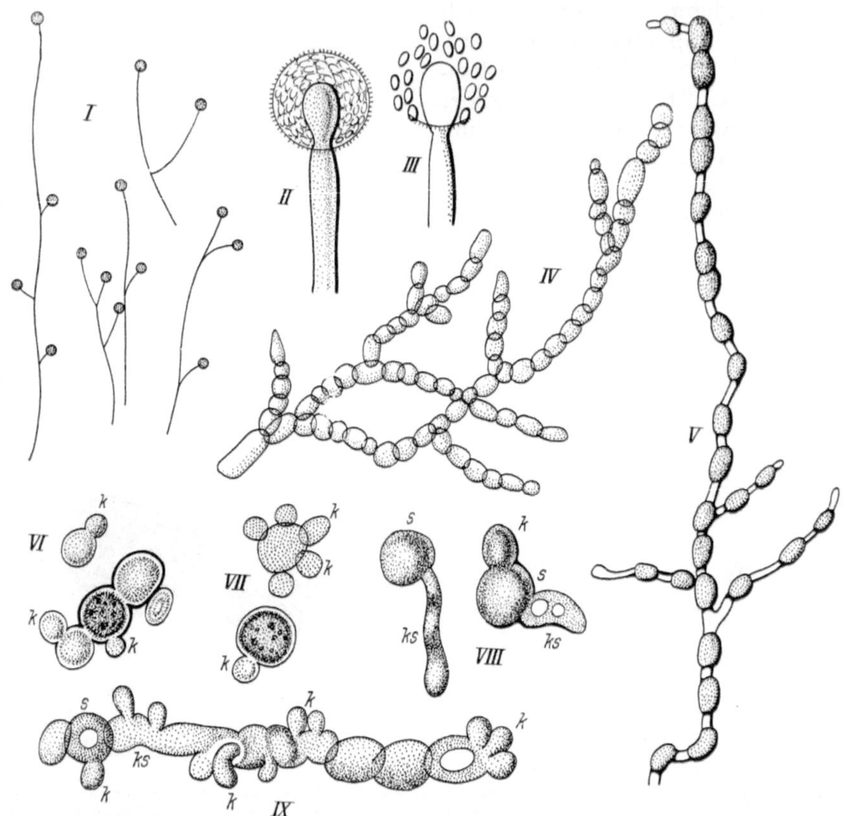

Abb. 60. *Mucor racemosus.* *I* Sporangienträger, *II* Sporangien, *III* geöffnetes Sporangium mit Columella und Kragen, *IV* Kugelhefe, *V* Hyphe mit Gemmen, *VI—VII* sprossende Kugelzellen, *k* junge Sproßzellen, *VIII* Sporangiospore mit Keimschlauch, *ks* auswachsend, *IX* junge Hyphe, in Conidien zerfallend und ausknospend. Zeichnung. Vergr. 1 etwa 2mal, 2—3, 6—9 300mal, 4 120mal, 5 80mal. (Nach BREFELD, PASTEUR u. REE aus E. GÄUMANN.)

Die Zygote keimt mit einem Keimschlauch aus, der entweder ein Mycel oder ein Sporangium mit zahlreichen unbeweglichen Sporen bildet.

Vegetative Vermehrung ebenfalls durch in Sporangien gebildete (Abb. 60), unbewegliche Sporen: Hyphenenden schwellen kugelig an und grenzen sich durch eine Querwand ab; die Sporen werden durch Quellen der zwischen den Sporen befindlichen Substanz und Platzen der Sporangienwandung frei. Auch Keimung des ganzen Sporangiums

---

[1] LINNEMANN, G.: Flora (Jena), N. F. **30**, 176 (1936).
[2] RITTER, R.: Arch. Mikrobiol. **22**, 248 (1955).

mit Keimschlauch und echte Conidienbildung kommen vor. Bei *Mucor* wölbt sich die Querwand kegelförmig als Columella in das Sporangium hinein (Abb. 60), bei *Rhizopus* verbreitert sie sich flach. Bei dieser Gattung entstehen die Sporangienträger aus wurzelartigen Ausläufern (Abb. 61). Die im Boden verbreitete Gattung *Mortierella*[1] besitzt keine Columella. Hierher gehört auch *Pilobolus* (S. 145).

Die *Zygomycetes* besitzen Chitin in der Zellwand. Sie sind im Erdboden verbreitet, namentlich im Waldboden und überall da, wo reichlich organische Stoffe vorhanden sind, deren leicht löslichen Anteil sie zersetzen; Cellulose vermögen sie nicht anzugreifen[2], wohl aber Hemicellulosen und Pectin. Sie bilden, von Carotinoiden abgesehen, keine Farbstoffe und auch keine Antibiotica[3].

Angehörige der *Mucoraceae* aus den Gattungen *Mucor* und *Rhizopus* stellen sich leicht auf nicht zu feucht gehaltenem, mit etwas kohlensaurem Kalk bestreutem Brot ein. Sie sind meist an dem schneeweißen, spinnwebartigen, in die Luft wachsenden Mycel und den schwarzen Sporangienköpfchen zu erkennen. Viele von ihnen sind gärungsphysiologisch wichtig durch Bildung von Alkohol, organischen Säuren, Verzuckerung von Stärke, wie *Mucor javanicus* u. a. Mit der Fähigkeit zur anaeroben Alkoholgärung hängt wohl auch die Fähigkeit zusammen, sich durch Sprossung vermehren zu können, so *Mucor guilliermondi* (S. 87). *Phycomyces Blakesleeanus* ist als Testorganismus auf Vitamin B$_1$ bekannt (S. 133). Als Beispiel für die Formenmannigfaltigkeit diene Abb. 60, die auch Chlamydosporen (Gemmen) zeigt.

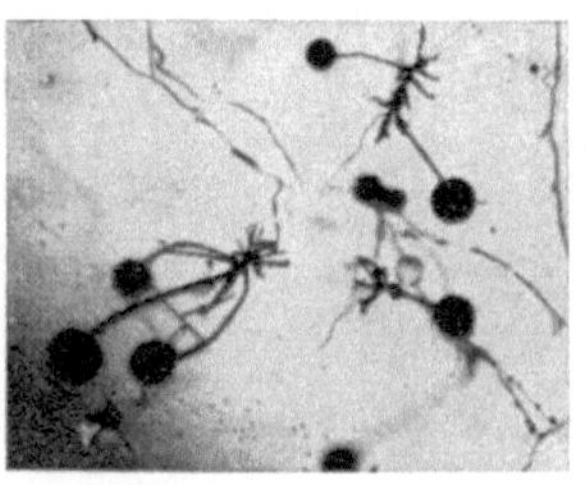
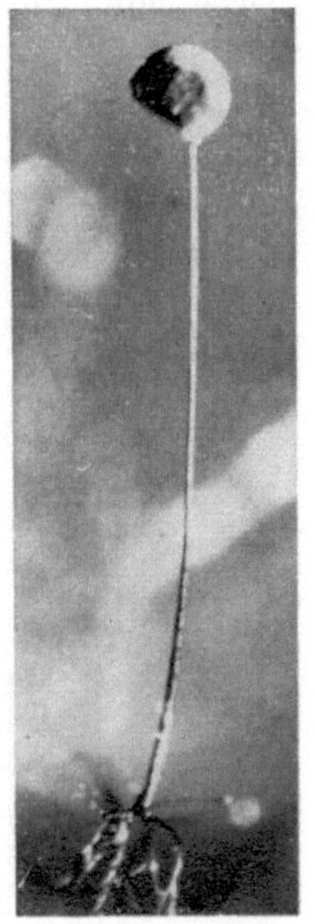

Abb. 61. *Rhizopus nigricans*. Sporangienträger aus Ausläufern entstehend. Hellfeld-Lebendaufnahme. Vergr. 30mal bzw. 10mal. (Phot. R. MEYER.)

Ascomycetes.

Mycel stets mit Querwänden (Abb. 62). Das Produkt des Sexualaktes, der Ascus, ein schlauchförmiges, oft einzeln oder zu mehreren in Fruchtkörpern (Abb. 63) eingeschlossenes Gebilde, entsteht auf einem hier nicht näher zu schildernden Wege im typischen Falle aus dem weiblichen Sexualorgan (Ascogon), in das der Kern des männlichen

---

[1] LINNEMANN, G.: Die Mucorineen-Gattung Mortierella. Pflanzenforschung, H. 23. Jena: G. Fischer 1941.

[2] Vielleicht mit Ausnahme von *Dicoccum aperum*, der neuerdings in diese Gruppe gestellt wird: ZYCHA, H.: Kryptogamenflora der Mark Brandenburg VI a. Mucorineen. Leipzig 1935.

[3] RITTER, R.: Siehe S. 83, Anm. 2.

Sexualorgans (Antheridium) eintritt. Meist bildet das gleiche Individuum die beiden Sexualformen aus (homothallisch = monözisch), in seltenen Fällen verschiedene Individuen (heterothallisch = diözisch). Nach Kernverschmelzung und Reduktionsteilung werden im Ascus meist 8 unbewegliche Ascosporen gebildet. Die *Ascomycetes* leiten sich von den *Zygomycetes* her, indem die Zygote nicht mehr mit einem Sporangium keimt, sondern gleich ein Sporangium bildet. Daneben findet, zunächst von den *Hefen* abgesehen, meist sehr üppige vegetative Fruktifikation von ebenfalls unbeweglichen, exogen durch Abschnürung an besonderen Trägern

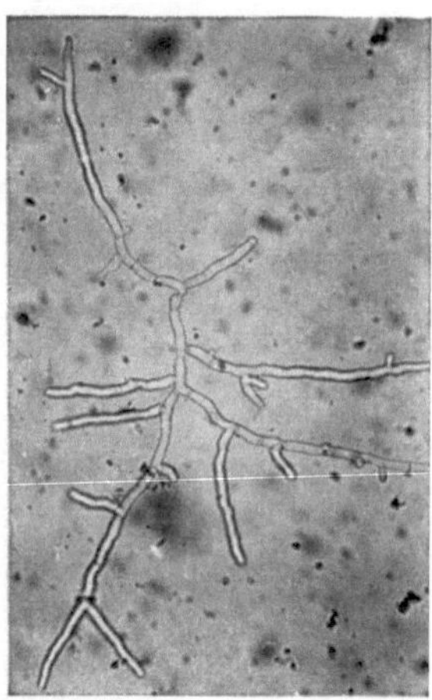

Abb. 62. *Asp. glaucus.* Junges Mycel mit Querwänden. Hellfeld-Lebendaufnahme. Vergr. 150mal. (Phot. R. Meyer.)

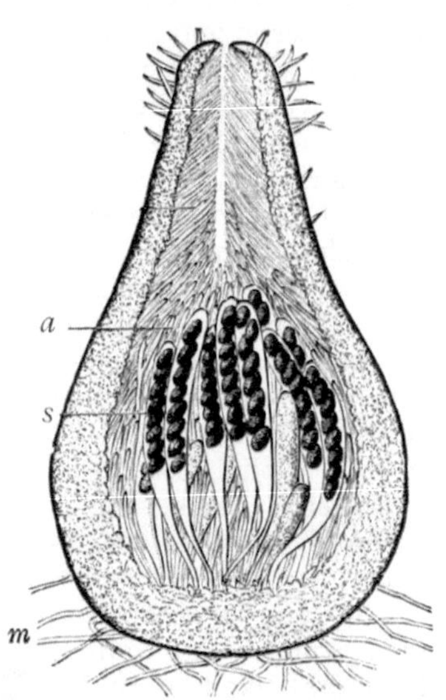

Abb. 63. *Podospora fimiseda*, Perithecium im Längsschnitt. *s* Asci, *a* Paraphysen, *m* Mycelfäden. Zeichnung. Vergr. 90mal. (Nach v. Tavel u. R. Harder.)

(Conidienträgern) entstandenen Conidien (Abb. 68, S. 88, Abb. 69, S. 89) statt, die der sofortigen Weiterverbreitung dienen. Diese Sporenform (auch als Nebenfruchtform bezeichnet) ist die charakteristische Begleiterscheinung der Arbeitsform, während die Ascusbildung (auch als Hauptfruchtform bezeichnet) als Dauerform anzusprechen ist. Analoges gilt auch für die anderen Pilzgruppen. Viele Formen sind nur als Arbeitsform bekannt *(Fungi imperfecti)*[1]. Die Hauptfruchtform ist dann entweder nicht vorhanden oder unterdrückt, was entsprechend auch bei einigen Kulturpflanzen der Fall ist.

Die Tätigkeit der *Ascomycetes* ist sehr mannigfaltig. Neben solchen mit mannigfachen physiologischen Eigenschaften finden sich zahlreiche Erreger von Pflanzenkrankheiten, ferner verbreitete Bodenbewohner, die an der Umsetzung der organischen Stoffe beteiligt sind und auch zumeist Cellulose mehr oder weniger kräftig abbauen. Die *Ascomycetes*

---

[1] Es erscheint nicht ausgeschlossen, daß die S. 122 erwähnte höhere energetische Beanspruchung bei der Perithecienbildung im Vergleich zur Conidienbildung das Vorherrschen dieser Arbeitsform begünstigt.

besitzen Chitin mit Ausnahme zahlreicher Hefen, wie *Bier-* und *Wein-hefen*, während andere Sproßhefen Chitin enthalten, das jedoch bei manchen Mycelhefen fehlt, bei anderen vorhanden ist[1].

Saccharomycetaceae, Hefen[2] (im engeren Sinne), morphologisch gekennzeichnet durch Zurücktreten des Mycels und Voherrschen der Sprossung als vegetative Vermehrungsform (Abb.64): Die Zelle treibt eine kleine Knospe, die größer wird, worauf sich der Vorgang an der alten und der neuen Zelle wiederholt, so daß schließlich bäumchenförmige Sproßverbände entstehen. Bei einigen Formen erfolgt jedoch keine Sprossung, sondern Teilung. Bei dem sehr vereinfachten Sexualakt bilden zwei kopulierende Einzelzellen einen Ascus (Abb. 66), der 2, 4 oder 8 Sporen enthält. Verschiedene Formen bilden ein meist sehr vergängliches Mycel bzw. Pseudomycel; die daran entstehenden Sproßzellen bezeichnet man als Blastosporen (Abb. 65).

a) *Schizosaccharomyces* mit *Sch. Pombe,* der Hefe des ostafrikanischen, aus Hirse hergestellten Negerbieres. Nur bei dieser Gattung erfolgt die vegetative Vermehrung durch Teilung wie bei den Bakterien. Vor der Ascusbildung (Abb. 66)

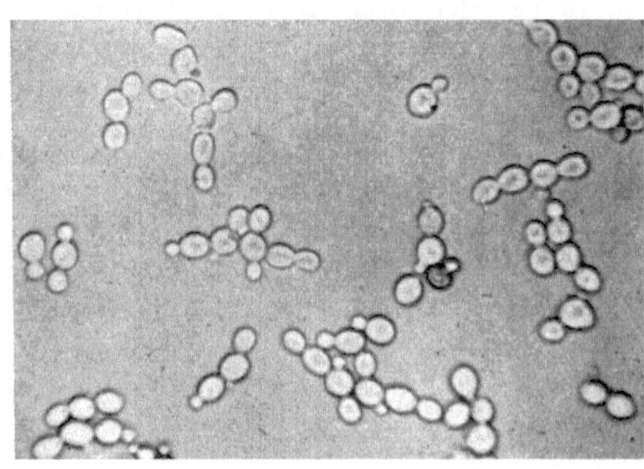

Abb. 64. *Sacch. stellatus.* Sproßverbände. Hellfeld-Lebendaufnahme. Vergr. 550mal. (Nach K. KROEMER u. G. KRUMBHOLZ.)

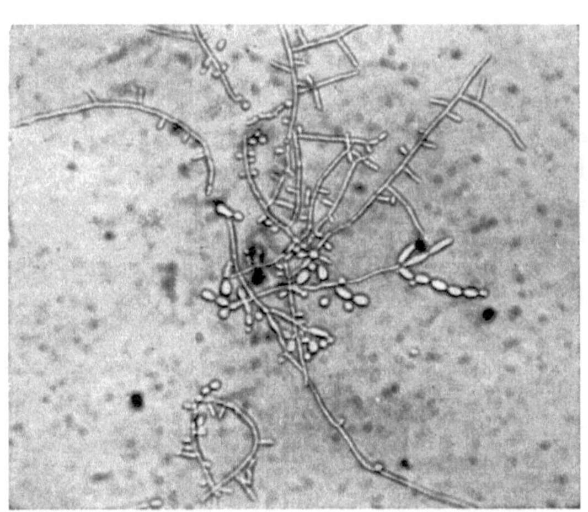

Abb. 65. *Candida tropicalis.* Mycelhefe, mit Blastosporen. Hellfeld-Lebendaufnahme. Vergr. 300mal. (Nach R. CIFERRI u. P. REDAELLI.)

kopulieren zwei Zellen mittels langer Schläuche (isogame Kopulation), darauf Kernverschmelzung, Reduktionsteilung und Bildung der Ascosporen.

---

[1] NABEL, K.: Siehe S. 80, Anm. 1. — Vgl. indessen: HOUWINK, A. L., u. Mitarb.: Nature (London) **168**, 693 (1951) — ROELOFSEN, P. A., u. J. HOETTE: Leeuwenhoek **17**, 297 (1951). — KREGER, D. R.: Biochim. et Biophysica Acta **10**, 477 (1953); **13**, 1 (1954).

[2] LODDER, J., u. N. J. W. KREGER VAN RIJ: The Yeasts. Amsterdam 1952. — LINDEGREN, C. C.: The Yeast Cell. St. Louis 1949.

b) *(Zygosaccharomyces)*[1]. Vegetative Vermehrung durch Sprossung; Ascusbildung und Kopulation wie bei der vorigen Gattung (Abb. 66). Physiologisch ist diese Gattung dadurch ausgezeichnet, daß ihre Vertreter osmophil bzw. saccharophil sind, also einen sehr hohen Zuckergehalt lieben bzw. ertragen, bei ziemlich geringem Gärvermögen (S. 215). Sie finden sich deshalb auch in Honig — Diese Gattung ist jetzt eingezogen und mit der folgenden vereinigt, da sie nur ein haploides Stadium darstellt.

c) *Saccharomyces*. Vegetative Vermehrung durch Sprossung, Ascusbildung ohne vorherige Kopulation; doch bei manchen Arten vor der durch Aussprossung erfolgten Keimung der Ascosporen Kopulation unter Bildung je eines schnabelförmigen Kopulationskanals. Hierher die bekannten *Bier-* und *Weinhefen. Sacch. Ludwigii* ist heterothallisch[2]. Auch künstliche Kreuzungen von Hefen sind hergestellt[3].

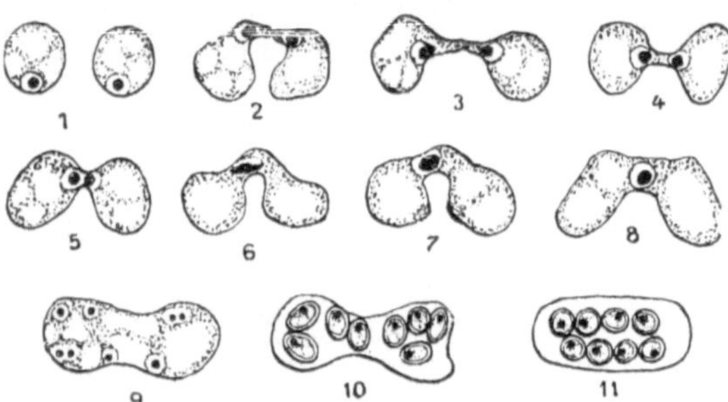

Abb. 66. *Sacch. (Zygosacch.) octosporus.* Kopulation und Ascosporenbildung. Zeichnung. Vergr. 800mal. (Nach GUILLIERMOND aus ED. FISCHER.)

S. cerevisiae, Bierhefe, mit vielen industriellen Rassen, wie der niedrigvergärenden Hefe *Saaz*, der hochvergärenden Hefe *Frohberg*, ferner der zur Preßhefefabrikation verwendeten Rasse usw. — *S. ellipsoideus*, Weinhefe, ebenfalls mit vielen Rassen, wie Hefe *Johannisberg*, Hefe *Steinberg* usw. — *S. pastorianus* sind sog. wilde Hefen von geringerem Gärvermögen, Schädlinge der Bierbrauerei und der Preßhefefabrikation. — Diese Hefen unterscheiden sich durch die Form der Zellen und Sproßverbände der Kolonien, durch das verschiedene Gärvermögen usw.

Hansenula (Willia) anomala, mit charakteristischen hutförmigen Ascosporen, wächst im Gegensatz zu den vorigen mit einer Kahmhaut und bildet Fruchtäther.

Daneben gibt es weitere sporenbildende Hefen sowie solche, von denen keine Sporen bekannt sind, ebenfalls mit Sprossung, ferner mit und ohne Mycelbildung neben der Sprossung und von den verschiedensten physiologischen Eigenschaften, die im weiteren Sinne als Hefen bezeichnet werden. — *Torulopsis utilis*[4] ist bemerkenswert als die sog. E i w e i ß h e f e : Sie wächst auf rein anorganischen Nährlösungen (von Zucker natürlich abgesehen), ohne Zusatz von Wirkstoffen, von denen die Hefen sonst

---

[1] Vgl. K. LIETZ: Arch. Mikrobiol. **16**, 275 (1951).
[2] MANUEL, J.: C. r. Acad. Sci. (Paris) **209**, 119 (1939).
[3] WINGE, O., u. O. LAUSTSEN: C. r. Trav. Lab. Carlsberg **22**, 337 (1939). — LINDEGREN, C.: Siehe S. 85, Anm. 2.
[4] Sie soll unter Umständen als Mycelhefe wachsen: H. FINK, u. I. GAILER: Brauwissenschaft **1954**, 61, 90, 124, 150.

namentlich Biotin benötigen (S. 133), bildet viel Zellmasse und damit Eiweiß und kann zur Gewinnung eines eiweißhaltigen Futter- bzw. Nahrungsmittels verwendet werden. — Die *Rhodotorula*-Arten führen Carotinoide (S. 42f.); die nicht carotinoidführenden „*roten Hefen*", wohl durch huminartige Stoffe gefärbt, werden als *Torula* bezeichnet; auch schwarzgefärbte Hefen dieser Gattung kommen vor. — *Mycoderma*-Arten (Kahmhefen)[1] gären nicht, sondern oxydieren stark, z. B. Alkohol und organische Säuren. Sie erscheinen als Kahmhaut auf Bier, Wein, saurer Milch, die man an der Luft stehen läßt. — Als Nektarhefe ist insbesondere *Candida (Nectaromyces) Reukauffii* zu nennen, die in den Nektarien der verschiedensten Blüten vorkommt und deren Zellgruppen unter den Bedingungen des Nektars (hohe Zucker-, geringe Stickstoff-konzentration) die Form eines Ein-deckers annehmen (Abb. 67)[2], die man als Anpassung an den Bienen-rüssel deutete[3]. Diese Hefe bildet viel Fett. — Zu den mycelbilden-den Hefen gehört die fettbildende, im Saftfluß von Birkenstümpfen im Frühjahr häufige *Endomycopsis (Endomyces) vernalis* (Gattung der *Endomycetales*, Mycelhefen, mit Ascusbildung an Zellfäden). — Damit sind einige der wichtigsten Vertreter erwähnt. Die Hefen sind überall in

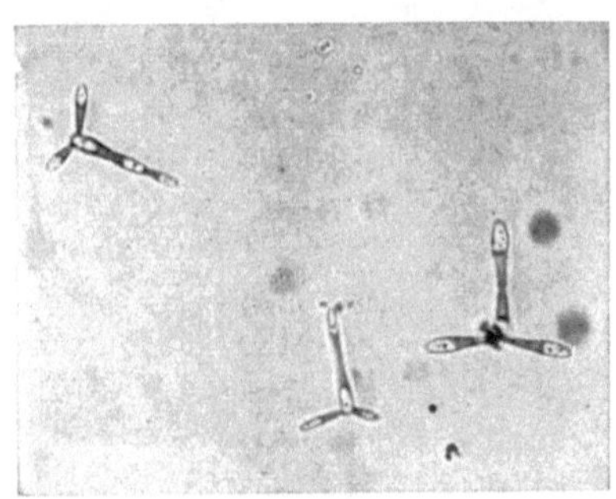

Abb. 67. *Candida (Nectaromyces) Reukaufii.* Kreuzform aus Blüte von *Glechoma hederacea.* Hellfeld-Lebendaufnahme. Vergr. 350mal. (Phot. R. MEYER.)

der Natur verbreitet, im Boden, auf süßen Früchten, in Baumflüssen, in Blütennektarien, als Insektensymbionten usw. (vgl. S. 347 f.).

Auch andere Pilze *(Ustilaginaceae, Dematium pullulans, Mucoraceae)* können wie Hefen in Nährlösung Sprossung zeigen, die man somit als eine gewisse Anpassung an dieses Substrat betrachten kann. Bei *Mucor guilliermondi* kann die Hefeform durch günstige Ernährungsbedingungen und Luftmangel als solche gezüchtet werden, ohne daß Mycelbildung erfolgt[4]; ähnlich auch Brandpilze *(Ustilaginaceae)*, wie *Ustilago violacea*[5]. Ein morphologischer Zusammenhang zwischen echten Hefen und solchen Pilzen, wie man ihn früher vielfach annahm, liegt indessen nicht vor; die echten Hefen sind selbständige Organismen.

Bei den höheren *Ascomycetes* sind die Asci in Fruchtkörper eingeschlossen. Bei den *Plectascales* sind es geschlossene Fruchtkörper, in denen bei den *Aspergillaceae* die Asci beliebig verteilt, bei den *Erysiphaceae* (S. 374) am Grunde angeordnet sind. Bei den *Pyrenomycetales* stehen die Asci am Grunde des oben mit einer Öffnung versehenen meist birnenförmigen Fruchtkörpers (Perithecium), bei den *Discomycetales* auf einer flachen Scheibe (Apothecium).

---

[1] Vgl. dazu S. WINDISCH: Arch. Mikrobiol. **21**, 80 (1954).

[2] HAUTMANN, F.: Arch. Protistenkde. **48**, 213 (1924). — MARTIN, H. H.: Arch. Mikrobiol. **20**, 141 (1954).

[3] GRÜSS, J.: Ber. dtsch. bot. Ges. **35**, 746 (1917).

[4] LÜHRS, H., u. Mitarb.: Biochem. Z. **217**, 253 (1930).

[5] SCHOPFER, W. H., u. S. BLUMER: Arch. Mikrobiol. **9**, 305 (1938).

Aspergillaceae. Sie gehören zu den *Plectascales*, Perithecien werden jedoch von vielen Formen nicht ausgebildet. Die vegetative Fruchtform ist durch Bildung von Conidienträgern mit meist lebhaft gefärbten Sporen (Conidien) ausgezeichnet. Die unmittelbar die Conidien abschnürenden Zellen (Sterigmen) sind flaschenförmig; sie können, wie bei *Aspergillus niger*, doppelreihig sein (Abb. 68). Im Boden verbreitete und wichtige Schimmelpilze, besonders durch Bildung organischer Säuren, von Farbstoffen und antibiotischen Stoffen ausgezeichnet, Ausscheidung meist in das Substrat; viele zersetzen auch Cellulose.

a) *Aspergillus*[1] mit köpfchenförmigen und normalerweise ungeteilten Conidienträgern (Abb. 68).

A. flavus, Schädling der Honigbiene, insbesondere deren Brut. — *A. glaucus,* mit blaugrünen Sporen, vermag am besten von allen Mikroorganismen Trockenheit zu ertragen. Bildet leicht Perithecien. In die *glaucus*-Gruppe gehört auch *A. itaconicus,* Itaconsäure bildend. — *A. niger,* mit schwarzen Sporen, bildet aus Zucker organische Säuren (Glucon-, Citronen-, Oxalsäure); eine Fumarsäure bildende Form trägt die Bezeichnung *A. fumaricus.* Kein Sexualakt bekannt; doch kommen Sklerotien vor (S. 274). — *A. oryzae,* mit bräunlichgelben Sporen, baut Stärke ab und wird in Ostasien zum Verzuckern der Reisstärke benutzt. — *A. fumigatus,* mit bläulichgrünen Sporen, ist eine besonders

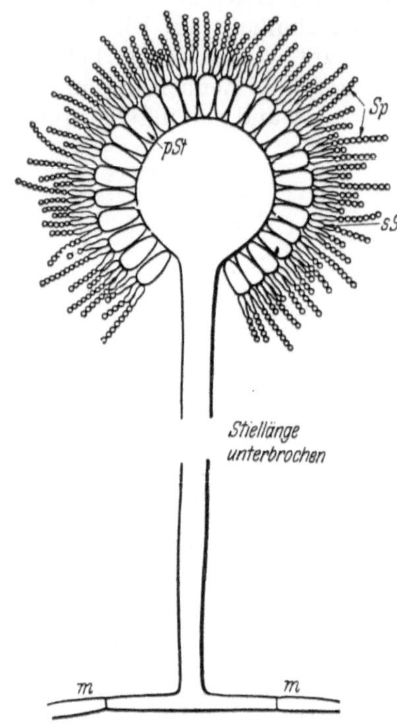

Abb. 68. *Asp. niger.* Conidienträger. *p.St* primäre Sterigmen, *s.St* sekundäre Sterigmen, *Sp* Sporen, *m* Mycel. Zeichnung. Vergr. 2000mal. (Nach CH. THOM.)

wärmeliebende Form, die auch pathogen auftritt. — Überhaupt sind alle *Aspergillus*-Arten an höhere Temperaturen angepaßt und herrschen in wärmeren Ländern vor, in kühleren Breiten die folgende Gattung.

b) *Penicillium*[2] mit quirlig verzweigten Conidienträgern (Abb. 69), nach deren Bau verschiedene Untergruppen aufgestellt und teilweise auch neue Gattungen geschaffen wurden. Die Systematik ist schwierig und z. T. problematisch. Die alten Bezeichnungen der grünsporigen *P. crustaceum* und *P. glaucum* sind auf verschiedene Arten aufgeteilt. Als besondere Typen seien genannt:

[1] THOM, CH., u. R. B. RAPER: A Manual of the Aspergilli. Baltimore: Williams & Wilkins 1948.

[2] RAPER, K. B., u. CH. THOM: Manual of the Penicillia. Baltimore: Williams & Wilkins 1949. — NIETHAMMER, A.: Die Gattung Penicillium Link. Stuttgart: E. Ulmer 1949.

P. notatum und *chrysogenum* bilden Penicillin und Notatin. — *P. expansum* (bildet Patulin), *italicum, luteum*[1], *purpurogenum, silvaticum, spinulosum* u. a. im Boden verbreitet. Die Bezeichnung deutet z. T. auf die Verfärbung des Substrates. — *P. brevicaule* (jetzt zur besonderen Gattung *Scopulariopsis* gestellt) bildet aus anorganischen flüchtige organische Arsenverbindungen. — Viele *Penicillium*-Arten bilden Geruchs- und Geschmacksstoffe und sind daher bei der Käsebereitung wichtig: *P. roqueforti* mit grünen Conidien beim Roquefortkäse, *P. camemberti* mit weißen oder schwach bläulichen Conidien beim Camembertkäse.

c) *Citromyces*, mit den Citronensäurebildnern *C. pfefferianus* und *glaber*, steht der vorigen Gattung nahe und wird vielfach zu ihr gestellt.

Von sonstigen *Ascomycetes* seien noch genannt: Als Alkohol- und Fettbildner sind *Fusarium*-Arten wichtig, die Nebenfruchtformen

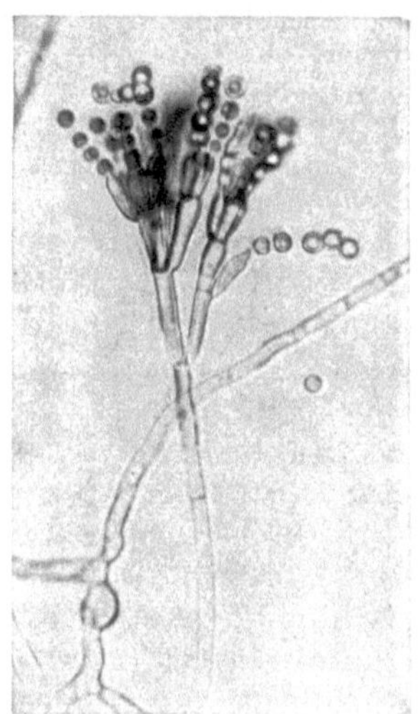

Abb. 69. *Penicillium* spec. Conidienträger. Hellfeld-Lebendaufnahme. Vergr. 200mal. (Phot. R. MEYER.

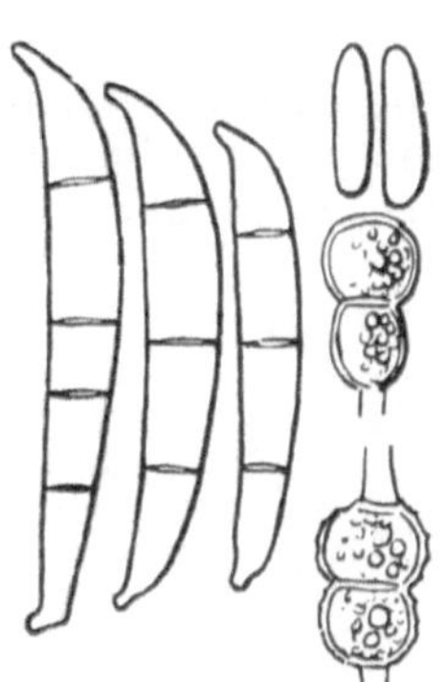

Abb. 70. *Fusarium redolens*. Mikro- und Makroconidien und Chlamydosporen. Zeichnung. Vergr. 500mal (Nach H. W. WOLLENWEBER u. O. A. REINKING.)

von *Pyrenomycetales*, mit charakteristischen, sichelförmigen Sporen (Abb. 70) und meist rötlicher Tönung des sporenführenden Mycels; das Substrat wird meist rötlich bis bläulich-violett gefärbt. *Discomycetales* sind als Pflanzenparasiten und als Pilzkomponente in den *Flechten* wichtig. Viele Vertreter der *Pyrenomycetales* und *Discomycetales* sind mehr oder weniger kräftige Cellulosezersetzer.

Sexualität findet sich nicht bei allen Formen, z. B. nicht bei *Asp. niger*. Wie schon erwähnt, bezeichnet man derartige Pilze als *Fungi imperfecti*[2]. Von ihnen sind zahlreiche Formen bei den Stoffumsetzungen im Erdboden beteiligt, insbesondere Vertreter der *Hyphomycetes* (mit

---

[1] Daß diese Form heterothallisch sei, wurde endgültig widerlegt: RAPER, K. B., u. D. J. FENNEL: Mycologia (New York) 44, 101 (1952).

[2] In gewissen Fällen kann das Fehlen der Perithecien-Form dadurch zustande kommen, daß das Mycel heterothallisch ist und beide Formen nicht zusammen vorkommen: GORDON, W. L.: Nature (London) 173, 505 (1954).

offener Conidienträgerbildung und mannigfachster Form der Träger und Sporen), so die Gattungen *Alternaria, Cephalosporium, Cladosporium, Fusarium, Hormodendron, Hyalopus, Macrosporium, Stemphylium, Trichoderma, Trichothecium, Verticillium* usw[1], während andere als Erreger von Pflanzenkrankheiten auftreten. Hier sei noch der weiße Milchschimmel erwähnt, *Oospora (Oidium) lactis*, von ganz unsicherer systematischer Stellung, der auf saurer Milch die bekannten schneeweißen Schimmelrasen bildet. Die Vermehrung geschieht einfach durch Zerfall des Pilzfadens in die einzelnen, sich abrundenden Zellen (Abb. 37, S. 56). Diese Form ist wichtig als Verzehrer der Milchsäure bei der Bereitung gewisser Käsesorten und als Fettbildner.

Eine eigenartige Erscheinung bei solchen asexuellen Formen ist die Fusion von Hyphen mit dem Übertritt von Zellbestandteilen, einschließlich Zellkernen (der meist mehrkernigen Zellen). Die Kerne verschmelzen jedoch nicht, bleiben also selbständig (Heterokaryose) und können getrennt mutieren[2]. Die Fusion zwischen 2 Arten ist ebenfalls möglich[3] und kann zu Neubildungen führen, die natürlich keine Intermediärprodukte (wie beim sexuellen Vorgang) sind.

Basidiomycetes.

Sie sind den *Ascomycetes* unmittelbar verwandt und besitzen ebenfalls Chitin in der Zellmembran. Das dem Ascus homologe Produkt des reduzierten Sexualaktes, d. h. der Abschluß der vorher bestehenden Paarkernphase, ist das Basidium, ein keulenförmiges Gebilde (Abb. 71), das nach Kernverschmelzung und Reduktionsteilung meist vier unbewegliche Sporen exogen abschnürt. Als Nebenfruchtform gebildete Sporen kommen nur bei einigen Gruppen vor. Hierher gehören (als *Phragmobasidiomycetes* mit geteilten Basidien) die als Erreger von Pflanzenkrankheiten wichtigen und biologisch bemerkenswerten *Uredinales (Rostpilze)* und *Ustilaginales (Brandpilze)*, von denen besonders die erstgenannten die mannigfachste Sporenbildung zeigen.

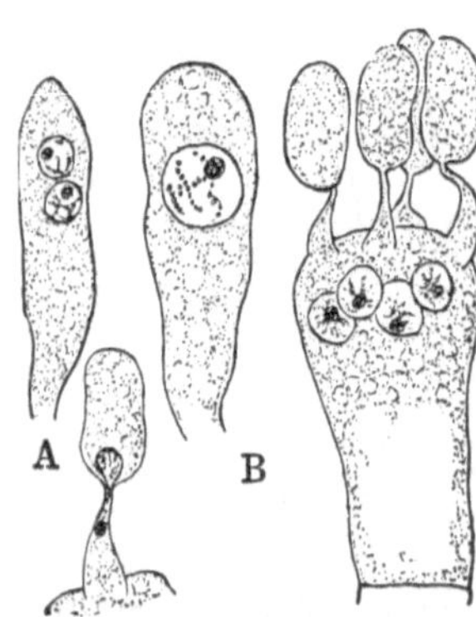

Abb. 71. *Armillaria mellea.* Entwicklung des Basidiums. Zeichnung. Vergr. 800mal. (Nach H. Ruhland.)

Die höheren Formen der zahlreichen anderen Basidiomycetes (*Holobasidiomycetes* mit ungeteilten Basidien) führen ihre Basidien in den bekannten Fruchtkörpern der Hutpilze des Waldes von gestielt-hutförmiger, konsolartiger oder sonstiger Gestalt. Die *Hymenomycetes (Hymenomycetales)* haben frei an der Oberfläche des Hymeniums (aus Basidien und sterilen Hyphen gebildete Schicht des von Anfang an

---

[1] Zur Bestimmung: Delitsch, H.: Systematik der Schimmelpilze. Bd. 1 der Erg. d. theoret. u. angew. Mikrobiologie. Neudamm: J. Neumann 1943. — Gilman, I. C.: Siehe S. 67, Anm. 4.

[2] Literatur bei J. L. W. Foster. — Vgl. indessen: J. L. Jinks: Proc. Roy. Soc. (London) Ser. B 140, 83 (1952). — Gross, S. R.: Amer. J. Bot. 39, 574 (1952). — Raper, J. R., u. P. San Antonio: Amer. J. Bot. 41, 69 (1954); für *Schizophyllum (Basidiomycetes)*!

[3] Raper, K. B., u. D. J. Fennell: J. Elisha Mitchell Sci. Soc. 69, 1 (1953).

oder frühzeitig offenen Fruchtkörpers) stehende Sporen, wobei das Hymenium verschieden angeordnet ist, z. B. auf Lamellen (Blätterpilze, *Agaricaceae*), auf Röhren (Röhrlinge, *Polyporaceae*) usw. Die *Gastromycetes (Gastromycetales)*, wie der *Bovist*, haben geschlossene, erst nach der Reife sich öffnende Fruchtkörper, in deren Innern die Sporen gebildet werden. Die *Basidiomycetes* sind einerseits Zerstörer von Holz, namentlich des Lignins und der Cellulose. Der Hausschwamm, *Merulius lacrymans*, der seinen Namen von der Ausscheidung von Flüssigkeitströpfchen trägt, greift totes Holz an. Andere Formen, wie der Hallimasch *(Armillaria mellea)*, sind Parasiten lebender Bäume. Andererseits leben zahlreiche Arten, vornehmlich die eigentlichen Hutpilze des Waldes, als Mycorrhiza in Symbiose mit den Wurzeln der Waldbäume, von *Orchideen* usw., bei deren Ernährung sie eine wichtige Rolle spielen. Einige, wie der Champignon *(Psalliota campestris)*, sind kultivierbar.

Hinsichtlich der folgenden, in der botanischen und zoologischen Literatur eingehend behandelten Gruppen sollen nur einige Namen sowie den Stoffhaushalt in der Natur betreffende Einzelheiten erwähnt werden.

Cyanophyceae.

Cyanophyceae (Blaualgen); auf feuchter Erde und in Wasser verbreitet. Einzellig oder fädig, oft zu gallertigen Massen vereinigt. Stets

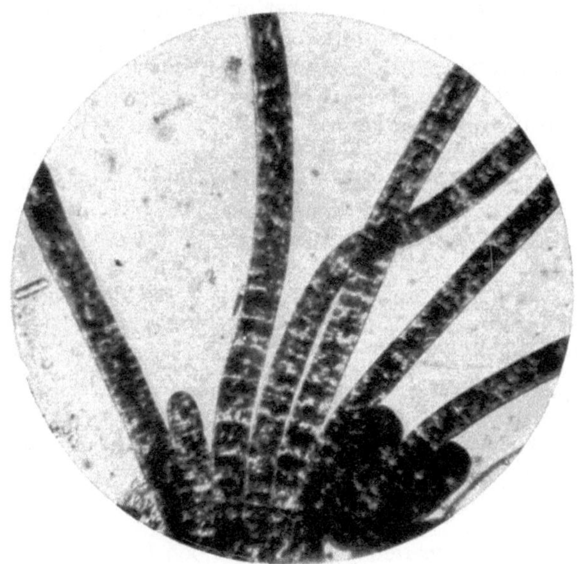

Abb. 72. *Beggiatoa gigantea*. Hellfeld-Lebendaufnahme. Vergr. 150mal. (Nach Z. KLAS.)

unbeweglich. Sexualität unbekannt, kein echter Zellkern (S. 24). Führen Chlorophyll a und andere Farbstoffe. Viele Vertreter binden elementaren Luftstickstoff. Zur Bewegung vgl. S 30f.[1]

[1] Zur Struktur der Zellmembran vgl. SCHULZ, G., S. 30, Anm. 5, und METZNER, J., S. 94, Anm. 1.

Chroococcales (Chroococcus, Gloeocapsa) Einzelzellen bzw. Zellklumpen. *Hormogonales* mit Zellfäden und Grenzzellen *(Anabaena, Nostoc, Oscillatoria)*. *Chamaesiphonales* mit „Endosporen".

Hierzu farblose Formen, die häufiger sind als bisher angenommen wurde[1]. Am bekanntesten *Beggiatoa*, gleichsam eine farblose *Oscillatoria*, mit festverbundenen Zellfäden von geringerem oder größerem Durchmesser und Kriechbewegungen. Typische autotrophe, farblose Schwefelbakterien mit Schwefel als Inhaltskörper (Abb. 22, S. 36). Bilden auf schwarzem Schwefeleisenschlamm oder auf organischen Resten am Grunde von Gewässern weiße, spinnwebartige Überzüge. *Beggiatoa alba*, kleine Form des Süß- und Salzwassers, unverzweigt, Zellen 2,5—5,0 μ dick. *B. gigantea*[2] (Abb. 72), Zellen bis 55 μ, *B. mirabilis*, Zellen bis 22 μ dick; unverzweigte Formen des Salzwassers (Kieler Bucht usw.), im Binnenland im Solgraben von Artern a. d. Unstrut (4,5% Salzgehalt). — *Thiothrix*, Fäden mit knieförmig gebogener Basis festsitzend, Vermehrung durch abgestoßene Fadenstücke (Hormogonien).

Flagellatae.

In Wasser verbreitet, einzellig, z. T. koloniebildend; Vermehrung durch Längsteilung. Mit echtem Zellkern; Kopulation durch Isogameten, teilweise auch Oogamie. Beweglich, 1 bis mehrere, häufig 2 (dann oft ungleich lange) Geißeln, die vielfach subpolar inseriert sind. Führen Chlorophyll a + b oder nur a, nebst anderen Farbstoffen, in verschieden gestalteten Chromatophoren. Viele chlorophyllose, heterotrophe Formen (*Astasia-, Chilomonas-, Euglena-*[3], *Polytoma-, Polytomella*-Arten) von stark bakterienähnlichem Stoffwechsel (Wirkstoffe, S. 132, Verarbeitung von Essigsäure, S. 119).

Diese Gruppe ist wichtig insofern, als sie das Bindeglied darstellt zu noch unbekannten Vorstufen, aus denen die übrigen Mikro- und Makroorganismen abgeleitet werden können. Die *Flagellaten* werden auch als Untergruppe der *Protozoen* unter den Tieren geführt.

Algen.

Es können hier nur einige, den Stoffhaushalt in der Natur betreffende Einzelheiten gestreift werden. *Diatomeen*, in Süßwasser und Salzwasser verbreitet, können als Massenvegetation vorkommen und beträchtliche Ablagerungen bilden (Kieselgur, im Diluvium). *Chlorophyceae* und *Conjugatae* sind vor allem in Süßwasser verbreitet, dessen Aufbau-Vegetation sie darstellen. Ihre photosynthetische Tätigkeit kann dort zu starken Ablagerungen von Süßwasserkalken führen. *Phaephyceae* und *Rhodophyceae* sind fast ausschließlich Meeresbewohner, meist epiphytisch an Steinen usw. sitzend, teils auch freischwimmend (Sargasso-See); sie sind für die Produktion organischer Substanz im Meerwasser bedeutsam.

Protozoen[4].

Während die *Sporozoen* rein parasitisch leben (*Plasmodium*, Erreger der Malaria) sind *Flagellaten, Rhizopoden* und *Ciliaten* im Boden und

[1] PRINGSHEIM, E. G.: Bacter. Revs. 13, 47 (1949).

[2] KLAS, Z.: Arch. Mikrobiol. 8, 312 (1937).

[3] GOJDICS, M.: The Genus Euglena. Madison. Univ. Press 1953.

[4] DOFLEIN, F., u. E. REICHENOW: Lehrbuch der Protozoenkunde, 6. Aufl. Jena: G. Fischer 1953. — Stoffwechsel: LWOFF, A.: Biochemistry and Physiology of Protozoa, Bd. I. New York: Academic Press 1951. — KIDDER, G. W.: Ann. Rev. Microbiol. 5, 139 (1951).

namentlich, besonders die letzte Gruppe, im Wasser verbreitet. Den überwiegend photosynthetisch arbeitenden *Flagellaten* stehen die *Rhizopoden* und *Ciliaten* als echte Tiere gegenüber. Sie sind vielfach Bakterienfresser; einige leben auch symbiontisch mit Bakterien oder Algen und in höheren Tieren (Pansen). *Protozoen* bilden im Meer den Hauptteil des Planktons. Ihre Schalen bzw. das Gerüst aus kohlensaurem Kalk *(Coccolithophoridae, Foraminiferae, u. a. Globigerina)* oder Kieselsäure *(Radiolarien)* bilden ausgedehnte Ablagerungen in der Tiefsee. Die *Radiolarien* sind Schwebeformen, *Foraminiferen* Bodenformen.

Baustoffwechsel.

Allgemeines.

Definition des Stoffwechsels[1]. Der Stoffwechsel ist das Charakteristikum der in voller Lebenstätigkeit stehenden Zelle. Es gehen dabei stets zwei Vorgänge nebeneinander her. Ein Teil der aufgenommenen Nahrung wird von dem Organismus zu den organischen Stoffen verarbeitet, aus denen er seine Zellbestandteile aufbaut: Wachstum und Vermehrung sind die äußerlich sichtbaren Erscheinungsformen dieses Baustoffwechsels (oder Basisstoffwechsels). Da der Verbrennungswert von 1 g Pilzmycel (auch ohne nennenswerte Fettbildung) etwa 4,5 kcal beträgt gegenüber 3,75 kcal für 1 g Glucose, so geht daraus hervor, daß in die Mikroorganismenmasse stets mehr potentielle Energie eingeht als der gleichen Gewichtsmenge der organischen C-Quelle entspricht. Daneben geht der Betriebsstoffwechsel einher: Es werden dauernd Stoffe in der Zelle umgesetzt und Stoffwechselprodukte ausgeschieden, wobei die Gesamtheit der Vorgänge stets so verläuft, daß Energieabfall erfolgt[2]. Teils wird diese benötigt zur Durchführung der bei dem Aufbau der Mikroorganismensubstanz Energie beanspruchenden Vorgänge (die also nicht im Verbrennungswert der Mikroorganismensubstanz erscheinen, wie Herstellung von Potentialen, Zellteilung usw.); man kann von Aufbau-Stoffwechsel sprechen. Andernteils wird Energie benötigt zur Erhaltung der gesamten Lebensfunktionen der aufgebauten Mikroorganismenmasse einschließlich deren Umbaues; denn es liegt im Wesen der lebenden Substanz, daß sie der immerwährenden Erneuerung bedarf[3]: Erhaltungsstoffwechsel. Der Umsatz im Betriebsstoffwechsel erscheint letzten Endes als Wärme. Bau- und Betriebsstoffwechsel sind

---

[1] KAUFMANN, W.: Arch. Mikrobiol. **17**, 319 (1952). — SCHÖNBORN, W.: Arch. Mikrobiol. **22**, 408 (1955).

[2] Die ausgeschiedenen organischen Stoffwechselprodukte brauchen durchaus nicht alle unverwertbar für den ausscheidenden Organismus zu sein, wie an verschiedenen Stellen noch hervorzuheben sein wird. Sie können aber natürlich auch nicht als Reservestoffe aufgefaßt werden. Vgl. noch S. 183ff., 190, 218. Das gilt sogar für die Kohlensäure.

[3] Versuche mit markiertem Kohlenstoff hatten z. B. gezeigt, daß in der Rattenleber etwa die Hälfte des Eiweißes in 7 Tagen abgebaut und resynthetisiert wird: SHEMIN, D., u. D. RITTENBERG: J. of Biol. Chem. **153**, 401 (1944).

zweifellos stofflich und energetisch eng miteinander verknüpft, wie später noch auszuführen sein wird (S. 167f.). Über die Abschätzung der Größenverhältnisse vgl. S. 166.

Für den Ablauf des Stoffwechsels müssen drei allgemeine Bedingungen erfüllt sein: 1. Aufnahme der Nahrung und Ausscheidung der Stoffwechselprodukte. — 2. Vorhandensein der Nahrungsstoffe (Wasser, Kohlenstoff, Stickstoff, Mineralstoffe, dazu gegebenenfalls Ergänzungsstoffe = organische Wirkstoffe). — 3. Günstige äußere Bedingungen der „klimatischen Faktoren" (Wasser, Temperatur, Sauerstoff, Licht, Reaktion). Diese Punkte sollen für den Baustoffwechsel betrachtet werden. Das Wasser erscheint dabei teils unter den Nahrungsstoffen teils unter den klimatischen Faktoren, weil Sauerstoff und Wasserstoff des Wassers Bestandteile der organischen Stoffe des Organismus sind und andererseits das Wasser als klimatischer Faktor wirkt.

Als Nahrungsstoffe bezeichnen wir einstweilen alle Stoffe, die sich irgendwie so auswirken, daß der Organismus durch vermehrte Bildung von Körpermasse darauf anspricht, sei es, daß der fragliche Stoff als Baustoff verwendet wird, daß er als Katalysator wirkt, zum Reaktionsausgleich, zum Konzentrationsausgleich oder zum Energiegewinn dient oder durch antagonistische Wirkungen fördert, worauf, soweit möglich, jeweils hingewiesen werden wird. Dabei ist zu beachten, daß sich damit die Grenzen zwischen Nahrungsstoffen und klimatischen Faktoren hin und wieder verwischen, etwa bei den die Reaktion beeinflussenden Stoffen. Das ergibt sich indessen aus der Definition der Nahrung, die später ausführlicher gegeben werden wird (S. 160f.).

Weiterhin sei bemerkt, daß ein Element mehrere Funktionen ausführen kann, was noch dadurch verstärkt wird, daß ein Element in den seltensten Fällen als solches dargeboten werden kann, vielmehr in Form einer Verbindung, in der bei Salzen sowohl das Anion wie das Kation nicht zu vernachlässigende Nebenwirkungen entfalten können.

Die Aufnahme der Nahrung erfolgt nach den für die Zelle allgemein geltenden Prinzipien[1]. Bei den Bakterien ist bemerkenswert, daß es plasmolysierbare *(Sp. volutans, Vibrio comma, Ps. fluorescens)* und nichtplasmolysierbare Bakterien *(Bac. amylobacter, Bac. subtilis, Sp. rubrum)* gibt. Aber diese Erscheinung hat vielleicht nur eine mehr äußerliche Ursache. Es wurde nämlich u. a. für *Beggiatoa mirabilis*[2], für *Hefe*[3] und die Zygosporen von *Saprolegnia*[4] festgestellt, daß keine Plasmolyse eintritt, sondern nur die Zellmembran einknickt, da das Plasma fest mit dieser verbunden ist, was auch bei nichtplasmolysierbaren Bakterien der Fall sein könnte. Die Kleinheit der Zellen würde hier eine Deformation nicht so leicht zulassen können, jedoch eine Volumverminderung, vermittels deren der interzellulare osmotische

---

[1] Auch die Semipermeabilität der Zellmembran muß unter Umständen berücksichtigt werden. Vgl. für *Cyanophyceae* J. METZNER: Arch. Mikrobiol. **22**, 45 (1955).

[2] RUHLAND, W., u. C. HOFFMANN: Planta **1**, 1 (1925).

[3] HAEHN, H.: Biochemie der Gärungen. Berlin: W. de Gruyter 1952 (S. 282); man bezeichnet den Vorgang auch als Zytorrhyse.

[4] WEMMER, L.: Arch. Mikrobiol. **21**, 217 (1955).

Wert auch ermittelt wurde[1]. Wo Plasmolyse erfolgt, kann diese bei längerer Einwirkung durch allmähliches Eindringen der hypertonischen Lösung zurückgehen, oder auch dadurch, wie für *Aspergillus* und höhere Konzentrationen von Kochsalz festgestellt wurde[2], daß aus osmotisch unwirksamen oder geringer wirksamen Stoffen höher wirksame gebildet werden (z. B. Glucose aus einem Disaccharid oder Polymeren).

Bei der Aufnahme und Verarbeitung von Elementen oder Verbindungen hat die Verwendung radioaktiver Isotopen[3] manchen Erfolg gezeitigt, worauf gelegentlich hingewiesen werden wird. Es ist dabei allerdings zu berücksichtigen, daß unter Umständen auch ein (unphysiologischer) Isotopenaustausch stattfinden kann, namentlich zwischen $^{14}CO_2$ und Carboxylgruppen.

Eine mikrobiologische Anwendung der Isotopenbestimmung sei hier erwähnt: Auf dem Gärungswege und aus der Holzdestillation gewonnener Essig kann von solchem aus Kohle gewonnenen durch den Gehalt an ^{14}C unterschieden werden. Dessen Halbwertzeit beträgt 5600 Jahre. Nach 56000 Jahren ist er also praktisch nicht mehr nachweisbar, demgemäß in einem Steinkohlenprodukt nicht mehr vorhanden, jedoch in den Produkten aus recentem Pflanzenmaterial[4].

Mineralstoffe.

Die für das Leben der Mikroorganismen wichtigen Mineralstoffe sind im allgemeinen die gleichen wie bei den höheren Pflanzen. Auch der relative Gehalt daran unterscheidet sich nicht wesentlich von dem jüngerer, noch nicht differenzierter Pflanzenteile. Die folgende Übersicht zeigt einige Analysen, wobei die erste Spalte den Gehalt an Gesamtasche in Prozent der Trockensubstanz, die übrigen Spalten den Prozentgehalt der Asche an den betreffenden Aschenbestandteilen wiedergeben. Aus beiden Spalten läßt sich der Gehalt der Trockensubstanz an den Aschenbestandteilen berechnen.

Zusammensetzung der Asche einiger Mikroorganismen.

Asche	K_2O	Na_2O	CaO	MgO	P_2O_5	Cl	SO_3	SiO_2	Fe_2O_3	Nr.
13,5	11,5	29,0	4,1	7,8	37,9	4,9	n. best.	0,5	n. best.	1
9,6	8,2	11,5	8,6	9,8	47,0	1,3	10,8	nicht bestimmt		2
5,9	18,0	2,9	10,7	8,0	47,5	nicht bestimmt		0,6	10,7	3
8,9	26,9	nicht bestimmt			55,4	nicht bestimmt			n. best.	4
8,8	21,1	2,3	7,6	6,3	54,3	n. best.	0,3	0,9	0,7	5
(6,0)	57,8	0,9	6,0	2,4	26,1	3,6	8,4	n. best.	1,0	6

1. *Bact. prodigiosum* auf 1,5% Agar mit 1% Fleischextrakt, 1% Pepton, 0,5% Kochsalz, 2. *Mycobact. tuberculosis*, 3. *Essigsäurebakterium*, 4. *Azotobacter chroococcum*, 5. *Bierhefe*, 6. *Boletus edulis* (Steinpilz); hier Aschengehalt annähernd!

---

[1] MISCHUSTIN, E. N.: Zbl. Bakter. II **93**, 371 (1935/36); **95**, 25 (1936/37).

[2] Vgl. W. PFEFFER: Pflanzenphysiologie, 2. Aufl., Bd. 1, S. 121 f. Leipzig: W. Engelmann 1897.

[3] SACKS, J.: Isotopic Tracers in Biochemistry and Physiology. New York, Toronto, London: McGraw Hill 1953. — Einige Angaben zum unphysiologischen Austausch: FOSTER, J. W., u. S. F. CARSON: Proc. Nat. Acad. Sci. USA **36**, 219 (1950). STADTMAN, TH. C., u. H. A. BARKER: J. Bacter. **62**, 269 (1951). — ROPP, G. A.: Nucleonics **10**, 22 (1952).

[4] FALTINGS, V.: Angew. Chem. **64**, 605 (1952). — MARTENS, F.: Dtsch. Lebensmittelrdsch. **49**, 179 (1953).

Phosphorsäure und Kalium herrschen also bei weitem vor. Daß
Kalium bei Nr. 1 und 2 im Vergleich zum Natrium zurücktritt, liegt
an dem Kochsalzgehalt des Nährbodens, wie für Nr. 1 angegeben ist;
man sieht, wie sich die Zusammensetzung des Mediums in der Zusammensetzung der Bakterien widerspiegelt. Der abnorm hohe Eisengehalt
von Nr. 3 ist auf mechanische Beimengung zurückzuführen (Adsorption
aus dem Wasser durch die Bakterien bzw. ihre Schleimschicht). Einen
normalen Gehalt dürfte Nr. 5 zeigen (vgl. unten). Beispiel eines natürlich gewachsenen Mikroorganismus ist Nr. 6 (Steinpilz). Das Verhältnis
Kalium zu Phosphorsäure ist hier umgekehrt wie bei den übrigen, was
offenbar die natürlichen Verhältnisse des Bodens widerspiegelt, in denen
Kalium über Phosphorsäure überwogen haben dürfte. Naturgemäß
läßt sich von natürlich gewachsenen Bakterien, etwa Bodenbakterien,
keine Analyse machen. Jedenfalls ähneln die *Pilze* den *Bakterien*.

Phosphor, dessen Darbietung als phosphorsaures Salz erfolgt und
der auch in den Organismen stets in der Form der Phosphorsäure
organisch gebunden ist, stellt bei *Bakterien* und *Pilzen* in künstlicher
Kultur den größten Anteil der Asche, rund 50% oder 4—5% der Trockensubstanz. Wir lernen hier die sehr verschiedenartige Bedeutung eines
Nahrungsstoffes kennen. Einmal liegt die Bedeutung des Phosphors
darin, daß er als Bestandteil einer Reihe von Zellbestandteilen eigentlicher Baustein ist, von Nucleoproteiden (vgl. S. 251f.), also Stoffen,
die zentralste Funktionen in der Zelle ausüben (Genetik, Bildung von
Eiweiß und Enzymen usw.), Volutin, Lecithin und anderen Phosphatiden. Zweitens ist die Phosphorsäure notwendig als phosphory-
lierendes Agens bei dem Umsatz der Kohlenhydrate (S. 206ff) bzw.
als Energieüberträger in „energiereichen Phosphatbindungen" (S. 167).
Drittens dürften phosphorsaure Salze wie in künstlichen Nährlösungen
auch in der Zellsaftvakuole eine Rolle als Puffersubstanzen spielen
oder auch den Quellungszustand der Plasmakolloide beeinflussen.
Weiterhin sind die Nebenwirkungen einer Zugabe von Phosphorsäure
zur Nährlösung zu beachten, indem z. B. Eisen als schwerlösliches
Eisenphosphat ausfällt, welche Erscheinungen sich oft sehr stark bemerkbar machen (S. 101).

Besonders viel Phosphorsäure wird zur Sporenbildung verbraucht.
Bei *Asp. niger* wandert[1] z. Z. der Conidienbildung der Phosphor aus
dem Mycel in die Sporen. Bei *Bakterien* (s. Übersicht[2]) ist etwa $^3/_4$ des
Gesamtphosphorgehaltes in Nucleinsäuren gebunden, darin etwa $^1/_6$ Desoxy-ribonucleinsäure; bei *Pilzen* sind die Zahlen etwas niedriger. Doch
schwanken sie außerordentlich (für Bakterien 3—26% Nucleinsäuren
in der Trockensubstanz[3]). Lecithin-Phosphor beträgt etwa 3—8% des
Gesamt-Phosphors; der Rest ist sonstwie organisch gebundener und anorganischer Phosphor. Bei der Alkoholgärung kann Phosphorsäure bis

---

[1] SCHNÜCKE, H.: Biochem. Z. **153**, 372 (1924).
[2] RIPPEL-BALDES, A., u. G. BUSCH: Nachr. Akad. Wiss. Göttingen. Math.-
Phys. Kl. II b, Biolog.-physiol.-chem. Abt. 1954, 23.
[3] BELOZERSKY, A. N.: Symp. Quant. Biol. **12**, 1 (1947). — BOIVIN, A.: Symp.
Quant. Biol. **12**, 7 (1947). — CHARGAFF, E.: Symp. Quant. Biol. **12**, 28 (1947).

Nucleinsäuregehalt von Mikroorganismen.

	DNS	RNS	NS	DNS % NS	Ges.-P in Trocken- substanz	NS-P % Ges.-P.
		% in Trockensubstanz				
Azotobacter *chroococcum*	3.07	13,73	16,80	18,3	2,52	69,4
Bact. xylinum .	3,20	15,02	18,22	17,6	2,44	77,9
Asp. niger . . .	0,45	7,05	7,50	6,0	1,76	44,6

DNS Desoxy-ribonucleinsäure; RNS Ribonucleinsäure; NS Gesamt-Nuclein-säuren; P Phosphor.

zu einem gewissen Grade durch Arsen (in Form von Arsenat bzw. Arsenit) ersetzt werden (S. 209).

Kalium zeigt neben Phosphor bei den oben angeführten, in künstlicher Kultur gewachsenen Mikroorganismen den größten Anteil an der Zusammensetzung der Asche, auf Trockensubstanz bezogen etwa 1—2% (beim Steinpilz fast 4%). Seine Funktion ist, auch bei den höheren Pflanzen, noch unsicher. Man kennt jedenfalls noch keinen Bestandteil des lebenden Zellkörpers, für dessen Zusammensetzung das Kalium unbedingt notwendig wäre, was vielleicht einfach durch analytische Schwierigkeiten bedingt ist. Als alleinige Wirkung hat man eine solche auf den Quellungszustand des Plasmas angenommen[1]. Doch vermutet man mit guten Gründen, daß es irgendwie beim Umsatz der Kohlenhydrate beteiligt ist[2]. Diesbezügliche Spezialfunktionen sind nachgewiesen für Phosphorylierungen, so daß man annehmen kann, daß dabei nicht die freie Phosphorsäure, sondern ein Kaliumsalz in die Reaktion eintritt. Auch ist der Energieverbrauch von *Asp. niger* bei Kaliummangel bedeutend höher als bei reichlicher Versorgung mit Kalium[3] (calorimetrische Bestimmung von Mycel und Rest-Nährlösung).

Kalium kann durch kein anderes Element voll ersetzt werden, höchstens vielleicht bei Bakterien[4] in geringem Maße durch Rubidium, Cäsium, (*Basidiomycetes*, insbesondere *Cortinarius*- und *Tricholoma*-Arten sollen besonders reich an Rubidium sein[5]) und ferner, wie bei den höheren Pflanzen, teilweise durch Natrium (*Aspergillus*[6]).

Natrium ist normalerweise als eigentlicher Nahrungsstoff nicht notwendig, jedoch für salzliebende, halophile, z. B. *Leuchtbakterien,*

---

[1] SCHMALFUSS, K.: Das Kalium. Freising-München: Datterer u. Co. 1936.

[2] RIPPEL, A., u. G. BEHR: Arch. Mikrobiol. **5**, 561 (1934); **7**, 315 (1936). — Neuere Literatur: ROBERTS, R. B., u. J. Z. ROBERTS: J. Cellul. a. Comp. Pysiol. **36**, 15 (1950). — EDDY, A. A., u. C. HINSHELWOOD: Proc. Roy. Soc. (London) B **138**, 237 (1951). — MEYERHOF, O., u. A. KAPLAN: Arch. of Biochem. **33**, 282 (1951).

[3] RIPPEL, A., u. G. BEHR: Siehe Anm. 2.

[4] BENECKE, W.: Bot. Ztg. **65**, 1 (1907). — RAHN, O.: J. Bacter **32**, 393 (1936). — Für *Chlorella*: PIRSON, A.: Planta **29**, 231 (1939); Ber. dtsch. bot. Ges. **65**, 276 (1952); für *Ankistrodesmus*. — Dies wurde auch bei enzymatischen Versuchen bestätigt: ROBERTS, R. B., u. Mitarb.: J. Cellul. a. Comp. Physiol. **34**, 259 (1949). — BLACK, S.: Arch. Biochem. a. Biophysics **34**, 86 (1951). — NOSSAL, P. M.: Biochemic. J. **49**, 407 (1951). — Vgl. ferner: ROTHSTEIN, A., u. C. DEMIS: Arch. Biochem. a. Biophysics **44**, 18 (1953).

[5] BERTRAND, G. u. D.: Ann. Inst. Pasteur **73**, 797 (1947); **76**, 199 (1949).

[6] STEINBERG, R. A.: Amer. J. Bot. **33**, 210 (1946).

bei denen es, wenigstens bei einigen Formen, durch kein anderes Kation ersetzt werden kann, während das Anion keinen Einfluß hat[1]. Auch die Enzyme halophiler Mikroorganismen sollen ihre optimale Wirkung erst bei höherem NaCl-Gehalt haben[2]. Viele Bakterien, z. B. Sporenbildner des Bodens, sind halotolerant und vertragen, bei mannigfacher Abstufung hinsichtlich der einzelnen Arten, bis zu 30% Kochsalz in der Nährlösung[3]. Sehr verbreitet sind noch andere halophile Formen, z. B. *Beggiatoa*-Arten, ferner solche, die nur bei hohen Kochsalzmengen gedeihen. Hierher gehören namentlich rotgefärbte Arten, die oft auf Salzfischen auffällig zur Entwicklung kommen. Russisches, aus Salzseen gewonnenes Salz enthält 100000—200000 lebende Keime in 1 Gramm, darunter 70000—120000 des rotgefärbten *Micrococcus roseus*, der sich in konzentrierten Kochsalzbrühen entwickelt[4] und auch unter den Bakterien am resistentesten gegen Trockenheit ist. Kochsalz ist also ein wichtiger ökologischer Faktor für das Vorkommen von Mikroorganismen in der Natur. Merkwürdigerweise zeigt sich aber bei marinen *Chytridiales* eine nur geringe, nur bei einigen Formen ausgeprägte Halophilie[5].

Gegen Natriumsulfat sind viele Bakterien, im Gegensatz zu Pilzen, wie *Asp. niger*, recht empfindlich[6], doch konnten aus einem Boden, der so reich an Natriumsulfat war, daß er kaum mehr Pflanzenwuchs zuließ, neben 6 *Pilzen* auch 15 *Bakterien*-Arten isoliert werden[7]. Für hohe Salzkonzentrationen werden weiterhin antagonistische Wirkungen (S. 158ff.) von besonderer Wichtigkeit sein.

Magnesium ist zwar in den Organismen nur in geringer Menge vorhanden (etwa 1% der Trockensubstanz), aber zum Leben unbedingt notwendig, insbesondere soll dies für die Zellteilung der Fall sein[8]. Es ist Baustein des Chlorophylls (S. 40) und auch zur Bildung anderer nicht magnesiumhaltiger Farbstoffe notwendig (S. 44), weiterhin ein Bestandteil der Co-Zymase der *Hefe* (S. 208) und der Carboxylase (S. 209). Auch bei *Asp. niger* liegt ein Teil des im Mycel vorhandenen Magnesiums in organischer Bindung vor[9]. Es soll bei diesem Pilz durch Beryllium ersetzt werden können[10].

Magnesiumsalze sind in höherer Konzentration für die Zelle stark giftig (vgl. *Bac. mycoides*, Abb. 43, S. 59), offenbar durch Auflockerung der Zellkolloide, die durch Calcium usw. (S. 159) kompensiert werden kann. Dabei reagieren die Organismen außerordentlich verschieden. Während z. B. *Asp. flavus* höhere Konzentrationen ohne Schädigung verträgt, wird *Mucor pusillus* bereits durch verhältnismäßig geringe

---

[1] MUDRAK, A.: Zbl. Bakter. II **88**, 353 (1933). — Für andere Halophile vgl.: FLANNERY, W. L., u. Mitarb.: J. Bacter. **64**, 713 (1952); **66**, 526 (1953).

[2] BAXTER, R. M., u. N. E. GIBBONS: Canad. J. Biochem. a. Physiol. **32**, 206 (1954).

[3] HOF, T.: Rec. Trav. Bot. Néerl. **32**, 93 (1935).

[4] PETROWA, E. K.: Arch. Mikrobiol. **4**, 326 (1933).

[5] HARDER, R., u. E. UEBELMESSER: Arch. Mikrobiol. **22**, 87 (1955).

[6] ESTOR, W.: Zbl. Bakter. II **72**, 411 (1927).

[7] GREAVES, J. D.: J. Agricult. Res. **42**, 183 (1931).

[8] WEBB, M.: J. Gen. Microbiol. **5**, 485, 496 (1951).

[9] RIPPEL, A., u. G. BEHR: Arch. Mikrobiol. **1**, 271 (1930).

[10] Siehe S. 97, Anm. 6.

Konzentrationen geschädigt; die tödliche Gabe liegt jedoch bei beiden nahezu gleich hoch[1] (vgl. S. 282).

Calcium dürfte allgemein als Nahrungsstoff für Mikroorganismen nicht nötig sein; *Asp. niger* und andere Mikroorganismen gedeihen ohne eine Spur von Calcium normal[2]. Jedoch wird seine Unentbehrlichkeit für *Azotobacter* (etwa 2 mg je 100 cm³ Nährlösung), für *Nitrosomonas*, *Knöllchenbakterien*[3] und für *Lactobac. casei*[4] angegeben. Es ist ferner notwendig für gewisse eiweißabbauende Enzyme (S. 242). Bei *Azotobacter* kann durch Ca-Zusatz Wachstum bei niedrigem Redoxpotential erfolgen, das sonst kein Wachstum zuläßt[5]. Im übrigen ist nachgewiesen, daß Calcium wie bei den höheren Pflanzen als Ionenantagonist schädliche Wirkungen des Magnesiums verhindern und somit unter gewissen Umständen als lebensnotwendig erscheinen kann; in diesem Falle kann es durch Strontium und andere Stoffe ersetzt werden (S. 159)[2].

Als Neutralisationsfaktor jedoch ist kohlensaurer Kalk für viele Mikroorganismen sowohl in der Kultur als auch in der Natur wichtig. Zum Beispiel hält sich das Vorkommen von *Azotobacter chroococcum* sowie von *Nitrosomonas* und *Nitrobacter* (S. 280) streng an eine nichtsaure Reaktion des Bodens. Doch kann die Neutralisation auch ohne Calcium erreicht werden, bei den Nitratbildnern sogar durch Kupfercarbonat; in Kultur verwendet man bei diesen Bakterien meist Magnesiumcarbonat, da es stärker alkalisiert als Calciumcarbonat. Es kommt offenbar nur darauf an, ob solche Stoffe nicht wegen leichter Löslichkeit bzw. zu stark alkalischer Reaktion (Natriumcarbonat) oder wegen sonstiger giftiger Eigenschaften ungeeignet sind. Die weite Verbreitung des kohlensauren Kalkes und seine verhältnismäßig physiologische Indifferenz bedingen seine in der Natur vorherrschende Stellung als Neutralisationsfaktor.

Wenn Calcium für die höheren Pflanzen allgemein und in größerer Menge notwendig ist als für Mikroorganismen, so wird der Hauptgrund (von der Beteiligung des Calciums an der Zusammensetzung von Zellmembranen bei jenen abgesehen) wohl der sein, daß sich bei den höheren Pflanzen Neutralisationsvorgänge, etwa die Entgiftung von Oxalsäure durch Bildung des unlöslichen Calciumoxalats, in der Zelle abspielen müssen, während bei Mikroorganismen solche Stoffe leicht nach außen geschafft werden können.

Schwefel ist für Mikroorganismen unentbehrlich als Bestandteil der Aminosäuren Cystin und Methionin, des Aneurins, Biotin, des Coenzyms A und der Liponsäure usw. S- bzw. SH-Gruppen sind äußerst wichtige Redoxsysteme. Auch das Penicillin ist schwefelhaltig, und

---

[1] LOHRMANN, W.: Arch. Mikrobiol. **11**, 329 (1940). — STARC, A.: Arch. Mikrobiol. **13**, 74 (1942).

[2] RIPPEL, A., u. O. STOESS: Arch. Mikrobiol. **3**, 492 (1932). — Vgl. jedoch R. A. STEINBERG: Science (Lancaster, Pa.) **107**, 423 (1948).

[3] ALBRECHT, W. A., u. F. L. DAVIS: Bot. Gaz. **88**, 310 (1929); Soil Sci. **28**, 261 (1929) und zahlreiche spätere Arbeiten. — BURK, D., u. H. LINEWEAVER: Arch. Mikrobiol. **2**, 155 (1931); J. Bacter. **27**, 325 (1934). — KINGMA BOLTJES, T. Y.: Arch. Mikrobiol. **6**, 79 (1938). — Für *Chlorella* ist Calcium „Spurenelement": STEGMANN, G.: Z. Bot. **35**, 385 (1940).

[4] EADES JR., CH. H., u. M. WOMACK: J. Bacter. **65**, 322 (1953).

[5] QUISPEL, A.: Leeuwenhoek **13**, 33 (1947).

bei *Asp. niger* werden Sulfate und freie Schwefelsäure weitgehend in organische Verbindungen (noch unbekannter Natur) übergeführt, die sich dann in der Nährlösung finden[1]. Anspruchslose Mikroorganismen decken ihren Schwefelbedarf aus Sulfaten; gewisse niedere Pilze (*Saprolegniaceae, Blastocladia, Allomyces*) benötigen dagegen Sulfide, Methionin oder Cystin, jeweils nach Arten verschieden[2]. Für *Bact. morganii* ist Cystin die weitaus beste Schwefelquelle, Sulfide sind wenig geeignet[3]. Die Verarbeitung von Sulfat stellte man sich bisher als über Sulfid gehend vor[4]. Es sind aber Vorstellungen entwickelt, die über Thiosulfat führen; danach wäre die Vorstufe des Cysteins Cystein-S-sulfonat, $HSO_3 \cdot S \cdot CH_2 \cdot CH(NH_2) \cdot COOH$[5]. Bei *Bact. coli* wurden durch Röntgenstrahlen Mutanten erzielt, die sich durch den Verlust der Fähigkeit zur Sulfatverarbeitung auszeichneten[6].

Oxydierbare Schwefelverbindungen liefern den Schwefelbakterien Energie zum autotrophen Leben (S. 109), was jedoch nichts mit dem Baustoffwechsel zu tun hat, soweit dieser sich auf die Sulfat-Verarbeitung erstreckt. Das gleiche gilt für die Desulfurikation (S. 203f.).

Chlor besitzt seine Bedeutung in erster Linie durch seine Bindung an Natrium als Kochsalz; doch kommen in *Pilzen* und *Actinomyceten* chlorhaltige Stoffwechselprodukte, teilweise mit antibiotischen Eigenschaften (Aureomycin, Chloromycetin), vor.

Eisen ist für Mikroorganismen durchaus unentbehrlich, aber in so geringen Mengen — etwa 0,1 bis 1 mg auf 100 cm³ Nährlösung —, daß diese meist ohne Zusatz genügend davon enthält, falls sie nicht besonders gereinigt wird, was auch für andere Schwermetalle gilt. Die Reinigung kann durch Adsorption an Tierkohle geschehen[7] oder durch Adsorption an den in der Nährlösung selbst erzeugten Niederschlag von Magnesiumphosphat[8], auch durch Bildung komplexer Schwermetallsalze[9], mit Kationenaustauschern[10] oder durch Herausnahme mittels Vorkultur mit anderen Mikroorganismen. Eisen ist der Oxydationskatalysator im WARBURGschen (Cytochrom-) Atmungssystem

[1] RIPPEL, A., u. G. BEHR: Arch. Mikrobiol. **7**, 584 (1936). — PLUMLEE, CL. H., u. A. L. POLLARD: J. Bacter. **57**, 405 (1949).

[2] VOLKONSKY, M.: C. r. Soc. Biol. (Paris) **109**, 614 (1932); C. r. Acad. Sci. (Paris) **197**, 712 (1933). — CANTINO, E. C.: Quart. Rev. Biol. **25**, 269 (1950). — INGRAHAM, J.: Amer. J. Bot. **37**, 668 (1951). — REISCHER, H. S.: Mycologia **43**, 142 (1951).

[3] MEYERS, F. P., u. J. R. PORTER: J. Bacter. **50**, 323 (1945).

[4] LAMPEN, J. O., u. Mitarb.: Arch. of Biochem. **13**, 55 (1947). — BERSIN, TH.: Adv. Enzymol. **10**, 223 (1950).

[5] HOCKENHULL, D. J. D.: Biochim. et Biophysica Acta **3**, 326 (1949). — Vgl. noch: HOROWITZ, N. H.: Adv. in Genetics **3**, 33 (1950). — COWIE, D. B., u. Mitarb.: J. Bacter. **62**, 63 (1951).

[6] LAMPEN, J. O., u. Mitarb.: Arch. of Biochem. **13**, 33, 47, 55 (1947).

[7] BORTELS, H.: Biochem. Z. **182**, 301 (1927).

[8] ZIRPEL, W.: Z. Bot. **36**, 538 (1940/41). — Diese Methode wurde schon früher angegeben: M. ROBERG: Zbl. Bakter. II **84**, 196 (1931).

[9] WARING, W. S., u. C. H. WERKMAN: Arch. Biochem. **1**, 303 (1943). Es wurde 8-Oxychinolin benutzt. — Weitere Reinigungsmethoden bei D. PERLMAN: Bot. Rev. **15**, 195 (1949). — DONALD, C., u. Mitarb.: J. Gen. Microbiol. **7**, 211 (1952).

[10] SHANKAR, K., u. R. C. BARD: J. Bacter. **63**, 279 (1952).

(S. 177), ferner in einer Dipeptidase (S. 242). Farbstoffe der Mikroorganismen werden nur bei Vorhandensein von Eisen gebildet (S. 44)[1]. Dabei braucht es sich nicht um eine unmittelbare Wirkung zu handeln, sondern diese kann über die Beeinflussung des gesamten Stoffwechsels gehen. Es kommen jedoch eisenhaltige Farbstoffe vor, so bei *Candida pulcherrima* (Diketopiperazin-Kern) mit 14,4% Fe im Farbstoff[2].

Auch für den Aufbau des selbst nicht eisenhaltigen Chlorophylls ist Eisen notwendig und greift in Zwischenstufen des Assimilationsvorganges ein. Ohne Eisen werden die *Purpurbakterien (Rhodobacillus palustris)* chlorotisch[3], d. h. bei sehr kleinen Mengen Eisen wird überhaupt kein Chlorophyll gebildet, bei größeren, aber unteroptimalen, weniger als bei normaler Versorgung (während die Carotinoide unbeeinflußt bleiben). Das Optimum der Chlorophyllbildung verlangt höhere Eisenmengen als das Optimum der Zellvermehrung. Der Eisengehalt der *Purpurbakterien* liegt auch etwas höher als der farbloser Bakterien, die etwa 0,01—0,02% Fe enthalten.

Die günstige Wirkung von Humusstoffen oder Erdextrakt auf Mikroorganismen beruht z. T. auf der Wirkung von Eisen, das, als Eisenhumat kolloidal gebunden, nicht durch Phosphorsäure als unlösliches Eisenphosphat ausgefällt wird; ebenso wirken Eisencitrat oder Eisenglycerinphosphat besser als Eisensulfat. Auch Zusatz von Kolloiden in geringer Menge, etwa 0,1% Agar, bedingt eine ähnliche günstige Eisenwirkung[4]. Für die Wirksamkeit des Eisens scheint weniger das Vorhandensein gelöster Eisenionen maßgebend zu sein, als vielmehr ein günstiger Verteilungszustand des Eisens.

Auch zum Energiegewinn können oxydierbare Eisenverbindungen dienen (Ferroverbindungen, S. 111 f.); aber auch dieser Vorgang hat nichts mit dem eigentlichen Eisenstoffwechsel zu tun.

Manganverbindungen können in diesem Falle an die Stelle von Eisenverbindungen treten. Im übrigen wird Mangan hin und wieder als fördernd für Mikroorganismen angegeben, ebenso als wichtiger Bestandteil mancher Enzyme (S. 242). Bei der alkoholischen Gärung der *Hefe* und im Stoffwechsel von *Azotobacter chroococcum* kann Mangan restlos das Magnesium ersetzen[5]. Manganophil scheinen insbesondere auch gewisse Milchsäurebakterien *(Streptobacterium)* zu sein[6]. Bei

---

[1] LASSEUR, PH., u. Mitarb.: Trav. Labor. Microbiol. Fac. Pharmacie Nancy 3, 53 (1930); 4, 31, 45 (1931).

[2] KLUYVER, A. J., u. Mitarb.: Proc. Nat. Acad. Sci. USA 39, 583 (1953). — Vgl. noch NEILANDS, J. B.: J. Amer. Chem. Soc. 74, 4846 (1952).

[3] ZIRPEL, W.: S. 100, Anm. 3; die oben S. 95 angegebene Zahl von 0,7% Fe_2O_3 in der Asche entspricht 0,055% Fe in der Trockensubstanz. Ob das an äußerlich adsorbierten Fe-Mengen liegt oder die *Hefe* mehr Fe enthält als die von ZIRPEL untersuchten *Bakterien*, kann noch nicht gesagt werden.

[4] RIPPEL, A.: Arch. Mikrobiol. 7, 590 (1936). — RIPPEL, A., G. BEHR, u. K. NABEL: Arch. Mikrobiol. 9, 375 (1938).

[5] NILSSON, R.: Arch. Mikrobiol. 12, 353 (1942).

[6] MÖLLER, E. F.: Siehe S. 130, Anm. 5 — MACLEOD, A., u. E. E. SNELL: J. of Biol. Chem. 170, 351 (1947). — DEMETER, K.: Milchwiss. 4, 97 (1949).

vielen Sporenbildnern soll es (über Proteinasewirkung) die Sporenbildung fördern[1].

Zink ist ebenfalls ein lebensnotwendiges Element[2]. Eisen soll den Kohlenhydratstoffwechsel, Zink den Eiweißstoffwechsel katalysieren, indem es irgendwie in den Aminosäure-Stoffwechsel eingreift[3]. Auch Zink ist für die Farbstoffbildung von *Bact. prodigiosum* wichtig (S. 44), vermutlich über die allgemeine Beeinflussung des Stoffwechsels. Eine Nährlösung für *Asp. niger* soll etwa 0,1—1 mg Zink je 100 cm³ enthalten. Bei Kulturen von Mikroorganismen ist zu beachten, daß das Glas zinkhaltig sein kann[4]; bei früheren Versuchen, z. B. mit dem Jenaer N-Glas, konnte daher die Notwendigkeit von Zink schon aus diesem Grund nicht nachgewiesen werden. Exakte Versuche sind also in Quarzgeräten auszuführen; ein gleiches gilt für alle anderen in Spuren wirksamen Elemente. So frißt sich z. B. *Asp. niger* bei Kaliummangel förmlich in die Glaswand hinein und nimmt diesen Stoff auf, ferner auch Calcium.

Kupfer. Über die von Bortels[3] zuerst eindeutig nachgewiesene Bedeutung des Kupfers für *Asp. niger* und seine Farbstoff- bzw. Huminbildung wurde bereits S. 44 gesprochen. Ein gleiches gilt für die Schwarzfärbung von *Azotobacter chroococcum*; auch die Trockensubstanzbildung von *Aspergillus* wird durch Kupfer erhöht, ferner die Essigsäurebildung durch *Bact. aceti*, die Oxydation von Manganverbindungen durch *Pilze* usw.[5] Es ist aber nicht gewiß, ob es sich um ein für alle Mikroorganismen lebenswichtiges Element handelt, oder ob es nur bei bestimmten Formeln als Wirkgruppe von Enzymen Oxydationskatalysen besonderer Art durchführt. Für *Cl. perfringens* wird jedenfalls angegeben, daß es nicht notwendig sei[6]. Für *Asp. niger* beträgt das Optimum der Kupferversorgung etwa 0,01 mg Cu je 100 cm³ Nährlösung.

Kobalt ist ein Bestandteil des Vitamins B_{12}, das z. B. von *Str. griseus* gebildet wird[7]. Kobalt kann in *Bäckerhefe* bis zum 20fachen des Ausgangswertes angehäuft werden, ähnlich andere Metalle[8].

Molybdän ist, wie Bortels[9] zeigte, für die Bindung des elementaren Luftstickstoffs durch *Azotobacter* sowie durch andere stickstoffbindende Mikroorganismen, einschließlich der *Cyanophyceae*, unentbehrlich und

---

[1] Charney, J., u. Mitarb.: J. Bacter. **62**, 145 (1951). — Ebenso, neben Wirkung auf Trockensubstanzbildung, bei *Asp. niger*: Hofmann, E.: Biochem. Z. **320**, 126 (1950).

[2] Bortels, H.: Siehe S. 100, Anm. 7.

[3] Nason, A., u. Mitarb.: J. of Biol. Chem. **188**, 397 (1951).

[4] Lappalainen, H.: Finska Vetensk. Soc. Förh. **62** (1919/20).

[5] Mulder, E. G.: Arch. Mikrobiol. **10**, 72 (1939).

[6] Shankar, K., u. R. C. Bard: J. Bacter. **63**, 279 (1952).

[7] Woods, R.: Bordens Rev. Nutr. Res. **10**, 1 (1949). Vitamin B_{12} heilt die perniziöse Anämie.

[8] Lange-de la Camp, M., u. W. Steinmann: Arch. Mikrobiol. **19**, 87 (1953). — Gorbach, H., u. Mitarb.: Arch. Mikrobiol. **22**, 78 (1955).

[9] Bortels, H.: Arch. Mikrobiol. **1**, 333 (1930); **11**, 155 (1940). — Zbl. Bakter. II **95**, 193 (1936).

von allgemeiner Bedeutung für die Nitratverarbeitung und für nicht-stickstoffbindende Mikroorganismen und höhere Pflanzen. Die Nitrat-Reduktase (zu NO_2) ist ein Mo-Flavoprotein[1].

Molybdän wirkt in Mengen von ungefähr 0,04 mg Mo je 100 cm³ Nährlösung, besitzt aber einen nach oben sehr breiten optimalen Wirkungsbereich. Die Wirkung dieses Elementes ist ebenfalls in der beim Eisen erwähnten günstigen Wirkung von Humusstoffen bzw. Erdextrakt enthalten. Auch *Leguminosen* mit ihren stickstoffbindenden Symbionten werden durch Molybdän gefördert und weisen von allen untersuchten Pflanzen den höchsten Gehalt an Molybdän auf, und in den Knöllchen mehr als in den Wurzeln[2].

Vanadium[3] entfaltet bei der Stickstoffbindung eine ähnliche, jedoch etwas geringere Wirkung und soll auch für *Aspergillus* notwendig sein[4], während Wolfram nur bei unteroptimaler Konzentration der beiden übrigen Elemente etwas fördert.

Sonstige Mineralstoffe. Die zuletzt betrachteten Elemente bezeichnet man auch als Spurenelemente[5], Bioelemente oder Biokatalysatoren.

Darüber hinaus hat man bei weiteren Elementen (Barium, Beryllium, Bor, Jod, Silicium usw.) unter Umständen fördernde Wirkungen beobachtet. Wir betrachten aber einige dieser Verhältnisse zweckmäßigerweise an anderer Stelle (S. 157 ff.), da über die Beobachtung einer gewissen Wirkung hinaus nichts Näheres bekannt ist und es sich um sekundäre Wirkungen handeln kann. Allerdings werden wahrscheinlich noch mehr als die bisher mit Sicherheit bekannten Elemente lebenswichtige Funktionen, wenn auch vielleicht nur Spezialfunktionen, oder eben nur sekundäre Wirkungen ausüben. Es sei z. B. nur kurz darauf hingewiesen, daß die Ionen auch ihre verschiedene Wirkung, etwa in kolloid-chemischer Hinsicht (Wirkung auf die Plasmakolloide), haben wie bei einigen der S. 157 ff. zu erwähnenden antagonistischen Wirkungen; die Wirkung auf die Zellform wurde schon (S. 49, 52) erwähnt. Auch kann das jeweilige Kation durch Bindung an verschiedene Anionen verschieden wirken: Sulfate wirken durchweg erheblich günstiger als Chloride, z. B. in den Ammonsalzen[6]. Bei der besonderen Wirkung des Rhodanions gegenüber dem Sulfation[7] (Hemmung der *Bakterien*, nicht der *Pilze*) handelt es sich aber offenbar um eine Wirkung auf die Oxydationskatalyse nach Art der Blausäurewirkung (S. 177); auch erstreckt sich die Wirkung nicht auf alle *Bakterien*[8], ist also kaum phyletischer Natur.

---

[1] NICHOLAS, D. J. D., u. Mitarb.: J. of Biol. Chem. **207**, 341, 353; **211**, 183 (1954). — SHUG, A. L.: J. Amer. Chem. Soc. **76**, 3355 (1954).

[2] BORTELS, H.: Arch. Mikrobiol. **8**, 13 (1937). — BERTRAND, D.: C. r. Acad. Sci. (Paris) **211**, 670 (1940). — VINOGRADOVA, K. G.: Doklady UdSSR **40**, 31 (1943).

[3] V soll für die Grünalge *Scenedesmus obliquus* notwendig sein, aber nicht durch Mo ersetzt werden können. ARNON, D. J., u. G. WESSEL: Nature (London) **172**, 1039 (1953).

[4] BERTRAND, D.: Ann. Inst. Pasteur **68**, 226 (1942). Nach dem gleichen Autor [Bull. Soc. Chim. biol. **25**, 194 (1943)] ist der Fliegenpilz *(Amanita muscaria)* ein Vanadium-Speicherer.

[5] Vgl. D. PERLMAN: Bot. Rev. **15**, 195 (1949) (für Pilze).

[6] Anders vielleicht bei Na-Salzen; vgl. G. GORBACH u. Mitarb.: S. 102, Anm. 7, ferner S. 60.

[7] BOAS, F.: Das phyletische Anionenphänomen. Jena: G. Fischer 1927.

[8] BOAS, F.: Planta **22**, 445 (1934).

Kohlenstoff.

Allgemeines.

Während in der Art und Weise, wie die Mineralstoffe in den Baustoffwechsel eingreifen, zwischen den einzelnen Mikroorganismen vielleicht keine großen Unterschiede bestehen, tritt deren Mannigfaltigkeit in der Aneignung des zum Aufbau ihrer Körpermasse notwendigen Kohlenstoffs sehr auffällig in Erscheinung. Man unterscheidet zwei Haupttypen der Kohlenstoffernährung, die autotrophe und die heterotrophe.

Autotrophie nennt man die Verarbeitung mineralischen Kohlenstoffs in Form der Kohlensäure mit Hilfe irgendeiner Energiequelle, Heterotrophie die Verarbeitung organischer Kohlenstoffverbindungen zum Aufbau des eigenen Körpers. Beide Formen des Baustoffwechsels stehen einander indessen nicht schroff gegenüber. Selbst bei den grünen Pflanzen arbeiten ja z. B. die Wurzeln heterotroph, und eine steril aufgezogene Pflanze vermag unter Lichtabschluß bei Vorhandensein organischer Kohlenstoffquellen zu wachsen. Auch von den autotrophen Mikroorganismen vermögen jedenfalls viele heterotroph zu leben.

Autotrophie.

Die Verarbeitung des Kohlendioxyds zu organischen Verbindungen ist ein Reduktionsvorgang, wobei im typischen Falle, wie er bei den höheren grünen Pflanzen verwirklicht ist, der notwendige Wasserstoff aus dem Wasser stammt (was vielleicht allgemein bei Autotrophen der Fall ist). Hierzu ist Energie notwendig, und zwar zum Aufbau von Zucker gerade so viel, wie bei der zu Kohlensäure und Wasser erfolgenden Verbrennung des Zuckers frei wird. Bei dieser Reaktion tritt freier Sauerstoff auf, und zwar für jedes Molekül verarbeiteten Kohlendioxyds ein Molekül freier Sauerstoff; das Verältnis CO_2/O_2 (Assimilationsquotient) ist also $= 1$. Für die Bildung von Glucose lautet somit das Schema:

$$6\,CO_2 + 6\,HO_2 + 674\text{ kcal} \underset{\text{Assimilation}}{\overset{\text{Atmung}}{\rightleftarrows}} C_6H_{12}O_6 + 6\,O_2$$

Für jeden andersartigen Vorgang, etwa die Bildung von Fett, würde sich das Gasverhältnis entsprechend ändern, so daß dessen Feststellung wertvolle Einblicke in die Art des Baustoffwechsels bzw. im umgekehrten Sinne bei der Atmung gewährt. Als erstes Zwischenprodukt hatte man aus theoretischen Gründen Formaldehyd (HCHO) angenommen und glaubte ihn durch Abfangen mit Sulfit (ähnlich wie bei dem Acetaldehyd, S. 210) bei autotroph arbeitenden Mikroorganismen, *Nitritbildnern* und *Thiosulfatbakterien,* nachgewiesen zu haben. Später wurden u. a. Phospho-glycerinsäure und Phospho-glycerinaldehyd als Zwischenprodukte der Photosynthese nachgewiesen[1], und man nimmt für den

---

[1] CALVIN, M., u. Mitarb.: Federat. Proc. **9**, 524 (1950). — FAGER, E. W., u. Mitarb.: Federat. Proc. **9**, 535 (1950). — LIPMAN, F., u. Mitarb.: Federat. Proc. **9**, 549 (1950). — WHITTINGHAM, C. P.: Bot. Rev. **18**, 245 (1952). — Autotrophic microorganisms. 4. Symp. Soc. Gen. Microbiology. Cambridge: Univ. Press 1954.

Aufbau der Kohlenhydrate den umgekehrten Weg an wie beim Abbau. Insbesondere rechnet man auch mit der Dazwischenschaltung eines Säure- (S. 193), jedoch nicht des Tricarbonsäure-Cyclus. Immerhin ist damit die Entstehung des ersten Reduktionsproduktes noch nicht erklärt, zumal der Säurecyclus eine sekundäre Erscheinung (gleichzeitig verlaufende Kohlenhydrat-Veratmung) sein könnte.

Die Autotrophie erscheint in zwei Typen, als Photosynthese und als Chemosynthese; die energetischen Verhältnisse dabei, berechnet aus den Bildungswärmen, beleuchtet folgende Übersicht:

Athiorhodaceae (Licht)

$$6/5\ CH_3 \cdot CH_2 \cdot CH_2 \cdot COOH + 6/5\ CO_2 + 6/5\ H_2O + 49{,}4\ kcal = C_6H_{12}O_6$$

Thiorhodaceae (Licht)

$$6\ CO_2 + 3\ H_2S + 6\ H_2O + 75{,}5\ kcal = C_6H_{12}O_6 + 3\ H_2SO_4$$

farblose Schwefelbakterien (Oxydation)

$$6\ CO_2 + 3\ H_2S + 6\ H_2O + 75{,}5\ kcal = C_6H_{12}O_6 + 3\ H_2SO_4$$

Ammoniak-Oxydanten (Oxydation)

$$6\ CO_2 + 4\ NH_3 + 2\ H_2O + 378{,}6\ kcal = C_6H_{12}O_6 + 4\ HNO_2$$

Nitrit-Oxydanten (Oxydation)

$$6\ CO_2 + 12\ HNO_2 + 6\ H_2O + 386{,}6\ kcal = C_6H_{12}O_6 + 12\ HNO_3$$

Ferro-Oxydanten (Oxydation)

$$24\ FeCO_3 + 42\ H_2O + 284{,}6\ kcal = C_6H_{12}O_6 + 24\ Fe(OH)_3 + 18\ CO_2$$

Wasserstoff-Oxydanten

$$6\ CO_2 + 12\ H_2 = C_6H_{12}O_6 + 6\ H_2O + 142{,}6\ kcal^1$$

Bemerkungen zu dieser Übersicht: Die Formeln sollen nicht den Chemismus andeuten, sondern geben in schematischem Vergleich an, welcher Umsatz ohne Energiezufuhr zur Bildung von 1 Mol Glucose notwendig ist bzw. welche Anzahl von Calorien zusätzlich dazu aufgewendet werden müßte (linke Seite der Formeln). Bei den photosynthetisch arbeitenden Formen erfolgt diese Energiezufuhr durch Lichtstrahlen, bei den chemosynthetisch arbeitenden durch zusätzlich gewonnene Oxydationsenergie aus der Oxydation der betreffenden anorganischen Verbindung (H_2, H_2S, NH_3, NO_2, $FeCO_3$) oder durch Veratmung der bei der Reaktion überschüssig gewonnenen organischen Produkte, wie noch auszuführen sein wird. Die Zahlen geben mit dieser Differenz noch nicht den vollen Energieumsatz an, da offenbar viel mehr Energie gewonnen werden muß, als zur einfachen Deckung des Energiedefizits notwendig wäre.

Für die *Athiorhodaceae* ist Buttersäure angenommen. Im übrigen würden sich die Werte etwas ändern, wenn andere Ausgangs- oder Endprodukte angenommen wären, z. B. $NaNO_2$ statt HNO_2 usw., oder wenn nur mit den Ionen, etwa NO_2^- gerechnet würde. Das grundsätzliche Bild bleibt aber erhalten, ebenso, wenn die freie Energie berücksichtigt würde[2].

Zugrunde gelegt sind die Bildungswärmen der gelösten Stoffe; nur CO_2 ist als Gas angenommen.

Photosynthese[3].

Die Photosynthese ist die bei den grünen Pflanzen und den anders gefärbten Algen vorkommende Form der Autotrophie, wobei die Energie der sichtbaren Strahlen des Sonnenlichtes unter Vermittlung eines

---

[1] Freie Energie — 10,4!

[2] Vgl. die Bemerkungen S. 165 f.

[3] RABINOWITSCH, E.: Photosynthesis, Bd. I. New York: Intersci. Publishers 1942; Bd. II, Tl. 1, 1951

die Lichtstrahlen absorbierenden Farbstoffes, des Chlorophylls (unter Mitwirkung von Carotinoiden), zur Reduktion des Kohlendioxyds benutzt wird. Unter den Bakterien arbeiten die *grünen* und die *Purpurbakterien* photosynthetisch[1]. Allgemein läßt sich nach VAN NIEL[2] der Assimilationsvorgang (wobei der Einfachheit halber die Entstehung von [HCHO]-Gruppen, die nicht Formaldehyd zu bedeuten brauchen, angenommen wird, aber auch eine beliebige andere organische Verbindung eingesezt werden könnte) durch folgendes Schema veranschaulichen:

$$CO_2 + 2\,H_2A = [HCHO] + H_2O + 2\,A.$$

Kohlendioxyd ist also der Wasserstoffacceptor, der den Wasserstoff aus einem beliebigen Wasserstoffspender oder Wasserstoffdonator (A), der selbst dabei oxydiert (dehydriert) wird, empfängt. Wasserstoffspender ist für die grünen Pflanzen laut der ersten der obigen Gleichungen das Wasser, für die Bakterien sind es verschiedene Stoffe.

Unter ihnen gibt es nämlich 2 Gruppen: 1. *Thiorhodaceae* und *grüne Bakterien*, 2. *Athiorhodaceae*, jene normalerweise mit, diese ohne Verarbeitung von Schwefelverbindungen. Bei den *Thiorhodaceae* dient Schwefelwasserstoff oder eine sonstige oxydierbare Schwefelverbindung als Wasserstoffspender[3] und wird dabei selbst zu elementarem Schwefel oxydiert (dehydriert). Während bei den *grünen Bakterien* die Oxydation nur bis zum Schwefel geht, der gespeichert wird, geht sie bei den *Thiorhodaceae* weiter bis zur Schwefelsäure, wobei natürlich zur weiteren Lieferung von Wasserstoff noch Wasser in die Reaktion eintreten muß:

$$2\,CO_2 + H_2S + 2\,H_2O = 2\,[HCHO] + H_2SO_4.$$

Man sieht, daß hierbei kein freier Sauerstoff auftritt, im Gegensatz zu dem Assimilationsvorgang bei den höheren grünen Pflanzen, und so findet die Tatsache ihre Erklärung, daß diese streng anaeroben Bakterien Schwefelwasserstoff zu Schwefelsäure oxydieren. In Kultur muß demgemäß für Abschluß jeglichen freien Sauerstoffs gesorgt werden. Auch *Cyanophyceae* vermögen Schwefelwasserstoff autotroph und photosynthetisch unter Schwefelabscheidung zu verarbeiten[4].

Bei den *Athiorhodaceae*, den schwefelfreien *Purpurbakterien*, dienen als Wasserstoffspender organische Stoffe, wie Fettsäuren (in der Über-

---

[1] Sammelberichte: VAN NIEL, C. B.: Photosynthesis in Plants, S. 437. The Jowa State College Press. Jowa 1949; Annual Rev. Microbiol. **8**, 105 (1954). — GEST, H.: Bacter. Revs. **15**, 183 (1951). Für *grüne Bakterien* vgl. LARSEN, H.: J. Bacter. **64**, 187 (1952); Norske Videnskab. Selsk. Scrifter Nr. 1 (1953).

[2] VAN NIEL, C. B.: Arch. Mikrobiol. **3**, 1 (1936). — Bacter. Revs. **8**, 1 (1944). — MULLER, F. M.: Arch. Mikrobiol. **4**, 131 (1933). Dazu zahlreiche weitere Arbeiten.

[3] Möglicherweise ist der photochemische Primärvorgang die Photolyse des Wassers [LARSEN, H., u. Mitarb.: J. Gen. Physiol. **36**, 161 (1952)], dessen Wasserstoff also die Reduktion der Kohlensäure durchführte; der verfügbar werdende Sauerstoff würde dann die oxydative Reaktion durchführen. Das ergibt sich auch daraus, daß in die Reaktion sowieso Wasser eingeführt werden muß.

[4] NAKAMURA, H.: Acta phytochim. (Tokyo) **10**, 271 (1937/39).

sicht S. 105 ist Buttersäure angenommen), Alkohole usw., daneben unter Umständen auch Wasser. Bietet man Alkohole dar, so läßt sich deren Oxydation besonders schön verfolgen; aus primären Alkoholen entsteht die entsprechende Fettsäure, aus sekundären das entsprechende Keton[1].

Hierbei ist noch einiges bemerkenswert: Man sieht, wie sich die Grenzen zwischen Autotrophie und Heterotrophie verwischen, indem organische Stoffe zwar verarbeitet, aber nicht unmittelbar zu körpereigener organischer Substanz umgeformt werden, sondern nur den zur Reduktion der Kohlensäure notwendigen Wasserstoff liefern. Dieses Verwischen geht noch weiter daraus hervor, daß die *Athiorhodaceae* bei Fehlen von Licht organische Stoffe heterotroph verarbeiten können, dann jedoch nur in Gegenwart von Sauerstoff; ferner, daß auch die *Thiorhodaceae* bei Fehlen oxydierbarer Schwefelverbindungen organische Stoffe in gleicher Weise zu verarbeiten vermögen wie die *Athiorhodaceae*, die ihrerseits aber auch Schwefelwasserstoff verarbeiten können. Endlich kann auch (im Licht und im Dunkeln) molekularer Wasserstoff zur Reduktion der Kohlensäure benutzt werden, im Licht molekularer Wasserstoff gebildet und elementarer Stickstoff gebunden werden. Mit Ausnahme der Stickstoffbindung vermögen auch gewisse *Grünalgen* diese Vorgänge durchzuführen[2].

Photosynthese und Bildung von molekularem Wasserstoff erfolgen nur im Licht, wobei auch ultrarote (infrarote) Strahlen verwendet werden können[3]. Das ist verständlich, da nach der obigen Übersicht der Energieaufwand viel geringer ist als bei der normalen Photosynthese, so daß offenbar auch die energieärmeren Strahlen ausgenützt werden können. Die von dem Bacteriochlorophyll absorbierten Lichtstrahlen, wobei neben dem Chlorophyll auch die Carotinoide beteiligt sind (das Spirilloxanthin soll sogar allein eine Photosynthese ermöglichen)[4], geben die notwendige Energie zur Durchführung der Reaktion (Formeln S. 105). Da den Bakterien in den tieferen schwefelwasserstoffhaltigen Wasserschichten freier Sauerstoff nicht zur Verfügung steht (sie sind ja auch, wie gesagt, streng anaerob) so kann die Reduktion der Kohlensäure nicht mit Hilfe von Oxydationsenergie vermittels des freien Sauerstoffs durchgeführt werden, wie bei den *farblosen Schwefelbakterien*.

Chemosynthese.

Sie ist bei den Bakterien noch weiter verbreitet; die zur Reduktion der Kohlensäure notwendige Energie wird durch die Oxydation anorganischer (möglicherweise auch organischer) Verbindungen mit Hilfe des freien Sauerstoffs gewonnen. Die bisher bekannten Fälle sind folgende:

---

[1] FOSTER, F. W.: J. Bacter 47, 355 (1944).

[2] Zusammenfassungen: SCHLEGEL, H.: Arch. Mikrobiol. 20, 293 (1954). — GEST, H.: Bacter. Rev. 18, 43 (1954).

[3] GAFFRON, H.: Biochem. Z. 269, 477 (1934); 275, 301 (1935); 279, 1 (1935).

[4] CLAYTON, R. K.: Arch. Mikrobiol. 19, 107 (1953).

1. Die Wasserstoffverarbeitung[1]. Die bei *Bac. pycnoticus* eingehend untersuchte[2] Wasserstoff-Chemosynthese würde nach den Versuchs-
ergebnissen den angegebenen Gleichungen entsprechen:

$$
\begin{aligned}
&\text{I Chemosynthese} &&3^{1}/_{2}[12\,H_2 + 6\,CO_2 &&= C_6H_{12}O_6 + 6\,H_2O]\\
&\text{II Atmung} &&2^{1}/_{2}[C_6H_{12}O_6 + 6\,O_2 &&= 6\,CO_2 + 6\,H_2O]\\
&\text{III Bilanz} &&42\,H_2 + 15\,O_2 + 6\,CO_2 &&= C_6H_{12}O_6 + 36\,H_2O.
\end{aligned}
$$

Das heißt: primär würde direkt aus Wasserstoff und Kohlensäure (nach
der Formel auf S. 105) Kohlenhydrat synthetisiert (I), von dem ein
Teil in der normalen Atmung verbrannt würde (II), so daß sich als
Bilanz die dritte Gleichung (III) ergäbe, deren Werte (Verhältnis der
verbrauchten Gase) dem im Versuch gefundenen Verhältnis entsprechen.
Allerdings kommt man zu dem gleichen Bild, wenn man von der reinen
Wasserstoffverbrennung (Knallgasreaktion[3]) ausgeht, an die sich
die Kohlenhydratsynthese aus Kohlensäure und Wasser mit nachfolgender Veratmung eines Teiles anschließen würde[4], so daß auf diese
Weise nicht zu entscheiden ist, welcher Weg beschritten wird, obwohl
man dem ersterwähnten den Vorzug geben möchte. In diesem Falle
würde ein Teil des verschwundenen Wasserstoffs durch den Sauerstoff
der Kohlensäure verbrannt, im zweiten Falle durch den Sauerstoff der
Luft. Das Bakterium vermag auch rein heterotroph zu leben, umgekehrt
vermögen zahlreiche heterotrophe Bakterien Wasserstoff zu verarbeiten.
Bei der autotrophen Lebensweise wird mehr Eisen gebraucht als bei der
heterotrophen. Wasserstoff-autotroph vermögen auch *Desulfurikanten*
(S. 203f.), *Purpurbakterien* und gewisse *grüne Algen* (S. 107) zu leben.

Die direkte Bildung von Kohlenhydrat aus Kohlensäure und Wasserstoff wurde bei *Thiorhodaceae* nachgewiesen[5]. Weiterhin hat man die
direkte Bildung von Essigsäure (und Glykokoll) aus Kohlensäure und
Wasserstoff bei *Bac. (Clostridium) aceticus* nachgewiesen[6], die ebenfalls
unter Energiegewinn verläuft, ferner die Bildung von Methan aus CO_2
und H_2 (s. unten). Auch dieser Befund spricht dafür, daß es sich bei
der Wasserstoffverarbeitung um eine direkte Reaktion zwischen Kohlensäure und Wasserstoff handelt.

$$2\,CO_2 + 4\,H_2 = CH_3 \cdot COOH + 2\,H_2O + 64\,kcal$$

Wie die Formel S. 105 zeigt, sind die Energieverhältnisse der Wasserstoffverarbeitung recht günstig. Die Energieausnützung, bezogen auf
gebildete Zellmasse, beträgt mindestens 20% gegenüber nur 5—6% bei

---

[1] Literatur Anm. 2, S. 107. — Über Hydrogenase vgl. S. 237, über H_2-Oxydation
und Phosphat - Umsatz: K. H. SCHLEGEL: Arch. Mikrobiol. **21**, 127 (1954).

[2] RUHLAND, W.: Ber. dtsch. bot. Ges. **40**, 108 (1922). — Jb. Bot. **63**, 321 (1924). —
GROHMANN, G.: Zbl. Bakter. II **61**, 256 (1924).

[3] Vgl. die Darstellung bei RIPPEL-BALDES, A.: Arch. Mikrobiol. **17**, 166 (1952).

[4] Sauerstoffverbrauch in der Knallgasreaktion und in der Atmung sowie
Sauerstoffentstehung bei der CO_2-Reduktion mit Wasser kombinieren sich dann
zu dem gleichen Verhältnis wie in obiger Formel.

[5] ROELEFSON, P. A.: Proc. Acad. Soc. Amsterdam **37**, 660 (1934).

[6] WIERINGA, K. T.: Leeuwenhoek **3**, 263 (1936); **6**, 251 (1940). — BARKER, H. A.,
u. Mitarb.: J. of Biol. Chem. **167**, 619 (1947).

den Schwefelwasserstoff- und Ammoniakoxydanten[1], was an Hand der kalorischen Werte (S. 105) verständlich ist.

Zur Wasserstoffautotrophie kann wohl auch die Methanbildung aus Kohlenmonoxyd und Wasser[2] gestellt werden (I), wobei zunächst Kohlensäure und Wasserstoff entsteht (II), die dann unter Bildung von Methan zusammentreten (III):

$$\text{I} \quad 4\,CO + 2\,H_2O = 3\,CO_2 + CH_4 \quad + 56{,}8 \text{ kcal}$$
$$\text{II} \quad 4\,CO + 4\,H_2O = 4\,CO_2 + 4\,H_2 \quad - 3{,}6 \text{ kcal} \quad \left.\right\} \text{Teilreaktionen}$$
$$\text{III} \quad CO_2 + 4\,H_2 = CH_4 + 2\,H_2O + 60{,}4 \text{ kcal}$$

Diese Reaktion wird durch *Methanosarcina barkeri* durchgeführt, während *M. omelianskyi* Kohlenmonoxyd und Wasserstoff nicht verarbeitet, wohl aber diesen und Kohlensäure, womit erwiesen ist, daß Kohlenmonoxyd kein Zwischenprodukt der Verarbeitung von Kohlensäure zu Methan ist. Mit Hilfe dieser oder ähnlicher Reaktionen kann Leuchtgas biologisch entgiftet werden[3].

2. Die Oxydation von Schwefelwasserstoff (WINOGRADSKY), elementarem Schwefel und sonstigen oxydierbaren Schwefelverbindungen. Es kommt hierfür eine ganze Anzahl von Mikroorganismen in Frage: Die sehr große marine *Thiophysa volutans*, ferner *Thiothrix*- und *Beggiatoa*-Arten, *Spirillum*-Arten, *Thiobac. thioparus, thiooxydans* u. a. Intermediär wird dabei elementarer Schwefel in elementarer Form gespeichert (S. 36) und bei Mangel an Schwefelwasserstoff weiter verarbeitet. Er kann aber auch von außen geboten werden, wobei er nur in direkter Berührung mit den Bakterien oxydiert wird[4]; von einigen Formen wird auch elementarer Schwefel nach außen abgeschieden. Der Vorgang kann insgesamt geschrieben werden:

$$2\,SH_2 + O_2 = 2\,H_2O + 2\,S + 118 \text{ kcal}$$
$$2\,S + 3\,O_2 + 2\,H_2O = 2\,H_2SO_4 \text{ (gelöst)} + 286 \text{ kcal.}$$

In diese Gruppe gehört auch der S. 203 erwähnte, mit elementarem Schwefel denitrifizierende *Thiobac. denitrificans*.

Zu den oxydierbaren Schwefelverbindungen gehört auch Thiosulfat, das zu Schwefelsäure und Tetrathionsäure oxydiert wird; man hat die besondere, aber wohl überflüssige, zudem völlig zweifelhafte Gruppe der *Thionsäurebakterien* aufgestellt, zu der der erwähnte *Thiobac. thioparus* gehören sollte. Dieses Bakterium oxydiert Thiosulfat zu Tetrathionat, dieses langsamer über Trithionat zu Sulfat. Pentathionat und Ab-

$$Na_2S_2O_3 + \tfrac{1}{2}\,O_2 = 2\,Na_2SO_4 + S + 70 \text{ kcal}$$
$$3\,Na_2S_2O_3 + 2\tfrac{1}{2}\,O_2 = 2\,Na_2SO_4 + Na_2S_4O_6$$

scheidung von elementarem Schwefel sollen abiologisch sein[5]. Das Auftreten von Polythionaten in Rohkulturen wird auch der Tätigkeit

---

[1] Ein 3—4 mal höherer Wert wird jedoch angegeben von HOFMAN, T., u. H. LEES: Biochemic. J. **52**, 140 (1952).

[2] KLUYVER, A. J., u. C. G. T. P. SCHNELLEN: Arch. of Biochem. **14**, 57 (1947).— Methanbildung aus Kohlensäure und Wasserstoff noch bei H. A. BARKER: Proc. Nat. Acad. Sci. USA **29**, 184 (1943). — CO- und H_2-Oxydation durch *Hydrogenomonas carboxydevorans*: Proc. Kon. Ned. Akad. v. Wetensch. Ser. C **57**, 186 (1954).

[3] FISCHER, FR., u. Mitarb.: Biochem. Z. **245**, 2 (1932).

[4] VOGLER, K. G., u. W. W. UMBREIT: Soil Sci. **51**, 331 (1941); J. Bacter. **43**, 411 (1942).

[5] VISHNIAC, W.: J. Bacter. **64**, 363 (1952).

heterotropher Bakterien, wie *Ps. fluorescens*, zugeschrieben[1], die diese Oxydation in Gegenwart organischer Stoffe durchführen. Über *Thiobac. ferrooxydans* vgl. S. 112. Ferner oxydiert *Thiobac. thiocyanooxydans* autotroph Thiocyanat zu Schwefelsäure[2]:

$$2\,KCNS + 5\,H_2O + 3\,O_2 = K_2SO_4 + (NH_4)_2SO_4 + CO_2 + (CH_2O).$$

Die farblosen Schwefelbakterien sind streng sauerstoffliebend und finden sich in der Natur in den höheren Wasserschichten an der Grenze des Vorkommens von Schwefelwasserstoff und Sauerstoff.

Thiobac. thiooxydans und *thioparus* sollen nur autotroph zu leben vermögen; andererseits haben sie nach Erschöpfung des Substrates noch eine Atmung[3] ähnlich den Nitrifikanten (s. unten), während andere farblose Schwefelbakterien bei Ausschluß von Schwefelverbindungen heterotroph leben können, z. B. auch *Beggiatoa*[4], wiederum ein Hinweis auf das Verwischen der Grenze zwischen Autotrophie und Heterotrophie. Umgekehrt vermögen typische Heterotrophe *(Asp. niger*[5], *Hefen)* Schwefelwasserstoff, Thiosulfate und elementaren Schwefel zu oxydieren und elementaren Schwefel zu speichern. Man sieht, wie solche Fähigkeiten in allgemeinen Vorgängen des Stoffwechsels verankert sind (vgl. das Vorhandensein von Phenolschwefelsäuren im Harn!) und sich bei gewissen Typen zu Spezialfunktionen entwickelt haben, denen kein systematischer oder phylogenetischer Wert zukommt (S. 70). Ob diese Organismen einen Nutzen von der Verarbeitung der Schwefelverbindungen haben, ist nicht bekannt. Bei der *Hefe* wirkt elementarer Schwefel (kolloidaler) günstig auf die Gärung aus dem S. 216 angeführten Grunde.

Auch Selen kann durch Bakterien wie Schwefel autotroph verarbeitet werden bzw. Schwefel ersetzen[6].

3. Die Oxydation von Ammoniak zu Nitrit. Die einheimische Art ist *Nitrosomonas europaea*. 4. Die Oxydation von Nitrit zu Nitrat durch *Nitrobacter winogradskyi*.

$$NH_3 + 1^1/_2\,O_2 = HNO_2 + H_2O + 79{,}9 \text{ kcal} \cdot$$
$$HNO_2 + {}^1/_2\,O_2 = HNO_3 + 18{,}2 \text{ kcal}.$$

Entsprechend der verschiedenen Höhe des Energiegewinns scheint der Umsatz des Stickstoffs, bezogen auf den verarbeiteten Kohlenstoff, ebenfalls verschieden zu sein, natürlich in umgekehrtem Sinne. Jedoch lauten die Angaben recht verschieden, was mit Versuchsbedingungen zusammenhängen kann, aber auch damit, daß z. B. neben *Nitrosomonas europaea* noch eine andere Art vorzukommen scheint, *N. oligocarbogenes*, mit verschiedenem N/C-Verhältnis (35 bzw. 70/1)[7]. Während bisher nur eine eng begrenzte Gruppe von *Nitrifikanten* bekannt war, wird jetzt die Fähigkeit der Oxydation von NH_3 zu HNO_2 auch für Methan-oxydierende Bakterien angegeben[8].

[1] STARKEY, R. L.: J. Bacter. 28, 365, 387 (1934). — J. Gen. Physiol. 18, 325 (1935).
[2] HAPPALD, F. C., u. Mitarb.: J. Gen. Microbiol. 10, 261 (1954). — YOUATT, J. B.: J. Gen. Microbiol. 11, 139 (1954).
[3] UMBREIT, W. W.: In WERKMAN-WILSON S. 572 (zit. S. 392).
[4] CATALDI, M. S.: Rev. Inst. Bacter. Buenos Aires 9, 393 (1940).
[5] RIPPEL, A.: Zbl. Bakter. II 62, 290 (1924).
[6] LIPMAN, J. G., u. S. A. WAKSMAN: Science (Lancaster, Pa.) 57, 60 (1923).
[7] BÖMEKE, H.: Arch. Mikrobiol. 15, 414 (1951). N/C = verarbeiteter N/assimilierter C.
[8] HUTTON, W. H., u. CL. E. ZO BELL: J. Bacter. 65, 216 (1953).

Diese beiden Vorgänge, die zuerst von WINOGRADSKY aufgeklärt wurden, verlaufen im Erdboden unmittelbar nacheinander, so daß sie wie ein einheitlicher Vorgang erscheinen und Nitrit normalerweise nicht nachzuweisen ist. Die Angabe, daß gewisse Bakterien in einem Stoffwechselvorgang Ammoniak ·oder sogar organisch gebundenen Stickstoff bis zum Nitrat verarbeiten sollen, hat sich als nicht richtig herausgestellt[1]. Jedoch verwendet *Streptomyces nitrificans* Urethan (Äthylcarbamat $= C_2H_5 \cdot O \cdot CO \cdot NH_2$) als einzige C- und N-Quelle und bildet dabei Nitrit; die Oxydation geht jedoch nicht bis zum Nitrat[2]. Ferner können Oxime (S. 124) durch heterotrophe Bodenbakterien zu Nitrit oxydiert werden[3], ebenso Hydroxylamin, dieses auch von Ammoniak-Oxydanten; es wird auch als Zwischenprodukt der Nitritbildung betrachtet[4].

Da die Energie zur Reduktion der Kohlensäure durch einen Oxydationsvorgang gewonnen wird, hat man geglaubt, dieser sei gleichzeitig auch der Atmungsvorgang der Bakterien. Es konnte indessen gezeigt werden[5], daß daneben noch eine sich auf Kosten von Körpersubstanz vollziehende Atmung (Aufnahme von Sauerstoff) vorhanden ist, die Nitrifikanten also in dieser Hinsicht heterotroph sind. Das ließ sich nachweisen bei Erschöpfung des Oxydationssubstrates, wenn also die Nitrifikation des Stickstoffs ausgeschaltet war, sowie durch Steigerung des Sauerstoffverbrauches bei Darbietung gewisser organischer Stoffe, endlich durch das Absinken des N/C-Verhältnisses im Alter. Ob die Nitrifikanten aus organischen Stoffen auch Körpersubstanz aufbauen können, konnte bisher noch nicht entschieden werden. Vielfach war eine außerordentliche Empfindlichkeit der Nitrifikanten gegen organische Stoffe nachgewiesen worden, weshalb sie auch auf Kieselsäuregallerte als festem Substrat gezüchtet werden[6]. Jedoch handelt es sich nicht um eine eigentliche Empfindlichkeit der Bakterien, sondern darum, daß organische Stoffe, wie Aminosäuren und Glucose, lediglich den Oxydationsvorgang bei der Nitrit- bzw. Nitratbildung hemmen[1,4]. Lange Kulturdauer in organischen, ausnitrifizierten Nährlösungen führten jedenfalls zu einer Zellschädigung[5].

5. Die Oxydation von zweiwertigen Eisen- oder Manganverbindungen zu dreiwertigen (der Ferro- bzw. Mangano- zur Ferribzw. Manganistufe[7]). Bei dem geringen Energiegewinn erklärt sich

$$4\,FeCO_3 + 6\,H_2O + O_2 \;=\; 4\,Fe(OH)_3 + 4\,CO_2 + 64{,}8\ \text{kcal}$$

der große Umsatz mit der starken Speicherung in den Scheiden der in Frage kommenden *Chlamydobacteria* (S. 78). Dieser Vorgang spielt in der Natur eine gewisse Rolle (S. 312). Eisenausfällungen werden von zahlreichen anderen Mikroorganismen durchgeführt, was bei der Leichtigkeit der Oxydation von der Ferro- zu der Ferristufe nicht verwunderlich

---

[1] KINGMA BOLTJES, Y.: Arch. Mikrobiol. **6**, 79 (1935).

[2] SCHATZ, A., u. Mitarb.: J. Bacter. **68**, 1 (1954). — ISENBERG, H. D., u. Mitarb.: J. Bacter. **68**, 5 (1954).

[3] JENSEN, H. L.: J. Gen. Microbiol. **5**, 360 (1951). — QUASTEL, J. H., u. Mitarb.: Biochemic. J. **51**, 278 (1952). — LEES, H., u. Mitarb.: Nature (London) **173**, 358 (1954).

[4] LEES, H.: Biochemic. J. **52**, 134 (1952). — HOFMAN, T., u. H. LEES: Biochemic. J. **54**, 579 (1953).

[5] BÖMEKE, H.: Arch. Mikrobiol. **10**, 385 (1939); **14**, 63, 271 (1948/50); **20**, 176 (1954).

[6] LEES, H.: Nature (London) **167**, 355 (1951). — MEIKLEJOHN, J.: J. Gen. Microbiol. **4**, 185 (1950). Neue Methodik.

[7] Nach M. R. PREOBRAZHENSKAJA [Mikrobiol. (russ.) **6**, 339 (1937)] sollen die *Eisenbakterien* mikroaerophil sein.

ist. Eigenartig ist der streng autotrophe *Thiobac. ferrooxydans*, der autotroph bei sehr saurer Reaktion (bis $p_H 2$!) außer Schwefelverbindungen Fe^{++} zu Fe^{+++} oxydiert und morphologisch nicht von *Thiobac. thiooxydans* zu unterscheiden ist[1], von dem er wohl höchstens eine physiologische Variante darstellt.

6. **Die Oxydation von Kohlenstoffverbindungen.** Bei den *Purpurbakterien* können organische Stoffe als Wasserstoffdonatoren zur Reduktion der Kohlensäure verwendet werden. Derartige Fälle scheinen weit verbreitet zu sein; namentlich handelt es sich um organische Verbindungen, die kaum unmittelbar in körpereigene Stoffe umgewandelt werden können[2]. So vermag *Bac. oligocarbophilus*[3] Kohlenmonoxyd zu verarbeiten und im Laboratorium auch von anderen aus dem Leuchtgas stammenden organischen Verbindungen zu leben. *Bact. methanicum*[4] verarbeitet „autotroph" Methan, Paraffin, amorphe Kohle, Kautschuk usw. *Mycobakterien* lassen sich leicht dadurch züchten, daß man als einzige Kohlenstoffquelle Benzin oder Petroleum neben dem Kulturgefäß aufstellt, so daß den Bakterien nur die Dämpfe erreichbar sind[5]. Allerdings werden z. B. Benzinkohlenwasserstoffe zu organischen Säuren oxydiert[6], die weiter verarbeitet werden könnten. Es liegen hier noch sehr undurchsichtige Verhältnisse vor, die jedoch alle Beachtung verdienen.

In diesem Zusammenhange dürfte die Bildung von Methan und Essigsäure aus Äthylalkohol und Kohlensäure[7] von Wichtigkeit sein, die von einem stäbchenförmigen Bakterium durchgeführt wird und die in gewissem Sinne zur Wasserstoffverarbeitung gestellt werden könnte.

$$2 \, C_2H_5OH + CO_2 \rightarrow 2 \, CH_3 \cdot COOH + CH_4 + 22,8 \text{ kcal}$$

Kohlensäure und Heterotrophe.

Kohlendioxyd ist überhaupt notwendig für die Entwicklung heterotropher Bakterien und Pilze, wobei das Optimum der Konzentration wenigstens zum Teil weit über dem Normalgehalt der Luft an Kohlendioxyd (0,03 Vol.-%) liegt, wie Abb. 73 an dem Pilz *Botrytis cinerea* nach Rippel[8] zeigt; das Optimum liegt bei etwa 1 Vol.-% CO_2. Es gibt

---

[1] Temple, K. L., u. A. R. Comer: J. Bacter. **62**, 605 (1951).

[2] Eine kurze Zusammenfassung: Annual Rev. Microbiol. **5**, 352 (1951). — Ferner Zo Bell, Cl. E.: Adv. Enzymol. **10**, 443 (1950).

[3] Beijerinck, W. M., u. A. van Delden: Zbl. Bakter. II **10**, 33 (1903). Diese Angabe soll zweifelhaft sein. Ein anderes Bakterium mit dieser Eigenschaft wird beschrieben: Kistner, A.: Proc. Kon. Ned. Akad. v. Wetensch. Ser. C. **56**, 443 (1953).

[4] Söhngen, N. L.: Zbl. Bakter. II **15**, 513 (1906).

[5] Söhngen, N. L.: Zbl. Bakter. II **37**, 599 (1913). — Plotho, O. v.: Siehe S. 76, Anm. 2. — Busnell, L. D., u. H. F. Haas: J. Bacter. **41**, 653 (1941). — Über die Oxydation von Kohlenwasserstoffen durch *Ps. aeruginosa* vgl. B. Zmelik: C. r. Acad. Sci. (Paris) **226**, 1227 (1948).

[6] Janke, A.: Österr. bot. Z. **14**, 385 (1948). — Schwartz, W., u. A. Müller: Erdöl und Kohle **1**, 232 (1948).

[7] Barker, H. A.: Arch. Mikrobiol. **7**, 404, 420 (1936); **8**, 415 (1937); Leeuwenhoek, **6**, 201 (1940).

[8] Rippel, A., u. F. Heilmann: Arch. Mikrobiol. **1**, 119 (1930).

zwei Möglichkeiten: Entweder ist das Kohlendioxyd notwendig, um einen geeigneten Quellungszustand des Plasmas herbeizuführen. Darauf könnte hindeuten, daß die Quellung der Sporen von *Asp. niger* in Gegenwart von Kohlensäure viel schneller vor sich geht als bei deren Fehlen[1]. Oder aber die Kohlensäure ist ein normaler Baustein für jede Zelle. Dabei ist zu berücksichtigen, daß der Stoffwechsel der quellenden Spore schon frühzeitig erwacht[2], die erste Annahme also noch nicht ganz eindeutig sein könnte. Natürlich kann auch die Rolle der Kohlensäure vielseitiger sein und sich nicht nur auf eine Funktion beschränken.

Es liegen zahlreiche Beispiele dafür vor, daß die Kohlensäure auch für den Stoffwechsel der Heterotrophen notwendig ist. Die Bildung von Wasserstoff aus Ameisensäure (S. 237) ist umkehrbar[3], die Kohlen-

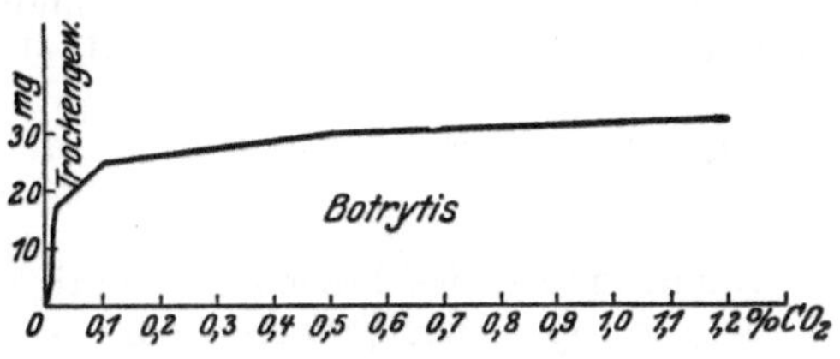

Abb. 73. *Botrytis*. Wirkung steigender Anfangskonzentration der Kohlensäure auf den Ertrag. (Nach A. RIPPEL u. F. HEILMANN.)

säure also durch molekularen Wasserstoff reduzierbar, worüber man die obigen Ausführungen über die autotrophe Wasserstoffverarbeitung vergleichen möge.

$$HCOOH \rightleftharpoons H_2 + CO_2 - 5{,}6 \text{ kcal}$$

Man hat ferner geglaubt, daß die Methanbildung aus Essigsäure so verlaufe, daß Kohlensäure durch den Wasserstoff der Methylgruppe der Essigsäure reduziert würde, was sich indessen als nicht zutreffend herausgestellt hat[4].

Die Bildung von Bernsteinsäure aus Propionsäure (S. 230) vollzieht sich nicht durch einfachen CO_2-Einbau, sondern auf dem von WOOD und WERKMAN[5] aufgefundenen Wege, wonach aus Brenztraubensäure und Kohlensäure Oxalessigsäure, z. B. durch *Bact. coli*, gebildet wird, von

$$HOOC \cdot CO \cdot CH_3 + CO_2 \rightleftharpoons HOOC \cdot CO \cdot CH_2 \cdot COOH$$

Brenztraubensäure   Oxalessigsäure

der aus der weitere Weg zur Bernsteinsäure nach dem S. 193 gegebenen Schema führt. Diese Reaktion ist umkehrbar.

---

[1] RIPPEL, A., u. H. BORTELS: Biochem. Z. **184**, 237 (1927). — WALKER, H. H. [Science (Lancaster, Pa.) **76**, 602 (1932)] erklärt in ähnlicher Weise die „lag"-Phase des Wachstums.

[2] GODDARD, B. D.: J. Gen. Physiol. **19**, 45 (1936). — MANDEL, G. R.: Plant Physiol. **29**, 18 (1954).

[3] WOODS, D. D.: Biochemic. J. **30**, 1, 515 (1936).

[4] BARKER, H. A.: Ann. Inst. Pasteur **77**, 361 (1949). — STADTMAN, TH. C., u. H. A. BARKER: J. Bacter. **61**, 81 (1951).

[5] Literatur jeweils in den Annual Rev. Microbiology. Einige Zusammenfassungen der letzten Zeit: HERBERT, O.: Symp. Soc. Exper. Biol. **5**, 52 (1951). — OCHOA, S.: Symp. Soc. Exper. Biol. **5**, 29 (1951). — UTTER, M. F., u. N. G. WOOD: Adv. Enzymol. **12**, 41 (1951). — WERKMAN, C. H.: In WERKMAN-WILSON, zit. S. 392. — WOOD, H. G.: Symp. Soc. Exper. Biol. **5**, 9 (1951).

Eine weitere wichtige umkehrbare Reaktion ist die Bildung von Brenztraubensäure aus Kohlensäure und „aktivierter Essigsäure"[1]. Diese und Oxalessigsäure werden als die beiden Ausgangsstoffe angesehen, aus denen man die Entstehung der Bernsteinsäure und allgemein aller Dicarbonsäuren, mit 4 Kohlenstoffatomen, ferner von Citronensäure herleitet (vgl. S. 193) und die auch bei der Eiweiß- (S. 255f) und Fettsynthese (S. 257f) eine wichtige Rolle spielen. In Übereinstimmung mit solchen Vorstellungen steht, daß CO_2 durch Di- und Tricarbonsäuren sowie durch andere organische Verbindungen ersetzt werden kann[2], also durch solche, die nach dem CO_2-Einbau liegen.

$$CH_3 \cdot CO \cdot \text{Coenzym A} + CO_2 + H_2 \rightleftharpoons CH_3 \cdot CO \cdot COOH + \text{Coenzym A} \cdot H$$
Acetyl   Brenztraubensäure

Damit sind einige besonders wichtige Reaktionen der Kohlensäure bei Heterotrophen nachgewiesen, die z. T. über Spezialfunktionen hinausgehen, wenn auch die ganze Frage noch so im Fluß ist, daß hier einige Andeutungen genügen müssen. Jedenfalls scheinen wir an einem gewissen Wendepunkt in unserer Auffassung des heterotrophen Stoffwechsels zu stehen[3]. Es mag noch erwähnt werden, daß für die heterotrophe Verarbeitung von CO_2 Biotin notwendig sein soll[4].

Allerdings ist zu beachten, daß die geschilderten Reaktionen unter unwesentlichen Energieänderungen verlaufen und Beziehungen zur eigentlichen (autotrophen) Kohlensäurereduktion noch nicht ohne weiteres zu erkennen sind. Das bei den Heterotrophen eingebaute CO_2 tritt auch zunächst in der Hauptsache in Carboxylgruppen ein. Außerdem ist auch bei Isotopenversuchen, die hierzu herangezogen werden, zu beachten, daß ein unphysiologischer Austausch des markierten CO_2 mit Carboxylgruppen eintreten kann, besonders leicht bei der Ameisensäure.

Man wird vielleicht die Bedeutung des heterotrophen Einbaues der Kohlensäure darin sehen können, daß dadurch eine Verlängerung der Kohlenstoffketten erreicht wird, so z. B. auch die Bildung von α-Ketoglutarsäure durch *Bact. coli*[5], also einer C_5-Kette aus $C_4 + C_1$-Ketten. Damit erfolgt aber auch eine Vermehrung der Intermediärprodukte, die als Ausgangsstoffe für weitere Synthesen dienen können, sei es im

---

[1] KOEPSEL, H. J., u. Mitarb.: J. of Biol. Chem. 154, 535 (1944). — UTTER, M. F., u. Mitarb.: J. of Biol. Chem. 158, 521 (1945). — WIKEN, T. W., u. Mitarb.: Arch. of Biochem. 14, 478 (1947).

[2] AJL, S. J., u. Mitarb.: J. Bacter. 54, 23 (1947); 57, 579 (1949); Proc. Soc. Exper. Biol. a. Med. 70, 522 (1949). — McLEAN, D. J., u. E. F. PURDIE: J. of Biol. Chem. 197, 539 (1952).

[3] Es sei noch darauf hingewiesen, daß die Kohlensäure-Anhydrase, ein Enzym mit Zink als wirksamem Bestandteil, zwar bei höheren Organismen, nicht aber im Zellsaft von *Hefe* und *Bact. coli* gefunden wurde. Vgl. NORD-WEIDENHAGEN S. 172, Anm. 6 und VAN GOOR: Enzymologia 13, 73 (1949).

[4] LARDY, H. A., u. Mitarb.: J. of Biol. Chem. 179, 721 (1949); Ann. Rev. Biochem. 17, 647 (1948). — BLANCHARD, M. L., u. Mitarb.: J. of Biol. Chem. 187, 875 (1950).

[5] AJL, S. J., u. C. H. WERKMAN: Proc. Nat. Acad. Sci. USA, 34, 491 (1948).

Aufbau der Körpersubstanzen, sei es bei der Entstehung und Umformung der mannigfachen Abbauprodukte. Überhaupt ist unbekannt, ob der CO_2-Einbau bei Heterotrophen einen **wesentlichen** Vorgang darstellt. Daß sich über diese Auffassung hinaus noch Beziehungen zur eigentlichen autotrophen CO_2-Reduktion ergeben oder sekundäre Verarbeitungen anderer Art erfolgen können, ist natürlich trotzdem möglich.

Es sei hier noch auf die Formulierung von VAN NIEL[1] hingewiesen, der allgemein den Einbau der Kohlensäure, in Anbetracht der Tatsache, daß bei der photochemischen Verarbeitung der Kohlensäure im Licht eine Zerlegung des Wassers stattfindet, die den Reduktionswasserstoff liefert, folgendermaßen ausdrückt:

$$RH + CO_2 \rightleftharpoons RCOOH,$$

wobei R sowohl das 2. Wasserstoffatom im H_2-Molekül, wie auch ein organisches Radikal darstellen kann.

Heterotrophie.

Die Verwendung der Kohlenstoffquellen im heterotrophen Stoffwechsel zeigt die durch deren Verschiedenartigkeit bedingte Mannigfaltigkeit, die durch die Mannigfaltigkeit der Stoffwechseltypen auf einem Substrat noch außerordentlich gesteigert wird. Hier können zunächst nur einige Hinweise gebracht werden. Im ganzen gesehen heben sich bestimmte Stoffe durch ihre besondere Eignung heraus, so vor allem die natürlichen Zuckerarten, ferner Fette und Eiweiß, als die in der Natur verbreitetsten organischen Nährstoffe. Daneben findet jeder organische Stoff seinen Spezialisten, wie S. 112 für die Verarbeitung von Kautschuk[2] u. a. ausgeführt wurde, wobei dahingestellt sei, ob die Verarbeitung in gewissen Fällen wirklich heterotroph erfolgt. Sehr anspruchslose Formen begnügen sich mit Spuren flüchtiger Kohlenstoffverbindungen in der Luft, wie für *Bac. oligocarbophilus* bereits erwähnt wurde (ebenso *Hyphomicrobium*, S. 74). Die „Brutschrankluft", Weinkeller (Kellerschimmel, *Cladosporium cellare*) u. ä. sind Stellen[3], an denen solche Mikroorganismen gedeihen, und diese Erscheinung hat früher zu Irrtümern hinsichtlich der Kohlenstoffernährung Anlaß gegeben. Allgemeine Gesichtspunkte lassen sich schwer angeben ohne eine eingehende Aufzählung der Ansprüche der verschiedenen Mikroorganismen, die z. B. schon hinsichtlich der einfachen Zuckerarten äußerst verschieden sind (vgl. S. 213f. über *Hefen*). Daher seien hier nur einige Hinweise gegeben und nochmals bemerkt, daß weitere Angaben bei der

---

[1] VAN NIEL, C. B., u. Mitarb.: Proc. Nat. Acad. Sci. USA **28**, 8 (1942).

[2] Natürlicher Kautschuk wird durch *Actinomycetes* zersetzt: SPENCE, D., u. C. B. VAN NIEL: Ind. Chem. **28**, 847 (1936). — Über die Verarbeitung von Graphitsäure durch Bakterien vgl. H. THIELE: Naturwiss. **34**, 218 (1947); Zbl. Bakter. II **107**, 247 (1952/54).

[3] Vgl. S. 112, Kohlenmonoxyd und Züchtung von Mycobakterien, und ferner R. HARDER: Zbl. Bakter. II **42**, 27 (1915). — SCHANDERL, H.: Zbl. Bakter. **94**, 112 (1936). — KINGMA BOLTJES, T. Y.: Arch. Mikrobiol. **7**, 188 (1936). — Auch Spuren von organischen Wirkstoffen sollen sich in der Luft finden: M. N. MEISSL u. G. A. MEDVEDEVA: Biochimija (russ.) **12**, 303 (1947); Ref. Ber. wiss. Biol. **65**, 102.

Besprechung des Betriebsstoffwechsels zu finden sind, der mit dem Baustoffwechsel innig zusammenhängt.

Bei organischen Säuren, Alkoholen, Aldehyden der aliphatischen Reihe sind die Anfangsglieder verhältnismäßig schlecht für Mikroorganismen verwertbar: so Methylalkohol (über ein darauf spezialisiertes Essigsäurebakterium s. S. 189; für *Fusarium solani* var. *minor* ist sogar Methylalkohol eine etwas bessere C-Quelle als Äthylalkhol und erlaubt noch bei 8% ganz langsames Wachstum, Äthylalkohol bei der gleichen Konzentration nicht mehr[1]), Formaldehyd, Ameisensäure, Oxalsäure (diese von *Proactinomycetes* verarbeitbar[2]). Die Giftigkeit dieser Stoffe ist bei den höheren Gliedern nicht vorhanden. Geht man andererseits in der Kohlenstoffkette noch höher, so nimmt mit der zunehmend schwereren Löslichkeit der Säuren, Alkohole usw. die Eignung als Kohlenstoffquelle wieder ab. Das trifft allerdings nicht allgemein zu, wie die S. 112 erwähnte Verarbeitung von Paraffin usw. zeigt, also nicht für Spezialisten[3]. Ferner sind im allgemeinen die Normalglieder der Reihe besser geeignet, z. B. für *heterotrophe Flagellaten*, für die primäre Alkohole eine gute Kohlenstoffquelle darstellen, sekundäre ungeeignet sind, normal-Säuren weit besser verwertbar sind als die entsprechenden iso-Säuren[4]. Eigenartig ist *Bact. aliphaticum*, das alle aliphatischen Kohlenwasserstoffe (auch molekularen Wasserstoff), aber keine cyclischen zu oxydieren vermag, während die Form *liquefaciens* Kohlenwasserstoffe erst von bestimmten Gliedern an angreift, so in der Paraffinreihe alle vom Pentan an aufwärts, Olefine nicht und Benzole nur dann, wenn sie eine vorwiegend aliphatische Seitenkette besitzen[5].

Ähnliches zeigt sich bei den Polymeren der einfachen aliphatischen Verbindungen. Im Vergleich zu den Zuckern ist die Stärke für nicht mehr so viele Formen angreifbar, ebenso die Hemicellulosen und noch weniger die Cellulose, die nur von Spezialisten unter den Bakterien[6] (*Bacillus-*, *Pseudomonas-*, *Vibrio*-Arten) verwertet werden kann, insbesondere von den aeroben *Cytophaga*-Arten (S. 79) und dem anaeroben *Bac. cellulosae-dissolvens* (S. 235f.), während diese Fähigkeit bei den *Actinomycetes* wenig, bei den Pilzen[7] verbreitet ist *(Ascomycetes* und *Basidiomycetes)*, bei bestimmten Pilzgruppen, wie den *Phycomycetes*,[8] aber stark zurücktritt. Während es früher schien, daß cellulosezersetzende Bakterien der *Cytophaga*-Gruppe durch geringe Mengen von Zucker gehemmt würden, haben neuere Untersuchungen gezeigt, daß

---

[1] SCHEIDECKER, D: Rev. Gen. Bot. **57**, 78 (1950).

[2] MÜLLER, H.: Arch. Mikrobiol. **15**, 137 (1951). — Auch eine *Pseudomonas*-Art wird angegeben: KHAMBATA, S. R., u. J. V. BHAT: J. Bacter. **66**, 505 (1953).

[3] *Proactinomyces (Nocardia) opacus* verarbeitet noch Octadecan und Arachinsäure (C_{20}··): WEBLEY, D. M.: J. Gen. Microbiol. **11**, 420 (1954).

[4] REINHARDT, K.: Arch. Mikrobiol. **15**, 270 (1951).

[5] TAUSS, J., u. P. DONATH: Hoppe-Seylers Z. **190**, 141 (1930).

[6] HARMSEN, G. W.: Ondersoekingen over de aerobe Celluloseconkleding in den Grond. Diss. Groningen 1946.

[7] Enzymatisch bei *Aspergillus, Penicillium* usw.: LEVINSON, H. S., u. Mitarb.: Arch. Biochem. a. Biophysics **31**, 351 (1951).

[8] Vgl. S. 83, Anm. 2 und *Karlingia rosea* S. 80.

kein grundsätzlicher Unterschied zwischen Cellulose- und Zucker- verarbeitenden Pilzen und nur Cellulose verarbeitenden Bakterien besteht[1]. *Cytophaga* verarbeitet bis zu 2% Glucose, die allerdings bei Sterilisation im schwach alkalischen Gebiet durch Entstehung eines Hemmstoffes giftig wirkt. Für den Basidiomyceten *Coprinus lagopus* wird angegeben, daß Fruchtkörperbildung nur auf Cellulose erfolge[2].

Das bei der Verholzung der pflanzlichen Zellwände die Cellulose inkrustierende native Lignin kann jedoch von keinem Bakterium verarbeitet werden, während unter den Pilzen viele *Basidiomycetes* diese spezialistische Fähigkeit gewonnen haben. Im Vergleich zur Cellulose werden ihre steten Begleiter in natürlichen Zellmembranen (Hemicellulosen und Pectin, im Gegensatz zu jener von verdünnten Mineralsäuren spaltbar) von einer viel größeren Zahl von Mikroorganismen verwertet, einschl. Bakterien und *Mucoraceae*. Daher werden auch die natürlichen Pflanzencellulosen von einer viel größeren Zahl von Mikroorganismen, einschl. der *Bakterien* und *Mucoraceae*, verwertet und besser zersetzt als Filtrierpapier[3]. Pectin ist besonders für viele pflanzenparasitäre Pilze eine gute Kohlenstoffquelle (S. 374). Das für die Mehrzahl der Bakterien nicht angreifbare Agar-Agar wird durch verschiedene Bakterien zersetzt, die sich im Meerwasser finden (1—2% der Kolonien bestehen aus Agarzersetzern), die also in der Natur mit diesem Stoff in Berührung kommen[4], aber auch durch *Actinomycetes*[5]. Chitin wird durch verschiedene *Bakterien* und *Pilze* abgebaut, z. B. auch durch zahlreiche *Mucoraceae*[6], ferner durch *Actinomyceten*[7].

Aromatische Verbindungen (hinsichtlich der heterocyclischen Kohlenstoff-Stickstoff-Verbindungen vgl. S. 201) werden im allgemeinen schlechter verwertet als aliphatische und sind vor allem, im ganzen gesehen, für *Bakterien* schwerer angreifbar als für *Pilze* (vgl. Lignin). Gerbstoffe sind für *Bakterien* unangreifbar, und das Gerben der Häute gewährt Schutz gegen das Verderben. Unter den *Pilzen* vermögen nur *Aspergillus*- und *Penicillium*-Arten (für *Basidiomycetes* ist die Frage noch offen) Tannin als einzige Kohlenstoffquelle zu verwerten[8]. Insbesondere zeichnet sich *Asp. niger* durch seine Fähigkeit aus, sehr hohe Konzentration von Tannin vertragen zu können; er wächst noch in

---

[1] STANIER, R. Y.: Soil Sci. **56**, 479 (1942). — Bacter. Revs. **6**, 143 (1942). — FÅHRAEUS: Siehe S. 195, Anm. 6. — HARMSEN: Siehe S. 116, Anm. 6. — SPEYER, E.: Arch. Mikrobiol. **18**, 245 (1952/53).

[2] VODERBERG, K.: Z. Naturforsch. **3b**, 272 (1948).

[3] FULLER, W. H., u. A. G. NORMAN: J. Bacter. **46**, 273, 281 (1943). — NAGSKI, J., u. Mitarb.: J. Bacter. **49**, 563 (1945). — Vgl. noch KOX, E.: Arch. Mikrobiol. **20**, 111 (1954).

[4] Zo BELL, E.: Marine Bacteriology, in Annual Rev. Biochem. **16**, 565 (1947). — Marine Bacteriology, Chronica Bot. Co. Waltham, Mass. (1946).

[5] STANIER, R. Y.: J. Bacter. **44**, 555 (1942).

[6] SKINNER, C. E., u. F. DRAVIS: Ecology **18**, 391 (1937). — Literatur über chitinabbauende Bakterien bei A. RIPPEL: Siehe S. 195, Anm. 5 (S. 551).

[7] REYNOLDS, D. M.: J. Gen. Microbiol. **11**, 150 (1954).

[8] RIPPEL, A., u. J. KESELING: Arch. Mikrobiol. **1**, 60 (1930). — STAPP, C., u. H. BORTELS: Zbl. Bakter. II **93**, 45 (1935).

Lösungen mit 50% Tannin als einziger Kohlenstoffquelle, während die übrigen *Aspergillus*- und *Penicillium*-Arten nur geringere Tanninkonzentration vertragen.

Unter den *Bakterien* können *Desulfurikanten* anaerob Harze, Harzsäuren, Naphthalin, Phenanthren als Kohlenstoffquelle verwenden (S. 203), aerob *Ps. fluorescens*[1] (S. 196f.) und *Azotobacter chroococcum*, ferner *Proactinomycetes* aromatische Stoffe oxydieren. Weitere Einzelheiten sind S. 196f. mitgeteilt.

Hinsichtlich der Eignung der Kohlenstoffquellen werden leider in der überwiegenden Zahl der Fälle, namentlich bei *Bakterien*, lediglich qualitative Angaben über besseres oder schlechteres Wachstum, ohne Bestimmung der Mikroorganismensubstanz, d. h. keine quantitativen Angaben gemacht. Solche Bewertungen sind recht subjektiv und aus anderen Gründen unsicher, wenn auch für grobe Orientierung nützlich. Eine solche Methode ist die „auxanographische"[2]: Eine mit dem zu prüfenden Organismus beimpfte Platte wird in vier Sektoren geteilt und auf jeden Sektor werden mit der Impfnadel einige Körnchen der zu vergleichenden Substanz (Zuckerarten, Stickstoffsalze usw.) gebracht. Die mehr oder weniger intensive Entwicklung des Organismus um diese Stelle, von der aus der Stoff diffundiert, zeigt die verschiedene Eignung an.

Im allgemeinen läßt sich für jede Mikroorganismenart eine Reihe der Eignung der Kohlenstoffverbindungen feststellen, die aber, von der Verschiedenheit der Stämme abgesehen, noch aus anderen Gründen oft problematisch bleibt. Sie ist z. B. von der Zeit abhängig: Eine anfänglich schlechter erscheinende Kohlenstoffquelle oder eine höhere, schädigende Konzentration einer guten kann mit der Zeit aufholen, ergibt also je nach dem Zeitpunkt der Bestimmung ein anderes Bild (S. 155f.). Will man den Maximalwert der Entwicklung erfassen, so muß man mehrere Bestimmungen durchführen. Dies ist um so mehr notwendig, als sehr bald die Mikroorganismen infolge Autolyse an Masse zurückgehen können. Bei Nichtbeachtung dieser Umstände können also völlig widersprechende Ergebnisse erhalten werden, wie weiter aus den Angaben auf S. 155f. hervorgeht.

Weiterhin ist die Eignung einer Kohlenstoffquelle auch von den sonstigen Kulturbedingungen abhängig (Stickstoffquelle, Temperatur, Reaktion usw.). So kann *Bac. glycinophilus* Glucose bei einem p_H-Wert von 6,3 sehr gut verarbeiten, Essigsäure aber nicht, deren Verarbeitung erst bei annähernd neutraler Reaktion (p_H 6,9) gut ist, und die im schwach sauren Bereich überhaupt nicht verwertbare Buttersäure übertrifft bei p_H 7,2 an Eignung sogar die Glucose[3]. Endlich kann entscheidend sein, ob ein Stoff überhaupt (vgl. S. 215 über Glykogen-Verarbeitung durch Hefe) in die lebende Zelle eindringt; Citronen- und α-Ketoglutarsäure werden unter Umständen durch lebende Zellen nicht

---

[1] *Pseudomonas*-Arten aus biologischen Entgiftungsanlagen können Nitrophenol als einzige C-Quelle verwerten: SIMPSON, J. R., u. W. C. EVANS: Biochemic. J. 55 (Proc.) XXIV (1953).

[2] BEIJERINCK, M. W.: Arch. néerl. Sci. Ex. et Math. 23, 367 (1889). — Vgl. weiter J. LODDER: Siehe S. 85, Anm. 2.

[3] RIPPEL, A., u. Mitarb.: Arch. Mikrobiol. 10, 359 (1939); 12, 285 (1942).

verarbeitet, aber von Zelltrockenpräparaten und zellfreien Extrakten[1].
Nach diesen wenigen Angaben ist es klar, daß die Feststellung der Eignung einer Kohlenstoffquelle eine außerordentlich umfassende Aufgabe ist.

Noch auf eine andere, sehr wichtige Fehlerquelle sei hingewiesen: Da organische Kohlenstoffquellen meist als aus der Natur gewonnene Produkte verwendet werden, so sind sie mehr oder weniger mit organischen Wirkstoffen verunreinigt, deren Vorhandensein bei einem darauf ansprechenden Organismus zu starken Täuschungen führen kann. So war die für *Ustilago violacea*, einen Brandpilz, angegebene, besonders gute Eignung von Saponinen nichts anderes als die Folge einer Verunreinigung mit Aneurin[2]. Alle Fragen der Eignung einer Kohlenstoffquelle lassen sich theoretisch also nur mit Hilfe synthetischer organischer Stoffe oder wenigstens hochgereinigter Naturstoffe klären. Als weiteres Beispiel diene die Feststellung, daß die angebliche Verarbeitung von iso-Buttersäure durch gewisse *heterotrophe Flagellaten* lediglich eine Folge der Verunreinigung mit der weit besser verwertbaren n-Buttersäure war[3].

Offenbar hängt die Verarbeitung von Kohlenstoffverbindungen von der jeweiligen ökologischen Anpassung des Mikroorganismus ab. *Bac. glycinophilus* z. B. wird schon durch 2% Glucose in seinem Wachstum gehemmt gegenüber 1%. Da er sehr gut Glykokoll als einzige Kohlenstoff- und Stickstoffquelle verwertet, ferner als Kohlenstoffquellen Essigsäure und Buttersäure, so wird man bei ihm und biologisch ähnlich beschaffenen Mikroorganismen (typische Essigsäureorganismen sind die *farblosen Flagellaten*[4]) eine Anpassung an die einfacheren Abbauprodukte der organischen Stoffe sehen dürfen, womit auch sein Vorkommen in den Verdauungsorganen des Rindes und das der *Flagellaten* in Wasser übereinstimmen dürfte[5]. Andererseits sind *Hefen*, bei ihrem Vorkommen auf süßen Früchten verständlich, als typische Zuckerorganismen anzusprechen, was sich bei den *Zygosaccharomyces*-Arten bis zur Saccharophilie (Osmophilie, S. 215) steigert.

Die Menge der aus einer organischen Verbindung gebildeten Mikroorganismenmasse wird durch den ökonomischen Koeffizienten (PFEFFER) ausgedrückt. Er bedeutet, in etwas abgeänderter Form, die auf 100 g Kohlenstoffquelle gebildete Trockenmasse an Organismensubstanz, ein Begriff, der namentlich auch bei der technischen Gewinnung von Mikroorganismenmasse wichtig ist. Dieser Koeffizient kann bei guter Lüftung besonders hoch sein und bei der *Eiweißhefe*

[1] EISENBERG, M. A.: J. of Biol. Chem. **203**, 815 (1953). — DAGLEY, S., u. A. RODGERS: J. Bacter. **66**, 620 (1953). — WHEAT, R. W., u. S. J. AJL: Arch. Biochem. a. Biophysics **49**, 7 (1954). — Vgl. noch: DOUDOROFF, M.: Phosphorus Metabolism, Baltimore **1**, 42 (1951).

[2] BLUMER, S.: Arch. Mikrobiol. **8**, 458 (1937). — SCHOPFER, W. H., u. S. BLUMER: Arch. Mikrobiol. **9**, 305 (1938).

[3] REINHARDT, K.: Arch. Mikrobiol. **15**, 270 (1951).

[4] PRINGSHEIM, E. G.: Beitr. allg. Bot. **2**, 88 (1921). — Über „Zuckerflagellaten" vgl. E. G. PRINGSHEIM: Naturwiss. **41**, 380 (1954); Arch. Mikrobiol. **21**, 414 (1955).

[5] Für *Fusarium lini* ist Acetat deshalb eine bessere C-Quelle für die Fettbildung als Glucose, weil diese z. T. zu Alkohol vergoren wird: COLEMAN, R. J., u. F. F. NORD: Arch. Biochem. a. Biophysics **38**, 385 (1952).

(S. 168) und bei anderen *Pilzen* bis zu 60 betragen, Zucker als Kohlenstoffquelle angenommen; der Normalwert für aerobe Kolbenkulturen von Pilzen dürfte etwa 20—30 betragen. Auch bei *Bakterien*[1], von denen man früher sehr viel geringere ökonomische Koeffizienten annahm, kann er annähernd solche Werte erreichen und kann sogar bei *anaeroben Bakterien* und streng anaerober Züchtung noch recht hoch sein (15 bis 20)[2], liegt im allgemeinen aber doch wesentlich tiefer[3] und für vergleichbare Verhältnisse wohl etwas tiefer als bei Pilzen (vgl. unten bei wahrem Nutzwert). Der ökonomische Koeffizient ist bei jungen Kulturen höher als bei älteren, da schließlich die Körperstoffe veratmet werden müssen, wenn keine äußere Kohlenstoffquelle mehr vorhanden ist und somit keine Neubildung mehr erfolgen kann. Er ist bei höherer Temperatur niedriger, da der Betriebsstoffwechsel relativ mehr gefördert wird als der Baustoffwechsel (S. 141), und ist ferner niedriger, je höher die Konzentration der Kohlenstoffquelle ist.

Für die quantitative Verarbeitung von Kohlenstoffverbindungen kann allein die Bestimmung der gebildeten Menge der Trockenmasse[4] ein richtiges Bild geben, wenn nur ein Kriterium ohne Spezialisierung des Stoffwechsels angewendet werden soll. Im übrigen ist es oft zweckmäßig, andere, schnellere und einfachere Bestimmungsmethoden zu wählen. So dient dazu die Zählung der gebildeten Zellen, die erfolgte Eiweißbildung, die Menge der gebildeten Säure (einschl. der Kohlensäure), der Trübungsgrad der Nährlösung usw. Alle diese Erscheinungen stehen zwar in einer gewissen Parallelität zur gebildeten Trockensubstanz, aber nicht durchaus[4a]. Denn bei der Zellenzahl z. B. kommt nicht zum Ausdruck, ob die einzelnen Zellen größer oder kleiner sind, die wirksame Oberfläche also verschieden ist und damit der Ablauf des Stoffwechsels (vgl. S. 157).

Dem ökonomischen Koeffizienten entsprechen die Begriffe **Eiweißkoeffizient**[5] und **Fettkoeffizient**[6], also die je 100 g verarbeiteter Kohlenstoffquelle gebildete Menge an Eiweiß bzw. Fett. Der Eiweißkoeffizient beträgt im „Normalfalle" etwa die Hälfte des ökonomischen Koeffizienten, da in der Trockensubstanz als grober Durchschnitt etwa 50% Eiweiß vorhanden sind. Normalerweise ist also im Maximum mit einem Eiweißkoeffizienten von rund 25 (die Hälfte des ökonomischen Koeffizienten 50) zu rechnen und mit einem Fettkoeffizienten von etwa 15. Dieser niedrigere Wert ist bedingt durch den höheren Energiegehalt von Fett (calorischer Wert von Glucose = 1, Eiweiß = 1,7,

---

[1] Rippel, A.: Siehe S. 118, Anm. 3.

[2] Köhler, W.: Arch. Mikrobiol. **11**, 432 (1940).

[3] Kaufmann, W.: Arch. Mikrobiol. **17**, 319 (1952).

[4] Die Bestimmung der Trockenmasse ist bei Bakterien unter Umständen nicht ganz einfach, da bei geringer Bakterienmasse die in der Nährlösung vorhandenen Niederschläge von Phosphaten usw. stark stören können, deren Lösung wiederum Zellschädigung bedingen könnte. —[4a] Radler, F.: Arch. Mikrobiol. **22**, 335 (1955).

[5] Rippel, A., u. K. Nabel: Arch. Mikrobiol. **10**, 359 (1939).

[6] Rippel, A.: Arch. Mikrobiol. **11**, 271 (1940). — Schulze, K. L.: Arch. Mikrobiol. **15**, 315 (1951). Für 43 Pilze: Woodline, M., u. Mitarb.: J. of Exper. Bot. **2**, 204 (1951).

Fett = 2,5), so daß aus Zucker eben nicht mehr gebildet werden
kann. Theoretisch könnten aus 100 g Zucker zwar 40 g Fett entstehen; da aber der Organismus auch Eiweiß bildet, ferner sonstige
Zellbestandteile einschl. der Zellwände, schließlich auch noch atmet,
so muß der Fettkoeffizient entsprechend tiefer liegen. Die oben
angegebene Grenze von 15, die sich aus solchen Überlegungen ergab, wurde auch im Versuch gefunden[1]. Diese Energieverhältnisse
machen auch verständlich, daß Eiweiß- und Fettbildung gegensinnig
verlaufen, also hohem Fettgehalt geringer Eiweißgehalt entspricht und
umgekehrt, wie Abb. 74 zeigt[2]. Die gleiche Abhängigkeit (steigender

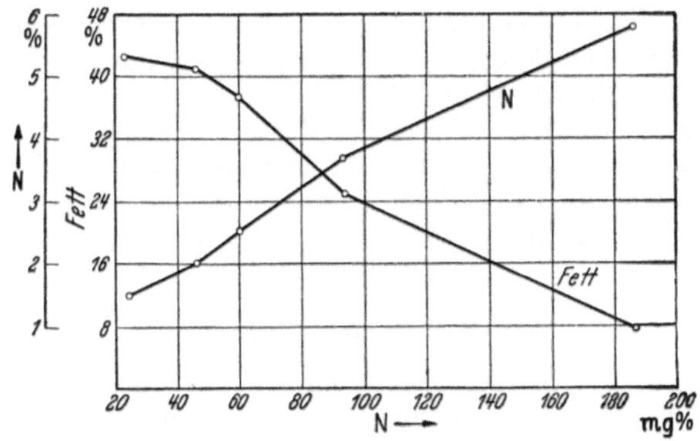

Abb. 74. *Endomycopsis (Endomyces) vernalis*, Gehalt an Fett und Gesamtstickstoff bei variierter
Stickstoffernährung. (Nach S. HEIDE.)

Fettgehalt bei dürftiger Versorgung) ergab sich für die Ernährung mit
Phosphorsäure[3], wie verständlich ist im Hinblick auf die zentrale Rolle
der Nucleoproteide, ebenso mit Magnesium und Eisen[4].

Es ist noch zu beachten, daß die Kohlenstoffquellen energetisch
nicht gleichwertig sind. Infolgedessen ist der ökonomische Koeffizient
bei Fett als Kohlenstoffquelle erheblich höher als bei Glucose (77 gegen
40 bei *Asp. niger*[5], wobei der Pilz auf Fett allerdings viel langsamer
wächst). Überhaupt steht der Nährwert geeigneter Kohlenstoffquellen
im Verhältnis ihrer Verbrennungswerte, was oft übersehen wird (vorausgesetzt natürlich, daß keine wesentlichen Nebenprodukte auftreten:

---

[1] RAAF, H.: Arch. Mikrobiol. **12**, 131 (1941). — STEINER, M., u. S. HEIDE:
Siehe S. 34, Anm. 2. — RIPPEL-BALDES, A., u. Mitarb.: Arch. Mikrobiol. **14**, 113
(1948). — BERNHAUER, K., u. J. RAUCH: Biochem. Z. **319**, 77, 94 (1948). — SCHULZE,
K. L.: Siehe S. 120, Anm. 6. Er kann gelegentlich etwas höher sein, bei *Rhodotorula
gracilis* bis 20: LUNDIN, H.: Suomen Kemistil. Ser. A **23**, 23 (1950), sogar bis 21
(bei 74%): BLINC, M.: Mh. Chem. **84**, 1127 (1953).

[2] Bei *Candida Reukaufii* kommen jedoch Stämme vor, bei denen sich diese
Abhängigkeit nicht unbedingt zeigt: MARTIN, H. H.: Arch. Mikrobiol. **20**, 141
(1954).

[3] DAMM, H.: Zbl. Bakter. I Orig. **155**, 337* (1950). — SCHULZE, K. L.: Siehe
S. 120, Anm. 6. — Auch die Lipoidbildung der *Mycobakterien* zeigt die gleiche Abhängigkeit: H. BARTRAM: Zbl. Bakter. I Orig. **155**, 338* (1950).

[4] NIELSEN, N., u. P. ROJOWSKI: Acta chem. scand. (Copenh.) **4**, 1309 (1950).

[5] FLIEG, O.: Jb. Bot. **61**, 24 (1922).

Gesetz der Isodynamie)[1]. Die tatsächliche Wertigkeit einer Kohlenstoffverbindung läßt sich also nur unter Berücksichtigung des calorischen Wertes erfassen. RUBNER[2] kennzeichnet daher den Nährwert durch das Verhältnis: Verbrennungswärme der gebildeten Mikroorganismenmasse/Verbrennungswärme der verbrauchten Kohlenstoffquelle (von RIPPEL später „wahrer Nutzwert" genannt[1]) und TERROINE[2] noch genauer: Verbrennungswärme der gebildeten Mikroorganismenmasse/Energieaufwand zum Aufbau (vgl. S. 166). Wo es sich um Verarbeitung von Zucker handelt, genügt der ökonomische Koeffizient, zumal in der Erweiterung durch Eiweiß- und Fettkoeffizient der größte Teil des Energiewertes der gebildeten Trockenmasse enthalten ist; die weitere Unterscheidung käme aber für spezielle Untersuchungen in Frage. Der „wahre Nutzwert" ist auch bei Mikroorganismen mit kleinem ökonomischen Koeffizienten (Anaeroben, die noch verbrennbare Stoffe als Stoffwechselprodukte bilden, wie Äthylalkohol bei der Alkoholgärung) recht hoch, da er ja die Beziehungen der gebildeten Masse zum Energie a b f a l l darstellt, und liegt etwa bei 60. Bei Pilzen liegt er für die Perithecienbildung tiefer (bei etwa 45) im Vergleich zur Conidienbildung und scheint bei Bakterien etwas geringer zu sein als bei Pilzen[3].

Stickstoffernährung[4].

Vom Stickstoffgehalt der Bakterien entfällt allein 25—40% auf den Stickstoff von Nucleoproteiden[5], deren zentrale Bedeutung (Träger der Vererbungseigenschaften, Eiweißsynthese usw.) immer stärker hervortritt. Im Eiweiß der Bakterien und Pilze finden sich die bekannten Aminosäuren in sehr wechselndem Verhältnis, neben Asparagin- und Glutaminsäure, Glykokoll, Alanin, Leucin, Isoleucin, Valin besonders Arginin, Lysin, Serin, weniger Cystin (auch bei der *Eiweißhefe* fällt die Armut daran auf), sehr wenig Histidin und Methionin, wenig Tyrosin und Tryptophan, wie überhaupt die cyclischen Aminosäuren beim Altern der Zellen stark abnehmen bzw. verschwinden[6]. Als erstes Assimilationsprodukt bei der Eiweißbildung nimmt man Glutaminsäure an, wie durch Isotopenversuche festgestellt wurde[7], daneben Asparaginsäure, vielleicht auch γ-Aminobuttersäure. Sie herrschen auch unter den freien Aminosäuren (S. 123) in der Zelle vor[8]. Der Gesamtgehalt

---

[1] RIPPEL-BALDES, A.: Arch. Mikrobiol. **17**, 166 (1952). — SCHÖNBORN, W.: Arch. Mikrobiol. **22**, 408 (1955).

[2] RUBNER, M.: Arch. f. Hyg. **57**, 161, 193 (1906). — TERROINE, E. F., u. R. WURMSER: Bull. Soc. Chim. Biol. Paris **4**, 519 (1922). — Vgl. noch TAMIYA, H.: Acta Phytochim. (Tokyo) **6**, 265 (1932).

[3] Siehe Anm. 1.

[4] Vgl. noch H. S. McKEE: New Phytologist **48**, 1 (1949).

[5] BELOZERSKY, A. N.: Cold Spring Harbor Symp. **12** (1947). — Über den Nucleoproteidgehalt vgl. S. 97.

[6] RITTER, R.: Arch. Mikrobiol. **22**, 248 (1955).

[7] ABRAMS, R., u. Mitarb.: J. Gen. Physiol. **32**, 271 (1949). — WIAME, J. M., u. R. STORCK: Biochim a Biophysica Acta **10**, 268 (1953).

[8] Zur Rolle der Aminosäuren: KATING, H.: Arch. Mikrobiol. **22**, 235, 368, 396 (1955).

der *Bakterien* an Eiweiß beträgt im allgemeinen 50—75%, schwankt aber sehr nach den Ernährungsbedingungen und ist niedrig, wenn viel Zellwandbestandteile und Schleim gebildet werden, wie die Übersicht zeigt (für Fett vgl. S. 121). Für die Eiweißbestimmung in *Pilzen* ist zu beachten, daß hierbei, wie auch bei der Gesamtstickstoffbestimmung und Umrechnung auf Eiweiß, das Chitin mit erfaßt wird, die

Zusammensetzung einiger Bakterienarten.

	In % der Trockensubstanz enthalten			
	Azotobacter agile	*Azotobacter beijerinckii*	*Knöllchenbakterien* von	
			Sojabohne	*Klee*
Eiweiß (N × 6,25)	66,9	26,13	61,8	12,50
Fett	0,68	0,99	nicht bestimmt	
Asche.	8,3	4,3		
Kohlenhydrate (als Differenz) . . .	24,1	68,5		

diesbezüglichen Angaben, z. B. bei der Analyse eßbarer Pilze, also etwas zu hoch sind. Auch der Glucosamingehalt von Polysacchariden (S. 17) wirkt sich natürlich in gleichem Sinne aus.

Freie Aminosäuren (also nicht an Eiweiß gebundene) finden sich entweder als Autolyseprodukte in der Nährlösung alter Kulturen oder normalerweise in der arbeitenden Zelle (vornehmlich der grampositiven), in der sie, wie man sich vorstellt, an den wie Matrizen funktionierenden Nucleinsäuren zu Vorstufen des Eiweißes geformt werden[1]. Auch bei diesen freien Aminosäuren treten die cyclischen völlig zurück.

Als Kuriosum sei noch die Nitrogruppe im Chloromycetin (S. 366) erwähnt und die Isolierung von β-Nitropropionsäure aus Kulturfiltrat von *Asp. flavus*[2], endlich die Bildung von Blausäure durch *Basidiomyceten*[3], die ja auch im Vitamin B_{12} enthalten ist.

Bindung des elementaren Luftstickstoffes[4].

Die stickstoffbindenden Mikroorganismen vermögen den elementaren Luftstickstoff zum Aufbau ihres Körpereiweißes zu verwenden, indem sie ihn vorher zu Ammoniak reduzieren[5]. Das in älteren Kulturen von *Azotobacter* auftretende Ammoniak ist jedoch sekundärer Herkunft: aus der Autolyse. Als Zwischenprodukt könnte Hydroxylamin (NH_2OH)

---

[1] GALE, E.: Adv. in Protein Chemistry **8**, 285 (1953).

[2] BUSH, M. T., u. Mitarb.: J. of Biol. Chem. **188**, 685 (1951).

[3] BACH, E.: Frisia **3**, 377 (1949). — ROBBINS, W. J., u. Mitarb.: Mycologia **42**, 161 (1950).

[4] WILSON, P. W.: Biochemistry of symbiotic nitrogen fixation. Madison: Univ. Wisconsin Press 1940. — Gesamtübersichten: P. W. WILSON, u. R. H. BURRIS: Bact. Revs. **11**, 41 (1947); Annual Rev. Microbiol. **7**, 415 (1953). — VIRTANEN, A. J.: Biol. Rev. Cambridge Phil. Soc. **22**, 239 (1947). — Annual Rev. Microbiol. **2**, 485 (1948). — LOCHHEAD, A. G.: Annual Rev. Microbiol. **6**, 185 (1952).

[5] ROSENBLUM, E. D., u. P. W. WILSON: J. Bacter. **61**, 475 (1951). — ZELITCH, J., u. Mitarb.: J. Bacter. **62**, 747 (1951); J. of Biol. Chem. **191**, 295 (1951); Plant Physiol. **27**, 1 (1952). — WILSON, P. W.: Adv. Enzymol. **13**, 345 (1952); — WALL, J. S., u. Mitarb.: J. Bacter. **63**, 563 (1952). — NEWTON, J. W., u. Mitarb.: J. of Biol. Chem. **204**, 445 (1953).

in Frage kommen oder Oxim ($>C = N \cdot OH$); Hydroxylamin hält man jedoch z. Z. für unwahrscheinlich[1]. Als weiterer Schritt wird die Bildung von Glutaminsäure angenommen.

Entgegen anderen Angaben ist kein die Stickstoffbindung katalysierendes Enzym bekannt. Indessen wurde Hydrogenase (H_2-oxydierend) auch in zellfreien Kulturlösungen gefunden, von der man irgendeine Koppelung mit der Stickstoffbindung annimmt, zumal viele hydrogenasehaltige Mikroorganismen N_2 binden (S. 127).

Erstaunlich ist die Schnelligkeit der Stickstoffbindung: Innerhalb von 3 min fand sich markierter ^{15}N in den Aminosäuren des Zelleiweißes, insbesondere in der Glutaminsäure. Bei Vorhandensein von gebundenem Stickstoff wird die Stickstoffbindung eingestellt bzw. gehemmt, Darbietung von elementarem markiertem ^{15}N in Gegenwart von Ammoniak mit nichtmarkiertem N führte zu keinem ^{15}N in den Zellen, bei entsprechender Darbietung von Nitrat erst nach Passageadaptation, während Aminosäuren ohne Einfluß auf die Verarbeitung von elementarem ^{15}N blieben[2]. Auch diese Beobachtung deutet auf Ammoniak als Primärprodukt hin.

Die Stickstoffbindung ist an und für sich ein exothermer, Energie liefernder Vorgang; wenn elementarer Wasserstoff zur Verfügung steht,

$$^1/_2\,N_2 + {}^3/_2\,H_2 = NH_3 + 19,4\ kcal\ (-\Delta H)\ je\ mol\ NH_3\ (-\Delta F + 6,3\ kcal)$$

könnte sie also den Stickstoffbindern Energie zum autotrophen Leben liefern, also zur Reduktion der Kohlensäure. Als solcher scheint der Vorgang der Stickstoffbindung in der Natur nicht verwirklicht zu sein. Er müßte dann nämlich, wenn wir ihn mit anderen energieliefernden Vorgängen vergleichen, mit so großem Umsatz verlaufen, daß er der Beobachtung nicht hätte entgehen können[3]. Alle bekannten Stickstoffbinder arbeiten jedoch mit organischen Kohlenstoffverbindungen, die offenbar als Wasserstoffdonatoren zur Reduktion des Stickstoffs dienen müssen. Elementarer Wasserstoff hemmt im übrigen die Stickstoffbindung[4].

Die stickstoffbindenden Mikroorganismen kommen in zwei biologischen Typen vor: als frei lebende und als in Symbiose mit höheren Pflanzen lebende[5].

Unter den frei lebenden ist am bekanntesten *Azotobacter* mit *A. chroococcum* (Abb. 3, S. 18) als der verbreitetsten Bodenform; *A. agile* mit gelbgrün fluorescierendem Farbstoff und *A. vinelandii* sind Wasser-

---

[1] PETRICA, B. A., u. Mitarb.: Biochim. et Biophysica Acta **14**, 85 (1954).

[2] WILSON, P. W., J. F. HULL u. R. H. BURRIS: Proc. Nat. Acad. Sci. USA **29**, 289 (1943). Das Verhalten in Gegenwart von Aminosäuren zeigt, daß auch kein Austausch von elementarem ^{15}N gegen den gewöhnlichen Stickstoff in den Aminosäuren bzw. in den Zellen stattfindet, ebenso die Tatsache, daß der Einbau des markierten Stickstoffs nur bei stickstoffbindenden Mikroorganismen erfolgt: BURRIS, R. H., u. Mitarb.: J. of Biol. Chem. **148**, 349 (1943).

[3] RIPPEL, A.: Jb. Akad. Wiss. Göttingen **1941/42**, 41.

[4] Literatur S. 123, Anm. 4.

[5] Die Angabe des Vorkommens symbiontischer N-bindender Mikroorganismen in Insekten (S. 354) bedarf wohl der Nachprüfung.

formen. Ferner *A. beijerinckii* mit gelbem Farbstoff; *A. indicum*[1], bei stark saurer Reaktion gedeihend, und andere.

A. chroococcum (BEIJERINCK 1901) ist, wie die anderen Arten, streng aerob, ohne Sporen, beweglich, kann verschiedene Zuckerarten, Mannit, organische Säuren, Äthylalkohol und aromatische Verbindungen als Kohlenstoffquelle verwenden; kommt in zahlreichen morphologisch und physiologisch verschiedenen Rassen vor (S. 196)[2]. Das Bakterium bindet je 1 g verbrauchte Kohlenstoffquelle (Mannit) 16—18 mg Stickstoff, gelegentlich bis zu 20 mg oder noch wenig darüber; das dürfte etwa das Maximum des Erreichbaren sein: 20 mg Stickstoff entsprechen 125 mg Eiweiß und, bei einem Eiweißgehalt von 50%, einer Bakterienmasse von 250 mg, d. h. einem ökonomischen Koeffizienten von 25, der sich bei einem geringeren Eiweißgehalt noch entsprechend erhöhen würde[3]. Für Glucose als Kohlenstoffquelle ergibt sich nur eine N-Bindung von 13 mg je 1 g, der gleiche Wert für Benzoesäure, deren höherer Energiewert also nicht zu höherer N-Bindung führt[4]. Trotz der streng aeroben Gebundenheit von *Azotobacter* soll das Maximum der N_2-Bindung bei einem Sauerstoffdruck von nur etwa $^1/_6$ des Atmosphärendrucks erfolgen; man erklärt dies durch Ablenkung des Reduktionswasserstoffs auf den Sauerstoff[5].

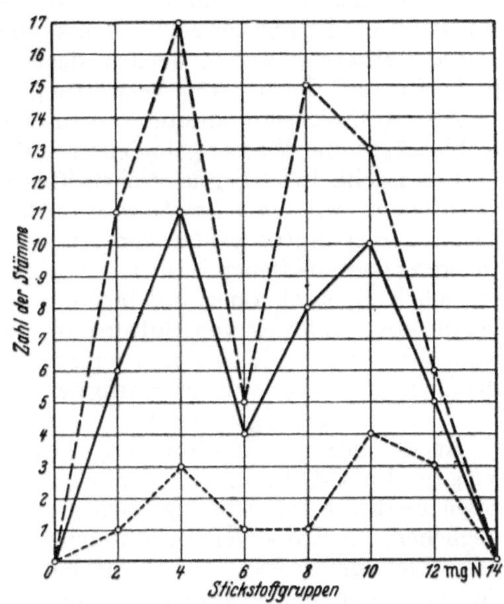

Abb. 75. *Azotobacter chroococcum.* Von den Stämmen wurden Gruppen gebildet mit 0 bis 2, 2 bis 4 usw. mg N-Bindung. Obere Kurve: alle 70 Stämme, mittlere: nach Ausscheidung der aus der gleichen Bodenprobe isolierten, also wohl identischen Stämme, untere Kurve: 13 osteuropäische Stämme. (Nach W. FISCHER.)

Von 70 frisch aus dem Boden isolierten Stämmen wurden nach längerer Kulturdauer (6 Tage), von einer konstant etwas niedriger liegenden Ausnahme abgesehen, stets 16—18 mg Stickstoff gebunden; nach kurzer Kulturdauer (2 Tage) ließen sich jedoch 2 Gruppen erkennen, die eine mit etwa 4, die andere mit 8 bis 10 mg gebundenem Stickstoff (Abb. 75); das spricht für das Vorhandensein zweier

---

[1] Jetzt in Genus *Beijerinckia* umgewandelt: DERX, H. G.: Proc. Kon. Ned. Akad. v. Wetensch. 53, 140 (1950).

[2] FISCHER, W.: Arch. Mikrobiol. 14, 353 (1949). — Über nicht N_2-bindende Mutanten von *Az. vinelandii* vgl. O. u. M. B. WYSS: J. Bacter. 59, 287 (1950).

[3] Ein Eiweißgehalt von nur 23—24% ergibt sich bei Lüftungskulturen; Ursache ist die Speicherung eines N-freien, nicht hydrolysierbaren Stoffes, der fast 70% der Trockensubstanz ausmacht: RADLER, F.: Arch. Mikrobiol. 22, 335 (1955).

[4] Siehe Anm. 2 (FISCHER).

[5] TSCHAPEK, M., u. N. GIAMBIAGI: Arch. Mikrobiol. 21, 376 (1955). Hier auch die ältere Literatur.

Hauptformenkreise, die sich aber nicht mit den sonstigen Rassenmerkmalen (helle oder dunkle Farbe usw.) decken[1]. Jedenfalls ist dieser „Zeitfaktor" bei allen Angaben über N_2-Bindung zu berücksichtigen.

Die Stickstoffbindung wird bei Vorhandensein von 0,5 bis 1,0 mg gebundenem Stickstoff je 100 cm³ Nährlösung augenblicklich[2] eingestellt. Fortgesetzte Kultur auf Substrat mit steigenden Mengen gebundenen Stickstoffs soll sogar zum Verlust des N-Bindungsvermögens führen können[3] oder führt zu einer Depression in der Anfangsintensität der N-Bindung, die jedoch durch Kultur auf Substrat ohne gebundenen Stickstoff wieder regeneriert werden kann[4]. Durch Penicillinbehandlung konnten Mutanten erzielt werden, denen die Fähigkeit zur N_2-Bindung (teilweise auch die zur NH_3-Verwertung) fehlte[5].

Als Stoffwechselprodukte werden von *Azotobacter chroococcum* nur Kohlensäure und Wasser gebildet (S. 180f.).

Das zweite frei lebende stickstoffbindende Bakterium von größerer Wichtigkeit ist *Bac. amylobacter* (Abb. 18, S. 32, WINOGRADSKY 1893), in der Natur weiter verbreitet als *Azotobacter* (S. 298), streng anaerob (aber im offenen Kolben gut bei Ascorbinsäurezusatz wachsend[6]), beweglich, Sporenbildner, mit Iogen (S. 31f.). Es verwertet Zucker und Pectin unter Bildung von Buttersäure, Wasserstoff usw. (S. 231 ff.). Die N-Bindung beträgt höchstens 7 mg Stickstoff je 1 g verbrauchte Kohlenstoffquelle. Sie kann durch Entfernen des gebildeten Wasserstoffs auf das 2—3fache gesteigert werden[7].

Recht gute Stickstoffbindung zeigt *Azotomonas insolita* (bis zu 6 mg je 1 g C-Quelle), ein aerober, beweglicher Nichtsporenbildner[8]. Etwa in dieser Höhe bewegt sich auch die Stickstoffbindung des beweglichen, im Erdboden verbreiteten fakultativ anaeroben Sporenbildners *Bac. asterosporus*. Stickstoffbindung wurde ferner nachgewiesen für eine Reihe von *Nostocaceae* (Familie der Blaualgen), in einem Falle (*Mastigocladus laminosus*, aus heißen Quellen) auch von einer Nicht-Nostocacee[9], bei photosynthetischer Tätigkeit, und zwar bis zu 12 mg Stickstoff je 100 cm³ Nährlösung[10]. Doch können gewisse Arten auch im Dunkeln bei Gegenwart von Kohlenhydrat Stickstoff binden. In

---

[1] FISCHER, W.: Siehe S. 125. Anm. 2. Bemerkenswert ist, daß Pyridin die N_2-Bindung fördert [vgl. A. RIPPEL u. Mitarb.: Arch. Mikrobiol. **13**, 365 (1943)], jedoch nur die der Stämme mit hoher Anfangsintensität. In gleicher Weise wirkt Kochsaft dieser Stämme. — Vgl. noch: JENSEN, H. L.: Proc. Appl. Soc. Bacter. **14**, 89 (1951).

[2] BURK, D., u. H. LINEWEAVER: J. Bacter. **19**, 383 (1930).

[3] RUBENTSCHIK, L. J., u. M. B. ROISIN: (russ.) ref. Bot. Zbl. **36**, 239 (1943). Vgl. auch ZELITCH, J.: Proc. Nat. Acad. Sci. USA **37**, 559 (1951).

[4] DEN DOOREN DE JONG, L. E.: Arch. Mikrobiol. **9**, 223 (1938). — FISCHER W.: Siehe S. 125, Anm. 2.

[5] GREEN, M., u. Mitarb.: J. Bacter. **66**, 623 (1953).

[6] STOLP, H.: Arch. Mikrobiol. **21**, 273 (1955).

[7] ROSENBLUM, E., u. P. W. WILSON: J. Bacter. **57**, 413 (1949); **59**, 83 (1950).

[8] STAPP, C.: Zbl. Bakter. II **102**, 1 (1940).

[9] FOGG, G. E.: J. of Exper. Bot. **2**, 117 (1951).

[10] BORTELS, H.: Arch. Mikrobiol. **11**, 155 (1940). — Bestätigung durch Verwendung von markiertem ¹⁵N bei BURRIS: Siehe S. 124, Anm. 2. — FOGG, G. E.: Endeavour **6**, 172 (1947). — Ferner A. J. VIRTANEN: Siehe S. 123, Anm. 4.

allen Fällen ist Molybdän zur Stickstoffbindung notwendig (S. 102 f); doch sollen einige Stämme von *Azotobacter agilis* und *vinelandii* ohne Molybdän Stickstoff binden[1].

Die Vermutung, daß alle wasserstoffaktivierenden (hydrogenasehaltigen) Mikroorganismen elementaren Stickstoff binden könnten, bestätigte sich für *Purpur*[2]- und *Grüne Bakterien* sowie *Desulfurikanten*, nicht jedoch für andere, wie *Bact. coli, Grünalgen* und *wasserstoffoxydierenden Bakterien*. Im übrigen besitzen auch nicht alle N_2-Binder Hydrogenase. Außerdem wurde Stickstoffbindung wiederholt für eine ganze Reihe sonstiger frei lebender Mikroorganismen angegeben, wobei es sich jedoch zumeist um innerhalb der Grenzen der Versuchsfehler liegende Mengen handelt. Zum Beispiel konnten von 15 *Clostridium*-Stämmen 12 N_2 binden (Nachweis mit ^{15}N!)[3].

Die Bindung größerer Mengen wurde einmal von *Asp. niger* mit anscheinend einwandfreier Methodik angegeben, konnte aber bei wiederholten Nachuntersuchungen nicht bestätigt werden. Unter diesen Umständen wird man auch den neuesten Angaben über die angebliche Fähigkeit einer Reihe weiterer Mikroorganismen (*Kahmhefen* u. a.)[4] einstweilen noch mit starker Skepsis gegenüberstehen, zumal negative Nachuntersuchungen vorliegen[5].

Von den in Symbiose mit höheren Pflanzen lebenden stickstoffbindenden Mikroorganismen haben die *Knöllchenbakterien* der *Leguminosen (Bact. radicicola)* für die Landwirtschaft große Bedeutung. 1886 erkannte HELLRIEGEL den Sinn dieser Symbiose; wenig später gewann BEIJERINCK die ersten Reinkulturen. Die Bakterien sind streng aerob, beweglich, ohne Endosporen. Die Stickstoffbindung erfolgt in den Wurzelknöllchen, die mit Bakterioiden (S. 59) erfüllt sind, Involutionsformen, eine Art Verdauungsstadium, wodurch der gebundene Stickstoff von der Pflanze resorbiert wird. Die Pflanze liefert ihrerseits dem Bakterium die zur Stickstoffbindung notwendigen Kohlenhydrate. In Reinkultur der Bakterien erfolgt keine Stickstoffbindung. Auch hier scheint Molybdän zu fördern. Weitere und genauere Angaben über diese Symbiose folgen S. 324 ff.

In den Wurzelknöllchen der *Erlen* (*Alnus*-Arten) bindet ein Actinomycet, *Streptomyces alni*, elementaren Luftstickstoff (S. 333), bei den *Ölweidengewächsen* (*Elaeagnaceae* mit *Elaeagnus, Hippophae*) eine andere Art, *Str. Elaeagni*. Auch der *Gagelstrauch*, Post, *Myrica Gale*, hat eine *Actinomyceten*-Symbiose, für die Stickstoffbindung erwiesen ist. Bei *Casuarina* kommt ein Bakterium in Wurzelknöllchen vor, und es sind noch weitere ähnliche Fälle bekannt. Auch bei der *Rubiaceen*-Symbiose (S. 344 f.) ist Stickstoffbindung in Bakterienknötchen auf den Blättern möglich. Endlich dürften symbiontisch lebende *Blaualgen* Stickstoff

---

[1] HORNER, C. K., u. Mitarb.: J. Agric. Res. **65**, 173 (1942). Andere Stämme sollen eine 10- bis 20fache Reaktion auf Molybdän zeigen.

[2] Literatur S. 107, Anm. 2.

[3] ROSENBLUM, E. D., u. P. W. WILSON: J. Bacter. **57**, 413 (1949).

[4] SCHANDERL, H.: Botanische Bakteriologie und Stickstoffhaushalt der Pflanzen. Stuttgart: E. Ulmer, 1947.

[5] LÖHNIS, M. P.: Leeuwenhoek **9**, 133 (1943). — SCHEFFER, F., u. E. KÜSTER: Z. Pflanzenernähr. **51**, 224 (1950). — STAPP, C.: Arch. Mikrobiol. **16**, 48 (1951).

binden (S. 341). Jedoch müssen neueste Angaben über Stickstoff-bindung bei sozusagen allen Pflanzen durch in ihnen lebende Bakterien durchaus in Zweifel gezogen werden[1].

Verarbeitung gebundenen Stickstoffs.

Nitratorganismen. Sie können Nitrate unter Reduktion (vielleicht über Oxim[2]) als Stickstoffquelle verwerten. Dabei wird das Kation frei, die Lösung also alkalisch (S. 149). *Schimmelpilze*, wie *Aspergillus*- und *Penicillium*-Arten, ferner *Kahmhefen* (*Mycoderma*- und *Torula*- bzw. *Torulopsis*-Arten) gehören in diese Gruppe, auch die meisten *Streptomyces*-Arten und viele *Bakterien*, die sich durch kräftiges Reduktionsvermögen Nitraten gegenüber auszeichnen, wie *Ps. fluorescens, Azotobacter* u. a. Die Verwertung von Nitrit, das wegen seiner Giftigkeit nur in kleinen Mengen vertragen wird, ist von gleichem Gesichtspunkt aus zu betrachten.

Im Verlaufe der Nitratassimilation kann überschüssiges, nicht zum Aufbau verwendetes Nitrat ebenfalls reduziert werden. Diese Nitrat-reduktion (S. 203) führt entweder nur zum Nitrit oder bis zum Ammoniak, was verschieden ist je nach der Bakterienart oder den sonstigen Bedingungen; in manchen Fällen wird in saurer Lösung Ammoniak, in alkalischer Nitrit gebildet[3]. Über Nitratammonifikation und Denitrifikation vgl. S. 203.

Ammoniakorganismen verwerten Nitrate nicht gut oder gar nicht, Ammoniak jedoch gut, dabei wird die Nährlösung durch Freiwerden des Anions sauer (Ammonchlorid oder Ammonsulfat, S. 149). Von Bakterien gehören hierher *Bac. subtilis, Bac. glycinophilus, Bact. coli*, von Pilzen *Oospora lactis* und viele *Kulturhefen*[4]. Bei der Verarbeitung von Ammoniak durch *Bact. prodigiosum* erfolgt ein Anstieg der Atmung, der etwa 2 Mol Sauerstoff je 1 Mol assimiliertes Ammoniak beträgt[5]. Auf weitere Einzelheiten wird noch zurückzukommen sein.

Amidorganismen verwerten Aminosäuren gut, so die meisten *Essigsäurebakterien, Bact. prodigiosum* u. a. Auch *Chytridiales* scheinen teilweise hierhin zu gehören[6]. Es ist noch ungewiß, ob die von außen gebotenen Aminosäuren immer erst desaminiert werden (S. 245ff.) und das entstehende Ammoniak verwertet wird, wie es für viele Fälle zutrifft[7],

---

[1] SCHANDERL, H.: Siehe S. 127, Anm. 4. So wurde z. B. die Angabe von S. RUBEN u. Mitarb. [Science (Lancaster, Pa.) **1940** I, 578], wonach bei *Gerste* Bindung von elementarem Stickstoff stattfinde (Versuch mit dem Isotop ^{15}N), als offenbar durch methodische Fehler bedingt erkannt: R. BURRIS: Science (Lancaster, Pa.) **1941** II, 238. — Ein eingehender Versuch von A. RIPPEL-BALDES mit *Kartoffeln* hatte ein völlig negatives Ergebnis: Arch. Mikrobiol. **14**, 334 (1949).

[2] VIRTANEN, A. J., u. T. Z. CZAKY: Nature (London) **161**, 814 (1948).

[3] KLAESER, M.: Zbl. Bakter. II **41**, 365 (1914). — KORSSATOWA, M., u. G. W. LOPATINA: Bull. Acad. UdSSR **7**, 505 (1929); Ref. Zbl. Bakter. II **82**, 265.

[4] Über die Stickstoffernährung der Hefe vgl. N. NIELSEN: Erg. Biol. **19**, 375 (1943). — FULMER, E. J.: Annual Rev. Biochem. **8**, 611 (1939).

[5] McLEAN, D. J., u. K. C. FISHER: J. Bacter. **54**, 599 (1947).

[6] CRASEMANN, J. McEOWN: Amer. J. Bot. **41**, 302 (1954).

[7] RIPPEL, A., u. Mitarb.: Arch. Mikrobiol. **12**, 285 (1942).

oder ob ein direkter Einbau der Aminosäure erfolgt. Polypeptidbildung in Gegenwart von Aminosäuren wird z. B. für *Staphylococcus aureus* angegeben[1]. Es scheint, daß die Verarbeitung der Aminosäuren in ähnlicher Weise mit Oxydationsvorgängen verknüpft ist wie die des Ammoniaks[1,2], was für vorherige Desaminierung sprechen würde.

Peptonorganismen verwerten vor allem Peptone, wie S. 46 bereits für die *Leuchtbakterien* erwähnt wurde. Weiter gehören hierher *Milchsäurebakterien* und einige andere Bakterien. Ob Peptide direkt verarbeitet werden können oder vorher gespalten werden, ist unsicher.

Eiweißorganismen, vor allem pathogene Bakterien, vermögen nur Eiweißstoffe zu verwerten. Es wäre denkbar, daß bei diesen die Vielheit der natürlichen Aminosäuren notwendig ist, oder aber auch, daß das Wesen des Parasitismus überhaupt zu einem großen Teil von dem Gesichtspunkt der Anpassung an das Eiweiß, und zwar das lebende Eiweiß, zu betrachten wäre. Es darf aber nicht übersehen werden, daß auch pathogene Bakterien unter Umständen einfache Stickstoffverbindungen zu nutzen vermögen.

Interesse hat noch die Verwertung niederer Alkylamine durch *protaminophage Bakterien*[3], ferner die Verwertung des Stickstoffs heterocyclischer Kohlenstoff-Stickstoff-Verbindungen, wie Pyridin usw. (S. 201).

Das Verhalten der Mikroorganismen den Stickstoffquellen gegenüber ist natürlich kein starres Schema, sondern es kommen auch hier alle möglichen Übergänge vor. Allgemein läßt sich sagen, daß ein Organismus, der die einfachste anorganische Stickstoffverbindung zu verwerten vermag, auch die kompliziertere, anorganische oder organische, nutzen kann, der stickstoffbindende *Azotobacter* also alle Stickstoffverbindungen bis zum Eiweiß; das ist verständlich, da Zelleiweiß von jedem Organismus abgebaut werden muß. In umgekehrter Richtung ist die Verwertung meist schlecht. Zum Beispiel vermögen die Amidorganismen nur äußerst schlecht anorganische Stickstoffverbindungen zu nutzen. Die Annahme, daß die Verwertung der Stickstoffverbindungen sich mit dem Redoxpotential (S. 170 f.) abstufe[4], erscheint zwar recht einleuchtend, wird aber wohl nur in einem Teil der Fälle zutreffen.

Es treten noch einige bemerkenswerte Erscheinungen hinzu. Wenn viele Mikroorganismen anscheinend nur organische Stickstoffverbindungen verwerten können, anorganische jedoch nicht oder nur sehr schlecht (z. B. die *Kulturhefen*), so lag das in vielen Fällen daran, daß auch die aus natürlichen Produkten gewonnenen organischen Stickstoffquellen (vgl. S. 119 für die Kohlenstoffquellen) in geringsten Mengen die für den Organismus notwendigen Wirkstoffe enthielten, die dem synthetisch gewonnenen Ammoniak fehlten. Hinsichtlich der *Kultur-*

---

[1] HOTCHKISS, R. D.: Federat. Proc. **6**, 263 (1947).
[2] Vgl. Annual Rev. Microbiol. **6**, 38/39 (1952).
[3] DEN DOOREN DE JONG, L. E.: Zbl. Bakter. II **71**, 193 (1927). — A. JANKE [Zbl. Bakter. II **74**, 25 (1928)] spricht von Primoraminobakterien.
[4] ROBBINS, W. J.: Amer. J. Bot. **24**, 243 (1937).

hefen gilt das z. B. für das „Bios" bzw. Biotin (S. 133f.); nur in Gegenwart von Biotin vermag die *Kulturhefe* Ammoniak zu verarbeiten[1]. Nach Versuchen an *Milchsäurebakterien* scheint Biotin in die Synthese der Asparaginsäure einzugreifen[2], ferner in die Synthese des Pyridoxal (Vitamin B_6-Gruppe) und bei der Synthese von Tryptophan[3] (S. 257). Ähnlich liegen natürlich zahlreiche weitere Fälle.

Weiter wird angegeben, daß gewisse Mikroorganismen auf bestimmte Aminosäuren angewiesen seien, so *Kulturhefe* auf β-Alanin (Baustein der Pantothensäure, S. 134), ferner die S. 66 erwähnten Mutanten auf die jeweils fehlende Aminosäure. Für diese muß wohl Einbau des ganzen Aminosäuremoleküls angenommen werden, das allerdings durch die entsprechende Ketosäure ersetzt werden kann[4]. Für *Streptobact. plantarum* wird sogar die Notwendigkeit folgender Aminosäuren nebeneinander angegeben[5]: L-Cystein, D,L-Methionin, Glykokoll, D,L-Alanin, D,L-Valin, D,L-Leucin, D,L-Isoleucin, D,L-Phenylalanin, L-Tryptophan, D,L-Asparaginsäure, L-Glutaminsäure. Derart weitgehende Abhängigkeiten werden auch von anderen Bakterien erwähnt, die natürlich auf einen Einbau des ganzen Aminosäuremoleküls hindeuten könnten. Es bleibt aber abzuwarten, ob sie nicht durch andere Umstände vorgetäuscht werden; die Verwendung synthetischer Aminosäuren schaltet allerdings den erwähnten Wirkstoffaktor aus. Auch *Bac. glycinophilus* wächst in einer Mischung von Aminosäuren besser als in der der Mischungskonzentration entsprechenden Konzentration einer Aminosäure[6]. Da aber der Organismus Ammoniak gut verwertet, so beruht die angegebene Wirkung lediglich in einer individuellen Schädigung (beliebiger Art) durch die Konzentration der einzelnen Aminosäure, die in der Mischung durch gegenseitige Beeinflussung der Aminosäuren bzw. die geringere Konzentration der einzelnen Aminosäure nicht besteht. In Einzelfällen hat man solche Beeinflussungen bereits genauer untersucht[7].

Man darf auch eines nicht vergessen, vielleicht der wichtigste Punkt bei dieser Frage, daß eine Aminosäure auch eine nützliche Wirkung als Kohlenstoffquelle entfalten kann. So können bei *Streptobact. plantarum* verschiedene Aminosäuren, deren Gegenwart sich als notwendig erwies, durch die entsprechenden oder ähnlichen Ketosäuren ersetzt

---

[1] WINZLER, R. J., u. Mitarb.: Arch. of Biochem. **5**, 25 (1944).

[2] STOKES, J. L., u. Mitarb.: J. of Biol. Chem. **167**, 613 (1947); J. Bacter. **54**, 219 (1947). — LARDY, H. A., u. Mitarb.: J. of Biol. Chem. **169**, 451 (1948).

[3] SCHWEIGERT, B. S.: J. of Biol. Chem. **168**, 283 (1947). — UMBREIT, W. W., u. Mitarb.: J. of Biol. Chem. **165**, 731 (1946).

[4] UMBARGER, H. E., u. Mitarb.: J. of Biol. Chem. **189**, 277 (1951). — WRIGHT, B. E.: Arch. of Biochem. a. Biophysics **31**, 332 (1951).

[5] MÖLLER, E. F., u. K. SCHWARZ: Ber. dtsch. chem. Ges. **74**, 1612 (1941). — Über den Aminosäurebedarf von *Milchsäurebakterien* vgl. weiter C. M. LYMAN u. Mitarb.: J. of Biol. Chem. **167**, 177 (1947). — DUNN, M. S., u. Mitarb.: J. of Biol. Chem. **168**, I, 23, 33 (1947).

[6] RIPPEL, A., u. W. KÖHLER: Arch. Mikrobiol. **13**, 389 (1944).

[7] BEERSTECHER, E., u. W. SHIVE: J. of Biol. Chem. **167**, 49, 527 (1947); J. Amer. Chem. Soc. **69**, 461 (1947).

werden[1]. Und wenn z. B. *Bac. glycinophilus* Glykokoll besser verarbeiten kann als andere Aminosäuren[2], so kann das mit seiner besonderen Vorliebe für Essigsäure als Kohlenstoffquelle zusammenhängen. Der Stickstoff der Aminosäure braucht also durchaus keine primäre Bedeutung zu haben. Solche Beobachtungen stimmen vollkommen überein mit den S. 256f. erwähnten Mutantenversuchen zwecks Aufklärung der Synthese, indem bestimmte, nicht stickstoffhaltige Kohlenstoffgruppen als Vorläufer der Synthese erscheinen.

Die Tatsache, daß gewisse Mikroorganismen oder Varianten auf bestimmte Aminosäuren angewiesen sind, kann dazu benutzt werden, den Gehalt eines Stoffes daran festzustellen[3].

Darüber hinaus spielen weitere Beziehungen der Stickstoff- zur Kohlenstofferernährung eine sehr wichtige Rolle. Für viele Mikroorganismen können stickstoffhaltige organische Stoffe (Eiweiß, Pepton, Aminosäure) sowohl Stickstoff- wie Kohlenstoffquelle sein. Für typische Kohlenhydratorganismen *(Hefen, Schimmelpilze)* ist allerdings Zugabe einer besonderen Kohlenstoffquelle, etwa in Form von Zucker, neben einer organischen Stickstoffquelle notwendig, wenn normales Wachstum erfolgen soll, weil die gemeinsame C- und N-Quelle mehr Stickstoff enthält als der Organismus verarbeiten kann; dieser wird als Ammoniak frei, alkalisiert das Medium und hemmt das weitere Wachstum. Für Mikroorganismen, namentlich *Bakterien*, mit Vorliebe für organisch gebundenen Stickstoff sind geringe Mengen von Kohlenhydraten oft nützlich, schädigen aber bereits in noch verhältnismäßig niedrigen Mengen. Die Schädigung kann z. B. dadurch eintreten, daß aus dem Kohlenhydrat organische Säuren gebildet werden, die das Wachstum hemmen. Oder aber die Kohlenstoffquelle kann von der Verarbeitung der Stickstoffquelle ablenken[4], was zwangsläufig eine Hemmung der Stickstoffaufnahme zur Folge hat, wenn z. B. die Aminosäure erst desaminiert werden muß.

Man kann überhaupt beobachten, daß, von der eigentlichen Stickstoffversorgung abgesehen, eine besondere Kohlenstoffquelle (in der Hauptsache ein Kohlenhydrat) die organische Stickstoffverbindung vor dem Abbau schützt. Denn bei Fehlen von Kohlenhydrat wird die organische Stickstoffquelle selbst als Kohlenstoffquelle zum Bau- und Betriebsstoffwechsel herangezogen. Die Bildung von Ammoniak ist somit eine Begleiterscheinung der Zertrümmerung des Kohlenstoffskelets, hat also mit der eigentlichen Stickstoffversorgung nichts zu tun. Umgekehrt wird die Gegenwart einer besonders guten Kohlenstoffquelle die Ammoniakbildung hemmen.

---

[1] MÖLLER, E. F.: Z. angew. Chem. **53**, 204 (1940); ferner S. 130, Anm. 3.

[2] Siehe S. 118, Anm. 3.

[3] Vgl. die Zusammenfassungen von E. E. SNELL: Adv. Protein Chem. **2**, 85 (1945); Ann. N. Y. Acad. Sci. **47**, 161 (1946). — HENDERSON, L. M., u. E. SNELL: J. of Biol. Chem. **172**, 15 (1948).

[4] RIPPEL, A., u. K. NABEL: Arch. Mikrobiol. **10**, 359 (1939). — BOYD, W. L., u. H. C. LICHTSTEIN: J. Bacter. **62**, 711 (1951).

Organische Wirkstoffe[1].

Wie bei höheren Organismen sind auch bei Mikroorganismen organische Wirkstoffe zum Gedeihen notwendig (Wuchsstoffe, Hormone, Vitamine). Soweit sie nicht von dem Organismus selbst synthetisiert werden können, ist ein Zusatz zur Nährlösung erforderlich; man kann auxo-autotrophe und auxo-heterotrophe Mikroorganismen unterscheiden. Das Charakteristikum dieser Wirkstoffe ist die Wirksamkeit in äußerst geringen Mengen; sie sind zumeist Wirkgruppen von Enzymen (S. 173). Die summarische Bezeichnung „Wirkstoffe" soll andeuten, daß wir bei Mikroorganismen keinen Unterschied machen können wie beim tierischen Organismus, zwischen den lokal gebildeten, an anderer Stelle ihre Wirkung ausübenden Hormonen und den allgemein vorhandenen und wirksamen Vitaminen.

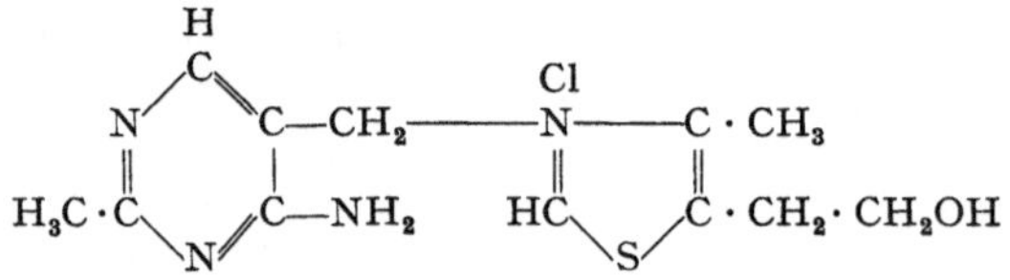

$$\text{Salzsaures Aneurin}$$

Pyrimidin-Komponente.   Thiazol-

Besonders eingehend untersucht ist die Wirkung von Vitamin B_1 (Aneurin, Thiamin)[2], das die Wirkungsgruppe der Co-Carboxylase (S. 209) darstellt; die Zusammensetzung zeigt die vorstehende Formel. Viele Mikroorganismen benötigen den Zusatz von Aneurin nicht, da sie es selbst bilden können, bei anderen tritt ohne diesen Zusatz keine Entwicklung ein. Wieder andere vermögen nur die eine Komponente aufzubauen, etwa die Pyrimidinkomponente (deren C-Kette nach Versuchen an *Neurospora* von der Oxalessigsäure aufgebaut wird), so daß zur normalen Entwicklung die Thiazolkomponente zugesetzt werden muß, während noch andere sich hinsichtlich der beiden Komponenten umgekehrt verhalten (vgl. S. 317f.). Oder es werden beide Komponenten nur teilweise synthetisiert, es ist also ein teilweiser Zusatz notwendig. Endlich verlangen einige das ganze Aneurinmolekül, während andere die Mischung der chemisch nicht gebundenen Komponenten verwerten können. Alle diese Verhältnisse sind nicht etwa systematisch gebunden, sondern die Verschiedenheiten finden sich innerhalb engster Verwandtschaftskreise, der *Mucoraceae*, der *Ustilaginaceae*, der mycorrhizabildenden *Basidiomycetes (Hymenomycetes)*, der *farblosen* (heterotrophen)

---

[1] Neueste Zusammenfassungen: RUDOLPH, W.: Wuchsstoffe und Antiwuchsstoffe. Bern: H. Huber 1948. — SCHOPFER, W. H.: Plants and Vitamins. Chronica Botanica. Waltham (Mass.) 1949. — VOGEL, A., u. H. KNOBLOCH: Chemie und Technik der Vitamine. Stuttgart: F. Enke, 1. Bd., 1950; 2. Bd. ab 1953. — BARTON-WRIGHT, E. C.: The microbiological assay of the vitamin B-complex and amino acids. Pitman u. Sons, London 1952. — Nutrition and growth factors. Symp. VI Intern. Congr. Microbiology. Rom 1953. — Ferner die laufenden Berichte in Annual Rev. Biochem. u. Annual Rev. Microbiol.

[2] Sammelbericht: KARRER, P.: Angew. Chem. **63**, 37 (1951).

Flagellaten usw.[1]. Versuche an *Neurospora*, nach der S. 66 erwähnten Methodik, zeigten, daß man auch hinsichtlich des Aneurins strahlen-induzierte Mutanten erhalten und mit ihnen zur Aufklärung der Synthese des Aneurins beitragen kann.

Für aneurinbedürftige *Pilze* verhält sich das Mycelgewicht zur wirksamen Aneurinmenge etwa wie 1 Million zu 1. Zum biologischen Test auf das Vorhandensein von Aneurin kann *Phycomyces blakesleeanus* verwendet werden[2]; der Pilz braucht beide Aneurinbestandteile, die aber getrennt geboten werden können. Von untersuchten Pilzen benötigten 19 Arten Aneurin, 15 Pyrimidin + Thiazol, 30 nur Pyrimidin[3], während von 41 untersuchten *Basidiomycetes* (hauptsächlich *Polyporus*) alle aneurinbedürftig waren[4].

Vitamin B_2 [Lactoflavin=Riboflavin (S. 183)] muß z. B. Milch- und Propionsäurebakterien geboten werden. Vitamin B_6 (Adermin= Pyridoxin) ist notwendig als Coferment der Aminosäure-decarboxylase und Transaminase (S. 243). Vitamin B_{12} (Cyanocobalamin)[5], von noch nicht bekannter Zusammensetzung, tiefrot gefärbt, mit einer Cyan-(CN-)Gruppe, Kobalt-haltig, scheint wichtig zu sein für die Synthese von Methylgruppen. Es heilt die perniziöse Anämie. Vitamin C (Ascorbinsäure) begünstigt das Wachstum vieler Organismen und ermöglicht obligat Anaeroben das Wachstum in Gegenwart von Sauerstoff (S. 170).

Biotin: Für das Wachstum der *Kulturhefen* ist, wie schon erwähnt, „Bios" der Hauptfaktor, ein Sammelbegriff für eine ganze Reihe wirksamer Stoffe, während *wilde Hefen*, wie *Torulopsis utilis (Eiweiß-* oder

<pre>
            O
            ‖
            C
          ⁄   ＼
        HN   NH   Strukturformel des Biotin (Säure)
        | |
        HC——————CH
        | |
       H₂C   CH—CH₂—CH₂—CH₂—CH₂—COOH
          ＼   ⁄
            S
</pre>

Mineralhefe), diese Stoffe synthetisieren können. Der Hauptbestandteil von Bios ist das Biotin[6], nicht nur für *Hefen*, sondern auch für viele

---

[1] SCHOPFER, W. H.: Arch. Mikrobiol. **9**, 116 (1938). — SCHOPFER, W. H., u. S. BLUMER: Arch. Mikrobiol. **11**, 205 (1940). — REINHARDT, K.: Arch. Mikrobiol. **13**, 329 (1943). — ONDRATSCHEK, K.: Arch. Mikrobiol. **11**, 89, 239 (1940); **12**, 46, 91, 229 (1941/42). — Bei *mixotrophen Flagellaten* (die sowohl autotroph wie heterotroph zu leben vermögen) ist Aneurin der Hauptwirkstoff bei heterotropher, Ascorbinsäure bei autotropher Ernährung.

[2] WITSCH, H. v.: Arch. Mikrobiol. **14**, 99 (1948).

[3] ROBBINS, W. J., u. R. MA: Bull. Torrey Bot. Club **70**, 190 (1943); Mycologia **42**, 470 (1950).

[4] YUSSEF, H. M.: Bull. Torrey Bot. Club **80**, 43 (1953).

[5] DARKEN, M. A.: Bot. Rev. **19**, 99 (1953). — BERNHAUER, K., u. W. FRIEDRICH: Angew. Chem. **66**, 776 (1954).

[6] Sammelbericht: LICHSTEIN, H. C.: Vitamins a. Hormones **9**, 27 (1951). — Vgl. auch H. STOLP: Arch. Mikrobiol. **21**, 273 (1954).

andere Mikroorganismen, u. a. auch *Basidiomycetes*, ein wichtiger Wirkstoff, stickstoff- und schwefelhaltig, identisch mit Vitamin H. Biotin kann bei einigen *Bakterien* durch Oxybiotin (O statt S), wenigstens teilweise, ersetzt werden; ein natürlich vorkommender Biotin-Komplex ist das Biocytin, in dem die Carboxylgruppe des Biotins mit der endständigen NH_2-Gruppe des Lysins verestert ist. Biotin greift bei der Verarbeitung von Ammoniak ein (S. 130) sowie bei dem Einbau von CO_2 (S. 114); dazu andere, noch recht umstrittene Funktionen (Desaminierung, Aufbau der Asparaginsäure usf.). Biotin kann bei manchen Mikroorganismen durch Ölsäure und Asparaginsäure ersetzt werden; jedoch verhalten die Organismen sich verschieden. Auch teilweiser Ersatz durch Purin- und Pyrimidinderivate ist möglich[1]. Ein anderer Bestandteil des Bios ist der inaktive Inosit (Mesoinosit), der bei der *Hefe* allein unwirksam ist, aber bei Gegenwart von Biotin dessen Wirkung verstärkt. Dazu treten noch weitere Biosbestandteile.

Daneben sind noch zahlreiche weitere und teilweise bereits identifizierte Stoffe auf bestimmte Mikroorganismen wirksam, wie Cystein (S. 250), das Häminsystem (S. 177), β-Indolylessigsäure (Heteroauxin), Glutathion (S. 210), Nicotinsäure = Niacin (S. 208), Pantothensäure, Purin- und Pyrimidinkerne, auch Öl-, Linol-, Linolensäure[2] u. a. Merkwürdigerweise sind die die Streckung der pflanzlichen Zellwände bedingenden Auxine (die eigentlichen Wuchsstoffe) auf Mikroorganismen unwirksam. Anspruchsvolle Bakterien benötigen mehrere organische Wirkstoffe; so werden als mit Sicherheit nebeneinander notwendig für *Streptobact. plantarum*[3] angegeben: Lactoflavin, Adermin, Nicotinsäure, Pantothensäure, Adenin, Biotin und p-Aminobenzoesäure[4], während für *Bact. vulgare* Nicotinsäure[5], für die Wildform von *Neurospora crassa* Biotin der einzige zu bietende Wirkstoff ist.

β-Alanin tritt z. B. bei *Hefe* als notwendiger „Spurenbaustein" ($CH_2NH_2 \cdot CH_2 \cdot COOH$) auf: Es ist in der Pantothensäure enthalten, diese wiederum im Coenzym A (S. 193).

β-Alanin-Gruppe

$HOH_2C—C(CH_3)_2—CHOH—CO—NH—CH_2—CH_2 \cdot COOH$

Pantothensäure

Im übrigen sind die meisten der obengenannten Stoffe als Redoxsysteme unentbehrlich, und darauf ist ihre Wirkung zurückzuführen.

Im einzelnen läßt sich bei der ungeheuren Verschiedenartigkeit derartiger Erscheinungen bei den Mikroorganismen trotz zahlreichen bisher vorliegenden Kenntnissen, von denen nur einige Beispiele herausgegriffen sind, naturgemäß kein kurzer, das Wesentliche erschöpfender

---

[1] STOLP, H.: S. 133, Anm. 6.

[2] NIEMAN, C.: Bacter. Revs. **18**, 147 (1954). — BECHER, A.: Z. Hyg. **139**, 222 (1954).

[3] MÖLLER, E. F., u. K. SCHWARTZ: Ber. dtsch. chem. Ges. **74**, 1612 (1941).

[4] *Milchsäurebakterien* benötigen 25—30 Wirkstoffe und Aminosäuren, eine Zahl, die indessen klein ist im Vergleich zu den von ihnen aufgebauten [STOKES, J. L.: Annual Rev. Microbiol. **6**, 44 (1952)].

[5] MOREL, M.: L'acide nicotinique. Monographie Inst. Pasteur. Paris: Masson & Cie. 1943.

Überblick geben. Aber in allgemein biologischer Hinsicht ergibt sich bereits ein wichtiger Ausblick: wie nämlich das so verschiedene Verhalten oft sehr nahe verwandter Organismen zu erklären ist. SCHOPFER nimmt mit anderen Autoren an, daß Organismen ohne Fähigkeit zur Synthese, z. B. des Aneurins, diese Fähigkeit verloren haben. Das natürliche Vorkommen der jeweiligen Art ist von entscheidender Bedeutung, das Vorkommen oder Fehlen der jeweiligen Wirkstoffe also ökologisch bedingt. So kann es nicht übersehen werden, daß gerade *Kulturhefen, Milch-* und *Propionsäurebakterien* starken Bedarf an Wirkstoffen haben; sie leben ja in solchem Medium, das sie ausgiebig mit diesen Stoffen versorgen kann (Lactoflavin bei den beiden letztgenannten!). Es dürfte kaum ein Widerspruch zu dieser Auffassung sein, wenn einige *Kulturhefen* auxo-autotroph sind[1]. Auch für das Zusammenleben der Organismen spielt die Frage der Wirkstoffe eine große Rolle (S. 317f.). Man vergleiche auch noch das S. 276 über die Verbreitung niederer *Phycomycetes* Gesagte. Es ist also offenbar eine Selektion von natürlich entstandenen Varianten im Sinne der S. 64 gegebenen Ausführungen erfolgt. Im übrigen lassen sich auch bei den organischen Wirkstoffen die mutationsauslösenden künstlichen Eingriffe anwenden und der Weg der Synthese verfolgen, wie oben für das Aneurin erwähnt wurde.

Weiterhin zeigt sich auch auf diesem Gebiete grundsätzlich eine starke **komplizierte chemische Tätigkeit** auch der *Bakterien,* die S. 67f. erwähnt wurde, und schließlich ist zu erkennen, wie sich **die spezialistischen Fähigkeiten** der Mikroorganismen verzweigt haben und, bei einseitiger Weiterentwicklung, manche einseitigen Lebensäußerungen entstanden sind.

Wie bei den Aminosäuren können wirkstoffbedürftige Mikroorganismen zur quantitativen Bestimmung des jeweiligen Wirkstoffs herangezogen werden[2], wie für *Phycomyces* und Aneurin erwähnt wurde.

Allgemeine äußere Bedingungen.

Wasser.

Zu den allgemeinen äußeren Bedingungen des Stoffwechsels gehört zunächst das Wasser als das Medium, in dem sich alle Lebensvorgänge vollziehen, da es das fast alleinige Lösungs- und Dispersionsmittel für Kristalloide und Kolloide im lebenden Organismus darstellt. Der Wassergehalt der vegetativen Bakterienzelle beträgt etwa 85%, ist also gleich demjenigen jugendlicher Organe höherer Pflanzen. Mit zunehmender Austrocknung nimmt die Lebenstätigkeit allmählich bis auf einen kaum nachweisbaren Grad ab.

---

[1] WIKÉN, T., u. Mitarb.: Arch. Mikrobiol. **20**, 201 (1954).
[2] Übersichten: SNELL, E. E.: Physiologic. Rev. **28**, 255 (1948). — JOHNSON, B. C.: Methods of Vitamin Determination. Minneapolis (Minn.): Burgess Publ. Co. 1948. — GYÖRGY, P.: Vitamin Methods, Bd. I. New York: Acad. Press Inc. 1950. — KREHL, W. A., u. S. J. LIAO: Annual Rev. Microbiol. **5**, 121 (1951).

Vegetative Stadien sind gegen Austrocknung oft sehr empfindlich, falls sie kein Ruhestadium zu bilden vermögen. *Micrococcus gonorrhoeae* geht schon nach wenigen Stunden zugrunde, *Vibrio comma* nach einigen Wochen; *Diphtheriebakterien* fand man noch nach 4 Jahren Austrocknung am Leben, *Milchsäurebakterien* nach 6, *Azotobacter*[1] nach 10 und *Knöllchenbakterien*[2] sogar noch nach 15 Jahren; in diesem Falle wurde das Überleben an der Infektionstüchtigkeit festgestellt, die allerdings etwas herabgesetzt war. Merkwürdigerweise erfolgt das Absterben von *Pneumo-*, *Strepto-* und *Staphylokokken* am schnellsten bei 50% relativer Feuchtigkeit, nicht etwa bei noch geringerer[3]. In diesen Fällen handelt es sich um nichtsporenbildende Formen, deren Widerstandsfähigkeit also sehr verschieden ist. Die vegetativen Zellen können offenbar bis zu einem gewissen Grade selbst eine Dauerzelle sein, vielleicht eine Art Chlamydospore (*Azotobacter*, S. 56f.) oder „Cysten" (*Nitrosomonas*, Abb. 5, S. 19, von diesem Bakterium wurde Lebensfähigkeit von einigen Jahren in trockenem Zustande beobachtet[4]); auch auf die S. 276 erwähnten verdichteten Bakterienkolonien im Boden muß in diesem Zusammenhang hingewiesen werden. Auch ohne Eintrocknung kann die Lebensdauer sehr hoch sein: In Limanschlamm, der 33 Jahre völlig anaerob unter Kohlensäure- oder Wasserstoffatmosphäre gestanden hatte, fand man noch zahlreiche lebende Bakterien[5]; *Knöllchenbakterien* waren in zugeschmolzenen Röhrchen auf Agar noch nach 16 Jahren am Leben und voll infektionsfähig[6].

Sehr resistent gegen Austrocknung sind die Endosporen der Bakterien. Erde aus einem nachweislich 92 Jahre nicht geöffneten Moosherbar enthielt noch 90000 Keime *sporenbildender Erdbakterien* je 1 g. Milzbrandsporen waren noch nach 50 Jahren trockener Aufbewahrung virulent[7]. Auch *Pilzsporen* sind gegen Austrocknung sehr resistent, jedoch in verschiedenem Grade. *Mucoraceae* sterben im allgemeinen früher ab als *Aspergillaceae*[8], bereits nach 6—18 Monaten, Sporen von *Aspergillus*-Arten waren noch nach 15 Jahren trockener Aufbewahrung am Leben[9]. Angaben über lebende Keime aus jahrtausendealten Mumien, in Meteorsteinen u. dgl. sind falsch.

Die Sporen werden bei trockener Aufbewahrung nicht vollständig trocken, da sonst die lebende Substanz absterben müßte, wenn auch das Plasma durch besondere Struktur dem Wasserentzug sicherlich weitgehend angepaßt sein dürfte. Allerdings sollen Bakteriensporen nur unwesentlich weniger Wasser enthalten als vegetative Zellen, jedoch einen besonders hohen Anteil an „gebundenem Wasser"[10]. Das

---

[1] OMELIANSKY, V.: C. r. Acad. Sci. (Paris) **183**, 707 (1926).

[2] RIEDE, W., u. H. BUCHERER: Zbl. Bakter. II **100**, 25 (1939).

[3] DUNKLIN, E. W., u. PH. T. PUCK: J. of Exper. Med. **87**, 87 (1948).

[4] BÖMEKE, H.: Arch. Mikrobiol. **14**, 63 (1948).

[5] RUBENTSCHIK, E., u. S. S. CHAIT: Microbiol. (russ.) **4**, 660 (1935). — Ann. Inst. Pasteur **58**, 446 (1937).

[6] STAPP, C.: Angew. Bot. **6**, 152 (1924).

[7] NOVEL, E., u. E. PONGRATZ: Schweiz. Z. Path. **15**, 545 (1952).

[8] ZOBL, K. H.: Arch. Mikrobiol. **13**, 191 (1943).

[9] ROBERG, M.: Arch. Mikrobiol. **14**, 1 (1950).

[10] FRIEMANN, C. A., u. B. S. HENRY: J. Bacter. **36**, 99 (1938).

ist indessen nicht wahrscheinlich, da einmal zweifelhaft ist, ob die Sporen wirklich in „naturtrockenem" Zustande gewonnen wurden (was nicht ohne weiteres möglich erscheint), andererseits die Methode der Bestimmung des gebundenen Wassers nicht einwandfrei sein dürfte[1]. Der wahre Wassergehalt der Sporen dürfte, wie bei den Samen der höheren Pflanzen, um 10% liegen.

Darauf deutet die Quellung der Endosporen der Bakterien hin. Wenn, wie man aus der Literatur entnehmen kann, die Sporen vor der Keimung auf den doppelten Durchmesser quellen, so bedeutet das eine Volumenzunahme auf das 8fache. Ist ursprünglich die Trockensubstanz der trockenen Sporen 90%, so muß sie demnach in der gequollenen Spore etwa 10% betragen, was den normalen Verhältnissen entsprechen würde.

Der hermetische Abschluß nach außen hin durch die Zellmembran und gegebenenfalls Schleimstoffe wird das Schwinden des letzten Wassers wesentlich vermindern. Das zeigt sich auch darin, daß Bakterien gegen Austrocknen widerstandsfähiger sind, wenn man sie in einem an organischen Stoffen reichen Medium eintrocknen läßt, z. B. in Pflanzensaft, was offenbar durch den Niederschlag weiterer schützender Hüllen bedingt ist. Pathogene Nichtsporenbildner bleiben in Serumkulturen, die über Phosphorpentoxyd bis zu 2,5 mm Quecksilberdruck eingetrocknet waren, bis zu 6 Jahren am Leben, der empfindliche *Micrococcus gonorrhoeae* über $2^1/_2$ Jahre[2]. Die Undurchlässigkeit der trockenen Zellmembran zeigt sich auch darin, daß die Sporen durch wasserfreie Flüssigkeiten, wie absoluten Alkohol, wasserfreien Äther u. ä., nicht abgetötet werden (ebensowenig wie trockene Samen höherer Pflanzen), da diese nicht eindringen und den letzten Rest des Wassers entziehen können, vielmehr die Poren der Hülle noch stärker verdichten. Erst von einem bestimmten Wassergehalt an ist Quellung und damit Eindringen möglich, was dann den Tod der Zellen zur Folge hat[3]. Die Endosporen zeigen häufig starken Keimverzug (bzw. Keimruhe), offenbar ebenfalls durch erschwerte Wasseraufnahme hervorgerufen. Durch Behandeln mit hohen Temperaturen bis zur Siedehitze kann diese Ruhe weitgehend aufgehoben werden[4].

Jede Wiederaufnahme der Lebenstätigkeit der „trockenstarren" Zellen ist an die Gegenwart von Wasser außerhalb der Zelle gebunden. Quellung der Sporen, die die weitere Entwicklung einleitet, tritt bei xerophilen Pilzen *(Asp. glaucus, niger, Pen. glaucum)* noch unter 80%, bei dem erstgenannten noch bis herunter zu 70% rel. Dampfspannung ein, bei hygrophilen *(Oospora lactis)* erst bei über 90%, während *Mucoraceae* als mesophile (xerotolerante) zwischen diesen stehen, jedenfalls weniger resistent sind als *Aspergillaceae*[5], was auch

---

[1] WEISMANN, O.: Protoplasma **31**, 27 (1938).

[2] PAULI, P.: Soc. intern. Microbiol. Sez. Ital. **4**, 239 (1934). — 15jährige Erfahrung mit der Phosphorpentoxyd-Trocknung: RHODES, M.: J. Gen. Microbiol. **4**, 450 (1950).

[3] RIPPEL, A.: Biol. Zbl. **37**, 477 (1917).

[4] GAVEL, L. v.: Arch. Mikrobiol. **16**, 28 (1951).

[5] HEINTZELER, I.: Arch. Mikrobiol. **10**, 92 (1939). — Über Hydratur der Pilze vgl. weiter D. SNOW: Ann. Appl. Biol. **36**, 1 (1949).

in der Sporenresistenz zum Ausdruck kommt. Doch hängt die Sporenkeimung auch von der Temperatur ab; nur bei optimaler Temperatur werden die niedrigsten Grenzwerte erreicht, während für über- und unteroptimale Temperatur annähernd 100%ige Wasserdampfsättigung erforderlich ist[1] (Abb. 76). Andererseits liegt das Optimum der Entwicklung der *Pilze* nicht etwa bei 100% rel. Dampfspannung, sondern etwas darunter. Sehr charakteristisch ist das kümmerliche, knorrige Mycel, das von Pilzen an der unteren Wachstumsgrenze der Lufttrockenheit gebildet wird (Abb. 77) und das ganz

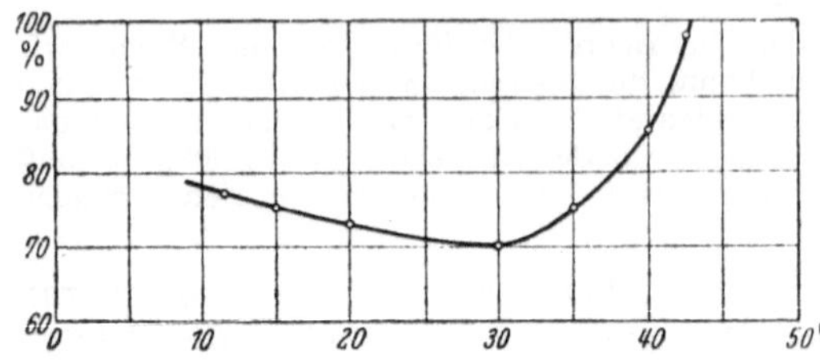

Abb. 76. *Aspergillus glaucus*. Feuchtigkeitsgrenzwerte der Sporenkeimung abhängig von der Temperatur (Nach B. STILLE.)

den Bildern entspricht, die epiphytisch auf oberirdischen Pflanzenteilen in der Natur lebende Pilze zeigen. Zu den xerophilen Pilzen gehören auch die meisten holzzerstörenden Pilze; der *Hausschwamm* jedoch ist mesophil[2].

Hefen sind etwas feuchtigkeitsliebender als die anderen Pilze; eine *rosa Hefe* erwies sich als xerophil (Hydraturminimum 88% rel. Dampfspannung)[3], *Bierhefe* (89—90% rel. Dampfspannung als Hydraturminimum) neigt zur Xerotoleranz. *Bakterien* endlich stehen noch weiter

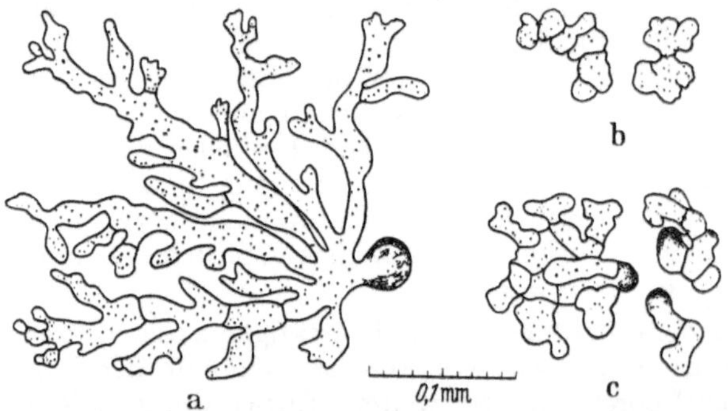

Abb. 77. Kümmerformen von Pilzen, entstanden bei geringer relativer Dampfspannung. a) *Phycomyces nitens* bei 88,4% r. D. und 20° nach 15 Tagen, b) dasselbe bei 86,6% r. D. nach 5 Wochen, c) *Sporodinia grandis* bei 83,3% r. D. und 20° nach 3 Wochen. Vergr. 160mal. (Zeichnung nach J. HEINTZELER.)

---

[1] STILLE, B.: Arch. Mikrobiol. **14**, 108 (1949).

[2] BAVENDAMM, W., u. H. REICHELT: Arch. Mikrobiol. **9**, 486 (1938). Für den Befall des Holzes selbst und dessen Zerstörung soll das allerdings nicht ganz gelten nach G. THEDEN: Angew. Bot. **23**, 189 (1941).

[3] BURCIK, E.: Arch. Mikrobiol. **15**, 203 (1951). Hier wird definiert: Hygrophil: Hydraturminimum über 95%, Hemmung von 99% r. D. an. Xerotolerant: unter 95% bzw. unter 98,5%. Xerophil: unter 90% bzw. unter 95%. Die obigen Angaben für *Pilze* und die vorliegenden für *Bakterien* sind nicht ohne weiteres zu vergleichen, da es sich bei jenen um Sporenkeimung, bei diesen um das Wachstum handelt. —*Zygosacch. barkeri* kann noch in Sirup wachsen, dessen Konzentration 62% rel. Dampfspannung entspricht: SCHELHORN, M. v.: Z. Lebensmittelunters. u. -Forsch. **91**, 117 (1950).

nach der hygrophilen Seite. An der Grenze zwischen xerophil und xerotolerant steht *Micrococcus roseus* (Hydraturminimum 90—91% rel. Dampfspannung), dann in abnehmender Reihenfolge *Luftsarcina, Bact. coli, Bact. prodigiosum, Bac. subtilis, Bac. mycoides, Bact. radicicola* (bei den beiden letztgenannten Hydraturminimum 97—99% rel. Dampfspannung). Beziehungen zwischen Xerophilie und Osmophilie bzw. Halophilie scheinen nicht unmittelbar zu bestehen; doch ist das resistenteste Bakterium, *Micrococcus roseus*, auch das am stärksten halophile Bakterium (S. 98).

Bei hoher Luftfeuchtigkeit kann aktiv Wasser ausgepreßt werden (Guttation)[1]; dies ist oft auf der Myceldecke von *Pilzen* in Kulturkolben zu beobachten und läßt sich bei *Mucor mucedo* durch Einwirkung ätherischer Öle erheblich steigern[2]. Der starken Wasserausscheidung hat der Hausschwamm, *Merulius*, seinen Artnamen *lacrymans* zu verdanken: Die Guttation, bei der auch im Wasser gelöste organische und anorganische Stoffe ausgeschieden werden, ist ferner von Wichtigkeit für die Vorgänge bei gewissen Mycorrhizaformen (S. 336).

Pilze zeigen auch Transpiration, die bei den Hutfruchtkörpern der *Hymenomycetes* je Stunde etwa 2%, bei Wind etwa 6%, in Ausnahmefällen, bei besonders zarten Gebilden, bis zu 50% des Wassergehaltes beträgt[3]. Wie zu erwarten, nimmt die Saugkraft von unten nach oben zu. Transpiration wird als Vorbedingung für die Ausbildung von Fruchtkörpern angesehen[4]. Zu dieser Zeit werden die Querwände der Pilzhyphen perforiert und können dem gesteigerten Wasser- und Stofftransport gerecht werden[5]. Eigentliche wasserleitende Zellen finden sich in den Fruchtkörpern nicht, z. T. scheint das Wasser capillar zwischen den Hyphen geleitet zu werden, zumal sich im Stiel hydathodenartige Zellen befinden, die Wasser in die Intercellularen pressen. Beim Hausschwamm und anderen *Hymenomycetes* indessen dienen Rhizomorphen, Mycelstränge mit Leitungshyphen der Wasserleitung auf längere Strecken und ermöglichen dem Pilz Wachstum und Guttation an trockenen Stellen.

Auch das Atmungswasser darf im Wasserhaushalt der Mikroorganismen nicht vernachlässigt werden, das sicherlich eine Rolle spielt, wenn z. B. geschlossene und abgeschnittene Fruchtkörper sich noch entfalten, vielleicht auch bei dem Zustandekommen von Guttationströpfchen. Das Feuchtwerden verschlossen und trocken aufbewahrter Nahrungs- und Futtermittel dürfte ebenfalls zum großen Teil durch das Atmungswasser der Mikroorganismen zustande kommen.

Temperatur.

Widerstandsfähigkeit gegen erhöhte Temperatur geht bis zu einem gewissen Grade der Austrocknung[6] parallel: Je höher diese ist, um so höhere Temperaturen können ertragen werden: so sind auch

---

[1] Vgl. die Abbildung in Bd. I, Taf. 36, Nr. 126 bei P. LINDNER: Atlas der mikroskopischen Grundlagen der Gärungskunde, 3. Aufl. Berlin: Parey 1927. (Auspressen von Wasser durch Hyphen, die in Vaselin hineingewachsen sind.)

[2] KEHL, H.: Arch. Mikrobiol. **8**, 379 (1937).

[3] PIESCHEL, E.: Bot. Arch. **8**, 64 (1924). — URSPRUNG, A., u. G. BLUM: Zbl. Bakter. II **64**, 445 (1925).

[4] ZYCHA, H.: Angew. Bot. **21**, 46 (1939). — Nach H. BORRIS [Planta (Berl.) **22**, 644 (1934)] ist dies jedoch bei *Coprinus lagopus* nicht der Fall.

[5] SCHWEIZER, G.: Arch. Mikrobiol. **8**, 153 (1937).

[6] Zur Frage Wassergehalt und Temperaturanpassung vgl. CHRISTOPHERSEN, J., u. H. PRECHT: Arch. Mikrobiol. **18**, 32 (1952); Biol. Zbl. **72**, 104 (1953).

die Endosporen der Bakterien besonders widerstandsfähig; Sporen der *Milzbrandbakterien* vertragen $^1/_2$ Std. Erhitzen auf 150° C. Feuchte Hitze kann von den Endosporen der Bakterien ebenfalls gut vertragen werden, wenn auch naturgemäß nicht in dem Maße wie trockene Hitze; Sporen von *Erdbakterien* starben bei 105—110° C in 2—4 Std., bei 120° in 5—15 min., bei 140° in 1 min ab. Doch verhalten sich die einzelnen Arten verschieden, und die Hitzeresistenz ist ein gewisses systematisches Merkmal, wenn auch von den Ernährungsbedingungen abhängig, unter denen die Bakterien gezogen wurden, vom Alter der Kulturen oder der Gegenwart gewisser organischer Stoffe[1]. Das Ertragen feuchter Hitze ist darauf zurückzuführen, daß die Sporen kein Wasser aufnehmen; sie sind also „physiologisch trocken". Doch scheinen auch ihre Enzyme teilweise hitzebeständiger zu sein als diejenigen des vegetativen Stadiums[2].

Vegetative Stadien können dagegen feuchte Siedehitze nicht die kürzeste Zeit überstehen, auch nicht die gegen Austrocknung widerstandsfähigen Dauerzellen, Sporen usw. beliebiger Art bei sämtlichen Mikroorganismen, mit Ausnahme der typischen Endosporen der Bakterien, und sterben oft schon bei weit darunter liegenden Temperaturen ab. Auch diese Erscheinung ist jedoch von der Ernährung abhängig[3]; bei guter Ernährung ist die Resistenz höher. Sporen von *Pilzen*, die gegen trockene Hitze recht widerstandsfähig sind, wenn auch nicht in dem Maße wie die Endosporen der Bakterien, werden durch feuchte Siedehitze in kurzer Zeit abgetötet.

Auch sehr tiefe Temperaturen[4] können ertragen werden. Man hat nach einem Aufenthalt von 19 Monaten bei einer Temperatur von ungefähr 83° absolut (also etwa —200° C) noch lebende *Bakterien* gefunden[5]. Selbst vegetative Formen einiger Pilze sowie Hefen vertragen Temperaturen bis —192° C[6]. *Typhus-* und *Choleraerreger* vertrugen einen 40maligen Wechsel zwischen + 15 und — 15° C, bei anderen vernichtete abwechselndes Auftauen und Abkühlen auf — 190° C an 30 aufeinanderfolgenden Tagen nur die sporenlosen Formen; die Sporen wurden erst abgetötet, wenn zwischendurch auf + 24° C erwärmt wurde[7], was offenbar mit der Quellung der Sporen zusammenhängt. Zweifellos ist öfterer und schroffer Wechsel schädlicher als konstante Einwirkung, langsames Einfrieren und rasches Auftauen schädlicher

---

[1] STÜHRK, A.: Zbl. Bakter. II **93**, 161 (1935). — AMAHA, M., u. K. J. SAKAGUCHI: J. Bacter. **68**, 338 (1954). — CHRISTOPHERSEN, J.: Milchwiss. **6**, 309, 392 (1951).

[2] STEWART, B. T., u. H. D. HALVORSON: Arch. Biochem. a. Biophysics **49**, 168 (1954); für die Alanin-racemase.

[3] LEMBKE, A.: Zbl. Bakter. II **96**, 92 (1937).

[4] Von *Protozoen* waren nur *Myxamöben* widerstandsfähig: GEHENIO, P. M., u. B. J. LUYET: Biodynamica **7**, 175 (1953).

[5] WINCHESTER, G., u. T. J. MURRAY: Proc. Soc. Exper. Biol. a. Med. **35**, 165 (1936).

[6] KÄRCHER, K.: Planta **14**, 515 (1931).

[7] LAZARJEW, N., u. B. BERESNEWA: Arb. Inst. landw. Mikrobiol. **6**, 57 (1935 (ref. Bot. Zbl. **31**, 317).

als rasches Einfrieren und langsames Auftauen. Mit schnellem Einfrieren hängt die zunächst überraschende Feststellung zusammen[1], daß bei —24° C mehr Mikroorganismen absterben als bei —193° C. Das Absterben soll durch ein einzelnes Trefferereignis erfolgen.

Das vegetative Leben der Mikroorganismen ist in der verschiedensten Weise an die Temperatur angepaßt. Es bewegt sich zwischen den 3 Kardinalpunkten (ebenso für die übrigen klimatischen Faktoren): Minimum, Optimum und Maximum, wobei das Optimum stets viel näher dem Maximum liegt als dem Minimum (Abb. 78, vgl. auch Abb. 76, S. 138), alle 3 Punkte aber stark von den sonstigen Kulturbedingungen abhängig sind; sie sagen also nicht unbedingt etwas über die natürlichen Verhältnisse aus. Auch ist das Temperaturoptimum für die jeweiligen Lebensäußerungen einer Zelle sehr verschieden[2].

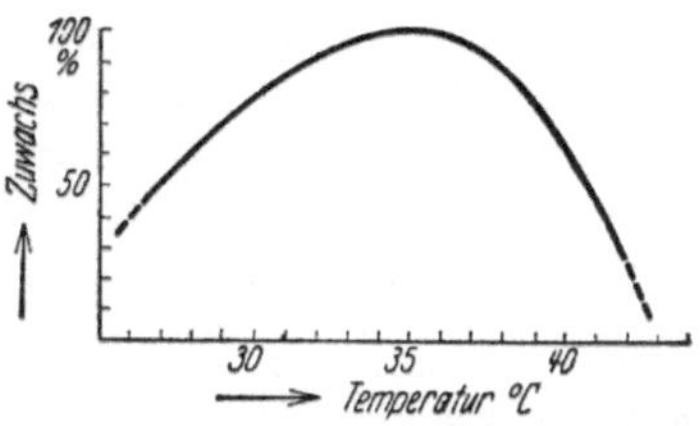

Abb. 78. *Bacillus mycoides.* Abhängigkeit des Wachstums von der Temperatur. (Nach A. I. Virtanen u. L. Pulkki.)

Bei *Streptococcus lactis* liegt das Optimum für

schnellstes Wachstum . . . . bei 34° C,
größte Zellenzahl der Kultur . . . . ,, 25—30° C,
schnellste Gärung . . . . ,, 40° C,
die Säurebildung . . . . ,, 30° C.

Daraus geht vor allem hervor, daß der Baustoffwechsel (Zellenzahl) das Optimum bei niedrigerer Temperatur hat als der Betriebsstoffwechsel (Gärung).

Man unterscheidet in roher Gruppierung: Psychrophile, Minimum 0—10° C, Maximum etwa 25—30° C. — Mesophile, Optimum 25 bis 35° C, Maximum 35—45° C. Hierher gehören die meisten unserer Bodenbakterien. — Thermophile, Minimum 25—45° C, Optimum 50—65° C, Maximum 75—80° C.

Psychrophile, wie gewisse *Leuchtbakterien*, aber auch manche Mesophile sterben bei längerer Einwirkung von 40° C bereits ab, nachdem ihr Wachstum schon bei noch niedrigerer Temperatur zum Stillstand gekommen ist. Im übrigen ist das tätige Leben nicht durch den Gefrierpunkt des Wassers bedingt: Noch bis zu —8° C herunter wurde Mikroorganismenleben beobachtet, wenn es auch sehr verlangsamt war[3]. Vorbedingung ist allerdings, falls das Substrat gefroren ist, wenigstens im Innern der Zelle, das Ausbleiben der Eisbildung, die durch Wasserentzug

---

[1] Stille, B.: Arch. Mikrobiol. **14**, 554 (1950).

[2] Dorn, F. L., u. O. Rahn: Arch. Mikrobiol. **10**, 6 (1939).—Vgl. weiter F. Radler, : Arch. Mikrobiol. **22**, 335 (1955).

[3] Horowitz-Wlassova, L. M., u. L. D. Grinberg: Zbl. Bakter. II **89**, 54 (1935). — Tschistjakow, F. M., u. Mitarb.: Microbiologia (russ.) **7**, 498, 565 (1938) (ref. Zbl. Bakter. II **100**, 164; **101**, 471).

oder auf andere Weise das Plasma inaktiviert bzw. zerstört. Eine interessante Form ist *Ps. nivalis*, von ewigem Schnee isoliert, mit sehr tiefem, bei 0—11° C liegendem Optimum[1].

Vielleicht charakteristischer als die Kardinalpunkte ist die Temperaturspanne, die vertragen wird. Sie beträgt z. B. für *Bact. vulgare* 15—50° C, für *Mycobact. tuberculosis* nur 29—43° C; eine ähnliche kleine Spanne zeigen viele pathogene, an die Körpertemperatur der Warmblüter angepaßte Formen.

Von besonderem Interesse sind die Thermophilen[2], denen die hohe Erwärmung in Zersetzung begriffener organischer Massen (Dünger, Heu usw.) zuzuschreiben ist.

Bei der Selbstentzündung von Heu bringt die durch die Atmung erzeugte Wärme mesophiler Organismen die Temperatur bis auf etwa 40° C, daran schließt die Tätigkeit *thermophiler Bakterien (Bac. calfactor), Pilze (Thermoascus aurantiacus, Thermoidium sulfureum)* und *Actinomycetes*[3], wodurch die Temperatur weiter bis auf etwa 80° C steigt. Die Selbstentzündung an sich ist dann ein rein chemischer Vorgang: Entstehung autoxydabler Stoffe, die sich bei plötzlicher Sauerstoffzufuhr spontan entzünden[4]. Auch *Bac. calfactor* wird aber durch die selbsterzeugte Temperatur schließlich abgetötet.

Jedoch vollzieht sich bei den Thermophilen, abgesehen von einer mehr oder weniger intensiven „Kältestarre", Wachstum auch bei gewöhnlicher Temperatur, nur sehr verlangsamt. Bei einem thermophilen Bakterium betrug die Teilungszeit bei 55° C 16 min, bei 20° C dagegen 370 min[5]. Thermophile *Desulfurikanten* (S. 203f.) sind identisch mit solchen von den gewöhnlichen mesophilen Temperaturansprüchen[6]: sie ließen sich ineinander überführen. Thermophile und mesophile des gleichen Typus verhalten sich auch stoffwechselphysiologisch gleich; die Unterscheidung ist zweifellos mehr oder weniger künstlich. Thermophile sind in der Natur verbreitet; doch zeigt sich ihr vermehrtes Vorkommen im Boden anscheinend entweder an einen sonnigen Standort gebunden oder an die Zufuhr von Dünger[7] usw., ihrem natürlichen Substrat. Sie finden sich außerdem in heißen Quellen (S. 273). Das schließt gelegentliches Vorkommen auch in arktischen Böden nicht aus, wie die Anpassungsfähigkeit erklärlich macht[8]. Das Verhalten zur Temperatur stellt sich somit als eine recht labile und heute noch wirksame Anpassungserscheinung dar (S. 273). Man darf in den Thermo-

---

[1] SZILVINYI, A. v.: Zbl. Bakter. II **94**, 216 (1936). — Über die Algenflora von Schnee und Eis vgl. SCHILLER, J.: Österr. bot. Z. **101**, 236 (1954).

[2] ALLEN, M. B.: Bacter. Revs. **17**, 125 (1953); Übersicht über die aeroben thermophilen Sporenbildner.

[3] ERIKSON, D.: J. Gen. Microbiol. **6**, 286 (1952); thermophile *Actinomycetes* sollen *Micromonospora*-Arten sein.

[4] MIEHE, H.: Über die Selbsterhitzung des Heus. Arb. dtsch. Landw. Ges. H. **196**, 2. Aufl. (1930). — CARLYLE, R. E., u. A. G. NORMAN: J. Bacter. **41**, 699 (1941). — WEDBERG, St. E., u. L. F. RETTGER: J. Bacter. **41**, 725 (1941).

[5] HANSEN, P. A.: Arch. Mikrobiol. **4**, 23 (1933). — Auch die Ernährung dürfte von Einfluß sein: CAMPBELL, L. L.: J. Bacter. **65**, 141, 146 (1953); **68**, 505 (1954).

[6] BAARS, J. K.: Over sulfatreductie door bacterien. Diss. Delft 1930.

[7] MISCHUSTIN, E. N.: Chemisat. d. soc. Landw. **7**, 55 (1935) (ref. Zbl. Bakter. II **95**, 82).

[8] JEGOROWA, A. A.: Ber. Akad. Wiss. UdSSR **1938**, 647 (ref. Bot. Zbl. **35**, 310).

philen nicht etwa Relikte aus wärmeren Erdzeiten sehen oder gar Abkömmlinge aus Formen, die von wärmeren Planeten durch den Strahlungsdruck der Sonne auf die Erde gekommen seien, wie die Keimtheorie von ARRHENIUS annimmt.

Innerhalb der das Leben eines Organismus umfassenden Temperaturspanne fördert steigende Temperatur die Lebenstätigkeit nach dem VAN'T HOFFSCHEN Gesetz, wonach eine Temperatursteigerung um 10° C die Reaktionsgeschwindigkeit verdoppelt bis verdreifacht.

Temperaturabhängigkeit der Teilung.

Temperatur	4°	13,5°	23° C,
Teilungszeit in Stunden	20,0	10,5	6,5.

Die kürzere Teilungszeit zeigt die schnellere Entwicklung an. Auch das oben von den Thermophilen gegebene Beispiel folgt dieser Regel; denn es ergibt sich fast genau eine Verdreifachung der Entwicklungsgeschwindigkeit je 10° C. Nahe am Maximum gilt die Abhängigkeit natürlich nicht mehr, da in diesem Bereich zu viel störende Faktoren auf die Lebensfunktionen einwirken. Als einfachsten und dabei äußerst wichtigen Fall kann man annehmen, daß bei höherer Temperatur der Betriebsstoffwechsel stärker gefördert (bzw. weniger gehemmt) wird als der Baustoffwechsel, so daß der Organismus den Verlust an Material, den er durch den Betriebsstoffwechsel erleidet, nicht mehr auszugleichen vermag, also verhungern muß, wie auch aus dem (S. 141) erwähnten Beispiel von *Streptococcus lactis* hervorging und wie insbesondere für eine thermophile *Blaualge* nachgewiesen wurde, deren Resistenz durch geringeren Anstieg der Atmung bei höherer Temperatur normalen Formen gegenüber bedingt ist[1]. In gewissem Umfange zeigt sich eine solche Erscheinung auch bei mesophilen Mikroorganismen[2]. Daneben wird man bei den Thermophilen noch eine besondere Struktur des Plasmas annehmen dürfen, die das Ertragen der hohen Temperatur ermöglicht. Jedenfalls werden verschiedene ihrer Enzyme bei 65° C noch nicht inaktiviert[3].

Sterilisation. Die Abtötung der Mikroorganismen durch höhere Temperatur, verbunden mit einem geeigneten sterilen Verschluß zur Verhinderung einer späteren Infektion, ist das wichtigste Mittel zum Sterilisieren, Keimfreimachen. Das Pasteurisieren der Milch bei 60—80° C kann allerdings keine völlige Keimfreiheit bewirken, sondern hat den Zweck, die Hauptmenge der *Milchsäurebakterien* und der sonstigen saprophytischen Bakterien abzutöten, um die Milch für kürzere Zeit haltbar zu machen, sodann aber, die keine Sporen bildenden pathogenen Keime, in erster Linie *Tuberkelbakterien*, zu vernichten. Stärkeres Erhitzen würde den Geschmack der Milch noch mehr verschlechtern, als das schon beim Pasteurisieren der Fall ist.

---

[1] BÜNNING, E., u. H. HERDTLE: Naturwiss. 33, 159 (1946).

[2] CHRISTOPHERSEN, J., u. H. PRECHT: Biol. Zbl. 70, 261 (1951). — Vgl. weiter F. RADLER: Siehe S. 141, Anm. 2.

[3] MILITZER, W., u. Mitarb.: Arch. of Biochem. 24, 75 (1949); 26, 299 (1950); 31, 416 (1951). — STARK, E., u. P. A. TETRAULT: J. Bacter. 62, 247 (1951).

Im Laboratorium wendet man zum Sterilisieren allgemein das Erhitzen im **strömenden Dampf** an, $^1/_2$—$^3/_4$ Std. lang, wobei aber nur *Pilze* samt ihren Sporen und *nichtsporenbildende Bakterien* abgetötet werden. Wenn trotzdem z. B. im Weckapparat eingekochtes Gemüse nicht verdirbt, so liegt das daran, daß die Keimungs- und Wachstumsbedingungen für die noch zahlreich vorhandenen Endosporen der Bakterien zu ungünstig sind (saure Reaktion, Verdrängung von Sauerstoff und Kohlensäure, kühle Aufbewahrung).

Bei sauren Nährböden für *Pilze* genügt im allgemeinen das Erhitzen im strömenden Dampf, da die nicht abgetöteten **Endosporen** der *Bakterien* sich nicht entwickeln können. Um auch sie in zu ihrer Entwicklung geeigneten Nährböden abzutöten, wendet man **fraktionierte Sterilisation** an: man sterilisiert an 3 aufeinanderfolgenden Tagen je 20—30 min im strömenden Dampf.

Die dem ersten Erhitzen entgehenden Sporen quellen oder keimen bis zum zweiten Tage aus und werden durch das zweite Erhitzen abgetötet, ein etwa übriggebliebener Rest entsprechend am dritten Tage. Unter Umständen müssen noch kürzere Zwischenräume gewählt werden, da sich innerhalb 24 Std. bereits wieder Sporen gebildet haben können. Feuchter Erdboden muß zur Erzielung absoluter Keimfreiheit an mindestens 7 aufeinanderfolgenden Tagen sterilisiert werden[1], da offenbar die Sporen, vielleicht infolge der Bildung kleiner Luftsäcke, lange der Benetzung und Quellung entgehen. Es mag an ähnlichen Ursachen liegen, daß man hin und wieder da Bakterien findet, wo sie eigentlich nicht hingehören.

Die fraktionierte Sterilisation muß bei vielen Nährböden angewendet werden, die hohe Temperatur (120°) nicht vertragen: Gelatine würde das Erstarrungsvermögen verlieren, zuckerhaltige Nährböden Caramelbildung zeigen usf. Bei der medizinisch-bakteriologischen Technik erfordern die empfindlichen Serumnährböden noch weitere Vorsichtsmaßregeln; von der Milch wurde schon gesprochen. Auch bei der Züchtung von Mikroorganismen auf Boden kann dieser durch Erhitzen so verändert werden, daß empfindliche *Pilze* nicht darauf wachsen (S. 317)[2]. Das kann auch bei Zuckernährlösungen (abgesehen von der Caramelbildung) der Fall sein, falls es sich um empfindliche Organismen handelt, z. B. bei *Sporocytophaga*[3]. In solchen Fällen macht man die Nährlösung durch sterile Filtration (S. 12f.) keimfrei; diese Methode ist besonders wertvoll für Nährlösungen, denen hitzeempfindliche Stoffe (Tryptophan, Ascorbinsäure u. a.) zugesetzt werden müssen.

Soweit es die Objekte vertragen, kommt man mit einmaliger Sterilisation bei höherer Temperatur als 100° C aus. Wasserhaltige Nährböden (wie auch Fleichkonserven) werden im **Autoklaven** bei 123° C (= 1 Atmosphäre Überdruck) sterilisiert. Auch hier kann jedoch die Bildung von Luftsäcken die Sterilisation verhindern[4]. Trockene Gegenstände,

---

[1] ECKELMANN, E.: Zbl. Bakter. II **48**, 140 (1918).

[2] MELIN, E.: Sv. bot. Tidskr. **28**, 441 (1934). — LIHNELL, B.: Arch. Mikrobiol. **6**, 326 (1935).

[3] SPEYER, E.: Arch. Mikrobiol. **18**, 245 (1952/53).

[4] MEYER, R.: Arch. Mikrobiol. **13**, 250 (1943) (S. 251/52). Bei Zusatz von Schlämmkreide zur Nährlösung kann sich nach Autoklavieren noch der anaerobe Cellulosezersetzer entwickeln, der darin vorhanden war. Vorheriges Evakuieren oder Behandeln mit Alkohol (Beseitigung der Luftsäcke) führt zum Sterilisationserfolg. Ähnliches kann bei Samen der Fall sein; vgl. H. STOLP, S. 322, Anm. 6.

wie Petrischalen, erhitzt man etwa $^1/_2$ Std. auf ungefähr 165° C, wodurch auch trockene Endosporen der Bakterien abgetötet werden. Die Impfnadel wird einfach durch Glühen sterilisiert. Es ist jedoch kaum möglich, etwa einen zum Impfen zu benutzenden Glasstab durch kurzes Einhalten in die Flamme zu sterilisieren[1]. Über die Desinfektion allgemein vgl. S. 161ff., von Pflanzenteilen S. 382ff.

Licht.

Die Rolle des Lichtes bei der Photosynthese der chlorophyllführenden Bakterien wurde bereits S. 105ff. besprochen, ebenso seine Wirkung auf Bewegungserscheinungen (S. 30). Bei Lichtmangel bilden viele *Basidiomycetes* keine oder vergeilte (überverlängerte), nicht zur Reife kommende Fruchtkörper (Abb. 79); solche abnormen Gebilde finden sich z. B. in Kellern und Bergwerken[2]. Für die normale Ausbildung ist kurzwelliges Licht geeigneter als langwelliges[3]. Das Aktionsspektrum des Lichtes bei *Coprinus lagopus* entspricht dem Absorptionsspektrum des Riboflavins oder eines nahe verwandten Stoffes[4]. Auch für die Fruchtkörperbildung des Schleimpilzes *Didymium eunigripes* ist Licht (rotes und blaues) notwendig[5]. Sehr verbreitet ist bei Pilzen Phototropismus: Viele Sporangienträger krümmen sich nach dem Licht

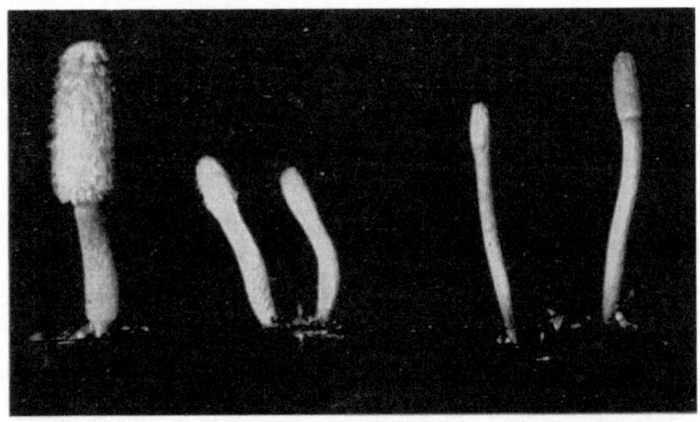

Abb. 79. *Coprinus lagopus.* Fruchtkörperbildung in Licht aus verschiedenen Spektralbezirken. Von links nach rechts: Dunkelblau, blaugrün, gelbgrün. (Nach H. BORRIS.)

(z. B. *Phycomyces*) oder die Sporangien werden nach einer Lichtquelle hin abgeschleudert *(Pilobolus).* Darüber hinaus hat das Licht Einfluß auf die Bildung vieler Farbstoffe, denen keine photosynthetische

---

[1] FISCHER, W.: Arch. Mikrobiol. **14**, 343 (1949).

[2] Vgl. z. B. G. v. MOESZ: Bot. Közlem. **38**, 4 (1941). — KILLERMANN, S.: Ber. dtsch. bot. Ges. **61**, 158 (1944). — Die Stellung der Fruchtkörper der *Basidiomycetes* wird vielfach durch die Schwerkraft bestimmt.

[3] BORRIS, H.: Planta **22**, 644 (1934). — Ähnliches gilt für die Ausbildung der Apothecien von *Ascobolus*: YU, CL.: Amer. J. Bot. **41**, 21 (1954).

[4] SCHNEIDERHÖHN, G.: Arch. Mikrobiol. **21**, 230 (1954).

[5] STRAUB, J.: Naturwiss. **41**, 219 (1954).

Fähigkeit zukommt. So bildet *Penicillium funiculosum* Farbstoff nur im Licht und am besten im blauen[1]. Auch Rhythmus der Conidienbildung durch Lichtwechsel (bei Dauerverdunklung ausbleibend) wurde bei *Penicillium* beobachtet[2]. Die Farbstoffbildung vieler *Bakterien* wird durch ultraviolettes Licht stark gefördert[3]. Im übrigen bestehen jedoch starke Unterschiede. Farblose Bakterien verhalten sich dem Licht einer Bogenlampe gegenüber z. B. sehr verschieden; einige stellen sofort ihre Bewegung ein, andere erst nach einiger Zeit, wieder andere werden kaum beeinflußt[4].

Kurzwellige, in erster Linie ultraviolette Strahlen, wirken zweifellos stark keimtötend; bei der Trinkwassersterilisation macht man davon praktischen Gebrauch. Die keimschädigende Wirkung erstreckt sich jedoch bis zur Wellenlänge 500 mμ; bei etwa 405 mμ ist die Wirkung noch sehr stark; sehr schwache Wirkungen sind noch bis 650 mμ zu erkennen, und bis zu diesem Strahlenbezirk geht die bactericide Wirkung des Sonnenlichtes[5]. Am resistentesten sind *Hefen* und *Sarcina*-Arten, was z. T. auf das Vorkommen von Farbstoffen zurückzuführen ist; doch spielen auch Größenverhältnisse der Zellen und allgemeine Widerstandsfähigkeit des Organismus eine wesentliche Rolle.

Manche Beobachtungen deuten darauf hin, daß gewissen Farbstoffen der Mikroorganismen die Bedeutung eines Strahlenschutzes zukommt; mit Sicherheit wird man in der Schwarzfärbung zahlreicher „Rußtau"- und „Schwärzepilze" (S. 347) einen Lichtschutz erblicken dürfen. Für gefärbte Bakterien ergab sich, daß am resistentesten gegen kurzwelliges Licht diejenigen mit gelben, weniger resistent die mit roten Farbstoffen sind, während blaue Farben keinen Schutz gewähren. Dieser abnehmenden Resistenz entspricht die Absorption der kurzwelligen Strahlen durch diese Bakterien: gelbe Bakterien absorbieren stark, blaue nicht. Für die Verbreitung in der Natur sind diese Tatsachen ebenfalls ausschlaggebend (S. 261 u. 263).

Über die vielumstrittenen mitogenetischen Strahlen, die von lebhaft sich teilenden Zellen bzw. Kernen, z. B. bei der *Hefe*, ausgesandt werden und die sich auf andere Organismen teilungsfördernd auswirken sollen, kann nur so viel gesagt werden, daß bisher kein schlüssiger Beweis erbracht wurde; insbesondere ist es nicht gelungen, rein physikalisch Beweise für die angeblich beobachteten Erscheinungen beizubringen.

Wetter.

Einen sehr bemerkenswerten, aber noch nicht ganz geklärten Einfluß der Wetterlage unabhängig vom Luftdruck (der sich in vermehrter Gasentbindung bei tiefem Barometerstand äußern kann[6]) und der chemi-

---

[1] EBELING, R.: Arch. Mikrobiol. **9**, 16 (1938).

[2] SAGROMSKY, H.: Flora **139**, 300 (1952).

[3] ITANO, A., u. A. MATSUURA: Forsch. Kuraschiki **6**, 383, 561 (1934/35); **7**, 175 (1936). — KHOURI, A. J.: Les bactéries chromogènes. Diss. Lausanne 1937. — BAKER, J. A.: J. Bacter. **35**, 625 (1938). — PLOTHO, O. v.: Arch. Mikrobiol. **11**, 33 (1940).

[4] PIETSCHMANN, K.: Arch. Mikrobiol. **12**, 377 (1942).

[5] SWART-FÜCHTBAUER, H., u. A. RIPPEL-BALDES: Arch. Mikrobiol. **16**, 358 (1951).

[6] RIPPEL, A.: Bioklimatische Beibl., S. 156, 1934. — Zbl. Bakter. II **47**, 225 (1917).

schen Zusammensetzung der Luft hat Bortels[1] an den verschiedensten mikrobiologischen Erscheinungen festgestellt und folgendermaßen gedeutet: Weiche Strahlen (den Tiefdruckgebieten zugeordnet) fördern biologische Reduktionen, Gärungen, Wachstum, hemmen biologische Oxydationen und Sexualvorgänge, während harte Strahlen (den Hochdruckgebieten zugeordnet) umgekehrt oder gar nicht wirken. Die fördernde Wirkung der weichen Strahlung konnte auch für den rein physiko-chemischen Vorgang der Kolloidalterung (Synärese: Auspressen von Wasser aus Agar) und für Phosphatausfällung nachgewiesen werden. Auch auf epidemiologische Vorgänge bei Tieren und Pflanzen[2] wirken sich diese Verhältnisse aus. Die Abbremsung der weichen

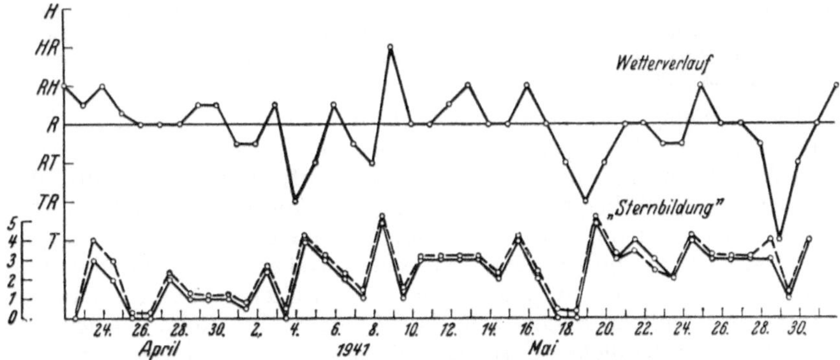

Abb. 80. *Pseudomonas tumefaciens*, „Sternbildung" in offenen (———) und hermetisch verschlossenen (- - - -) Kulturen im Vergleich mit dem Wetterverlauf. (Nach H. Bortels.)

Strahlung durch Metall, aber auch die Bildung weicher Sekundärstrahlung aus harter Strahlung führen unter Umständen zu ganz verschiedener Wirkung, je nach Aufstellung des Kulturmaterials in Holz- bzw. Metallthermostaten. Auf Einzelheiten kann hier nicht eingegangen werden; nur sei in Abb. 80 ein Beispiel gegeben.

Sauerstoff.

Die positive oder negative Bedeutung des Sauerstoffs für die Mikroorganismen ist mit dem Betriebsstoffwechsel verknüpft und wird in dem betreffenden Zusammenhange (S. 169 ff.) besprochen.

Reaktion des Mediums.

Die Reaktion des Substrates ist von wesentlicher Bedeutung, wobei nicht so sehr die potentielle wie die aktuelle saure bzw. alkalische Reaktion, d. h. die Konzentration der Wasserstoff- bzw. der Hydroxylionen

---

[1] Bortels, H.: Zbl. Bakter. II **102**, 129 (1940); **104**, 289 (1942); **105**, 305 (1942); Arch. Mikrobiol. **14**, 450 (1949); Naturwiss. **38**, 165 (1951); Arch. Meteorol., Biophys. u. Bioklimatol. **5**, 234 (1954). — Tzaschel, R., u. Mitarb.: Zbl. Bakter. I. Orig. **161**, 99 (1954).

[2] Ein gutes Beispiel für die Förderung des Wachstums von Bakterien aus Tomatenfrüchten bei nahendem Hochdruckwetter gibt E. Burcik: Arch. Mikrobiol. **14**, 309 (1949) (S. 227—229).

entscheidend ist. Im allgemeinen lieben bzw. ertragen *Bakterien* mehr neutrale bzw. schwach alkalische, *Pilze* mehr saure Reaktion, *Actinomyceten* stehen etwa in der Mitte. Zählungen von Mikroorganismen in Böden von verschiedener natürlicher Reaktion ergaben vielfach eindeutige Zahlen (S. 278 f.), wenn die Regel auch öfter durchbrochen ist, falls andere Faktoren überlagern. Beispiele für säureempfindliche Bakterien sind S. 280 und S. 295 f. gegeben; andererseits kann *Thiobac. thiooxydans* durch seine Schwefelsäurebildung das Substrat bis unter p_H 1 bringen.

Die Wirkung der Wasserstoffionenkonzentration ist einerseits direkter Natur, da der Zustand der Eiweißkörper des Plasmas mit ihren basischen und sauren Gruppen natürlich stark von deren Dissoziationsgrad, somit von der Reaktion der Umgebung abhängt, was sich durch veränderten Quellungszustand, Adsorptionszustand usw. äußert. Der isoelektrische Punkt, an dem die basischen und sauren Eiweißgruppen anteilmäßig gleich sind, liegt bei Bakterien im allgemeinen[1] um p_H 3.

Die Wirkung kann andererseits ihren Grund in äußerlichen Umständen haben. Bei *Bac. pycnoticus*, der, wie viele andere Bakterien, sein Wachstumsoptimum etwa bei dem Neutralpunkt hat, wird das Wachstum bei stärkerer Alkalität durch die Ausfällung von Eisen, bei stärkerer Acidität durch die Austreibung der Kohlensäure (autotrophe Wasserstoffoxydation, S. 108) bestimmt[2]. Neben der Ausfällung von Eisen spielt sicherlich auch die von weiteren Schwermetallen, Kupfer und Zink, in alkalischen Nährlösungen eine Rolle bei der vermeintlichen „Schädlichkeit" solcher Lösungen, die sich durch vermehrte Zufuhr dieser Elemente beheben läßt[3]. Auch die Wirkung von Eisen in kolloidaler Form (S. 101) ist in diesem Zusammenhange nochmals zu erwähnen. Daß *Bakterien* in alkalischen Lösungen im allgemeinen besser gedeihen als *Pilze*, mag zu einem großen Teil damit zusammenhängen, daß sie infolge ihrer größeren Oberfläche und des untergetauchten Wachstums mehr Möglichkeit haben, mit den festen ausgefällten Partikelchen in Berührung zu kommen und sich deren Bestandteile anzueignen, während die mit Decken wachsenden Pilze lediglich auf den gelösten Anteil angewiesen sind.

Natürlich zeigt auch hier wieder jeder Organismus sein charakteristisches Verhalten. Als Abhängigkeit der Wachstumsgröße von der Konzentration der Wasserstoffionen (ausgedrückt in p_H-Werten) erhält man eine eingipfelige Kurve mit dem Gipfel bei einer bestimmten Konzentration der Wasserstoffionen, die nach beiden Seiten, nach dem Minimum und dem Maximum oft sehr steil abfällt, analog der Temperatur-Optimumkurve (S. 141). Je nach den äußeren Bedingungen zeigt das Optimum eine verschiedene Lage.

Die Reaktion des Substrates ist nicht nur von dessen ursprünglichem Wert abhängig, sondern kann durch den Stoffwechsel des Organis-

---

[1] KÖLBEL, H.: Z. Naturforsch. **4b**, 145 (1949). — Vgl. weiter S. STRUGGER: Fluorescenzmikroskopie und Mikrobiologie. Hannover: M. u. H. Schaper 1949. — FLOETHMANN, E.: Arch. Mikrobiol. **20**, 243 (1954).
[2] RUHLAND, W.: Jb. wiss. Bot. **63**, 391 (1924).
[3] BORTELS, H.: Biochem. Z. **182**, 301 (1927).

mus verändert werden. Wie man z. B. Säure- bzw. Alkalibildung rein äußerlich erkennen kann, ist S. 38 an einem bestimmten Beispiel erläutert. In vielen Fällen setzt man dem Substrat einen Indicator zu, so bei dem Nachweis von *Bact. coli* in Wasser (S. 226).

Bei den Reaktionsänderungen spielt die Stickstoffernährung eine große Rolle, Nitrate sind physiologisch alkalische, Ammonsalze physiologisch saure Salze, indem durch die Aufnahme des stickstoffhaltigen Anteils entweder das Kation oder das Anion frei wird. Gibt man Ammoniumnitrat, so wird die Nährlösung im allgemeinen sauer, weil zuerst das Ammoniak aufgenommen wird, was aber von der Art des Organismus und weiter auch von der Anfangskonzentration der Wasserstoffionen abhängt[1].

Aber es stehen in gewissen Fällen noch andere Quellen zur Reaktionsänderung zur Verfügung. Bei der Oxydation von Schwefelwasserstoff und von Ammoniak werden freie Schwefelsäure bzw. freie salpetrige und Salpetersäure gebildet. Freie Schwefelsäure kann unter Umständen, so von *Asp. niger*, teilweise durch organische Bindung unwirksam gemacht werden (S. 100). Die Bildung organischer Säuren aus Kohlenhydraten säuert natürlich ebenfalls. Bei gewissen Stämmen von *Asp. niger* z. B. wird die Nährlösung bei Nitrat als Stickstoffquelle zuerst sauer infolge der Bildung organischer Säuren, darauf infolge der Weiterverarbeitung dieser Säuren alkalisch, wobei dann das frei gewordene Kation des Nitrats die Reaktion bestimmt. Nicht in allen Fällen jedoch gelingt es dem Organismus, die organischen Säuren wieder abzubauen, z. B. wenn viel Oxalsäure gebildet wird, oder bei anaerober Säurebildung usw. Gibt man von vornherein Alkalisalze organischer Säuren als Kohlenstoffquellen, so wird die Nährlösung ebenfalls alkalisch durch Freiwerden des Kations, ebenso natürlich bei der Bildung von Ammoniak im Verlaufe der Eiweißzersetzung, sofern es nicht, wie auch andere Kationen, durch die gebildete Kohlensäure neutralisiert wird; das ist bei den meisten Eiweißzersetzern der Fall, die infolgedessen die Reaktion des Substrates im Laufe der Entwicklung etwa auf den Neutralpunkt einstellen. Freies Alkali entsteht auch bei der Denitrifikation und Desulfurikation (S. 202ff.).

Die im Verlaufe des Stoffwechsels gebildeten Wasserstoff- und Hydroxylionen können als „Kampfstoffe" (S. 364) wirken. Doch vermag der Organismus auch sich selbst durch seine Reaktionsprodukte zu vergiften, wie für Säureschädigungen von *Aspergillus* erwähnt wurde. Aus diesen Gründen spielt bei der Züchtung von Mikroorganismen das Aufrechterhalten einer günstigen Reaktion eine wichtige Rolle.

Wie in der Natur, so erweist sich auch bei der Kultur säurebildender Mikroorganismen Zugabe von kohlensaurem Kalk zwecks Neutralisation oft sehr nützlich (S. 99), wobei allerdings der Reaktionsausgleich in den Kulturkölbchen, wenigstens bei *Pilzen* nicht völlig erfolgt, sondern die obere Schicht der Nährlösung sauer bleibt. Im übrigen verwendet man Puffersubstanzen, etwa Alkaliphosphate, aber auch Acetate, Citrate, Borate usw., je nach der physiologischen

---

[1] RIPPEL, K.: Arch. Mikrobiol. **2**, 72 (1931). — ITZEROTT, D.: Flora **34**, 90 (1936). — MORTON, A. G., u. A. MACMILLAN: J. exp. Bot. **5**, 232 (1954).

Eignung, mit denen man innerhalb gewisser Grenzen die ursprüngliche Reaktion aufrechterhalten kann, falls nicht zuviel Säure oder Alkali gebildet wird. Wie schon erwähnt, ist als natürliche Puffersubstanz für alkalibildende Mikroorganismen die Kohlensäure wichtig.

Bei der Wirkung einer Säure spielt nicht nur die Konzentration der Wasserstoffionen eine Rolle, sondern auch die Art des Anions bzw. des ganzen Moleküls: Schwefelsäure wird allgemein viel besser vertragen als Salzsäure, und organische Säuren wirken offenbar durch das ganze Molekül (S. 184), d. h. in einem p_H-Bereich schädlich, in dem anorganische Säuren noch gut vertragen werden[1].

Ertragsgesetz.

Nährstoffmenge und Ertragsbildung.

Mit steigender Menge aller Faktoren, die zu einer Ertragssteigerung führen, steigt auch die Größe des Stoffwechsels und damit die Massenbildung bis zu einem gewissen Punkte; wird die Konzentration zu hoch, so tritt wieder Rückgang ein, eine Schädigung. Die Temperatur fällt nicht unter diese Faktoren, da sie in erster Linie die Geschwindigkeit, nicht die Höhe der Reaktion (des Ertrages) bestimmt. Wenn sich ihre Wirkung dennoch auf den Ertrag bemerkbar macht (dabei muß von dem zeitlichen Vorauseilen der Ertragsbildung abgesehen und nur die Gesamtsteigerung berücksichtigt werden, die unter den gegebenen Verhältnissen möglich ist), so liegt das an sekundären Wirkungen, die mit der primären Ertragswirkung nichts zu tun haben.

Messen wir die Abhängigkeit von den Ertragsfaktoren an der Massenbildung, der gebildeten Zellenzahl oder der Menge irgendeines Stoffwechselproduktes, indem wir alle Faktoren in optimalen Mengen zur Verfügung stellen, außer einem, dem variablen Faktor, den wir von 0 bis zur optimalen Gabe variieren, so erhalten wir als Abhängigkeit eine exponentiell abnehmende Kurve, die Abb. 81 für die Zunahme der Trockensubstanz von *Asp. niger* unter der Wirkung steigender Zuckerkonzentrationen nach einem Versuch von RAULIN[2] zeigt. Die S. 113 wiedergegebene Kohlensäure-Kurve hat den gleichen Verlauf. In der folgenden Übersicht bringt die erste Reihe die Zuckerkonzentration in

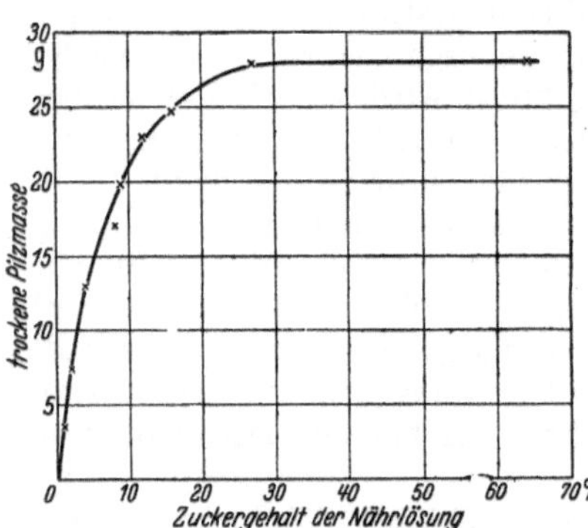

Abb. 81. *Aspergillus niger*. Wirkung steigender Zuckerkonzentration auf den Ertrag. (Nach Zahlen von J. RAULIN[2].)

---

[1] Für Essigsäure: RIPPEL, A., u. Mitarb.: Arch. Mikrobiol. **12**, 285 (1942), S. 294; für Milchsäure und Schwefelsäure: VAN NIEL, C. B., u. A. L. COHEN: J. Cellul. a. Comp. Physiol. **20**, 95 (1942). Vgl. auch für Citronen- und Oxalsäure S. 179.

[2] RAULIN, J.: Ann. Sci. Nat. Bot. **11**, 93 (1869).

Prozent der Nährlösung, die zweite die Originalzahlen, die dritte die je 2% Zucker gebildete Menge an Trockensubstanz (z. T. durch Interpolation ermittelt), die vierte die relative Ertragsbildung, bezogen auf den Höchstwert, diesen = 100 gesetzt. Je höher die Zuckerkonzentration ist, um so geringer wird also der auf eine bestimmte Menge Zucker gebildete Ertrag.

Abhängigkeit des Ertrages von Asp. niger von der Höhe der Zuckerkonzentration.

Zuckerkonz. in % ..	0	1	2	4	6	8	12	16	32	64
Pilzmasse in g	0,27	3,5	7,3	13,0	16,9	19,9	23,2	24,5	28,2	28,4
Differenz je 2% Zucker		7,03		5,7	3,9	3,0	1,65	0,65	0,23	0,01
Relativer Ertrag (Höchstwert = 100)	9,5	12,3	25,7	45,8	59,5	70,1	81,7	86,3	99,3	100

Eine solche Ertragskurve zeigen alle Nährstoffaktoren, jedoch ist der Anstieg der Kurven verschieden steil beim Vergleich der absoluten Mengen der Nährstoffaktoren. So würden „normalerweise" für *Asp. niger* in 100 cm³ Nährlösung zur Erreichung des Höchstertrages nötig sein: 0,1 mg Kupfer, 0,1—1 mg Eisen oder Zink, 20 mg Magnesium, 100 mg Stickstoff, 30 g Zucker. Für andere Organismen würden sich natürlich andere Werte ergeben, namentlich für den Zucker (bzw. die organische Kohlenstoffquelle).

Jeder Nährstoff hat also seinen ihm bis zu einem gewissen Grade eigentümlichen Wirkungswert, der aber nichts Feststehendes ist. Allgemein gilt, daß bei Veränderung der Nebenfaktoren der durch den variablen Faktor zu erzielende Maximalertrag durch um so geringere Mengen des variablen Faktors erreicht wird, je geringer die Menge der Nebenfaktoren, d. h. je geringer der Maximalertrag ist; entsprechend würde also die Kurve steiler verlaufen. Zum Beispiel wurden erzielt bei *Asp. niger* durch Ammonsulfat bei verschieden starker Versorgung mit Phosphorsäure:

Abhängigkeit des Ertrages von Aspergillus niger von der Höhe der Stickstoffversorgung bei variierter Phosphorsäuregabe.

Natriumphosphat je Gefäß in mg	Maximalertrag in mg	Erzielt durch mg Ammoniumsulfat	Relativer Ertrag durch 100 mg Ammoniumsulfat
1	116	40	100
10	775	1000	81
25	1740	2000	61
750	1801	1000	67
1000	1519	500	90

Man vergleiche die beiden Kurven in der Abb. 82 mit 0,01 und 0,025 g Na_2HPO_4, die das Gesagte bildlich erläutern. Dieses Beispiel in der

Abb. 82 und der Übersicht zeigt weiterhin, daß von einem bestimmten Punkt an dieser Vorgang rückläufig wird, auch wenn der Maximalertrag noch steigt; man vergleiche hierzu die Kurve mit 0,025 und 0,75 g Na_2HPO_4 oder diejenige mit 0,01 und 1,00 g Na_2HPO_4. Das bedeutet weiterhin, daß der relative Ertrag (jeweiliger Ertrag bezogen auf den Maximalertrag, dieser = 100 gesetzt) sich entsprechend ändert, d. h. die durch eine gegebene Menge des variablen Faktors erzielte relative Steigerung des Ertrages ist um so größer, je weiter das Maximum nach links rückt, also nach geringeren Mengen des variablen Faktors, wie die obige Übersicht für 100 mg Ammoniumsulfat angibt. Ein gleiches gilt sinngemäß für die Beziehungen zwischen allen anderen Faktoren.

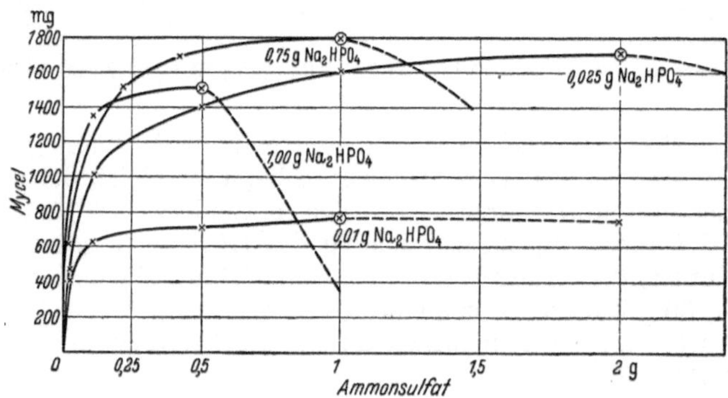

Abb. 82. *Aspergillus niger*. Abhängigkeit der Stickstoff-Ertragskurve von verschiedener Höhe der Phosphorsäuregabe. (Nach Zahlen von R. MEYER.)

Die gleiche Abhängigkeit gilt für höhere Pflanzen, so daß Mikroorganismen auch zur quantitativen Feststellung der etwa in einem Boden verfügbaren Mengen an Pflanzennährstoffen (Phosphorsäure, Kalium usw.) herangezogen werden können (vgl. S. 277 f.). Sie wurde von MITSCHERLICH erkannt und stellt eine quantitative Weiterbildung des alten LIEBIGschen Gesetzes vom Minimum dar, das besagt, daß der Ertrag in erster Linie von dem Faktor bestimmt wird, der sich relativ am meisten im Minimum befindet. Man kann die Kurven berechnen und durch eine Konstante kennzeichnen, die jedoch keine für jeden Nährstoff eigentümliche und unveränderliche Größe, also eine Art Naturkonstante, ist, sondern, gemäß den obigen Ausführungen, für den gleichen Faktor unter veränderten Nebenbedingungen einen anderen Wert hat: sie wird um so größer, je mehr die übrigen Faktoren ins Minimum geraten, wie oben für den Stickstoff bei verschiedener Phosphorsäureversorgung gezeigt wurde. Diese „Regel der Konstantenverschiebung" gilt allgemein (RIPPEL[1]). Sie ist der kurze Ausdruck für den inneren Rhythmus der Ertragskurve (einschl. der Wachstumskurve), deren Gesamtheit das Ertragsgesetz bildet[2].

Die Kurve ist physiologisch verständlich, wenn man annimmt, daß der variable Faktor zunächst proportional fördert, das Umbiegen

---

[1] RIPPEL, A.: Das Ertragsgesetz. In HONCAMPS Handbuch der Pflanzenernährungs- und Düngerlehre, Bd. I, S. 602. Berlin: Springer 1931. Weitere Literatur s. S. 153, Anm. 2, die in dieser sich findende Darstellung erfolgte ohne Kenntnis der früheren Veröffentlichungen.

[2] Es ergeben sich noch weitere Folgerungen, auf die hier indessen nicht eingegangen werden kann.

aber durch die Wirkung einer Reihe von hemmenden oder begrenzenden Faktoren zustande kommt (Erschöpfung der sonstigen Faktoren, Wirkung der steigenden Konzentration des variablen Faktors selbst, Wirkung der gebildeten Stoffwechselprodukte u. a.). Das Ertragsgesetz kann in gewisser Hinsicht mit dem chemischen Gleichgewicht (Massenwirkungsgesetz) in Beziehung gebracht werden, wenn wir den variablen Faktor und die übrigen Faktoren als zwei miteinander reagierende Faktoren betrachten, deren Reaktionsprodukte sich ins Gleichgewicht mit den reagierenden Mengen setzen. Beide sind eben statistische Gesetze, die aus ähnlichen Wirkungen folgen müssen. Während aber beim chemischen Gleichgewicht stets die gleiche Konstante erscheint, unabhängig von den Außenbedingungen, ist das beim physiologischen Gleichgewicht nicht der Fall, wie gezeigt wurde, weil zahllose Nebenerscheinungen die einheitliche Reaktion stören. Eine Mittelstellung nimmt das enzymatische Gleichgewicht ein, bei dem ebenfalls keine unveränderliche Konstante erscheint. In einfachen Fällen ist es hier jedoch gelungen, durch Berücksichtigung der besonderen Verhältnisse die Unveränderlichkeit der Konstanten nachzuweisen, was beim physiologischen Gleichgewicht infolge der Unzahl der Einwirkungen kaum möglich sein wird.

Eine ähnliche Beziehung gilt für die Abhängigkeit der Reaktionsgröße von der Stärke des einwirkenden Reizes, z. B. bei Bewegungsreizen der Bakterien. In der Reizphysiologie der Tiere und Pflanzen ist diese Regel als WEBER-FECHNERsches Gesetz bekannt[1].

Wachstumskurve.

Auch der zeitliche Verlauf der Stoffwechselvorgänge zeigt das gleiche Bild bei Mikroorganismen und höheren Pflanzen, nämlich eine charakteristische S-förmig geschwungene Kurve, die Wachstumskurve (ROBERTSON), wenn auf der Abszisse die Zeit, auf der Ordinate die Höhe der erreichten Massenbildung oder eines sie begleitenden Vorganges (Zellenzahl, Menge eines Stoffwechselproduktes usw.) abgetragen werden[2,3]. Wählt man auf der Ordinate nicht die jeweils erreichte Höhe, sondern den jeweiligen Größenzuwachs, so entsteht die „große Periode des Pflanzenwachstums" nach SACHS. Folgende Übersicht und Abb. 83 geben Zahlen und Schaubild des Wachstumsverlaufes von *Azotobacter chroococcum*, gemessen an der Kohlensäureabgabe[4].

---

[1] RIPPEL, A.: Angew. Bot. 2, 308 (1920).

[2] Vgl. S. 152, Anm. 1. Weitere Behandlung dieser Fragen bei O. RAHN: Siehe S. 157, Anm. 1 sowie bei PORTER. — Ferner C. N. HINSHELWOOD: The chemical kinetics of the bacterial cells. Oxford: Clarendon Press 1946. — MONOD, J.: Annual Rev. Microbiol. 3, 371 (1949). — GUNSALUS, J. C.: Growth of Bacteria. In WERKMAN-WILSON, zit. S. 392. — BOELL, E. J.: Dynamic of growth processes. Princeton Univ. Press. 1954 (SHOLL, D. A.: Wachstumskurven; SMITH, F. E.: Wachstum von Populationen).

[3] Die wesentlichen Stoffwechselvorgänge verlaufen ähnlich mit Ausnahme der Katalase, die gegen Ende des Wachstums plötzlich emporschnellt (vgl. S. 201): RADLER, F.: Arch. Mikrobiol. 22, 335 (1955).

[4] KRAINSKY, A.: Zbl. Bakter. II 20, 725 (1908).

Verlauf der Kohlensäurebildung durch Azotobacter chroococcum.

Zeit in Tagen . .	3	6	9	12	15	18	21	
mg CO_2 gebildet . .	12	41	72	169	309	573	992	
Zuwachs an CO_2 . .	12	29	31	97	140	264	419	

Zeit in Tagen . .	24	27	30	33	36	39	42	45
mg CO_2 gebildet . .	1424	1823	2144	2410	2528	2564	2589	2611
Zuwachs an CO_2 . .	432	399	321	266	118	36	25	21

Dieser Wachstumsverlauf, der sich als Autokatalyse auffassen läßt, wobei ein die Reaktion selbst beschleunigendes Produkt entsteht, kommt so zustande, daß das Wachstum zunächst langsam einsetzt, bis zu dem etwa in der Hälfte der Entwicklungszeit gelegenen Maximum zunimmt, dann wieder abklingt. Auch diese Kurve ist das Ergebnis des Gegeneinanderwirkens zweier Faktoren, eines fördernden, der in der exponentiellen und autokatalytischen Vermehrung der Zellen liegt (aus 1 Zelle werden 2, daraus 4, dann 8 usw.), und von hemmenden Faktoren, die in Nahrungsmangel, Bildung von Stoffwechselprodukten usw. begründet sind, wodurch die Kurve schließlich zur Horizontalen abgebogen wird. Bei Mikroorganismen kann jedoch, im Gegensatz zu höheren Pflanzen, im Alter Autolyse einsetzen und die Kurve nach Erreichung des Höchstwertes wieder sinken (Abb. 84 für den Wachstums-

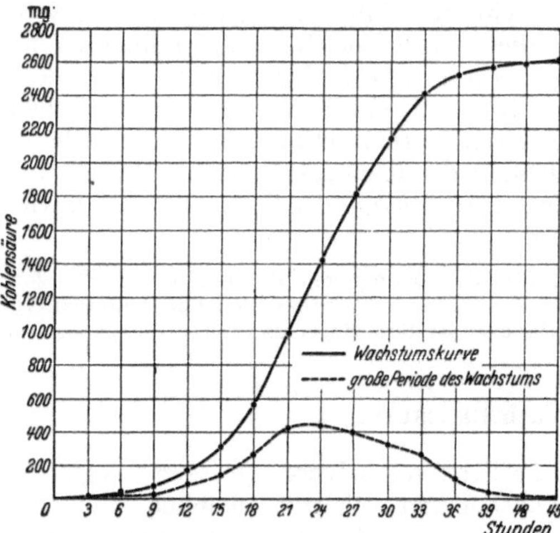

Abb. 83. *Azotobacter chroococcum.* Verlauf der Kohlensäurebildung. Wachstumskurve und große Periode des Pflanzenwachstums. (Nach Zahlen von A. KRAINSKY.)

Verlauf der Trockensubstanzbildung bei Aspergillus niger unter verschieden hoher Stickstoffversorgung.

Zeit in Stunden	mg trockenes Pilzmyzel bei % Ammoniumsulfat		
	0,025	1,2	5,8
0	0	0	0
115	60 (14)	40 (3)	20 (1)
143	220 (51)	300 (21)	20 (1)
171	320 (74)	750 (54)	20 (1)
192	380 (88)	1180 (85)	30 (2)
244	380 (88)	1390 (100)	220 (15)
306	400 (91)	1350 (100)	670 (46)
453	430 (100)	1350 (100)	1470 (100)

verlauf von *Citromyces*); in anderen Fällen ist der Abstieg noch stärker. Er hat indessen mit der eigentlichen Wachstumskurve nichts mehr zu tun.

Verläuft das Wachstum bei verschieden hoher Versorgung mit einem Nahrungsfaktor, so erhält man den Verlauf der Abb. 85 und der vorstehenden Übersicht für eine verschieden hohe Stickstoffgabe in Form von Ammoniumsulfat bei *Asp. niger*[1]. Wie man sieht, überschneiden sich die Wachstumskurven, weil bei höherer Stickstoffgabe anfänglich das Wachstum gehemmt ist und erst später aufholt; man hat diese Erscheinung auch als Induktionsperiode[2] bezeichnet oder in der neueren Literatur als "lag-phase" (Verzögerungsphase). Man wendet dabei die halb-logarithmische Darstellung an (Abszisse normal, Ordinate logarithmisch). Geht die Vermehrung gleichmäßig nach dem oben gegebenen Schema a^x vor sich, so ergibt die log. Darstellung eine gerade Linie (Abb. 86). Findet aber in der ersten Zeit eine Verzögerung des

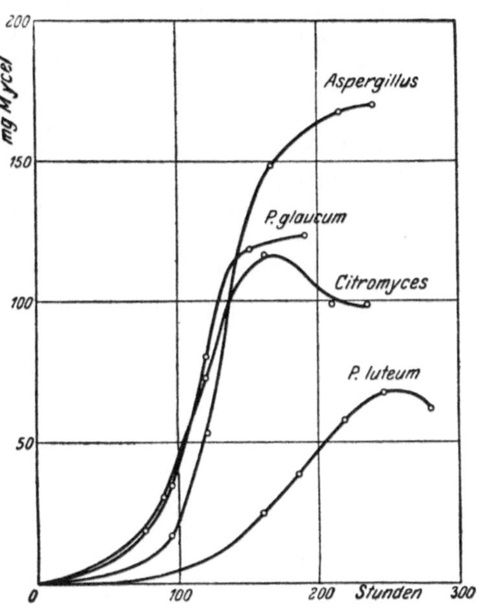

Abb. 84. Wachstumsverlauf verschiedener Pilze auf 2% Tannin-Nährlösung. (Nach A. RIPPEL u. J. KESELING.)

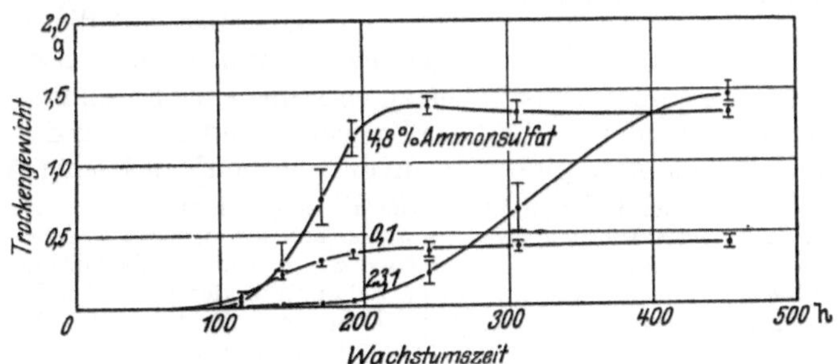

Abb. 85. *Asp. niger* Wachstumsverlauf bei verschiedener Höhe der Stickstoffversorgung (0,1, 4,8 und 23,1% Ammoniumsulfat). (Nach R. MEYER.)

Wachstums statt, so ergibt die log. Darstellung für die Zeit dieser Verzögerung eine gekrümmte Kurve (Abb. 86): "lag phase". Daran schließt dann die log.-geradlinig verlaufende "logarithmic phase" an.

---

[1] MEYER, R.: Biochem. Z. **198**, 463 (1928).

[2] HENRICI, A. T.: Morphologic variation and the rate of growth of Bacteria. Springfield (Ill.): Chas. C. Thomas 1928.

Dabei vollziehen sich morphologische (Zellen anfänglich größer[1]) und physiologische Veränderungen[2].

Eine solche "lag phase" ergibt sich z. B. beim Vergleich einer „Normalkurve" mit solchen, die bei höheren Konzentrationen erzielt wurden, wie im Beispiel der Übersicht und der Abb. 85, wenn diese log. dargestellt würden. Selbstverständlich kann eine Verzögerungsphase auch durch andere äußere Einflüsse (Abb. 86 für Wachstum mit Rohrzucker bzw. Tannin als Kohlenstoffquelle[3]) sowie durch innere Bedingungen zustande kommen.

Einfacher als logarithmisch kann man diese Verhältnisse darstellen, wenn man den jeweils erreichten Endwert des Wachstums = 100 setzt und die übrigen Zahlen in Prozent davon ausdrückt (s. Übersicht).

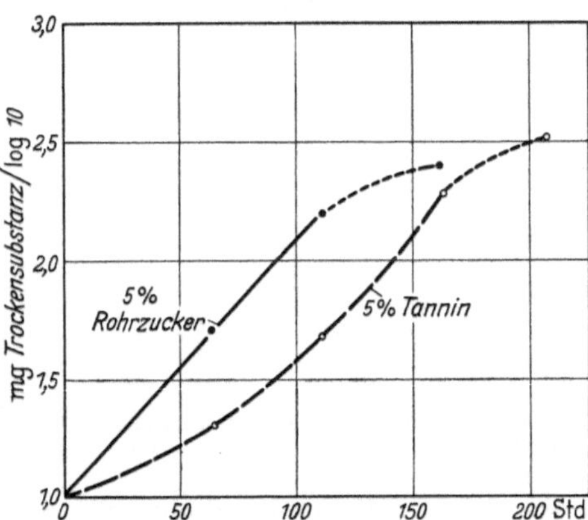

Abb. 86. *Aspergillus niger.* Zeitlicher Wachstumsverlauf. Halblogarithmisch. —— 5% Rohrzucker, — — 5% Tannin, - - - - Abklingen des Wachstums.

Diese Abhängigkeit gilt auch für höhere Pflanzen und für alle Nahrungsstoffe. Man kann sie allgemein folgendermaßen ausdrücken: Die relative zeitliche Größenzunahme ist in der Verzögerungsphase um so geringer, je höher die Nährstoffversorgung ist. S. 118 wurde bereits darauf hingewiesen, daß hierdurch die Bewertung der Nahrungsstoffe, als von der Konzentration und der Zeit abhängig, außerordentlich erschwert wird, da sich die Überschneidung der Wachstumskurven, wie Abb. 84 zeigt, auch auf die absoluten Werte erstrecken kann. Verschiedene Beobachter können also bei nur einer Feststellung unter Umständen zu verschiedenen Ergebnissen gelangen. Im übrigen gilt der geschilderte Kurvenverlauf auch für das Wachstum verschiedener Mikroorganismen auf der gleichen Nährlösung (Abb. 85).

Die Feststellung der Ertragsbildung, die an sich so einfach erscheint, ist also ein recht kompliziertes Problem, wenn man zu absolut sicheren Vergleichszahlen gelangen will, wie S. 118 bereits angedeutet wurde. Es sei noch darauf hingewiesen, daß es nicht so sehr auf die mathematische Behandlung der Kurven ankommt, als auf ihre auch ohne diese erkennbare physiologische Bedeutung. Wichtig ist noch, daß bei gleichbehandelten Kulturen oft sehr große Schwankungen auftreten, bedingt durch unkontrollierbare Einflüsse oder auch durch Ungenauigkeit der Methodik. Eine besonders große Schwankungsbreite ist vornehmlich an kritischen Stellen zu beobachten[4], so auch bei sehr geringem Ertrag, wenn eben die

---

[1] Siehe Anm.[2] auf Seite 155.

[2] Vgl. die Zusammenstellung von GUNSALUS, J. C., S. 153, Anm. 2. Weiter: EATON, N. E., u. H. P. KLEIN: J. Bacter. **68**, 110 (1954).

[3] Da Tannase nicht von vornherein bei *Aspergillus* vorhanden ist, ergibt sich die Verzögerung als Folge der adaptiven Fermentbildung.

[4] MEYER, R.: Z. Pflanzenernähr. A. **10**, 329 (1928). — Arch. Mikrobiol. **1,** 277 (1930).

unkontrollierbaren Einflüsse sich relativ besonders stark bemerkbar machen müssen. Für die richtige Bewertung der Ergebnisse muß unter Umständen eine statistische Behandlung mit Hilfe der Gesetze der Fehlerverteilung zu Hilfe genommen werden[1].

Wertvoll sind noch andere Ausdrücke für die Größe des Wachstums, so die nur auf einzellige Organismen anwendbare Generationsdauer, der Zeitraum, in dem eine Verdoppelung der Zellenzahl eintritt. Ihre Änderung im Verlaufe des Wachstums gibt einen Maßstab für dessen Beschleunigung oder Verlangsamung[2].

In manchen Fällen erscheint es wichtig, auf die Leistung der Einzelzelle oder einer bestimmten Anzahl von Zellen zu beziehen, wobei sich ergibt, daß bei gleicher Gesamtleistung einer Kultur die Leistung je Einzelzelle dieser durchaus nicht parallel zu gehen braucht, wenn z. B. die Zellen eine verschiedene Größe besitzen. Oder es kann

Leistung der Einzelzelle.

	Zellvolumen	Zellatmungsgröße
Bacterium coli	$0{,}85 \cdot 10^{-9}$ mm³	$5{,}9 \cdot 10^5$
Staphylococcus aureus .	$0{,}52 \cdot 10^{-9}$ mm³	$1{,}8 \cdot 10^5$

bei gleicher Zellenzahl die Leistung der Gesamtkultur verschieden sein, wenn die Zellen verschieden intensiv arbeiten, wie die Übersicht zeigt[3]. Es werden also (bei 37° C) in 1 sec durch eine Zelle von *Bact. coli* 590000, von *Staphylococcus* 180000 Sauerstoffmoleküle zur Oxydation der Ferroform des Atmungsfermentes benutzt. Für verschieden alte Zellen von *Bact. coli* ergaben sich nach 12, 24, 48 und 72 Std. Werte für Q_{O_2} (mm³ O_2-Verbrauch/mg Trockengewicht je Stunde) 576, 403, 216 und 96; die Leistung der Einzelzelle sinkt also im Alter ab (vgl. S. 294).

Förderung durch stoffwechselfremde Stoffe.

Elemente oder Stoffe, die man als „stoffwechselfremd" betrachten zu müssen glaubte, können neben hemmenden auch fördernde Wirkungen zeigen. Dies hat zur Aufstellung des ARNDTschen Gesetzes geführt, wonach geringe Konzentration eines „Giftstoffes" fördernd, etwas stärkere narkotisch bzw. hemmend (d. h. der vom Gift gelähmte Organismus erholt sich wieder: bakteriostat), noch stärkere endlich tödlich wirkt (baktericid)[4]. Soweit man solche Beobachtungen an Kupfer oder

---

[1] Man findet eine ausführliche Darstellung darüber bei O. RAHN: Physiology of Bacteria. Philadelphia: P. Blakiston's Son u. Co. 1932. — Mathematics in Bacteriology. Minneapolis: Burgess Publishing Company 1939. — Von den zahlreichen Veröffentlichungen zur statistischen Verarbeitung sei genannt: HOSEMANN, H.: Die Grundlagen der statistischen Methoden für Mediziner und Biologen. Stuttgart: G. Thieme 1949.

[2] Vgl. noch S. 143.

[3] ENDRES, G., u. Mitarb.: Liebigs Ann. **561**, 1 (1949).

[4] Entsprechend bei Wirkung gegen Pilze: fungicid bzw. fungistat (der zweitgenannte Ausdruck ist bisher allerdings nicht üblich). Allgemeiner Ausdruck: microbicid.

Zink gemacht hat, sind sie heute nicht mehr gültig, da wir diesen Stoffen jetzt eine lebenswichtige Rolle zusprechen müssen (S. 102); aber sie gelten offenbar auch für andere Fälle.

Antagonismus von Magnesiumsulfat und Sublimat bei Pilzen.

Mucor pusillus	Sublimat 0		Magnesiumsulfat 0,1 g/100 cm³				Magnesiumsulfat 4 g/100 cm³		
	Magnesiumsulfat g/100 cm³		Sublimat mg/100 cm³				Sublimat mg/100 cm³		
	0.1	4,0	20	40	60	80	40	60	80
mg Pilzmycel	527	253	549	0	0	0	150	60	Spur

Aspergillus flavus	Sublimat 0		Magnesiumsulfat 0,05 g/100 cm³	Magnesiumsulfat 60 g/100 cm³
	Magnesiumsulfat g/100 cm³		Sublimat mg/100 cm³	Sublimat mg/100 cm³
	0,05	60	5	5
mg Pilzmycel	596	38	620	118

Ionenantagonismus. Das obenstehende Beispiel[1] zeigt, daß man durch eine sehr hohe, an sich schädliche Gabe von Magnesiumsulfat die Giftwirkung von Sublimat beheben kann und umgekehrt (Abb. 87), obwohl Quecksilber nicht zu den lebensnotwendigen Stoffen gehört[2]. Es kann aber unter den oben gewählten Bedingungen, wie die Übersicht oben zeigt, so starke Wirkung entfalten, daß man es als Nährelement betrachten möchte, wenn z. B. bei *Mucor pusillus* durch 60 mg-% Sublimat in 4% Magnesiumsulfat Entwicklung ermöglicht wird, die in 0,1% Magnesiumsulfat bei gleicher Sublimatmenge fehlt, oder bei *Asp. flavus* durch 5 mg-% Sublimat bei Gegenwart von 60% Magnesiumsulfat in der Nährlösung die Ernte auf 118 mg steigt gegenüber 38 mg in der gleichen Nährlösung ohne Sublimat. Es handelt sich hier jedoch um eine antagonistische Wirkung, indem die verdichtende

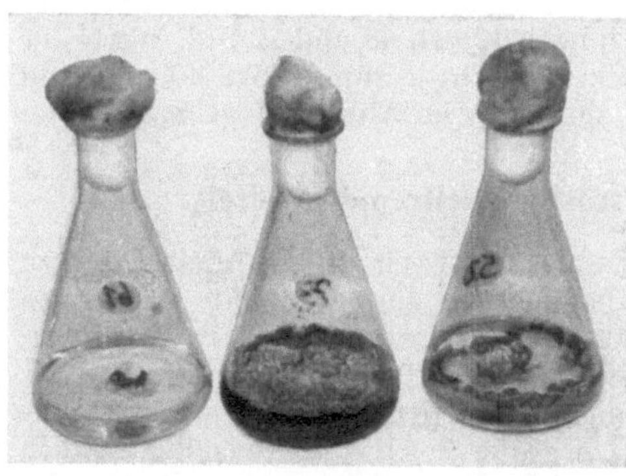

Abb. 87. *Aspergillus flavus*. Antagonismus zwischen Magnesiumsulfat und Sublimat.
Kolben von links nach rechts:

g MgSO₄ . . .	zu 100 cm³ Lösung	0,05	48	48
mg HgCl₂ . . .	zu 100 cm³ Lösung	10	10	0
mg Pilzmycel trocken		14	779	565

(Nach W. Lohrmann.)

---

[1] Rippel, A., u. W. Lohrmann: Nachr. Ges. Wiss. Göttingen, Math.-Physik. Kl., N. F. Fachgr. VI (Biologie) 3, 239 (1940). — Lohrmann, W.: Arch. Mikrobiol. 11, 329 (1940).

[2] Lohrmann fand allerdings Förderung der Sporenbildung durch Sublimat bei *Asp. niger*, die indessen nicht primärer Natur zu sein braucht.

(gerbende) Wirkung des Sublimats der umgekehrten, auflockernden, des Magnesiumsulfats entgegenwirkt bzw. (umgekehrt) um Verdrängung von Schwermetallen von der Zelle[1]. Die Wirkung des Magnesiumsulfats ließ sich nämlich auch durch andere verdichtend wirkende Stoffe erreichen, durch Calcium, Strontium, Borsäure und Tannin, Stoffe also von völlig heterogener Zugehörigkeit (vgl. S. 99). Es wird sich künftig zeigen müssen, wieweit die vielfach beobachteten Förderungen durch andere Elemente von Nicht-Nährstoffcharakter (S. 103) durch die geschilderten Erscheinungen oder durch andere sekundäre Wirkungen erklärt werden können.

Außer dem Ionenantagonismus ist auch ein Antagonismus von Stoffgruppen bekannt (über die von Mikroorganismen gebildeten antibiotischen Stoffe vgl. S. 365 ff.). Beide Erscheinungen sind vielleicht, wenigstens zum Teil, nach Art eines Adsorptionsaustausches zu erklären. So kommt die bakteriostate Wirkung von Sulfonamiden dadurch zustande, daß diese sich an Stelle der p-Aminobenzoesäure, eines chemisch nahe verwandten Körpers, setzen und dessen Vitaminwirkung verhindern. Umgekehrt tritt durch p-Aminobenzoesäure eine Entgiftung der Sulfonamide ein. Die Beziehungen sind jedoch recht verwickelter Natur. Es scheint der Aufbau von Pteroyl-Glutaminsäure

Folsäure (Pteroyl-Glutaminsäure)

Folinsäure (Teilstück)[1]   p-Aminobenzoesäure   Prontosil album (Prontalbin)

(= Folsäure)[2], für die p-Aminobenzoesäure ein Baustein ist, verhindert zu werden und Folsäure ihrerseits den Aufbau von Purinen und Pyrimidinen zu ermöglichen[3]. Weitere antagonistische Beziehungen ergaben sich zwischen Pantothensäure und Sulfopantothensäure[4], zwischen

---

[1] ABELSON, PH. H., u. E. ALDOUS: J. Bacter. **60**, 401 (1950). — Über den Antagonismus Selen-Schwefel vgl.: SHRIFT, A.: Amer. J. Bot. **41**, 223, 345 (1954).

[2] Folsäure = *Lactobac. casei*-Faktor; Folinsäure = *Leuconostoc citrovorum*-Faktor. — Von der Folinsäure ist in der Formel nur die Stelle der Abweichung von der Folsäure angegeben.

[3] Zusammenfassung von R. D. HOTCHKISS: Annual Rev. Microbiol. **2**, 183 (1948).

[4] Vgl. die zusammenfassenden Darstellungen von R. KUHN: Chemie **55**, 1 (1942).— WAGNER-JAUREGG, TH.: Naturwiss. **31**, 335 (1943). — WOOLEY, D. W.: Antimetabolites. New York: John Wiley u. Sons, London: Chapman u. Hall 1952. — ROBLIN, R. O. JR.: Annual Rev. Biochem. **23**, 501 (1954). — Vgl. ferner die Literatur S. 367, Anm. 2.

Pantothensäure und Salicylsäure, zwischen Tryptophan und Indolyl-
acrylsäure, zwischen β-Alanin und β-Aminobuttersäure, antagonistische
Stoffe gegen Aminosäuren (vgl. S. 130) usf. Ähnlich wie bei der erwähnten Quecksilberwirkung kann es vorkommen, daß gewisse Mutanten Sulfonamide oder Antibiotica zum Wachstum benötigen, offenbar infolge Aufhebung irgendeiner Hemmung. Die Wirkung von Antibioticis selbst kann vielfach als eine Verdrängungserscheinung aufgefaßt werden (vgl. S. 367).

Auch die „Ablenkung" von Stoffwechselvorgängen, z. B. durch Zusatz von Zucker, von der Oxydation anderer Stoffe (S. 131),
könnte unter den Begriff dieser antagonistischen Wirkungen gebracht
werden, ebenso etwa die Entgiftung von Cu^{++} im Medium durch Aminosäuren oder Citronensäure[1].

Nahrung und Gift[2].

Überoptimale Gabe eines Nährstoffes wirkt schädlich; die Ertragskurve fällt nach Erreichen des Maximums in einer zur Abszisse ge-
schwungenen Kurve mit einem Wendepunkt ab, wie Abb. 88 für überoptimale Gaben von Ni-
trat bei *Asp. niger* (unter
Verkürzung des aufstei-
genden Teiles der Er-
tragskurve) zeigt; die
Giftwirkung wird sozu-
sagen aufgefangen; sonst
müßte sie ja geradlinig
zur Abszisse abfallen.
Die Giftwirkung kann
einmal in der Konzen-
tration des Nährstoffes
selbst (hier des Stick-
stoffs) begründet sein,
zum anderen darin, daß
dieser Nährstoff niemals
in reiner Form gegeben
wird, sondern als eine
Verbindung, die z. B.

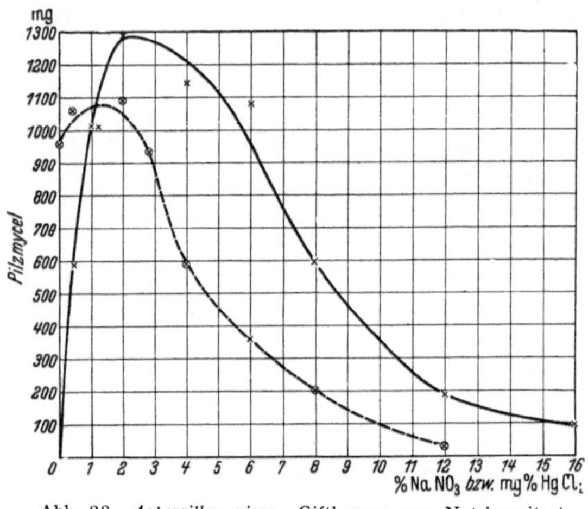

Abb. 88. *Aspergillus niger.* Giftkurven von Natriumnitrat
(ausgezogene) und Sublimat (gestrichelte Linie). (Nach Zahlen
von G. LOHMANN.)

bei Salzen jeweils durch Kation oder Anion besondere Wirkung entfalten wird. Theoretisch könnte man nur dann ein völlig richtiges Bild
der Ertragsbildung bekommen, wenn man als variablen Faktor ein
Element bieten würde, etwa elementaren Stickstoff bei den Stickstoffbindern. Aber auch dann müßte man die Zusammensetzung der übrigen
Atmosphäre ändern, so daß die Möglichkeit der Herstellung einer eindeutigen Nährstoffbedingung überhaupt fraglich erscheint. Wir bieten
eben stets eine Nahrung, nicht einen einzelnen Nährstoff.

[1] PRATT, D.: J. Bacter. **65**, 157 (1953).
[2] RIPPEL. A., u. W. LOHRMANN: Siehe S. 158. Anm. 1.

Genau die gleiche Kurve ergibt sich, wie ebenfalls Abb. 88 für Sublimat bei *Asp. niger* zeigt[1], als Kurve eines eigentlichen Giftes. Da nun ein Gift unter Umständen auch erhebliche Nährstoffwirkungen entfalten kann, so zeigen sich Nahrungs- und Giftkurven als grundsätzlich, d. h. qualitativ, nicht unterscheidbar. Das wird für alle Giftstoffe zutreffen; sie wirken ja als Gift dadurch, daß sie physiologisch irgendwie eingreifen. Daraus folgt, daß die Giftwirkung durch die Wirkung eines anderen Giftstoffes von entgegengesetzter Wirkung aufgehoben und die Nährstoffwirkung hergestellt werden kann, wie die Beispiele des Antagonismus zeigen.

Durch diese Betrachtung bedarf der Begriff „Nährstoff" einer Erweiterung, und man spricht besser von Nährstoffwirkung, deren Bereich vielseitiger ist als der des Nährstoffs. Sicherlich setzt sich die Ertragsbildung des Organismus als Funktion der Nahrung nicht nur aus den eigentlichen Bausteinen (= Nährstoffen) zusammen, sondern auch aus einer Reihe sonstiger Nährstoffwirkungen, die unter Umständen als ökologische Nährstoffwirkungen in der Natur bedeutsam sein können, namentlich auf extremem Substrat. Hier könnten also Stoffe Bedeutung gewinnen als „Nährstoffe", die „normalerweise" dafür nicht in Frage kommen, z. B. auf stark magnesiumhaltigem Substrat durch den oben erwähnten Antagonismus.

Zu verwerfen sind nichtssagende Ausdrücke, wie Stimulation, Reizwirkung usw., der letztgenannte Begriff bei ernährungsphysiologischen Fragen, während er bei reizphysiologischen (Bewegungs-, Erregungs- und Formbildungserscheinungen) seine Gültigkeit behält. Die fördernde Wirkung eines Giftstoffes braucht im übrigen nicht immer antagonistischer oder sonstiger indirekter Natur zu sein, sondern kann auch dadurch zustande kommen, daß er, falls organischer Natur, einigen Mikroorganismen als verwendbare Kohlenstoffquelle dienen kann, wie es für das Phenol (Carbolsäure)[2], ferner für Nicotin u. a.[3] zutrifft.

Gifte und Desinfektion[4].

Es ist also die Definition eines Giftstoffes schwierig und nur in quantitativer Hinsicht möglich, d. h. bei einem Giftstoff liegt der schädigende Teil der Ertragskurve bei sehr geringer Konzentration, wie man am Beispiel des Kupfers erkennt, das zweifellos ein Nährstoff ist, aber bereits in so geringer Konzentration als Gift wirkt, daß die Nährstoffwirkung einer nicht genügend feinen Methodik nahezu ganz entgangen war.

Für die praktische Anwendungsmöglichkeit bleibt also die Tatsache bestehen, daß derartigen Stoffen eine starke Giftwirkung zukommt, selbst noch in sehr geringen Mengen. Das gilt z. B. für reine Metalle,

---

[1] Über die Konzentrationskurve von Giften und die Abtötung von Bakterien vgl. ENGELHARDT, S. 163, Anm. 4.

[2] WATERMANN, H.: Fol. Microbiologica 1, 422 (1912). — LOHMANN, G.: Arch. Mikrobiol. 5, 31 (1934).

[3] BUCHERER, H.: Zbl. Bakter. II 105, 166, 445 (1942/43). — PLOTHO, O. v.: Arch. Mikrobiol. 14, 12 (1948).

[4] Eine Zusammenfassung über chemische Desinfektionsmittel bei O. WYSS: Annual Rev. Microbiol. 2, 413 (1948).

die, wie Kupfer, Silber oder Quecksilber, in eine beimpfte Petrischale gebracht, in einem bestimmten Bezirk infolge der Giftwirkung der in Lösung gegangenen Spuren keine Entwicklung der Mikroorganismen zulassen; in weiterer Entfernung von dem Metall kann aber eine fördernde Wirkung auftreten (vgl. die Bemerkungen S. 157), die verschieden deutbar ist (bessere Nährstoffversorgung aus der mikroorganismenfreien Zone, eigentliche Nährstoffwirkung); es ergeben sich ganz ähnliche Bilder wie bei dem Test auf Penicillin oder andere Antibiotica (S. 369, Abb. 149). NÄGELI hat diese Giftwirkung der Metalle oligodynamische Wirkung genannt. So können z. B. von kupfernen Destillierapparaten genügend Spuren von Kupfer in das Wasser gelangen, um die Entwicklung von Mikroorganismen zu hemmen, namentlich der z. T. besonders empfindlichen *Algen*. Aus ähnlichen Gründen eignen sich verschiedene Glassorten nicht zur Algenkultur[1]. Die S. 102 erwähnte Abgabe von Zink aus dem früher gebräuchlichen Jenaer N-Glas hat über die für den Organismus notwendigen Spuren hinaus zu einer Vergiftung geführt; aus dem Jenaer 20er Glas nimmt der Organismus Spuren von Bor auf usw.[2]. Auch die Abgabe von Alkali durch Glas ist zu berücksichtigen. Endlich sei noch erwähnt, daß Objektträger bei der Anwendung der S. 266f. geschilderten Cholodny-Methode je nach der Glassorte einen recht verschiedenen Bewuchs an Mikroorganismen zeigen.

Jedenfalls wirken sich solche Giftwirkungen praktisch so aus, daß diese Elemente oder Stoffe zur Desinfektion benutzt werden können: Silber im Katadynverfahren zur Sterilisation von Trinkwasser oder als Desinfektionsmittel in kolloidaler Verteilung im Collargol. Sublimat wurde früher in 0,1%iger Lösung zur Desinfektion von Händen usw. verwendet. Aus organischen Quecksilberpräparaten hat man Mittel zur Saatgutbeize entwickelt: Uspulun (= Chlorphenolquecksilber, jetzt nicht mehr gebräuchlich), Germisan (Cyanmercurikresolnatrium), Segetan (Kupferoxydammoniak und organische Quecksilberverbindungen), ferner zum gleichen Zweck organische Zinkpräparate u. a. Kupfer dient in Form der Kupferkalkbrühe oder anderer Präparate als Spritzmittel zur Bekämpfung zahlreicher pflanzenpathogener Pilze.

Sehr giftig wirken ferner sauerstoffübertragende Stoffe, wie Kaliumchlorat, Kaliumpermanganat (Desinfektionsmittel von Rachen und Mund), ebenso Wasserstoffsuperoxyd, das auch ebenso wie Ozon zum Sterilisieren von Milch benutzt wird, Chlorkalk zur Desinfektion von Abortgruben. Von einfachen organischen Giften seien Formaldehyd, Phenole (Carbolsäure), Kresole, Salicylsäure erwähnt. Bei organischen Stoffen nimmt in homologen Reihen die mikrobicide Wirkung mit steigender Oberflächenaktivität zu[3]. Dazu kommen die zahlreichen neueren organischen Desinfektionsmittel, darunter insbesondere Chloramine (Chloramin = $CH_3 \cdot C_6H_4 \cdot SO_2 \cdot N \cdot NaCl$), Chinosol (o-Oxychinolin als baktericiden Bestandteil enthaltend) und Panflavin (3,6-diamino-10-

---

[1] ONDRATSCHEK, K.: Arch. Mikrobiol. **6**, 532 (1935).
[2] LOHRMANN, W.: Siehe S. 158, Anm. 1.
[3] ENGELHARDT, H., u. Mitarb.: Naturwiss. **34**, 218 (1947).

methyl-acridiniumchlorid) neben dem aussichtsreichen Gebiet der quartären Ammoniumverbindungen vom Typ des Tetramethyl-ammonium-hydroxyds, $(CH_3)_4 \cdot N^+ \cdot OH^-$ (Zephirol = hochmolekulares Alkyldimethyl-benzyl-ammoniumchlorid). Es sind gleichzeitig stark oberflächenaktive Stoffe, daher besonders wirksam; man hat eine solche Wirkung früher durch Kombination mit Seifen zu erzielen versucht (Lysol und Lysoform = Seife mit Kresol bzw. Formalin). Penicillin und andere antagonistische Mikroorganismenstoffe (S. 365 ff.), ferner Sulfonamide (S. 159 f.) wirken meist nicht eigentlich desinfizierend, sondern bakteriostat, nur in stärkerer Dosierung baktericid. Ein natürlich vorkommender, sehr stark baktericid wirkender organischer Stoff ist das in *Ranunculus acer*, dem scharfen Hahnenfuß, in besonders großer Menge vorhandene Anemonin[1]. Endlich sei noch darauf hingewiesen, daß durch Rhodan-Ion in weitaus überwiegender Mehrzahl der Fälle eine Trennung von *Bakterien* (die gehemmt werden) und *Pilzen* (nicht gehemmt) erfolgt[2].

Kulturen, bei denen man die Weiterentwicklung der Organismen verhindern, die Enzymtätigkeit aber weiterlaufen lassen will, setzt man Chloroform oder Toluol zu, ebenso als Schutz gegen Entwicklung fremder Infektionskeime. Diese flüchtigen Antiseptica, ebenso Schwefelkohlenstoff, können auch zur teilweisen (partiellen) Sterilisation von Böden verwendet werden, um Schädlinge abzutöten.

Hier konnten nur einige Stoffe genannt werden; im übrigen hat das für Medizin, Pflanzenpathologie und Technik (Holzkonservierung usw.) so wichtige Gebiet der Desinfektion eine ungeheure praktische und theoretische Durcharbeitung erfahren, worauf im einzelnen nicht mehr eingegangen werden kann, ebensowenig wie auf die jeweiligen äußerst verschiedenartigen Ursachen der Vergiftung.

Kurz sei noch erwähnt, daß der zeitliche Verlauf der Giftwirkung so ist, daß die Zellen nicht auf einmal absterben, sondern in der Weise, wie es Abb. 89 zeigt. Die Absterbekurve verläuft normal wie die der monomolekularen Reaktion und bei den verschiedenen Tötungsarten (einschl. ultravioletter Strahlen und der Temperatur) auf ähnliche Weise. Man nimmt nicht etwa ein Zurückbleiben resistenter Individuen an, sondern einen monomolekularen Schädigungsmechanismus im Sinne der S. 23 erwähnten Eintreffer-Theorie[3]. Vielfach wird jedoch die Gültigkeit dieser Theorie bestritten[4]. Zum mindesten wird man, bei primärer Gültigkeit des Eintreffer-Prinzips doch mit sekundären Vorgängen rechnen müssen[5], die das Bild fälschen würden. Im übrigen ist nicht einzusehen, wieso z. B. die Temperaturwirkung, die

---

[1] Boas, F.: Dynamische Botanik, 2. Aufl. München-Berlin: J. F. Lehmann 1942. Vgl. S. 323.

[2] Boas, F.: Das phyletische Anionenphänomen. Jena: G. Fischer 1927.

[3] Zimmer, K. G.: Biol. Zbl. **63**, 72 (1943) (vergleichend kritische Darstellung). — Dea, D. E.: Actions of Radiations on living Cells. Cambridge: Univ. Press 1946. — Dessauer, F.: Quantenbiologie. Berlin-Göttingen-Heidelberg: Springer 1954.

[4] Insbesondere von Engelhardt, H., u. Th. Houtermans: Z. Naturforsch. **5 b**, 30 (1950); Zbl. Bakt. I Orig. **155**, 146 (1950). — Z. Naturforsch. **6b**, 384 (1951). — Naturwiss. **39**, 161 (1952). — Z. Hyg. **135**, 486 (1952).

[5] Rajewski, B.: Brit. J. Radiol. **25**, 550 (1952).

das Plasma zum Gerinnen bringt, einen Eintreffer-Vorgang vorstellen sollte. Abb. 89 gibt die Absterbekurve bei *Hefe* durch Sublimat wieder[1].

Von der abtötenden Wirkung von Strahlen macht man ebenfalls praktischen Gebrauch: Ultraviolettstrahlen verwendet man zur Sterilisation von Trinkwasser und Milch, zur Desinfektion oberflächlich infizierter Nahrungsmittel (da diese Strahlen nicht tiefer eindringen, vgl. S. 265) usf. Die bactericide Wirkung des Sonnenlichtes ist aber nicht nur an die ultravioletten Strahlen gebunden, sondern ist noch bis λ 650 mμ nachweisbar[2]. Eine eigenartige Erscheinung ist, daß UV-geschädigte Zellen durch längerwelliges Licht oder durch Wärme reaktiviert werden können[3]. Ähnliches gilt für Röntgenstrahlen[4]. Ultrakurzwellen töten vornehmlich durch Wärmewirkung[5], Ultraschallwellen durch mechanische Sprengungswirkung[6] usw. Auf die Wiedergabe von Einzelheiten muß hier verzichtet werden.

Die Verwendung flüchtiger Desinfektionsmittel könnte auch neue Wege eröffnen zur Sterilisation von hitzeempfindlichen Nährböden, u. a. auch von Boden (S. 144)[7], wenn auch die bisherigen Erfahrungen keineswegs befriedigend waren[8]. Schwierig ist auch die Desinfektion lebender Organismen, z. B. von Pflanzenteilen, wenn es sich darum handelt, nur die äußerlich anhaftenden Keime zu vernichten. Samen können verhältnismäßig leicht, etwa durch Bromwasser (0,75%ige

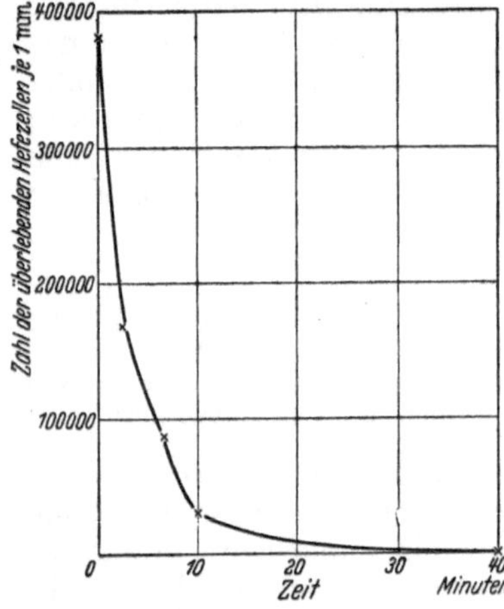

Abb. 89. *Hefe*. Absterbekurve durch Sublimat. (Nach Zahlen von O RAHN.)

Lösung 5—6 min) oder durch quartäre Ammoniumbasen (z. B. durch 1% Zephirol. 10 min) desinfiziert werden. Doch die Desinfektion rauher, etwa haariger Pflanzenteile, auch von anderen rauhen Oberflächen, von Glasstäben usw., ist nicht ganz einfach, was offenbar mit Erscheinungen zusammenhängt, wie sie S. 144 hinsichtlich von Luftsäcken erwähnt wurden[9]. Die Verwendung von Antibioticis zur Desinfektion wurde bereits S. 6 erwähnt.

---

[1] Das Beispiel ist der S. 157, Anm. 1 zitierten Arbeit von O. RAHN entnommen. Zur Kinetik vgl. weiter C. M. HINSHELWOOD: Siehe S. 153, Anm. 2.

[2] SWART-FÜCHTBAUER, H., u. A. RIPPEL-BALDES: Arch. Mikrobiol. 16, 358 (1951).

[3] Kurzes Referat über Photoreaktivierung: KELNER, A.: J. Cellul. a. Comp. Physiol. 39, 115 (1952). — Wärme-Reaktivierung: ANDERSON, E. H.: J. Bacter. 61, 389 (1951). — STEIN, W., u. W. HARM: Z. Naturforsch. 8b, 742 (1953). — Reaktivierung der Wärmeschädigung durch Glykokoll oder Phenol: LEMBKE, A., u. Mitarb.: Naturwiss. 39, 112 (1952).

[4] LANGENDORFF, H. u. M., u. K. SOMMERMEYER: Z. Naturforsch. 8b, 117 (1953).

[5] SAUTER, E., u. W. SCHWARTZ: Arch. Mikrobiol. 10, 189 (1939). — HANSEN, S., u. W. SCHWARTZ: Arch. Mikrobiol. 13, 219 (1943).

[6] THEISMANN, H., u. K. H. WALLHÄUSER: Naturwiss. 37, 185 (1950). Vgl. noch S. 174 über Enzymgewinnung durch Ultraschall.

[7] SCHWEIZER, G.: Einführung in die Kaltsterilisationsmethode. Jena: G. Fischer 1937. — Planta 35, 132 (1947).

[8] LIHNELL, D.: Arch. Mikrobiol. 6, 326 (1935).

[9] Vgl. z. B. E. BURCIK: Arh. Nikrobiol. 14, 309 (1949). — FISCHER, W:. Arch. Mikrobiol. 14 343 (1949). — STOLP, H.: Arch Mikrobiol. 17, 1 (1952).

Betriebsstoffwechsel.

Allgemeines.

Von dem Baustoffwechsel (Assimilation[1]) unterscheidet sich der Betriebsstoffwechsel (Dissimilation), im Endeffekt betrachtet, einmal qualitativ durch die Richtung: Bei jenem Aufbau komplizierter organischer Verbindungen aus z. T. einfacheren oder aus nur anorganischen (bei den Autotrophen); bei diesem Zertrümmerung mehr oder weniger komplizierter organischer Verbindungen in einfachere organische oder in anorganische Stoffe; jedoch greifen im Baustoffwechsel Abbau-, im Betriebsstoffwechsel Aufbauvorgänge intermediär ein. Zum anderen unterscheiden sich beide quantitativ sehr wesentlich: Der Betriebsstoffwechsel umfaßt bei den Heterotrophen den größeren Teil des Gesamtumsatzes; sonst wäre ja die mineralisierende Tätigkeit der Mikroorganismen in der Natur (S. 290 ff.) nicht möglich. Bei der gärenden (anaerob arbeitenden) *Hefe* wird unter Umständen nur etwa 2% des verbrauchten Zuckers zum Baustoffwechsel verwendet, alles übrige fällt dem Betriebsstoffwechsel anheim (S. 167 f.). Dieses Überwiegen des Betriebsstoffwechsels bei den Heterotrophen und die relative Einfachheit der Endprodukte sind die Ursache davon, daß man über ihn erheblich besser unterrichtet ist als über den Baustoffwechsel. Durch künstliche Eingriffe, z. B. den Zusatz von 2,4-Dinitrophenol (auch von Natriumazid, NaN_3, oder 8-Oxychinolin), kann in gewissem Umfange der Baustoffwechsel bei Mikroorganismen unterdrückt werden, während die Atmung nicht berührt wird.

Es ist jedoch zu beachten, daß die starke und einseitige Anhäufung organischer Stoffwechselprodukte in Mikroorganismenkulturen, die zudem für den gleichen Organismus noch verwertbar sind, zweifellos in weitem Umfange ein Kunstprodukt der Kultur ist. In der Natur werden die Bedingungen der künstlichen Monokultur nur in seltenen Fällen verwirklicht sein. Die mannigfachen Gärungserscheinungen dürften also mehr oder weniger anomale Vorgänge sein[2]. Daher dürfte der „wahre Nutzwert" (S. 122) als Ausdruck der maximalen Möglichkeiten der Stoffbildung den natürlichen Verhältnissen am ehesten entsprechen.

Als Maß für den Energieumsatz ist in der vorliegenden Darstellung von den Brennwerten ausgegangen ($-\Delta H$, berechnet nach den Bildungswärmen). Das ist an sich nicht immer richtig, da als Maß für das Ablaufen einer Reaktion die elektrometrisch meßbare, ebenfalls in Calorien ausgedrückte freie Energie[3] (maximale Arbeit, $-\Delta F$) zu nehmen ist, die im folgenden häufig ergänzend angegeben ist. Aber die Werte beider liegen bei aeroben Vorgängen nahe beieinander und nur bei anaeroben teilweise weiter auseinander; man glaubt, daß hier der im Vergleich zu $-\Delta H$ hohe Wert der freien Energie das Gedeihen bei dem geringen calorischen Umsatz ermögliche. Wenn auch die freie Energie für die Darstellung isolierter Reaktionen unbedingt gültig ist, so ist doch noch recht fraglich, ob sie auf die

---

[1] Dieser Begriff wird häufig im Sinne von Photosynthese angewendet, die er nur als Teilbegriff enthält.

[2] Eine solche Auffassung betont nachdrücklich: J. W. FOSTER: Chemical Activities of Fungi. New York: Academic Press 1949.

[3] An Stelle der Begriffe „exotherm" und „endotherm" treten hinsichtlich der freien Energie „exergon" und „endergon".

Tätigkeit des gesamten Organismus angewendet werden kann, da ihr Maß von so vielen Faktoren abhängt (Temperatur, Druck, Konzentration Ionisation, Lösungs- und Neutralisationswärme usw.), daß ihr wahrer Wert für die komplizierten Verhältnisse des Gesamtorganismus kaum zu ermitteln sein wird. Auch dürfte es überhaupt fraglich sein, ob die freie Energie als Maß für die Bildung von Mikroorganismensubstanz gelten kann. Das folgende Beispiel[1] mag zeigen, daß bei *Bakterien* eher eine Parallelität zwischen Stoffbildung und Brennwerten besteht (vgl. S. 121 f.). Denn die freie Energie ist bei der Buttersäuregärung höher als bei den anderen Gärungen, die Reaktionswärme aber niedriger, entsprechend der niedrigen Substanzbildung. Der im Vergleich zu den *Bakterien* hohe ökonomische Koeffizient der *Hefe* zeigt weiterhin, wie wenig beide Gruppen zu vergleichen sind. Möglicherweise haben Bakterien einen größeren Erhaltungsstoffwechsel (vgl. S. 122).

	$-\Delta H$	$-\Delta F$	Ökonomischer Koeffizient
Buttersäuregärung *(Bac. amylobacter)* . . .	17,4	63,5	1
Milchsäuregärung *(Bact. Delbrückii)*	23,0	31,8	3
Alkoholgärung *(Ps. Lindneri)*	22,8	57,2	3,3
Alkoholgärung *(Hefe)*	22,8	57,2	5—7

Im wesentlichen handelt es sich bei dem Betriebsstoffwechsel um hydrolytische Spaltungen, Oxydationen, Reduktionen (diese stets zu Oxydoreduktion gekoppelt), Kohlensäureabspaltungen, Phosphorylierungen und Dephosphorylierungen, gegebenenfalls auch Synthesen, einschließlich des Einbaues der Kohlensäure auch bei den Heterotrophen, ferner, je nach dem Substrat noch Abspaltung von Ammoniak, Schwefelwasserstoff u. a. Stets ist die Gesamtheit der entstehenden Produkte energieärmer als das Ausgangsprodukt wenn auch in gewissen Mengen an sich energiereichere Verbindungen entstehen können, wie Äthylalkohol, Butylalkohol aus Zucker usf. Es vollziehen sich also gleichzeitig stoffliche und energetische Umwandlungen, und es darf weiter nicht vergessen werden, daß die Dissimilation nicht nur der Energiegewinnung dient, sondern auch (unter Umständen überwiegend) der Bereitstellung von Bausteinen für die Zellsynthese[2] (vgl. S. 193).

Eine Abschätzung (die genaue Erfassung der beiden Teile des eigentlichen Betriebsstoffwechsels ist nicht möglich) der auf S. 93 erwähnten Formen des Stoffwechsels ergibt für Pilze

Baustoffwechsel	40%	d. Energie d. umgesetzt. Kohlenstoffquelle
Aufbau-Stoffwechsel	25% ,,	,, ,, ,, ,, ,,
Erhaltungs-Stoffwechsel . . .	35% ,,	,, ,, ,, ,, ,,

Alle Umwandlungen, auch die einfacher Verbindungen, z. B. die Oxydation der Essigsäure (S. 194), verlaufen stufenweise, wenn es sich um größere Energiemengen handelt. Bei kleineren Energiemengen hingegen, wie sie z. B. bei der Alkoholgärung verfügbar werden, scheint die Entbindung in einem Zuge, d. h. in einem einzigen Oxydo-Reduktionsschritt (S. 217), zu erfolgen. Stets scheint auch vor den eigentlichen Energiegewinn eine Bremsschwelle (Energieschwelle) vorgeschaltet zu sein, bedingt durch die Koppelung von Oxydation bzw. Dehydrierung

---

[1] KAUFMANN, W.: Arch. Mikrobiol. **17**, 319 (1952).
[2] CLIFTON, CH. E.: Leeuwenhoek **13**, 184 (1947).

mit Reduktionen, die zu energiereicheren Verbindungen führen. Im Verein mit dem stufenweisen Abbau dürfte dadurch ein allzu stürmischer Ablauf der Reaktion verhindert werden (vgl. noch S. 181).

Bei den energetischen Umsetzungen wird die Energie durch Überträger weitergegeben. Solche Energieüberträger sind u. a. Phosphorsäure vom Metaphosphat-Typ, z. B. Adenosin-triphosphat, ferner Verbindungen mit SH-Gruppen u. a. Diese Verbindungen sind jedoch keine wesentlichen Energiespeicher, sondern eben Energieüberträger, die nach Abgabe der Energie wieder aufgefüllt werden können. Diese Auffüllung vollzieht sich letzten Endes aus dem der Zelle von außen gebotenen Energiematerial.

Formen des Betriebsstoffwechsels.

Die Energie wird bei höheren Pflanzen durch die Atmung gewonnen, d. h. durch die Verbrennung (Oxydation, Dehydrierung) der drei physiologisch als Reservestoffe und Energiematerial wichtigen Stoffgruppen Kohlenhydrate, Fett, Eiweiß (oder daraus sich herleitender anderer organischer Verbindungen) mit Hilfe des freien Sauerstoffs der Luft zu Kohlensäure und Wasser, wenn wir als „Normalfall" die Veratmung von Zucker annehmen. Man kann den Begriff Gärung mit Betriebsstoffwechsel gleichsetzen und die Atmung demgemäß als Oxydationsgärung[1] bezeichnen; man spricht auch von Oxybiose. Sie sei im folgenden als aerobe Atmung bezeichnet, weil sie unter aeroben Verhältnissen (S. 169 ff.) — im biologischen Sinne — durchgeführt wird.

Schließt man die lebhaft atmende höhere Pflanze, z. B. keimende Samen, vom Luftsauerstoff ab, so kommt es zu einer Alkoholgärung; man spricht von intramolekularer Atmung, weil sich der Energie liefernde Vorgang innerhalb eines (Zucker-)Moleküls abspielt. Diese Molekülabspaltung kann man auch als Spaltungsgärung bezeichnen, oder man spricht von Anoxybiose, ferner, im Falle der Milchsäurebildung, namentlich in tierischen Zellen, von Glykolyse. Im folgenden ist der Begriff anaerobe Atmung verwendet, weil sie sich unter anaeroben Verhältnissen — im biologischen Sinne — vollzieht. Anaerobe Atmung ist bei höheren Pflanzen wohl nur ein pathologischer Vorgang; anders bei den Mikroorganismen: Hier können beide Typen, aerobe und anaerobe Atmung vollwertig vorkommen, die letztgenannte auch noch in anderen Formen als derjenigen der Alkoholgärung, und zwar als Milchsäure-, Propionsäure- und Buttersäuregärung, womit einige Haupttypen der anaeroben Kohlenhydratvergärung genannt sind.

Bei Mikroorganismen findet man beide Typen des Betriebsstoffwechsels nicht nur bei verschiedenen Organismen, sondern auch im Stoffwechsel eines und desselben Mikroorganismus, so bei der *Hefe* und bei *Milchsäurebakterien*, und jeweils als vollwertigen Vorgang. Es konnte gezeigt werden, daß aerobe und anaerobe Atmung nur verschiedene Wege des Energiegewinnes sind, wie schon PASTEUR erkannte (La fermentation est la vie sans air), die sich gegenseitig ausschließen, aber beide möglich sind. Begünstigung der aeroben Atmung (Sauerstoffzufuhr) schützt auf 1 Molekül oxydierten Zuckers 3—6 Moleküle Zucker

---

[1] Als „aerobe Gärung" bezeichnet man in der Literatur vielfach eine sich auch bei Luftzutritt vollziehende anaerobe Atmung, z. B. Alkoholgärung bei Luftzutritt, ein Begriff, der aber leicht zu Mißverständnissen Anlaß geben kann.

vor der Spaltung zu Alkohol und Kohlensäure[1], d. h. der Organismus arbeitet ökonomischer. Denn die Oxydation liefert erheblich mehr Energie als die Spaltung (S. 172). Außerdem werden bei Sauerstoffzufuhr schon im Spaltungsweg gebildete Produkte, wie Milchsäure, zu Zucker zurücksynthetisiert (S. 218).

Damit hängt auch zusammen, daß bei aerobem Wachstum erheblich weniger Kohlenstoffmaterial dem Betriebsstoffwechsel zum Opfer fällt. Wenn z. B. *Hefe*, wie erwähnt, bei anaerobem Leben unter Umständen nur etwa 2% des verbrauchten Zuckers in Körpermasse festlegt, so steigt dieser Betrag bei guter Lüftung, also bei aerobem Wachstum, auf ein Vielfaches, sogar bis etwa 60% an[2], bei Unterdrückung der Alkoholgärung (Prinzip der Gewinnung von *Preß-* und von *Eiweißhefe*).

Man stellt sich also vor, daß im Organismus Zutritt von freiem Sauerstoff die etwa vorhandene Spaltung zurückdrängt und könnte demgemäß das anaerobe Leben von Mikroorganismen als eine durch Milieuanpassung auf dem Wege der Selektion entstandene Fixierung eines ursprünglich mehr oder weniger pathologischen Zustandes betrachten. In der Tat finden wir bei der *Hefe*, bezeichnenderweise im Sexualvorgang, noch Beziehungen zum freien Sauerstoff (S. 218), ebenso bei anderen Anaeroben (S. 235).

Wenn nun aerobe und anaerobe Atmung sich auch gegenseitig ausschließen, so nimmt man doch an, daß der Gang des Abbaus zunächst ähnlich ist; nur würde bei der aeroben Atmung eine restlose Verbrennung stattfinden mit voller Energieausnützung, bei der anaeroben Atmung dagegen eine „verschwenderische" Anhäufung an sich noch oxydabler, gegebenenfalls wenig veränderter Zwischenprodukte (Alkohol, Milchsäure usf.). Doch könnte in beiden Fällen, wenigstens primär, auch ein etwas anderer Weg eingeschlagen werden (S. 181 f.). Im übrigen ist das Vorhandensein eines Gärungsstoffwechsels bei Aeroben kein Beweis dafür, daß ein aerober Stoffwechsel auch tatsächlich zunächst den Spaltungsweg einschlägt. Denn selbst bei *Hefe* findet man Hinweise auf einen vom glykolytischen verschiedenen Abbauweg. Man würde dann wieder strenger zwischen Atmung und Gärung unterscheiden können, allerdings in mehr biochemischem Sinne. In biologischem Sinne definiert man jedoch besser beide als „Atmung", welcher Begriff also einheitlich den Betriebsstoffwechsel kennzeichnet. Für die Einheitlichkeit beider Vorgänge spricht ferner die Tatsache, daß bei Aeroben der freie Sauerstoff gar nicht unmittelbar, sondern nur mittelbar zur Oxydation benutzt wird (S. 177), während allerdings die rein biologische Abhängigkeit eines Organismus von diesem Faktor bestehen bleibt.

---

[1] MEYERHOF, O.: Biochem. Z. **162**, 43 (1925).

[2] FINK, H., u. J. KREBS: Biochem. Z. **299**, 1 (1938); **301**, 170 (1939). — Nach C. B. VAN NIEL u. E. ANDERS [J. Cellul. a. Comp. Physiol. **17**, 49 (1941)] wird unter Sauerstoffabschluß 30% des verschwundenen Zuckers durch *Hefe* (nicht so durch *Milchsäurebakterien*) gespeichert: „Fermentative Assimilation". Der scheinbare Widerspruch zu der obigen Angabe von 2% ergibt sich aus der Versuchsanstellung: Impfung mit starker Hefesuspension und kurzer Versuchsdauer. Vgl. weiter F. W. FALES, u. J. P. BAUMBERGER: J. of Biol. Chem. **173**, 1 (1948).

Verhalten zum Sauerstoff.

Der Betriebsstoffwechsel muß also von dem jeweiligen Verhalten des betreffenden Mikroorganismus dem freien Sauerstoff gegenüber betrachtet werden. Man unterscheidet seit PASTEUR: 1. Obligat aerobe, 2. fakultativ anaerobe (einschließlich der mikroaerophilen), 3. obligat anaerobe[1] Mikroorganismen, wobei die 1. Gruppe nur bei Vorhandensein, die 3. Gruppe nur bei Fehlen von freiem Luftsauerstoff gedeihen kann (in vorläufiger Definition, vgl. S. 171), während die 2. Gruppe unter beiden Bedingungen zu wachsen vermag, bzw. mit geringen Mengen von Sauerstoff auskommt. Natürlich sind diese Gruppen durch alle möglichen Übergänge miteinander verbunden[2]. Folgende Übersicht[3] zeigt das Verhalten verbreiteter Bodenbakterien zum freien Sauerstoff, wenn Sporenkeimung eintreten soll, wobei die Zahlen natürlich nur für die betreffende Versuchsanstellung Gültigkeit haben:

Abhängigkeit der Sporenkeimung einiger Bakterien vom Sauerstoffdruck.

	Minimum	Optimum	Maximum mg O_2 im l
Bac. amylobacter, obligat anaerob	0	gut bei 10	25
Bac. asterosporus, fak. anaerob	0	100	5600
Bac. tumescens, obligat aerob	9,4	276	2163
Bac. subtilis, obligat aerob	4,3	400	4317

Normale Luft enthält 276 mg O_2 im Liter.

Anaerobe sind gegen freien Sauerstoff oft sehr empfindlich. Die vegetativen Zellen von *Bac. amylobacter* werden schon durch 10 min lange Einwirkung der freien Luft abgetötet, Sporen nach 8 Tagen[4]. Doch sind das offenbar extrem einseitige Verhältnisse der künstlichen Kultur. Im natürlichen Substrat, wie im gut durchlüfteten Erdboden, in dem solche Bakterien verbreitet sind, müssen die Verhältnisse ganz anders liegen. Andererseits hat man bei anaeroben Bakterien, wie bei dem anaeroben Cellulosezersetzer, *Bac. cellulosae-dissolvens*, eine Förderung durch sehr geringe Sauerstoffmengen in der Anfangsentwicklung festgestellt[5]. Bei der *Hefe*, die anaerob wachsen kann, ist jedoch freier Sauerstoff zur Bildung und Keimung der Ascosporen unerläßlich (S. 218). Vielleicht deutet die Beobachtung, wonach bei Anaeroben Synthese-Reaktionen durch Sauerstoff sistiert werden, energieliefernde hingegen nicht[6], auf das gleiche Prinzip hin.

[1] WEINBERG, W., R. NATIVELLE u. A. PRÉVOT: Les microbes anaérobies. Paris: Masson & Cie. 1937.

[2] *Clostridium Kluyveri*, obligat anaerob, kann freien O_2 verwenden: LIEBERMANN, J., u. H. A. BARKER: J. Bacter. **68**, 61 (1954).

[3] MEYER, A.: Zbl. Bakter. I Orig. **49**, 305 (1909).

[4] BACHMANN, F.: Zbl. Bakter. II **36**, 1 (1912). — Eine viel größere Resistenz fand indessen G. BREDEMANN [Zbl. Bakter. II **23**, 385 (1909)], nämlich keine tötende Wirkung auf die Sporen selbst bei hohem Überdruck.

[5] MEYER, R.: Arch. Mikrobiol. **9**, 80 (1938).

[6] AUBEL, E., u. Mitarb.: Rev. Canad. Biol. **4**, 488, 498, 502 (1945).

Hinsichtlich der schädlichen Wirkung des freien Sauerstoffs hat man guten Grund, anzunehmen, daß durch seine Wirkung ein schädliches Stoffwechselprodukt entsteht. Zusammen mit aeroben Arten gedeihen anaerobe bei vollem Luftzutritt, z. B. *Bac. amylobacter* in Mischkultur mit *Azotobacter*. Man nimmt aber nicht an, daß der Sauerstoff durch den Aeroben verzehrt und so dem Anaeroben das Gedeihen ermöglicht würde, sondern daß die Aeroben, die unter der Wirkung des freien Sauerstoffs entstehenden, für die Anaeroben giftigen Stoffwechselprodukte zerstören, etwa Peroxyde, wie Wasserstoffsuperoxyd (S. 177) u. dgl. Oder die Aeroben stellen ein geeignetes Redoxpotential[1] her, was teilweise mit der anderen Erklärung zusammenfällt.

Jeder Organismus stellt sich in seinem Stoffwechsel auf ein bestimmtes Redoxpotential ein, das durch die Natur der Umsetzungsprodukte bedingt ist und daher Hinweise auf den Verlauf der Umsetzungen geben kann[2]. Jedoch ist das Redoxpotential an die lebende Bakterienzelle gebunden, also keine Eigenschaft des Substrates[3]. Andererseits kann man durch Stoffe verschiedenen Redoxpotentials in entsprechender Weise eingreifen. So ist es möglich, durch Zusatz eines Stoffes von hoher Reduktionskraft, aerobe Verhältnisse zu anaeroben umzugestalten, d. h. die schädliche Wirkung des freien Sauerstoffs (oder auch des Peroxydes) zu verhindern. Derartige natürliche Stoffe sind z. B. solche mit SH-Gruppen wie Cystein (S. 250) und Glutathion (S. 210), ferner Ascorbinsäure (=Vitamin C) und Chinon (S. 188), als künstlicher Stoff das Methylenblau (S. 188) u. a.; auch viele Co-Enzyme (S. 208) gehören hierher. Als Beispiel diene der Mechanismus der Wasserstoffübertragung durch die Ascorbinsäure. Bei Dehydrierung geht sie in die Dehydro-ascorbinsäure über; der Vorgang ist innerhalb der Zelle reversibel. Die Ascorbinsäure[4] ist aber normalerweise noch mit anderen Redoxsystemen gekoppelt.

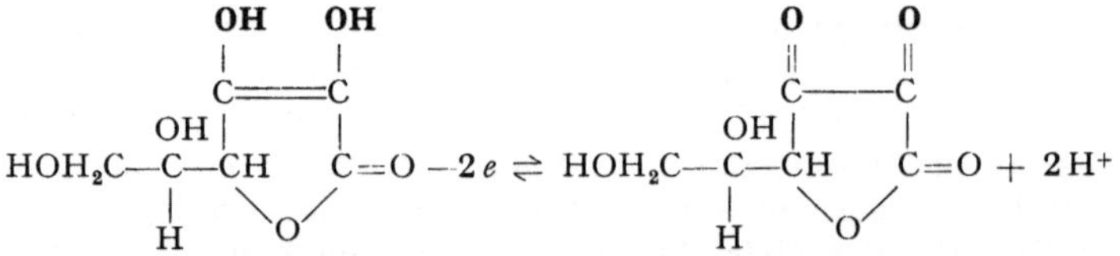

$$\underset{\text{Ascorbinsäure}}{\mathrm{HOH_2C\!-\!\overset{\displaystyle H}{\underset{}{\overset{|}{C}}}\!-\!CH}\ \ \overset{\overset{\textstyle OH\ \ \ \ OH}{|\ \ \ \ \ |}}{\underset{\diagdown\ O\ \diagup}{\underset{|\ \ \ \ \ \ |}{C\!=\!\!=\!C}}}\ \ C\!=\!O}\ -2e\ \rightleftharpoons\ \underset{\text{Dehydroascorbinsäure}}{\mathrm{HOH_2C\!-\!\overset{\displaystyle H}{\underset{}{\overset{|}{C}}}\!-\!CH}\ \ \overset{\overset{\textstyle O\ \ \ \ O}{\|\ \ \ \ \|}}{\underset{\diagdown\ O\ \diagup}{\underset{|\ \ \ \ \ \ |}{C\!-\!\!-\!C}}}\ \ C\!=\!O}\ +\ 2\,H^+$$

Infolge der Gegenwart derartiger Stoffe vermögen Anaerobe auch unter aeroben Verhältnissen bei Vorhandensein von Pepton usw. zu gedeihen, und auch die Gegenwart aerober Organismen wird sich auf einen Anaeroben über die Bildung solcher Stoffe auswirken können.

---

[1] E_h = Maß für die freie Energie der betreffenden Reaktion zwischen 2 Systemen, positiv gegenüber der Wasserstoffelektrode bei Oxydation. Reduktive Kraft um so stärker, je leichter Elektronen abgegeben werden. Ein Redox-System reduziert das andere mit höherem Redoxpotential bzw. umgekehrt.

[2] KLUYVER, A. J., u. J. C. HOOGERHEIDE: Biochem. Z. **272**, 197 (1934). — ELEMA, R., u. Mitarb.: Biochem. Z. **270**, 317 (1934). — JANKE, A.: Arch. Mikrobiol. **8**, 348 (1937). — STOLP, H.: Arch. Mikrobiol. **21**, 309 (1954).

[3] STOLP, H.: Siehe S. 171, Anm. 1.

[4] EDDY, B. P., u. M. INGRAM: Bacter. Revs. **17**, 93 (1953).

Bei den *Knöllchenbakterien* stellt möglicherweise das Leghämoglobin in den Knöllchen unter den mehr anaeroben Verhältnissen des Knöllcheninnern das höhere Redoxpotential für die Bakterien, d. h. für deren aerobes Leben her (S. 328 f.).

Man kann also, im Grunde genommen, nicht von einer scharfen Abhängigkeit eines Organismus vom freien Sauerstoff der Luft, d. h. von einer ganz bestimmten Konzentration daran sprechen. Maßgebend ist eben nur ein durch die verschiedenen Kulturbedingungen veränderliches Redoxpotential im Substrat bzw. im Organismus. Wie Abb. 90 zeigt, handelt es sich dabei vor allem um die Anwachs-Phase (lag-phase), die bei Anaeroben ein genügend negatives Potential aufweisen muß.

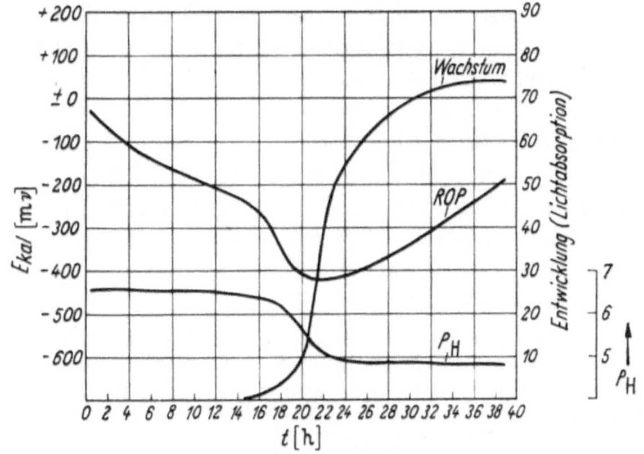

Abb. 90. *Bac. amylobacter.* Wachstum, Redoxpotential (ROP) und pH-Werte unter streng anaeroben Verhältnissen. (Nach H. STOLP.)

Rein biologisch aber bleibt die verschiedenartige Reaktion der Mikroorganismen dem freien Sauerstoff gegenüber bestehen, und man muß darauf bzw. auf das Redoxpotential bei der Züchtung Rücksicht nehmen. Die obligat Anaeroben züchtet man unter Ausschluß freien Sauerstoffs in indifferenten Gasen (Stickstoff, Wasserstoff, Kohlensäure), oder auch im Vakuum, wobei durch alkalische Pyrogallollösung der letzte Rest von Sauerstoff aus dem Kulturmedium entfernt wird. Oder man setzt, wie schon gesagt, bei Luftzutritt Stoffe von hoher Reduktionskraft zu (*Bac. amylobacter* wächst bei Sauerstoffzutritt und Ascorbinsäurezusatz üppig und völlig normal[1]), oder man kultiviert in Mischkultur mit einem geeigneten Aeroben. Bei einer Mischkultur *Bac. amylobacter* z. B. + *Azotobacter* läßt sich jener durch Erhitzen leicht wieder in Reinkultur gewinnen, wobei der sporenlose *Azotobacter* abgetötet wird. Auch örtlich getrennte Kultur eines Anaeroben mit einem Aeroben (bevorzugt *Bact. prodigiosum*) wird, bei kleineren Kulturräumen, verwendet; in diesem Falle ist die günstige Wirkung auf den Anaeroben natürlich nur dem Sauerstoffverbrauch durch den Aeroben zuzuschreiben. In Reagenzgläsern mit hoher Schicht wachsen die Anaeroben bzw.

[1] STOLP, H.: Arch. Mikrobiol. **21**, 273, 293 (1955).

fakultativ Anaeroben in die Tiefe, wie besonders gut bei Impfung vermittels Einstiches bis zum Grunde des Röhrchens zu beobachten ist. Auf die Wiedergabe sonstiger technischer Einzelheiten kann hier verzichtet werden[1].

Wärmebildung.

Die im Betriebsstoffwechsel gewonnene und verwendete Energie wird schließlich, soweit sie nicht in der Bildung energiereicher Stoffe erscheint, in Form von Wärme frei. Ob diese Wärme für den Organismus überhaupt von Nutzen ist, weiß man nicht, doch ist es möglich[2]; dann dürfte es sich aber wohl nur um verhältnismäßig geringe Mengen handeln. Die Hauptmenge dieser Wärme dürfte für den Organismus verloren sein (da bei unseren Objekten ja die Aufrechterhaltung einer gegenüber der Umgebung erhöhten Körpertemperatur keine Rolle spielt).

In wachsenden Mikroorganismenkulturen kann man die Wärmebildung messen[3] und Rückschlüsse auf den Verlauf des Stoffwechsels ziehen. Im Gegensatz zur aeroben Atmung tritt bei der anaeroben Atmung die Wärmebildung viel weniger in Erscheinung. Der Energiegewinn beträgt bei der Alkoholgärung nur 22,4 kcal je Mol Zucker (180 g) gegen 674 kcal bei der Verbrennung bzw. restlosen Veratmung zu Kohlensäure und Wasser. Nur in diesem Fall geht auch die CO_2-Bildung der Wärmebildung annähernd parallel, nicht aber bei der anaeroben Atmung, wie leicht einzusehen ist.

Die Erwärmung organischer Massen als Beispiel biologischer Wärmebildung in der Natur wurde bereits S. 142 besprochen. Auch die Erwärmung keimender Samen in DEWAR-Gefäßen wird nicht von der durch die Keimung gebildeten Atmungswärme verursacht, sondern durch die Atmung der sich gleichzeitig entwickelnden Mikroorganismen[4]. Bei den Umsetzungen im Boden werden zwar absolut große Wärmemengen frei, die sich aber so verteilen, daß sie für die Biologie des Bodens keine Rolle spielen; sie würden je Stunde und Quadratmeter nur 0,005—0,01° C betragen. Immerhin hat man diese Wärmebildung gemessen[5] und sie in voller Übereinstimmung mit dem nach der Bildung der Kohlensäure zu erwartenden Wert gefunden. In Frühbeetkästen (stärkere Wärmebildung infolge reichlich vorhandener organischer Stoffe) trägt die biologisch entwickelte Wärme erheblich zum Wachstum der Sämlinge bzw. zu deren Schutz vor Erfrieren bei.

Enzyme[6].

Alle Stoffwechselvorgänge werden mit Hilfe von Enzymen (auch als Fermente bezeichnet) durchgeführt, auch der Baustoffwechsel, da die

---

[1] MEYER, R., u. K. PIETSCHMANN: Methoden der Anaerobenzüchtung. Handbuch der biologischen Arbeitsmethoden von ABDERHALDEN, Abt. XII, Teil 2, S. 1513, 1939.

[2] Vgl. Anm. 3, ferner für Thermophile K. NOACK: Jb. wiss. Bot. 49, 413 (1920).

[3] TAMIYA, H.: Acta phytochim. (Tokyo) 6, 227, 265 (1932); 7, 27, 43 (1933). — ALGERA, L.: Rec. Trav. Bot. Néerland. 29, 47 (1932). — KORTE, J., u. H. ENGEL: Arch. Mikrobiol. 21, 264 (1955).

[4] MIEHE, H.: Arch. Mikrobiol. 1, 78 (1930).

[5] HESSELINK VAN SUCHTELEN, E. H.: Zbl. Bakter. II 79, 108 (1929).

[6] NORD, F. F., u. R. WEIDENHAGEN: Handbuch der Enzymologie. Akad. Verlagses. Leipzig 1940. — EULER, H. v.: Chemie der Enzyme. J. F. Bergmann, München 1934. — SUMNER, J. B., u. K. MYRBÄCK: The Enzymes. New York: Academ. Press. 1950—1952, 4 Bde. — SUMNER, J. B., u. G. F. SOMERS: Chemistry and Methods of Enzymes. 3. Aufl. Academ. Press. New York 1953. — Ferner die laufenden Übersichten in Erg. Enzymforsch., Adv. Enzymol., Annual Rev. Biochem. — GOTTSCHALK, K. A.: Appl. Chem. 3, 179 (1953).

Enzyme auch synthetisch arbeiten. Doch tritt bei den heterotrophen Mikroorganismen aus den S. 167f. für den Stoffwechsel allgemein erwähnten Gründen die abbauende Seite viel stärker in Erscheinung als die aufbauende. Früher wurden daher die Bakterien geradezu als geformte, organisierte, den eigentlichen ungeformten, unorganisierten Fermenten gegenübergestellt.

Man definiert die Enzyme als Katalysatoren, d. h. als Stoffe, die in sehr geringen Mengen die Geschwindigkeit und gegebenenfalls die Richtung einer Reaktion bestimmen, ohne selbst in den Endprodukten zu erscheinen oder eine dauernde Veränderung zu erleiden; das Letzterwähnte trifft allerdings in strengem Sinne nicht zu.

Hier sollen nur einige Eigenschaften der Enzyme bei Mikroorganismen erwähnt werden; im übrigen seien neben der Katalysatoreigenschaft noch die reversible Wirkung und die auf bestimmte chemische Bindungen eingestellte Spezifität erwähnt, endlich die Zusammensetzung aus dem hochmolekularen, temperaturempfindlichen, kolloidalen Eiweißträger (Apo-Ferment) und der prosthetischen, niedrigmolekularen Gruppe (Co-Ferment), der eigentlichen Wirkgruppe:

$$\text{Co-Ferment} + \text{Apo-Ferment} = \text{Holoferment.}$$

Auf der lockeren, salzartigen Bindung von Co- und Apo-Ferment beruht die leichte Trennbarkeit und Möglichkeit der Resynthese der beiden Komponenten, wie das z. B. bei der Co-Zymase der Hefe (S. 208) der Fall ist, während bei anderen Enzymen eine festere Bindung besteht. Folgende Übersicht zeigt die wirksamen Gruppen[1] einiger wichtiger Mikroorganismen-Enzyme:

Wirkgruppen einiger Enzyme.

Wirksame Gruppen	Eisen	Kupfer	Alloxazinkern (im Vitamin B_2 enthalten)	Pyridinkern	Aneurin = Vitamin B_2
Enzym	Cytochrom-Oxydase (= Atmungsferment) (S. 177)	Phenoloxydasen (S. 199)	Aminosäureoxhydrase (S. 246)	Komplexe Anaerodehydrasen	Carboxylase (S. 209)
	Peroxydase	Ascorbinsäure-oxydase	Glucoseoxhydrase (S. 183)	Co-Zymase (S. 208) Pyridoxal (S. 243)	
	Katalase (S. 177f.)				

Wirksame Stoffe wie Glutathion bei Urease (S. 245) und bei Glyoxalase (S. 210) gelten nicht als prosthetische Gruppen des Enzyms, sondern als Aktivatoren. Sulfhydrilgruppen (u. a. im Glutathion enthalten) sind allgemein bei den meisten Enzymen wirksam, auch bei der Energieübertragung[2]. Weiterhin spielen bei sehr vielen Enzymwirkungen

---

[1] Teilübersicht bei O. WARBURG: Schwermetalle als Wirkungsgruppen. Berlin: W. Saenger 1946; Wasserstoffübertragende Fermente. Berlin: W. Saenger 1948.

[2] Zusammenstellung bei K. A. C. ELLIOT: Annual Rev. Biochem. **15**, 12 (1946).

bzw. den sie begleitenden Energieübertragungen Phosphorylierungen
eine wichtige Rolle, wie an bestimmten Beispielen auszuführen sein
wird. Über die sog. energiereichen Phosphatbindungen vgl. S. 167.

Viele Enzyme konnten bisher in reinem, kristallisierten Zustande
gewonnen werden, von Mikroorganismen allerdings erst 1947 als erstes
die Amylase von *Bac. subtilis*[1].

Bei Mikroorganismen unterscheidet man Ektoenzyme, die nach
außen abgeschieden werden bzw. auf oder an der Oberfläche der Zelle
lokalisiert sind, wie diejenigen, die Eiweiß und Cellulose lösen, welche
Stoffe ja nicht in die Zelle eindringen können, und die im Zellinnern
verbleibenden Endoenzyme, wie das Invertin und der Zymasekomplex der *Hefe*. Das Invertin wird bei der Autolyse (S. 174f.) der Hefezellen frei, während der Zymasekomplex dabei zerstört wird. Es gelang
BUCHNER 1897, diesen durch Zerreiben der Hefezellen mit Quarzsand
freizulegen; er kann aber auch auf andereWeise gewonnen werden (S.212f.).
Weitere neue Methoden der Gewinnung von Endoenzymen sind Schütteln mit kleinsten Glaskügelchen oder Glaspulver und Zellzerstörung
durch Ultraschallwellen, durch Auflösen der Zellen mittels Lysozym
oder durch Gefrieren[2].

Weiterhin ist in biologischer Hinsicht sehr bemerkenswert, daß ein
Enzym oder ein Enzymkomplex, wie der Zymasekomplex der *Hefe*,
bei ungeeigneter Gewinnung ganz anders arbeiten kann als die lebende
Zelle; erst bei richtiger Gewinnung des Enzyms ergab sich einigermaßen
Übereinstimmung. Im ersten Falle liegt eben ein destruiertes En-
zymsystem vor (vgl. S. 211f.).

Hinsichtlich der in einer Zelle vorkommenden Enzymmenge sei erwähnt, daß in *Micrococcus lysodeikticus* 20000 Moleküle Katalase je
Zelle vorhanden sind[3].

Bei der quantitativen Enzymregulation[4] wird zwar ein bestimmtes Enzym immer gebildet, aber seine Bildung sehr gesteigert,
wenn der durch das Enzym zu spaltende Stoff zugegen ist (Diastase
=Amylase, Maltase, Invertin = Saccharase bei *Asp. niger*). Dabei
kann das Enzym von vornherein voll wirksam sein, wie bei der Vergärung von Glucose durch *Bierhefe* (man spricht dann von einem konstitutiven Enzym[5]), oder die Wirkung setzt langsam ein und steigert
sich allmählich, wie bei der Vergärung der Galaktose durch *Bierhefe*
(adaptives Enzym). Die konstitutiven Enzyme sollen genotypisch
bedingt sein[6] (Invertin, Raffinase, Melibiase bei *Hefe*), während z. B.

---

[1] MEIER, K., u. Mitarb.: Experientia (Basel) 3, 411 (1947). — Allgemein vgl.
J. H. NORTHROP u. Mitarb.: Cristalline Enzymes, 2. Aufl. New York: Columbia
Univ. Press 1948. Als erstes Enzym überhaupt wurde die Urease 1926 durch
SUMNER kristallisiert gewonnen.
[2] HUGO, W. B.: Bacter. Revs. 18, 87 (1954).
[3] HERBERT, D., u. A. J. PINSENT: Nature (London) 160, 125 (1947)
[4] KYLIN, H.: Jb. wiss. Bot. 53, 465 (1914).
[5] KARSTRÖM, H.: Ann. Acad. Sci. Fenn. A 33, Nr. 2 (1931); Erg. Enzymforsch. 7,
350 (1938). — Die Möglichkeit einer solchen Unterscheidung wird allerdings auch
bestritten: SPIEGELMANN, S., u. R. DUNN: J. Gen. Physiol. 31, 153, 175 (1947).
[6] LINDERSTROM-LANG, K.: In Nord-Weidenhagen, S. 1121 ff.

die Anpassung von *Bäckerhefe* an die Vergärung von Galaktose auch bei homozygotischen Stämmen erfolgt, also nichts mit genotypischer Variation zu tun hat[1]. Adaptive Vorgänge finden sich auch bei *Bakterien* zahlreich, z. B. bei der Anpassung mancher Arten an Xylose. Unter qualitativer Enzymregulation (die wohl als Extremfall der adaptiven Enzyme zu werten ist) versteht man, daß ein Enzym überhaupt erst in Gegenwart des zu spaltenden Stoffes gebildet wird. Das ist der Fall bei der Tannase von *Asp. niger*[2] und bei der enzymatischen Verarbeitung von Mannit durch *Azotobacter chroococcum*[3]; solche Fälle scheinen indessen seltener zu sein. Dabei kann das gleiche Enzym sich bei verschiedenen Mikroorganismen verschieden verhalten: Der Pilz *Botrytis cinerea* bildet Pectase auch, wenn Pectin nicht vorhanden ist (wenn auch dessen Gegenwart die Bildung steigert), *Asp. niger* dagegen nur in Gegenwart von Pectin[4].

Die Enzymadaptation faßt man zumeist nicht als eine Neu- sondern als eine Umbildung auf, also als Anpassung, nicht als eine Selektion mutativen Ursprungs[5]; doch ist die Fähigkeit zur Anpassung genetisch bedingt[6,7]. Weiterhin wurde festgestellt, daß die Umbildung sich nicht auf das Co-Ferment erstreckt, sondern auf das Apo-Ferment, also auf den Eiweißträger.

Autolyse (vgl. weiter S. 362). Die Möglichkeit der Abtrennung der Enzyme von dem lebenden Substrat, wie man sie bei der Enzymgewinnung erzielt, zeigt, daß die Enzyme das eigentliche Leben der Zelle überdauern können. Das kann auch sozusagen „normalerweise" eintreten: Wenn alternde Zellen absterben, üben die freiwerdenden Enzyme ihre Tätigkeit weiter aus; es kann zu einer mehr oder weniger vollständigen Auflösung des Organismus kommen: Autolyse. Das Invertin der *Hefe* kann, wie S. 174 erwähnt, auf diese Weise aus dem Zellinnern freigelegt werden. Bei *Asp. niger* fällt der Autolyse bei neutraler Reaktion sogar der größte Teil des Chitins zum Opfer[8]. Ein

---

[1] SUOMALAINEN, H.: Arch. Mikrobiol. **14**, 154 (1948). — LINDEGREN, C. C.: Bacter. Revs. **9**, 111 (1945).

[2] KYLIN, H.: Vgl. S. 174, Anm. 4. — RIPPEL, A., u. J. KESELING: Arch. Mikrobiol. **1**, 60 (1930).

[3] NILSSON, R.: Arch. Mikrobiol. **7**, 598 (1936).

[4] GÄUMANN, E., u. E. BÖHNI: Helvet. chim. Acta **30**, 24, 1591 (1947). Pectolase ist dagegen bei beiden ein konstitutives Enzym.

[5] DEAN, A. C. R., u. C. M. HINSHELWOOD: Proc. Roy. Soc. (London) B **142**, 45, 225 (1954). — BARON, L. S.: J. Gen. Microbiol. **36**, 631 (1953). — WRIGHT, B. E.: J. Bacter. **66**, 407 (1953). — BASKETT, A. C., u. C. M. HINSHELWOOD: Proc. Roy. Soc. (London) B **139**, 58 (1951). — HINSELWOOD, C. M.: The Chemical Kinetics of the Bacterial Cell. Oxford 1946.

[6] Vgl. dazu H. MARQUARDT: Fortschr. Bot. **16**, 292 (1954 für 1953). — Weitere zusammenfassende Literatur zur Adaptation: 3. Symp. Soc. Gen. Microbiol. Adaptation in Microorganisms. Cambridge 1953. — MONOD, J., u. M. COHN: Adv. Enzymol. **13**, 67 (1952). — STANIER, R. Y.: Annual Rev. Microbiol. **5**, 35 (1951). — CHRISTENSEN, J. J. u. J. M. DAY: Annual Rev. Microbiol. **5**, 57 (1951). — SPIEGELMANN, S.: Cold Spring Harbor Symp. Quant. Biol. **11**, 256 (1946).

[7] Andererseits soll eine Galaktose-Mutation auch nur auf galaktosehaltigem Substrat ausgelöst werden können: LINDEGREN, C. C., u. D. D. PITTMAN: J. Gen. Microbiol. **9**, 494 (1953).

[8] BEHR, G.: Arch. Mikrobiol. **1**, 418 (1930).

ähnlicher Vorgang vollzieht sich, wenn man zu einer lebenskräftigen Kultur Toluol u. dgl. zusetzt; der Organismus wächst dann nicht mehr weiter, aber die Enzymtätigkeit wird fortgesetzt. Auf diese Weise können Zwischenprodukte angehäuft werden, die normalerweise sofort weiter verarbeitet werden und dann nicht zu fassen sind. So hat man zuerst bei dem Pilz *Dematophora necatrix* (Wurzelschimmel der Rebe) reduzierenden Zucker als Zwischenprodukt der Cellulosezersetzung festgestellt[1].

Hinsichtlich der Spezifität der Enzyme sei nur auf einige Erscheinungen der optischen Spezifität aufmerksam gemacht. Allgemein kann die Sachlage so ausgedrückt werden, daß die in der Natur allein oder vorherrschend vorkommende Komponente ausschließlich oder bevorzugt verwendet wird. So wird die L-Glucose nicht vergoren. Eine Reihe von *Bakterien* verwerten aber die D- und die L-Mannose[2] (diese mit der natürlich vorkommenden L-Rhamnose verwandt). Von Aminosäuren, deren L-Komponente in der Natur vorherrscht, sind auch D-Formen bekannt, z. B. D-Glutaminsäure bei *Bac. anthracis, mesentericus, megaterium, subtilis*[3], D-Valin in dem Antibioticum Valinomycin (S. 366 f.). Der Abbau beider optischer Komponenten ist schon lange bekannt[4]; Kulturbedingungen spielen dabei eine Rolle. Auch die rein enzymatische Umwandlung hat man beobachtet (D-Aminosäure in die entsprechende Ketosäure[5]). Endlich hat man festgestellt, daß eine Reihe von Mikroorganismen die einzelnen optischen Komponenten in das Racemat überführen[6]; auch Sporen enthalten eine Racemase[7]. Auch bei organischen Säuren liegen ähnliche Verhältnisse vor (vgl. Milchsäure, S. 225), und es ist in *Bakterien* auch eine Milchsäure-Racemase festgestellt[8]. Daß bei dem Racemkörper nur oder bevorzugt die eine Komponente angegriffen wird, hatte bereits PASTEUR zur Gewinnung der L-Weinsäure aus dem Racemkörper (Traubensäure) durch ein *Penicillium* benutzt. Andere Mikroorganismen greifen jedoch beide Komponenten gleichmäßig an oder bevorzugen auch die L-Weinsäure.

---

[1] BEHRENS, J.: Zbl. Bakter. II **3**, 584 (1897).

[2] NICOLLE, J., u. Mitarb.: C. r. Acad. Sci. (Paris) **233**, 1696 (1951).

[3] IVANOVICS, S., u. V. BRÜCKNER: Hoppe-Seylers Z. **247**, 281 (1937). — Acta Physiol. Scand. (Stockh.) **4**, 175 (1953). — THORNE, C. B., u. Mitarb.: J. Bacter. **65**, 472 (1953); **68**, 307 (1954). *Bac. subtilis* bildet aus L-Glutaminsäure große Mengen Glutamin-Peptid, das in die Lösung ausgeschieden wird und zu 20—80% aus D-Glutaminsäure besteht.

[4] EHRLICH, F.: Biochem. Z. **182**, 245 (1927).

[5] EMERSON, R. L., u. Mitarb.: Arch. of Biochem. **25**, 299 (1949).

[6] WOOD, W. A., u. J. C. GUNSALUS: Federat. Proc. **9**, 249 (1950); J. of Biol. Chem. **190**, 403 (1951). — AYENGAR, P., u. E. ROBERTS: J. of Biol. Chem. **197**, 453 (1952). — NARROD, S. A., u. W. A. WOOD: Arch. Biochem. a. Biophysics **35**, 462 (1952). — NICOLLE, J., u. Y. JOYEUX: C. r. Acad. Sci. (Paris) **230**, 482 (1950): Von 14 *Bakterien* griff keines die D-Asparaginsäure als C-Quelle an, 6 als N-Quelle, alle die L-Asparaginsäure.

[7] STEWART, B. T., u. H. O. HALVORSON: J. Bacter. **65**, 160 (1953). — CHURCH, B. D., u. Mitarb.: J. Bacter. **68**, 398 (1954).

[8] WOOD, W. A., u. J. C. GUNSALUS: J. of Biol. Chem. **190**, 403 (1951).

Sauerstoff- und Wasserstoffaktivierung.

Wir wenden uns nunmehr der aeroben Atmung zu. Die langjährige Streitfrage, ob bei den Atmungsvorgängen eine Sauerstoff- (WARBURG) oder eine Wasserstoffaktivierung (WIELAND) das primäre Prinzip ist, hat ihre Lösung dahingehend gefunden, daß beide Formen vorkommen, jene mehr im aeroben, diese mehr im anaeroben Stoffwechsel, wofür S. 179 ein Beispiel gegeben ist, bzw. daß beide von einem einheitlichen Gesichtspunkt aus betrachtet werden können. Hier seien nur noch einige für Mikroorganismen besonders charakteristische Einzelheiten mitgeteilt.

Die wichtigsten Fermente der aeroben Atmung sind das autoxydable WARBURGsche Atmungsferment, das vielfach als identisch mit der Cytochrom-oxydase angesehen wird, und das Cytochrom-system[1], das aus den Cytochromen a, b und c und noch weiteren bei Mikroorganismen besteht. Alle diese Verbindungen sind Häminproteide. Sie besitzen einen aus 4 Pyrrolkernen gebildeten Porphyrinring, der sich auch, mit anderen Seitenketten, im Bacteriochlorophyll (S. 40), der Katalase (s. unten) und dem Leghämoglobin (S. 328 f.) findet. Als Wirkgruppen enthalten sie reversibel oxydierbares Eisen; die Cytochrom-oxydasen der Pilze (= Phenoloxydasen) enthalten an dessen Stelle Kupfer. Die Cytochrome sind jedoch nicht autoxydabel und werden durch Blausäure und ·Kohlenmonoxyd nicht gehemmt; beides ist aber bei den Cytochrom-oxydasen der Fall.

Beim Atmungsvorgang wird das Cytochrom c von verschiedenen Dehydrogenasen durch aktivierten Wasserstoff des Substrates, das damit oxydiert wird, in die reduzierte Form verwandelt. Es reduziert nun seinerseits in einer Kettenreaktion die anderen Cytochrome, wobei durch den jeweiligen Valenzwechsel des Fe^{+++} zu Fe^{++} bis zu dem direkt mit Sauerstoff reagierenden Atmungsferment bzw. der Cytochrom-oxydase ein Elektronentransport erfolgt. Somit ist die aerobe Zellatmung das Ergebnis zahlreicher hintereinandergeschalteter Redoxprozesse. Sie beginnen mit einer Wasserstoffabspaltung ($H^+ + e^-$) und enden mit der Übertragung des Wasserstoff-Elektrons auf den Luftsauerstoff durch die Cytochrom-oxydase und der damit ermöglichten Reaktion des Wasserstoffs mit dem so „aktivierten" Sauerstoff zu Wasser ($2 H^+ + O^{--} = H_2O$).

Die Wasserstoff- oder Substrat (= Substratwasserstoff-)Aktivierung, die, wie geschildert, auch bei der Sauerstoffaktivierung erscheint, vermag eine Oxydation auch ohne freien Sauerstoff zu erklären. Ihr Verlauf ergibt sich aus der S. 188 für die Oxydation von Äthylalkohol zu Essigsäure gegebenen Darstellung. Der aktivierte Wasserstoff wird von dem freien Sauerstoff paarweise aufgenommen, wobei Wasserstoffsuperoxyd entsteht. Hiermit ist auch die Bedeutung des Enzyms Katalase[2] (wie Cytochrom-oxydase eine Eisen-Porphyrin-Eiweiß-Verbindung, Protohämin, mit etwa 0,09% Eisen als Wirkstoff)

---

[1] Zusammenfassung über Bakterien-Cytochrome: SMITH, L.: Bacter. Revs. **18**, 106 (1954).

[2] Zusammenfassung über Katalase bei J. MOLLAND: Acta path. scand. (Copenh.) Suppl.-Bd. **66** (1947).

klargestellt: Es hat offenbar die Aufgabe, das Zellgift Wasserstoffsuperoxyd unschädlich zu machen. Entsprechend der Rolle des freien
Sauerstoffs bei H_2O_2 - Bildung fehlt die Katalase meist den Anaeroben,
aus gleich anzugebenden Gründen, tritt aber auch bei Vorherrschen des
Cytochromsystems zurück. Bildung von Wasserstoffsuperoxyd mag
eine der Ursachen sein, weshalb Anaerobe bei Sauerstoffzutritt nicht
gedeihen (S. 169f.).

Andererseits kann aber der freie Sauerstoff durch einen anderen
geeigneten Wasserstoffacceptor, z. B. Methylenblau oder Chinon, voll
ersetzt werden; Methylenblau geht in diesem Falle in die farblose Leukoverbindung über (S. 238). So können *Essigsäurebakterien* bei Gegenwart
von Methylenblau anaerob die Oxydation von Äthylalkohol zu Essigsäure durchführen (S. 188). Ebenso kann Wasserstoffsuperoxyd unter
Umständen anaerob als Wasserstoffacceptor dienen[1]. Auch natürliche
Mikroorganismenfarbstoffe (Pyocyanin, Chlororaphin, S. 38) können
als Redoxsysteme dienen. Grundsätzlich hat schon PALLADIN derartiges
richtig erkannt, als er von „Atmungschromogenen" sprach. Einen
weiteren Hinweis in gleicher Richtung kann man darin sehen, daß pig-
mentiertes Pilzmycel eine um 100—150% erhöhte Grundatmung gegenüber farblosem Mycel hat[2].

Wie man sieht, handelt es sich um eine Substratwasserstoff-Akti-
vierung oder einfacher um eine Substrat-Aktivierung. Das Beispiel der
Essigsäurebakterien zeigt weiterhin, daß hierbei Oxydationen und Reduktionen gekoppelt auftreten, wie es immer der Fall ist. Insbesondere
tritt dann (wenn also der freie Sauerstoff der Luft nicht eingreift, d. h.
den Wasserstoff aufnimmt) kein Wasserstoffsuperoxyd auf, also auch
keine Katalase. In der Gesamtheit stellt sich der Vorgang als eine
Oxydoreduktion[3] dar, wie sie insbesondere bei den Gärungserscheinungen
(S. 206) wichtig ist. Als einfaches Modell kann die auch mikrobiologisch
wichtige CANNIZZARO-Reaktion zwischen 2 Aldehydmolekülen dienen,
wobei je 1 Molekül Säure und Alkohol gebildet werden (Dismutation).
Die Reaktion verläuft exotherm und liefert im Falle der Bildung von je
1 Mol Essigsäure und Äthylalkohol aus 2 Mol Acetaldehyd 22,5 kcal
(vgl. S. 210).

$$2\,R\cdot C\!\!\begin{array}{c}O\\H\end{array} + \begin{array}{c}H\\H\end{array}\!\!O \rightarrow R\cdot HC\!\!\begin{array}{c}OH\\OH\end{array} + R\cdot C\!\!\begin{array}{c}O\\H\end{array} \rightarrow R\cdot COOH + R\cdot CH_2OH$$

Aldehyd   Wasser   Aldehydhydrat   Aldehyd   Säure   Alkohol

Die substrataktivierenden Enzyme sind die Dehydrogenasen[4]; ihre
Tätigkeit wird nicht durch Metallgifte, aber durch Narcotica gehemmt.
So stellt sich der Atmungsvorgang teils als Wirkung der Oxydasen dar,
teils der Dehydrogenasen, wobei natürlich die Hauptwege nur schematisch
gekennzeichnet sind. Andererseits greifen, wie schon gesagt, diese

---

[1] DOUGLAS, H. C.: J. Bacter. **54**, 272 (1947).

[2] ZOBERST, W.: Arch. Mikrobiol. **18**, 1 (1952/53); für *Merulius lacrymans*.

[3] Über den Mechanismus der enzymatischen Oxydoreduktion vgl. LEACH, S. J.:
Adv. Enzymol. **15**, 1 (1954).

[4] Früher Dehydrasen.

Systeme aufeinander über; z. B. ist die Succinodehydrogenase (S. 191) ausgezeichnet zur direkten Reaktion mit dem Häminsystem geeignet. Zu diesen Vorgängen treten noch Spaltungen, die nicht von Oxydationen oder Reduktionen begleitet sind; von einer umfassenden Charakteristik der einzelnen Mikroorganismen sind wir allerdings noch weit entfernt.

Die prosthetischen, die Wirkgruppe enthaltenden Teile der Dehydrogenasen sind vielfach Vitaminbestandteile. Es sind u. a. Derivate des Alloxazin, gelbe Fermente (den Farbstoff Lactoflavin =Vitamin B_2 enthaltend, S. 183), und des Pyridin (S. 208), ferner das Thiamin (Aneurin, Vitamin B_1, S. 132) und das Pyridoxal (Vitamin B_6, S. 243).

Als Beispiel für die Verteilung der Enzymsysteme diene das folgende[1], aus dem das Ansteigen des in einigen Dehydrasen vorhandenen Lactoflavins nach dem anaeroben Stoffwechsel, bei Abnahme des im aeroben vorherrschenden Häminsystems, ersichtlich ist. In Bakteriensporen tritt gegenüber den vegetativen Zellen das Häminsystem zurück[2]. Auch die Kulturbedingungen können von Einfluß sein: *Bac. cereus* hat anaerob viel weniger Hämin und Protohämin als aerob, während bei *Bact. coli* kein Unterschied in dieser Hinsicht festzustellen war[3]. Über *Hefe* vgl. S. 218.

Hämin- und Flavinsystem bei einigen Mikroorganismen.

Mikroorganismenart	Verhalten zum Sauerstoff	Gelbes Ferment je 1 kg Trockensubstanz in mg	Hämin (qualitativ)
Essigsäurebakterien . . .	aerob	10	großer Gehalt
Bäckerhefe	fakultativ anaerob	24	vorhanden
Bierhefe	fakultativ anaerob	20	,,
Bacterium delbrückii (*Milchsäurebakterium*) .	fakultativ anaerob	77	fehlt
Bacillus amylobacter . . .	anaerob	91	sehr wenig

Aerobe Atmung.

Unter aerober Atmung verstehen wir biologisch den Atmungsstoffwechsel, der mit dem freien Sauerstoff der Luft durchgeführt wird. Er wird, in der Gesamtheit gesehen, von der Entstehung der mannigfachsten Oxydationsprodukte begleitet, deren letzte Kohlensäure und Wasser sind, aber auch von Reduktionsprodukten (Fette, Mannit u. a.). Die Verhältnisse bei den Mikroorganismen sind jedoch äußerst labil, indem, wie schon S. 167 hervorgehoben wurde, aerobe und anaerobe Atmung beim gleichen Organismus vorhanden sein können, z. B. bei den fakultativ Anaeroben; hier kann durch gute Lüftung die anaerobe Atmung völlig auf aerobe umgestellt werden, wie bei *Hefe* (S. 218) und *Milchsäurebakterien.* Wir haben aber erst jetzt kennen gelernt, daß das

---

[1] WARBURG, O., u. W. CHRISTIAN: Biochem. Z. **266**, 377 (1933). Vielleicht ist der geringe Hämingehalt von *Bac. amylobacter* fraglich. Doch können auch streng Anaerobe (*Vibrio desulfuricans*) Cytochrom enthalten: POSTGATE, J. R.: Biochemic. J. **56** (Proc.) XI—XII (1954).

[2] KEILIN, D., u. E. F. HARTREE: Leeuwenhoek **12**, 115 (1947).

[3] SCHAEFFER, P.: Biochim. et Biophysica Acta **9**, 261 (1952).

12*

möglich ist, weil der Zelle verschiedene Enzymsysteme zur Verfügung stehen. Im allgemeinen arbeiten *Basidiomycetes* und *Ascomycetes* (mit Ausnahme vieler *Hefen*) mehr aerob, während wir bei *Zygomycetes*, *Actinomycetes* und *Bakterien* beide Typen häufig vertreten finden, die Anaeroben aber nach den Bakterien hin zunehmen.

Als Atmung bezeichnen wir die Veratmung von Kohlenstoffverbindungen, jedoch nicht die an anorganischen Stoffen vor sich gehenden Oxydationsvorgänge (S. 107 ff.). Wir können, wenn wir uns zunächst auf das häufigste Atmungsmaterial, den Zucker (Glucose als Typus genommen) bzw. seine Abbauprodukte beschränken, zwei biologische Typen unterscheiden: 1. die unvollkommene Oxydation, die nur bis zu einer energieärmeren Stufe verläuft, die Endprodukte also noch teilweise veratembare, d. h. energiehaltige organische Stoffe sind, und 2. die vollkommene Oxydation, bei der eine vollkommene Verbrennung zu Kohlensäure und Wasser erfolgt. Beide Typen gehen jedoch ineinander über; denn bei Verbrauch des ursprünglichen Atmungsmaterials können auch die Stufen der unvollkommenen Oxydation weiter verbrannt werden.

Vollkommene Oxydation des Zuckers.

Wenige Bakterien führen eine vollkommene Oxydation des Zuckers durch, z. B. *Azotobacter chroococcum*, bei dem man kein anderes Endprodukt als Kohlensäure hat feststellen können.

Da sich die Vorgänge im wäßrigen Medium vollziehen, treten die geringen Mengen des gleichzeitig gebildeten Wassers natürlich nicht in Erscheinung; auf besondere Fälle wurde S. 139 hingewiesen. Wie bei der Wärme (S. 172) verteilen sich auch die bei der Mikroorganismenatmung im Boden gebildeten, absolut ziemlich großen Wassermengen so, daß sie dort nicht ins Gewicht fallen; sie würden nur einer Niederschlagsmenge von etwa 0,33 mm Regen jährlich entsprechen.

Der vollkommene Atmungsvorgang verläuft umgekehrt wie die Synthese des Zuckers aus Kohlendioxyd; es ist also der **Respirationsquotient** R_Q: Volumen ausgeatmete Kohlensäure/aufgenommenem Sauerstoff = 1.

$$C_6H_{12}O_6 + 6\,O_2 = 6\,CO_2 + 6\,H_2O + 674 \text{ kcal } (-\Delta H)[1] \text{ je Mol Zucker } (= 180\text{ g})$$

Da nach dem Gesetz von AVOGADRO gleich viel Moleküle bei gleichem Druck und gleicher Temperatur gleichen Raum einnehmen, so kann sich in einem geschlossenen Behälter das Gasvolumen während dieses Atmungsvorganges nicht ändern. Dieser Gesichtspunkt spielt im Erdboden für die Beurteilung der Gare eine gewisse Rolle, welcher Begriff nichts mit Gärung zu tun hat, sondern den Sinn von gar = fertig hat. Die dabei auftretende Lockerung des Bodens kann also nicht durch Auftreibung infolge von Kohlensäurebildung erfolgen, sondern hat andere Ursachen (S. 311).

Der Respirationsquotient 1 wurde bei *Azotobacter* für Glucose als Atmungsmaterial auch gefunden[2], allerdings nicht ganz genau, sondern 1,047. Das hat seinen Grund darin, daß dieses stickstoffbindende

---

[1] Reaktionswärme ($-\Delta$ H). Freie Energie ($-\Delta$ F) 688 kcal für CO_2 (Gas), 623 kcal für HCO_3^- (unter Standardbedingungen).

[2] KRZEMIENIEWSKI, S.: Anz. Akad. Wiss. Krakau, Math.-Naturwiss. Kl. 9, 929 (1908).

Bakterium Wasserstoff des Substrates zur Reduktion des Stickstoffs verbraucht; die zu dessen Oxydation notwendige Menge Sauerstoff muß demnach bei der Atmung weniger verbraucht werden, der Atmungsquotient muß also steigen. Ein gleiches würde für die Verarbeitung von Nitrat gelten. Werden ferner Fette im Stoffwechsel gebildet, was bei *Azotobacter* allerdings nur in sehr geringem Maße der Fall ist, so muß das die gleiche Wirkung haben, da diese relativ ärmer an Sauerstoff (bzw. reicher an Wasserstoff) sind als Zucker. Die Ermittlung des Atmungsquotienten stellt somit ein wichtiges quantitatives Hilfsmittel dar, feinere Vorgänge im Stoffwechsel zu erfassen.

Die nachstehenden Zahlen sollen zeigen, wie der starke Energieumsatz bei der vollkommenen Atmung durch den Valenzwechsel des Eisens gebremst wird. Eine vollkommene Oxydation des Zuckers zu Kohlensäure und Wasser durch Fe^{+++} bei dessen Reduktion zu F^{++} würde also Energie beanspruchen (160 kcal[1]). Erst die Rückoxydation des Fe^{++} zu Fe^{+++} liefert wieder Energie, natürlich gerade so viel, daß die Differenz der beiden Formeln (678,2 kcal) dem Verbrennungswert des Zuckers entspricht. Durch diese Bremsung wird offenbar einem zu stürmischen Ablauf der Reaktion vorgebeugt.

$$C_6H_{12}O_6 + 12\ Fe_2O_3 = 24\ FeO + 6\ CO_2 + 6\ H_2O - 160{,}6\ kcal\ (-\varDelta H).$$
$$24\ FeO + 6\ O_2 = 12\ Fe_2O_3 + 838{,}8\ kcal\ (-\varDelta H).$$

Welche Zwischenstufen bei der vollkommenen Atmung durchlaufen werden, ist noch nicht bekannt. Wie schon PFEFFER nahm man an, daß zunächst ähnliche Teilreaktionen auftreten wie bei der anaeroben Atmung, zumal man auch bei aerob atmenden Organismen Acetaldehyd hat abfangen können; auch hat z. B. *Azotobacter* ein dem der *Hefe* sehr ähnliches Enzymsystem[2]. Aber die Dinge liegen vielleicht doch anders. So soll bei der *Hefe* bereits im frühesten Stadium, noch am Zuckermolekül, entschieden werden, ob der Zucker aerob oder anaerob veratmet wird[3]; jedenfalls besitzt die Hefe auch einen vom glykolytischen verschiedenen Abbauweg[4]. Auch die Tatsache der völligen Umschaltbarkeit des Stoffwechsels von *Hefe* und *Milchsäurebakterien* von anaerober auf aerobe Atmung (S. 167 f.) könnte in die gleiche Richtung weisen, ebenso die Beobachtung (S. 179), daß aerobe Mikroorganismen viel Hämin und weniger Lactoflavin enthalten, anaerobe umgekehrt. Ferner könnten die durch *Pilze* und *Bakterien* bewirkten „Oxydationsgärungen" (S. 182 ff.) für eine direkte aerobe Veratmung des Zuckers sprechen. Und endlich ist die allerdings bestrittene Beobachtung zu erwähnen (S. 213, 215), daß gewisse *Hefen* bestimmte Zucker nicht vergären, aber veratmen können[5]. Daß daneben auch die Möglichkeit zu

---

[1] Infolge Berechnung nach Bildungswärme etwas andere Zahlen als oben.

[2] NILSSON, R.: Arch. Mikrobiol. **7**, 598 (1936).

[3] Vgl. PAECH, K.: Fortschr. Bot. **9**, 232 f. (1940).

[4] BEEVERS, H., u. M. GIBBS: Nature (London) **173**, 640 (1954). — FAHMY, A. R., u. E. O'F. WALSH: Nature (London) **173**, 872 (1954). — NOSSAL, P. M.: Biochim. et Biophysica Acta **14**, 154 (1954).

[5] Vgl. hierzu DOUDOROFF, M.: Enzymologia **9**, 59 (1940). — VAN NIEL, C. B., u. A. L. COHEN: J. Cellul. a. Comp. Physiol. **20**, 95 (1942).

anaerober Atmung beim gleichen Organismen bestehen könnte, ist nicht weiter überraschend. Sehr wesentlich dürfte die Feststellung sein, daß in belüfteten Kulturen ältere Hefezellen nach dem Spaltungsprinzip arbeiten, junge aber den Zucker andersartig oxydieren[1].

Unvollkommene Oxydation des Zuckers durch Bakterien.

Bei der unvollkommenen Oxydation des Zuckers[2] sind zwei Fälle zu unterscheiden: Entweder kommt es nur zu einer milden Oxydation des Zuckermoleküls, ohne daß dessen Gefüge gesprengt wird, oder das Molekül wird weitgehend verändert, d. h. schließlich zertrümmert. Einige Beispiele von Bakterien für den ersten Fall und für weitere milde Oxydationen an organischen Stoffen sind folgende: Viele *Essigsäurebakterien* bilden aus Glucose Gluconsäure, also das auch bei milder chemischer Oxydation entstehende Produkt. *Bact. Hoshikagi* setzt Glucose zu 80—100% zu Gluconsäure um, bei deren Anhäufung in der Nährlösung bis zu 10%, während *Bact. gluconicum*, bei allerdings weniger ökonomischer Arbeit, bis zu 23% anhäuft. Dieses Bakterium sowie andere *Essigsäurebakterien* können die Gluconsäure auch weiter zu Ketogluconsäure oxydieren. Diese ·Oxydationen können auch von *Pseudomonas*-Arten (*aeruginosa, fluorescens*[3] u. a.) durchgeführt werden, ebenso die Oxydation von Pentose zu Ketopentose[4].

$$CH_2OH \cdot (CHOH)_4 \cdot COOH \qquad CH_2OH \cdot CO \cdot (CHOH)_3 \cdot COOH$$
Gluconsäure   Ketogluconsäure

Essigsäurebakterien können noch weitere milde Oxydationen ähnlicher Art durchführen; z. B. vermag *Bact. xylinum* Galaktose zu Galaktonsäure, ferner die Pentosen Arabinose und Xylose zu Arabon- bzw. Xylonsäure zu oxydieren, ebenso *Pseudomonas*-Arten, die auch Lactose zu Lactobion- und Maltose zu Maltobionsäure oxydieren können. Über weitere milde Oxydationen S. 189f.

Säurebildung durch Aspergillus und andere Pilze[5].

Unter den zahlreichen durch *Pilze* bewirkten oxydativen Gärungen des Zuckers ist vor allem die Mannigfaltigkeit bei *Asp. niger* und anderen *Aspergillus*-Arten bemerkenswert. Wir finden zunächst die Gluconsäure, für deren Bildung in erster Linie eine dürftige Ernährung mit Stickstoff entscheidend zu sein scheint. Das wirksame Enzym, die

---

[1] EATON, N. R., u. H. P. KLEIN: J. Bacter. **68**, 110 (1954).

[2] BERNHAUER, K.: Die Oxydationsgärungen. Berlin: Julius Springer 1932; ferner „Oxydative Gärungen" in NORD-WEIDENHAGEN (zit. S. 172). — WALKER, T. K.: Adv. Enzymol. **9**, 537 (1949).

[3] Anders als bei *Aspergillus* soll kein Flavoproteid beteiligt sein: WOOD, W. A., u. R. F. SCHWERDT: J. of Biol. Chem. **201**, 501 (1953). — Desgleichen bei der Glucose-oxhydrase von *Neisseria winogradskyi*: AUBERT, J. P., u. Mitarb.: C. r. Acad. Sci. (Paris) **235**, 1165 (1952).

[4] HOCHSTER, R. M., u. R. W. WATSON: Arch. Biochem. a. Biophysics **48**, 120 (1954).

[5] Literatur vgl. oben Anm. 2.

Glucose-oxhydrase[1], wurde als ein „Gelbes Ferment" erkannt, dessen prosthetische Gruppe ein Flavin-adenin-dinucleotid ist[2] (bestehend aus je 1 Mol Lactoflavinphosphorsäure und Adenosinphosphorsäure). Ihr steht nahe die Glucose-oxhydrase von *Pen. notatum*[3], deren Wasserstoff-superoxydbildung (S. 177 f.) das wirksame Prinzip des Antibioticums Notatin darstellt. Phosphorylierung des Zuckers ist hierbei noch nicht nachgewiesen. Die Dehydrierung erfolgt durch die Wasserstoffaufnahme an den beiden gekennzeichneten N-Atomen, unter Verschwinden der C-N-Doppelbindungen:

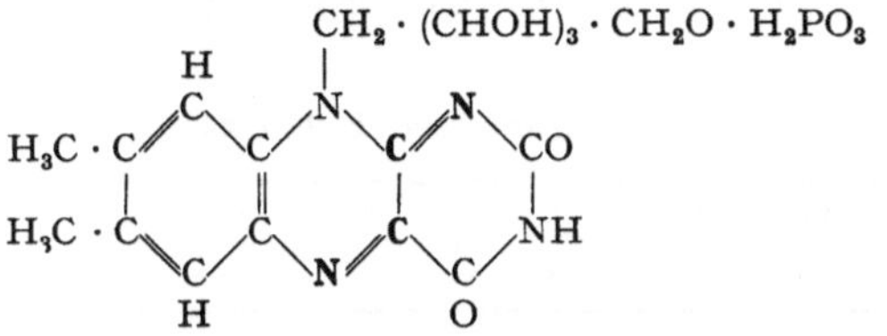

$$CH_2 \cdot (CHOH)_3 \cdot CH_2O \cdot H_2PO_3$$

Lactoflavinphosphorsäure.
(Iso-alloxazin-Kern + Pentose + Phosphorsäure)

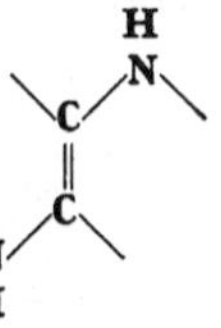

hydrierte Form.

Asp. niger vermag ferner in submerser (Schüttel-)Kultur D-Mannon- und D-Galaktonsäure aus D-Mannose bzw. D-Galaktose zu bilden; auch rein enzymatisch vollziehen sich diese Vorgänge. In größerem Umfang werden ferner noch gebildet: Fumarsäure, Oxalsäure, Citronensäure, dazu in kleinen Mengen Zucker-, Wein-, Äpfel- und Bernsteinsäure.

Fumarsäure wurde bei *Asp. niger* bisher nur in einem Falle und nur an einem Stamm (*Asp. fumaricus*) festgestellt, der indessen später diese Fähigkeit verloren hatte[4], findet sich aber bei anderen Pilzen.

Oxalsäure ist eine von höheren Pflanzen, von Pilzen und auch von manchen *Bakterien* (z. B. *Essigsäurebakterien*) gebildete, verbreitete Säure. Über einige Bedingungen ihrer Bildung bei *Asp. niger* unterrichtet die folgende Übersicht[5]. Außer aus Zucker kann sie aus ver-

Bildung von Oxalsäure durch Asp. niger.

Kohlenstoffquelle	Calciumoxalat g	Pilzmycel g
Glucose	0,278	0,228
Olivenöl	0,194	0,810
Pepton	0,530	0,162
Freie Citronensäure . .	0	0,240
Ammoniumcitrat . . .	0,390	0,056

schiedenen Kohlenstoffquellen gebildet werden, u. a. auch aus der nicht aufgeführten Essigsäure. Man sieht auch, daß die Bildung unabhängig

---

[1] MÜLLER, D.: Biochem. Z. **149**, 136 (1928); Erg. Enzymforsch. **5**, 259 (1936); Enzymologia **10**, 40 (1941).

[2] FRANKE, W., u. M. DEFFNER: Liebigs Ann. **541**, 117 (1939).

[3] KEILIN, D., u. E. F. HARTREE: Nature (London) **157**, 801 (1946); Biochemic. J. **42**, 221 (1948).

[4] WEHMER, C.: Biochem. Z. **197**, 418 (1928). — SCHREYER, R.: Biochem. Z. **202**, 131 (1928).

[5] Beispiele nach C. WEHMER, aus CZAPEK, Bd. 3, S. 74 bzw. LAFAR, Bd. 4, S. 245.

ist von der Menge der gebildeten Pilztrockensubstanz. Es geht ferner
daraus hervor, daß die Bildung der Oxalsäure bei freier organischer
Säure als Kohlenstoffquelle vollkommen unterdrückt ist, was offenbar
damit zusammenhängt, daß die saure Reaktion eine Anhäufung der
physiologisch sehr wirksamen (schädlichen) freien Oxalsäure nicht gestattet. Daher fördern auch Pepton und Ammoniumsalze die Oxalsäurebildung, weil diese durch Ammoniak, das beim Pepton durch Abbau entsteht und bei den Ammoniumsalzen der organischen Säuren überschüssig
ist, abgestumpft werden kann. Die physiologisch sauren Salze Ammoniumsulfat bzw. -chlorid und die physiologisch alkalischen Nitrate
wirken sinngemäß.

Bildung und Verbrauch von Oxalsäure durch Asp. niger.

Ohne $CaCO_3$ Kulturdauer in Tagen	g Ca-Oxalat aus 1 g Glucose	Mit $CaCO_3$ Kulturdauer in Tagen	g Ca-Oxalat aus 1 g Glucose
16	0,070	11	0,282
66	0,030	72	1,340
175	0,014	274	1,730

Aus dem gleichen Grunde fördert Zusatz von kohlensaurem Kalk
die Bildung der Oxalsäure außerordentlich, wie obige Übersicht zeigt,
aus der ferner zu erkennen ist, daß die Oxalsäure nach Verbrennung des
Zuckers weiter veratmet wird, falls sie nicht als unlösliches Calcium-
oxalat festgelegt ist. Daher hemmt auch kräftige Lüftung die Oxalsäurebildung. Diese Säure kann jedoch dem Pilz nicht als Kohlenstoffquelle dienen.

Citronensäure. Ihre Bildung vollzieht sich bei höherer Konzentration der Wasserstoffionen, etwa bei p_H 2. Sie ist physiologisch erheblich ungiftiger als die Oxalsäure, die in der Nährlösung nur bis zu 0,2%
ohne Schädigung vertragen wird, gegen bis zu 8% bei der Citronensäure
und noch höheren Werten bei der Gluconsäure. Das deutet offenbar
darauf hin, daß nicht der p_H-Wert für die physiologische Wirkung entscheidend ist, sondern die spezifische Wirkung des ganzen, undisso-
ziierten Säuremoleküls (S. 150). Bildung der Citronensäure wird auch
gefördert durch $MgCl_2$ (im Gegensatz zu $CaCl_2$), durch Selen u. a. Als
Kohlenstoffquelle ist am besten Rohrzucker geeignet.

Die genannten Säuren können vom Pilz in Mengen gebildet werden,
die bis zu 80%, im Falle der Citronensäure sogar bis zu 100%[1] der theoretisch aus Zucker möglichen Menge betragen. Entscheidend dafür,
welche Säure vornehmlich auftritt, sind vor allem zwei Umstände: einmal
die Bedingungen der Kultur (Beispiele oben), zu denen noch Temperatur,
Oberfläche, Verwendung „fertiger Pilzdecken", Schüttelkultur usw.
treten; sodann die Eigenschaften der betreffenden Stämme, die sich
durch bevorzugte Bildung einer dieser Säuren auszeichnen. Aus Boden
lassen sich mit Hilfe des gleich zu erwähnenden Verfahrens die in dieser

---

[1] IWANOFF, N. N., u. E. S. ZETKOFF: Annual Rev. Biochem. **5**, 585 (1936).

Hinsicht verschiedenartigsten Stämme von der gleichen Örtlichkeit isolieren (S. 269), ohne daß ein Zusammenhang mit dem Vorkommen zu erkennen ist[1]. Die bevorzugte Entwicklung der einzelnen Säuren hängt offenbar von dem Entwicklungsverlauf des jeweiligen Stammes ab. Im Falle der Bildung von Glucon-, Citronen- und Oxalsäure durch einen Stamm verläuft diese zeitlich in der angegebenen Reihenfolge (Abb. 91). Die Bildung dieser drei Säuren stellt eine immer tiefer greifende Oxydation dar, wie man aus den calorischen Werten ersehen kann. Die Verschiedenartigkeit der Stämme hinsichtlich der bevorzugten Bildung der einzelnen Säuren könnte durch deren verschiedenartigen Verlauf der Entwicklung bzw. das mehr oder weniger lange Verharren auf einem bestimmten Entwicklungszustand, also durch den jeweilig vorherrschenden physiologischen Alterszustand begründet sein.

1 Mol Glucose (180 g) entwickelt bei der Verbrennung

    zu 196,2 g Gluconsäure. . . . .   70 kcal
    „ 192,1 g Citronensäure . . . . 204 „
    „ 270,1 g Oxalsäure. . . . . 495 „
    „ 264   g Kohlensäure und
       108,1 g Wasser . . . . 674 „

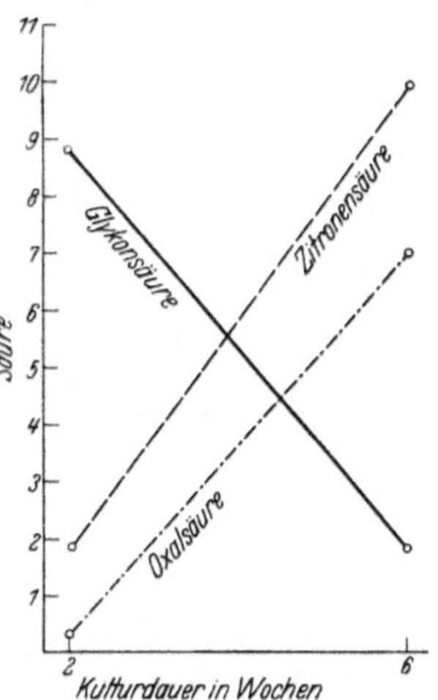

Abb. 91. *Asp. niger.* Zeitlicher Verlauf der Glucon-, Citronen- und Oxalsäurebildung.
(Nach Zahlen von Wl. BUTKEWITSCH[2].)

Die Gluconsäure wird bei *Aspergillus* durch eine direkte Umwandlung des Zuckers gebildet, wie oben ausgeführt wurde. Für Oxal- und Citronensäure nimmt man jedoch — im Gegensatz zu der früheren Meinung — keine Entstehung durch weitere oxydative Umwandlung des Zuckermoleküls an (obwohl man diese aus mancherlei, hier nicht zu erörternden Gründen noch weiterhin als Möglichkeit im Auge behalten sollte), sondern über C_4- und C_2-Säureglieder, nach dem S. 193 gegebenen Schema[3]. Für die Oxalsäure nimmt man Entstehung aus Oxalessigsäure an, für die Citronensäure, mit verzweigtem Kohlenstoffskelett, Kondensation zwischen Oxalessigsäure und Essigsäure, wie z. B. für die *Hefe* durch Verwendung von Deuterium und ^{13}C nachgewiesen wurde[4], zumal man bei *Asp. niger* auch die Bildung von Essigsäure aus Zucker festgestellt hat[5]. Da die Säurebildung auf diesem Wege über

[1] PETERS, J., u. A. RIPPEL-BALDES: Arch. Mikrobiol. 14, 203 (1949).
[2] BUTKEWITSCH, WL.: Biochem. Z. 154, 177 (1924), Tab. IV, S. 187.
[3] Vgl. auch: JAGANNATHAN, V., u. K. SINGH: Enzymologia 16, 150 (1953). — BOMSTEIN, R. A., u. M. J. JOHNSON: J. of Biol. Chem. 198, 143 (1952). — STERN, J. R., u. Mitarb.: J. of Biol. Chem. 198, 313 (1952). — CLELAND, W. W., u. M. J. JOHNSON: J. of Biol. Chem. 208, 679 (1954).
[4] LYNEN, F.: Liebigs Ann 558, 47 (1947).
[5] CHUGTAI, J. G., u. Mitarb.: Nature (London) 160, 373 (1947). — Die enzymatische Synthese von Citronensäure aus Acetylphosphat und Oxalessigsäure in Gegenwart von Coenzym A durch *Asp. niger* wurde kürzlich nachgewiesen: C. V. RAMAKRISHNAN u. S. M. MARTIN: J. Biochem. a. Physiol. 32, 434 (1954).

Glieder führt, die auch als Ausgangs-Kohlenstoffketten für die Eiweißbildung dienen (S. 255), so nähert sich diese Anschauung einer alten,
wonach die organischen Säuren bei *Aspergillus* im Verlaufe des Eiweißstoffwechsels entstehen sollen.

Von der Citronensäure leitet sich möglicherweise auch die von *Asp.*
terreus gebildete Itaconsäure her.

$$HOOC \cdot CH_2 \cdot COH \cdot CH_2 \cdot COOH \qquad\qquad HOOC \cdot CH_2 \cdot C \cdot COOH$$
$$\overset{\bullet}{C}OOH \qquad\qquad\qquad\qquad\qquad\qquad \overset{\bullet\bullet}{C}H_2$$

Citronensäure   Itaconsäure

Kojisäure[1] wird von *Asp. oryzae, flavus, glaucus* und anderen (aber
nicht von *niger*) gebildet. Viele Autoren nehmen eine direkte Umwandlung des Zuckermoleküls an, was nach dem molekularen Aufbau, den
die Formeln zeigen, auch naheliegen könnte[2], andere leiten sie jedoch
aus C_3-Körpern her. Die Säure hat antibiotische Eigenschaften, besonders gegen gramnegative Bakterien.

Glucose   Kojisäure

Auch viele andere Mikroorganismen bilden die genannten Säuren mit C_6- und
C_4-Ketten; der Citronensäurezyklus ist ja auch bei Mikroorganismen verbreitet
(S. 194). Einige Fälle von stärkerer Säurebildung seien noch genannt: Oxalsäure
durch *Essigsäurebakterien, Mucoraceae, Fusarium-, Penicillium- (oxalaticum!),*
Torula-Arten, *Peziza sclerotiorum, Basidiomycetes.* Sie ist bei Mikroorganismen
offenbar ebenso verbreitet wie bei den höheren Pflanzen. Gluconsäure bilden
Essigsäurebakterien, Mucoraceae, Nektarhefen, Fusarium-, Aspergillus-, Peni
cillium-Arten, Citronensäure *Aspergillus-* und *Penicillium*-Arten einschließlich
der früher in besonderer Gattung geführten *Citromyces*-Arten *(pfefferianus* und
glaber; der Gattungsname stammt von der Fähigkeit zur Citronensäurebildung).

Fumarsäure wird in kleinen Mengen von verschiedenen Pilzen,
in größeren von *Rhizopus nigricans* (und anderen *Rhizopus*-Arten) gebildet, bis zu 60% des gebotenen Zuckers, daneben beträchtliche Mengen
von Äpfelsäure und etwas Bernsteinsäure; das Verhältnis dieser
drei Säuren wurde in einem Versuch zu 72,5 : 22,5 : 5 gefunden[3]. Zweifellos ist die Bildung solcher Säuren viel verbreiteter, wurde aber nur
gelegentlich und an bestimmten Objekten untersucht. Die Bildung der
Fumarsäure soll via Brenztraubensäure $+ CO_2 \longrightarrow$ Oxalessigsäure erfolgen[4], gemäß dem Citronensäurezyklus, der auch die Entstehung von
Äpfel- und Bernsteinsäure erklären würde.

---

[1] Gute Bildung durch *Asp. flavus* in (submerser) Schüttelkultur nach A. J.
KLUYVER u. L. H. PERQUIN: Biochem. Z. **266**, 82 (1933). — Von sonstigen Pilzen
bisher nur von *Penicillium daleae* bekannt.

[2] ARNSTEIN, H. R. V., u. R. BENTLEY: Biochemic. J. **54**, 493, 508 (1953).

[3] BERNHAUER, K., u. H. THOLE: Biochem. Z. **287**, 167 (1936); **320**, 384, 390,
398 (1950).

[4] MEDER, H.: Ber. schweiz. bot. Ges. **62**, 164 (1952).

Technisches zu den oxydativen Pilzgärungen. Citronensäure (als Genußmittel), Gluconsäure (als Calciumsalz zur Kalktherapie) und Itaconsäure (Ausgangsmaterial für die Herstellung glasartiger, nicht splitternder Kunststoffe) haben große technische Bedeutung und werden im technischen Großbetrieb durch Pilzgärung gewonnen.

Das jeweilige Verfahren richtet sich danach, wie eine möglichst hohe Ausbeute bei billigstem Ausgangsmaterial erzielt werden kann. Das teilweise schon erreichte Ziel ist dabei u. a., die Submerszüchtung (bei Durchlüftung oder Schüttelkultur) zu verwenden, die viel Raum spart. Eine besondere Schwierigkeit für die Technik besteht darin, daß einmal die verschiedenen Stämme verschiedenartige Eigenschaften haben können hinsichtlich der bevorzugt gebildeten Säure, der Eignung zum Submersverfahren usw. und ferner darin, die Kulturen in dem maximalen Zustand der Säurebildung zu halten, da diese Eigenschaft bei der Weiterzüchtung im Laboratorium dauernder Veränderung unterliegt[1]. So zeigt sich bei längerer Kulturdauer ein Rückgang im Citronensäurebildungsvermögen; frisch aus dem Boden isolierte Stämme bildeten mehr Citronensäure als jahrelang im Laboratorium gehaltene[2]. Neuisolierungen von *Asp. niger*-Stämmen aus Boden sind leicht zu erzielen infolge der Eigenschaft dieses Pilzes, auf hoher Konzentration von Tannin als einziger Kohlenstoffquelle (mindestens 20%) zu wachsen, die praktisch keinen anderen Mikroorganismus hochkommen läßt.

Essigsäuregärung (aerob).

Oben wurde schon die Fähigkeit der *Essigsäurebakterien* zur Durchführung milder Oxydationen erwähnt. Ihre eigentliche Tätigkeit ist die Bildung von Essigsäure aus Äthylalkohol, ein weiteres Beispiel für unvollkommene Oxydationen.

Es sind zahlreiche Formen, teils unbewegliche (diese vorwiegend), teils bewegliche beschrieben, wobei wohl auch überflüssige Benennungen stattfanden. *Bieressigbakterien* sind *Bact. aceti, pasteurianum, kützingianum, schützenbachi*, die ersten beiden, im Gegensatz zum dritten mit deutlich kettenförmigem Wuchs. Bei *pasteurianum* und *kützingianum* färben sich Zellwand und Schleim mit Jod blau, bei *aceti* nicht. Außerdem unterscheiden sie sich etwas durch die Minimaltemperatur; das Optimum liegt etwa bei 30° C. Sie bilden durchschnittlich 6—7% freie Essigsäure, *schützenbachi* bis zu 14—15%; daher ist dieses technisch besonders wertvoll. **Weinessigbakterien** sind u. a. *Bact. xylinum* mit starken, festen Schleimdecken und Cellulosebildung (S. 16), *xylinoides* und *orleanense*. Auch gewisse Stämme von *Ps. fluorescens*[3] oxydieren Äthylalkohol zu Essigsäure, ebenso *Streptococcus mastidis*[4] und *Polyporus anceps*[5].

Summarisch vollzieht sich die Bildung der Essigsäure folgendermaßen:

$$CH_3 \cdot CH_2OH + O_2 = CH_3 \cdot COOH + H_2O + 118 \text{ kcal } (-\varDelta H)[6]$$

Sie verläuft unter der Wirkung einer Alkohol-dehydrogenase über **Acetaldehyd**, der sich bei ungenügender Lüftung anreichert (eigenartiger wein- oder gewürzartiger Geruch) und wie bei der Alkoholgärung mit

---

[1] SCHWARTZ, W., u. H. LANG: Arch. Mikrobiol. **5**, 386 (1934). — PALEY, T.: Arch. Mikrobiol. **7**, 206 (1936).

[2] PETERS, J., u. A. RIPPEL-BALDES: Arch. Mikrobiol. **14**, 203 (1949).

[3] STANIER, R. Y.: J. Bacter. **54**, 191 (1947).

[4] PERLMAN, D.: Amer. J. Bot. **36**, 180 (1949).

[5] GREISEN, E. C., u. J. C. GUNSALUS: J. Bacter **49**, 515 (1944).

[6] Änderung der freien Energie (—$\varDelta$F; Essigsäure aq angenommen) 110,2 kcal.

Sulfit abgefangen werden kann. Das dabei entstehende Wasserstoffsuperoxyd (S. 177 f.) wird meist sofort durch die Katalase zerlegt. Dieses

$$CH_3 \cdot CH_2OH + O_2 = CH_3 \cdot CHO + H_2O_2$$

Enzym fehlt jedoch *Bact. peroxydans*, das aber den Sauerstoff des Wasserstoffsuperoxyds wie molekularen Sauerstoff als Wasserstoffacceptor benutzen kann.

Acetaldehyd wird weiter entweder zu Essigsäure dehydriert oder dismutiert (S. 178) zu je 1 Molekül Essigsäure und Äthylalkohol, gemäß der CANNIZZAROschen Reaktion. Dieser zweite Vorgang, den man als den normalen angesehen hat[1], soll unter aeroben Verhältnissen nicht stattfinden[2], sondern die Bildung des Äthylalkohols soll sich nach dem ersten Vorgang vollziehen. Doch wird auch dabei eine kleine Menge (2—12%), verschieden nach Bakterienarten, dismutiert, anaerob dagegen die ganze Aldehydmenge, so daß wenigstens teilweise die Essigsäure auf dem merkwürdigen Umwege der teilweisen Rückbildung zu Äthylalkohol und dessen nochmaliger Dehydrierung verläuft. Entscheidend ist der p_H-Wert[3]: Bei schwach saurer Reaktion erfolgt Dehydrierung, bei alkalischer (vgl. S. 210) Dismutation des Acetaldehyds.

Außer molekularem Sauerstoff kann Methylenblau als Wasserstoffacceptor dienen (S. 178), d. h. bei seiner Gegenwart, aber völligem Abschluß des Sauerstoffs kann die Oxydation des Alkohols zur Säure durch lebende oder mit Aceton abgetötete, in ihrer Enzymwirkung aber erhaltene Bakterien durchgeführt werden. Ferner ist Chinon geeignet, das sogar in Gegenwart von freiem Sauerstoff vor diesem bevorzugt wird. Zur Dehydrierung von Alkohol und Aldehyd soll die gleiche Dehydrogenase in Frage kommen; die wirksame Gruppe ist die Co-Zymase (S. 207 f.). Dieses System soll mit dem Cytochromsystem gekoppelt sein; die obige Formel der Alkoholdehydrierung ist also nur summarisch zu verstehen. Für die Dismutation des Acetaldehyds kommt jedoch die ebenfalls mit Co-Zymase arbeitende Aldehyd-mutase in Frage.

Einige Bakterien, wie *Micrococcus gonorrhoeae* und *Bac. brevis*, vermögen auch Glucose oder Lactat (über Brenztraubensäure) zu Essigsäure und Kohlensäure zu oxydieren[4]. Über den quantitativen anaeroben Umsatz von Zucker zu Essigsäure vgl. S. 229.

Die technische Gewinnung von Essig wurde früher nach dem Orleansverfahren vorgenommen, wobei sich die Bakterien als Kahmhaut auf der alkoholhaltigen Flüssigkeit befanden (Wein und Weinessig). Im neueren Schnellessigverfahren läßt man die alkoholhaltige Flüssigkeit (reinen Alkohol unter Zusatz spärlich bemessener Nährsalze) in Türmen langsam über einen Füllkörper (Buchenspäne; Nadelhölzer sind wegen des Harzgehaltes ungeeignet) rieseln und schickt im Gegenstrom Luft hindurch. Dabei kommt der Alkohol mit den auf den Spänen angereicherten Bakterien in intensive Berührung, wodurch eine schnelle Oxydation gewährleistet ist. Es entsteht dabei etwas Essigäther (Essigsäureäthylester $CH_3 \cdot CO \cdot O \cdot C_2H_5$). Wegen der starken Schleimbildung ist *Bact.*

[1] NEUBERG, C., u. W. WINDISCH: Biochem. Z. **166**, 454 (1925); **216**, 287 (1929); **250**, 466 (1932).

[2] WIELAND, H.: Helvet. chim. Acta **15**, 521 (1932).

[3] JANKE, A., u. St. KROPACS: Biochem. Z. **287**, 37 (1935).

[4] GROSSOWICZ, N. J.: J. Bacter. **50**, 109 (1945). — DOUGLAS, H. C.: J. Bacter. **54**, 272 (1947).

xylinum für dieses Verfahren nicht geeignet. Es ist auch gelungen, *Essigsäure-bakterien* im Submersverfahren bei höherer Leistung als normal zu züchten[1]. Möglicherweise wird künftig Essigsäure vermittels der anaeroben Essigsäuregärung (S. 229) gewonnen werden. Über den Nachweis von Gärungsessig oder Holzessig durch den Gehalt an ^{14}C vgl. S. 95.

Sonstige milde Oxydationen durch Essigsäure- und andere Bakterien. Die Oxydation von Homologen des Äthylalkohols zeigt folgende Übersicht für 14 „gewöhnliche" Arten der *Essigsäure-bakterien*[2]. Danach wird das Anfangsglied Methylalkohol nicht verwertet und die höheren Homologen immer schlechter, was bei jenem mit seiner Giftigkeit, bei diesen mit der zunehmenden Unlöslichkeit in

Oxydation von Homologen des Äthylalkohols durch Essigsäurebakterien.

Methylalkohol.	CH_3OH	von 0 Arten oxydiert
Äthylalkohol	$CH_3 \cdot CH_2OH$	„ 14 „ „
n-Propylalkohol	$CH_3 \cdot CH_2 \cdot CH_2OH$	„ 14 „ „
iso-Propylalkohol . . .	$CH_3 \cdot CHOH \cdot CH_3$	„ 0 „ „
n-Butylalkohol	$CH_3 \cdot CH_2 \cdot CH_2 \cdot CH_2OH$	„ 2 „ „
iso-Butylalkohol	$(CH_3)_2 \cdot CH \cdot CH_2OH$	„ 2 „ „
n-Amylalkohol	$CH_3 \cdot CH_2 \cdot CH_2 \cdot CH_2 \cdot CH_2OH$	„ 0 „ „
Glykol	$CH_2OH \cdot CH_2OH$	„ 14 „ „

Wasser zu erklären ist (vgl. S. 116). Nur primäre Alkohole werden oxydiert, nicht der sekundäre Isopropylalkohol. Aus den Alkoholen entstehen die entsprechenden Säuren: Propion-, Butter-, Iso-Butter- und Glykolsäure, diese aus dem ebenfalls gut verwertbaren Glykol.

Diese Regel gilt jedoch nicht allgemein; z. B. oxydiert das bewegliche *Bact. acetigenoideum* gerade Methyl- und Butylalkohol gut, Propylalkohol jedoch nur schlecht, an den aber eine Anpassung möglich war[3]. Weiterhin kann Isopropylalkohol zu Aceton, dem entsprechenden Keton, $(CH_3 \cdot CO \cdot CH_3)$ oxydiert werden. Die Fähigkeit zur Oxydation sekundärer Alkoholgruppen ist bei einigen *Essigsäurebakterien (Bact. sub-oxydans)*, bei *Pseudomonas*-Arten sowie bei *Milchsäurebakterien* ausge-

$$CH_3 \cdot CHOH \cdot CHOH \cdot CH_3 \qquad CH_3 \cdot CHOH \cdot CO \cdot CH_3$$
Butylenglykol   Acetyl-methyl-carbinol

bildet[4], die Butylenglykol zu Acetyl-methyl-carbinol (Acetoin) oxydieren. Die Prüfung verschiedener Isomeren zeigte, daß von den untersuchten Bakterien sekundäre Alkohole offenbar nur oxydiert werden können, wenn noch eine weitere Alkoholgruppe benachbart ist.

$$CH_2OH \cdot (CHOH)_4 \cdot CH_2OH \qquad CH_2OH \cdot (CHOH)_3 \cdot CO \cdot CH_2OH$$
Mannit bzw. Sorbit   Fructose bzw. Sorbose

Vielleicht ist dies der Grund dafür, daß bei *Essigsäurebakterien* die Fähigkeit zur Oxydation mehrwertiger Alkohole zu den entsprechenden

[1] HROMATKA, O., u. H. EBNER: Enzymologia 14, 96 (1950).
[2] Zusammengestellt nach LAFAR, Bd. 5, S. 575.
[3] KREHAN, M.: Arch. Mikrobiol. 1, 493 (1930).
[4] FULMER, E. J., u. Mitarb.: J. Amer. Chem. Soc. 65, 1425 (1943). — STANIER, R. Y., u. G. A. ADAMS: Biochemic. J. 38, 168 (1944). — STANIER, R. Y., u. S. B. FRATKIN: Canad. J. Res. 22, 140 (1944).

Keto-Zuckern verbreitet ist, so die Oxydation von Mannit zu der strukturverwandten Fructose oder von Sorbit zu Sorbose durch *Bact. xylinum*. Dieses Bakterium findet sich in der Mikroflora des gärenden Saftes von Vogelbeeren *(Sorbus aucuparia)*, in denen Sorbit als natürliches Produkt vorkommt. Sorbose wird auch technisch mit Hilfe dieses Bakteriums gewonnen. Von Interesse ist ferner die Oxydation von Inosit zu Inosose durch *Bact. suboxydans*, ferner die Oxydation von Glycerin zu Dioxyaceton. Milde Oxydationen in der Sexualhormonreihe sind S. 239f. erwähnt.

$$CH_2OH \cdot CHOH \cdot CH_2OH \qquad CH_2OH \cdot CO \cdot CH_2OH$$
Glycerin   Dioxyaceton

Bei Alkoholmangel können die *Essigsäurebakterien* die Essigsäure oxydieren, ebenso andere organische Säuren; technisch spricht man in jenem Falle von „Überoxydation". Insbesondere kommt hierfür *Bact. rancens* in Frage, das daher technisch ungeeignet ist, während z. B. *suboxydans* kaum weiteroxydiert. Die Bildung von Glucon- und Oxalsäure aus Zucker wurde S. 182, 183 erwähnt. Bemerkenswert ist noch, daß *Essigsäurebakterien* Brenztraubensäure zu Acetaldehyd decarboxylieren können; sie besitzen also wenigstens einen Teil der bei der Alkoholgärung wirksamen Enzyme, wie auch das Vorhandensein der Co-Zymase zeigt.

Oxydation sonstiger stickstofffreier Stoffe.

Oxydation der Fette. Bei der weiten Verbreitung der Fette als Reservestoffe der Mikroorganismen ist die ebenso weite Verbreitung der Fähigkeit zur Oxydation der Fette bei ihnen verständlich. Sie wird stets eingeleitet durch die Spaltung in Glycerin und Fettsäure durch Lipase, die man bei zahlreichen *Bakterien (Pseudomonas fluorescens, Bac. putrificus, Mycobact. tuberculosis)* sowie bei *Pilzen (Aspergillus-* Arten u. a.; ein typischer Fettverzehrer ist *Empusa muscae*, der Pilzparasit der Stubenfliege[1]) festgestellt hat. Das S. 33f. erwähnte starke Hervortreten freier Fettsäuren in Mikroorganismenfetten hängt damit zusammen. Diese Lipasen sind leicht wasserlöslich und spalten um den Neutralpunkt. Sie sind aus Bakterien aber nur in geringer Menge bzw. Wirksamkeit zu gewinnen[2]. Das bei der Spaltung auftretende Glycerin wird zuerst verzehrt, so daß sich freie Fettsäuren anhäufen: Ranzigwerden, bei dem aber auch sekundäre Veränderungen der Fettsäuren, wie Bildung von Methylketonen, eine Rolle spielen[3]; bis zur Myristinsäure, C_{14}, kann die Bildung des jeweiligen Methylketons, über β-Oxydation der Fettsäuren (S. 192), erfolgen.

Der Atmungsquotient ist bei der Verarbeitung der Fette, falls diese, wie es zumeist der Fall ist, restlos zu Kohlensäure und Wasser verbrannt werden, niedriger als bei der Zuckeratmung, da mehr Sauerstoff verbraucht wird als Kohlensäure abgegeben wird, liegt also in umgekehrtem Sinne wie bei der Bildung der Fette (S. 181). Eine Folge der

---

[1] SCHWEIZER, G.: Planta **35**, 132 (1947).
[2] GORBACH, G., u. Mitarb.: Arch. Mikrobiol. **21**, 237 (1954).
[3] THALER, H., u. G. GEIST: Biochem. Z. **320**, 84, 87 (1949).

starken Beanspruchung des Sauerstoffs bei der Veratmung der Fette ist, daß sie normalerweise nur unter aeroben Verhältnissen erfolgen kann; doch können Fette auch zur Denitrifikation und Desulfurikation (S. 202f.) herangezogen, also mit gebundenem Sauerstoff anaerob veratmet werden. Ernährt man *Asp. niger* mit Fett, so geht er in jungem Zustande bei Entzug von Sauerstoff bald zugrunde, wenn er noch keine Kohlenhydrate gebildet hat; nur mit diesen kann er bei Sauerstoffmangel seinen Energiebedarf durch intramolekulare Atmung (S. 167), allerdings nur vorübergehend, decken[1].

Oxydation weiterer stickstofffreier Verbindungen. Organische Säuren[2]. Besonderes Interesse hat zunächst die Oxydation der als Zwischen- oder Endprodukte des Stoffwechsels auftretenden organischen Säuren. Ihre Dehydrierung ist in vielen Fällen untersucht. Solche Vorgänge haben oft große praktische Bedeutung: der Abbau der Milchsäure bei der Käsebereitung (S. 227), der Essigsäure bei der Essigfabrikation (S. 190), der Äpfelsäure bei der Nachgärung des Weines (S. 219), der Abbau von Fettsäuren im Boden u. ä. Natürlich unterscheiden sich die einzelnen Mikroorganismen stark in der Fähigkeit zum Abbau der einzelnen Säuren. Buttersäure wurde durch 37 unter 45 untersuchten sporenbildenden Erdbakterien abgebaut, aber gerade von dem Buttersäure bildenden *Bac. amylobacter* nicht[3]. Essigsäure wird besonders von *heterotrophen Flagellaten* und *Bac. glycinophilus* (S. 194) verarbeitet, Oxalsäure von *Proactinomycetes* (*Proact. citreus*, S. 116) u. a.[4].

Biologisch ist bemerkenswert, daß dabei unter Umständen sich durchaus kein Zusammenhang zwischen der Verarbeitung durch die lebende Zelle und der Möglichkeit des enzymatischen Abbaues ergibt. Man fand bei 7 Bakterienarten Lactico- und Succino-dehydrogenase (Milch- bzw. Bernsteinsäure dehydrierend) in allen Fällen nachweisbar, bei keiner aber Aceto-dehydrogenase (Essigsäure abbauend), obwohl einige dieser Arten Essigsäure recht gut verarbeiten[5]. Der Grund mag einerseits in der noch unvollkommenen Methodik der enzymatischen Untersuchung liegen, andererseits darin, daß Essigsäure in diesem Falle gar nicht primär dehydriert wurde. Diese Inkongruenz zwischen Biologie und Enzymatik ist auch an anderer Stelle (S. 211f.) erwähnt.

Die Succino-dehydrogenase arbeitet mit dem Coenzym A, die Lactico-dehydrogenase von *Hefe* ist wahrscheinlich eine Cytochromkomponente; Oxydationsprodukte sind Brenztraubensäure bzw. Fumarsäure.

$$HOOC \cdot CH_2 \cdot CH_2 \cdot COOH + Acc. = HOOC \cdot CH : CH \cdot COOH + Acceptor \cdot H_2$$

Bernsteinsäure   Fumarsäure

$$CH_3 \cdot CHOH \cdot COOH + Acc. = CH_3 \cdot CO \cdot COOH + Acceptor \cdot H_2$$

Milchsäure   Brenztraubensäure

---

[1] FLIEG, O.: Jb. wiss. Bot. **61**, 24 (1922).

[2] Übersichten: BREUSCH, F. L.: Adv. Enzymol. **8**, 343 (1948). — GURIN, S.: Adv. in Carbohydrate Chem. **3**, 229 (1948).—LELOIR, L.F.: Enzymologia **12**, 263 (1948).

[3] BREDEMANN, G.: Zbl. Bakter. II **86**, 353, 479 (1932). — WERNER, O.: Zbl. Bakter. II **87**, 446 (1933).

[4] MÜLLER, H.: Arch. Mikrobiol. **15**, 137 (1950). — KHAMBATA, S. R., u. J. V. BHAT: J. Bacter. **66**, 505 (1953): *Ps. oxalatica.*

[5] FRANKE, W., u. B. BANERJEE: Biochem. Z. **305**, 57 (1940).

Die Vorgänge vollziehen sich nicht etwa auf einfache Weise, wofür die wichtige reversible Oxydation der Brenztraubensäure zu Essigsäure, wie sie z. B. durch zellfreie Enzympräparate von *Bact. coli* durchgeführt wird, ein Beispiel geben möge. Sie verläuft über „aktivierte Essigsäure" in der Weise, wie es die schematische Formel zeigt. Brenztraubensäure

$$\text{Brenztraubensäure} + \text{Coenzym A—SH} + \text{Diphospho-pyridin-nucleotid} \rightleftharpoons$$

$$\text{Acetyl-S Coenzym A} + CO_2 + \text{Diphospho-pyridin-nucleotid-H} + H^+$$

tritt also mit Coenzym A[1] (Formel S. 193) bzw. dessen wirksamer SH-Gruppe und Diphospho-pyridin-nucleotid zusammen, wobei das letztgenannte als Wasserstoffacceptor dient, so daß Dehydrierung und CO_2-Abspaltung erfolgt. Dabei ist vor dem Coenzym A noch die Liponsäure beteiligt, deren wirksame Gruppe (in der die S—S-Gruppe in der oben angedeuteten Weise wirksam ist) wiederum mit Thiamin und Pyrophosphat verknüpft ist.

$$\text{Thiamin-pyrophosphat—HC—CH}_2\text{—CH—(CH}_2)_4 \cdot \text{COOH}$$
$$\text{S————S}$$

Liponsäure

Dieses „Acetyl-CoA" („aktivierte Essigsäure") stellt eine zentrale Substanz im Stoffwechsel dar, insbesondere bei der Umwandlung organischer Säuren, wie in der Übersicht angedeutet ist. Als letzter Schritt des primären Angriffs über die β-Ketosäure (β-Oxydation[2]) erfolgt die Abspaltung von Essigsäure[3] durch das Coenzym A, sofern nicht vorher die Kohlenstoffkette durch Weiteroxydation um die beiden endständigen C-Atome gekürzt wird oder die Bildung von Methylketon erfolgt. Die Bildung von Essigsäure stellt den umgekehrten Weg der Fettsynthese dar (S. 257).

$$R \cdot CH_2 \cdot CH_2 \cdot CH_2 \cdot COOH \rightarrow R \cdot CH_2 \cdot CO \cdot CH_2 \cdot COOH \longrightarrow$$

Fettsäure β-Ketosäure

$$R \cdot CH_2 \cdot COOH + 2\,CO_2 \text{ bzw. } R \cdot CH_2 \cdot CO \cdot CH_3 + CO_2 \text{ bzw. } R \cdot CH_2 \cdot COOH + CH_3 \cdot COOH$$

Fettsäure   Methylketon   Fettsäure   Essigsäure

Das folgende Schema gibt, ohne Rücksicht auf Einzelheiten, den Citronensäurezyklus als reversiblen Vorgang wieder, wobei natürlich bei Hydrierungen (also energie-

---

[1] LIPMAN, F.: Bacter. Revs. **17**, 1 (1953). — LYNEN, F.: Federat. Proc. **12**, 683 (1953). — MAHLER, H. R.: Federat. Proc. **12**, 694 (1953). — STADTMAN, E. R.: Record Chem. Progr. **15**, 1 (1954).

[2] Darin offenbart sich augenscheinlich der Aufbau der Fettsäuren aus Acetylgruppen (S. 257).

[3] *Methanobact. suboxydans* oxydiert gerade C-Ketten zu Essigsäure, ungerade zu Essigsäure + Propionsäure: STADTMAN, TH. C., u. H. A. BARKER: J. Bacter. **61**, 67 (1951).

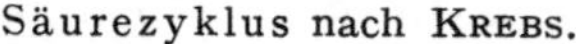
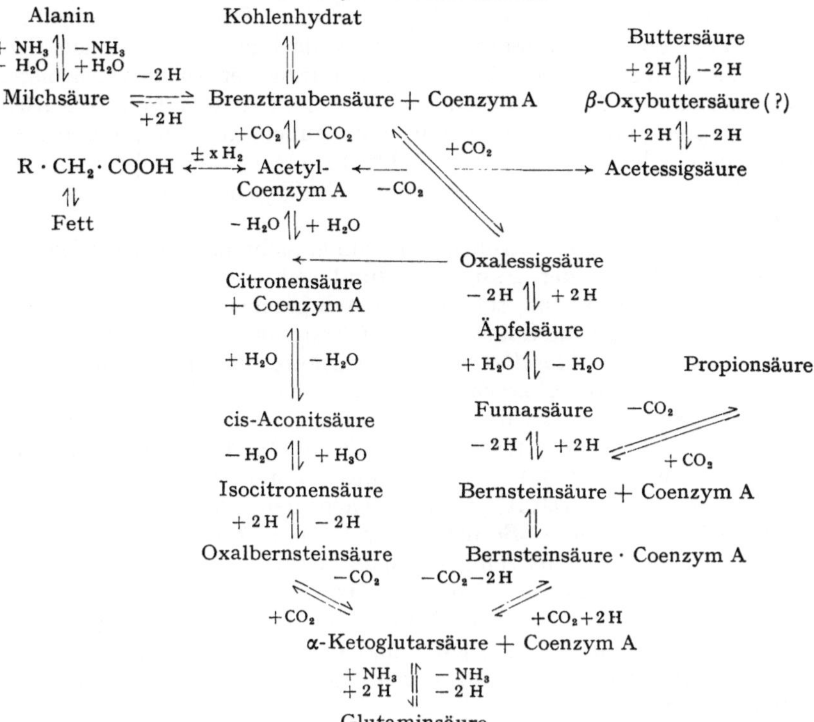

speichernden) Vorgängen ein Donator von außen herangezogen werden muß.
Das Schema zeigt auch den Weg der Bildung von Propion-, Butter- und Milchsäure,
von Fett und den Aufbau einfacher Aminosäuren.

Coenzym A

Besteht aus (von links
oben an) Thioäthanolamin,
Phospho-Pantothensäure,
Adenosin-diphosphat.

Weiter zeigt diese Übersicht (S. 193), daß die Oxydation von Essigsäure über den Citronensäurezyklus[1] verläuft (Tricarbonsäurezyklus);
in einem System von Umsetzungen mit Oxydationen, Reduktionen, CO_2-
und Wasser-Abspaltungen bzw. -Einbau führt er zu energieärmeren
oder energiereicheren Verbindungen, wobei in diesem Falle natürlich
eine entsprechende Energiezufuhr von außen her vorhanden sein
muß (Energieübertragung). Die S. 93f. bereits erwähnte Verknüpfung
von abbauendem und aufbauendem Stoffwechsel zeigt sich hier
deutlich.

Allerdings ist dieser Citronensäurezyklus nicht der einzige Weg, der
bei der Oxydation der Essigsäure (und bei anderen Umsetzungen)
beschritten werden kann. Schon biologisch gesehen ist das nicht anzunehmen, da z. B. gerade Spezialisten für Essigsäureabbau *(Bac. glycinophilus, heterotrophe Flagellaten)* Citronensäure überhaupt nicht verarbeiten[2], und *Bact. suboxydans* vermag weder Essigsäure noch ein
Zwischenprodukt des Tricarbonsäurezyklus zu verarbeiten[3]. Es liegen
auch bereits zahlreiche Angaben vor, daß die Oxydation der Essigsäure
nicht nach der WOOD-WERKMAN-Reaktion (Brenztraubensäure + CO_2
→ Oxalessigsäure) verläuft, sondern nach der THUNBERG-WIELAND-
Reaktion (2 Essigsäure → Bernsteinsäure), wobei kein Tri- sondern nur
ein Dicarbonsäurezyklus eingeschlagen wird[4]. Mindestens 4 verschiedene Wege nimmt man für die Oxydation der Essigsäure an[5]:
1. den im obigen Schema angegebenen über den Tricarbonsäurezyklus;
2. Kondensation zu Acetessigsäure und deren Oxydation; 3. Kondensation zu Bernsteinsäure und deren Oxydation; 4. Oxydation der
Methylgruppe.

Ein noch nicht gelöstes Problem ist der über Gluconsäure verlaufende
rein oxydative Abbau der Glucose, der zunächst nur bis zur Ketogluconsäure verfolgt werden konnte. Jedoch wurde auch die Bildung
von 2,5-Diketogluconsäure durch *Acetobact. melanogenum*, der fast
völlig zu CO_2 oxydiert, als weiteres Zwischenprodukt festgestellt[6].
Andererseits fand man, daß Decarboxylierung von Ketogluconsäure

---

[1] Über den enzymatischen Mechanismus im Citronensäurezyklus vgl. OCHOA, S.:
Adv. Enzymol. **15**, 183 (1954).

[2] RIPPEL, A., u. Mitarb.: Arch. Mikrobiol. **10**, 359 (1939); **12**, 285 (1942). —
REINHARDT, K.: Arch. Mikrobiol. **15**, 270 (1951).

[3] KING, T. E., u. V. H. CHELDELIN: Biochim. et Biophysica Acta **14**, 108
(1954).

[4] KARLSSON, J. K., u. H. A. BARKER: J. of Biol. Chem. **175**, 913 (1948);
J. Bacter. **56**, 671 (1948); für *Azotobacter agile*. — AJL, S. J.: J. Bacter. **59**, 499
(1950); J. Gen. Physiol. **34**, 785 (1951); J. of Biol. Chem. **189**, 845, 859 (1951);
für *Bact. coli.* — BARRON, E. S., u. Mitarb.: Arch. of Biochem. a. Biophysics **29**,
130 (1950); DAGLEY, S., u. Mitarb.: Arch. of Biochem. a. Biophysics **32**, 231 (1951);
für *Corynebact. creatinovorum*. — KREBS, H. A., u. Mitarb.: Biochemic. J. **51**, 614
(1952); für *Hefe*. — UMBREIT, W. W.: J. Cellul. a. Comp. Physiol. **41**, 39 (1953);
für *Rhizopus nigricans* und *Bakterien*.

[5] UMBREIT, W. W.: Annual Rev. Microbiol. **3**, 81 (1949); J. Cellul. a. Comp.
Physiol. **41**, 39 (1953).

p[6] KATZNELSON, H., u. Mitarb.: J. of Biol. Chem. **204**, 43 (1953). — Vgl. weiter
zu dieser Frage: P. H. CLARKE: J. Gen. Microbiol. **12**, 337 (1955).

Pentose (Ribose, Arabinose) lieferte[1], während *Bact. coli* und *Lactobac. pentosus* Pentose über 2-Ketopentose oxydierten[2]. Es sind also bereits rein oxydative Abbauwege angedeutet, die schließlich doch natürlich in die Brenztraubensäure münden könnten, zumal *Ps. fluorescens* viel Triosephosphat-dehydrogenase besitzt[3] (vgl. noch S. 182). Für *Ps. aeruginosa* ergab sich nur ein teilweiser Stoffwechsel nach dem Spaltungsschema, mehr Andeutungen aber für andersartige aerobe Veratmung[4].

Noch recht rätselhaft ist der in der Natur so bedeutsame aerobe Abbau der Cellulose[5]. Mit Sicherheit kann gesagt werden, daß reduzierende Zucker als Zwischenprodukte des Abbaues auftreten (S. 176), nach einer Angabe bis zu 30% der zugesetzten Cellulose, nach anderen nur geringe Mengen[6]. Von *Cytophaga* konnten zellfreie Präparate gewonnen werden, die Cellulose hydrolysieren; der gebildete Zucker erwies sich als Glucose, während Cellobiose noch unsicher ist. Bei dem aeroben Abbau durch *Cytophaga* entstehen besonders große Mengen schleimartiger Stoffe (S. 17f.), die auf $^1/_3$ bis sogar auf $^1/_2$ der zugesetzten Cellulose angegeben werden und die Uronsäuren enthalten. Die von anderen angegebenen Oxycellulosen sollen fehlen[6], so daß der früher angenommene unmittelbare oxydative Abbau der Cellulose (ohne vorhergehende Hydrolyse) zweifelhaft geworden ist. Vielmehr sollen die Schleimstoffe durch sekundären Aufbau aus niederen Gliedern entstehen, zumal sie auch aus Glucose, die von *Cytophaga* gut verarbeitet wird (S. 116f.), gebildet werden. Auch direkt aus Glucose können polymere Produkte entstehen.

Für *holzzerstörende Pilze* wird der Abbauweg Cellulose→Glucose→Äthylalkohol→Essigsäure→Oxalsäure angegeben[7].

Noch unbekannter ist der Abbau des Lignins. Natürliches Lignin ist sehr resistent und wird wohl nur von *Basidiomycetes* angegriffen, nicht aber von *Bakterien* und anderen *Pilzen*, die aber Ligninderivate, z. B. Ammoniaklignin, verwerten können (*fluorescens*-Gruppe, *Fusarium*, *Trichoderma* u. a.[8]). Während einige der holzzerstörenden *Basidiomycetes* zuerst das Lignin angreifen und die Cellulose-Grundsubstanz übriglassen oder erst später verzehren *(Polyporus, Trametes)*, verzehren andere *(Merulius lacrymans*, Hausschwamm) die Cellulose und lassen

---

[1] McNair Scott, D. B., u. S. S. Cohen: J. Cell. a. Comp. Physiol. **38**, Suppl. 1, 173 (1951); J. of Biol. Chem. **188**, 509 (1950). — Horecker, B. L., u. P. Z. Smyrniotis: J. of Biol. Chem. **196**, 135 (1952).

[2] Lampen, J. O.: J. Cell. a. Comp. Physiol. **41**, 183 (1953).

[3] Wood, W. A., u. R. F. Schwerdt: J. of Biol. Chem. **206**, 625 (1954).

[4] Claridge, C. A., u. C. H. Werkman: J. Bacter. **68**, 77 (1954).

[5] Literatur bei A. Rippel: Handbuch der Bodenlehre von Blanck, 1. Erg.-Bd., S. 551ff., 571ff. Berlin: Julius Springer 1939. — Boswell, J. G.: New Phytologist **40**, 20 (1941). — Janke, A.: Österr. bot. Z. **96**, 399 (1949).

[6] Fåhraeus, G.: Ann. Agr. Coll. Schweden **12** (1944); Symbol. Bot. Upsalienses **9**, 2 (1947).

[7] Nord, F. F., u. J. C. Vitucci: Adv. Enzymol. **8**, 253 (1948). — Whitacker, D. R., u. Ph. E. George: Canad. J. Bot. **29**, 176 (1951). — Stevens G. de, u. F. F. Nord: Fortschr. Chem. Forsch. **3**, 70 (1954).

[8] Fischer, G.: Arch. Mikrobiol. **18**, 397 (1952/53).

das Lignin mehr oder weniger verändert zurück[1]; solche Vorgänge spielen sicherlich bei der Humusbildung im Boden eine Rolle (S. 303). Die Eignung der Gerbstoffe als Kohlenstoffquelle wurde bereits S. 117 besprochen.

Lignin und Gerbstoffe sind aromatische Verbindungen, von denen viele durch Mikroorganismen verarbeitet werden können, auch von solchen, die Lignin und Gerbstoffe nicht verwerten. Einige Fälle seien hier angeführt, wobei noch einmal (S. 117) erwähnt sei, daß im allgemeinen aromatische Stoffe für *Pilze* besser geeignet zu sein scheinen als für *Bakterien*. Es ist verständlich, daß *holzzerstörende Pilze* aromatische Stoffe zu verarbeiten vermögen[2]. Von Interesse ist, daß α-Naphthol in Konzentrationen von 0,01 bis 0,001 % für sonstige Pilze fungizid wirkt, nicht aber für die ligninzersetzenden *Basidiomycetes*, die diesen Stoff oxydieren können. Phenol (Carbolsäure) kann auch von *Asp. niger* als Kohlenstoffquelle verwertet werden[3].

Eine besondere Fähigkeit zur Oxydation aromatischer Stoffe (Phenol, Naphthalin) kommt den *Proactinomycetes* zu[4]. Von Bakterien vermag *Ps. fluorescens* Phenol, Benzoesäure, Mandelsäure (diese über Brenzkatechin) und p-Oxy-benzoesäure (über Protocatechusäure) zu verarbeiten[5], wobei teilweise die Enzyme aus getrockneten Zellen herausgelöst werden können. Ebenso vermag *Azotobacter chroococcum* (der allerdings Pyridin nicht anzugreifen vermag, S. 201), Benzoesäure u. a. zu verarbeiten. Ein Beispiel, welche geringe Strukturänderungen über die Eignung entscheiden können, ist im folgenden gegeben[6], welches gleichzeitig zeigt, daß auch verschiedene Stämme einer Art sich sehr verschieden verhalten können, ein weiterer Hinweis auf die Fraglichkeit der Einteilung nach physiologischen Merkmalen. Eine ähnliche Bevorzugung der para-Stellung bei Oxybenzoat geht aus der für *Ps. fluorescens* zitierten Literatur hervor.

4 Stämme verwerteten (+) oder lehnten ab (—).

Azotobacter chroococcum	Mannit	Benzoat	Oxybenzoat, Oxygruppe in		
			para-	ortho-	meta-Stellung
Stamm 1 . .	+	+	+	+	—
,, 2 . .	+	+	+	—	—
,, 3 . .	+	—	+	—	—
,, 4 . .	+	—	—	—	—

[1] FÅHRAEUS, G., R. NILSSON u. G. NILSSON: Sv. Bot. Tidskr. **43**, 343 (1949) (*Polyporus abietinus* und *Marasmius scorodonius* als Lignin-, *Stereum rugosum* als Cellulosezersetzer). — Eine Übersicht über Holzzerstörung: CARTWRIGHT, K. S. G., u. W. P. K. FINDLAY: Biol. Rev. **18**, 145 (1943).

[2] FÅHRAEUS, G.: Roy. Agr. Coll. Schweden **16**, 619 (1949). — LAW, K.: Ann. of Bot. **14**, 69 (1950).

[3] WATERMANN, H.: Fol. Mikrobiol. **1**, 422 (1912). — LOHMANN, G.: Arch. Mikrobiol. **5**, 31 (1934).

[4] PLOTHO, O. v.: Arch. Mikrobiol. **14**, 12 (1948). — WOLMER, C.: Z. Hyg. **129**, 643 (1949).

[5] STANIER, R. Y.: J. Bacter. **55**, 477 (1948); **59**, 117, 129, 137, 527 (1950).

[6] GUITTONNEAU, G., u. R. CHEVALIER: C. r. Acad. Sci. (Paris) **203**, 1400 (1936).

Den Weg des Abbaus aromatischer Verbindungen, wie der Benzoe- bzw. Oxy-benzoesäure, sieht man nicht in einer primären Sprengung des Benzolringes, sondern in einer successiven Lösung der Doppelbindungen (etwa über die Shikimisäure mit nur einer Doppelbindung), die schließlich zu Oxy-cyclohexansäuren führt, wobei allerdings im Falle von *Ps. fluorescens* Chinasäure als Zwischenprodukt nicht in Frage zu kommen scheint. Die Ringsprengung führt dann zur β-Keto-adipinsäure ($HOOC \cdot CH_2 \cdot CH_2 \cdot CO \cdot CH_2 \cdot COOH$)[1]. Inosit wird von *Bact. aerogenes* abgebaut zu Keto-inosit, dann Diketo-inosit, darauf Ringsprengung zu C_3-, C_2- und C_1-Körpern (im letztgenannten Falle CO_2)[2]. Sehr wertvoll erwies sich bei solchen Untersuchungen die Methode der „simultanen Adaptation", d. h. ein an die Verarbeitung eines Stoffes adaptierter Stamm muß auch die Zwischenprodukte der Verarbeitung dieses Stoffes verwerten können[3].

Chinasäure stellt allerdings sonst für *Bakterien* und *Pilze* eine recht gute Kohlenstoffquelle dar, wobei Protocatechusäure und Brenzcatechin gebildet werden können, also der Benzolring mit seinen Doppelbin-

p-Oxy-benzoesäure	Shikimisäure	Chinasäure	Protocatechusäure

dungen hergestellt wird (vgl. dazu S. 258). An dieser Stelle sei noch darauf hingewiesen, daß *holzzerstörende Pilze* wie *Lentinus lepideus* aus Xylose und Glucose p-Methoxyl-zimtsäure-methylester bilden, also einen dem Lignin sehr ähnlichen Körper[4].

Die Oxydation stickstoffhaltiger Verbindungen.

Die Oxydation von Ammoniak zu Nitrit und von Nitrit zu Nitrat ist ein Beispiel für eine sich am Stickstoffatom vollziehende Oxydation. Wie S. 111 gesagt wurde, ist, von Oximen abgesehen, kein ähnlicher Fall bekannt einer mikrobiellen Oxydation des Stickstoffs im Verbande eines organischen Moleküls. Die z. Z. bekannten Oxydationsvorgänge am stickstoffhaltigen organischen Molekül betreffen nur das Kohlenstoffskelett, während der Stickstoff als Ammoniak (oder Harnstoff) frei wird, falls er nicht, wie in den unten zu besprechenden

---

[1] EVANS, W. CH., u. Mitarb.: Nature (London) **168**, 272 (1951) (Sammelbericht). — KILTY, B. A.: Biochemic. J. **49**, 671 (1951). — SISTROM, W. R., u. R. Y. STANIER: J. Bacter. **66**, 404 (1953).

[2] MAGASANIK, B.: J. of Biol. Chem. **205**, 1019 (1953).

[3] STANIER, R. Y.: J. Bacter. **54**, 339 (1947).

[4] NORD, F. F., u. J. C. VITUCCI: Adv. Enzymol. **8**, 253 (1948). — Über hydroaromatische Stoffe in Pilzmycel vgl. J. H. BIRKINSHAW u. Mitarb.: Biochemic. J. **50**, 509 (1952).

Fällen, auch nach dem Angriff noch im Verbande des veränderten
Moleküls bleibt. Nachstehend sind einige Fälle oxydativer Veränderungen an Nicht-Aminosäuren erwähnt, während das Schicksal der
Aminosäuren, also auch die oxydativen Veränderungen (mit Ausnahme der Tyrosin-Oxydation) erst im Zusammenhang mit dem Eiweißabbau S. 248ff. besprochen werden.

$$\text{Hypoxanthin } (+\,\text{O}) \quad\rightarrow\quad \text{Xanthin } (+\,\text{O}) \quad\rightarrow\quad \text{Harnsäure } (+\,\text{O}+\text{H}_2\text{O}) \quad\rightarrow$$

$$\rightarrow \text{ Allantoin} + \text{CO}_2\,(+\,\text{H}_2\text{O}) \quad\rightarrow\quad \text{Harnstoff } + \text{ Glyoxylsäure } (+\,\text{O}) \rightarrow \text{Oxalsäure}$$

Oxydation von Purinderivaten. Die Abspaltung von Ammoniak
aus stickstoffhaltigen organischen Stoffen verläuft meist oxydativ.
Damit stimmt überein, daß die biologische Ammoniakbildung im Boden
nur bei guter Sauerstoffzufuhr verläuft. Aus dem bereits erwähnten
Grunde kommen wir aber erst später auf diese Vorgänge zurück. Hier
sei nur die Entstehung der Harnsäure aus Hypoxanthin über Xanthin
und der weitere Abbau durch das Enzym Uricase über Allantoin durch
das Enzym Allantoinase zu Glyoxylsäure und weiter zu Oxalsäure und

$$\text{Tyrosin (Oxyphenylalanin)} \quad (+\,\text{O}) \rightarrow \quad \text{Dopa (Dioxyphenylalanin)} \quad (-2\,\text{H}) \rightarrow$$

$$\rightarrow \text{ Dopa-Chinon} \quad (-2\,\text{H}) \rightarrow \quad \text{„Roter Körper“}$$

Harnstoff erwähnt. Man erkennt die oxydative Aufspaltung des Kohlen-
stoffskeletts unter allmählicher Freilegung der vorgebildeten Harnstoff-
gruppen (in den Formeln durch Fettdruck hervorgehoben). Ähnliche
Vorgänge können sich an anderen Purinderivaten abspielen, wie bei der

Oxydation von Guanin zu Guanidin und weiter zu Harnstoff und Kohlensäure (S. 252). Für diesen Abbau der Purinderivate kommen vornehmlich *Pilze* in Frage, ferner *Actinomyceten*[1], aber auch spezifisch auf Purinderivate eingestellte *Bakterien*[2]. Indessen ist der Verlauf des Abbaues nicht überall der gleiche: Bei *Alternaria tenuis* z. B. wurde von einem Stamm Allantoin nicht weiter gespalten, von einem anderen Stamm vermutlich über Oxonsäure + Ammoniak abgebaut[3].

Oxydation von Tyrosin zu Melanin. Charakteristischen oxydativen Veränderungen sind zahlreiche aromatische Stoffe unterworfen, wobei braun- bis schwarzgefärbte amorphe Stoffe von großer biologischer Bedeutung entstehen. Insbesondere ist das Schicksal zyklischer Aminosäuren und anderer N-haltiger organischer Stoffe (Adrenalin usw.) wegen des Verhaltens des darin gebundenen Stickstoffs von Interesse. Als Schulbeispiel diene die Oxydation von Tyrosin zu Melanin[4]. In das Tyrosin, das ein Monophenol ist, wird zunächst eine zweite OH-Gruppe eingeführt (Dopa = Dioxyphenylalanin), darauf ein Chinon gebildet, und aus diesem springt der Stickstoff der Alanin-Seitenkette mit einem weiteren Zwischenglied in die heterozyklische Bindung des Indolkerns über. So entsteht der „rote Körper", von dem aus weitere Umwandlungen über farblose Stufen schließlich rein chemisch zu den amorphen Melaninen führen. Das wirksame Enzym, die Tyrosinase ist bei *Bakterien*, *Actinomyceten* und *Pilzen* weit verbreitet und häufig die Ursache der Braun- bis Schwarzfärbung des Substrates, z. B. bei *Azotobacter chroococcum*[5]. Die Tyrosinase wirkt auch auf andere Mono- und Polyphenole ein; sie ist ein Kupferproteid.

Oxydation von Polyphenolen, die aus inneren Gründen des Zusammenhanges mit der Tyrosinase hier angeschlossen sei, ist ebenfalls bei Mikroorganismen verbreitet. Neben der Tyrosinase ist Polyphenolasen die Verfärbung von Zellsäften zuzuschreiben, wie sie z. B. bei vielen *Hutpilzen*, aber auch bei dem in Kultur gezogenen *Hausschwamm*[6], als braune, schwarze, grüne oder blaue Verfärbung bei Verletzung eintritt. Wirkmetall der Polyphenolasen ist Kupfer, was sich mit der biologischen Bedeutung dieses Metalls (S. 102) deckt; das reine Enzym soll 0,34% Cu enthalten. Auch bei diesen Enzymen führt der Weg über Chinone. Tyrosinase und Polyphenolasen (beide vielleicht identisch) sind ihrerseits wohl mit der Cytochrom-oxydase (S. 177) identisch, soweit diese ein Kupferproteid ist.

[1] STAPP, C., u. G. SPICHER: Zbl. Bakter. II **108**, 19 (1954).

[2] BARKER, H. A., u. J. V. BECK: J. of Biol. Chem. **141**, 3 (1941). — Für *Ps. aeruginosa* vgl. W. FRANKE u. G. E. HAHN: Hoppe-Seyler Z. **299**, 15 (1955). Nach Allantoin noch Allantoinsäure.

[3] FRANKE, W., u. Mitarb.: Arch. Mikrobiol. **17**, 255 (1952); Chem. Ber. **85**, 779 (1952).

[4] RAPER, H. S.: Fermentforsch. N.F. **9**, 206 (1927). — LERNER, A. B.: Adv. Enzymol. **14**, 73 (1953).

[5] RIPPEL, A.: Zbl. Bakter. II **64**, 163 (1925). — *Streptomyces scabies* bildet bei Zusatz von Tyrosin und Tryptophan größere Mengen Melanin: HOLLIS, J. P.: Phytopathology **43**, 355 (1953).

[6] ZOBERST, W.: Arch. Mikrobiol. **18**, 1 (1952/53).

Huminstoffe.

Die Oxydation aromatischer Komplexe zu braunen, amorphen Produkten hat mancherlei Ähnlichkeit mit der Entstehung der Huminstoffe[1], die im Erdboden eine so wichtige Rolle spielen (S. 301ff.). Es liegt nahe, engere Beziehungen zu den oben besprochenen Vorgängen anzunehmen. Lignin sieht man auch als eine der Hauptquellen für die Humusbildung im Boden an (S. 303). Daß gewisse *Pilze* Lignin nach Zerstörung der Cellulosegrundsubstanz als amorphe, braune, krümelige, huminartige Masse zurücklassen, wurde S. 195f. erwähnt. Ebenso führt die Verarbeitung von Gerbstoffen, wie Tannin, zu braungefärbten Produkten und weiterhin die Oxydation von Phenolderivaten und sonstigen aromatischen, aus dem Eiweißabbau stammenden Komplexen. Ligninzerstörende *Basidiomycetes* bilden bei Gegenwart von Phenolen eine dunkel gefärbte Oxydationszone um das Mycel[2]; auch die auffällige schwarze Verfärbung des Substrates durch *Azotobacter chroococcum* bei Benzoesäure als Kohlenstoffquelle[3] sei in diesem Zusammenhange erwähnt. Im übrigen bilden die meisten Mikroorganismen huminartige Stoffe; z.B. sind die Hyphen ganzer Pilzgruppen braun gefärbt, oder das Substrat (bei *Pilzen* und *Actinomyceten*) wird bei der Autolyse braun gefärbt[4].

Sollte die Arbeitshypothese des Zusammenhanges der Bildung aromatischer Gruppen mit dem Eiweißstoffwechsel[5] auch nur in Einzelheiten zutreffen, so würden diese Beziehungen noch enger sein. Zweifellos bestehen weiterhin Zusammenhänge mit der Farbstoffbildung, ob mittelbar oder unmittelbar, ist, biologisch gesehen, nicht so entscheidend. In beiden Fällen, der Bildung von Farbstoff und der von huminartigen Stoffen, liegt offenbar der Ausdruck der Reaktionsfähigkeit ähnlicher aromatischer Komplexe vor, die zu dieser oder jener führen kann, wobei nicht ausgeschlossen ist, daß Farbstoffe auch intermediär als Zwischenprodukte der Huminbildung auftreten können. Viele dieser Farbstoffe sind ja Chinone, die als Ausgangsstoffe dienen können, wie es auch bei der Melaninbildung der Fall ist[6]. Wie Abb. 22 zeigt, ist

---

[1] Die Torfbildung (S. 304) ist primär von anderen Gesichtspunkten aus zu betrachten.

[2] BAVENDAMM, W.: Z. Pflanzenkrkh. **38**, 257 (1928). — FÅHRAEUS, G.: Roy. Agr. Coll. Schweden **16**, 618 (1949).

[3] FISCHER, W.: Arch. Mikrobiol. **14**, 353 (1949). — KÜSTER, E.: Arch. Mikrobiol. **15**, 1 (1949).

[4] Außer der S. 301, Anm. 2 mitgeteilten Literatur vgl. noch A. RIPPEL u. K. WALTER: Biochem. Z. **186**, 474 (1927). — BEHR, G.: Arch. Mikrobiol. **1**, 418 (1930).— SCHEFFER, F., u. Mitarb.: Landw. Forsch. **1**, 81, 190 (1950).— LAATSCH, W. u. Mitarb.: Landw. Forsch. **2**, 38 (1950); Z. Pflanzenernährg. **53**, (98), 20 (1951). — FLAIG, W., u. Mitarb.: Z. Pflanzenernährg. **57**, 42 (1952); **56**, 63 (1952). — HOLLIS, J. P.: Bull. Torrey Bot. Club **81**, 98 (1954). — Gegenüber den echten Huminsäuren weisen diejenigen von Pilzen einige Unterschiede auf: SPRINGER, U., u. A. WAGNER: Z. Pflanzenbau u. Pflanzenschutz **47**, 145 (1952).

[5] FREY-WISSLING, A.: Naturwiss. **26**, 624 (1938). — Vgl. indessen K. PAECH: Biochemie und Physiologie der sekundären Pflanzenstoffe. Berlin-Göttingen-Heidelberg: Springer-Verlag 1950.

[6] Vgl. die Formeln der Pilzfarbstoffe S. 42. — KÜSTER, E.: Z. Pflanzenernährg. **57** (102), 51 (1952).

jedenfalls in gewissen Fällen der Zusammenhang zwischen Autolyse (Ammoniakbildung) und Farbstoffbildung außerordentlich überzeugend; gleiche Zusammenhänge bestehen zwischen dem Auftreten dunkel gefärbter Produkte in der Nährlösung und der Autolyse[1]. Auch wurde bei gewissen Stämmen von *Asp. niger*, der normalerweise das Substrat in der Autolyse nur braun verfärbt, in einem vorhergehenden Stadium der S. 42 erwähnte rote Farbstoff, Trioxy-naphthochinon, gefunden. Eine weitere Stütze erhalten diese Vorstellungen dadurch, daß in älteren Pilzzellen die zyklischen Aminosäuren erheblich abnehmen bzw. unter die Nachweisgrenze sinken[2]. Möglicherweise ist das S. 153, Anm. 3 erwähnte Emporschnellen der Katalase-Aktivität gegen Ende des Wachstums der Ausdruck (bzw. eine Begleiterscheinung) der dann stattfindenden ungeregelten Oxydationstätigkeit.

Für einen wichtigen Teil der Humusstoffe des Bodens sind Stickstoffgehalt und dessen schwere Angreifbarkeit charakteristisch. Die Melaninbildung aus Tyrosin hat die Einbaumöglichkeit des Stickstoffs in heterozyklische Bindung gezeigt, wie man sie auch bei den Humusstoffen vermuten muß[3]. Denn im allgemeinen ist solcher Stickstoff schwer angreifbar für Mikroorganismen, wenn auch gewisse Formen Morphin, Nicotin usw. abbauen können[4]. Pyridin wird aber von *Azotobacter* trotz dessen Vorliebe für aromatische Verbindungen (S. 116) nicht als Stickstoffquelle verwertet. Für den Abbau solcher Stoffe scheinen insbesondere *Proactinomycetes* in Frage zu kommen[5] (S. 276f.). In gleiche Richtung deutet, daß *Hefe* von Tryptophan nur die Hälfte, vom Histidin nur $^1/_3$ des Stickstoffs verwertet[6], offenbar den nicht heterozyklisch gebundenen Anteil; und von *Asp. niger* ausgeschiedene Stickstoffverbindungen sind für den gleichen Organismus sehr schwer[7], der offenbar heterocyklisch gebundene Stickstoff der von ihm gebildeten huminartigen Stoffe überhaupt nicht verwertbar[8]. Bei Lignin, Gerbstoffen usw. als Ausgangsmaterial der Bildung von Huminstoffen muß ebenfalls ein sekundärer Stickstoffeinbau angenommen werden, etwa nach Art der „Melanoidin-Reaktion" zwischen Kohlenhydraten und

---

[1] BEHR, G.: Arch. Mikrobiol. **1**, 418 (1930). — KÜSTER, E.: S. 200, Anm. 3.

[2] RITTER, R.: Arch. Mikrobiol. **22**, 248 (1955).

[3] RIPPEL, A.: In Blancks Handb. d. Bodenlehre, Bd. 8, S. 658 (1931); Erg.-Bd., S. 569 (1939).

[4] LYPACEWICZ, J.: Acta Soc. Bot. Polon. **7**, 553 (1930/31). — BUCHERER, H.: Zbl. Bakter. II **105**, 166, 445 (1942/43).

[5] RIPPEL, A., u. Mitarb.: Arch. Mikrobiol. **13**, 365 (1943). — HORVATH, J. v.: Arch. Mikrobiol. **13**, 373 (1943). — PLOTHO, O. v.: Arch. Mikrobiol. **14**, 126 (1948). KÜSTER, E.: Siehe S. 200, Anm. 3; Zbl. Bakter. I Orig. **158**, 350 (1952). — EVANS, W. C.: Biochemic. J. **41**, 373 (1947). — MOORE, F. W.: J. Gen. Microbiol. **3**, 143 (1949). — Nicotinsäure wird jedoch u. a. von *Ps. fluorescens* und *Bact. prodigiosum* zersetzt: KOSER, A. A., u. G. R. BAIRD: J. Inf. Dis. **75**, 250 (1944). — NICHOL, C. A., u. M. MICHAELIS: Proc. Soc. Exper. Biol. a. Med. **66**, 70 (1947).

[6] NIELSEN, N.: C. r. Trav. Lab. Carlsberg **21**, 395 (1936); **22**, 284 (1937). — Ebenso verhalten sich heterotrophe Flagellaten gegenüber heterocyclisch gebundenem Stickstoff: REINHARDT, K.: Arch. Mikrobiol. **15**, 270 (1951).

[7] IWANOFF, N. N., u. L. K.OSNITZKAJA: Biochem. Z. **71**, 22 (1934).— RIPPEL, A., u. G. BEHR: Arch. Mikrobiol. **6**, 359 (1935).

[8] KÜSTER, E.: Siehe S. 200, Anm. 3.

Aminosäuren. Teilweise mögen solche Vorgänge rein chemisch verlaufen; doch stellen die Mikroorganismen zweifellos einen Teil der Ausgangsstoffe zur Verfügung (vgl. S. 316) oder stellen deren Reaktionsfähigkeit her (Chinonbildung!).

Anaerobe Atmung.

Denitrifikation und Desulfurikation.

Bei der anaeroben Atmung müssen zunächst zwei Sonderfälle besprochen werden. Bei Fehlen von freiem Sauerstoff können Kohlenstoffverbindungen auch anaerob durch an sich aerobe Bakterien mit Hilfe des Sauerstoffs sauerstoffreicher anorganischer Verbindungen veratmet werden; als Wasserstoffacceptor dient also nicht der Luftsauerstoff, sondern gebundener Sauerstoff. Bei Kohlensäureassimilation der *Purpurbakterien* (S. 106f.) handelt es sich offenbar um das gleiche Prinzip. Auch hier kann (bei *Micrococcus denitrificans*) molekularer Wasserstoff als Atmungssubstrat dienen[1]. Nitratase und Hydrogenase sind hier adaptive Enzyme.

Bei der Denitrifikation ist dieser Vorgang insofern nicht zu einem besonderen Stoffwechseltyp der betreffenden Bakterien entwickelt, als er nur bei Sauerstoffmangel von einer Reihe verbreiteter, sonst aerober *Bakterien* durchgeführt wird, u. a. von *Ps. fluorescens* und *aeruginosa*, *Bac. nitroxus*, *Bact. coli*, *vulgare*, *denitrificans* u. a. Die letztgenannte Form denitrifiziert jedoch, wie auch noch andere, nur in Mischkultur mit *Bact. coli*[2]. Der Grund ist der, daß dieses Bakterium kein Nitrat, wohl aber Nitrit zu denitrifizieren vermag, das ihm von jenem durch Nitratreduktion zur Verfügung gestellt wird. Stickstoffoxydul (N_2O), das man früher als Zwischenprodukt betrachtete, soll nicht in Frage kommen, auch Hyponitrit ($K_2N_2O_2$) nicht (die aber beide reduziert werden

$$NO_3^- \rightarrow NO_2^- \rightarrow R' \cdot NH_2 \rightarrow H_2N \cdot NO_2 \rightarrow N_2$$
$$\searrow \qquad\qquad \nearrow\ \ \updownarrow$$
$$R''NO_2\ (?) \qquad N_2O$$

können), sondern Nitramid[3]. Immerhin kann Stickstoffoxydul bis zu 80% des gebildeten Gases angereichert werden[4]. Da es den Sauerstoff sehr leicht abgibt (es erhält wie dieser die Verbrennung eines glimmenden Spanes), so können andere mit *Denitrifikanten* in Mischkultur wachsende Mikroorganismen mit diesem Sauerstoff versorgt werden und sich als Aerobe unter anscheinend anaeroben Bedingungen entwickeln, wie *aerobe Cellulosezersetzer* (S. 316).

---

[1] VERHOEVEN, W., u. Mitarb.: Leeuwenhoek. **20**, 273 (1954). — KLUYVER, A. J., u. W. VERHOEVEN: Leeuwenhoek **20**, 337 (1954).

[2] Literatur bei A. RIPPEL: In BLANCKs Handbuch der Bodenlehre.

[3] ALLEN, M. B., u. C. B. VAN NIEL: J. Bacter. **64**, 397 (1952). — SACKS, L. E., u. H. A. BARKER: J. Bacter. **64**, 247 (1952). — KLUYVER, A. J., u. W. VERHOEVEN: Leeuwenhoek **20**, 241, 337 (1954).

[4] BEIJERINCK, M. W., u. D. C. J. MINKMANN: Zbl. Bakter. II **25**, 30 (1910).

Die Denitrifikation verläuft als stürmische „Gärung", in voller Höhe jedoch nur bei vorheriger Anpassung (Vorkultur in Nitrat)[1]. Infolge der durch die Nitratzerstörung frei werdenden Base wird das Substrat stark alkalisch, und es scheiden sich charakteristische Kristalle von basischem Magnesiumphosphat ab. Die Denitrifikation verläuft auch bei Luftzutritt, hohe Flüssigkeitsschicht vorausgesetzt, aber erheblich intensiver, wenn, etwa durch Überschichten mit Öl, der Sauerstoff abgesperrt wird. Besonders interessant ist der autotrophe *Thiobac. denitrificans*, der denitrifiziert, aber statt Kohlenstoff elementaren Schwefel,

$$6\,KNO_3 + 5\,S + 2\,H_2O = 3\,K_2SO_4 + 2\,H_2SO_4 + 3\,N_2 + 617{,}1\ kcal$$

Thiosulfat oder Tetrathionat verwendet, die zu Schwefelsäure oxydiert werden[2]. Für die übrigen *Denitrifikanten* dienen Zucker, organische Säuren, Fette usw. als Wasserstoffdonatoren. Merkwürdigerweise kann Nitrat von *Thiobac. denitrificans* nicht als Stickstoffquelle verwendet werden, auch von einigen anderen *Denitrifikanten* nicht, was die Denitrifikation als reinen Betriebsstoffwechsel erweist[3].

Bei der **indirekten Denitrifikation** zersetzen Mikroorganismen, die aus Nitrat Nitrit bilden, dieses mit Aminosäuren ihres Stoffwechsels oder mit Ammoniak unter Bildung von elementarem Stickstoff. Das

$$R \cdot NH_2 + HNO_2 = R \cdot OH + N_2 + H_2O$$

ist z. B. der Fall bei *Sp. Itersonii*[4], einer sehr kleinen Form, die ebenfalls weder Nitrat noch Nitrit zum Eiweißaufbau verwenden kann, in Anaerobiose jedoch mit Nitrat organische Stoffe dehydriert unter Bildung von Nitrit, aus dem elementarer Stickstoff in der geschilderten Weise gebildet wird.

Von diesen beiden Vorgängen verschieden ist die **Nitratreduktion**, der normale Vorgang bei der Eiweißbildung aus Nitraten oder Nitriten (S. 128), wobei nur wenig Ammoniak entsteht. Einen gänzlich neuen Fall stellt die **Nitratammonifikation** dar[5], die durch den gleich zu erwähnenden *Vibrio desulfuricans* durchgeführt und wobei Nitrat quantitativ in Ammoniak übergeführt wird (S. 204).

Bei der **Desulfurikation** dient entsprechend der Sulfatsauerstoff als Wasserstoffacceptor zur Dehydrierung organischer Stoffe (die bei der Denitrifikation genannten, aber auch Harze, Harzsäuren, Kohlenwasserstoffe usw.)[6]. Die Desulfurikation ist die Hauptquelle der Schwefelwasserstoffbildung in der Natur, der gegenüber die aus der Eiweißzersetzung erfolgende sehr zurücktritt. Bei den *Desulfurikanten*

---

[1] VAN OLDEN, E.: Proc. Nederl. Akadem. Wetensch. **43**, 3 (1940).

[2] BAALSRUD, K., u. K. S. BAALSRUD: Arch. Mikrobiol. **20**, 34 (1954).

[3] Vgl. dazu: VERHOEVEN, W., u. J. J. C. GOOS: Leeuwenhoek **20**, 93 (1954).

[4] GIESBERGER, G.: Beiträge zur Kenntnis der Gattung Spirillum. Diss. Utrecht 1936.

[5] DENK, V.: Arch. Mikrobiol. **15**, 308 (1950). — BAUMANN, A., u. V. DENK: Arch. Mikrobiol. **15**, 283 (1950).

[6] Literatur bei A. RIPPEL: In BLANCKs Handbuch der Bodenlehre. 1. Erg.-Bd. Berlin: Julius Springer 1939. — ROSENFELD, W. D.: J. Bacter. **54**, 664 (1947). Es entstehen dabei aus Kohlenwasserstoffen Fettsäuren als Zwischenprodukte.

ist diese Stoffwechselform obligatorisch geworden. Hauptvertreter ist *Vibrio (Sporovibrio) desulfuricans*, als sporenbildender *Vibrio* bemerkenswert (S. 73). *Desulfurikanten* vermögen auch anaerob mit freiem Wasserstoff zu arbeiten, Sulfat und Kohlensäure zu reduzieren, also autotroph zu leben[1], jedoch nicht alle Stämme. Auch soll elementarer Stickstoff gebunden werden[2]. Es ist auch ein sehr merkwürdiger, noch nicht aufgeklärter Fall der Desulfurikation in reiner Mineralsalzlösung bei Vorhandensein von viel CO_2 beschrieben[3], wobei keinerlei Wasserstoff oder sonstiger Energiespender notwendig sei. In gleicher Weise wie *Desulfurikanten* Sulfate können andere Bakterien selenigsaure Salze verwenden, die zu metallischem Selen reduziert werden[4].

Es erscheint nützlich, sich die Energieverhältnisse dieser bemerkenswerten mikrobiologischen Umsetzungen in schematischer Weise nach $-\Delta H$ klarzumachen[5], und zwar wieder unter der Voraussetzung des maximalen Umsatzes, also der restlosen Verbrennung der organischen Substanz (Glucose angenommen) zu Kohlensäure und Wasser. Die energetische Ausnützung ist also bei der Denitrifikation mit 91,1% des Verbrennungswertes der Glucose weit höher als bei der Desulfurikation mit nur 10,5%; der jeweilige ökonomische Koeffizient entspricht, wenigstens qualitativ, diesen Verhältnissen[6]. Dadurch wird

Reaktion	Nutzbare Verbrennungswärme bei Glucose	
	absolut je 1 mol	in %
$24\,KNO_3 + 5\,C_6H_{12}O_6 = 6\,CO_2 + 24\,KHCO_3 + 12\,N_2 + 18\,H_2O.$	$+614,1$	$+91,1$
$3\,KNO_3 + C_6H_{12}O_6 = 3\,CO_2 + 3\,KHCO_3 + 3\,NH_3$	$+398,5$	$+59,1$
$6\,Na_2SeO_3 + C_6H_{12}O_6 = 6\,Na_2CO_3 + 6\,H_2O + 6\,Se$	$+349,7$	$+51,9$
$4\,Na_2SeO_3 + C_6H_{12}O_6 = 4\,NaHCO_3 + 2\,Na_2CO_3 + 4\,SeH_2$	$+170,8$	$+25,2$
$3\,K_2SO_4 + C_6H_{12}O_6 = 6\,KHCO_3 + 3\,SH_2$	$+\ 70,4$	$+10,5$
$4\,K_2SO_4 + C_6H_{12}O_6 = 4\,KHCO_3 + 2\,K_2CO_3 + 4\,H_2O + 4\,S$	$+\ 91,8$	$+13,6$
$3\,KH_2AsO_4 + C_6H_{12}O_6 = 3\,CO_2 + 3\,KHCO_3 + 3\,H_2O + 3\,AsH_3$	$-103,3$	$-15,3$
$3\,K_2HPO_4 + C_6H_{12}O_6 = 6\,KHCO_3 + 3\,PH_3$	$-205,5$	$-30,5$

auch verständlich, daß die Denitrifikation weit stürmischer verläuft als die Desulfurikation und, im Vergleich zu dieser, unter weniger anaeroben Verhältnissen. Das dürfte ferner der Grund sein, weshalb zahlreiche

[1] SISLER, F. D., u. CL. E. ZO BELL: J. Bacter. **60**, 747 (1950); **62**, 117 (1951). — SENEZ, J., u. B. E. VOLCANI: C. r. Acad. Sci. (Paris) **232**, 1035 (1951).

[2] SISLER, F. D., u. CL. E. ZO BELL: Science (Lancaster, Pa.) **113**, 511 (1951); J. Bacter. **60**, 747 (1950).

[3] CZURDA, V.: Arch. Mikrobiol. **11**, 205 (1940).

[4] BRENNER, W.: Jb. Bot. **57**, 95 (1917).

[5] RIPPEL-BALDES, A.: Biol. Zbl. **67**, 60 (1948). — Berechnung nach $-\Delta F$ gibt nur eine kleine Erhöhung der energetischen Werte ohne Änderung des Bildes. Vgl. noch S. 165 f.

[6] KAUFMANN, W.: Arch. Mikrobiol. **17**, 319 (1952). — VERHOEVEN, W., u. J. J. C. GOOS: Leeuwenhoek **20**, 93 (1954).

Bakterien denitrifizieren können, aber nur ein Spezialist zur Desulfurikation fortgeschritten ist. Weiter sieht man, daß vom Nitrat aus der Weg zum Ammoniak energetisch schwieriger ist als zum elementaren Stickstoff und nur von dem an die schwierigere Umsetzung angepaßten Desulfurikanten beschritten wird. Für die Selenreduktion liegt der Weg zum metallischen Selen günstiger als zum Selenwasserstoff, während er für elementaren Schwefel und Schwefelwasserstoff annähernd gleich liegt. Der Organismus beschreitet offenbar den energetisch günstigeren Weg. Endlich zeigen die negativen Werte für die Reduktion von Arsenat und Phosphat, daß diese Vorgänge in dieser Form nicht möglich sind. Wenn hier eine Reduktion stattfinden sollte, was für die energetisch ungünstigste Phosphorsäure durchaus zweifelhaft ist, so könnte sie jedenfalls nur in verhältnismäßig geringen Mengen. nicht auf dem Wege des quantitativen Umsatzes verlaufen[1].

Alkoholgärung der Kulturhefen.

Allgemeines. Die Alkoholgärung der *Hefe* ist der am längsten und eingehendsten untersuchte Typus der anaeroben Veratmung der Kohlenhydrate. Die dabei gemachten Erfahrungen haben weitgehend auch die Vorstellungen über den Zuckerabbau allgemein befruchtet und stehen daher immer noch im Mittelpunkt der Forschung, die sich inzwischen jedoch mehr und mehr auch den sonstigen Formen der anaeroben Gärung zugewandt hat.

$$C_6H_{12}O_6 \quad = \quad 2C_2H_5OH \quad + \quad 2CO_2$$
Glucose (100 g)   Äthylalkohol (51,1 g)   Kohlensäure (48,9 g)

Summarisch würde die Alkoholgärung, Glucose als Ausgangsmaterial genommen, in quantitativer Hinsicht die vorstehend angegebenen Mengenbeziehungen der Hauptprodukte Alkohol und Kohlensäure zeigen. Diese theoretisch zu fordernden Gewichtsmengen werden praktisch natürlich nicht ganz erreicht, da einmal ein Teil des Zuckers (anaerob bis herunter zu 1—2%) zum Aufbau der Hefezellsubstanz verwendet wird und andererseits noch geringe Mengen von Nebenprodukten gebildet werden. Man fand z. B. auf 100 g Glucose 48,3 g Äthylalkohol und 46,4 g Kohlensäure. Die Nebenprodukte in einer natürlichen Gärung haben zweierlei Herkunft: entweder aus dem Zuckerzerfall selbst oder aus den Eiweißspaltstücken (Aminosäuren) der von der Hefe vergorenen Maische, z. B. der Bierwürze. In reiner Zuckerlösung treten dann auch diese letztgenannten Nebenprodukte nicht auf, und bei der Vergärung durch Enzympräparate fehlen natürlich auch die die Bilanz störenden Zellaufbauvorgänge. Die Herkunft der aus dem Zuckerzerfall selbst stammenden Nebenprodukte ergibt sich aus der Art und Weise des Zuckerabbaus.

---

[1] Vgl. dazu W. RUDOLFS u. G. W. STAHL: Ind. Eng. Chem. **34**, 982 (1942). — VAN NIEL, C. B.: Annual Rev. Biochem. **12**, 551 (1943).

Nebenprodukte der alkoholischen Gärung der Hefe[1].

Herkunft aus

Glycerin
Acetaldehyd
Essigsäure } Zuckerspaltung   Aminosäuren   { Fuselöle[2]
Milchsäure   der Maische   { Bernsteinsäure
Acetoin

Zunächst ist der Übersichtlichkeit halber nur das rohe Schema der bei dem Zuckerzerfall durchlaufenen Stufen angegeben, ohne Rücksicht auf die intimeren Vorgänge dabei. Die wirksamen Enzyme können wir einstweilen unter Beibehaltung der alten Sammelbezeichnung als Zymasekomplex zusammenfassen. Man nimmt also an, daß die Glucose zunächst in zwei Triosemoleküle zerfällt. Aus dem Glycerinaldehyd

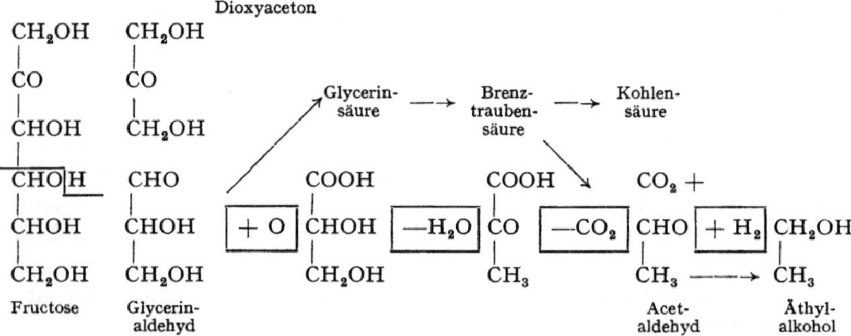

entsteht durch Sauerstoffaufnahme (+O) Glycerinsäure, aus dieser durch Wasserabspaltung (—H_2O) Brenztraubensäure, aus dieser durch Abspaltung von Kohlensäure (—CO_2) Acetaldehyd, der durch Reduktion (+H_2) zum Äthylalkohol wird. Rein bilanzmäßig stellt sich der Vorgang als eine Oxydo-Reduktion + einer Wasserabspaltung + einer Abspaltung von Kohlensäure dar. Im einzelnen vollzieht sich eine Kette von Umwandlungen, von denen die wichtigsten nunmehr beschrieben seien.

Die Stufen des Gärungsverlaufes. Die einleitenden Stufen des Zuckerzerfalls sind Phosphorylierungen[3], Veresterungen des Zuckers mit Phosphorsäure, gefolgt von weiteren Umwandlungen, nach folgendem Schema:

| Als Phosphorsäure-Donatoren die Adenosin-di- und tri-Phosphorsäure wirksam | Glucose-1-Phosphorsäureester (CORI-Ester)
Glucose-6-Monophosphorsäureester
Fructose-6-Monophosphorsäureester
Fructose-1-6-Diphosphorsäureester

Dioxyacetonphosphat ⇌ Glycerinaldehydphosphat | Gleichzeitige Umwandlung in am-Zucker |

---

[1] Die sekundär bei alkoholischen Getränken durch Bakterien erzeugten Produkte sind hier also nicht berücksichtigt.

[2] Vgl. noch S. 211.

[3] Sammelbericht über Glykolyse und Phosphorylierung: MEYERHOF, O.: Experientia (Basel) **4**, 169 (1948).

Dabei gehen wir vom Glykogen aus, das mit anorganischem Phosphat unter Wirkung der Adenylsäure (ein Nucleotid, vgl. S. 251) zu Glucose-1-Phosphorsäureester gespalten wird. Diese Phosphorolyse des Glykogens vollzieht sich unter der Wirkung eines Enzyms, der Phosphorylase, das kristallisiert erhalten wurde. Jedenfalls wird hierdurch eine gewisse Labilität des Zuckers hergestellt. Ob sich dieser für den Abbau des Glykogens im Muskel nachgewiesene Vorgang auch bei der Hefe vollzieht, also die Gärung stets vom Glykogen ausgeht, dem normalen Reservekohlenhydrat der Hefe (S. 31), ist allerdings noch zweifelhaft[1]. Geht man von der Glucose aus, so wird unter Wirkung des Enzyms Hexokinase die erwähnte Labilität des Zuckers in ähnlicher Weise erreicht. Die Hexokinase bewirkt durch Adenosin-triphosphat die Phosphorylierung von Glucose zu Glucose-6-phosphat (ROBINSON-Ester). Dieses wird durch die Phosphohexose-isomerase in Fructose-6-phosphat (NEUBERG-Ester) umgewandelt, aus dem, wahrscheinlich wieder unter der Wirkung der Hexokinase oder eines nahe verwandten Enzyms, durch Adenosin-triphosphat das Fructose-1-6-diphosphat (HARDEN-YOUNG-Ester) entsteht, wodurch jedes der beiden Spaltstücke ein Phosphorsäuremolekül erhält. Beim Übergang von Hexosemono- in Hexose-di-phosphat ist Kalium beteiligt (S. 97). Parallel mit diesen Vorgängen erfolgt eine weitere Umwandlung des Zuckermoleküls (Gluco-pyranose) zu labilem am- oder γ-Zucker (Gluco-furanose, Sauerstoffbrücke zwischen 4 C-Atomen, gegenüber 5 C-Atomen bei der gewöhnlichen Glucose; vgl. nachfolgende Formel mit der S. 186 gegebenen).

$$
\begin{array}{c}
\text{H} \qquad \text{CH}_2(\text{OPO}_3\text{H}_2) \\
| \qquad | \\
\text{HO} \;-\; \text{C} \;-\!-\!-\; \text{C} \\
| \qquad | \qquad | \\
\text{C} \qquad \text{OH} \quad \text{HO} \qquad \text{O} \\
| \\
\text{H} \qquad \text{H} \\
\qquad | \\
\qquad \text{C} \\
\qquad | \\
\text{CH}_2(\text{OPO}_3\text{H}_2)
\end{array}
$$

HARDEN-YOUNG-Ester

Dieser Fructoseester wird dann, wie es in dem Schema S. 200 durch Strichelung angedeutet ist, durch das Enzym Aldolase (Zymohexase), das ebenfalls in kristallisierter Form erhalten wurde, in je 1 Molekül Dioxyaceton- bzw. Glycerinaldehydphosphat, also in zwei Triosemoleküle, gespalten. Da zwischen beiden ein reversibles enzymatisches Gleichgewicht besteht, so brauchen wir vorerst lediglich von dem Glycerinaldehyd aus weiterzugehen. Daß im übrigen das Zuckermolekül in zwei hinsichtlich der Vergärbarkeit ungleichmäßige 3-Kohlenstoffkörper zerfallen könnte, geht aus den S. 212 mitgeteilten Beobachtungen hervor.

Der weitere Weg ist dadurch gekennzeichnet, daß das Co-Zymasesystem eingreift. HARDEN u. YOUNG beobachteten, daß die Zymase,

---

[1] ALTHAUS, H.: Ber. Naturforsch. Ges. Baselland **18**, 99 (1950).

als Gesamtkomplex der die alkoholische Gärung durchführenden Enzyme, eines Agens bedarf, das im Gegensatz zum eigentlichen Enzymkomplex kochbeständig und dialysierbar ist. Dialysierter Hefepreßsaft
ruft keine Gärung hervor, jedoch bei Zusatz von Hefekochsaft; darin
ist also die Co-Zymase (Co-Dehydrogenase I) enthalten. Sie ist zusammengesetzt aus 1 Molekül Purinbase (als Adenin[1]), 1 Molekül Pyridinkern

$$
\begin{array}{c}
\text{H} \\
\text{C} \\
\text{HC} \diagup \quad \diagdown \text{C} \cdot \text{CONH}_2 \\
\| \qquad \qquad | \\
\text{HC} \diagdown \qquad \diagup \textbf{CH} \\
\text{N}_+ \cdots\cdots \quad \cdots \quad \text{O}^- \quad\quad \text{Adenin} \\
| \qquad\qquad\qquad\qquad\qquad | \qquad\qquad\qquad | \\
\text{CH—(CHOH)}_2\text{—CH—CH}_2\text{OP—O—Ribose} \quad +2\,\text{H} \\
\underline{\qquad\qquad \text{O} \qquad\qquad} \quad \| \qquad \text{Phosphorsäure} \\
\text{O}
\end{array}
$$

Ribose

Co-Dehydrase I   (Co-Zymase) ⇄ Dihydro-Co-Zymase

(als Amid der Nicotinsäure), aus 2 Molekülen Pentose und 2 Molekülen
Phosphorsäure minus 5 Wasser und ist ein Diphospho-pyridin-nucleotid.
Endlich ist Magnesium ein notwendiger Bestandteil des ganzen locker
an Eiweiß gebundenen Systems.

Das Eingreifen dieses Systems vollzieht sich folgendermaßen: Die
wirksame Gruppe ist der Pyridinkern, an den Wasserstoff angelagert

$$
\begin{array}{ll}
\text{CHO} & \qquad\qquad\qquad \text{COO} \cdot \text{PO}_3\text{H}_2 \\
| & \qquad\qquad\qquad\qquad | \\
\text{CHOH} \quad (+\text{H}_3\text{PO}_4) \qquad \text{über} \qquad \boxed{+\,\text{O}+\text{H}_2} \rightarrow \quad \text{CHOH} \\
| \qquad\qquad\qquad\qquad\quad \rightarrow \quad \text{Diphospho-} \qquad\qquad\qquad\quad | \qquad\qquad +\text{Dihydro-} \\
\text{CH}_2\text{O} \cdot \text{PO}_3\text{H}_2 \qquad\qquad \text{glycerinaldehyd} \qquad\qquad \text{CH}_2\text{O} \cdot \text{PO}_3\text{H}_2 \quad \text{Co-Zymase}
\end{array}
$$

3-Monophospho-glycerinaldehyd   (+Co-Zymase)   1-3-Diphospho-glycerinsäure

wird (s. Schema) unter Verschwinden der Doppelbindung des Stickstoffs; die Co-Zymase geht in die Dihydro-Co-Zymase über, wobei oxydoreduktiv Glycerinaldehyd zu Glycerinsäure oxydiert wird,
nachdem vorher noch der Monophospho-glycerinaldehyd in Diphospho-
glycerinaldehyd[2] übergeführt war. Die Phosphoglycerinsäure wurde von
NILSSON[3] bei der natürlichen Gärung aufgefunden und hat zu Revision

---

[1] Zur Formel von Adenin vgl. S. 252, über Nucleotide S. 251.
[2] Bei allen Phosphorsäureverschiebungen ist wiederum Adenosin-di- bzw.
-tri-phosphat wirksam.
[3] NILSSON, R.: Sv. Kem. Tidskr. **41**, 169 (1929).

der Anschauungen über den Verlauf der Alkoholgärung geführt, bei der früher Methylglyoxal als Zwischenprodukt angenommen wurde[1].

$$
\begin{array}{llll}
COOH & COOH & COOH & COOH \\
| & | & | & | \\
CHOH & \rightarrow\ CHO\cdot PO_3H_2\ \boxed{\pm H_2O} \leftrightarrows & CO\cdot PO_3H_2(+H_2O) \rightarrow & CO + H_3PO_4 \\
| & | & \| & | \\
CH_2O\cdot PO_3H_2 & CH_2OH & CH_2 & CH_3
\end{array}
$$

| 3-Monophospho-glycerinsäure | 2-Monophospho-glycerinsäure | Phospho-brenz-traubensäure | Brenztrauben-säure |

Im weiteren Verlaufe entsteht aus der Diphospho-glycerinsäure eine Monophospho-glycerinsäure, bei der wiederum die Phosphorsäuregruppe eine Umlagerung von der 3- in die 2-Stellung erfährt, unter der Wirkung einer Phosphoglycero-mutase. Die Entstehung der Brenztraubensäure wird durch die ebenfalls kristallisiert gewonnene Enolase katalysiert; diese ist außerordentlich empfindlich gegen Fluornatrium, mit dessen Hilfe man also den Reaktionsmechanismus trennen kann, aber wenig empfindlich gegen höhere Temperatur. Co-Zymase ist bei diesen Reaktionen nicht mehr beteiligt. Der Vorgang ist reversibel.

Die Phosphorsäure, die bis hierhin die Reaktionen begleitet hat, wird nunmehr aus der Phospho-brenztraubensäure abgespalten, entweder hydrolytisch (durch eine Phosphatase) oder indem sie auf Adenylsäure übertragen wird. Es sei nachgetragen, daß bei allen Phosphorsäureverschiebungen dem Magnesium eine wichtige Rolle zukommt. Aus Brenztraubensäure, deren Bedeutung zuerst von NEUBAUER[2] erkannt wurde, wird durch die auch aus anderen α-Ketosäuren CO_2 abspaltende Carboxylase Kohlensäure abgespalten unter Bildung von Acetaldehyd (S. 206). Wirksam ist dabei die Co-Carboxylase, ein Diphosphorsäureester des Vitamins B_1 (Aneurin, S. 132). Die bei der Alkoholgärung entstehende Kohlensäure ist damit quantitativ abgespalten. Die Carboxylase ist weniger temperaturempfindlich als der Zymasekomplex, der bei 40—50° C zerstört wird, und kann durch 10—15 min langes Erhitzen auf 50—51° C von ihm getrennt werden. Zu ihrer Funktion benötigt sie Magnesium (oder Mangan).

Acetaldehyd, in seiner Bedeutung zuerst von KOSTYCHEW[3] erkannt und insbesondere von NEUBERG untersucht, wird zu Äthylalkohol reduziert durch Wasserstoff, den die oben erwähnte Dihydro-Co-Zymase liefert, die damit also wieder in ihrer zur Oxydation (Dehydrierung) weiteren Glycerinaldehyds reaktionsfähigen Form hergestellt ist. Daß Acetaldehyd in kleinen Mengen bei der alkoholischen Gärung entstehen kann, ist damit ohne weiteres zu verstehen.

Zusammengefaßt stellen sich nunmehr die entscheidenden Stadien des Abbaues, die zur Entstehung oxydierter (Kohlensäure) und reduzierter

---

[1] Bei der soeben geschilderten Reaktion kann Phosphat in einer hier nicht näher zu schildernden Weise durch Arsenat ersetzt werden.

[2] NEUBAUER, O.: Hoppe-Seylers Z. **70**, 350 (1910).

[3] KOSTYCHEW, S.: Ber. dtsch. chem. Ges. **45**, 1289 (1912). — Hoppe-Seylers Z. **79**, 130 (1912); **83**, 93 (1913).

(Äthylalkohol) Produkte führen, ohne Rücksicht auf die Einzelheiten folgendermaßen dar:

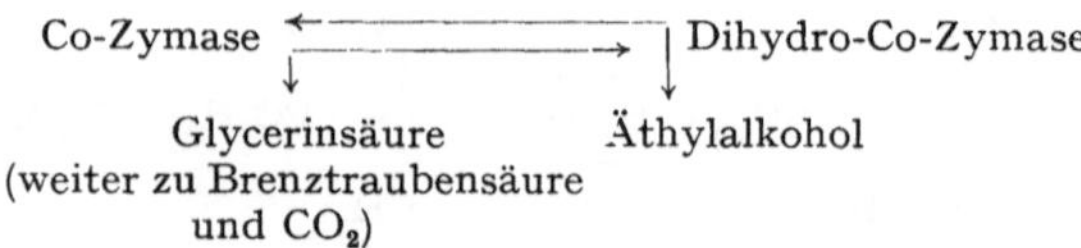

Acetaldehyd kann bei der Alkoholgärung leicht durch Sulfit isoliert werden, das die reaktionsfähige Aldehydgruppe bindet und der Reduktion entzieht, den Acetaldehyd also **abfängt**. In diesem Falle geht der verfügbar bleibende Wasserstoff an den Glycerinaldehyd, und es entsteht Glycerin an Stelle des Äthylalkohols. Das Verhältnis der entstehenden Produkte muß also sein: Glycerinaldehyd : festgelegtem

$$CH_2OH \cdot CHOH \cdot CHO \; (+H_2) = CH_2OH \cdot CHOH \cdot CH_2OH$$
$$\text{Glycerinaldehyd} \hspace{4cm} \text{Glycerin}$$

Acetaldehyd : CO_2 = 1 : 1 : 1; es wurde im Versuch tatsächlich auch gefunden. Ist die gärende Lösung alkalisch (ohne Bindung des Aldehyds), so erfolgt einfache Dismutation nach CANNIZZARO zwischen 2 Molekülen Acetaldehyd zu je 1 Molekül Äthylalkohol und Essigsäure, und der dann ebenfalls verfügbare Reduktionswasserstoff der Dihydro-Co-Zymase reduziert wiederum Glycerinaldehyd zu Glycerin. Man findet also das Verhältnis: Glycerin : CO_2 : Äthylalkohol : Essigsäure = 2 : 2 : 1 : 1. Auf diese Weise wurde zuerst technisch Glycerin auf biologischem Wege gewonnen. Essigsäure und Glycerin können also ebenfalls in geringen Mengen als normale Produkte auftreten, zumal sich eine Glyceringärung in den ersten Stadien der Gärung vollziehen kann, wenn noch nicht genügend Acetaldehyd zur Reduktion gebildet ist.

Brenztraubensäure kann ebenfalls abgefangen werden, und zwar durch Zusatz von β-Naphthylamin.

Endlich kann durch Herabsetzung der Enzymkonzentration (einschließlich der Co-Zymase) oder durch Zusatz plasmolysierender Mittel die Alkoholgärung vollkommen auf Milchsäuregärung umgeschaltet werden[1]. Die Wirkung beruht offenbar auf einer Hemmung der Co-Zymase, wodurch die letzten Stufen, nicht aber die Anfangsstufen des Abbaues gehemmt werden. Dabei wirkt Glutathion (ein Tripeptid

$$CH_2OH \cdot CHOH \cdot CHO \; (-H_2O) = CH_3 \cdot CO \cdot CHO \; (+H_2O) = CH_3 \cdot CHOH \cdot COOH$$
$$\text{Glycerinaldehyd} \hspace{3cm} \text{Methylglyoxal} \hspace{3cm} \text{Milchsäure}$$

aus je 1 Molekül Cystein, Glutaminsäure und Glykokoll) als Substrataktivator, und mittels der **Glyoxalase** (Ketonaldehydmutase) wird Methylglyoxal intramolekular zu Milchsäure oxydoreduziert, während

---

[1] AUHAGEN, E., u. C. NEUBERG: Biochem. Z. **264**, 452 (1933). — AUHAGEN, E. u. T.: Biochem. Z. **268**, 274 (1934).

ohne Gegenwart von Glutathion Methylglyoxal sich anhäuft. Dieser Körper, der, wie oben erwähnt, früher als normales Zwischenprodukt

$$CH_3 \cdot CO \cdot COOH\ (+ H_2) = CH_3 \cdot CHOH \cdot COOH$$

Brenztraubensäure   Milchsäure

galt, entsteht durch Wasserabspaltung aus Glycerinaldehyd. Im übrigen kann Milchsäure durch Reduktion der Brenztraubensäure entstehen; hierbei übernimmt jedoch die Dihydro-Co-Zymase die Rolle als Wasserstoffdonator (vgl. S. 223). Auch das natürliche Auftreten geringer Mengen von Milchsäure ist damit verständlich. Über die Bildung von Acetyl-methylcarbinol (Acetoin) s. S. 234.

Unter den in natürlichen Maischen vorkommenden Nebenprodukten finden sich die aus der Glutaminsäure stammende Bernsteinsäure und die Fuselöle, unter denen der aus dem Leucin der Maischen stammende iso-Amylalkohol vorherrscht, bedingt durch das Vorherrschen des Leucins als Eiweißspaltprodukt in den Pflanzenmaischen, ebenso das starke Hervortreten der Bernsteinsäure durch die in noch stärkerem Maße

v.H.-Anteil an	Kartoffel-fuselöl	Kornfuselöl
n-Propylalkohol . . . . (aus α-Aminobuttersäure)	6.85	3,69
iso-Butylalkohol . . . . (aus dem Valin = Amino-isovaleriansäure)	24,95	15,76
iso-Amylalkohol . . . . (aus dem Leucin = α-Amino-iso-butylessigsäure)	68,76	75,85

vorhandene Glutaminsäure. Doch finden sich unter Umständen mehr Fuselöle als den vorhandenen Aminosäuren entspricht; offenbar entstehen sie aus zelleigenen Produkten nach Autolyse[1]. Die Entstehung von Bernsteinsäure und Alkoholen auf dem Wege der oxydativen Desaminierung wird S. 246 besprochen werden.

Natürliches und destruiertes Zymasesystem. Wir haben die bei der Alkoholgärung der Hefe stattfindenden Vorgänge so dargestellt, wie das etwa heute der Anschauung der Biochemiker und Enzymologen entspricht. Hierzu kommen jedoch noch einige Beobachtungen, die den Biologen besonders interessieren. Es wurde bereits S. 174 auf das „destruierte" Zymasesystem hingewiesen (vgl. noch unten S. 213). Daraus geht eindeutig hervor, daß Präparate, in denen zwar die Enzyme noch wirksam sind, aber keine eigentlichen organisierten Zellvorgänge mehr stattfinden, nicht ohne weiteres mit der lebenden Zelle verglichen werden können. Das kommt z. B. darin zum Vorschein, daß lebende Hefezellen oder „intakte Trockenhefe" (S. 213) den Zucker in e i n e m Zuge kräftig und vollständig vergären, Hefepreßsaft oder Macerationssaft aber nur zur Hälfte; dann tritt ein Knick in der Gärkurve ein, die

---

[1] CASTOR, J. G. B., u. J. F. GUYMON: Science (Lancaster, Pa.) **115**, 147 (1952).

14*

dann nur mehr sehr langsam ansteigt (Abb. 92)[1]. Diese Erscheinung wird einerseits so erklärt, daß in Macerations- usw. Säften nicht genügend Adenosin-triphosphatase vorhanden, fast das ganze Phosphat also gebunden sei[2]. Andererseits nimmt man an, daß die Hälfte des Zuckers in eine schwerer vergärbare Form übergehe[3]. Da Triosen für Hefe nicht angreifbar sind, wohl aber Triosephosphate, so könnte die Erklärung in dieser Richtung liegen.

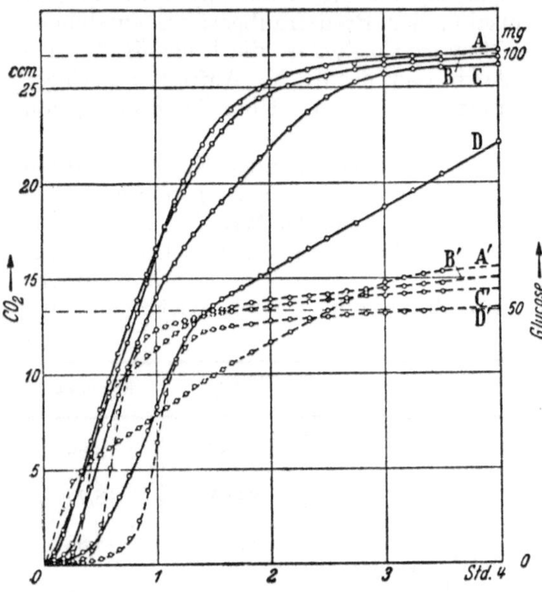

Abb. 92. Gärung im organisierten (A—D) und desorganisierten (A'—D') Zymase-System (mit intakter Trockenhefe und mit Macerationssaft). Der Zucker ist in der desorganisierten Reihe nur zur Hälfte vergoren. Es sind jeweils von A bis D steigende Mengen Phosphat hinzugesetzt. Als „Normalfall" vergleiche man B mit B'. (Nach R. NILSSON.)

Aus dieser einen Unstimmigkeit muß oder kann man wenigstens die allgemeine (und wohl auch für andere Gärungen gültige) Schlußfolgerung ziehen, daß ähnliche Unstimmigkeiten auch an anderen Stellen vorhanden sein können. In dem mehr oder weniger „destruierten" Zymasesystem kann leicht ein unvollständiger Gärungsverlauf erfolgen oder vielleicht auch irgendeine Nebenreaktion infolge veränderter Bedingungen „abgefangen" und so zur Hauptreaktion werden, welchen Einwand bereits W. OSTWALD[4] einmal hinsichtlich des Abfangens des Acetaldehyds gemacht hat. Wenn dieser theoretisch richtige Einwand heute auch nicht mehr das Schema der Alkoholgärung zu erschüttern vermag, so bleibt doch seine grundsätzliche Berechtigung bestehen. Mit anderen Worten: Die Enzympräparate geben die der Zelle zur Verfügung stehenden Möglichkeiten an, sagen aber noch nichts über die tatsächlich in der lebenden Zelle sich abspielenden Vorgänge aus.

Enzympräparate. Sammelbegriff für die Enzyme der Alkoholgärung ist, wie schon gesagt, die Zymase. Sie tritt als Endoenzym nicht aus der Zelle heraus, und 1897 war es eine bedeutende Entdeckung von BUCHNER (vgl. S. 4), das Enzym durch Zerreiben der Zellen mit Sand und Abpressen als wirksamen, zellfreien Preßsaft gewinnen zu können. Später hat man einfachere Präparate herstellen können (vgl. auch S. 174); allerdings scheidet Gewinnung durch Autolyse nach Art der Invertasegewinnung (S. 174) aus, da die Zymase bei der Autolyse

<hr>

[1] KLUYVER, A. J.: Erg. Enzymforschg. **4**, 230 (1935). — NILSSON, R.: Arch. Mikrobiol. **8**, 348 (1937). — Biochem. Z. **309**, 51 (1941). — Naturwiss. **31**, 25 (1943).
[2] MEYERHOF, O.: J. of Biol. Chem. **157**, 105 (1945); **180**, 575 (1949).
[3] NILSSON, R.: Siehe Anm. 1, ferner Schweiz. Z. Path. **13**, 672 (1950).
[4] OSTWALD, W.: Biochem. Z. **100**, 279 (1919).

zerstört wird. Wirksame Präparate sind Alkoholdauerhefe und Aceton-
dauerhefe (durch Behandeln mit Alkohol-Äther bzw. Aceton und
Trocknen). Während in diesen Fällen die abgetöteten Hefezellen selbst
verwendet werden, da die Zymase nicht an Wasser abgegeben wird,
ergibt die Trockenhefe bei Macerieren mit Wasser einen wirksamen
Macerationssaft. Weiter liefert Gefrieren einen Friersaft von guter
Wirksamkeit, ferner Plasmolysesaft, gewonnen durch Zusatz osmotisch
wirksamer Stoffe zur Hefe, wobei schließlich auch die Zymase austritt.
Je nach der Behandlung, z. B. der Schnelligkeit des Trocknens usf.,
ergeben sich Präparate von verschiedener Wirksamkeit. Beim Trocknen
können autolytische Vorgänge den Zymasekomplex stören, so daß diese
Präparate ein „destruiertes", von der ursprünglichen Strukturgebundenheit in der Zelle erheblich verschiedenes Zymasesystem ergeben, dessen
Wirkung sich weit von den Vorgängen entfernt, die sich in der lebenden
Zelle abspielen, wobei man[1] in erster Linie die Entfernung von Lipoiden aus
der Strukturgebundenheit annimmt. „Intakte Trockenhefe" (schnelle
und schonende Trocknung) vergärt wie die lebende Zelle (S. 211 f.).

Noch in neuerer Zeit erhobene Einwände, daß die wirksamen Präparate keineswegs rein enzymatisch wirkten, sondern durch ihren Gehalt an lebenden Zellen,
konnten entkräftet werden[2]. Beim Arbeiten mit allen Präparaten muß jedoch
ein Antisepticum zugesetzt werden, um die Entwicklung von Bakterien zu verhindern.

Vergärbare Kohlenhydrate[3]. Es steht nicht mehr unbedingt fest,
daß die Alkoholgärung allein von Monosacchariden ausgeht, da gegenteilige Angaben vorliegen[4]. Doch nimmt man an, daß es sich dabei
u. a. um solche Fälle wie um den S. 228 erwähnten der phosphorolyti-
schen Primärspaltung des Rohrzuckers handelt. Diese Frage ist indessen
noch so wenig spruchreif, daß wir hier mit der Spaltung, insbesondere
der Disaccharide, rechnen wollen. Pentosen können von den in Frage
kommenden *Kulturhefen* nicht zu Alkohol vergoren werden, jedoch von
Fusarium-Arten (S. 221). Allgemein gilt, daß eine Hefe, die Glucose
nicht vergärt, auch keinen anderen Zucker vergärt und daß alle Glucose-
vergärer auch Fructose und Mannose vergären[5]. Unter den Hexosen
wird von *Kulturhefen* im allgemeinen die Galaktose am schwersten vergoren, offenbar, weil sie in ihrem Molekülbau sich stärker von den drei
übrigen, etwa gleich gut vergärbaren Hexosen (Glucose, Fructose, Ma-
nose) entfernt. Vor allem können schwache Alkoholbildner, wie *Schizosacch. Pombe* und *Sacch. Ludwigii* Galaktose nur schlecht oder nicht
vergären. Andererseits sind in Milch vorkommende Hefen besonders an

---

[1] NILSSON, R.: Siehe S. 212, Anm. 1. Nach dem gleichen Autor [Naturwiss.
31, 25 (1943)] kann auch mit Hilfe der bakteriologischen Mühle ein zellfreier Saft
gewonnen werden, der nahezu an die Wirkung intakter lebender Hefe heranreicht.
[2] KLUYVER, A. J., u. A. P. STRUYL: Hoppe-Seylers Z. **170**, 110 (1927). —
LEBEDEFF, A.: Hoppe-Seylers Z. **173**, 89 (1928). — Biochem. Z. **214**, 488 (1929).
[3] Über die Aufnahme von Zuckern durch die Hefezelle vgl. H. P. RIEDER:
Schweiz. bot. Ges. **61**, 539 (1951).
[4] Vgl. NORD-WEIDENHAGEN, S. 992. Auch Trehalose soll durch *Fusarium lini*
unmittelbar, ohne vorhergehende Spaltung, vergoren werden: O'CONNOR, R. C.:
Biochemic. J. **34**, 1008 (1940).
[5] KLUYVER, A. J.: Ann. Zymol. (II) **1**, 48 (1931).

die Vergärung von Galaktose angepaßt, da ja die Lactose, der Milchzucker, aus je 1 Molekül Glucose und Galaktose besteht. Aber auch die übrigen Hefen sind allmählich an die Vergärung der Galaktose zu gewöhnen (Enzymadaptation, S. 174f.). Es sind jedoch auch Hefen bekannt, die Lactose vergären, nicht aber, oder nur sehr schwach, Galaktose[1]. Galaktose wird im übrigen bei der Vergärung von Galaktose-1-phosphat durch Uridindiphosphat-Glucose in Glucose-6-phosphat umgewandelt[2]. Schließlich sei noch einmal darauf hingewiesen, daß nur die d-Form der Zucker vergoren wird (S. 176), wobei zu beachten ist, daß die linksdrehende Fructose strukturchemisch eine d-Form ist. Die gleich gute Vergärung von Glucose und Fructose gilt nicht für die zahlreichen *Nektarhefen*, die meist Glucose besser vergären[3]. Die anderen Hexosen und Disaccharide werden von den Nektarhefen nicht vergoren.

Für Disaccharide nehmen wir, wie gesagt, vor der Vergärung Spaltung in die Monosaccharide an. Das Reservedisaccharid Trehalose (S. 31) soll jedoch von der Hefe nur zum Baustoffwechsel, nicht zum Betriebsstoffwechsel verwendet werden, würde also nicht gespalten[4], wenn es sich nicht, wie für andere Fälle angenommen wird, lediglich um eine zu schwache und unter anaeroben Bedingungen unwirksame Enzymwirkung handelt[5]. Die Hefen verhalten sich hinsichtlich der disaccharidspaltenden Enzyme sehr verschieden: *Sacch. Ludwigii* und *Marxianus* können Maltose nicht spalten, jedoch direkt veratmen. *S. apiculatus* besitzt kein Invertin, vermag also Rohrzucker nicht zu spalten: das entspricht dem natürlichen Vorkommen auf süßen Früchten, die lediglich Invertzucker führen (vgl. auch die eben erwähnten *Nektarhefen*). Invertin ist hingegen das einzige disaccharidspaltende Enzym von *Sacch. Marxianus*. Lactose wird nur von einigen in Milch vorkommenden Formen gespalten, so von *Sacch. Kefir*. Wir haben offenbar biologisch fixierte Anpassungen an das Substrat, die, wie erwähnt, bis zu einem gewissen Grade auch künstlich erzwungen werden können. Mit einer Ausnahme[6] gilt, daß keine *Hefe* sowohl Maltose wie Lactose vergären kann. Indessen können durch Bastardierung Formen mit Gärvermögen in bisher noch nicht bekannten Kombinationen hergestellt werden[7].

---

[1] TRUCCO, R. E., u. Mitarb.: Arch. of Biochem. **18**, 137 (1948). — HOFF-JÖRGENSEN, E., u. Mitarb.: J. of Biol. Chem. **168**, 173 (1947).

[2] CAPUTTO, R., u. Mitarb.: Arch. of Biochem. **179**, 497 (1949); Nature (London) **165**, 191 (1950). — LELOIR, L. F.: Arch. of Biochem. a. Biophysics **33**, 186 (1951). — Nach S. SPIEGELMANN [J. Gen. Physiol. **31**, 27, 51 (1947)] soll eine Hefeart Galaktose nicht vergären, aber oxydativ veratmen. Vgl. hierzu jedoch die für Disaccharide gemachten Bemerkungen.

[3] ZINKERNAGEL, H.: Zbl. Bakter. II **78**, 191 (1920). — NIETHAMMER, A.: Zbl. Bakter. II **88**, 208 (1933).

[4] BRANDT, K. M.: Biochem. Z. **309**, 190 (1941). — Für Bakterien vgl. man hierzu noch M. DOUDOROFF: Enzymologia **9**, 59 (1940).

[5] KLUYVER, A. J., u. M. T. J. CUSTERS: Leeuwenhoek **6**, 121 (1939/40).

[6] CUSTERS, M. T. J.: Onderzoekingen over het gistgeslacht Brettanomyces. Diss. Delft 1940; vgl. auch Anm. 5, S. 213.

[7] LINDEGREN, C. C. G.: Proc. Nat. Acad. Sci. USA **35**, 23 (1949).

Mittels der Gärprobe (Gasbildung in dem geschlossenen Schenkel eines U-Rohres) kann bei Hefe das Vorhandensein eines gärfähigen Zuckers erkannt werden; der Nachweis ist außerordentlich fein und kann auch als Mikromethode umgestaltet werden. Durch Auswahl geeigneter Hefen, die bestimmte Di- und Monosaccharide vergären, kann ferner eine quantitative Trennung bzw. analytische Bestimmung sonst schwierig zu trennender Zucker durchgeführt werden.

Von Polysacchariden werden Dextrin, Zwischenprodukt des Stärkeabbaues, und Glykogen von lebender Hefe nicht vergoren, jedoch von Hefepreßsaft; denn dieser hochmolekulare Körper kann nicht in die intakte Zelle eindringen; im übrigen muß Glykogen ja als normaler Reservestoff der Hefen im Zellinnern vergoren werden können, zumal es vielleicht das unmittelbare Ausgangsmaterial für die Vergärung ist (S. 207). Stärke ist für Hefen aus den gleichen Gründen unangreifbar; lösliche Stärke wird dagegen von Hefepreßsaft vergoren.

Es kann auch Assimilation und Veratmung von Stoffen erfolgen, die nicht vergoren werden können. Das beste Beispiel ist der Äthylalkohol selbst, der ja bei guter Lüftung als Kohlenstoffquelle dienen kann (S. 218), selbst aber natürlich für die Hefe unvergärbar ist.

Stickstoffernährung und Wirkstoffe. Nitrat wird von den *Kulturhefen* nicht verarbeitet, gut aber Ammoniak, vorausgesetzt, daß genügend Wirkstoffe vorhanden sind (namentlich Biotin, S. 133f.), ferner Aminosäuren[1]. Das Verhalten zu Wirkstoffen ist aber z. B. bei verschiedenen *Kultur-Weinhefen* sehr verschiedenartig[2].

Förderung und Hemmung der Alkoholgärung. Äthylalkohol, der biologisch als Kampfstoff (S. 364) aufgefaßt werden kann, hemmt auch die Entwicklung der Hefe selbst; aber die einzelnen Hefen sind sehr verschieden widerstandsfähig. Niedrigvergärende *Bierhefen*, wie *Hefe Saaz*, vertragen wenig, die hochvergärende *Hefe Frohberg* mehr Alkohol. 0,7% verzögert die Entwicklung etwas, 4—5% stark, 10—12% bringt sie ganz zum Stillstand; doch wird die Vermehrung durch niedrigere Alkoholmengen (schon durch 5—7%) unterbunden als die Gärung. *Weinhefen* vertragen mehr Alkohol, besonders solche aus schweren Südweinen; vereinzelt kann die Gärung durch solche Hefen bis zu 17—18% Alkohol geführt werden. *Nektarhefen* bilden nur wenig Alkohol.

Auch hohe Zuckerkonzentration hemmt; 8—20% ist die normale, 60% eine außerordentlich hohe Grenze. Insbesondere können die saccharophilen, osmophilen (S. 119) *Zygosaccharomyces*-Arten hohe Zuckerkonzentrationen vertragen, bei verhältnismäßig geringer Alkoholbildung, und kommen demgemäß für die Bereitung der edelfaulen Gewächse (Spitzenweine!) in Frage[3], ferner für Gärung in Honig[4]. Mit Hefepreßsaft kann eine 100%ige Zuckerlösung vergoren werden, da hier ja die eigentliche Lebenstätigkeit der Zelle wegfällt.

Außerdem sind eine Anzahl von Hemmungsstoffen bekannt, etwa Kupfer aus der Apparatur bei technischen Verfahren u. a. Besondere

---

[1] Vgl. aber MOTHES, K.: Planta **42**, 64 (1953).

[2] WIKÉN, T., u. Mitarb.: Arch. Mikrobiol. **20**, 201 (1954).

[3] KROEMER, K., u. G. KRUMBHOLZ: Arch. Mikrobiol. **2**, 352 (1931). — KRUMBHOLZ, G.: Arch. Mikrobiol. **2**, 411 (1931).

[4] LOCHHEAD, A. G., u. F. FARREL: Canad. J. Res. **5**, 665 (1931).

Bedeutung haben einige Stoffe, die bestimmte Phasen des Gärungs-
vorganges vergiften, wie Fluoride, die die Überführung der Glycerinsäure in die Brenztraubensäure hemmen, ferner Jodessigsäure, die die
Triosephosphat-dehydrogenase hemmt usf. Damit sind wichtige Hilfsmittel für die Aufklärung des Reaktionsmechanismus gegeben.

Fördernd wirken eine Reihe von Stoffen, die als Wasserstoff-
acceptoren für den Gärungswasserstoff dienen können: Aldehyde, Ke-
tone, Chinone, Verbindungen mit Doppelbindungen, auch elementarer
(kolloidaler) Schwefel u. a. (vgl. S. 238). Der Grund hierfür wird gleich
anzugeben sein. Die Gärungsbeschleunigung fällt dann vornehmlich
in die erste Zeit der Gärung, wenn noch nicht genügend Acetaldehyd
gebildet ist.

Energieumsatz der Alkoholgärung. Er ist sehr gering. Die
Gegenüberstellung der Verbrennungswärmen ergibt:

$$674 \quad - \quad 2 \times 326{,}5 \quad = \quad 21 \text{ kcal}^1(-\varDelta \text{H}).$$

1 mol Glucose   2 mol Äthylalkohol

Experimentell hat man 18,4—24,0 kcal je 1 mol verarbeiteten Zuckers
gefunden, was mit dem theoretisch zu fordernden Energieabfall gut
übereinstimmt[2]. Die potentielle Energie des Zuckers wird danach also,
weil der größte Teil in dem gebildeten Alkohol bleibt, höchstens zum
25. Teil umgesetzt, wovon indessen nur ein kleiner Teil in die gebildete
Hefesubstanz übergeht. Bei einem ökonomischen Koeffizienten von
2 würde das eine energetische Ausnützung (wahrer Nutzwert, S. 122),
von 40—45 bedeuten.

Freier Wasserstoff tritt bei der Alkoholgärung der Hefe nicht auf,
was energetisch verständlich ist. Nimmt man Bildung von Acetaldehyd an und den zu dessen Reduktion verwendeten Wasserstoff in
freier Form, so würde sich eine Zunahme an Verbrennungswert von
20,4 kcal je mol verarbeiteter Glucose ergeben (674 gegen $2\times278{,}8$ +
$+ 2\times68{,}4 = 694{,}4$ kcal), was natürlich nicht möglich ist. Der Verbrennungswert des angenommenen freien Wasserstoffs ($2\,H_2$ je mol

$$C_6H_{12}O_6 = 2\,CH_3CHO + 2\,CO_2 + 2\,H_2 - 20{,}4 \text{ kcal}$$

Glucose) beträgt 136,8 kcal, während die Reduktion des Acetaldehyds
zu Äthylalkohol ein Mehr von 95,4 kcal ergibt. Somit würde sich die
Energiebilanz durch diese Reduktion um 41,4 kcal erniedrigen. Das
genügt, einerseits das obengenannte Defizit von 20,4 kcal zu decken
und andererseits einen etwas über 20 kcal betragenden Überschuß zu
ergeben, den die normale Gärung zeigt.

Etwas günstiger liegen die Verhältnisse, wenn Acetaldehyd in
alkalischer Lösung nach CANNIZZARO zu Äthylalkohol und Essigsäure

---

[1] Ohne Berücksichtigung der Lösungswärme. Die Änderung der freien Energie
($-\varDelta$F) beträgt für CO_2 (Gas) $+ 57{,}2$ kcal.

[2] Infolge der geringen gebildeten Mikroorganismenmasse macht sich die darin
festgelegte Energie innerhalb der Fehlergrenze gegenüber der sehr viel größeren
im Betriebsstoffwechsel entstehenden Wärmemenge kaum bemerkbar.

umgelagert wird, wobei nach der Verbrennungswärme ein Energie-
verlust von 2,1 kcal erfolgt. Die Reaktion würde für

$$C_6H_{12}O_6 + H_2O = CH_3 \cdot CH_2OH + CH_3 \cdot COOH + 2\,CO_2 + 2\,H_2 - 2{,}1\ kcal[1]$$

den Organismus also energetisch ungefähr $= 0$ verlaufen, so daß er
damit nichts anfangen kann. Die positive Energiebilanz wird dann
durch die Reduktion von Glycerinaldehyd zu Glycerin erzielt:

$$2\,C_3H_6O_3 + 2\,H_2 = 2\,CH_2OH \cdot CHOH \cdot CH_2OH + 21{,}6\ kcal$$

Glycerinaldehyd   Glycerin

Danach ist es verständlich, daß reduzierbare Stoffe die Gärung
fördern, da der Gärungswasserstoff nicht in freier Form auftreten kann,
sondern an einen Acceptor gehen muß.

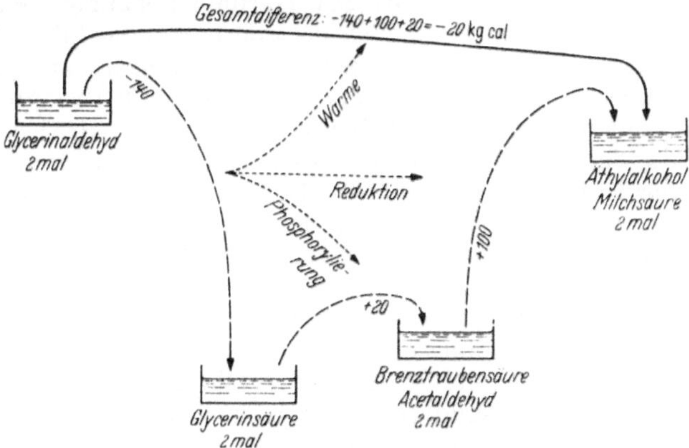

Abb. 93. Schematische Darstellung des thermischen Umsatzes bei der Alkohol- bzw. Milchsäuregärung in grob abgerundeten Zahlen. Erklärung im Text. Der Verlauf im einzelnen ist damit nicht zum Ausdruck gebracht.

Normalerweise wird der Wasserstoff in der Dihydro-Co-Zymase
energetisch gebunden, wahrscheinlich äquivalent der bei der Reduktion
des Acetaldehyds erfolgenden Energiezufuhr. In der Gesamtbilanz
würde sich die Änderung der thermischen Energie bei der Alkohol- und
Milchsäuregärung nach dem in Abb. 93 dargestellten Schema vollziehen (wobei grob abgerundete Zahlen verwendet wurden); die feineren
Vorgänge sind darin natürlich nicht zum Ausdruck gebracht. Bei der
Oxydation des Glycerinaldehyds zur Glycerinsäure erfolgt eine Wärme-
entwicklung von $2 \times 70 = 140$ kcal, die natürlich zumeist durch die
gleichzeitige Reduktion der Co-Zymase zu Dihydro-Co-Zymase kompensiert wird. Dieser Wärmeinhalt wird mit $2 \times 50 = 100$ kcal in die
Acetaldehydreduktion (bzw. bei der Milchsäuregärung in die Reduktion
der Brenztraubensäure) übertragen. $2 \times 10 = 20$ kcal (rund, tatsächlich etwa je 12 kcal) werden bei der Bildung von Brenztraubensäure
bzw. Acetaldehyd (beide thermisch fast gleich) verbraucht. Die Energie-

---

[1] Die Änderung der freien Energie ($-\Delta F = +53{,}8$) kann diese thermische Unmöglichkeit nicht überwinden.

übertragung erfolgt hier offenbar im Zuge der Phosphorylierungsvorgänge. So verbleibt von den 140 kcal ein Rest von $2 \times 10 = 20$ kcal, dem thermischen Energieabfall bei der Alkohol- bzw. Milchsäuregärung, der sich demnach in den späteren Stufen des Abbaues vollzieht. Dadurch ergibt sich in Verbindung mit der teilweisen Entstehung energiereicherer Produkte eine gewisse Bremswirkung, die einen allzu stürmischen Ablauf der Gärung verhindern dürfte. Bei den sonstigen Gärungsvorgängen würden sich ähnliche Verhältnisse ergeben.

Wirkung des Sauerstoffs. An und für sich ist die Alkoholgärung ein anaerober Vorgang. Sie wird auch bei der *Hefe*, nicht zu flache Schicht der Nährlösung vorausgesetzt, kaum vom Sauerstoff beeinflußt, im Gegenteil zu anderen aeroben Organismen, namentlich vielen *Schimmelpilzen* (S. 221). Bei kräftiger Lüftung der *Hefe* wird jedoch das vom Sauerstoff (im Gegensatz zur Gärung) abhängige Wachstum einschl. der Eiweißbildung erheblich gefördert, und die Alkoholbildung unterbleibt (vgl. S. 168). Unter solchen Bedingungen kann die Hefe auch Resynthesen durchführen und aus Alkohol, Essigsäure, Milchsäure und anderen niederen Abbauprodukten ihre Körpersubstanz aufbauen, also auch wieder Glykogen speichern[1]. Es ist noch bemerkenswert, daß die Hefe im p_H-Bereich 8—11 gänzlich auf aerobe Atmung umschaltet bei fast völliger Hemmung der Gärung[2].

Auch in anderen Eigenschaften zeigt die *Hefe* ursprüngliche Beziehungen zum Sauerstoff: Bildung und Keimung der Ascosporen vollziehen sich nur oder vorwiegend in dessen Gegenwart, z. B. in dem Hefering an der Glaswandung eines Reagenzglases in Höhe der Flüssigkeitsoberfläche. Zur Erzielung der Sporenbildung bringt man daher die Hefe auf mit Nährlösung getränkte Gipsblöcke. Darin prägt sich offenbar die Abstammung von aeroben Pilzen aus, und die Alkoholbildung der Hefen erweist sich als physiologische wie die Sprossung als morphologische Sonderanpassung an das Milieu. Es ist bemerkenswert, daß an Sauerstoff angepaßte Preßhefe ein 4bandiges Cytochromspektrum zeigt, *Bier-*, *Wein-* und *Brennereihefen* dagegen ein 2bandiges (unvollständigeres) Cytochromsystem, das aber nach längerer Lüftungszüchtung in das 4bandige überging[3], eine deutliche allmähliche Anpassung an das aerobe Leben. Auch wird bei verschiedenen Hefen das Redoxpotential immer höher, je mehr die aerobe Atmung überwiegt[4].

Technisches über die Alkoholgärung[5]. Bei der Herstellung von Bier wird die Stärke des Gerstenkornes durch die Diastase des keimenden Kornes (Malz) zu Maltose verzuckert, die durch reingezüchtete und nach guten Eigenschaften ausgewählte Kulturhefen (Hefe *Saaz*, Hefe *Frohberg*) vergoren wird, um die unerwünschte Tätigkeit wilder Hefen und sonstiger schädlicher Mikroorganismen auszuschalten. Es wird auch bereits in geschlossener, steriler Apparatur gearbeitet.

---

[1] FÜRTH, O., u. F. LIEBEN: Biochem. Z. **128**, 144 (1922). — LIEBEN, F.: Biochem. Z. **135**, 240 (1923). — LUNDIN, H.: Biochem. Z. **141**, 310; **142**, 454 (1923). — MEYERHOF, O.: Siehe S. 168, Anm. 1.

[2] TRAUTWEIN, K., u. J. WASSERMANN: Biochem. Z. **236**, 35 (1931).

[3] FINK, H., u. E. BERWALD: Biochem. Z. **258**, 141 (1932); Hoppe-Seylers Z. **210**, 197 (1932). — Vgl. dazu WIKÉN, T., u. O. RICHARD: Experientia (Basel) **9**, 417 (1953).

[4] KLUYVER, A. J., u. J. C. HOOGERHEIDE: Biochem. Z. **272**, 197 (1934).

[5] HAEHN, H.: Biochemie der Gärungen. Berlin: Walter de Gruyter 1952.

Bei obergärigen Bieren (Berliner Weißbier, bei dem auch noch eine geringe Milchsäurebildung eine Rolle spielt, Kölner Lichenhainer, Ale, Porter) kommt die Hefe an die Oberfläche und bildet bei stärkerem aerobem Wachstum viel Zellmasse; bei den untergärigen Bieren (Münchner, Dortmunder, Pilsner), vollzieht sich die Gärung am Grunde des Bottichs, bei schwacher Hefevermehrung. Das untergärige Bier macht noch eine Lagerzeit von 6—10 Wochen durch, in der die letzten (1%) Maltosemengen vergoren werden, unerwünschte Geruchs- und Geschmacksstoffe verschwinden und ein stabiles, kolloides System erzeugt wird, das für die Schaumbildung wichtig ist. — Das japanische Reisbier Sake wird aus Reis gewonnen, dessen Stärke durch den Pilz *Asp. oryzae*, der viel Amylase bildet, verzuckert wird. Bei dem Negerbier Pombe ist das Rohmaterial *Hirse*, die vergärende Hefe *Schizosacch. Pombe.*

Bei der Herstellung von Wein liegt fertig vorhandener, gärfähiger Zucker (Invertzucker) vor. Auch hier verwendet man jetzt vielfach Reinzuchten besonderer *Weinhefen*, die aus besonders guten Lagen gezüchtet wurden (z. B. Hefe *Steinberg*). Abgesehen von der Unterdrückung *wilder Hefen* und sonstiger Mikroorganismen, läßt sich dadurch die Alkoholbildung und auch etwas das Aroma verbessern; jedoch ergibt niemals eine Hefe vom Rhein an der Mosel einen Rheinwein. Hier spielt die klimatisch bedingte Zusammensetzung des Traubenmostes die entscheidende Rolle. Für die Güte des Weines ist ferner eine Nachgärung entscheidend, die auf einem Säurerückgang beruht. Durch Bakterien, namentlich *Bact. gracile*, wird die 2basische Äpfelsäure in die 1basische Milchsäure übergeführt bei entsprechendem Säurerückgang[1].

Ein biologisch sehr interessanter Vorgang ist die Entstehung der edelfaulen Gewächse. Bei Verletzung der Trauben, namentlich durch den Fraß des Sauerwurms (Raupe des Traubenwicklers), siedelt sich ein Pilz an, *Botrytis cinerea* (zu der *Ascomycetes*-Gattung *Sclerotinia* gehörig), der normalerweise Zucker verzehrt, so daß ein sehr saurer Most entsteht. Bei lang andauerndem schönem Herbst kann jedoch der Pilz die Säure der Beeren verzehren und den Zucker zurücklassen, so daß ein sehr zuckerreicher Most aus den rosinenartig eintrocknenden Beeren entsteht, welchen Vorgang man als Edelfäule bezeichnet. Dieser Most liefert die S. 215 erwähnten Spitzenweine.

Bei der Herstellung von Schnaps aus Kartoffeln, Roggen, Mais usw. wird die für die Hefe nicht angreifbare Stärke durch Zusatz von Gerstenmalz, in neuerer Zeit mehr und mehr durch Amylasepräparate aus Pilzen (S. 221), verzuckert, der Zucker vergoren. Da sich in der Praxis eine Sterilhaltung schlecht ermöglichen läßt, verwendet man *Milchsäurebakterien* enthaltende Hefekulturen; die als Kampfstoff wirkende Milchsäure hält unerwünschte Mikroorganismen fern. Rum wird aus den Rückständen der Rohrzuckergewinnung durch Vergärung gewonnen, Arrak und Reisbranntwein aus Reis, dessen Stärkeverzuckerung hier jedoch durch *Mucoraceae* durchgeführt wird, die auch neben *Hefen* an der Alkoholgärung beteiligt sind. In allen diesen Fällen wird der Alkohol abdestilliert.

Bei der Preßhefefabrikation wird kräftig gelüftet, um möglichst viel Hefemasse zu erzeugen, da es auf diese, nicht auf den Alkohol ankommt. Diese Hefe (obergärige Bierhefe) dient zu Backzwecken: Durch Bildung von Kohlensäure wird der Teig gelockert. Die bei der Alkoholgärung gewonnene Hefe wird als Futtermittel von hoher Verdaulichkeit verwertet, insbesondere ist die bei der Kartoffelbrennerei abfallende Hefeschlempe ein wertvolles Futtermittel zur Schweinehaltung. Oder man verarbeitet sie zu Nährpräparaten oder therapeutischen Präparaten[2], auch zur Gewinnung des antirachitischen Vitamins D, das durch

---

[1] RIPPEL, K.: Arch. Mikrobiol. **14**, 509 (1949). — Andere Bakterien bilden Acrolein (CH_2:CH·CHO) durch Oxydation von Glycerin: WILHARM, G., u. G. HOLZ: Arch. Mikrobiol. **15**, 403 (1950/51). — MILLS, D. E. u. Mitarb.: Appl. Microbiol. **2**, 9 (1954). — SERJAK, W. C., u. Mitarb.: Appl. Microbiol. **2**, 14 (1954).

[2] Über die mannigfache Verwendung vgl. z. B. J. SCHÜLEIN: Die Bierhefe als Heil-, Nähr- und Futtermittel. Dresden u. Leipzig: Th. Steinkopf 1935. — SOMOGYI, I. S.: Die ernährungsphysiologische Bedeutung der Hefe. Beiheft Z. Vitaminforsch. **1944**, Nr. 4. — RUDOLPH, W.: Vitamine der Hefe, 4. Aufl. Stuttgart: Wiss. Verlagsges. 1948. — HAEHN, H. Zit. S. 218, Anm. 5.

Bestrahlung aus dem Ergosterin der Hefe hervorgeht. Im Lüftungsverfahren wird Hefe zu ausschließlichen Nähr- und Futterzwecken gezogen. Besondere Bedeutung hat die *Eiweiß-(Mineral-)hefe* gewonnen, die einerseits in der Stickstoffernährung anspruchsloser ist, andererseits Holzzucker sowie den Zucker der bei der Papierherstellung anfallenden Sulfitablauge einschließlich der Pentosen, auch den Zucker der Molke verwertet.

Auch die Vergärung von Milch durch *Hefen* spielt eine gewisse Rolle: Kefir ist ein Getränk der Kaukasusländer, Kumys (aus Stuten- oder Eselsmilch) ein solches der russischen Steppengebiete. Neben *Hefen (Sacch. Kefir)* sind jedoch hauptsächlich *Milchsäurebakterien* beteiligt; der Alkoholgehalt ist gering (bis zu 3%).

Alkoholgärung der Nichthefen.

Als Nebenprodukt, also in verhältnismäßig geringer Menge, tritt Äthylalkohol bei vielen Bakteriengärungen auf (S. 225, 231). Eine fast reine Alkoholgärung (neben etwas Milchsäure) führt, soweit bisher bekannt ist, nur *Ps. Lindneri* durch, der Gärungserreger der aus Agavensaft gewonnenen mexikanischen Pulque[1]. Auch *Sarcina ventriculi* bildet viel Alkohol[2], allerdings mehr andere Produkte, wie Milchsäure, ebenso *Leuconostoc mesenterioides*. Kräftige Alkoholbildner finden wir unter den *Mucoraceae* mit *Mucor javanicus*; wie bei der Hefe vollzieht sich die Alkoholgärung auch bei Luftzutritt. Als typische Konvergenzerscheinung zur *Hefe* wurde S. 82f. die Vermehrung solcher *Mucoraceae* durch Sprossung erwähnt. Der Mechanismus der Alkoholbildung bei diesen Organismen stimmt zwar teilweise mit dem der *Hefen* überein, zeigt aber auch erhebliche Abwandlungen, wie die folgende Übersicht zeigt, unter der die näheren Erläuterungen stehen. Zu den Versuchen wurden Kohlenstoffatome des Zuckers als ^{14}C markiert und deren Schicksal

Schema der Alkoholgärung bei verschiedenen Mikroorganismen.

Glucose		Hefe		Rhizopus		Leuconostoc mesenterioides		Pseudomonas lindneri
CHO	→	CH_3	→	CH_3	→	CO_2	→	CO_2
$HCOH$	→	CH_2OH	→	CH_2OH	→	CH_3	→	CH_2OH
$HOCH$	→	CO_2	→	CO_2	→	CH_2OH	→	CH_3
$HCOH$	→	CO_2	→	$COOH$	→	$COOH$	→	CO_2
$HCOH$	→	CH_2OH	→	$CHOH$	→	$CHOH$	→	CH_2OH
H_2COH	→	CH_3	→	CH_3	→	CH_3	→	CH_3

Alkoholgärung der *Hefe* „normal", wie S. 206ff. geschildert. Bei *Rhizopus* gleich, nur untere Hälfte des Glucosemoleküls in Milchsäure umgewandelt. Bei *Leuconostoc* und *Pseudomonas*, oberer Glucoseteil, Bildung von Phosphogluconsäure, die gespalten und zu Brenztraubensäure decarboxyliert wird. Der C_2-Rest ergibt bei beiden Äthylalkohol, aber mit umgekehrter Gruppierung. Der untere Glucoseteil führt bei *Leuconostoc* zu Milchsäure, wie bei *Rhizopus*, bei *Pseudomonas* durch Decarboxylierung zu Äthylalkohol wie bei *Hefe*.

---

[1] KLUYVER, A. J., u. W. J. HOPPENBROUWERS: Arch. Mikrobiol. **2**, 245 (1931).
[2] SMITH, J.: Die Gärungssarcinen. Jena: G. Fischer 1930.

verfolgt[1]. Der wesentlichste Unterschied ist der, daß bei den beiden Bakterien der erste Angriff das Glucose-Molekül nicht spaltet, sondern zu Phosphogluconsäure (in der Übersicht nicht angedeutet), oxydiert, die decarboxyliert wird, während der Rest in $C_2 + C_3$ zerfällt.

Kräftige Alkoholbildner unter den *Pilzen* sind *Fusarium*-Arten[2], die Glucose wie *Hefe* im Verhältnis Alkohol/CO_2 = 1/1 vergären, die für sie ebenfalls gärfähigen Pentosen sollen aber im Verhältnis 1/2 vergoren werden[3]. Auch soll die Gärung nicht mit einer Phosphorylierung des Zuckers einsetzen, die erst spät nach Eintreten der Gärung festzustellen war. Die Vergärung der Pentosen soll über Zerfall des Moleküls in C_3- und C_2-Körper stattfinden. Andererseits bildet *Fusarium* kräftig Glykogen, so daß man zunächst Bildung von zelleigenem Kohlenhydrat aus Pentose vor der Vergärung annehmen müßte[4].

Auch *Aspergillus*-Arten bilden Äthylalkohol, u. a. *Asp. niger*, relativ gut bei streng anaeroben Verhältnissen, dann aber, anders als die *Hefen*, auch aus Pentosen, ferner aus Weinsäure, Glycerin, Chinasäure usw., also aus allen Stoffen, die er aerob verarbeiten kann, jedoch in neutraler erheblich besser als in saurer Lösung. Doch wird bei Erhöhung der Zuckerkonzentration auch aerob kräftig Alkohol gebildet[5], ebenso aerob bei normaler Zuckerkonzentration kurz vor Beginn der Säurebildung; mit deren Einsetzen verschwindet er wieder[6].

Auch *Basidiomycetes* können aus Kohlenhydraten Alkohol bilden[7].

Amylasebildung. Es seien noch einige Worte über Amylasebildung angeschlossen. *Asp. oryzae* besitzt durch seine obenerwähnte Fähigkeit zur Stärkeverzuckerung[8] in Ostasien große Bedeutung, also auch indirekt für die technische Alkoholgärung: Auf Reismehl mit aromatischen Kräutern zusammen mit den *Sakehefen* gezüchtet, kommt die chinesische Hefe in Form talergroßer, pfeffernußartiger Stücke zur Verwendung als Impfmaterial in den Handel. Bei der Taka-Diastase (nach dem Takamine-Verfahren) züchtet man den Pilz auf Weizenkleie; nach dem Trocknen gibt er die Diastase ab. Wie schon erwähnt, scheint man jetzt auch bei uns zur Stärkeverzuckerung mehr und mehr das Malz durch derartige Pilzpräparate zu ersetzen.

[1] Zusammenfassung: FRANKE W.: Brauwiss. **1954**, 81.

[2] Vgl. NORD, F. F.: Adv. Enzymol. **5** (1945); ferner in NORD-WEIDENHAGEN, S. 998ff. — FOSTER, J. W.: Chemical activities of fungi. New York: Academic Press 1949.

[3] Nach W. SCHMIDT (unveröffentlicht); das trifft allerdings für die Alkoholbildung aus Pentose durch *Asp. niger* nicht zu.

[4] RIPPEL, A., u. G. BEHR: Arch. Mikrobiol. **5**, 661 (1934). — STANIER, R. Y., u. G. A. ADAMS: Biochemic. J. **38**, 168 (1944).

[5] JACQUOT, R., u. R. RAVEUX: C. r. Acad. Sci. (Paris) **216**, 318 (1943).

[6] SCHMIDT, W.: Unveröffentlicht.

[7] PERLMAN, D.: Amer. J. Bot. **36**, 180 (1949). — WHITAKER, D. B., u. PH. E. GEORGE: Canad. J. Bot. **29**, 176 (1951). — Vgl. weiter S. 195.

[8] Die bei Mikroorganismen vorkommende Amylase ist die β-Amylase, die vom nichtreduzierenden Ende des Stärkemoleküls Maltoseeinheiten abspaltet, an den Verzweigungsstellen aber zum Stillstand kommt; daher wird von der Amylose alles, vom Amylopectin nur 50% zu Maltose abgebaut, der Rest ist Dextrin. — Die α-Amylase sprengt Bindungen in der Mitte des Stärkemoleküls, das zuerst in größere Einheiten zerlegt wird (Dextrinogen-amylase), die später zu Maltose, unter Umständen sogar bis zur Glucose abgebaut werden.

Milchsäuregärung.

Organismen[1]. Es sind sehr viele *Milchsäurebakterien, Kokken* und *Stäbchen* beschrieben, und die Unterscheidung dürfte häufig problematisch sein, zumal gerade hier die physiologischen Eigenschaften sehr variabel sind (S. 63, 66). Endosporen werden nur von wenigen Vertretern gebildet. Wir erwähnen nur die wichtigsten Formen, zunächst die „echten" Milchsäurebakterien. Für die zahlreichen Arten ist eine besondere Nomenklatur geschaffen. Die Homofermentativen[2] bilden wenig oder keine Nebenprodukte: *Streptococcus lactis,* fakultativ anaerob, kein oder nur wenig Gas bildend, Erreger der spontanen Milchsäuregärung der Milch, und *Bact. delbrückii* (= *Streptobact. cereale*), das eine reine Milchsäuregärung durchführt und daher technisch besonders wertvoll ist. *Streptobacterium-* und die höhere Temperatur liebenden *Thermobacterium*-Arten sind bei der Herstellung der meisten Käsesorten wichtig. Als Heterofermentative (Betabakterien) werden die Gattungen *Betacoccus* und *Betabacterium* unterschieden, die beträchtliche Mengen von Kohlensäure und anderen Nebenprodukten bilden; die erstgenannten sind als Aromabildner in Butter wichtig.

Diesen in gewissem Sinne als Kulturformen (vgl. noch S. 66) anzusprechenden Formen stehen Wildformen gegenüber, sog. „unechte" Milchsäurebakterien, die im Darminhalt und Kot verbreitet sind, ferner als epiphytische Mikroflora auf oberirdischen Pflanzenteilen (S. 342): *Bact. aerogenes,* mehr aerob, neben Milchsäure sehr viel Gas und sonstige Nebenprodukte bildend. *Bact. coli* bildet ebenfalls verschiedene Nebenprodukte, ebenso z. B. *Bact. vulgare* und *Leuchtbakterien.* Milchsäure in geringen Mengen wird ferner von *Actinomycetes* gebildet[3]. Von *Pilzen* sind nur vereinzelte Fälle bekannt: Eine *Rhizopus*-Art verarbeitet anaerob 50% des Zuckers zu Milchsäure, die übrigen 50% zu Äthylalkohol und Kohlensäure (vgl. S. 220); aerob werden 70—75% des Zuckers zu Milchsäure verarbeitet, daneben wird Kohlensäure und ganz wenig Äthylalkohol gebildet[4]. Bei Lüftung führt jedoch der Weg der Milchsäurebildung von *Rhizopus* oxydativ über Essigsäure und die Dicarbonsäurereihe[5]. Endlich vergärt *Blastocladia Pringsheimii* bis zu 88% Glucose zu Milchsäure, 10—11% zu Bernsteinsäure, Kohlensäure wird nicht gebildet[6].

---

[1] Vgl. J. DEMETER: S. 226, Anm. 3. — ORLA-JENSEN, S.: Die echten Milchsäurebakterien. Biol. Skr. danske Vidensk. Selsk., Bd. 2, Nr. 3. Erg.-Bd. Kopenhagen 1943. — TITTSLER, R. P., u. Mitarb.: Bacter. Revs. **16**, 227 (1952). — LEMBKE, A.: Mikroben in der Milch. Verlag Südd. Molkereiztg. Kempten/Allgäu.

[2] KLUYVER, A. J., u. H. J. L. DONKER: Proc. Acad. Wet. Amsterdam **28**, 297 (1925); Erg. Enzymforschg. **4**, 244 (1935).

[3] PLOTHO, O. V.: Arch. Mikrobiol. **11**, 33 (1940). — COCHRANE, V. W., u. J. DIMMICK: J. Bacter. **58**, 723 (1949). — HOCKENHULL, D. J. D., u. Mitarb.: J. Gen. Microbiol. **10**, 353 (1954).

[4] WAKSMAN, S. A., u. J. W. FOSTER: J. Agr. Res. **57**, 875 (1938). — BERNHAUER, K., u. Mitarb.: Biochem. Z. **320**, 178 (1950). (Bis 80% Milchsäure in Schüttel- oder Rührkulturen durch *Rhizopus oryzae*.)

[5] CARSON, S. F., u. Mitarb.: Arch. of Biochem. a. Biophysics **33**, 448 (1951).

[6] EMERSON, R., u. E. C. CANTINO: Amer. J. Bot. **35**, 157 (1948). — CANTINO, E. C.: Amer. J. Bot. **36**, 95 (1949). — Für *Allomyces arbuscula*: INGRAHAM, J.: Amer. J. Bot. **37**, 668 (1951).

Chemismus der Milchsäuregärung. Die reine Milchsäuregärung aus Glucose führt zum gleichen Energieumsatz (Verbrennungswärme eingesetzt) wie die reine Alkoholgärung. Mit *Bact. delbrückii* werden 95% der theoretisch möglichen Menge an Milchsäure erzielt. Da man bei der *Hefe* eine Milchsäuregärung erzwingen kann (S. 210),

$$C_6H_{12}O_6 = 2CH_3 \cdot CHOH \cdot COOH + 22,2 \text{ kcal}[1].$$

so ist verständlich, daß der Abbau des Zuckers zunächst in der gleichen Weise verläuft wie bei der Alkoholgärung, zumal man Hexokinase festgestellt hat (ebenso bei den *Propionsäurebakterien*, S. 229 ff.). Daraus folgt auch, daß die gebildete Milchsäure stets die Äthylidenmilchsäure

$$\begin{array}{cc} CH_3 \cdot CHOH \cdot COOH & CH_2OH \cdot CH_2 \cdot COOH \\ \text{Äthylidenmilchsäure} & \text{Äthylenmilchsäure} \end{array}$$

(α-Oxypropionsäure) ist, niemals die Äthylenmilchsäure. Die Bildung der Milchsäure kann auf 2 Wegen erfolgen: einmal über Methylglyoxal mit Glutathion als Aktivator der intramolekularen Oxydoreduktion (S. 210 f.) oder über die Reduktion der Brenztraubensäure mit Co-Zymase als Wasserstoffüberträger (S. 211). Da den Milchsäurebakterien die Carboxylase (S. 209) fehlt, so wurde hier also die Brenztraubensäure zu Milchsäure „stabilisiert". Welcher Weg nun von den Milchsäurebakterien eingeschlagen wird, ist noch nicht erwiesen, wenn man auch z. Z. den Brenztraubensäureweg für wahrscheinlicher hält. Es ist durchaus möglich, daß beide Wege beschritten werden. Jedenfalls folgt die reine Milchsäuregärung zunächst dem EMBDEN-MEYERHOF-Schema, ebenso die Gärung von *Bac. subtilis* und *Bact. coli*, während bei *Leuconostoc* (S. 220) der Abbau über Phosphogluconsäure geht. Wahrscheinlich sind die Verhältnisse je nach den Versuchsbedingungen variabel[2].

Die Nebenprodukte sind einmal gasförmig: Kohlensäure und Wasserstoff, wobei das Verhältnis entweder 1 : 1 ist oder die Kohlensäure überwiegt. Bei dem Wasserstoff handelt es sich offenbar um den frei werdenden „Gärungswasserstoff", der ja niemals, in molekularem Verhältnis gesehen, die Menge der gebildeten Kohlensäure übersteigen kann, da auf jedes Molekül CO_2 aus Brenztraubensäure ein Molekül Acetaldehyd entsteht, das ein Molekül Wasserstoff benötigen würde, wie sich aus der Darstellung (S. 206) ergibt. Oder aber es würde die Brenztraubensäure in der unten angegebenen Weise zerfallen, wobei ebenfalls nur je 1 Molekül H_2 auf 1 Molekül Kohlensäure entstehen kann. Jedenfalls kann also der nicht zur Reduktion verwendete frei werdende Wasserstoff im höchsten Falle im molekularen Verhältnis 1 : 1 zur gebildeten Kohlensäure stehen. Allerdings kann, wie oben S. 216 für die Alkoholgärung ausgeführt wurde, dieser Gärungswasserstoff aus energetischen

---

[1] Änderung der freien Energie ($-\varDelta F$), Lösungs- und Neutralisationsenergie unberücksichtigt, $= +31,8$ kcal, bei Berücksichtigung $= +54,0$ kcal.

[2] Zum Beispiel soll bei *Lactobacillus* das Aneurin entscheidend sein für homo- bzw. heterofermentative Gärung: COOLIDGE, T. B.: J. Inf. Dis. **88**, 241 (1951).

Gründen nicht ohne weiteres in freier Form auftreten, sondern es müssen weitere Vorgänge erfolgen, die dies ermöglichen, wozu wohl der Weg in der Entstehung der mannigfachen Nebenprodukte gegeben ist, wie man sich an folgenden Formeln ($-\Delta H$, Berechnung nach Bildungswärmen) klarmachen kann:

1. $2\ C_6H_{12}O_6 + H_2O = 2\ CH_3 \cdot CHOH \cdot COOH + CH_3 \cdot CH_2OH$
$+ CH_3 \cdot COOH + 2\ H_2 + 2\ CO_2 + 29,3$ kcal (14,7)

2. $2\ C_6H_{12}O_6 = CH_3 \cdot CHOH \cdot COOH + CH_3 \cdot CH_2 \cdot COOH + CH_3 \cdot CH_2OH$
$+ CH_3 \cdot COOH + H_2 + 2\ CO_2 + 57,0$ kcal (28,5)

3. $2\ C_6H_{12}O_6 = CH_3 \cdot CHOH \cdot COOH + HOOC \cdot CH_2 \cdot CH_2 \cdot COOH +$
$+ CH_3 \cdot CH_2OH + CH_3 \cdot COOH + H_2 + CO_2 + 65,2$ kcal (32,6)

Zahlen in () = kcal je 1 mol Zucker

Nach 1. zerfallen von 2 Molekülen Zucker das eine in 2 Moleküle Milchsäure, das andere durch Dismutation von Acetaldehyd in je 1 Molekül Alkohol und Essigsäure, gemäß der Angabe (S. 210), 2 Moleküle Kohlensäure und 2 Moleküle Wasserstoff in freier Form. Diesen Vorgang hat man seit langer Zeit auch als die Grundform für den Stoffwechsel von *Bact. coli* angesehen. Energetisch ist der Vorgang schlecht; er liefert nur 14,7 kcal je 1 mol Zucker (in obigen Formeln in Klammern hinzugesetzt; die Zahl vor der Klammer gibt den Wert für die 2 mol der Gleichung an), und zwar aus der Milchsäurebildung, während die 2. Hälfte des Vorganges, wie schon S. 217 bemerkt, keinen Energiegewinn liefert. 2. zeigt aber, daß die Energieverhältnisse günstiger werden (vgl. noch S. 229), wenn 1 Milchsäuremolekül weiter zu Propionsäure reduziert wird; mit 28,5 kcal je 1 mol wird der normale Effekt der Alkohol- oder Milchsäuregärung erreicht, während noch 1 Wasserstoffmolekül in freier Form auftreten kann. Mit der Überführung der Propionsäure in Bernsteinsäure unter Eintritt von Kohlensäure verbessert sich der Energiegewinn noch auf 32,6 kcal je 1 mol Zucker. Mit diesem schematisch gezeichneten Bild kann man sich jedenfalls die Möglichkeit des Freiwerdens von Wasserstoff bei Bildung mannigfacher Nebenprodukte klarmachen.

Die Nebenprodukte treten bei der Gärung der unechten Milchsäurebakterien z. T. als Hauptprodukte hervor, wie das nachstehende Beispiel gleichzeitig für das wechselnde Verhältnis bei einem Organismus, aber verschiedenem Ausgangsmaterial zeigt. Auf die Bildung der Propionsäure wird S. 229 noch zurückzukommen sein, hinsichtlich der Bernsteinsäure[1] sei auf den S. 113 und 193 skizzierten Weg verwiesen. Die obigen Formeln geben nur das schematische Bild und sollen lediglich die energetische Möglichkeit zeigen. Als weiteres Nebenprodukt wurde Ameisensäure festgestellt, die ja z. B. durch *Bact. coli* aus Wasserstoff und Kohlensäure gebildet werden kann (S. 237). Dazu tritt als gasförmiges Produkt unter Umständen noch Methan. Endlich sei noch auf die Bildung von Acetylmethylcarbinol (S. 234) hingewiesen, dessen

---

[1] *Streptomyces coelicolor* bildet aus Glucose vorwiegend Bernsteinsäure; COCHRANE, V. W.: Siehe S. 222, Anm. 3; zur Bildung bei *Bact. coli* vgl. noch J. L. STOKES: J. Bacter. **57**, 147 (1949).

*Stoffwechselprodukte durch das anaerobe Friedländersche Pneumoniebacterium
(in dessen Kreis auch Bact. aerogenes gehört). Dazu CO_2 und H_2[1].*

Aus je 100 g Ausgangs-material in g	Äthylalkohol	Essigsäure	l-Milchsäure	Bernsteinsäure
Glucose	Spur	11,06	58,49	0
Galaktose	7,66	16,00	53,33	0
Mannit	11,40	10,60	36,63	0
Dulcit	29,33	9,46	0	21,63
Lactose	16,66	30,66	Spur	26,76

Nachweis (VOGES-PROSKAUER-Probe) gewisse diagnostische Bedeutung
bei den unechten Milchsäurebakterien besitzt (positiv bei *Bact. aerogenes*, negativ bei *Bact. coli*).

Diese Mannigfaltigkeit der unechten Milchsäurebakterien zeigt offenbar, daß hier eine Mannigfaltigkeit von Enzymsystemen wirksam ist,
die bei der Alkohol- und der reinen Milchsäuregärung zugunsten eines
Vorganges eingeschränkt ist. Man vgl. hierzu noch die Ausführungen
auf S. 224, 230 über die günstigere Energetik der Gemischtgärungen.

Die von Bakterien gebildete Milchsäure ist die inaktive oder die d- oder
die l-Form, während die im Muskel gebildete (Fleischmilchsäure) stets
die d-Form ist. Welche Form entsteht, hängt einerseits von der betreffenden Bakterienart ab, andererseits von den Ernährungsbedingungen. *Bact. coli* bildet in Glucose + Pepton die d-Säure, in Glucose
+ Ammoniumsalz die l-Säure[2]. Das Vorkommen von Milchsäure-Racemase wurde S. 176 erwähnt. Von Milchsäurebakterien kann man
ähnliche Enzympräparate herstellen wie von der Hefe, wobei sich z. B.
bei *Bact. delbrückii* Acetonpräparate stark destruiert erwiesen im Gegensatz zu Toluol- oder Chloroformpräparaten[3].

Die Zucker werden sehr verschieden vergoren. Die als natürliche
Mikroflora in der Milch vorkommenden Formen der Milchsäurebakterien
verarbeiten naturgemäß die Lactose gut, die wiederum für *Bact.
delbrückii* unangreifbar ist. Ferner können von einigen Formen mehr-
wertige Alkohole verarbeitet werden, wie die obige Tabelle zeigt, und
auch die Pentosen (vgl. darüber noch S. 221) Arabinose und Xylose.
Lactobac. pentosus vergärt Glucose zu 2 mol Milchsäure, Pentose zu 1 mol
Milch- und 1 mol Essigsäure. Man nimmt Spaltung der Pentose in C_2- und C_3-
Körper an, möglicherweise über Ribose[4]. Das Bakterium vergärt Ribose in folgender Weise (die in der unteren Reihe stehenden C-Atome
leiten sich von den darüber stehenden her). Bei *Bact. coli* soll aber auch
aus dem C_2-Körper Milchsäure durch CO_2-Eintritt entstehen[5].

---

[1] Nach L. GRIMBERT: Aus CZAPEK, Bd. 1, S. 344.

[2] Vgl. F. CZAPEK, Bd. 1, S. 341. — Weitere Angaben bei J. DEMETER: Siehe
S. 226, Anm. 3, und A. D. ORLA-JENSEN: Zbl. Bakter. II **104**, 251 (1941).

[3] DAVIS, J. G.: Biochem. Z. **267**, 357 (1933).

[4] LAMPEN, J. O., u. Mitarb.: J. Bacter. **61**, 97 (1951); **62**, 281 (1951). — BERN-
STEIN, J. A.: J. of Biol. Chem. **205**, 309 (1953). — Vgl. noch: NEISH, A. C., u.
F. J. SIMPSON: J. of Biochem. a. Physiol. **32**, 147 (1954). Vergärung von Dextrose
soll über Heptulose gehen.

[5] NUTTING, L. A., u. S. F. CARSON: J. Bacter. **63**, 575, 581 (1952).

$$CHO \cdot CHOH \cdot CHOH \cdot CHOH \cdot CH_2OH \quad \text{Ribose}$$
$$\text{Essigsäure} \quad CH_3 \cdot COOH \quad COOH \cdot CHOH \cdot CH_3 \quad \text{Milchsäure}$$

Streptococcus faecalis vergärt zwar Glycerin zu Milchsäure, jedoch nur in Gegenwart eines Wasserstoffacceptors, z. B. von Fumarsäure, die dabei zu Bernsteinsäure hydriert wird[1]. Dieser Vorgang, nach Bildungswärmen berechnet, liefert 35,7 kcal, während die Entstehung von freiem H_2 nach der 1. Gleichung nur 4,5 kcal liefern würde:

$$CH_2OH \cdot CHOH \cdot CH_2OH = CH_3 \cdot CHOH \cdot COOH + H_2 \cdot \text{Acceptor}$$
$$\text{Glycerin} \qquad\qquad \text{Milchsäure}$$

$$HOOC \cdot CH : CH \cdot COOH \;(+H_2\text{-Acceptor}) = HOOC \cdot CH_2 \cdot CH_2 \cdot COOH$$
$$\text{Fumarsäure} \qquad\qquad\qquad \text{Bernsteinsäure}$$

Stickstoffquellen. Nitrate werden von den echten Milchsäurebakterien nicht verwertet, Ammoniak schlecht, am besten Pepton. Hierin wie in dem starken Bedarf an organischen Wirkstoffen und Aminosäuren (S. 130) sind sie ihrem natürlichen Substrat, der Milch, angepaßt[2].

Vorkommen in der Natur. Außer in der Milch finden sich Wildformen bzw. unechte *Milchsäurebakterien* im Darm und Kot (S. 349), im Boden sowie als Epiphytenflora auf oberirdischen Teilen höherer Pflanzen. Daß sie nach dem Standort ihre Eigenschaften ändern können, wurde S. 66 erwähnt. Zweifellos sind sie sekundär zu Kulturformen geworden. Besonderes Interesse bietet noch das Vorkommen von *Bact. coli*, des normalen Darmbewohners. Dieses Bakterium ist die Leitform für Wasser, das durch Fäkalien verunreinigt ist (S. 263), und sein Nachweis im Wasser ist daher in hygienischer Hinsicht besonders wichtig. Dieser gründet sich auf seine Fähigkeit zur Gas- und Säurebildung, die z. B. durch rote Verfärbung von blauem Lackmusagar angezeigt wird, oder durch die Rotfärbung auf Endoagar (Fuchsinsulfit enthaltend, also durch Sulfit entfärbtes Fuchsin, das sich bei Säurebildung rötet). Die beiden erwähnten Merkmale sind gleichzeitig wichtige Unterscheidungsmerkmale vom morphologisch sehr ähnlichen *Bact. typhosum*, dem Typhuserreger.

Technisches zur Milchsäuregärung. Die Milchsäuregärung hat die mannigfachsten praktischen Anwendungen erfahren. Mit Hilfe von *Bact. delbrückii* wird reine Milchsäure technisch gewonnen. Durch Zusatz von kohlensaurem Kalk zur Abstumpfung der ab 1,8% die weitere Gärung völlig hemmenden Milchsäure sowie durch Massenaussaat und hohe Gärtemperatur (46—48° C) lassen sich dabei Infektionen mit unerwünschten Nebengärungen unterdrücken.

Größte Bedeutung besitzen die Milchsäurebakterien für die Milch und deren Verarbeitung[3], die auch bei einem nicht eigentlich kranken Tier bereits durch im Drüsengewebe vorhandene Bakterien infiziert sein kann, oft noch stärker im Zitzenkanal und immer und wesentlich nach dessen Verlassen durch Verschmutzung infiziert wird, worauf eine schnelle Entwicklung von Milchsäurebakterien

---

[1] GUNSALUS, J. C.: J. Bacter. **54**, 239 (1947).

[2] ORLA-JENSEN, S., u. Mitarb.: Zbl. Bakter. II **94**, 434, 447, 460 (1936). Ferner S. 222, Anm. 1. — RUSSEL, C., u. Mitarb.: J. Gen. Microbiol. **10**, 371 (1954).

[3] Vgl. J. DEMETER: Molkereibakteriologie. In LÖHNIS: Handb. d. landwirtsch. Bakteriologie, 2. Aufl. Berlin: Bornträger 1942. — Bakteriologische Untersuchungsmethoden der Milchwirtschaft. Stuttgart: E. Ulmer 1952.

einsetzt; die spontane Säuerung erfolgt hauptsächlich durch *Streptococcus lactis*. Die gebildete Milchsäure hemmt als Kampfstoff die Entwicklung sonstiger schädlicher Keime, namentlich von Fäulnisbakterien. Äußerlich tritt die Bildung der Milchsäure durch die Ausflockung des Caseins, Gerinnen der Milch, sichtbar in Erscheinung. Über Haltbarmachung der Milch und Abtötung ihrer pathogenen Keime vgl. S. 143f.

Entwicklung von Bakterien in Milch.

Nach Stunden	bei 15° C	bei 25° C
sofort	9300 Keime je 1 cm³	
3	10 000	18 000
24	5 700 000	577 500 000

Natürlich gesäuerte oder durch Impfung mit Reinkulturen (Säurewecker; hierzu kommen hauptsächlich Milchsäure-Langstäbchen in Frage) gesäuerte Milch ergibt die sog. Sauermilchkäse (Harzer, Mainzer u.a.), das mit Labenzym ausgefällte Casein Camembert-, Schweizer, Holländer usw. Käse. Die Käsereifung kann jedoch bei Sauermilchkäse erst nach Verbrauch des größten Teiles der Milchsäure in Gang kommen, da sich dann erst die eiweißabbauenden Bakterien der Käsereifung entwickeln können. Die Säure verzehrt namentlich der auf saurer Milch einen dichten weißen Rasen bildende Milchschimmel *(Oospora lactis)*. Andere Schimmelpilze greifen in weitere Vorgänge der Käsereifung ein und tragen auch zur Bildung von Geruchs- und Geschmacksstoffen bei (Camembert, Roquefort, mit weißen bis bläulichen bzw. grünen *Penicillium*-Arten, S. 89). Gewisse Formen der Milchsäurebakterien sind auch als Produzenten des „Butteraromas" (Diacetyl, $CH_3 \cdot CO \cdot CO \cdot CH_3$, durch Oxydation des Acetylmethylcarbinols entstehend) wichtig. Wie schon erwähnt, haben Milchsäurebakterien neben Hefen (S. 220) auch Bedeutung bei der Herstellung von Kefir *(Bact. caucasicum)* und Kumys, ferner der bulgarischen Joghurt *(Bact. bulgaricum)*, auf deren Grundlage METSCHNIKOFF seine Darmtherapie entwickelte.

Große Bedeutung haben die Milchsäurebakterien für die Einsäuerungsverfahren zur Konservierung von Gurken, Bohnen u. a., zur Herstellung von Sauerkraut und zur Silage von Futterstoffen aus grünen Pflanzenteilen, aus Kartoffelknollen usw. In allen Fällen findet eine Milchsäurebildung statt mit 0,2 bis 2,5% Milchsäure, wodurch Fäulnisbakterien unterdrückt werden. Vorher sorgt man durch Schaffung von Elektivbedingungen für die Milchsäurebakterien (schwach anaerobe Verhältnisse durch Bildung von Brühen bei Zusatz von Kochsalz oder durch Verdrängen der Luft mittels Pressung) für deren schnelle Entwicklung, die sich spontan aus den an den Pflanzenteilen sitzenden Milchsäurebakterien vollzieht, heute aber meist durch Impfung mit Reinkulturen abgelöst ist. Die Bildung von Milchsäure geschieht natürlich auf Kosten der in dem einzusäuernden Material vorhandenen Kohlenhydrate, bedingt also einen gewissen Verlust, der aber wegen der geringen energetischen Ergiebigkeit der Milchsäuregärung nicht sehr groß ist. Bei sehr eiweißreichen Stoffen ist es zweckmäßig, etwas Zucker zuzusetzen oder mit stark zuckerhaltigem Material zu mischen, um die Milchsäurebakterien bzw. die Milchsäurebildung gegenüber Fäulnisbakterien zu fördern. Auch setzt man hin und wieder von vornherein etwas freie Säure in verschiedener Form zu, z. B. Ameisensäure, um den Verlust an Kohlenhydraten möglichst niedrig zu gestalten.

Weitere milchsäureartige Gärungen.

Zu den Milchsäurebakterien im weiteren Sinne kann man den Erreger der Mannitgärung, *Bact. mannitopoeum*, stellen, der in Wein aus Fructose (= Lävulose) in einem Versuch 12% Mannit bildete, aus Glucose dagegen nur Milchsäure und Essigsäure. Für ein anderes Bakterium werden sogar 62,7% der Fructose als zu Mannit verarbeitet angegeben. Zweifellos wird hier der Gärungswasserstoff zur Reduktion der Fructose verwendet. Dieser Fall ist das reduktive Gegenstück zu der milden Oxydation von Mannit zu Fructose (S. 189f.). Bei *Pilzen* ist allgemein die Fähigkeit zur Bildung von Mannit als Reservestoff in der Zelle (S. 31) offenbar im Zuge gekoppelter Oxydoreduktionsvorgänge verbreitet. *Aspergillus*-Arten setzen unter Umständen bis zu 50% der verarbeiteten Glucose zu Mannit um; seine Bildung erfolgt hier merkwürdigerweise nicht aus Fructose[1].

Als Schleimgärung[2] bezeichnet man einen Vorgang, wie ihn z. B. *Str. mesenterioides* durchführt. Es können dabei rohrzuckerhaltige Flüssigkeiten in fadenziehende, visköse, bisweilen gelatinierende Massen umgewandelt werden; das Bakterium war daher früher ein gefürchteter Schädling in den Zuckerfabriken. Auch in anderen zuckerhaltigen Flüssigkeiten (Wein, Milch, Infusen der Apotheken dergl.) können ähnliche und durch andere Bakterien hervorgerufene Erscheinungen auftreten. Das obengenannte Bakterium kann ebenfalls den Milchsäurebakterien zugerechnet werden, da es aus Zucker Milchsäure bildet.

Die gallertigen Stoffe im Zuckerrübensaft sind Dextran (ein Glucosan, aus Gluco-pyranose-Resten aufgebaut), Lävulan (Lävan, Fructosan, aus Fructo-furanose-Resten aufgebaut) oder Galaktan (Galaktosan), was von der Art des jeweiligen Bakteriums abhängt[3]. Es sind Polymerisationsprodukte des Zuckers, die etwa den Dextrinen entsprechen und optisch aktiv sind. Auch Galaktan kann aus Rohrzucker oder Glucose gebildet werden[4], das sonst allerdings, z. B. in Milch, aus Lactose entstehen dürfte. 50% des Zuckers können in Gallertstoffe umgewandelt werden. Die Bildung von Dextran aus Rohrzucker durch *Str. mesenterioides* erfolgt so, daß die Glucose mit Phosphorsäure verestert und dabei der zweite Zucker, also Fructose (= Lävulose), frei wird. Aus der Phosphatveresterung erfolgt die weitere Polysaccharidbildung;

$$\text{Rohrzucker} + \text{H}_3\text{PO}_4 \rightleftharpoons \text{Glucose-1-phosphat} + \text{Fructose}$$

diese Vorgänge vollziehen sich rein enzymatisch. Bei der Bildung von Lävulan aus Rohrzucker durch *Bact. (Aerobacter) laevanicum* tritt jedoch keine Phosphorylierung ein, die vielleicht auch bei der Dextranbildung unnötig ist; hier wird einfach die Glucosidbindung des Rohrzuckers durch

[1] BIRKINSHAW, J. H., u. Mitarb.: Trans. Roy. Soc. London B **220**, 355 (1931). — COYNE, F. P., u. H. RAISTRICK: Biochemic. J. **25**, 1513 (1931).

[2] Übersichten: EVANS, T. H., u. H. HIBBERT: Adv. in Carbohydrate Chem. 2, 203 (1946). — STACEY, M.: J. Chem. Soc. London **1947**, 853. — HEHRE, R. J.: Trans. N. Y. Acad. Sci. **10**, 188 (1948). — HASSID, W. Z., u. M. DOUDOROFF: Fortschr. Chem. organ. Naturstoffe 5, 101 (1948). — FRANKE, W.: Erg. Enzymforschg. **10**, 191 (1949). — Vgl. ferner für *Bacillus*-Arten: FORSYTH, W. G. C., u. D. M. WEBLEY: Biochemic. J. **44**, 455 (1949).

[3] Dextran in Zuckerrübensaft bildet auch *Bact. (Streptobact.) dextranicum*: PERQUIN, L. H. C.: Leeuwenhoek 6, 227 (1939/40). — Ferner *Leuconostoc dextranicum*: CARLSON, W. W., u. Mitarb.: J. Bacter. **65**, 136 (1953). — Lävulan bilden auch *Streptococcus*-Arten: NIVEN, CH. E., u. Mitarb.: J. of Biol. Chem. **140**, 105 (1941); *Bac. polymyxa*: MURPHY, D.: Canad. J. Chem. **30**, 872 (1952).

[4] SCHARDINGER, F.: Zbl. Bakter. II **8**, 144 (1902).

ein weiteres Fructosemolekül ausgetauscht unter Freiwerden von Glucose; der Vorgang ist reversibel. *Ps. saccharophila* vermag in Umkehr der obigen Formel Rohrzucker aus seinen beiden Bestandteilen zu synthetisieren. In ähnlicher Weise erfolgt auch der Aufbau von Stärke (vgl. S. 31 u. 254).

Es liegt nahe, anzunehmen, daß die geschilderte Bildung von Polysacchariden Beziehungen zu der bei *Streptococcus* ja besonders intensiven Schleimschicht (S. 18f.) hat, was aber nicht bekannt ist. Deren Bildung könnte einen davon unabhängigen Vorgang darstellen.

Essigsäuregärung (anaerob).

Die Bildung von Essigsäure erfolgt bei Bakterien der vorliegenden Gruppe nicht auf dem Wege der Acetaldehyd-Dismutation, wie schon daraus hervorgeht, daß gewisse Bakterien, z. B. *Bac. (Clostridium) thermoaceticus* und andere, praktisch aus Zucker nur Essigsäure bilden[1], ein im Vergleich zur Alkohol- und Milchsäurebildung energetisch recht günstiger Vorgang; die Bildung verläuft über Brenztraubensäure. Das Bakterium bildet also einen Teil der Essigsäure nicht direkt aus Brenz-

$$C_6H_{12}O_6 = 2\,CH_3 \cdot CO \cdot COOH + 2\,H_2$$
$$2\,CH_3 \cdot CO \cdot COOH\,(+\,2\,H_2O) = 2\,CH_3 \cdot COOH + 2\,H_2 + 2\,CO_2$$
$$C_6H_{12}O_6\,(+\,2\,H_2O) = 2\,CH_3 \cdot COOH + 2\,CO_2 + 4\,H_2 - 13,6\ kcal$$
$$4\,H_2 + 2\,CO_2 = CH_3 \cdot COOH + 2\,H_2O + 64,8\ kcal$$
$$C_6H_{12}O_6 = 3\,CH_3 \cdot COOH + 51,2\ kcal\ (-\Delta H)^2.$$

traubensäure, sondern aus Kohlensäure[3] und Wasserstoff, was entsprechende Versuche bewiesen; nur so wird der Energiegewinn hergestellt, der bei Bildung von freiem Wasserstoff (dritte der obigen Gleichungen) nicht vorhanden wäre. Die Bildung der Essigsäure vollzieht sich bei *Bac. (Clostridium) welchii* nur bei Gegenwart von Fe; Mangel daran führt zur Entstehung von Milchsäure durch Reduktion der Brenztraubensäure[4].

Propionsäuregärung.

Den Milchsäurebakterien im Stoffwechsel stehen die *Propionsäurebakterien*[5] nahe, für die man die besondere Gattung *Propionibacterium* geschaffen hat. Propionsäure wird ja auch von Milchsäurebakterien in geringer Menge gebildet, wird aber bei den Propionsäurebakterien zum Hauptprodukt und auch auf dem Gärungswege technisch gewonnen.

---

[1] BARKER, H. A., u. Mitarb.: J. Bacter. **47**, 301 (1944); Proc. Nat. Acad. Sci. USA **30**, 88 (1944); **31**, 219, 355 (1945).

[2] Änderung der freien Energie ($-\Delta F$; Essigsäure aq angenommen) $+66,5$.

[3] Bei Vorhandensein von markiertem CO_2-Kohlenstoff findet sich der markierte C in den beiden C der Essigsäure: WOOD, H. G., u. D. L. HARRIS: J. of Biol. Chem. **194**, 905 (1952).

[4] PAPPENHEIMER, A., u. E. SCHASKAN: J. of Biol. Chem. **155**, 265 (1944).

[5] VAN NIEL, C. B.: The propionic acid bacteria. Haarlem: J. W. Boissevain u. Co. 1928. — JANOSCHEK, A.: Zbl. Bakter. II **106**, 321 (1944).

Als Nebenprodukte treten Essigsäure und Kohlensäure auf; zu ihnen steht die Propionsäure im Verhältnis 2 : 1 : 1; freier Wasserstoff wurde bisher noch nicht festgestellt. Die Entstehung der Propionsäure stellte man sich bisher über die Reduktion der Milchsäure vor, die Entstehung der Essig- und Kohlensäure aus Milchsäure über Brenztraubensäure nach folgendem Schema:

$$2\ CH_3 \cdot CHOH \cdot COOH\ =\ 2\ CH_3 \cdot CO \cdot COOH + 2\ H_2$$
Milchsäure   Brenztraubensäure

$$2\ CH_3 \cdot CO \cdot COOH\ (+\ 2\ H_2O)\ =\ 2\ CH_3 \cdot COOH + 2\ CO_2 + 2\ H_2$$
Brenztraubensäure   Essigsäure

$$4\ CH_3 \cdot CHOH \cdot COOH\ (+\ 4\ H_2)\ =\ 4\ CH_3 \cdot CH_2 \cdot COOH + 4\ H_2O$$
Milchsäure   Propionsäure

$$3\ C_6H_{12}O_6\ =\ 4\ CH_3 \cdot CH_2 \cdot COOH + 2\ CH_3 \cdot COOH + 2\ CO_2 + 2\ H_2O + 146{,}6\ kcal$$
(= 48,9 kcal je 1 Mol Zucker)

Zur Zeit nimmt man jedoch an[1], daß die Propionsäure durch Decarboxylierung der Bernsteinsäure entsteht (wobei Co-Enzym A beteiligt ist[2]), die selbst von der Brenztraubensäure aus über Oxalessigsäure → Äpfelsäure → Fumarsäure nach dem S. 193 gegebenen Schema gebildet wird[3]. Der Vorgang würde nach dem beigefügten Schema verlaufen. Bei Berücksichtigung von nur 2 Glucosemolekülen würden 2 Moleküle Wasserstoff frei werden, der aber bei der Propionsäuregärung

$$C_6H_{12}O_6\ =\ 2CH_3 \cdot CO \cdot COOH + 2\ H_2 \qquad \text{Brenztraubensäure}$$
$$\text{(oder 2 } C_3H_6O_3) \qquad\quad (+\ 2\ H_2O)$$
$$\rightarrow\ 2\ CH_3 \cdot COOH + 2\ CO_2 + 2\ H_2 \qquad \text{Essigsäure}$$
$$C_6H_{12}O_6\ =\ 2\ CH_3 \cdot CO \cdot COOH + 2\ H_2 \qquad \text{Brenztraubensäure}$$
$$(+\ 2\ CO_2)$$
$$\rightarrow\ 2\ HOOC \cdot CH_2 \cdot CO \cdot COOH \qquad \text{Oxalessigsäure}$$
$$(+\ 4\ H_2)$$
$$\rightarrow\ 2\ HOOC \cdot CH_2 \cdot CH_2 \cdot COOH + 2\ H_2O \qquad \text{Bernsteinsäure}$$
$$\rightarrow\ 2\ CH_3 \cdot CH_2 \cdot COOH + 2\ CO_2 \qquad \text{Propionsäure}$$

nicht auftritt. Dieser Wasserstoff vermag, zusammen mit dem neu aus Brenztraubensäure gebildeten ein weiteres Zuckermolekül zur Propionsäure umzusetzen, wie es die empirische Formel (s. oben) verlangt. Im anderen Falle würden 33,3 kcal je mol Glucose gebildet, ein an sich möglicher Vorgang. Doch schlägt der Organismus offenbar auch in diesem Falle den energetisch günstigeren Weg von 48,9 kcal über den Umsatz von 3 Glucose-Molekülen ein. Gleichzeitig kann man sich an

[1] WOOD u. WERKMAN; Zusammenfassung: FRANKE, W.: Erg. Enzymforsch. **10**, 191 (1949). — JOHNS, A. T.: J. Gen. Microbiol. **5**, 326, 337 (1951); **6**, 123 (1952). — LEAVER, F. W., u. H. G. WOOD: J. Cellul. a. Comp. Physiol. **41**, 225 (1953).

[2] WHITELEY, H. R.: Proc. Nat. Acad. Sci. USA **39**, 779 (1953).

[3] WOOD, H. G., u. F. W. LEAVER [Biochim. et Biophysica Acta **12**, 207 (1953)] halten jedoch eine CO_2-Abspaltung für fraglich.

obigem Beispiel klar machen, daß aus der Bilanz nichts über den Weg, der zu den Endprodukten führt, ausgesagt werden kann.

Vergoren werden die für die Milchsäuregärung angegebenen Kohlenstoffquellen[1], ferner milchsaure Salze, wobei ebenfalls das oben angegebene Verhältnis der Gärprodukte erscheint, sowie Alkohole. Auf die bei der Vergärung der Milchsäure durch Propionsäurebakterien gebildete Kohlensäure ist das Entstehen der Löcher im Emmentaler Käse zurückzuführen.

Buttersäure- und Butylalkohol-Aceton-Gärung.

Organismen. Die Buttersäuregärung ist, biologisch gesehen, ein Vorgang, der noch strenger anaerob verläuft als die Milchsäuregärung, und wird von obligat anaeroben, sporenbildenden Bakterien durchgeführt, deren vornehmlichste Sammelart *Bac. amylobacter* ist[2]. Besondere Eigenschaften sind noch das Vorkommen von Iogen (S. 31 f.) und die Fähigkeit, elementaren Luftstickstoff zu binden (S. 126). Mit dieser ist zweifellos eine Anzahl von Bakterien anderer Bezeichnung identisch, wie *Bac. saccharobutyricus, Clostridium Pasteurianum, Cl. pectinovorum, Granulobacter* usw. *Bac. amylobacter* kann z. B. Pectin abbauen, aber diese Eigenschaft ist veränderlich; somit besteht kein Grund, eine Form *pectinovorum* abzutrennen. Pathogene Buttersäurebildner sind die Erreger von Rauschbrand, Gasphlegmone und des malignen Ödems. Von anderen Bakterien kann Buttersäure auch im Verlaufe des Eiweißabbaues gebildet werden (S. 247), ferner auch von *Pilzen* bei der Zersetzung der Fette (S. 190).

Chemismus. *Bac. amylobacter* kann als Kohlenstoffquellen verarbeiten die für die *Hefe* gärfähigen Mono- und Disaccharide, Pentosen, Glycerin, Milchsäure, Mannit, Stärke, Dextrin, Inulin, Pectin, nicht aber Cellulose. Gasförmige Produkte sind Kohlensäure und Wasserstoff, außerdem mannigfache Nebenprodukte:

Bacillus amylobacter bildete aus je 100 g Ausgangsmaterial an Produkten in g [3].

Produkte	Glucose	Glycerin
	als Kohlenstoffquelle	
Kohlensäure	48,1	42,1
Wasserstoff.	1,6	1,9
n-Buttersäure.	26,0	0,7
Milchsäure	10,0	3,4
Essigsäure	7,5	1,0
Ameisensäure.	3,9	4,0
Äthylalkohol	2,5	10,4
n-Butylalkohol	0,7	19,6

---

[1] Über Vergärung markierter Pentose vgl. D. A. RAPPAPORT u. H. A. BARKER: Arch. of Biochem. a. Biophysics **49**, 249 (1954).

[2] BREDEMANN, G.: Zbl. Bakter. II **23**, 385 (1909). Vgl. die Abb. 18, S. 32 und 28, S. 51.

[3] Nach E. BUCHNER u. J. MEISENHEIMER: Ber. dtsch. chem. Ges. **41**, 1410 (1908).

Es entstehen also aus Glucose größtenteils die Produkte, deren Herkunft in den vorhergehenden Darstellungen erklärt wurde. Kohlensäure und Wasserstoff stehen im molekularen Verhältnis von annähernd 1 : 1; die Kohlensäure überwiegt jedoch etwas (1,6 g Wasserstoff würden 35,4 g Kohlensäure entsprechen); das oben S. 217f. hinsichtlich des Auftretens von freiem Wasserstoff Gesagte gilt also auch hier. Neu ist das Auftreten von Butylalkohol, auf den wir unten zurückkommen werden, und der Buttersäure[1].

Eine reine Buttersäuregärung (wie sie allerdings nicht durchgeführt wird) würde nach folgender Gleichung verlaufen:

$$C_6H_{12}O_6 = CH_3 \cdot CH_2 \cdot CH_2 \cdot COOH + 2\ CO_2 + 2\ H_2 + 17,4\ kcal^2\ (-\Delta H).$$
$$\text{Glucose} \qquad\qquad \text{Buttersäure}$$

Der Energiegewinn ist also recht niedrig[3]; aber die Entstehung von freiem Wasserstoff erscheint energetisch möglich. Wie bei der Alkoholgärung hat man auch bei der Buttersäuregärung Acetaldehyd als die Schlüsselsubstanz betrachtet, von der aus über Aldolbildung die Bildung der Buttersäure erfolge. Indessen stehen positiven Angaben über das

$$CH_3 \cdot CHO + CH_3 \cdot CHO = CH_3 \cdot CHOH \cdot CH_2 \cdot CHO\ \text{(Aldol)}$$
$$= CH_3 \cdot CH_2 \cdot CH_2 \cdot COOH\ \text{(Buttersäure)}$$

Abfangen von Acetaldehyd auch negative gegenüber. Zur Zeit betrachtet man (Versuche mit markiertem C!) Essigsäure bzw. aktivierte Essigsäure als die Schlüsselsubstanz, die über Acetessigsäure und β-Oxybuttersäure[4] zur Buttersäure führen würde (vgl. Co-Enzym A, S. 193)[5].

$$CH_3 \cdot CO \cdot CH_2 \cdot COOH\ (+ 2\ H_2) = CH_3 \cdot CH_2 \cdot CH_2 \cdot COOH + H_2O$$
$$\text{Acetessigsäure} \qquad\qquad\qquad \text{Buttersäure}$$

Wie man sieht, sind zur Reduktion der Acetessigsäure 2 Wasserstoffmoleküle nötig; dazu kommen 2 weitere, die nach obiger Summenformel in freier Form auftreten. Es muß also insgesamt mit 4 Wasserstoffmolekülen gerechnet werden. Zwei davon stammen aus dem Gärungswasserstoff, der bis zur Bildung der Brenztraubensäure verfügbar wird, die beiden anderen aus dem Abbau der Brenztraubensäure zu Essigsäure, Kohlensäure und Wasserstoff, wie S. 230 angegeben. Über eine etwas andere Form der Buttersäurebildung vgl. S. 257.

---

[1] Auch höhere Fettsäuren können in gewissem Umfange gebildet werden, z. B. Capronsäure (vgl. S. 257).

[2] Änderung der freien Energie ($-\Delta F$, CO_2 gasförmig angenommen) = 63,5 kcal.

[3] Vgl. hierzu die Ausführungen S. 232 über die Butanolgärung.

[4] COHEN, G. N., u. G. COHEN-BAZIRE: Nature (London) **162**, 578 (1948). — Später haben diese Autoren [Biochim. a. Biophys. Acta **8**, 459 (1952)] die Annahme von β-Oxybuttersäure aufgegeben.

[5] SIMON, E.: Arch. of Biochem. **14**, 39 (1947). — BHAT, J. V., u. H. A. BARKER: J. Bacter **54**, 381 (1947); **56**, 777 (1948). — Die Rolle der Acetessigsäure ist allerdings noch umstritten: STADTMAN, E. R., u. H. A. BARKER: J. of Biol. Chem. **180**, 1169 (1949).

Praktische Bedeutung. In der Technik wird Buttersäure durch Vergären von Calciumlactat gewonnen. Stickstoffbindung ist S. 126, Verbreitung der Bakterien in der Natur S. 298 erwähnt. Beim Einsäuern (Silage) kann *Bac. amylobacter* durch die Bildung von Buttersäure unangenehm werden (Geruch!, auch in Rübenmieten), namentlich wenn die Verhältnisse bei der Gärung zu anaerob waren. Jedoch greift er die Stärke dort nicht an, sondern macht diese durch Lösen der Pectin-Mittellamellen der Zellen frei; man hat ihn daher auch zur Freilegung der Stärke zwecks technischer Gewinnung benutzt; auch die Stärke naßfauler Kartoffeln ist noch gewinnbar. Ferner kann er als Schädling bei Hartkäse (Emmentaler durch Buttersäure- und Gasbildung) auftreten.

Aceton-Butanol-Gärung[1]. Butylalkohol tritt, wie die obige Übersicht zeigt, bei der Vergärung von Glucose als Nebenprodukt in geringer Menge auf, erscheint jedoch bei Glycerin als Kohlenstoffquelle als Hauptprodukt. Das ist normalerweise bei der als *Bac. acetobutylicus* bezeichneten, aber zur *Bac. amylobacter*-Gruppe gehörigen Form der

$$3\ C_6H_{12}O_6 = 2\ CH_3 \cdot CH_2 \cdot CH_2 \cdot CH_2OH + CH_3 \cdot CO \cdot CH_3 + 7\ CO_2 + 4\ H_2 + H_2O$$

Glucose   n-Butylalkohol   Aceton

$$+\ 47{,}9\ \text{kcal}\ (-\Delta H, = 16{,}0\ \text{kcal je 1 Mol Zucker})^2.$$

Fall. Daneben wird Aceton gebildet; das molekulare Verhältnis dieser beiden Stoffe ist häufig annähernd 2 : 1. Der Energieumsatz ist, wie man aus der summarischen Formel ersieht, mit 16,0 kcal je 1 Mol Zucker sehr niedrig, immerhin ist die Bildung von freiem Wasserstoff möglich, wie sie auch zu beobachten ist. Man muß jedoch berücksichtigen, daß die Bildung der mannigfachen Nebenprodukte die Energieverhältnisse in günstiger Richtung verschiebt. Wenn z. B. in obiger Gleichung statt Kohlensäure und Wasserstoff gemäß der S. 229 angegebenen Formel Essigsäure gebildet würde, würde sich der Energiegewinn auf 21,3 kcal je 1 Mol Zucker erhöhen. Vergleicht man etwa mit der Alkoholgärung, so erkennt man, daß offenbar die Bildung mannigfacher Nebenprodukte für den Organismus ein Mittel zu ökonomischerer Arbeit darstellen muß (vgl. S. 224 für die Milchsäuregärung). Die außerordentliche Mannigfaltigkeit der Gärungsvorgänge könnte damit also eine gewisse biologische Deutung erfahren.

Es mag an dieser Stelle noch in ganz allgemeiner Hinsicht betont werden, daß selbstverständlich das Hinzutreten aerober Verhältnisse (also auch bei nur teilweisem Eingreifen des Luftsauerstoffs) die energetischen Verhältnisse erheblich günstiger gestalten kann. Viele der vorher erwähnten Mikroorganismen, namentlich *Milchsäurebakterien* und *Hefen*, wachsen ja auch bei Luftzutritt. Unter natürlichen Verhältnissen werden wohl nicht immer streng anaerobe Bedingungen herrschen.

---

[1] Ältere Literatur bei J. B. van der Lek: Onderzoekingen over der butylalkoholgisting. Diss. Delft 1930.

[2] Änderung der freien Energie ($-\Delta F$, CO_2 gasförmig angenommen) = 61,7 kcal je mol Zucker.

Butylalkohol entsteht durch Reduktion der Buttersäure, Aceton, dessen Bildung zuerst, vor der des Butylalkohols, einsetzt, durch CO_2-Abspaltung aus Acetessigsäure; dieser Vorgang verläuft auch rein enzymatisch[1]. Als weiteres Nebenprodukt tritt iso-Propylalkohol auf

$$CH_3 \cdot CO \cdot CH_2 \cdot COOH \ = \ CH_3 \cdot CO \cdot CH_3 + CO_2$$
$$\text{Acetessigsäure} \qquad\qquad \text{Aceton}$$

$(CH_3 \cdot CHOH \cdot CH_3)$, entstanden durch Reduktion von Aceton. Auch diese Vorgänge sind durch Verwendung von markiertem Kohlenstoff nachgewiesen.

Sonstige Gärungen zu C_4-Kohlenstoffkörpern.

In größerem Umfange wird von einigen Bakterien, *Ps. (Aeromonas) hydrophila* und anderen Arten dieser Gattung sowie von *Bac. subtilis*, *Bact. prodigiosum*, *Bact. (Aerobacter) aerogenes*, 2,3-Butylenglykol gebildet (das in techn. Großverfahren durch Bakteriengärung gewonnen

$$3\,C_6H_{12}O_6 \ = \ 2\,CH_3 \cdot CHOH \cdot CHOH \cdot CH_3 + 2\,CH_2OH \cdot CHOH \cdot CH_2OH + 4\,CO_2$$
$$\text{2,3-Butylenglykol} \qquad\qquad\qquad \text{Glycerin}$$

wird), dazu eine Reihe von sonstigen Produkten, z. B. bei *Bac. subtilis* nach dem Schema Glycerin und, je nach dem p_H-Wert, Milchsäure, Essigsäure, Ameisensäure; ferner in geringem Umfange Acetylmethylcarbinol (Acetoin). Auch *Bact. aerogenes* bildet beide Stoffe, die ineinander übergeführt werden können[2]. Die Bildung von Acetoin scheint jedoch nicht von der aktivierten Essigsäure aus zu erfolgen, sondern vom Acetaldehyd aus bzw. dessen Vorstufe, der Brenztraubensäure, und zwar

$$CH_3 \cdot COH(CO \cdot CH_3) \cdot COOH \ = \ CH_3 \cdot CO \cdot CHOH \cdot CH_3 + CO_2$$
$$\alpha\text{-Acetmilchsäure} \qquad\qquad \text{Acetylmethylcarbinol}$$

über α-Acetmilchsäure, die zu Acetoin decarboxyliert wird[3]. Acetyl-methylcarbinol[4] wird vom Gewebe höherer Tiere aus Acetaldehyd gebildet, bei der *Hefe* jedoch nur, wenn Acetaldehyd zu gärender Hefe hinzugesetzt wird, nicht bei ruhender Hefe; offenbar muß das eine Acetaldehydmolekül sozusagen in nascierendem Zustand vorhanden sein. Auch im normalen Gärungsvorgang wird kein Acetylmethylcarbinol gebildet, da offenbar der Acetaldehyd sofort zu Alkohol reduziert wird. In gleicher Weise bildet die gärende *Hefe* bei Zusatz von Benzaldehyd Phenylacetylcarbinol $(C_6H_5 \cdot CHOH \cdot CO \cdot CH_3)$. Bei Milchsäurebak-terien *(Bact. aerogenes)* wiederum erfolgt die Bildung von Acetyl-methylcarbinol (vgl. S. 224f.), das im übrigen hier auch aus 2, 3-Butylen-glykol entstehen kann, jedoch nicht vom Acetaldehyd aus, sondern nur

[1] DAVIS, R.: Biochemic. J. **37**, 230 (1943).
[2] HAPPOLD, F. C., u. C. P. SPENCER: Biochim. a. Biophysica Acta **8**, 18 (1952).
[3] DOLIN, M. J., u. J. C. GUNSALUS: J. Bacter. **62**, 199 (1951). — ROWATT, E.: Biochem. J. **49**, 453 (1951). — JUNI, E.: J. of Biol. Chem. **195**, 715 (1952).
[4] GROSS, W. H., u. C. H. WERKMAN: Leeuwenhoek **12**, 17 (1947). — Arch. of Biochem. **15**, 125 (1947).

von der Brenztraubensäure her; es müssen also sozusagen beide Acetaldehydmoleküle in nascierendem Zustand vorhanden sein. Bei der *Hefe*, bei der man das (problematische) Enzym Carboligase[1] genannt hat und bei *Bact. aerogenes* erfolgt die Bildung von Acetylmethylcarbinol rein enzymatisch. Als Co-Faktoren sind bei *Bact. aerogenes* und *Str. faecalis* Cocarboxylase (Aneurin als Wirkgruppe enthaltend) und Magnesium oder Mangan erforderlich[2].

Erwähnenswert ist noch, daß *Bac. polymyxa* Glucose zu 2, 3-Butylenglykol, Äthylalkohol und Wasserstoff vergärt, wobei zugefügtes Ferrieisen reduziert wird, unter Erhöhung der Äthylalkoholausbeute und Abnahme der übrigen Produkte[3].

Sonstige Gärungen und Reduktionen.

Vergärung der Stärke. Besonderes Interesse hat der Stoffwechsel von *Bacillus macerans*, der einen eigenartigen Stärkeabbau mit kristallisierten Produkten $(C_6H_{10}O_5)n$ durchführt; es wurden 6-, 7- und 8-Amylosen gefunden, und zwar bis zu 25—30% des Ausgangsmaterials[4]. Diese Beobachtungen, von SCHARDINGER[5] zuerst gemacht, haben wesentlichen Anstoß zur Entwicklung der modernen Stärkechemie gegeben. Das Enzym läßt sich aus der Kulturflüssigkeit durch Alkoholfällung gewinnen; bei seiner Einwirkung auf Amylosen bildet sich ein Koagulum, das mit Jod die Stärkereaktion gibt[6]. Das Bakterium, das die bei der Buttersäuregärung angegebenen Kohlenstoffquellen zu verarbeiten vermag, bildet ebenfalls Aceton neben Äthylalkohol (1 : 2) und mannigfachen Nebenprodukten.

Anaerobe Vergärung von Cellulose[7] und Pectin. Anaerob wird die Cellulose durch den sporenbildenden *Bac. cellulosae-dissolvens*, mit trommelschlegelförmig angeschwollenen Sporenmutterzellen (Abbildung 29, S. 52), vergoren. Das an sich streng anaerobe Bakterium wird durch geringe anfängliche Mengen von Sauerstoff gefördert. Die Reinkultur ist äußerst schwierig und bis heute noch nicht eindeutig geglückt[8]. Die zunehmende Reinheit der Kultur zeigte aber[9], daß die frühere Unterscheidung einer Methan- und Wasserstoffgärung der

---

[1] Vgl. hierzu W. FRANKE: Erg. Enzymforsch. **10**, 191 (1949).

[2] SILVERMANN, M., u. C. H. WERKMAN: J. of Biol. Chem. **138**, 35 (1941). — DOLIN u. GUNSALUS: Siehe S. 234, Anm. 3.

[3] ROBERTS, J. L.: Soil Sci. **63**, 135 (1947).

[4] FREUDENBERG, K., u. F. CRAMER: Chem. Ber. **83**, 296 (1950).

[5] SCHARDINGER, F.: Zbl. Bakter. II **22**, 98 (1909); **29**, 188 (1911).

[6] SAMEC, M.: Ber. dtsch. chem. Ges. **75**, 1758 (1942). — BLINC, M.: Arch. Mikrobiol. **12**, 183 (1943). — MYRBÄCK, K., u. E. WILLSTAEDT: Acta chem. scand. (Copenh.) **3**, 91 (1949).

[7] Zusammenfassende Literatur über anaerobe Cellulosezersetzung: MEYER, R.: Forschungsdienst **5**, 197 (1938). — JANKE, A.: Österr. bot. Z. **96**, 399 (1949). — POCHON, J.: Ann. Inst. Pasteur **77**, 419 (1949). — HUNGATE, R. E.: Bacter. Revs. **14**, 1 (1950). — McBEE, R. H.: Bacter. Revs. **14**, 51 (1950).

[8] Sie soll bei der thermophilen Form leicht mit Cellobiose möglich sein; frühere Fehlschläge sollen auf die Verwendung von Glucose zurückzuführen sein: McBEE R. H.: J. Bacter. **56**, 653 (1948).

[9] MEYER, R.: Arch. Mikrobiol. **13**, 250 (1943).

Cellulose nicht zutreffend ist. Methan wird überhaupt nicht gebildet. Wasserstoff manchmal nicht, zumeist aber in sehr geringer Menge, etwa 3% des entstehenden Gases, das im übrigen Kohlensäure ist, die aus der Neutralisation organischer Säuren durch den kohlensauren Kalk entsteht, dessen Zusatz notwendig ist. Es werden Essig- und Buttersäure gebildet in nach der Kultur sehr wechselnden Mengen: durchschnittlich wurde Essigsäure zu Buttersäure im Verhältnis 20 : 1 gefunden (4 : 1 und 67 : 1 in den Extremfällen). Die Ausführungen S. 233 zeigen, daß offenbar in der überwiegenden Bildung der Essigsäure der energetisch günstigere Weg eingeschlagen wird. Die Cellulose zerfällt beim Abbau nicht in längere, fibrillenartige, sondern in kurze Bruchstücke. Der methyl- und äthylalkohollösliche, sonst unlösliche, gelborange Farbstoff (S. 39) wird nicht von allen Kulturen gebildet.

Während dieser Organismus Zucker nicht vergärt, kann *Bac. (Clostridium) cellobioparus* außer Cellulose auch Kohlenhydrate einschließlich Glucose und Cellobiose vergären und bildet Äthylalkohol, Milch-, Essig-, Kohlensäure, Wasserstoff und andere nicht identifizierte Produkte. Außerdem soll Cellobiose, nicht Glucose, unter gewissen Bedingungen angehäuft werden[1].

In diesem Zusammenhang sei noch die Flachsröste erwähnt. Sie beruht darauf, daß das Faserbündel des Leinstengels durch Auflösen der aus Pectin bestehenden Mittellamelle seiner Grenzschicht aus dem Verband der Nachbarzellen befreit wird, so daß es weiter mechanisch leicht herausgerissen werden kann. Daß die einzelnen Zellen des Faserbündels selbst nicht in der gleichen Weise gelockert werden, liegt daran, daß deren Mittellamellen schwach verholzt sind und daher nicht angegriffen werden, was bei der Mittellamelle der Grenzzellen nicht der Fall ist. Bei der Flachsröste, die man früher auf natürlichem Wege in Gang kommen ließ, als Tauröste (wobei die Stengel dem Tau ausgesetzt werden) oder als Wasserröste (unter Wasser), verwendet man heute vielfach höhere Temperatur, gelegentlich einmal auch Reinkulturen. Als Mikroorganismen kommen in Frage Anaerobe[2], wie *Bac. amylobacter* bzw. seine *pectinovorum* genannte Form, und *Bac. felsineus* (der Abbau erfolgt hier über Polygalakturon- und Galakturonsäure[3]), ferner als fakultativ Anaerober *Bac. asterosporus*, dazu noch Aerobe, wie *Bac. mesentericus*, *Bac. subtilis* u. a., auch *Pilze* wie *Cladosporium herbarum* (vgl. dazu S. 374).

Bildung und Aktivierung von freiem Wasserstoff[4]. Es wurde oben schon erwähnt, daß der „Gärungswasserstoff" z. T. in freier Form erscheint. Wie sich dieser Vorgang vollzieht, ist noch nicht bekannt. Wenn auch die Ameisensäure häufig als Nebenprodukt erscheint, so ist doch fraglich, ob sich die Bildung von freiem Wasserstoff stets über diese Säure vermittels des Enzyms Hydrogenlyase vollzieht. Bei der Butanolgärung wurde z. B. festgestellt, daß aus Ameisensäure kein Wasserstoff gebildet werden kann. Andererseits kennt man eine Wasserstoffgärung der Ameisensäure, und bei der Gruppe des *Bact. coli, aerogenes* sowie bei *Purpurbakterien* wurde die enzymatische

---

[1] HUNGATE, R. E.: J. Bacter. **48**, 499 (1944). — Vgl. auch K. YAMADA u. Mitarb.: J. Agr. Chem. Soc. Japan **26**, 441 (1952).

[2] Vgl. RAYNAUD, M.: Ann. Inst. Pasteur **77**, 434 (1949).

[3] POTTER, F., u. E. McCOY: J. Bacter. **64**, 701 (1952).

[4] Zusammenfassungen: SCHLEGEL, H. G.: Arch. Mikrobiol. **20**, 293 (1954).

Reaktion (Enzym Formico-hydrogenlyase) festgestellt, die reversibel Ameisensäure in Kohlensäure und Wasserstoff spaltet. Es ist aber nicht entschieden, ob es sich dabei um die Wirkung dieses einzigen Enzyms

$$HCOOH \rightleftharpoons CO_2 + H_2 - 5{,}6 \text{ kcal } (-\Delta H; -\Delta F + 9{,}6).$$

handelt oder ob der Wasserstoff noch auf einen Zwischenstoff übertragen wird (Zwei-Enzym-Theorie). Es ist sogar möglich, daß der Vorgang noch komplexer ist. Nach der Formel wird also auch Ameisensäure aus Kohlensäure und Wasserstoff synthetisiert. Für die Beurteilung des Vorganges ist wichtig, daß die Bildung von Wasserstoff aus Ameisensäure nur unter, wenn auch geringem, Energiezuschuß verläuft, aber einen verhältnismäßig hohen Betrag an positiver freier Energie zeigt. Das früher als besondere Art beschriebene *Bact. formicum* dürfte zur Gruppe des *Bact. coli* gehören, in Zuckernährlösungen verhält es sich wie dieses. Freier Wasserstoff wird auch in einer Lichtreaktion von *Purpurbakterien* und *Grünalgen* gebildet.

Bact. coli, vulgare u. a. (*Azotobacter* s. S. 125f.) enthalten das Enzym Hydrogenase, das freien Wasserstoff aktiviert und ihn, je nach der Bakterienart, auf Kohlensäure (S. 104f.), elementaren Stickstoff, Nitrat, Sulfat, Chlorat, Sauerstoff usw. überträgt.

Bildung von Methan[1]. Methan wird durch verschiedene Bakterien, Stäbchen und Kokken, für die man die Gattungen *Methanobacterium*, *Methanococcus* und *Methanosarcina* geschaffen hat, aus verschiedenen organischen Säuren, namentlich aus Essigsäure, gebildet. Es liegt, wie S. 113 erwähnt wurde, eine einfache Spaltung der Essigsäure in Methan und Kohlensäure vor. Energetisch liegt der Fall ähnlich wie bei der Wasserstoffbildung aus Ameisensäure:

$$CH_3 \cdot COOH = CH_4 + CO_2 - 4{,}8 \text{ kcal}(-\Delta H; -\Delta F + 12{,}4).$$

Es ist also auch die Bildung von Essigsäure aus Methan und Kohlensäure möglich (durch die eben erwähnte Hydrogenase). Die Methanbildung aus anderen organischen Säuren[2], von der die folgende Formel ein Beispiel gibt, scheint nicht über Essigsäure zu verlaufen, da das

$$2\,CH_3 \cdot (CH_2)_3 \cdot COOH + CO_2 + H_2O = 2\,CH_3 \cdot CH_2 \cdot COOH + 2\,CH_3 \cdot COOH + CH_4$$

ValeriansäurePropionsäureEssigsäure

betreffende Bakterium, *Methanococcus suboxydans*, diese nicht angreift[3]. Bemerkenswert ist noch die Bildung von Methan, Kohlensäure und Wasserstoff aus Ameisensäure durch *Methanococcus vannielii*, der

[1] JANKE, A.: Österr. bot. Z. **95**, 325 (1948).

[2] Auch aus Benzoesäure: CLARK, F. M., u. R. FINA: Arch. of Biochem. a. Biophysics **36**, 26 (1952).

[3] STADTMAN, T. C., u. H. A. BARKER: J. Bacter. **61**, 67, 81 (1951).

keinen anderen organischen Stoff zu verarbeiten vermag[1]. Methan wird hier wohl sekundär aus Kohlensäure und Wasserstoff synthetisiert werden.

Reduktionen. Beispiele für milde biologische Reduktionen sind z. B. die Bildung von Sorbit aus Sorbose und von Mannit aus Fructose (S. 189f.) usf. Bei der Alkoholgärung S. 216 kann der Gärungswasserstoff auch Reduktionen an künstlich zugesetzten reduktionsfähigen Stoffen durchführen, die also an die Stelle der natürlichen Wasserstoff-Acceptoren treten. Sehr einfach kann man Reduktion mit Hilfe von Methylenblau (vgl. S. 178) feststellen, das leicht Wasserstoff anlagert und dabei in die farblose Leukoverbindung übergeht, die bei Sauerstoffzutritt rasch wieder zum Farbstoff dehydriert (oxydiert) wird. Auf diese Weise kann man z. B. an der Schnelligkeit der Entfärbung von Milch, der Methylenblau zugesetzt ist, den Keimgehalt abschätzen, da die Entfärbung um so schneller verläuft, je mehr Bakterien anwesend sind. Noch besser eignen sich Tetrazoliumsalze (Triphenyltetrazoliumchlorid), die, selbst farblos, bei Reduktion eine gegen Sauerstoff stabile Rotfärbung ergeben. Zudem wird die Zelle nicht geschädigt.

Von anorganischen Stoffen reduziert die *Hefe* u. a.: jodsaure Salze zu Jodiden, Permanganat zu Manganosalzen, elementaren Schwefel zu Schwefelwasserstoff (S. 210). Viele *Bakterien* vermögen Nitrate zu Nitriten, diese zu Ammoniak zu reduzieren (S. 128), was die *Hefe* nur in geringem Umfange vermag, ferner Sulfate zu Schwefelwasserstoff, der Pilz *Schizophyllum commune* (zu den *Basidiomycetes* gehörig) sogar zu Methylmercaptan (S. 251)[2]. Rohkulturen von *Bac. amylobacter* reduzieren Chlorate zu Chloriden[3], andere Bakterien selenig- und tellurigsaure Salze zu kolloidalem Selen bzw. Tellur (S. 204f.), ebenso viele Pilze. *Bac. polymyxa* reduziert Ferri- zu Ferroverbindungen (S. 235). *Penicillium brevicaule* bildet flüchtige Arsenverbindungen aus Schweinfurter Grün, was zu Vergiftungen Veranlassung gab, als noch Arsenfarben für Tapeten verwendet wurden. Die Reduktion von Phosphaten zu Phosphorwasserstoff, die hin und wieder behauptet wurde, ist aber gänzlich unsicher (vgl. S. 204f.)[4]. Solche Reduktionen, die durch Gärungswasserstoff sozusagen nebenbei im Stoffwechsel durchgeführt werden, sind streng zu unterscheiden von Vorgängen, wie Denitrifikation und Desulfurikation, wobei die Reduktion zu dem Hauptvorgang des Energiestoffwechsels wird. Das zeigt insbesondere die Eignung von Nitraten zur Denitrifikation, aber die Nichteignung zur Stickstoffernährung (S. 203).

---

[1] STADTMAN, T. C., u. H. A. BARKER: J. Bacter. **62**, 269 (1951).

[2] BIRKINSHAW, J. H., u. R. A. WEBB: Biochemic. J. **36**, 526 (1942). — Über Mercaptanbildung aus Alkyl-Thiosulfat durch *Schimmelpilze* vgl. HOCKENHULL, D. J.: Biochim. et Biophysica Acta **3**, 326 (1949); aus Thioaldehyden durch *Bakterien*: NEUBERG, C., u. A. GRAUER: Hoppe-Seylers Z. **289**, 253 (1952).

[3] STAPP, C., u. W. BUCKSTEEG: Zbl. Bakter. II **97**, 1 (1937).

[4] Auch die einfache Reaktion $H_3PO_4 + 4H_2 = PH_3 + 4H_2O - 32,9$ kcal verläuft also endotherm und ist daher kaum möglich.

Von Reduktionen organischer Verbindungen sei nur erwähnt, daß *Hefe*[1] beliebige Aldehyde analog dem Acetaldehyd zu den entsprechenden primären Alkoholen reduzieren kann (bis zu 80% Ausbeute), so iso-Butylaldehyd zu iso-Butylalkohol, Citral zu Geraniol usw. Aus Ketonen, die etwas schwieriger, mit etwa 10% Ausbeute, zu redu-

$$\underset{\text{Citral}}{H_3C \cdot C \overset{\overset{\displaystyle CH \cdot CHO}{\displaystyle (+H\ +H)}}{\underset{\displaystyle CH_2 \cdot CH_2 \cdot CH = C : (CH_3)_2}{\diagup\!\diagdown}}} \longrightarrow \underset{\text{Geraniol}}{H_3C \cdot C \overset{\overset{\displaystyle CH \cdot CH_2(OH)}{}}{\underset{\displaystyle CH_2 \cdot CH_2 \cdot CH = C : (CH_3)_2}{\diagup\!\diagdown}}}$$

zieren sind, werden die entsprechenden sekundären Alkohole gebildet, etwa iso-Propylalkohol aus Aceton (S. 234). Diketone sind verhältnis-

$$\underset{\text{Diacetyl}}{\underset{(+\ 2\,H_2)}{CH_3 \cdot CO \cdot CO \cdot CH_3}} = \underset{\text{Butylenglykol}}{CH_3 \cdot CHOH \cdot CHOH \cdot CH_3}$$

$$\underset{\text{Nitromethan}}{CH_3 \cdot NO_2 (+ 3\,H_2)} = \underset{\text{Methylamin}}{CH_3 \cdot NH_2} + 2\,H_2O \qquad \underset{\text{Thioacetaldehyd}}{\underset{(+\ H_2)}{CH_3 \cdot CHS}} = \underset{\text{Äthylmercaptan}}{CH_3 \cdot CH_2SH}$$

mäßig leicht (35% Ausbeute) zu reduzieren, so Diacetyl zu Butylenglykol. Nitroverbindungen werden zu den entsprechenden Aminen reduziert, z. B. Nitromethan zu Methylamin. Thioverbindungen werden zu Mercaptanen reduziert, so Thioacetaldehyd zu Äthylmercaptan.

Schließlich sei noch ein Beispiel gebracht von Reduktion innerhalb der Stoffgruppe der Sexualhormone (Keimdrüsenhormone, die sich aus der Oxydation des Cholesterins herleiten)[2], gleichzeitig auch für milde Oxydationen. Jene wird von der *Hefe* durchgeführt, diese durch *Bakterien*, u. a. durch *Micrococcus (Flavobact.) dehydrogenans*. Man kann dabei (bei 81% Ausbeute) durch die nacheinander vorgenommene Einwirkung der beiden Mikroorganismen Dehydro-androsteron zunächst zu Androstendion oxydieren (Einwirkung des Bakteriums in Nährlösung), unter Verlagerung der Doppelbindung, und dieses dann in einem Zuge nach Abfiltrieren und Einwirken der *Hefe* auf dem Filter zu Testosteron, dem männlichen Prägungsstoff (Stierhodenhormon), reduzieren. Diese Reduktion ist besonders merkwürdig, weil sie, wie man an den Formeln sieht, nur auf die eine Ketogruppe wirkt, während die andere offenbar durch die benachbarte Doppelbindung geschützt ist. Ähnliche Reduktionen werden durch *Hefe* an anderen Gliedern der Sexualhormonreihe durchgeführt, durch Bakterien noch andere Oxydationen als die erwähnten, und zwar nicht nur in der männlichen Sexualhormonreihe (obiges Beispiel), sondern auch in der weiblichen Reihe. Derartige mikrobielle Vorgänge können Bedeutung gewinnen für die technisch-präparative Herstellung von Stoffen.

---

[1] Zahlreiche Untersuchungen über Reduktionen durch *Hefe* liegen vor von C. Neuberg: Biochem. Z. **138**, 561 (1923) und frühere Arbeiten.

[2] Maroli, L.: Österr. Chem.-Ztg. 1939, Nr. 9. — Arnaudi, C.: Zbl. Bakter. II **105**, 352 (1942). — Fischer, E., u. A. Wettstein: Experientia (Basel) **9**, 371 (1953). Fried, J., u. Mitarb.: J. Amer. Chem. Soc. **75**, 5764 (1953). — Über die Dehydrierung von Cholsäure zu Desoxy-cholsäure siehe T. Baumgärtel: Klin. Wschr. **1947**, 387. — Machida, M.: J. of Biochem. (Tokyo) **40**, 435 (1953). — Weiter: Stadtman, Th. C., u. Mitarb.: J. of Biol. Chem. **206**, 511 (1954). — Hanson, F. R.: J. Amer. Chem. Soc. **75**, 5369 (1953). — Arnaudi, C.: Appl. Microbiol. **2**, 274 (1954).

Dehydroandrosteron

Oxydation zu
Androstendion

Reduktion zu
Testosteron

Abbau der Stickstoffverbindungen.

Allgemeines, Organismen, Enzyme.

Wenn auch der im Betriebsstoffwechsel erfolgende Abbau der stickstoffhaltigen und stickstofffreien Verbindungen in Hinsicht auf den Chemismus nicht immer streng auseinanderzuhalten ist, da vielfach die gleichen Produkte auftreten, etwa organische Säuren, und die Eiweißkörper auch Kohlenhydratgruppen enthalten, so ist die gesonderte Betrachtung doch berechtigt. Denn es handelt sich im wesentlichen um das Schicksal des stickstoffhaltigen Anteils der Eiweißkörper mit seinen Begleiterscheinungen, der quantitativ überwiegt und außerdem von großer theoretischer und praktischer Bedeutung ist, und bei dessen Abbau eine Reihe sehr charakteristischer, oft übelriechender Produkte auftreten: Fäulnis[1]. Es ist auch nicht richtig, wenn diese Vorgänge hier unter der anaeroben Atmung betrachtet werden, zumal, wie S. 198 erwähnt, die Ammoniakbildung meist ein aerober Vorgang ist. Auch wurden dort andere oxydative Umwandlungen von Stickstoffverbindungen beschrieben und schließlich wird der im folgenden zu schildernde Eiweißabbau auch vielfach aerob durchgeführt. Indessen treten bei Zersetzung von Eiweiß, im ganzen gesehen, die unvollkommen oxydierten bzw. reduzierten Stoffe (Schwefelwasserstoff u. a.) so charakteristisch in Erscheinung, daß wir daraus die Berechtigung zur Darstellung an dieser Stelle herleiten können. Das ist auch nötig, um den biologischen Zusammenhang nicht zu sehr zu zerreißen.

Die Fähigkeit, Eiweiß im Betriebsstoffwechsel zu zertrümmern, kommt wohl jedem Organismus zu, da Eiweiß nicht nur als Bestandteil der eigentlichen „lebenden" und dauernd umgebauten Substanz, sondern auch als Reservestoff auftritt und, nach Erschöpfung der zunächst zum Betriebsstoffwechsel herangezogenen Kohlenhydrate und Fette, seinerseits diese Aufgabe erfüllen muß. Dabei wird nicht nur das

---

[1] Man unterscheidet häufig zwischen der anaeroben Fäulnis und der aeroben Verwesung, auch hin und wieder in Hinsicht auf nichtstickstoffhaltige organische Stoffe. Es empfiehlt sich jedoch nicht, solche Begriffe des mehr allgemeinen Sprachgebrauches wissenschaftlich streng zu definieren.

Reserveeiweiß angegriffen, sondern auch das Eiweiß der lebenden Substanz, wie wir bei der Autolyse sehen (S. 175f.). Im folgenden handelt es sich um den Abbau der Eiweißstoffe anderer Herkunft, also nicht aus dem eigenen Organismus. Hierbei wird, wie S. 130f. erwähnt, das Kohlenstoffskelett zur Veratmung bzw. zum Aufbau der Körpersubstanz herangezogen unter Entstehung der charakteristischen Produkte. Bei gänzlicher Zertrümmerung erscheint im Kreislauf der Stoffe aller Stickstoff schließlich in Form von Ammoniak.

Schema des Eiweißabbaues. Durch die Entstehung charakteristischer Umwandlungsprodukte[1] unterscheidet sich der biologische Eiweißabbau von dem rein chemischen Abbau (Hydrolyse) durch Säuren oder Alkali, trotz mancher Übereinstimmung. Bis zu den Aminosäuren entsprechen die Stufen des biologischen Abbaues denen der rein chemi-

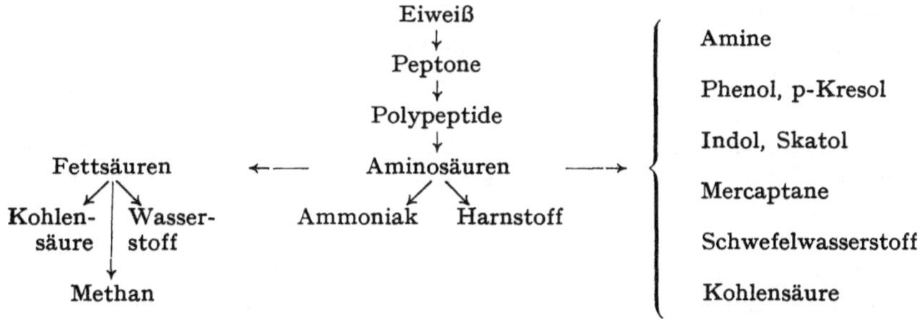

schen Hydrolyse. An den Aminosäuren vollziehen sich nun die zur Entstehung der charakteristischen Produkte der Eiweißfäulnis führenden Vorgänge, die, wie die Umwandlungen der Kohlenstoffverbindungen, durch Kombination von hydrolytischen Spaltungen, Reduktionen, Oxydationen, Kohlensäureabspaltungen und, hinzukommend, von Ammoniak- und Schwefelwasserstoffabspaltungen verlaufen.

Organismen. An der Eiweißzersetzung sind aerobe und anaerobe Mikroorganismen beteiligt. Im allgemeinen kann man sagen, daß sich Eiweißzersetzung mit Anhäufung von Zwischenprodukten, unvollkommen oxydierten und reduzierten Produkten mehr unter anaeroben, unter aeroben Verhältnissen hingegen ein Abbau der Zwischen-, Neben- und Endprodukte organischer Natur, einschließlich der Ammoniakbildung, vollzieht, also eine Mineralisation (vgl. S. 295ff.). Hier finden sich, der allgemeinen biologischen Mannigfaltigkeit entsprechend, alle Abstufungen in der Intensität der Eiweißzersetzung. Unter den Anaeroben besonders bedeutsam ist *Bac. putrificus* (Leichenfäulnis!), unter den fakultativ Anaeroben *Bact. (Proteus) vulgare* und *Bact. coli*. Unter den Aeroben verschiedene Farbstoffbildner, wie *Bact. prodigiosum*, *Ps. fluorescens* und *Ps. aeruginosa*, sodann viele der verbreiteten Sporenbildner des Erdbodens, wie *Bac. subtilis*, *Bac. mycoides*, *Bac. mesentericus*, *Bac. tumescens* usw. Dazu kommen *Actinomycetes* und sehr viele *Pilze*, darunter

---

[1] Durch *Basidiomycetes* kann auch Blausäure gebildet werden: Vgl. S. 123, Anm. 3.

zahlreiche Erdbewohner. Spezifische Keratin-Abbauer scheinen unter den *Actinoplanes*-Arten und ähnlichen Formen zu sein[1].

Enzyme. Die Fähigkeit eines Mikroorganismus zur Eiweißzersetzung läßt sich auf verschiedene Weise nachweisen, z. B. an der Aufhellung von Milch bzw. Casein enthaltenden Agarplatten, natürlich auch durch Nachweis der Spaltprodukte, namentlich des Ammoniaks oder von Schwefelwasserstoff sowie der Bildung von Indol (S. 248f.). Besondere Aufmerksamkeit hat man der Verflüssigung von Gelatine geschenkt, wobei natürlich eine unter Umständen durch Säurebildung erfolgende Verflüssigung berücksichtigt werden muß; und vielfach findet man, z. B. bei der Untersuchung von Boden, die Zahl der Gelatineverflüssiger bzw. -nichtverflüssiger gesondert angegeben. In neuerer Zeit wurde vielfach die Frage erörtert, ob es sich bei dieser Gelatineverflüssigung darum handelt, daß die eiweißlösenden Enzyme von der lebenden Zelle ausgeschieden werden oder ob sie erst durch Autolyse der Zelle frei werden. Man neigt der ersten Ansicht zu, wenigstens soweit es sich um kräftige Eiweißzersetzer handelt[2]. Dagegen ist es möglich, daß bei Mikroorganismen, wie etwa der *Hefe*, die eiweißlösenden Enzyme Endoenzyme sind und erst bei der Autolyse frei werden. Für gewisse anaerobe *Bakterien (Gasbranderreger)* werden sowohl Endo- wie Ektoenzyme angegeben.

Über die Proteinasen der *Bakterien* und *Pilze* ist noch verhältnismäßig wenig bekannt. Sicher ist, daß das Labenzym verbreitet ist. Es handelt sich bei seiner Wirkung um die Entstehung des Calciumsalzes des Caseins. Das Enzym spaltet bei p_H 5,4. Ferner kommt mit Sicherheit Papain verbreitet bei *Bakterien* vor oder doch ihm sehr nahestehende Enzyme. Es spaltet bei neutraler oder schwach saurer Reaktion und wird durch Blausäure aktiviert, auch durch Verbindungen mit Sulfhydrylgruppen, wie Glutathion. Hingegen wurden bei Mikroorganismen Pepsin und Trypsin nicht festgestellt[3], dagegen andere Proteinasen in *Bakterien*: eine in Aeroben *(Ps. fluorescens, Ps. aeruginosa, Bact. prodigiosum, Bac. mesentericus)*, die bei p_H 7 spaltet, ohne Hilfsstoffe arbeitet und einen weiten Wirkungsbereich hat; in Anaeroben *(Gasbranderreger)* eine Aero-Proteinase, ein Ektoenzym, das ebenfalls bei p_H 7 spaltet und ohne Hilfsstoffe arbeitet, jedoch nur Gelatine und Glutin angreift[4]; endlich im gleichen Organismus eine Anaero-Proteinase, die dem Papain ähnelt. Für Dipeptidase wurde auch die Wirkung eines Co-Enzyms nachgewiesen, bestehend aus Cystein + Eisen (oder Mangan)[5].

---

[1] Couch, J. N.: Elisha Mitchell Sci. Soc. **65**, 315 (1949); **66**, 87 (1950). — Gaertner, A.: Arch. Mikrobiol. **23** (1955) (im Erscheinen).

[2] Janke, A.: Zbl. Bakter. I Orig. **144** (Beiheft), 122 (1939).

[3] Maschmann, E.: Erg. Enzymforsch. **9**, 155 (1943).

[4] Wohl ähnlich eine bei *Bac. (Clostridium) welchii* gefundene Proteinase. Bidwell, E., u. W. E. van Hayningen: Biochemic. J. **42**, 140 (1948). — Bidwell, E.: Biochemic. J. **46**, 589 (1950).

[5] Mangan wurde auch als Aktivator von Proteinase bei *Bac. subtilis* festgestellt: Stockton, J. R., u. O. Wyss: J. Bacter. **52**, 227 (1946); bei anderen Bakterien Ca: Gorini, L.: Biochim. et Biophysica Acta **6**, 237, 477 (1950). — Über den Abbau von Peptiden vgl. noch: Greenberg, D. M., u. T. Winnick: Annual Rev. Biochem. **14**, 31 (1945).

Offenbar liegen die Dinge bei den Mikroorganismen sehr viel mannigfaltiger als bei höheren Organismen und darin dürfte auch ein Grund für die Mannigfaltigkeit der mikrobiologischen Zersetzung der Eiweißstoffe liegen; doch stecken unsere Kenntnisse über die enzymatischen Vorgänge des mikrobiologischen Eiweißabbaues noch ganz in den Anfängen.

Abbau der Aminosäuren[1].

Wie gesagt, tritt die Mannigfaltigkeit des mikrobiologischen Eiweißabbaues bei der Verarbeitung der Aminosäuren besonders deutlich in Erscheinung. Wir können folgende Formen des Abbaues unterscheiden:
1 a. Einfache Decarboxylierung unter Bildung von Aminen[2]. Es erfolgt eine Abspaltung von Kohlensäure aus der endständigen Carboxylgruppe der α-Aminosäure, die zur Bildung des betreffenden Amins mit endständiger NH_2-Gruppe führt; das wirksame, in gereinigtem Zustande aus Acetondauerpräparaten erhaltene Enzym bezeichnet man als Amino-carboxylase. Es enthält als Wirkgruppe, an Phosphat verestert, ein Pyridin-Derivat, das Pyridoxal, das zusammen mit Pyridoxamin und Pyridoxin[3] (s. die Formeln) das Vitamin B_6

$$CH_2OH \qquad\qquad\qquad\qquad CH_2NH_2$$

Pyridoxin   Pyridoxal   Pyridoxamin

(Adermin) darstellt. Der Vorgang verläuft jedoch nicht durch direkte Decarboxylierung, sondern über die schon nichtenzymatisch leicht erfolgende Decarboxylierung von Iminosäuren. Die Aminosäure wird zur

$$R \cdot CH(NH_2) \cdot COOH \;\rightarrow\; R \cdot C : NH \cdot COOH \;\rightarrow\; R \cdot CH : NH \;\rightarrow\; R \cdot CH_2NH_2$$
$$\qquad (-H_2) \qquad\qquad\qquad (-CO_2) \qquad\qquad (+H_2)$$

α-Aminosäure   Iminosäure   Imin   Amin

Iminosäure dehydriert, aus dieser Kohlensäure abgespalten, und aus dem entstehenden Imin wird durch Hydrierung das Amin gebildet. Diese Aminbildung liefert rund 20 kcal. Amine sind bedeutsam als Fäulnisbasen (Ptomaine, Leichengift); bei der Eiweißfäulnis entstehen oft die

---

[1] JANKE, A.: Arch. Mikrobiol. **1**, 304 (1930); **15**, 472 (1951). — GALE, E. F.: Bacter. Revs. **4**, 135 (1940).

[2] GALE, E. F.: Adv. Enzymol. **6**, 1 (1946). — KARRER, P.: Schweiz. Z. Path. **10**, 351 (1947). — GUNSALUS, J. C., u. W. W. UMBREIT: J. of Biol. Chem. **170**, 415 (1947). — WERLE, E.: Z. Vitamin- usw. Forschg. (Wien) **1**, 504 (1947/48).

[3] Pyridoxin hat bei *Str. faecalis* nur 1/1000 der Wirksamkeit von Pyridoxal und Pyridoxamin: RABINOWITZ, J. C., u. E. E. SNELL: J. of Biol. Chem. **176**, 1157 (1948).

verschiedensten Amine, von denen unten einige genannt sind. Typische Leichengifte sind das Cadaverin und das Putresin. Cadaverin (Penta-

$$H_2N \cdot CH_2 \cdot CH_2 \cdot CH_2 \cdot CH_2 \cdot CHNH_2 \cdot COOH \text{ Lysin } \rightarrow$$
$$\rightarrow H_2N \cdot CH_2 \cdot CH_2 \cdot CH_2 \cdot CH_2 \cdot CH_2 \cdot NH_2 + CO_2 \text{ Cadaverin.}$$

methylendiamin) entsteht aus dem Lysin; Putrescin (Tetramethylen-diamin) entsteht aus dem Arginin, allerdings nicht direkt, sondern Arginin wird zunächst in Ornithin und Harnstoff gespalten[1]; aus dem Ornithin entsteht dann das Putrescin. Die Bildung der Amine erfolgt

$$HN : C\begin{cases} NH_2 \\ NH \cdot CH_2 \cdot CH_2 \cdot CH_2 \cdot CHNH_2 \cdot COOH \end{cases} \text{Arginin} \quad (+ H_2O) \text{ (über Citrullin) } \rightarrow$$
$$CO(NH_2)_2 + H_2N \cdot CH_2 \cdot CH_2 \cdot CH_2 \cdot CHNH_2 \cdot COOH \text{ Harnstoff } + \text{ Ornithin } \rightarrow$$
$$\rightarrow H_2N \cdot CH_2 \cdot CH_2 \cdot CH_2 \cdot CH_2 \cdot NH_2 + CO_2 \text{ Putrescin.}$$

im übrigen auf dem oben angegebenen Wege. Auf die Bildung von Trimethylamin wird S. 253 eingegangen werden.

Nicht nur die von außen gebotenen Amine können auf solche Weise umgewandelt werden, sondern es vollziehen sich auch im Organismus derartige Vorgänge, wie bei dem Mutterkorn[2] (Sklerotien des Pilzes *Claviceps purpurea*, eines *Ascomyceten*), in dem man das Vorkommen folgender Amine festgestellt hat, auf deren Vorhandensein, neben Alkaloiden, auch die pharmakologische Bedeutung des Mutterkorns beruht: iso-Amylamin (aus dem Leucin), Agmatin (direkt, ohne Harn-stoffabspaltung, aus dem Arginin), Putrescin (s. oben), Phenyläthyl-amin (aus dem Phenylalanin), Tyramin (aus dem Tyrosin), Tryptamin (aus dem Tryptophan), Histamin (aus dem Histidin).

Diese Aminbildung vollzieht sich bei Bakterien in saurer Lösung, während in alkalischer Lösung eine Desaminierung erfolgt[3].

1 b. **Einfache Decarboxylierung unter Bildung von β- und γ-Aminosäuren**[4]. Durch Decarboxylierung von Asparaginsäure wird β-Alanin, von Glutaminsäure γ-Aminobuttersäure gebildet:

$$HOOC \cdot CH_2 \cdot CH(NH_2) \cdot COOH = HOOC \cdot CH_2 \cdot CH_2NH_2 + CO_2$$
$$\text{Asparaginsäure} \qquad\qquad \beta\text{-Alanin}$$

$$HOOC \cdot CH_2 \cdot CH_2 \cdot CH(NH_2) \cdot COOH = HOOC \cdot CH_2 \cdot CH_2 \cdot CH_2NH_2 + CO_2$$
$$\text{Glutaminsäure} \qquad\qquad \gamma\text{-Aminobuttersäure}$$

2. **Desaminierung.** Sie vollzieht sich unter den verschiedensten Begleiterscheinungen; hier seien nur einige Beispiele angeführt:

---

[1] Vgl. RATNER, S.: Adv. Enzymol. **15**, 319 (1954).

[2] STOLL, A.: Chem. Rev. **47**, 197 (1950).

[3] GALE, E. F.: Bacter. Rev. **4**, 135 (1940); Adv. Enzymol. **6**, 1 (1946).

[4] BILLEN, D., u. H. C. LICHSTEIN: J. Bacter. **58**, 215 (1949). — DVAID, W. E., u. C. LICHSTEIN: Proc. Soc. Exper. Biol. a. Med. **73**, 216 (1950). — Auch α-Alanin soll durch Decarboxylierung von Asparaginsäure (an der vom Stickstoff entfernt-stehenden Carboxylgruppe) gebildet werden: MEISTER, A., u. Mitarb.: J. of Biol. Chem. **189**, 577 (1951). — Zur γ-Aminobuttersäure vgl. KATING, H.: Arch. Mikro-biol. **22**, 396 (1955).

Hydrolytische Desaminierung. Streng genommen handelt es sich bei den folgenden Beispielen nicht um eigentliche Aminosäuren, sondern um deren Amide bzw. Harnstoff. Ob es z. B. den Vorgang gibt, in dem aus Alanin durch Wassereintritt unter NH_3-Abspaltung die betreffende Oxysäure, also Milchsäure in diesem Falle (bzw. Oxyphenyl-milchsäure aus Tyrosin), gebildet wird, ist durchaus zweifelhaft; sie erfolgt vielmehr wahrscheinlich über die Ketosäure oder eine unge-sättigte Säure und ist verhältnismäßig stark endotherm (- 6,0 kcal). Im

$$H_2NOC \cdot CH_2 \cdot CHNH_2 \cdot COOH \ (+ H_2O) \qquad \text{Asparagin} \rightarrow$$
$$\rightarrow HOOC \cdot CH_2 \cdot CHNH_2 \cdot COOH + NH_3 \qquad \text{Asparaginsäure}$$

$$H_2NOC \cdot CH_2 \cdot CH_2 \cdot CHNH_2 \cdot COOH \ (+ H_2O) \qquad \text{Glutamin} \rightarrow$$
$$\rightarrow HOOC \cdot CH_2 \cdot CH_2 \cdot CHNH_2 \cdot COOH + NH_3 \qquad \text{Glutaminsäure}$$

übrigen gehören hierher die Bildung von Asparaginsäure aus Asparagin (durch die Asparaginase) und von Glutaminsäure aus Glutamin (durch die Glutaminase). Auch die oben erwähnte Bildung von Or-nithin und Harnstoff aus Arginin (durch die Arginase) gehört hierher, ferner die Bildung von Ammoniak aus Harnstoff durch die Urease. Alle genannten Enzyme sind bei Mikroorganismen weit verbreitet. Als

$$CO(NH_2)_2 (+ 2 H_2O) = (NH_4)_2CO_3.$$
$$\text{Harnstoff} \qquad \text{Ammoniumcarbonat}$$

wirksamer Aktivator fungiert hier die Sulfhydrilgruppe (SH, in Gluta-thion, S. 210, gebunden). Die Ammoniakbildung vollzieht sich jedoch nicht in der hier angegebenen einfachen Form, worauf aber nicht ein-gegangen sei. Harnstoffzersetzer des Bodens sind der sporenbildende *Bac. probatus* (Sammelart für eine Reihe von Bakterien mit anderen Bezeichnungen, z. T. *Urobacillus* genannt) und *Sarcina ureae*, der einzige bekannte Kokkus mit Sporenbildung.

Eigentliche Desaminierung. Sie vollzieht sich schematisch nach der folgenden Übersicht[1], wobei also als zentrale Intermediär-produkte ungesättigte Fettsäuren auftreten und Ketosäuren (diese über ungesättigte Fettsäuren oder über Iminosäuren, vgl. S. 243), die natürlich jeweils weiter umgewandelt werden und so zu der großen Mannigfaltigkeit der entstehenden Produkte führen. Im einzelnen seien folgende Fälle aufgeführt:

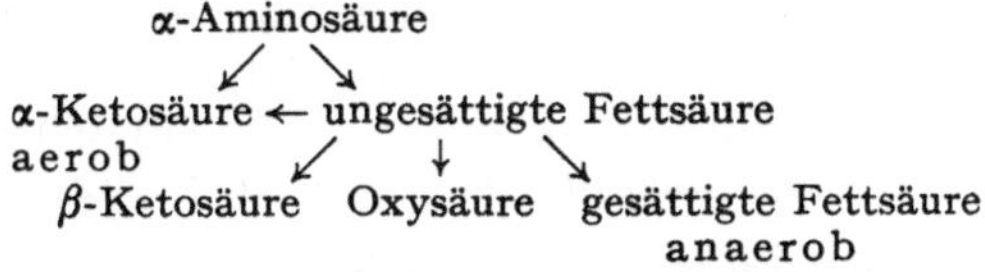

Desaminierung unter Bildung ungesättigter Fettsäuren. So vollzieht sich die Bildung von Fumarsäure aus Asparaginsäure durch

---

[1] Vgl. zu dem folgenden A. JANKE: Arch. Mikrobiol. **15**, 472 (1951).

die Aspartase; das wirksame Enzym wurde aus *Ps. fluorescens* und *Bact. coli* gewonnen:

$$HOOC \cdot CH_2 \cdot CHNH_2 \cdot COOH = HOOC \cdot CH : CH \cdot COOH + NH_3$$

Asparaginsäure   Fumarsäure

Oxydative Desaminierung unter Entstehung des um 1 C-Atom ärmeren Alkohols oder der entsprechenden Säure. Hierher zunächst die alkoholische Gärung der Aminosäuren, auf deren Bedeutung bei der Alkoholgärung bereits S. 211 hingewiesen wurde. Wir betrachten hier nur die Entstehung des Amylalkohols aus dem Leucin, die zwar zu einem Reduktionsprodukt führt, in der einleitenden, zur Ketosäure führenden Phase aber oxydativ ist, wie die Formeln zeigen. Unter Eintritt von Wasser und Dehydrierung tritt eine Ammoniakabspaltung mit

$$\begin{array}{l} H_3C \\ \qquad\diagdown \\ \qquad\diagup \text{CH} \cdot CH_2 \cdot CH(NH_2) \cdot COOH \; (+H_2O + \text{Acceptor}) \rightarrow \\ H_3C \quad \text{Leucin} \end{array}$$

$$\rightarrow \; — CH_2 \cdot CO \cdot COOH + NH_3 + \text{Acceptor} \cdot H_2 \rightarrow$$
α-Ketosäure

$$\rightarrow \; — CH_2 \cdot CHO + CO_2 (+ H_2) \rightarrow \; — CH_2 \cdot CH_2OH$$
Aldehyd   Iso-Amylalkohol

Bildung der betreffenden Ketosäure[1] ein. Diese wird dann decarboxyliert (S. 209) unter Bildung des entsprechenden Aldehyds, der weiter durch Wasserstoff zu dem primären Alkohol reduziert wird. Die wirksame Gruppe der Aminosäure-oxhydrase, die den Wasserstoff aufnimmt und weitergibt, ist ein Alloxazin-dinucleotid, enthält also das Lactoflavin (Vitamin B_2, im gelben Ferment).

Auf ähnliche Weise entsteht aus Glutaminsäure die Bernsteinsäure über α-Ketoglutarsäure und Bernsteinsäurealdehyd, nur erfolgt die Umwandlung des Aldehyds nicht durch Reduktion, sondern führt durch Oxydation zur Säure. Die Glutamino-dehydrogenase enthält als wirksame Gruppe ein Pyridin-nucleotid. Im Gegensatz zur Aminosäure-oxhydrase wirkt sie streng substrat-spezifisch, ferner reversibel.

$$HOOC \cdot CH_2 \cdot CH_2 \cdot CH(NH_2) \cdot COOH \; (+ H_2O) \rightarrow$$
Glutaminsäure

$$\rightarrow \; HOOC \cdot CH_2 \cdot CH_2 \cdot CO \cdot COOH + NH_3 + H_2 \rightarrow$$
α-Ketoglutarsäure

$$\rightarrow \; HOOC \cdot CH_2 \cdot CH_2 \cdot CHO + CO_2 (+ O) \rightarrow HOOC \cdot CH_2 \cdot CH_2 \cdot COOH$$
Bernsteinsäurealdehyd   Bernsteinsäure

Ein eigenartiger Fall der oxydativen Desaminierung liegt vor bei *Diplococcus glycinophilus*, der nur Glykokoll verarbeitet, wobei Essigsäure, Kohlensäure und Ammoniak entsteht[2]. Man nimmt an, daß 2 Glykokollmoleküle sich zu α-β-diamino-Bernsteinsäure,

---

[1] Der Weg zur Ketosäure führt wahrscheinlich über ungesättigte Fettsäure oder über Iminosäure.

[2] CARDON, B. P., u. H. A. BARKER: Arch. of Biochem. **12**, 165 (1947). — BARKER, H. A., u. Mitarb.: J. of Biol. Chem. **173**, 803 (1948); Ann. Inst. Pasteur **77**, 361 (1949). — Von ähnlichem Stoffwechsel *Micrococcus anaerobius*: DOUGLAS, H.: J. Bacter. **62**, 517 (1951).

HOOC · CH(NH$_2$) · CH(NH$_2$) · COOH, kondensieren, die decarboxyliert, desaminiert und oxydiert wird. Die Essigsäure entsteht aus den beiden zentralen C-Atomen, den beiden ursprünglichen CH$_3$-Gruppen des Glykokolls (vgl. S. 252).

Die intermediäre Entstehung von β-Ketosäuren nimmt man an bei Vorgängen, die zu der um 2 C-Atome ärmeren Fettsäure führen: Indolcarbonsäure aus Tryptophan, p-Oxybenzoesäure aus Tyrosin.

Desaminierung unter Entstehung von Oxysäuren wurde bereits S. 245 erwähnt.

Oxydoreduktive Desaminierung am gleichen Aminosäure-molekül (wozu streng genommen auch die Bildung von Amylalkohol aus Leucin zu rechnen wäre) erfolgt in folgenden Fällen. Bei der Desaminierung von Alanin und Serin durch *Bac. (Clostridium) propionicus*[1] werden Propionsäure und Essigsäure neben Kohlensäure und

$$3\ CH_3 \cdot CHNH_2 \cdot COOH\ (+\ 2\ H_2O)$$
Alanin

$$=\ 2\ CH_3 \cdot CH_2 \cdot COOH\ +\ CH_3 \cdot COOH\ +\ 3\ NH_3 +\ CO_2$$
Propionsäure   Essigsäure

$$3\ HOCH_2 \cdot CHNH_2 \cdot COOH\ (+\ H_2O)$$
Serin

$$=\ CH_3 \cdot CH_2 \cdot COOH\ +\ 2\ CH_3 \cdot COOH\ +\ 3\ NH_3 +\ 2\ CO_2.$$
Propionsäure   Essigsäure

Ammoniak gebildet im Verhältnis der angegebenen Formeln. Wahrscheinlich verlaufen diese Vorgänge über Brenztraubensäure, wie für *Bac. subtilis* und *Bact. coli* nachgewiesen wurde[2] (vgl. dazu weiter die Formeln S. 230). Jedenfalls scheint wenigstens teilweise die der Amino-

$$HOCH_2 \cdot CHNH_2 \cdot COOH\ \rightarrow\ CH_2 : CNH_2 \cdot COOH\ +\ H_2O\ \rightarrow$$
Serin   Zwischenprodukt

$$\rightarrow\ CH_3 \cdot CO \cdot COOH\ +\ NH_3$$
Brenztraubensäure

säure entsprechende Fettsäure gebildet zu werden, wie daraus hervorgeht[1], daß *Bacillus propionicus* aus Alanin, Milchsäure, Acrylsäure (CH$_2$: CH · COOH), Serin und Brenztraubensäure die obengenannten Säuren, wenn auch z. T. in anderem Verhältnis, bildet. Und weiterhin wird aus Threonin (CH$_3$ · CHOH · CHNH$_2$ · COOH) Buttersäure gebildet, neben Propionsäure, Kohlensäure und Ammoniak[3]. Bemerkenswert ist noch, daß z. B. Serin, Cystein und Phosphoglycerinsäure primär in gleichartiger Weise abgebaut werden, unter Freiwerden von H$_2$O (s. oben für Serin) bzw. H$_2$S (S. 250 für Cystein), so daß man die Identität (oder wenigstens Ähnlichkeit) von Serin-Desaminase, Cystein-Desulfurase und Phospho-glycerinsäure-Enolase (S. 209) angenommen hat[4].

---

[1] CARDON, B. P., u. H. A. BARKER: J. Bacter. **52**, 629 (1946).

[2] FROMAGEOT, CL., u. Mitarb.: Bull. Soc. Chim. biol. (Paris) **26**, 1115 (1944).

[3] BARKER, H. A., u. T. WIKÉN: Arch. of Biochem. **17**, 149 (1948).

[4] BINKLEY, F.: J. of Biol. Chem. **150**, 261 (1943). — Für die Cystein-Desulfurase wird das allerdings bestritten: KALLIO, R. E.., u. J. R. PORTER: J. Bacter. **60**, 607 (1950).

Eine Oxydoreduktion kann sich auch an **verschiedenen** Aminosäuren[1] vollziehen, wobei die eine zu der entsprechenden Fettsäure reduziert, die andere zur entsprechenden Ketosäure oxydiert wird, beide

$$R_1 \cdot CH_2 \cdot CH(NH_2) \cdot COOH + R_2 \cdot CH_2 \cdot CH(NH_2) \cdot COOH + H_2O \;\rightarrow$$
$$\rightarrow\; R_1 \cdot CH_2 \cdot CH_2 \cdot COOH + R_2 \cdot CH_2 \cdot CO \cdot COOH + 2\,NH_3.$$

unter Desaminierung (STICKLAND-Reaktion), nach dem angegebenen Schema (R_1 und R_2 verschiedene Radikale). Daß dabei Energie zum Betriebsstoffwechsel gewonnen wird, trifft allerdings nicht zu.

Reduktive Desaminierung. Hierbei, gegebenenfalls mit anschließender Decarboxylierung, entstehen aus Dicarbonsäuren die entsprechenden gesättigten Fettsäuren. Ohne nachfolgende Decarboxy-

$$HOOC \cdot CH_2 \cdot CHNH_2 \cdot COOH \qquad \text{Asparaginsäure} \;\rightarrow$$
$$\rightarrow\; HOOC \cdot CH : CH \cdot COOH + NH_3 \quad \text{Fumarsäure } (+\,H_2) \;\rightarrow$$
$$\rightarrow\; HOOC \cdot CH_2 \cdot CH_2 \cdot COOH \qquad \text{Bernsteinsäure}$$

lierung entsteht aus der Asparaginsäure die Bernsteinsäure über Fumarsäure. Durch hinzutretende Decarboxylierung kann aus der Bernsteinsäure weiter Propionsäure gebildet werden (S. 230).

Desaminierung der aromatischen Aminosäuren. Die Desaminierung der Seitenketten der aromatischen Aminosäuren dürfte in ähnlicher Weise erfolgen wie die der entsprechenden aus der aliphatischen Reihe, dabei bleibt der aromatische Kern unangetastet. Im Falle des Tryptophan wird bei *Bact. coli*[2] durch das aus diesem gewonnene Enzym Tryptophanase die Alanin-Seitenkette unter Desaminierung als Brenztraubensäure abgespalten. Der Abbau vollzieht sich also in Hinsicht auf diese Seitenkette ähnlich wie beim Alanin; der aromatische Kern bleibt als Indol erhalten. Bei Formen, die kein Indol bilden,

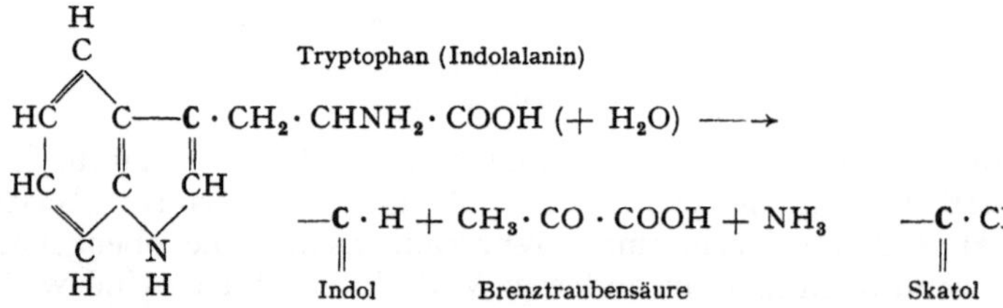

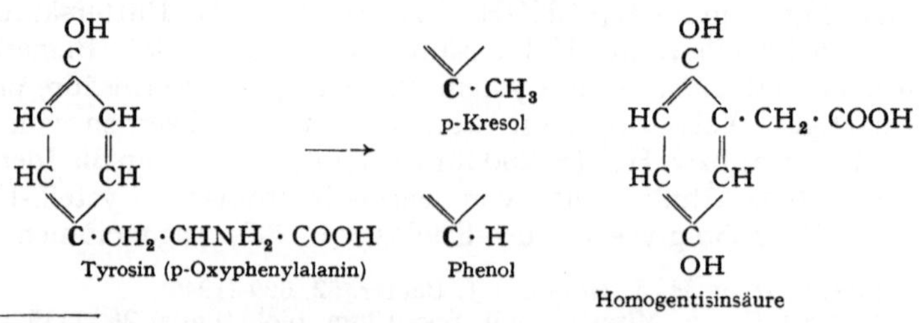

Tryptophan (Indolalanin): $-C \cdot CH_2 \cdot CHNH_2 \cdot COOH$ $(+\,H_2O)$ ⟶ $-C \cdot H$ (Indol) $+ CH_3 \cdot CO \cdot COOH$ (Brenztraubensäure) $+ NH_3$; $-C \cdot CH_3$ (Skatol)

Tyrosin (p-Oxyphenylalanin): $C \cdot CH_2 \cdot CHNH_2 \cdot COOH$ ⟶ $C \cdot CH_3$ (p-Kresol) ; $C \cdot H$ (Phenol) ; $C \cdot CH_2 \cdot COOH$ (Homogentisinsäure)

---

[1] NISMAN, B.: Bacter. Revs. **18**, 16 (1954).

[2] WOOD, W. A., u. Mitarb.: J. of Biol. Chem. **170**, 313 (1947). — DAWES, E. A.: Nature (London) **162**, 229 (1948); Biochemic. J. **43**, 348 (1949). — BEERSTECHER JR., E., u. E. J. EDMONDS: J. of Biol. Chem. **192**, 497 (1951).

führt der Abbau zur Indolessigsäure (β-Indolylessigsäure, S. 253), die als Wuchsstoff (Heteroauxin) noch besondere Bedeutung besitzt. Außerdem kann Indol durch Decarboxylierung der Indolcarbonsäure gebildet werden. Als weiteres Produkt kann Skatol gebildet werden, möglicherweise durch Decarboxylierung von Indolessigsäure. Die entsprechenden Umwandlungen des Tyrosins dürften zum Phenol bzw. p-Kresol führen, wenn auch noch keine völlige Klarheit herrscht[1].

Alle diese Produkte sind sehr charakteristische Begleiterscheinungen der Eiweißfäulnis. Insbesondere hat der Nachweis von Indol diagnostische Bedeutung für die Unterscheidung der Formen gewonnen. Biologisch können die erwähnten Stoffe dem bei Gärungen entstehenden Wasserstoff bzw. Methan in Parallele gesetzt werden, indem je 1 Wasserstoffatom durch den Benzol- bzw. Indolkern ersetzt ist. Es ist jedoch noch nicht zu entscheiden, wieweit diese Parallelität geht, ob also der Chemismus der Entstehung der gleiche ist.

Zertrümmerung des aromatischen Kerns. Sie vollzieht sich vornehmlich auf oxydativem Wege. Bei der Verarbeitung von Tyrosin tritt als Zwischenprodukt die Homogentisinsäure auf (s. Formel S. 248)[2].

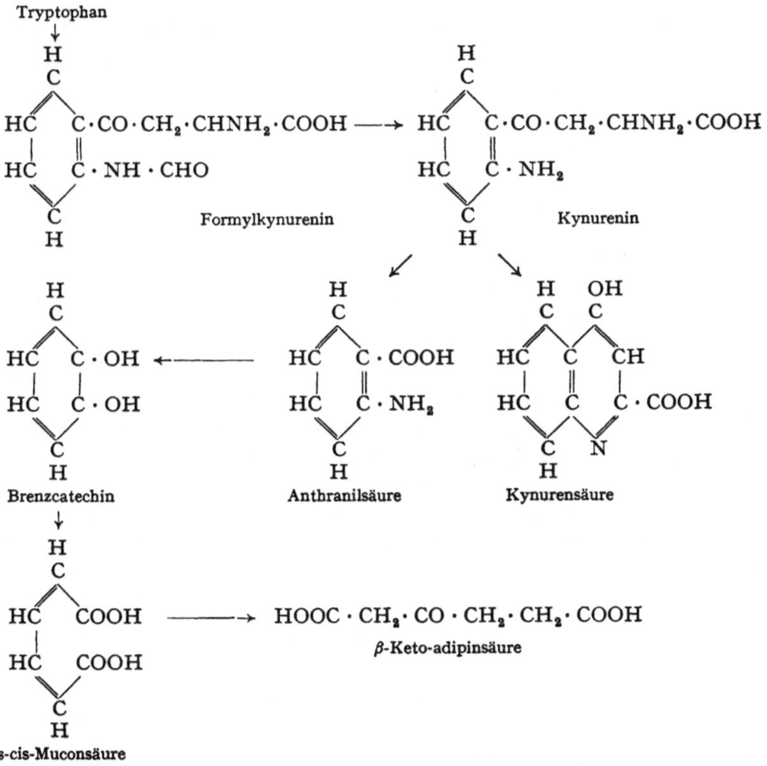

Tryptophan

$HC{=}C\cdot CO\cdot CH_2\cdot CHNH_2\cdot COOH$ (Benzolring mit CH, CH, $C\cdot NH\cdot CHO$) $\longrightarrow$ $HC{=}C\cdot CO\cdot CH_2\cdot CHNH_2\cdot COOH$ (Benzolring mit CH, CH, $C\cdot NH_2$)

Formylkynurenin — Kynurenin

Brenzcatechin ($C\cdot OH$, $C\cdot OH$) $\longleftarrow$ Anthranilsäure ($C\cdot COOH$, $C\cdot NH_2$)   Kynurensäure

Brenzcatechin

$HC{=}C\cdot COOH$, $HC{=}C\cdot COOH$

cis-cis-Muconsäure $\longrightarrow$ $HOOC\cdot CH_2\cdot CO\cdot CH_2\cdot CH_2\cdot COOH$

β-Keto-adipinsäure

---

[1] STONE, R. W., u. Mitarb.: Arch. of Biochem. **21**, 217 (1949).

[2] UTKIN, L. M.: Biochimija **15**, 330 (1950); ref. Ber. wiss. Biol. **72**, 179. — DAGLEY, S., u. Mitarb.: J. Gen. Microbiol. **8**, 1 (1953).

Gut untersucht ist der Abbau von Tryptophan durch *Pseudomonas*-Arten[1], der unter Zertrümmerung des Indol-Fünferringes über Formyl-kynurenin zum Kynurenin verläuft und von dort aus 2 Wege einschlagen kann[2]. Der eine führt zur Kynurensäure (mit Chinolinring; weiterer Weg noch unbekannt), der andere zu Anthranilsäure → Brenzcatechin → cis-cis-Muconsäure → β-keto-Adipinsäure (aromatischer Weg). Die Aufspaltung des aromatischen Ringes erfolgt hier bei Bildung der cis-cis-Muconsäure, also anders als S. 197 beschrieben wurde und anders als dem Syntheseweg (S. 258) entspricht.

Ammoniakbildung. Von den obenerwähnten Fällen abgesehen, ist der Abbau der Aminosäuren stets von einer Desaminierung, Abspaltung von Ammoniak, begleitet. Rein biologisch gesehen vollzieht sich, z. B. im Boden, die Ammoniakbildung unter aeroben Verhältnissen, wie weiter daraus hervorgeht, daß im lagernden, streng anaeroben Stalldünger keine wesentliche Ammoniakbildung erfolgt. Damit stimmt überein, daß die Desaminierung in der Hauptsache ein oxydativer Vorgang ist und an sich energetisch wenig ergiebig ist, bzw. sogar teilweise (wie in dem S. 245 erwähnten Beispiel der Milchsäurebildung aus Alanin) endotherm verläuft.

Abbau der schwefelhaltigen Aminosäuren. Auch die Bildung von **Schwefelwasserstoff** bei der Eiweißzersetzung ist eine Begleiterscheinung der Zertrümmerung von Aminosäuren, soweit sie schwefelhaltig[3] sind, in erster Linie also des Cystins. Sie führt zu dem charakte-

$$S \cdot CH_2 \cdot CHNH_2 \cdot COOH$$
$$|$$
$$S \cdot CH_2 \cdot CHNH_2 \cdot COOH \qquad \text{Cystin } (+ H_2) \to$$

$$\to 2 HS \cdot CH_2 \cdot CHNH_2 \cdot COOH \qquad \text{Cystein} \to CH_2 : CNH_2 \cdot COOH + H_2S \to$$

$$\to (+ H_2O) \to CH_3 \cdot CO \cdot COOH + NH_3$$
$$\text{Brenztraubensäure}$$

ristischen Geruch nach faulen Eiern, ist mit Bleiacetatpapier sehr leicht nachzuweisen und ebenfalls ein wichtiges diagnostisches Hilfsmittel. Cystin wird zunächst reduktiv in 2 Cysteinmoleküle gespalten, aus Cystein wird Schwefelwasserstoff abgespalten durch die als Rohenzympräparat gewonnene Cystein-Desulfurase und unter Wassereintritt erfolgt die Bildung von Brenztraubensäure, dabei sind Metallionen wirksam[4]. Analog erfolgt aus Homocystein ($HS \cdot CH_2 \cdot CH_2 \cdot CHNH_2 \cdot COOH$) Bildung von α-Keto-Buttersäure. In beiden Fällen ist Pyridoxal-Phosphat Cofaktor[5]. In anderen Fällen erfolgt Reduktion

$$HS \cdot CH_2 \cdot CHNH_2 \cdot COOH \ (+ H_2) \to HS \cdot CH_2 \cdot CH_3 + CO_2 + NH_3.$$

---

[1] STANIER, R. Y., u. Mitarb.: J. Bacter. **62**, 355, 367, 691 (1951).

[2] Sie sollen sich nicht ausschließen: MILLER, L., u. Mitarb.: J. of Biol. Chem. **203**, 205 (1953).

[3] Durch *Bact. coli* wird aus Thiofettsäuren nur Schwefel in β-Stellung als H_2S abgespalten: HANSON, H., u. E. MANTEL: Hoppe-Seylers Z. **295**, 141 (1953).

[4] BINKLEY, F.: J. of Biol. Chem. **150**, 261 (1943).

[5] KALLIO, E.: J. of Biol. Chem. **192**, 371 (1951).

·des Cysteins zu Äthylmercaptan. Bei der Eiweißfäulnis entsteht jedoch fast nur Methylmercaptan $(HS \cdot CH_3)$; z. B. wurden bei der Zersetzung von Fibrin 23% des darin enthaltenen Schwefels als Methylmercaptan wiedergefunden; es müssen also noch weitere Umwandlungen erfolgen, oder aber die Bildung erfolgt aus dem Methionin $(CH_3 \cdot S \cdot CH_2 \cdot CH_2 \cdot CHNH_2 \cdot COOH)$. Über die Bildung von Methylmercaptan aus Sulfat siehe S. 238.

Der oxydative Abbau von Wolle durch *Microsporium gypseum* vollzieht sich folgendermaßen[1]: $2 \, RSH \rightleftharpoons R—S—S—R \rightleftharpoons RSH + RSOH$ (Sulfensäure) $\rightarrow RSO_2H$ (Sulfinsäure) $\rightarrow RH + SO_3H_2 \, (\rightarrow SO_4H_2)$.

Phosphorsäure. Der im Eiweiß gebundene Phosphor wird bei der Zersetzung ausschließlich als Phosphorsäure frei, in welcher Form er dort ja auch gebunden ist; quantitativ überwiegt allerdings das Vorkommen in Nucleoproteiden. Daß die Bildung von Phosphorwasserstoff ziemlich unwahrscheinlich ist, wurde S. 205 bereits erwähnt.

Abbau der Nucleoproteide[2].

Die als Bestandteil des Zellkerns bzw. homologer Gebilde, aber auch des Cytoplasmas wichtigen, bei den Mikroorganismen im Vergleich zu den höheren Organismen in noch stärkerem Maße vorhandenen Nucleoproteide werden zunächst durch Proteinasen bis zu Nucleinsäuren aufgespalten; der weitere Abbau erfolgt dann durch besondere Enzyme:

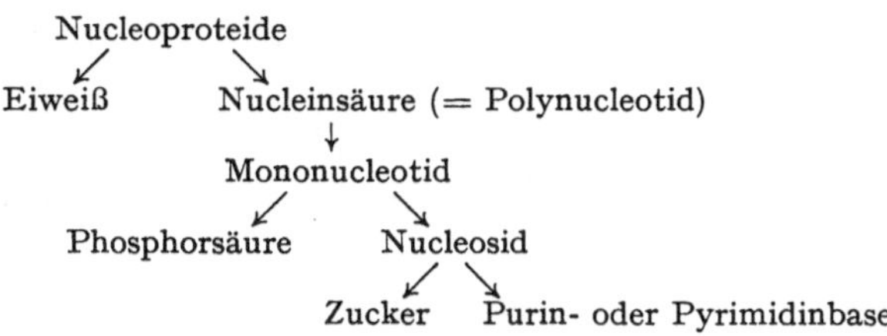

Diese Enzyme, die Nucleasen, spalten die Nucleinsäure in ihre Grundbausteine Purin- und Pyrimidinbasen, Kohlenhydrate (Pentose: D-Ribose bei der Hefenucleinsäure, 2-Desoxy-ribose bei der Thymonucleinsäure; vgl. S. 21 f.) und Phosphorsäure auf über die in dem Schema angegebenen Zwischenstufen mit den jeweiligen Teilenzymen (Polynucleotidasen, Nucleotidasen und Nucleosidasen).

In quantitativer Hinsicht sind die Nucleoproteide sehr verschiedenartig zusammengesetzt, entsprechend auch die Abbauprodukte. Für die Thymonucleinsäure fand man z. B. folgende Bestandteile[3]:

---

[1] STAHL, W. H., u. Mitarb.: Arch. of Biochem. **20**, 422 (1949); **27**, 211 (1950); J. of Biol. Chem. **177**, 69 (1949).

[2] Nucleic acids and Nucleoproteins. Cold Spring Harbor Symp. Quant. Biol. **12** (1947). — Symp. Soc. Exper. Biol. **1** (1947). — DAVIDSON, J. N.: Annual Rev. Biochem. **18**, 155 (1949). — BADDILEY, J.: Annual Rev. Biochem. **20**, 149 (1951).

[3] LEVY, H. B., u. Mitarb.: Arch. of Biochem. **24**, 206 (1949).

	Purinbasen		Pyrimidinbasen	
	Adenin %	Guanin %	Cytosin %	Thymin %
Mycobact. tuberculosis	3,9	10,1	6,8	3,2
Hefe	8,5	5,5	3,9	8,3

Uns interessiert noch das Schicksal der Basen bzw. ihres Stickstoffs. Die Purinbasen werden frei, nachdem die Nucleotidase Phosphorsäure und die Nucleosidase das Kohlenhydrat herausgelöst haben; auf Einzelheiten sei nicht eingegangen. Beispiele für weitere Umwandlungen der Purinbasen seien der Übergang von Adenin in Hypoxanthin und von Guanin in Xanthin, jeweils unter Wassereintritt, die weiterhin auf dem S. 198 angegebenen Wege zu Harnsäure, Glyoxylsäure, Oxalsäure, Kohlensäure und Harnstoff aufgespalten werden. Über den Abbau der Pyrimidinbasen ist noch wenig bekannt, vielleicht verläuft er über Barbitursäure.

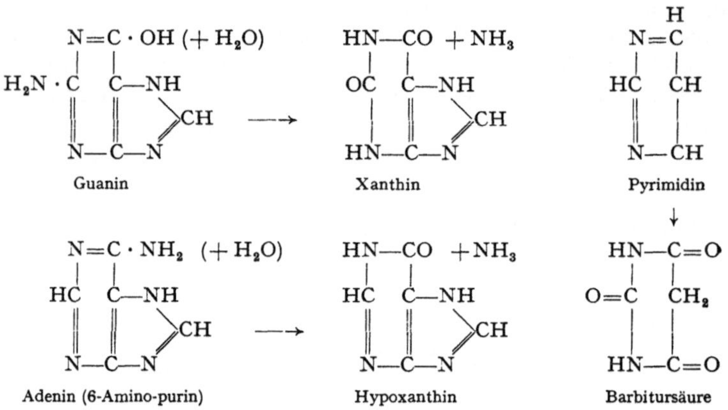

$$
\underset{\text{Guanin}}{
\begin{array}{c}
\mathrm{N}\!=\!\mathrm{C}\cdot\mathrm{OH}\ (+\,\mathrm{H_2O}) \\
\mid \quad\ \mid \\
\mathrm{H_2N}\cdot\mathrm{C}\quad\mathrm{C}\!-\!\mathrm{NH} \\
\|\quad\ \| \quad\ \diagdown \\
\quad\quad\quad\quad \mathrm{CH} \\
\mathrm{N}\!-\!\mathrm{C}\!-\!\mathrm{N}
\end{array}}
\ \longrightarrow\
\underset{\text{Xanthin}}{
\begin{array}{c}
\mathrm{HN}\!-\!\mathrm{CO}\ +\,\mathrm{NH_3} \\
\mid \quad\ \mid \\
\mathrm{OC}\quad\mathrm{C}\!-\!\mathrm{NH} \\
\mid\quad\ \| \quad\ \diagdown \\
\quad\quad\quad\quad \mathrm{CH} \\
\mathrm{HN}\!-\!\mathrm{C}\!-\!\mathrm{N}
\end{array}}
\qquad
\underset{\text{Pyrimidin}}{
\begin{array}{c}
\quad\ \mathrm{H} \\
\mathrm{N}\!=\!\mathrm{C} \\
\mid\quad\ \mid \\
\mathrm{HC}\quad\mathrm{CH} \\
\|\quad\ \mid \\
\mathrm{N}\!-\!\mathrm{CH}
\end{array}}
$$

$$
\underset{\text{Adenin (6-Amino-purin)}}{
\begin{array}{c}
\mathrm{N}\!=\!\mathrm{C}\cdot\mathrm{NH_2}\ (+\,\mathrm{H_2O}) \\
\mid \quad\ \mid \\
\mathrm{HC}\quad\mathrm{C}\!-\!\mathrm{NH} \\
\|\quad\ \| \quad\ \diagdown \\
\quad\quad\quad\quad \mathrm{CH} \\
\mathrm{N}\!-\!\mathrm{C}\!-\!\mathrm{N}
\end{array}}
\ \longrightarrow\
\underset{\text{Hypoxanthin}}{
\begin{array}{c}
\mathrm{HN}\!-\!\mathrm{CO}\ +\,\mathrm{NH_3} \\
\mid \quad\ \mid \\
\mathrm{HC}\quad\mathrm{C}\!-\!\mathrm{NH} \\
\|\quad\ \| \quad\ \diagdown \\
\quad\quad\quad\quad \mathrm{CH} \\
\mathrm{N}\!-\!\mathrm{C}\!-\!\mathrm{N}
\end{array}}
\qquad
\underset{\text{Barbitursäure}}{
\begin{array}{c}
\mathrm{HN}\!-\!\mathrm{C}\!=\!\mathrm{O} \\
\mid\quad\ \mid \\
\mathrm{O}\!=\!\mathrm{C}\quad\mathrm{CH_2} \\
\mid\quad\ \mid \\
\mathrm{HN}\!-\!\mathrm{C}\!=\!\mathrm{O}
\end{array}}
$$

Sehr interessant ist die anaerobe Verarbeitung von Harnsäure, Xanthin und Hypoxanthin zu Kohlensäure, Ammoniak und Essigsäure durch *Bac. acidi-urici*, wobei jedenfalls ein Teil der Essigsäure durch Reduktion der Kohlensäure entsteht. Dabei entsteht Glykokoll als Zwischenprodukt[1]. Weiterhin ist der Stoffwechsel von *Str. allantoicus* (Milchsäurebakterium) bemerkenswert, das Allantoin (S. 198) wie Zucker vergärt unter Bildung von Ammoniak, Harnstoff, Oxamidsäure ($\mathrm{H_2N}\cdot\mathrm{CO}\cdot\mathrm{COOH}$, die damit zum ersten Male als Produkt des Stoffwechsels von Mikroorganismen festgestellt wurde), von Ameisen-, Essig-, Milch- und möglicherweise Glykolsäure[2].

---

[1] KARLSSON, J. L., u. H. A. BARKER: J. of Biol. Chem. **178**, 891 (1949). (Versuche mit markiertem CO_2!). — BARKER, H. A.: Ann. Inst. Pasteur **77**, 361 (1949). RADIN, N. S., u. H. A. BARKER: Proc. Nat. Acad. Sci. USA **39**, 1196 (1953).

[2] BARKER, H. A.: J. Bacter. **46**, 251 (1943).

Abbau sonstiger Stickstoffverbindungen.

Aminozucker (Glucosamin usw.) werden unter Ammoniakbildung durch *Hefen* und *Bakterien* vergoren[1].

Bildung von Trimethylamin. Das den charakteristischen Geruch der Heringslake verursachende Trimethylamin stammt nicht aus den Eiweißstoffen, sondern aus dem Cholin des Lecithins[2]. Lecithin besteht aus Glycerin, das an Stelle je eines Wasserstoffatoms einen Palmitin-säure-, Ölsäure- und Phosphorsäurerest trägt. Der Phosphorsäurerest ist seinerseits noch mit Cholin, $HOCH_2 \cdot CH_2 \cdot N(CH_3)_3OH$, verestert; daraus wird Trimethylamin abgespalten, $(CH_3)_3N$; außerdem entsteht Äthylenglykol $(HO \cdot CH_2 \cdot CH_2 \cdot OH)$[3]. Auch bei der Zersetzung des dem Cholin verwandten, in der Zuckerrübe vorkommenden Betains entsteht Trimethylamin.

Amine werden z. B. durch *Ps. aeruginosa* oxydiert[4].

Eiweißabbau und organische Wirkstoffe.

Es kann nicht übersehen werden, daß bei dem Abbau von Eiweiß Gruppen von hoher physiologischer Wirksamkeit freigelegt werden[5]. Das gilt zunächst für die Aminosäuren selbst, die in außerordentlicher Verdünnung (z. B. das Histidin 1 : 80 Millionen) als Erregungsstoffe bei Reizerscheinungen (Plasmaströmungen) wirken. Cystein ist als Redox-system wichtig, vornehmlich als Bestandteil des Tripeptids Glutathion (S. 210). Auch auf die Bedeutung des β-Alanins als Baustein für das Coenzym A (S. 193) sei nochmals hingewiesen. Das aus dem Histidin entstehende Amin, das Histamin, ist ein wichtiges, gefäßerweiternd wirkendes Gewebshormon. Heteroauxin (β-Indolylessigsäure) ist ein Abbauprodukt des Tryptophans, Vitamin H' (*p*-Amino-benzoesäure) dürfte ebenfalls mit einer Aminosäure im Zusammenhang stehen. Purin-, Pyrimidin- und Pyridingruppen, teilweise in Nucleotiden ge-bunden, sind als Wirkgruppen von Bedeutung; Adenin z. B. ist ein häufiger Bestandteil prosthetischer Enzymgruppen, wie der Co-Zymase. Auch auf die mannigfachen Farbstoffe, deren Herkunft sich offenbar zum großen Teil aus dem Eiweißabbau herleitet und die vielfach als Redoxsysteme fungieren, sei hier hingewiesen (S. 178), ferner auf die mannigfachen Antibiotica mit ähnlicher Entstehung (S. 367f.), zumal auf solche, die Peptide enthalten, endlich auf die Bakterientoxine (S. 386). Bei der sehr verbreiteten günstigen (und auch schädlichen) Wirkung von Mikroorganismen aufeinander (S. 364ff.) und auf höhere Organismen dürfte derartigen Vorgängen auch in der Natur eine große Bedeutung zukommen, wenn man auch noch sehr wenig Kenntnisse

---

[1] LUTWAY-MANN, C.: Biochemic. J. **35**, 610 (1941). — ROGERS, H. J.: Bio-chemic. J. **45**, 87 (1949).

[2] KOCH, A., u. A. OELSNER: Biochem. Z. **94**, 139 (1919).

[3] COHEN, C. N., u. Mitarb.: C. r. Acad. Sci. (Paris) **225**, 647 (1947).

[4] WERLE, E.: Biochem. Z. **306**, 264 (1940). — GALE, E. F.: Biochemic. J. **36**, 64 (1942).

[5] VgL F. LAIBACH, in: Chemie und Physiologie des Eiweißes, S. 127. Dresden u. Leipzig: Th. Steinkopff 1938.

über solche Beziehungen hat, abgesehen von der Belieferung mit organischen Wirkstoffen. Da nun z. B. viele Organismen solche Wirkstoffe auch aus Teilstücken aufbauen können, wie das S. 132f. am Beispiel des Aneurin auseinandergesetzt wurde, so können auch kleine Stoffgruppen große Wirkungen entfalten.

Abbau und Synthese.

Wir kommen nun auf die Frage Abbau und Synthese bei den Heterotrophen zurück. Daß beide energetisch zusammenhängen, wurde S. 167f. ausgeführt. Daß es auch stofflich der Fall sein muß, wurde von KLUYVER[1] auf die Formel gebracht, daß Atmung, Gärung und Synthese sich auf eine Kette „freiwillig vor sich gehender" katalytischer Oxydoreduktionsvorgänge zurückführen lassen. Entstehen dabei energiereichere Produkte, so muß eine entsprechende Energiesenkung durch Entstehen entsprechend energieärmerer stattfinden, wie das ja auch, etwa bei der Alkoholgärung, der Butanolgärung usw., der Fall ist.

Im Verlaufe der obigen Darstellung haben wir eine Reihe von synthetischen Vorgängen kennengelernt, die z. B. für die reinen Kohlenstoffverbindungen, vom Acetyl-Coenzym A und der Oxalessigsäure ausgehend, zu einer Reihe von Körpern mit höherer Kohlenstoffkette führen; es sei auf das Schema S. 193 verwiesen sowie auf die Bildung von Acetylmethylcarbinol, 2, 3-Butylenglykol, Buttersäure, gegebenenfalls Citronensäure usw. Hierbei handelt es sich zweifellos um sekundäre Aufbauvorgänge. Daß primäre Aufbauvorgänge, also die Bildung von zelleigenem Kohlenhydrat bzw. Polysaccharid durch die Mikroorganismen, ebenfalls über die gleichen Zwischenstufen verlaufen, ist anzunehmen. Es sind ja z. B. alle Reaktionen des Kohlenhydratabbaus bis herunter zur Brenztraubensäure reversibel. Im übrigen zeigt das S. 193 wiedergegebene Schema grundsätzlich den Weg, wie Abbauvorgänge mit dem Aufbau nicht nur von Kohlenhydrat, sondern auch von Fett und Eiweiß zusammenhängen. Im einzelnen ist hierbei noch folgendes hinzuzufügen:

Von einfachen Kohlenstoffverbindungen aus kann man meist auf einfachem Wege zu den Produkten gelangen, die zur Synthese führen. Es fragt sich nun, ob auch bei Ernährung, z. B. mit Glucose, unter allen Umständen erst gewisse Abbaustufen durchlaufen werden müssen, wenn zelleigenes Kohlenhydrat bzw. Polysaccharid gebildet werden soll. Die Tatsache, daß z. B. Dextran direkt enzymatisch aus Kohlenhydrat gebildet werden kann (S. 228), ferner Stärke und Glykogen (S. 31f.), zeigt, daß dies nicht der Fall zu sein braucht, offenbar dann, wenn das Ausgangsmaterial im Zuge der Synthese liegt. Indessen soll die Cellulose von *Bact. xylinum* nicht direkt aus Glucose entstehen, sondern über C_3-Körper aufgebaut werden[2].

---

[1] KLUYVER, A. J.: Arch. Mikrobiol. **1**, 181 (1930).
[2] BOURNE, E. J., u. H. WEIGEL: Chem. a. Ind. **1954**, 132. — MINOR, F. W., u. Mitarb.: J. Amer. Chem. Soc. **76**, 1658 (1954).

Eine weit schwierigere Frage ist allerdings die, ob bei dem sich an organischen Verbindungen abspielenden Betriebsstoffwechsel die Umwandlung stets direkt vor sich geht oder ob zunächst primäre Synthesen bis zu zelleigenem Kohlenhydrat bzw. Polysaccharid erfolgen. Diese Möglichkeit wurde bereits für die Alkoholgärung der *Hefe* (S. 207), von *Fusarium* (S. 221) und der Citronensäuregärung (S. 185) angedeutet. Daß zum wenigsten teilweise dieser Weg beschritten wird, ist klar, da die Zelle ja Kohlenhydrat bzw. Polysaccharid speichert. In welchem Ausmaße man unter Umständen mit solchen primären Synthesen zu rechnen hat, ist noch völlig unbekannt.

Für die Möglichkeit der Entstehung eines Kohlenhydrates auf mehrfachem Wege diene die Ribose als Beispiel, die nach S. 194 f. durch Abbau von Glucose gebildet werden kann oder auch aus Xylose[1], bei *Bact. coli* und anderen Bakterien jedoch durch Synthese aus Glycerinaldehyd + Acetaldehyd (Desoxy-ribose) bzw. aus Glycerinaldehyd + Glykolaldehyd (Ribose)[2].

Der **Aufbau von Eiweiß** ist, wenn auch noch nicht in allen Einzelheiten geklärt, grundsätzlich von den Intermediärprodukten aus verständlich[3].

Hefe vermag aus Brenztraubensäure und Ammoniak, bei gleichzeitiger Reduktion, die Aminosäure Alanin zu bilden und *Hefe* und *Bact. coli* auf die gleiche Weise Glutaminsäure aus α-Ketoglutarsäure. Ferner bildet die bei *Hefe* und *Bakterien* gefundene Aspartase das

$$CH_3 \cdot CO \cdot COOH \ (+NH_3 + H_2) = CH_3 \cdot CHNH_2 \cdot COOH + H_2O$$

Brenztraubensäure · Alanin

$$HOOC \cdot CH : CH \cdot COOH \ (+ NH_3) \leftrightharpoons HOOC \cdot CH_2 \cdot CHNH_2 \cdot COOH$$

Fumarsäure · Asparaginsäure

reversible System Asparaginsäure ⇋ Fumarsäure. Wie auf S. 122 erwähnt, betrachtet man die genannten Aminosäuren als Primärprodukte der Eiweißsynthese. In ähnlicher Weise könnte man sich also die Entstehung anderer Aminosäuren vorstellen. Weiter kommt hinzu, daß zahlreiche Bakterien vermittels einer Transaminase auf dem Wege der *Umaminierung* aus einer Aminosäure und α-Ketosäure die Aminosäure bilden können, die der Ketosäure entspricht, also z. B. aus Alanin

$$CH_3 \cdot CH(NH_2) \cdot COOH + HOOC \cdot CH_2 \cdot CH_2 \cdot CO \cdot COOH \rightarrow$$

Alanin · α-Ketoglutarsäure

$$\rightarrow CH_3 \cdot CO \cdot COOH + HOOC \cdot CH_2 \cdot CH_2 \cdot CH(NH_2) \cdot COOH$$

Brenztraubensäure · Glutaminsäure

und α-Ketoglutarsäure die Glutaminsäure usw. Als Co-Enzym wirkt dabei Pyridoxalphosphat (S. 243). Diese Umaminierung schien zunächst

---

[1] LAMPEN, J. O.: J. of Biol. Chem. **204**, 999 (1953).

[2] RACKER, E.: J. of Biol. Chem. **196**, 347 (1952). — MARMUR, J., u. F. SCHLENK: Arch. of Biochem. a. Biophysics **31**, 337 (1951). — LANNING, M. C., u. S. C. COHEN: J. of Biol. Chem. **207**, 193 (1954).

[3] BOELL, E. J.: Dynamics of growth processes. Princeton Univ. Press 1954 (darin: NOVICK, A., u. L. SZILARD: Aminosäuresynthese bei *Bakterien*). — Ebenso bei *Hefe*: ABELSON, PH. H.: J. of Biol. Chem. **206**, 335 (1954).

mehr oder weniger spezifisch zu sein und für aromatische Aminosäuren ungeeignet, was aber doch wohl nicht zutrifft; für einige Bakterien waren 14 aliphatische und aromatische Aminosäuren geeignet[1].

Zusammen mit den geschilderten Vorgängen liefert der im Schema (S. 193) dargestellte Gang des Kohlenhydratabbaus (auch die S. 128 erwähnte Verknüpfung der Ammoniakverarbeitung mit der aeroben Atmung zeigt diesen Zusammenhang) eine Reihe von Produkten, von denen aus weitere Synthesen im Zuge des Eiweißaufbaus erfolgen können. So ist Oxalessigsäure als Ausgangspunkt der Bildung von Purin- und Pyridinkernen nachgewiesen. Auch im weiteren Verlaufe deckt sich vielfach der Weg des Aufbaus und des Abbaus, was am Beispiel der Argininsynthese[2] aus Glutaminsäure über Ornithin → Citrullin, wobei ein Seitenweg zwischen Glutaminsäure und Ornithin zum Prolin führt. Gezeigt sei, wie dieser Weg durch die Analyse mit Hilfe der S. 66 erwähnten Mutanten von *Neurospora crassa*, aber auch von anderen Pilzen und von Bakterien, ermittelt wurde, und die sich völlig mit dem S. 244 geschilderten umgekehrten Weg des Abbaus deckt (der bei Mikroorganismen übrigens auch der gleiche ist wie etwa in der Leber der Säugetiere).

Werden z. B. Mutanten gewonnen, denen die Fähigkeit fehlt, eine bestimmte Aminosäure zu bilden (hier das Arginin), so finden sich darunter verschiedene Stufen der Mutanten, indem frühere Schritte der Synthese in einem bestimmten Gen blockiert sind, etwa durch das Fehlen des zu diesem Schritt notwendigen

<hr>

[1] Literatur bei KATING, H.: Siehe S. 122, Anm. 8.

[2] Vgl. die Darstellung bei J. W. FOSTER: Chemical activities of Fungi. New York: Academ. Press 1949. — ABELSON, P. H., u. Mitarb.: Proc. Nat. Acad. Sci. USA **39**, 1020 (1953). — ADELBERG, E. A.: Bacter. Revs. **17**, 253 (1953). — Zum Arginin vgl. noch S. RATNER: Adv. Enzymol. **15**, 319 (1954).

enzymatischen Faktors. Es handelt sich also um eine Anzahl von Genen (Nicht-Allele), von denen jedes einzelne mutierte Gen zum Verlust der Fähigkeit zur Argininsynthese führt, allerdings durch Eingreifen auf verschiedener Stufe der Synthese. Das Zwischenprodukt, dessen Bildung noch möglich ist, muß sich daher anreichern. Und andererseits können diese Zwischenprodukte die fertige Aminosäure (die bei der Verlustmutante natürlich zur Nährlösung zugegeben werden muß, falls Wachstum erfolgen soll) ersetzen, falls die Blockierung nicht vorhanden ist. In ähnlicher Weise wurde festgestellt, daß über Anthranilsäure → Indol + Serin → Tryptophan[1] gebildet wird, aus Cystein + Homoserin → Cystathionin → Homocystein → Methionin, aus Tryptophan → Kynurenin → weiteres Zwischenprodukt → 3-Oxy-anthranilsäure → Nicotinsäure; Glykokoll wird in Adenin und Guanin eingebaut usw.

$$\text{Acetyl-Coenzym A} + \text{Essigsäure} + 2\,H_2 \rightarrow \text{Buttersäure}$$
$$\text{Butyl-Coenzym A} + \text{Essigsäure} + 2\,H_2 \rightarrow \text{Capronsäure usw.}$$

Die Entstehung von Fett geht auf jeden Fall von der C_2-Kette der Essigsäure[2] aus (wodurch die gerade Anzahl der C-Atome in den Fettsäuren erklärt wird), wie bei Prüfung von „acetatlosen" *Neurospora*-Mutanten[3] und sonstigen Stoffwechselversuchen u. a. mit der Isotopentechnik[4] nachgewiesen wurde. Auch für die Synthese von Carotinoiden[5] und Sterinen[3] scheint dies der Fall zu sein. Eigentlicher Ausgangspunkt ist wieder „aktivierte Essigsäure", Acetyl-Coenzym A. Der Vorgang verläuft über Ketosäuren (Gegenstück zur β-Oxydation der Fettsäuren, S. 192), die durch Wasserstoff reduziert werden. Dieser Wasserstoff mit seiner Anhäufung potentieller Energie in den Fettsäuren muß natürlich im Betriebsstoffwechsel bereitgestellt werden, was auf dem Wege ausgiebiger Atmung geschieht, die ja für die Fettbildung so wichtig ist (S. 33).

Einen in dieser Hinsicht sehr aufschlußreichen Stoffwechsel zeigt *Bac. Kluyveri*[6], der aus Äthylalkohol und Essigsäure Buttersäure, Capronsäure und freien Wasserstoff bildet, ein Vorgang, der natürlich nur möglich ist, weil der Äthylalkohol bereits Wasserstoff mitbringt.

Sehr wichtig ist die Entstehung der aromatischen Komplexe, vornehmlich im Eiweiß bzw. den sich daraus herleitenden Produkten. Auch hier stellt man sich, wenigstens teilweise, den Aufbau in umgekehrter Weise wie den S. 197 erwähnten Abbau, also Herstellung des Benzolrings mit seinen Doppelbindungen über die Shikimisäure[7] aus Oxy-

---

[1] Die cyclischen Aminosäuren Tyrosin, Tryptophan, Phenylalanin entstehen nicht auseinander, sondern aus gemeinsamer Vorstufe.

[2] Vgl. die Literatur S. 66, Anm. 2. — Bei *Fusarium lini* findet sich die Essigsäure (markiert) im Fett, Glucose im Mycel: COLEMAN, R. J., u. Mitarb.: Arch. of Biochem. a. Biophysics **40**, 102 (1952).

[3] OTTKE, R. C., u. Mitarb.: J. of Biol. Chem. **186**, 581 (1950); **189**, 429 (1951).

[4] LABBE, R. F., u. Mitarb.: J. of Biol. Chem. **197**, 655 (1952).

[5] SCHOPFER, W. H., u. E. C. GROB: Experientia (Basel) **8**, 140 (1952).

[6] STADTMAN, E. R., u. H. A. BARKER: J. of Biol. Chem. **184**, 769 (1950).

[7] DAVIS, B. D.: J. Bacter. **64**, 729, 749 (1952); **66**, 129 (1953). — TATUM, E. L., u. Mitarb.: Proc. Nat. Acad. Sci. USA **40**, 271 (1954). — Vgl. jedoch M. GORDON u. Mitarb.: Proc. Nat. Acad. Sci. USA **36**, 427 (1950).

Cyclohexanen, als deren Vorläufer man wiederum die Citronensäure annimmt, die rein chemisch aus Chinasäure gewonnen werden kann. Die dort erwähnte Bildung von Protocatechusäure aus Chinasäure würde ebenfalls dafür sprechen, ferner die S. 39 erwähnte Bildung des Farbstoffs Tetraoxy-benzochinon aus Inosit, der vielfach als Ausgangsprodukt für die Synthese des Benzolringes angesehen wird. Indessen würde der S. 249 erwähnte Abbau des Tryptophans über cis-cis-Muconsäure nicht in das hier skizzierte Schema passen. Es muß jedoch angenommen werden, daß den Organismen verschiedene Wege zur Verfügung stehen[1]. Als Ergänzung zu S. 197 seien noch einige Formeln zusammengestellt:

$$
\begin{array}{cccc}
\text{HO} \;\; \text{COOH} & \text{HO} \;\; \text{COOH} & & \\
\diagdown\diagup & \diagdown\diagup & \text{HOH} & \text{H}_2 \\
\text{C} & \text{C} & \text{C} & \text{C} \\
\diagup\diagdown & \diagup\diagdown & \diagup\diagdown & \diagup\diagdown \\
\text{H}_2\text{C} \;\; \text{CH}_2 & \text{H}_2\text{C} \;\; \text{CH}_2 & \text{HOHC} \;\; \text{CHOH} & \text{H}_2\text{C} \;\; \text{CH}_2 \\
| \qquad | & | \qquad | & | \qquad | & | \qquad | \\
\text{HOOC} \;\; \text{COOH} & \text{HOHC} \;\; \text{CHOH} & \text{HOHC} \;\; \text{CHOH} & \text{H}_2\text{C} \;\; \text{CH}_2 \\
& \diagdown\diagup & \diagdown\diagup & \diagdown\diagup \\
& \text{C} & \text{C} & \text{C} \\
& \text{HOH} & \text{HOH} & \text{H}_2 \\
\text{Citronensäure} & \text{Chinasäure} & \text{Inosit} & \text{Cyclohexan}
\end{array}
$$

Im übrigen sei nochmals auf den möglichen Zusammenhang der Bildung aromatischer Gruppen mit dem Eiweißstoffwechsel (S. 200) hingewiesen. Einer Verallgemeinerung dürfte vielleicht die Bildung ligninartiger Stoffe aus Zucker durch Pilze (S. 197) widersprechen.

Besonderes Interesse hat noch die Synthese „ausgefallener" Stoffe, z. B. der Antibiotica. Beim Penicillin (Formel S. 365) erfolgt sie über die Kondensation von L-Cystein, D-β-Oxyvalin und einer Carbonsäure ähnlich β-Oxy-dimethyl-brenztraubensäure oder Dimethyl-brenztraubensäure[2], wie man sieht, aus Bestandteilen, die dem Stoffwechsel durchaus entsprechen. Sonderbar ist lediglich die eigenartige Verknüpfung, die offenbar erfolgt, wenn das normale Zellgetriebe in Unordnung geraten ist. Daß dies bei der Autolyse, bei der vielfach solche Stoffe gebildet werden, der Fall sein kann oder muß, ist verständlich.

Die Stellung der Mikroorganismen in der Natur.
Allgemeines über Zahl und Vorkommen.

Allgemeines. Bei der Stellung der Mikroorganismen in der Natur interessiert zunächst ihre Zahl an den jeweiligen Standorten. Hierbei ergibt sich aus der Unvollkommenheit der Methodik eine grundsätzliche Schwierigkeit[3]: Zwar lassen sich die „Allerweltsorganismen" leicht vermittels des Kochschen Plattenverfahrens (S. 6) ermitteln, und das

---

[1] Für Tyrosin nimmt man auch Entstehung aus Glucosefragmenten ($C_3 + C_4$ oder $C_5 + C_2$) an: EHRENSVÄRD, G., u. L. REIO: Arch. Kemi 5, 229, 327 (1953).

[2] HOCKENHULL, D. J. D., u. Mitarb.: Arch. of Biochem. 23, 160 (1949).

[3] Das gilt allgemein, nicht nur hinsichtlich der Zahl; vgl. S. WINOGRADSKY: Ann. Agronom. 1939, 1.

Verdünnungsverfahren (S. 5f.) gibt eine weitere Ergänzung sowohl hinsichtlich der Zahl als auch der Tätigkeit der physiologischen Gruppen (*Ammoniakbildner, Cellulosezersetzer, Stickstoffbinder, Nitrifikanten* usf.). Aber es bleibt, abgesehen von der rein technisch oft schwer zu bewältigenden Aufgabe, die allein schon für das KOCHsche Plattenverfahren verschieden zusammengesetzte Nährböden verlangt, ein weit größerer Rest, der sich nicht erfassen läßt. Während z. B. das Plattengießen je 1 g guten Bodens etwa 100 Millionen *Bakterien* ergibt, zeigt die mit besonderer Methodik vorgenommene direkte mikroskopische Zählung (S. 10) in der gleichen Menge Boden deren 1—5 Milliarden[1], die sich bei fluorescenzmikroskopischen Untersuchungen als lebend erwiesen[2]. *Basidiomycetes* können mit den heute bekannten Methoden überhaupt noch nicht erfaßt werden. Doch hat man in 1 g Boden Pilzmycel von 10—30 m Länge festgestellt (bei 1—5 Milliarden Bakterien, vgl. S. 303)[3]. Diese Schwierigkeit, die natürlich nicht nur für den Boden gilt, sondern auch z. B. für das Wasser mit seinen schwer züchtbaren *Spirillum*-Arten usw., bedingt, daß es nur in Extremfällen möglich ist, die Zahl in einem natürlichen Standort so zu ermitteln, daß sie das Typische des Standortes umfassend wiedergibt, wie wir an einigen Beispielen noch sehen werden. Endlich ist zu beachten, daß die Mikroflora an ihrem jeweiligen Standort einem ständigen Wechsel unterliegt, wie aus den späteren Ausführungen ersichtlich werden wird.

Die Mikroflora als Aufwuchsflora.

Wir unterscheiden zweckmäßigerweise primäre und sekundäre Standorte. Primärer Standort ist in allen Fällen die feste Phase von Boden und Wasser, sekundärer deren flüssige Phase, ferner sonstige Flüssigkeiten, wie Milch (S. 226f.) u. a., die Luft und die höheren Organismen. Das mag auffallend erscheinen. Aber in nicht verunreinigten Gewässern (Meer, Seen, Flüsse) ist die Zahl der Mikroorganismen sehr gering. Für den Lunzer Untersee (Österreich) ergaben sich z. B. folgende Zahlen[4].

Verteilung der Mikroorganismen im Lunzer Untersee; Zahlen je 1 cm³ in Seemitte.

Wasser	0 m Tiefe	50 Mikroorganismen	
,,	1 m ,,	0[1]	,,
,,	15 m ,,	90	,,
,,	33 m ,,	80	,,
Schlamm	1,6 cm Tiefe[2]	45 500	,,
,,	6,4 cm ,,	400 000	,,

[1] Zahl wahrscheinlich zu niedrig (Zufallsergebnis). [2] Schlamm in 33 m Tiefe.

[1] Hinsichtlich der räumlichen Unterbringung vgl. S. 14f., hinsichtlich der absoluten Masse S. 303.

[2] ROUSCHAL, CHR., u. S. STRUGGER: Naturwiss. **31**, 300 (1943). — Vgl. aber S. 11: Über die fluorescenz-mikroskopische Untersuchung der Bakterien-Mikroflora vgl. BURRICHTER, E.: Z. Pflanzenernährg. **63**, 154 (1953).

[3] JENSEN, H. L.: Agr. Sci. Finland **23**, 127 (1953).

[4] KLEIN, G., u. M. STEINER: Österr. bot. Z. **78**, 289 (1929). — Ferner für Meerwasser: BAVENDAMM, W.: Siehe S. 311, Anm. 6.

Die Hauptmasse der Mikroorganismen sitzt also im Bodenschlamm. Nur bei Verschmutzung des Wassers steigt die Zahl der Mikroorganismen erheblich an, um nach Verbrauch der leicht löslichen organischen Stoffe wieder abzusinken. Allerdings werden mit den üblichen Zählmethoden die Spezialformen des Wassers (*Purpurbakterien*, andere *Spirillum*-Arten usf.) nicht erfaßt; aber auch für diese dürfte der Schlamm das Reservoir darstellen, von dem aus jeweils die Besiedlung des Wassers vor sich gehen kann. Jedenfalls gilt für die Hauptmasse der die Mineralisationsvorgänge (S. 291) durchführenden Mikroorganismen, also auch für die großen Stoffumsetzungen in der Natur: Der Bodenschlamm ist die Hauptstätte der Verarbeitung der organischen Stoffe im Wasser. Es kommt hinzu, daß sich auf den im Wasser befindlichen Wasserpflanzen eine reiche epiphytische (periphytische) Mikroflora befindet[1] (vgl. weiter S. 262f.).

Für den festen Boden gilt ein gleiches: Beim Verdrängen der wäßrigen Phase durch Pressen unter hydraulischem Druck oder durch geeignete Flüssigkeiten fanden sich im Mittel von 3 Böden in der wäßrigen Phase nur 7300 Mikroorganismen in 1 cm^3 gegen 2510000 je 1 g des zurückbleibenden Bodens[2]. Das hat seinen Grund einmal darin, daß Mikroorganismen von den festen organischen und anorganischen Bodenbestandteilen adsorbiert werden, nach den einzelnen Arten verschieden stark, wobei sogar „Adsorptionsaustausch" stattfinden kann; zum anderen darin, daß durch die unmittelbare Berührung mit den festen Teilen die Nährstoffversorgung günstiger ist (Abb. 97, S. 267). Denn nur die wasserlöslichen Bestandteile organischer Stoffe können sich in der wäßrigen Phase finden, die wasserunlöslichen aber, die den Hauptteil, vor allem als Humusstoffe (S. 303 ff.) in vorgeschrittenem Zersetzungsstadium, bilden, in der festen Phase vorhanden sein müssen. Auch im Boden steigt nach Zugabe löslicher organischer Substanz die Zahl der Mikroorganismen in der Bodenlösung stark an und fällt nach deren Abbau wieder ab. Und weiterhin ist auch im Boden eine verbreitete epiphytische Mikroflora auf den Wurzeln vorhanden, wie später noch auszuführen sein wird (S. 322f.).

Die primäre Mikroflora ist somit eine Aufwuchsflora, und von ihr aus erfolgt die Besiedlung der sekundären Standorte.

Keimgehalt der Luft.

Es ist klar, daß die freie Luft kein eigentlicher Standort für Mikroorganismen sein kann; sie werden hier lediglich durch Luftströmungen verbreitet, insbesondere durch mitgeführten Staub. Wenn in ihr besonders häufig kleine *Kokken* gefunden werden, so hat das offenbar seinen Grund in der leichten Schwebefähigkeit und somit Verbreitungsmöglichkeit dieser Formen. Im allgemeinen nimmt der Mikroorganismengehalt

---

[1] Einige Literatur bei A. RIPPEL: Zbl. Bakter. I Orig. **144**, 275* (1939). — Es scheint sich oft um ein obligates Zusammenleben zu handeln: Vgl. L. GEITLER [Österr. bot. Z. **101**, 304 (1954)] für die Bakterienbesiedlung einer Rotalge.

[2] NOVOGRUDSKY, D. M.: Mikrobiologija **5**, 364, 623; **6**, 571 (1937).

nach der Höhe ab und ist im Winter geringer als im Sommer, in Luft tropischer Herkunft höher als in polarer Luft[1]. In 1 m³ Luft waren in München enthalten an Mikroorganismen:

26. November in   516 m Höhe (Meereshöhe von München) 519 Keime
26.   ,,   ,, 1000 m   ,,   53   ,,
15. Februar   ,, 516 m   ,,   165   ,,
15.   ,,   ,, 1100 m   ,,   27   ,,
15.   ,,   ,, 1500 m   ,,   100   ,,

In anderer Gegend hat man noch in 7000 m Höhe *Bakterien, Actinomyceten, Pilze* (während die früher festgestellten *Hefen* fehlten), in der Luft gefunden[2]; sogar noch in der Stratosphäre bei über 11 km Höhe und —55°C[3].

In Wohnräumen fallen auf eine geöffnete, mit Nähragar oder Nährgelatine beschickte Petrischale je Minute 1—10 *Bakterien* und *Pilz*sporen, in Ställen erheblich mehr (mehrere 100).

In der Luft sowie an anderen belichteten Standorten (z. B. auf Stroh, das im Freien lagerte), finden sich auffallend viele gefärbte Mikroorganismen. Man fand in der Luft 47%, im Schlamm 7% gefärbte Bakterien, im Durchschnitt auf 1 Platte an Luftkeimen: 5,11 gelbe, 3,33 rote, 1,88 orange und keine blauen[4], offenbar als Wirkung einer Selektion im Sinne des S. 146 erwähnten Strahlenschutzes mit einem Überwiegen der gelben Keime. Entscheidend ist, daß unter natürlichen Verhältnissen im Sonnenlicht die Wirkung der längerwelligen Ultraviolettstrahlung (etwa 380 mμ) stärker ist als die der kürzerwelligen. Auf ähnliche Ursachen ist wohl zurückzuführen, daß im Freiland als häufigster Pilz (in Sporenform) *Cladosporium herbarum* gefunden wurde (Anteil 33—50%), der braungefärbte Sporen besitzt[5].

Keimgehalt des Wassers[6].

Das aus tieferen Erdschichten stammende Quellwasser und das Grundwasser sind keimarm (höchstens 100 Keime je 1 cm³) infolge der Keimarmut der tieferen Erdschichten in Verbindung mit der Adsorption der Mikroorganismen durch die Bodenbestandteile. Nur wenn aus irgendeiner Infektionsquelle (etwa Jauchegruben) Bakterien in das Quell- oder Grundwasser gelangen, steigt der Keimgehalt an, und es besteht die Gefahr einer Verseuchung mit pathogenen Keimen. Doch

[1] PADY, S. M., u. C. D. KELLEY: Canad. J. Bot. **32**, 202 (1954).
[2] PROKTOR, B. E.: J. Bacter. **30**, 363 (1935).
[3] WOLTERECK, H.: Klima, Wetter, Mensch. Leipzig: Quelle & Meyer 1938.
[4] FÜCHTBAUER, H.: Arch. Mikrobiol. **16**, 40 (1951).
[5] RENNERFELT, E.: Sv. bot. Tidskr. **41**, 283 (1947). — AINSWORTH, G. C.: J. Gen. Microbiol. **7**, 358 (1952). — PADY, S. M., u. L. KAPICA: Canad. J. Bot. **31**, 309 (1953). — Ferner Anm. 1.
[6] WYNGAERT, CH. DE: Microorganismes de nos eaux douces. Lausanne: Rouge u. Cie. 1947. — BEGER, H.: Leitfaden der Trink- und Brauchwasserbiologie. Stuttgart: Piscator-Verlag 1950ff. — PRESCOTT, S. C., u. Mitarb.: Water Bacteriology, 6. Aufl. New York: J. Wiley a. Sons; London: Chapman a. Hall 1950.— Vom Wasser. Jahrbuch (1 Band jährlich). Weinheim/Bergstr.: Verlag Chemie.

kann es vorkommen, daß Grundwasser hygienisch nicht ganz einwandfrei ist, ohne daß der Gehalt an Mikroorganismen dafür verantwortlich
zu machen wäre, wenn nämlich aus sauerstoffarmer Tiefe kommendes
Wasser reduzierte bzw. nichtoxydierte Verbindungen enthält (Ferroverbindungen (S. 312), Ammoniak, unter Umständen etwas Schwefelwasserstoff[1]). Diese Stoffe werden künstlich durch Lüftung oder
Adsorption entfernt, wenn das Wasser als Trinkwasser verwendet
werden soll. Oberflächenwasser ist immer mehr oder weniger mit
Mikroorganismen verunreinigt, namentlich in dichtbesiedelten Gegenden.

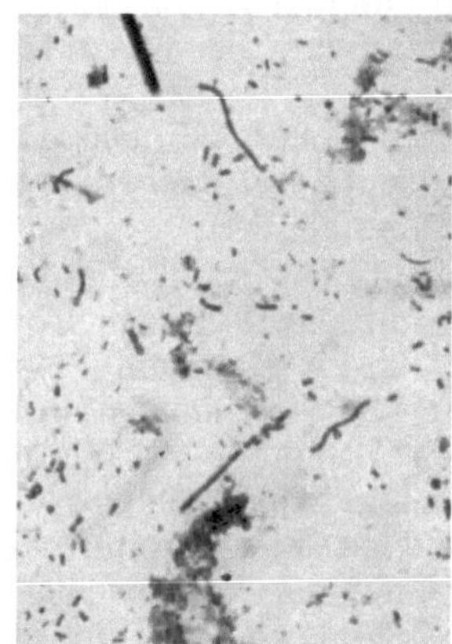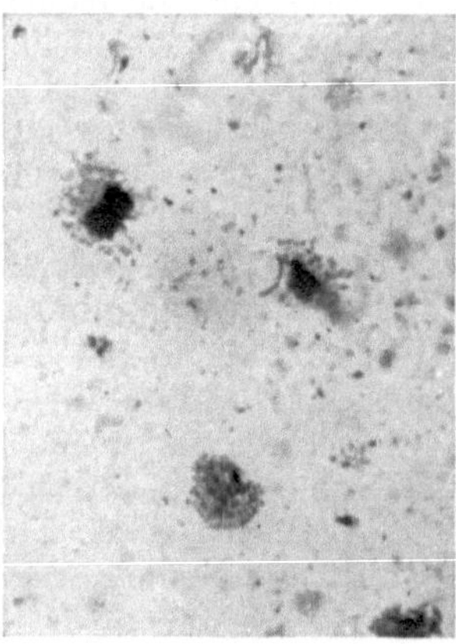

Abb. 94. Membranfilter-Präparat. Links: Nährstoffreiches Wasser, Bakterien verteilt. Vergr. 300mal.
Rechts: Nahrstoffarmes Wasser, Bakterien an feste Teilchen adsorbiert. 400fache Menge Wasser wie
vorher. Vergr. 900mal. (Nach H. W. Jannasch.)

Vielfach wird brauchbares Trinkwasser gewonnen, indem es im natürlichen
Filtrationsvorgang durch Erdboden hindurchgeschickt und das so gereinigte Wasser heraufgepumpt wird, oder aber indem man künstliche Bo-
denfilter anlegt oder künstliche Filter (S. 12f.) verwendet. Hierbei sind
selbstverständlich in erster Linie Gesichtspunkte der Hygiene maßgebend.

Abwässer mit mehr oder weniger hohem Gehalt an organischen
Stoffen enthalten natürlich sehr viele Keime. Verschmutzte Flüsse unter-
liegen einer natürlichen Selbstreinigung, die nach dem Grade der
Verschmutzung und der Wasserführung des Flusses (Vorfluters) verschieden lange dauert; nach einigen Kilometern ist das Wasser im allgemeinen wieder rein. Der Keimgehalt sinkt dabei von 1 Million oder
mehr je 1 cm³ Abwasser auf einige Tausend im reinen Flußwasser. Das
Wasser erfährt dabei eine grundlegende biologische Änderung von der
im Extrem anaeroben Fäulniszone über das allmähliche Aufkommen
aerober Vorgänge, von grünen Algen usw. bis zum normalen Organismen-
leben. Weiterhin vollzieht sich eine Wandlung in der Verteilung der
Mikroorganismen von der homogenen im Schmutzwasser zur Zusammenballung auf Schwebeteilchen im reinen Wasser (Abb. 94), ähnlich der

---

[1] Schwefelwasserstoff in Abwasser kann auch durch Zusatz von Salpeter
[Denitrifikation + S-Oxydation (vgl. S. 203)] beseitigt werden.

oben erwähnten Aufwuchsflora. Der Einzelorganismus erscheint in sehr reinem Wasser als äußerst kleine „Kümmerform"[1]. Von typischen Abwasserorganismen wurden S. 77f. Vertreter der *Chlamydobacteria* genannt; als Leitform, deren Nachweis zur hygienischen Beurteilung wichtig ist, dient *Bact. coli* (S. 226).

Die Beseitigung städtischer Abwässer[2] erfolgt teils auf diesem natürlichen Wege, teils auf Rieselfeldern (erstmalig 1559 in Bunzlau in Schlesien) teils durch Verregnen[3], verbunden mit landwirtschaftlicher Ausnützung der im Abwasser vorhandenen Nährstoffe. Die starke Belastung infolge der Ausdehnung der Rieselfelder führte in größeren Städten zum Belebtschlammverfahren. Das Abwasser wird in Faulkammern vorgereinigt und dann bei kräftiger Lüftung mit mikroorganismenreichem Schlamm in Berührung gehalten, wodurch schnelle Mineralisation der leichter abbaubaren organischen Substanz bewirkt wird. Es handelt sich also um eine forcierte Anwendung des natürlichen Reinigungsvorganges, wobei dem Bodenschlamm die wesentliche Bedeutung zukommt, entsprechend den S. 259f. gemachten Ausführungen. Der verbleibende, schwerer abbaubare Rest der organischen Stoffe wird kompostiert, das ablaufende, an Nährstoffen reiche Wasser kann in Fischteichen genutzt werden, und das in den Faulkammern entstehende Methan wird als Heizgas verwendet. Vielfach erfolgt die Reinigung von Abwässern auch durch Herabrieselnlassen über mit porösem Gesteinsmaterial angefüllte „Tropfkörper" verschiedener Konstruktion, wobei das Prinzip (forcierte Mineralisation bei guter Sauerstoffversorgung) das gleiche ist.

Für Seen und Meerwasser[4] gilt ähnliches: Der Keimgehalt ist im reinen Wasser sehr niedrig (vgl. die Zahlen der Übersicht S. 259), steigt aber in nahrungsreichen oder versumpften Seen, beim Meer in Mangrovesümpfen und in der Flachsee, in beiden Fällen natürlich auch in der mit dem Bodenschlamm in nähere Berührung kommenden Uferzone. Für klares, nährstoffarmes Wasser ist wie für die Luft das besonders starke Hervortreten gefärbter, nicht photosynthetisch arbeitender Bakterien charakteristisch, während die Farbstoffbildner in nährstoffreichem Wasser und im Boden stark zurücktreten. Offenbar handelt es sich dabei um die S. 146 erwähnten selektionierten Luftkeime, die im nährstoffreichen Medium überwuchert werden[5]. Daß normale Bodenbakterien im reinen Wasser „Kümmerformen" ausbilden, wurde schon erwähnt.

Im übrigen ist das Wasser der eigentliche Standort der auf Belichtung angewiesenen *Purpur-* und *grünen Bakterien*, ferner von sonstigen

---

[1] JANNASCH, H. W.: Naturwiss. **41**, 42 (1954). Ausführlich in Dissertation (noch unveröffentlicht).

[2] HUSMANN, W.: Chem. Ztg. **65**, 452, 473 (1941). — SIERP, FR.: Die gewerblichen und industriellen Abwässer. Berlin-Göttingen-Heidelberg: Springer-Verlag 1953.

[3] Dieses Verfahren ist hygienisch nicht einwandfrei; z. B. sind dabei geradezu katastrophale Verseuchungen mit menschenpathogenen Eingeweidewürmern vorgekommen.

[4] Über Meeresbakteriologie vgl. u. a. W. BENECKE: Bakteriologie des Meeres, in Abderhaldens Handbuch der biol. Arbeitsmethoden, Abt. IX, Tl. 5, S. 717. — BAVENDAMM, W.: Siehe S. 311, Anm. 6. — ZOBELL, C. E.: Marine Microbiology. Waltham, Mass.: Chronica Botanica Comp. 1946. Im Meerwasser finden sich auch höhere Pilze, die dort im Vergleich zu den niederen häufiger sind: HÖHNK, W.: Veröff. Inst. Meeresforsch. Bremerhaven 1, 115 (1952); 3, 199 (1955). — Für Süßwasserseen vgl. noch C. R. BAIER: Arch. Hydrobiol. **29**, 183 (1935).

[5] SWART-FÜCHTBAUER, H.: Arch. Mikrobiol. **16**, 40 (1951).

Spirillum- und *Vibrio*-Arten, deren hohe Beweglichkeit dem Aufenthalt in der flüssigen Phase besonders angepaßt ist und die im Boden nur gelegentlich (offenbar verschleppt) vorkommen, ferner gegebenenfalls einer typischen Anaerobenmikroflora (S. 272, 282, 307), soweit die genannten nicht schon dazu gehören. Von der Bodenmikroflora soll sich diejenige des Wassers insbesondere noch durch das Fehlen der *Mycobacterium*- und *Corynebacterium*-Arten sowie der *Bact. globiforme*-Gruppe[1] (vgl. S. 276f.) unterscheiden, während *Proactinomycetes* auch im Wasser gefunden wurden[2]. Es fehlt hier aber noch die genaue quantitative Analyse. Die Auffindung der Endosporen bei *Vibrio desulfuricans* (S. 73) zeigt weiter, daß auch bei den im freien Wasser beweglichen Formen ein Ruhestadium vorhanden ist, dessen Aufenthalt zweifellos der Bodenschlamm ist. Das Wasser ist endlich der Standort zahlreicher niederer Pilze *(Archimycetes* und *Oomycetes)*[3].

Für Meerwasser ist charakteristisch das zahlreiche Vorkommen von Agarzersetzern. Besondere Verhältnisse liegen in der Tiefsee vor, in der eine Anpassung an den hohen Druck besteht. Schlammproben aus dem Philippinengraben (10000 m Tiefe) enthielten 100 bis 1 Million Keime je 1 g; bei 2,5°C und 1000 Atm. Druck entwickelten sich 10—100mal mehr Bakterien als bei 30°C unter 1 Atm[4].

Keimgehalt von Pflanzen und Tieren.

Daß die mehr oder weniger große Verschmutzung von Pflanzen und Tieren vom Boden her indirekt über die Luft zu einem oft hohen Keimgehalt führen kann, ist selbstverständlich. Was bemerkenswert dabei ist, sind die Vorgänge, die zum Zusammenleben der Mikroorganismen mit höheren Organismen führen und die später besprochen werden (S. 322ff.). Hier sei nur so viel bemerkt, daß die Fälle, in denen der Boden als primärer Standort ausgeschaltet ist (cyclische Symbiose, S. 344ff., cyclischer Parasitismus, S. 377ff.), recht selten sind. Im übrigen bleibt der Boden der Standort für die Zeit der Winterruhe der oberirdischen Pflanzenteile, ob es sich um epiphytische Mikroflora handelt oder um Parasiten. Den gleichen Gesichtspunkt können wir auf das Verhältnis von Mikroorganismen zu den Tieren anwenden, soweit nicht cyclische Symbiosen (S. 353) in Frage kommen.

Keimgehalt des Bodens.

Die Keimzahl des Bodens nimmt nach der Tiefe zu ab (Abb. 95)[5], bei relativer Zunahme der *anaeroben Bakterien* und der fakultativ

---

[1] TAYLOR, C. B.: J. of Hyg. **42**, 284 (1942).

[2] MÜLLER, H.: Arch. Mikrobiol. **15**, 137 (1950).

[3] SPARROW, F. K.: Aquatic Phycomycetes exclusive of the Saprolegniaceae and Pythium. London: Humphry Milford 1943. — EMERSON, R.: Annual Rev. Microbiol. **4**, 169 (1950).

[4] Zo BELL, CL. E.: Science (Lancaster, Pa.) **115**, 507 (1952). —OPPENHEIMER, C. H., u. CL. E. Zo BELL: J. Marine Res. **11**, 10 (1952).

[5] Die Beispiele sind zusammengestellt nach S. A. WAKSMAN: Soil Sci. **1**, 363 (1916). — WAKSMAN, S. A., u. R. E. CURTIS: Soil Sci. **1**, 99 (1916). — BOKOR, R.: Erdeszéti Kiserlétek **28**, (1926).

anaeroben *Actinomycetes*. Gründe der Abnahme sind Sauerstoffmangel und zunehmende Verarmung an organischer Nahrung. Die in der Abb. 95 nicht berücksichtigten *Pilze* würden wegen ihrer stärkeren Sauerstoffbedürftigkeit diese Abhängigkeit noch stärker zeigen. Bisweilen findet

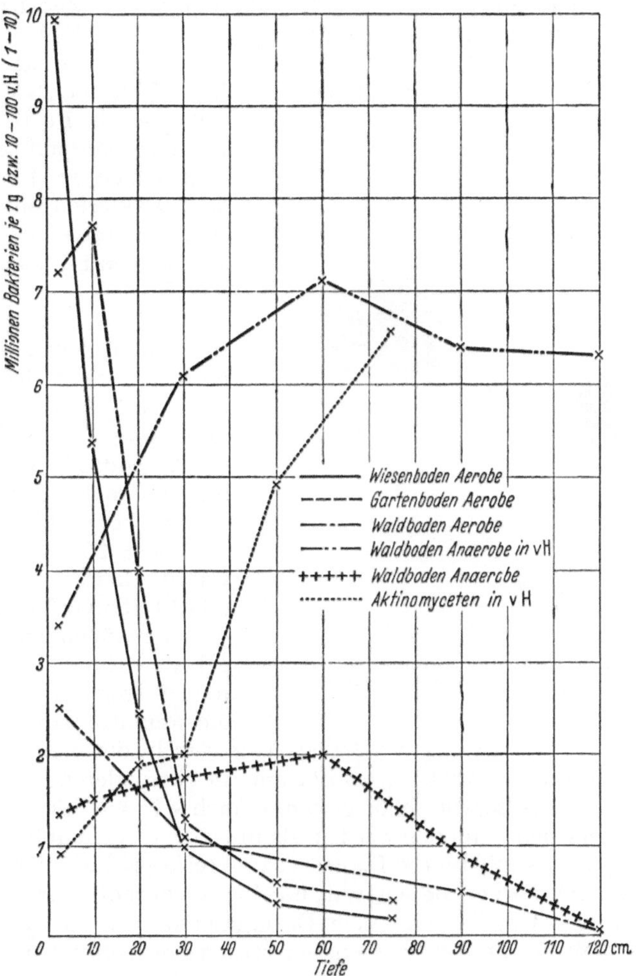

Abb. 95. Bakteriengehalt verschiedener Böden und Bodentiefen. Zählung nach dem Kochschen Plattenverfahren.

sich jedoch in der allerobersten Bodenschicht gegenüber der Tiefe von wenigen Zentimetern eine wenn auch nur geringfügige Abnahme, bedingt durch die stärkere Austrocknung dieser Schicht (s. Gartenboden), weniger wohl durch die Einstrahlung der Sonne, namentlich der ultravioletten Strahlen (S. 164). Diese Erscheinung fällt bei den der oberflächlichen Austrocknung nicht so unterliegenden Wiesen- und Waldböden weg.

Bei sehr lockeren, in der obersten Schicht trockenen, sandigen oder vulkanischen Böden findet sich daher das Maximum der Keimzahl erst in größerer, feuchter Tiefe. In Sand von Repetek (Karakumwüste, Turkmenistan) fand man die Oberfläche nahezu bakterienfrei, in 25—50 cm Tiefe 1700 und in 90 cm Tiefe 26000 Bakterien je 1 g Boden[1]. Tiefgründige, bis in große Tiefen lockere und nährstoffreiche Böden können bis in große Tiefen noch reichlich Bakterien enthalten, so hat man in Urallöß bei 1,5 m Tiefe noch 18 Millionen, in 17,5 m Tiefe noch 3 Millionen Bakterien je 1 g Boden gefunden[2], während sonst im allgemeinen in 1 m Tiefe der Bakteriengehalt auf etwa 100000 je 1 g Boden abgesunken ist, wie Abb. 95 zeigt[3].

Von den *Bakterien* liegt stets ein Teil in Form von Endosporen vor, deren relativer Anteil offenbar bei ungünstigen Verhältnissen steigt, wie das Beispiel S. 279 für die Bodenreaktion zeigt (vgl. weiter S. 136).

Wie S. 258f. bereits erwähnt, kann das Kochsche Plattenverfahren allein keinen genügenden Einblick geben. Einige Methoden haben weitergeholfen. So die unmittelbare mikroskopische Untersuchung des Bodens nach verschiedenen Autoren (als erste Conn und Winogradsky[4]) bei Färbung mit besonderen Farbstoffen (S. 10), mit deren Hilfe, wie schon erwähnt, auch sehr viel höhere Zahlen an Mikroorganismen gefunden werden als mit den vordem üblichen Verfahren. Ein gleiches gilt für die fluorescenzmikroskopische Untersuchung nach Strugger[5]. Ferner die Aufwuchsplattenmethode nach Rossi und Cholodny[6]: Objektträger oder Deckgläser werden im Boden vergraben und einige Zeit darin gelassen. Sie werden gewissermaßen zu einem

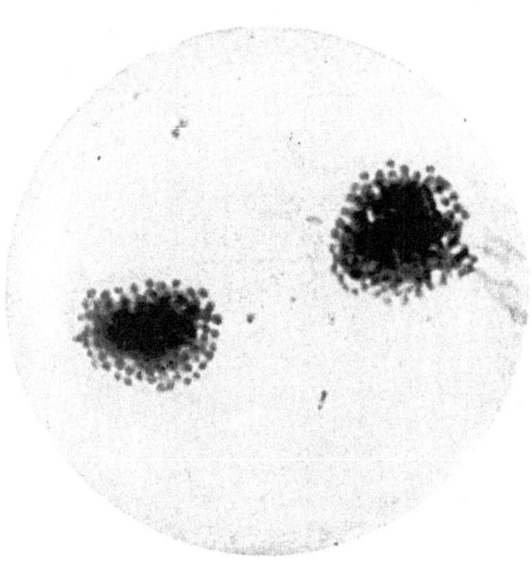

Abb. 96. Kolonien vom *Azotobacter*-Typus auf Aufwuchsplatte. Hellfeldaufnahme nach gefärbtem Präparat. Vergr. 1000mal. (Nach D. Cholodny.)

---

[1] Berg, W., u. A. Scheloumova: Nachr. Acad. Wiss. (Rußland) **5**, 673 (1934), ref. nach Z. Pflanzenernährg. **39**, 377.

[2] Ssokolowa, D.: Nachr. Acad. Wiss. (Rußland) **5**, 693 (1932); ref. nach Zbl. Bakter. II **94**, 282.

[3] Über die Verteilung eines pflanzenpathogenen Pilzes *(Verticillium)* vgl. St. Wilhelm: Phytopathology **40**, 368 (1950).

[4] Conn, H. J.: N. Y. Agr. Exper. Stat. Geneva. Techn. Bull. **64** (1918). — J. Bacter. **17**, 399 (1929). — Winogradsky, S.: Siehe S. 276, Anm. 3.

[5] Strugger, S.: Siehe S. 11, Anm. 4.

[6] Rossi, G.: Festschr. J. Stoklasa. Berlin: P. Parey 1928. — Cholodny, D.: Arch. Mikrobiol. **1**, 620 (1930).

natürlichen Bestandteil des Bodens; die Bodenmikroflora siedelt sich darauf an und kann nach Färbung (S. 10) mikroskopisch erkannt werden (Abb. 96–99, s. a. S. 259f.).

Abb. 99 gibt zudem ein Beispiel für den dauernden Wechsel, dem die Mikroflora unterliegt: von Bakterien aufgezehrte Pilzfäden.

Weiterhin entwickelte KUBIENA[1] eine Methode zur Anfertigung von Dünnschliffen durch Boden, die einen Einblick in die völlig intakten Verhältnisse des Bodens gestattet. Mit Hilfe von Auflichtbeleuchtung kann ferner unmittelbar mikroskopisch Vorkommen und Aussehen von Mikroorganismen im Boden erkannt werden[2], was indessen wegen der beschränkten Vergrößerungsmöglichkeit nur bei den größeren *Pilzen* möglich ist (Abb. 108, S. 281).

Bei diesen Methoden fehlt aber noch die Kenntnis der Leistung der beobachteten Organismen. Es bedeutete einen großen Fortschritt, daß es gelang, von unmittelbar gesehenen Mikroorganismen abzuimpfen und diese zu kultivieren, was zuerst mit *Pilzen*[2] gelang, dann vermittels des Mikromanipulators mit zahlreichen *Bakterien*[3]. Oft ergab

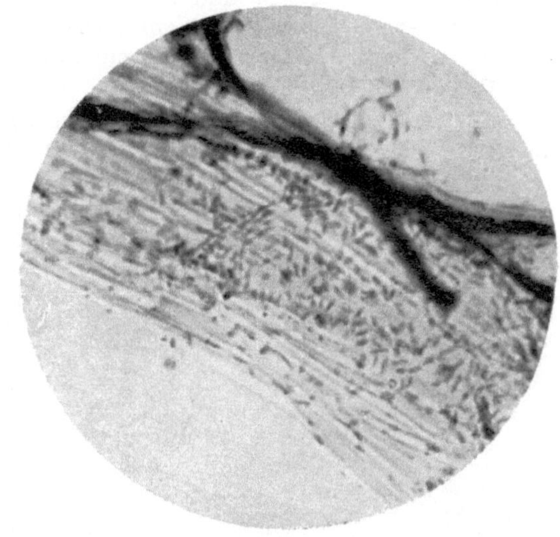

Abb. 97. Bakterien um organische Reste auf Aufwuchsplatte. Hellfeldaufnahme nach gefärbtem Präparat. Vergr. 1000mal. (Nach D. CHOLODNY.)

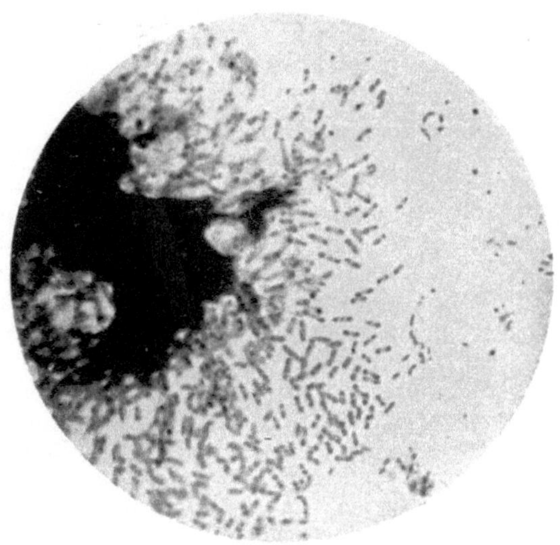

Abb. 98. Pilze und Bakterien, die den Abbau der Cellulose im Boden bewirken, auf Aufwuchsplatte. Hellfeldaufnahme nach gefärbtem Präparat. Vergr. 700mal. (Nach D. CHOLODNY.)

---

[1] KUBIENA, W.: Forschungsdienst, Sonderh. **17**, 62 (1941).
[2] KUBIENA, W.: Arch. Mikrobiol. **3**, 507 (1932).
[3] HOPF, M.: Arch. Mikrobiol. **14**, 661 (1950).

sich, daß in der Kultur diese Formen ein wesentlich anderes Bild zeigten, als es das mikroskopische Aussehen im Boden vermuten ließ; *Pilze* wuchsen anders, *Kokken* und *Stäbchen* erwiesen sich nicht als echte *Bakterien*, sondern als *Proactinomycetes* (vgl. S. 76) usw. Jedenfalls stehen wir damit erst am Anfang einer wirklichen Kenntnis von den eigentlichen Bodenmikroorganismen.

Ganz allgemein sind in 1 g Boden neben *Bakterien* und *Actinomycetes* mehrere 100000 *Pilze*[1], 50000—100000 *Algen* und 10000 *Protozoen*[2] vorhanden, natürlich nur als ungefähr normale Durchschnittszahl; man hat z. B. allein bis zu 100 Millionen *Diatomeen* je 1 cm³ Boden gefunden[3]; doch sind *Erddiatomeen* wesentlich kleiner als *Gewässerdiatomeen*, auch die gleichen Arten. Im übrigen finden sich *Algen* nur in der obersten Bodenschicht, soweit das Licht eindringen kann[4].

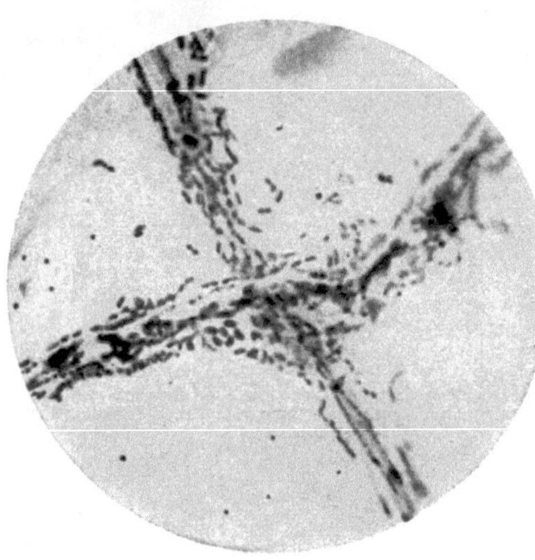

Abb. 99. Pilzhyphen, von Bakterien bedeckt. Auf Aufwuchsplatte. Hellfeldaufnahme nach gefärbtem Präparat. Vergr. 1000mal. (Nach D. CHOLODNY.)

Der Boden als Mikrostandort. Der Boden ist ein durchaus inhomogenes Medium. Nicht nur nach der Tiefe ändern sich die Verhältnisse, sondern sie können auch in der gleichen Höhenschicht äußerst verschieden sein. Jedes Mineralbestandteilchen anderer Herkunft schafft andere Ernährungs- usw. Bedingungen. Jedes Insektenteilchen kann eine Mikrozone veränderter Ernährungsverhältnisse oder Reaktion bedingen, als Folge der Ammoniakbildung, ebenso jedes Teilchen anderer organischer Herkunft, etwa ein Stückchen Cellulose oder Lignin, welche die Reaktion nach der sauren Seite verschieben können. Mit Mikromethoden hat man an den verschiedensten Bodenbestandteilen verschiedene Konzentration der Wasserstoffionen gemessen[5]. Auch lebende Pflanzenwurzeln schaffen andere Bedingungen (S. 322f.), ebenso

---

[1] Über Bodenpilze vgl. S. A. WAKSMAN: Soil Sci. **58**, 89 (1944). — NIETHAMMER, A.: Die mikroskopischen Bodenpilze. s'Gravenhage: D. Junk (1937). — GILMAN, J. C.: A manual of soil fungi. 3. Aufl. Jowa State Coll. Press. Ames. Jowa 1950.

[2] Über Protozoen vgl. S. 352.

[3] BRENDEMÜHL, J.: Arch. Mikrobiol. **14**, 407 (1950).

[4] TCHAN, Y. T., u. J. A. WHITEHOUSE: Proc. Linnean Soc. N. S. Wales **78**, 160 (1953).

[5] KUBIENA, W., u. CH. E. RENN: Zbl. Bakter. II **91**, 267 (1935).

die antagonistische Beeinflussung der verschiedenen Mikroorganismen (S. 364 ff.).

Während bei der höheren Pflanzenwelt nur eine oder wenige Vegetationsschichten vorhanden sind, finden wir bei den Mikroorganismen des gleichen Standortes deren eine ungeheure Zahl. Sehen wir von den Unterschieden innerhalb der gleichen Höhenschicht ab, so ergibt sich allein nach der vertikalen Gliederung folgendes Bild bis zu 50 cm Bodentiefe: Diese Schicht würde für ein Bakterium von 5 μ Länge und einen willkürlich gewählten ,,Wirkungskreis" des 10fachen, also von 50 μ, bedeuten, daß sich vertikal 10000 solcher Wirkungszonen übereinander ergäben. Diese Zahl, sollte sie auch viel zu hoch gegriffen sein, zeigt jedenfalls den Reichtum der Gliederungsmöglichkeit von Vegetationszonen, die durch die Inhomogenitäten auf kleinstem Raum und durch den sonstigen Wechsel, z. B. der vertikalen Bedingungen, zu einem recht mannigfaltigen Bild führen kann. Die Bestimmung der Keimzahl ergibt nur ein äußerst rohes Bild infolge der Durchmischung der verschiedensten Standorte. Man könnte ein solches Verfahren damit vergleichen, daß man die höhere Pflanzenwelt einer größeren Fläche mit ihrem Wechsel von Acker, Wiese, Wald, Sumpf zusammenmischen und durch Herauslesen der einzelnen Bestandteile auf die Zusammensetzung der Flora schließen wollte, wobei natürlich die ökologisch bedingten Standortverhältnisse verlorengehen müßten.

Abb. 100. Mikroverteilung von *Aspergillus niger* im Boden. Großes Quadrat 1 m, kleine Quadrate 10 cm Seitenlänge; Abstand der Punkte je 10 cm. Die Nummern bedeuten die Einzelproben. Ein ● bedeutet kein Pilzwachstum, ein × Entwicklung nur in einer der Parallelkulturen, ein ⊗ Entwicklung in beiden. Die Punkte der Probenahme sind von links nach rechts numeriert.

Abb. 100 zeigt die Mikroverteilung eines Pilzes, *Aspergillus niger*, im Boden[1], die ganz regellos ist und nur in der Mitte des Quadrates eine kleine Häufung zeigt. Das einzelne Pilznest hat eine Ausdehnung von höchstens 15 cm. Denn bei den Punkten 33, 43, 44 lag die gleiche Rasse des Pilzes vor, während bei Punkt 54 eine davon verschiedene Rasse auftrat, bei Punkt 55 wieder eine andere (vgl. S. 184 f.). Dieses Beispiel zeigt gleichzeitig, daß selbst auf kleinstem Raum verschiedene Rassen der gleichen Art vorkommen können, was auch für andere Mikroorganismen zutrifft (vgl. *Azotobacter*, S. 125 f.).

---

[1] Rippel-Baldes, A., u. J. Peters: Arch. Mikrobiol. **14**, 203 (1949). — Ähnliches ergab sich für die Verteilung niederer *Phycomyceten*: Reinbold, B.: Arch. Mikrobiol. **16**, 177 (1951).

Verbreitung der Mikroorganismen.

Standortsbedingungen.

Wenn im folgenden das Vorkommen der Mikroorganismen und die
es bedingenden Faktoren etwas eingehender besprochen werden, so sei
darauf hingewiesen, daß, unbeschadet der Unvollkommenheit der Methodik, grundsätzlich das gleiche für die Bedingungen des Stoffumsatzes

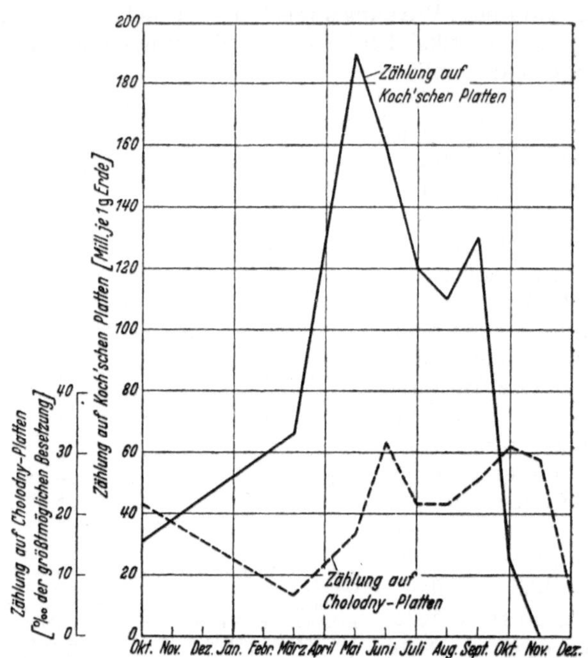

Abb. 101. Jahreszeitlicher Verlauf des Mikroorganismengehaltes in einem Wacholderhang. Ausgezogene
Kurve nach Kochschen Platten, gestrichelte Kurve nach Cholodny-Aufwuchsplatten. (Nach M. Hopf.)

gilt, soweit nicht besondere Standortsbedingungen vorliegen, die jeweils
erwähnt werden sollen. Auf die Wiederholung der Darstellung der allgemeinen Bedingungen kann später demnach verzichtet werden.

Jahreszeitlicher Verlauf. Sehr auffallend sind die jahreszeitlichen Schwankungen des Mikroorganismengehaltes und deren Umsetzungen
im Boden. Wie bei den höheren Pflanzen zeigt sich ein Rhythmus:
ein Minimum im Winter, ein Maximum im Frühjahr, gefolgt von einem
Rückgang im Sommer, dem sich unter Umständen ein zweites, geringeres
Maximum im Herbst anschließt (vergleichbar dem Johannistrieb), wie
Abb. 101 zeigt, aus der zugleich hervorgeht, daß die Aufwuchsplattenmethode nach Cholodny grundsätzlich das gleiche Bild ergibt wie
Zählungen nach Kochschen Platten. Zweifellos ist dieser Rhythmus
bedingt durch Temperatur (Anstieg im Frühjahr) und Feuchtigkeit
(Rückgang im Sommer und Wiederanstieg im Herbst); der Mikro-

organismengehalt des Bodens geht völlig dem Produkt aus Temperatur und Feuchtigkeit parallel[1] (Abb. 102), was vielleicht aber nur innerhalb gewisser Grenzen gilt[2]. Bei Waldböden wurde jedoch nur 1 Maximum gefunden, was auf die gleichmäßigeren Feuchtigkeitsverhältnisse zurückgeführt wird. Das gilt nicht allgemein, sondern ist nach lokalen Verhältnissen verschieden. Es ergab sich in Waldboden sogar ein mehrfaches Maximum, entsprechend den Niederschlagsverhältnissen[3]. In malaiischen Böden wurde der Mikroorganismen-

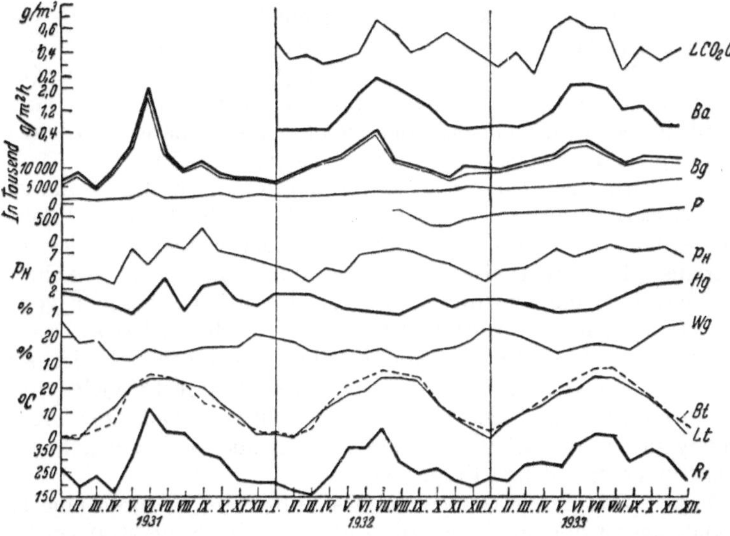

Abb. 102. Jahreszeitlicher Verlauf von Bakterienzahl, Bodenatmung und den sie bedingenden Faktoren. LCO_2-G Luftkohlensäuregehalt, Ba Bodenatmung, Bg Bakteriengehalt, P Pilze, Hg Humusgehalt, Wg Wassergehalt, Bt Bodentemperatur, Lt Lufttemperatur, R_1 Bodentemperatur × Wassergehalt. (Nach D. Fehér.)

gehalt, offenbar unter den konstanten Temperatur- und Feuchtigkeitsbedingungen, das ganze Jahr hindurch konstant zu 500000 gefunden[4]. Weiter ist zu berücksichtigen, daß die Vermehrung der Mikroorganismen auch von dem Wechsel zwischen Vermehrung und Autolyse (wie man in künstlicher Kultur feststellen kann), durch die Einwirkung sonstiger Mikroorganismen, endlich durch Erschöpfung des Substrates an assimilierbaren Stoffen (vgl. den zu dem Bakteriengehalt gegensätzlich verlaufenden Humusgehalt in Abb. 102) usw. beeinflußt werden dürfte, so daß sich im einzelnen ein sehr mannigfaltiges Bild ergeben könnte, wenn auch wohl der dominierende Einfluß der klimatischen Faktoren in erster Linie maßgebend sein wird. Abb. 102 zeigt ferner, daß die Tätigkeit der Mikroorganismen, gemessen an der Kohlensäurebildung (Bodenatmung), völlig der Mikroorganismenzahl folgt.

---

[1] Fehér, D., u. M. Frank: Arch. Mikrobiol. **8**, 249 (1937); **9**, 193 (1938).
[2] Hopf, M.: Siehe S. 267, Anm. 3.
[3] Krause, U.: Diss. Göttingen 1949.
[4] Corbet, A. St.: Soil. Sci. **38**, 407 (1934).

Zahl der Mikroorganismen in Millionen je 1 g Boden auf KOCH*schen Platten.*

	August—September			November—Dezember		
	Bakterien	*Actinomycetes*	*Act.* in % der *Bakt.*	*Bakterien*	*Actinomycetes*	*Act.* in % der *Bakt.*
Garten.	115	16,5	14,4	2,5	2,5	100
Acker	135	30,0	22,2	1,45	5,48	378
Wacholderhang . .	120	51,5	42,9	1,60	2,55	160

Eine besonders bemerkenswerte Verschiebung mit der Jahreszeit zeigt sich bei gewissen Gruppen von Mikroorganismen, wie die Übersicht[1] zeigt. Man sieht, daß im Naturboden (Wacholderhang) die *Actinomycetes* weitaus stärker vertreten sind als im Kulturboden (Garten, Acker), daß aber in diesen nach dem Winter zu in dieser Hinsicht eine Angleichung an den Naturboden stattfindet (vgl. S. 276 f.).

Bedeutung des Wassers. Die Ansprüche der Mikroorganismen an den Wassergehalt des Bodens gleichen denen der höheren Pflanzen: Für beide liegt das Optimum bei 70—80% der wasserfassenden Kraft des Bodens. Doch verhalten sich die Mikroorganismen verschieden; insbesondere liegt das Optimum für *Pilze* (natürlich abgesehen von den S. 263 f. erwähnten Wasserformen) tiefer als für die *Bakterien*, was den Ausführungen auf S. 138 f. entspricht. In australischen Böden stellte man jedoch ein auffallendes Zurücktreten der *Pilze* fest[2] (vielleicht verursacht durch die Unmöglichkeit, sich bei zu lange anhaltender Trockenheit genügend zu entwickeln?). Leider liegen noch keine eingehenderen Beobachtungen zu solchen Fragen vor.

Indirekt spielt der Wassergehalt des Substrates dadurch eine große Rolle, daß bei zu hohem Gehalt die Luft bzw. der Sauerstoff verdrängt wird und so anaerobe Verhältnisse geschaffen werden. Auf diese Weise kommt die unvollkommene Zersetzung der organischen Substanz im Hochmoor zustande, verbunden mit sekundären Wirkungen einer starken Säurebildung (S. 304). Im übrigen finden sich typisch anaerobe Verhältnisse in der Tiefe stagnierender Gewässer (vgl. S. 264).

Auch in typisch ariden Böden kommen Mikroorganismen vor. Man fand in Böden der Sahara[3] mit sehr niedrigem Wassergehalt, bei jahrelang fehlenden Niederschlägen und fehlendem Pflanzenwuchs, nicht unbeträchtliche Kohlensäurebildung, ein Beweis dafür, daß die dort festgestellten Mikroorganismen in Tätigkeit sind. Allerdings sinkt deren Zahl bei unter 1% Wasser auf 4000—30000 und steigt bei über 5% Feuchtigkeit auf über 1 Million je 1 g Boden (mit der KOCHschen Plattenmethode gezählt).

Bedeutung der Temperatur. Die auf der Erde herrschende Temperatur kann dem Mikroorganismenleben keine absolute Grenze setzen: In arktischen Böden, Tundraböden von Nowaja-Semlja, wurden

---

[1] HOPF, M.: Siehe S. 267, Anm. 3.
[2] JENSEN, H. L.: Proc. Linnean Soc. N. S. Wales **59**, 101 (1934).
[3] KILLIAN, CH., u. D. FEHÉR: Ann. Inst. Pasteur **55**, 573 (1935). — KILLIAN, CH.: Ann. Agronom. **6**, 595 (1936).

309—896 Millionen Bakterien je 1 g Boden gefunden[1]; allerdings spielt
sich das Mikroorganismenleben nur in dem 2—5 cm tiefen A-Horizont
ab, der Boden darunter bleibt gefroren; die Temperatur dieser Schicht
liegt natürlich über dem Gefrierpunkt. In diesen Gebieten ermöglicht
die Schnelligkeit der Mikroorganismenentwicklung, neben ihrer Fähigkeit, bei tiefen Temperaturen wachsen zu können, die Ausnützung auch
kürzester Zeiträume zur Durchführung ihrer Lebensvorgänge, ein Umstand, der vielleicht auch für trockene Böden bedeutsam sein könnte.
Daß das Mikroorganismenleben auch bei Temperaturen unter dem
Gefrierpunkt noch in Tätigkeit sein kann, wurde bereits S. 141 erwähnt.
Aus dem Schnee des Kaukasus wurden 55 *Algen*, 47 *Pilze* und 14 *Bakterien* + *Actinomycetes* isoliert[2].

Auch die wärmsten Stellen der Erde, heiße Quellen, sind von Mikroorganismen besiedelt, *Cyanophyceen* und *Bakterien*. In heißen Quellen
Japans wurden an der Stelle des wirklichen Vorhandenseins der Organismen (ein Gesichtspunkt, der vorher nicht immer beachtet worden
war), als Höchsttemperatur gefunden für *Cyanophyceen* 69°C, für *Bakterien* 77,5°C[3], was mit den S. 142 gemachten Angaben über die maximal
von Thermophilen ertragbare Temperatur übereinstimmt.

Die S. 142f. erwähnte Anpassung von Mikroorganismen gewöhnlicher
Temperaturansprüche an thermophile Verhältnisse zeigt eine extreme
Anpassung, die in geringerem Maße experimentell erzielt wurde. Es ist
daher verständlich, daß eine regionale Anpassung der Mikroorganismen
an die Temperatur beobachtet wurde, wofür die folgende Zusammenstellung einige Beispiele[4] gibt. Nach niederen Breiten steigt das Temperaturoptimum für die jeweiligen Bakteriengruppen an:

Optimaltemperatur für Bodenbakterien aus verschiedenen Breiten.

Nitritbildner aus tropischen Böden	35°C
,, ,, gemäßigten Breiten	25°C
Nitratbildung arktischer Gebiete bei 6—8°C	
besser als bei 25—28°C	
Azotobacter aus tropischen Böden	35°C
,, ,, gemäßigten Breiten	28°C
Bodenbakterien des russischen Nordgebietes .	27—29°C
,, ,, Leningrader Gebietes . .	29—31°C
,, der Krim	38—39°C

Unter den Pilzen ist die Gattung *Aspergillus* ausgesprochen wärme-
liebend und nimmt nach den Tropen an Arten- und Individuenzahl
zu, während *Penicillium* und die *Mucoraceae* (natürlich mit einzelnen
Ausnahmen, wie dem wärmeliebenden *Mucor pusillus*, S. 383, u. a.)

---

[1] KASANSKI, A.: Arb. Polarkomiss., N.F. **7**, 79 (1932); ref. Zbl. Bakter. II **94**, 79.

[2] PHILLIPOV, G. S.: Bull. Acad. Sc. UdSSR, Cl. Sci. math. et natur. **1914**, Nr. 7, 1031.

[3] MOLISCH, H.: Pflanzenbiologie in Japan. Jena: G. Fischer 1926. — Vgl. weiter: MARSH, C. L., u. D. H. LARSEN: J. Bacter. **65**, 193 (1953): Thermophile in den heißen Quellen des Yellowstone-Park.

[4] MISCHUSTIN, E. N.: Mikrobiologija **2**, 174 (1933); ref. Zbl. Bakter. II **90**, 92.— DHAR, N. R., u. S. P. TANDON: Proc. Acad. Alahabad **6**, 35 (1936).

mittlere Temperaturen lieben, daher in gemäßigten Breiten vorherrschen (vgl. S. 284f.). Bei *Asp. niger* fand sich in den Tropen häufig eine Rasse, die bei höherer Temperatur nur Sklerotien, bei niederer nur Conidien ausbildet[1] (Abb. 103). Solche Rassen wurden auch in Deutschland gefunden, von denen die eine in Kultur die Sklerotienbildung nach einigen Überimpfungen einstellte, die andere sie aber beibehielt. Aber für diese lag die Minimaltemperatur für die Ausbildung der Sklerotien bei 21°C, während sie für die tropische Form bei 26°C lag; es zeigt sich also deutlich die Anpassung an die verschiedene Temperatur. Bemerkenswert ist ferner, daß diese tropische Form ohne weiteres das

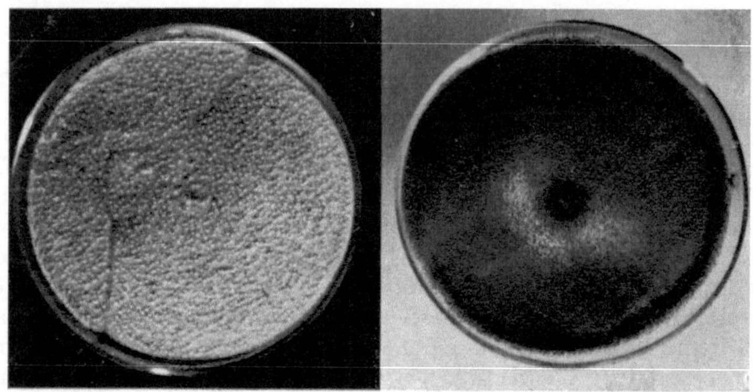

Abb. 103. *Aspergillus niger*, Sklerotienform (links) und Sporenform (rechts). In auffallendem Licht (auf dunkler bzw. heller Unterlage). Etwa $^1/_2$ natürlicher Größe. (Phot. R. MEYER.)

kalte Klima übersteht; sie konnte für über 4 Jahre Aufenthalt im Freien im Boden nachgewiesen werden; in diese Zeit fiel der kalte Winter 1946/47 mit Temperaturen bis —19°C und 4 Wochen lang nicht über den Gefrierpunkt steigender Temperatur[2].

Für Mikroorganismen gemäßigter Breiten dürfte gelten, daß ihr Temperaturoptimum etwas über der herrschenden Durchschnittstemperatur liegt, daher Südhänge eine reichere Entwicklung zeigen als Nordhänge, wie für *Bac. mycoides* und *Asp. niger* nachgewiesen wurde[3].

Bedeutung der organischen Stoffe. Die Menge der organischen Stoffe ist für die heterotrophen Mikroorganismen von entscheidender Bedeutung. Führt man dem Boden z. B. Stalldünger zu, so steigt die Zahl der Mikroorganismen stark an. Die oberste Schicht von Wiesenböden ist im allgemeinen reicher an Mikroorganismen als der Ackerboden (Abb. 95, S. 265) infolge der stärkeren Entwicklung des Wurzelsystems der Pflanzen, wobei ein großer Teil der Wurzeln abstirbt; oder es wird mit den absterbenden Wurzelhaaren oder durch direkte Ausscheidung der Wurzeln (S. 322) dem Boden organische Substanz zugeführt. Daß Waldböden, wie ebenfalls Abb. 95, S. 265 zeigt, meist nicht

[1] RIPPEL, A.: Arch. Mikrobiol. **11**, 1 (1940).
[2] PETERS, J., u. A. RIPPEL-BALDES: Arch. Mikrobiol. **14**, 203 (1949).
[3] GRUNDMANN, E.: Siehe S. 275, Anm. 1. — RIPPEL, A.: Anm. 1.

so reich an Bakterien sind wie Ackerböden, trotz der großen Menge organischer Substanz, hängt damit zusammen, daß die mehr oder weniger saure Beschaffenheit dieser Böden und der hohe Gehalt an schwer zersetzbaren Stoffen (Zellwandbestandteile einschließlich des Lignins, Gerbstoffe, Harze usw.) das Vorherrschen der *Pilze* begünstigt, die vielleicht auch antagonistisch die *Bakterien* zurückdrängen (S. 364ff.).

Nach Zufuhr leicht zersetzbarer organischer Substanz vermehren sich insbesondere Bakterien, sozusagen als „Gelegenheitsarbeiter", d. h. die Eiweiß- und Kohlenhydrate abbauenden Formen. Ein typischer Vertreter dieser Art ist *Bac. mycoides.* Im Hochgebirge, wo gedüngte und ungedüngte Böden oft in nächster Nähe, nur durch einen schmalen Grat getrennt, nebeneinander vorkommen, fand sich dieses Bakterium nur in gedüngten Böden, wobei unter Düngung auch Weidegang von Schafen und Gemsen verstanden ist (Abbildung 104)[1]. In ähnlicher Weise ist ja *Bact. coli* die Leitform von mit Fäkalien verunreinigtem Wasser (S. 226), die in reinem Wasser und unverschmutztem Boden nicht gedeiht[2]. Ob jedoch die Gebundenheit von *Azotobacter* an

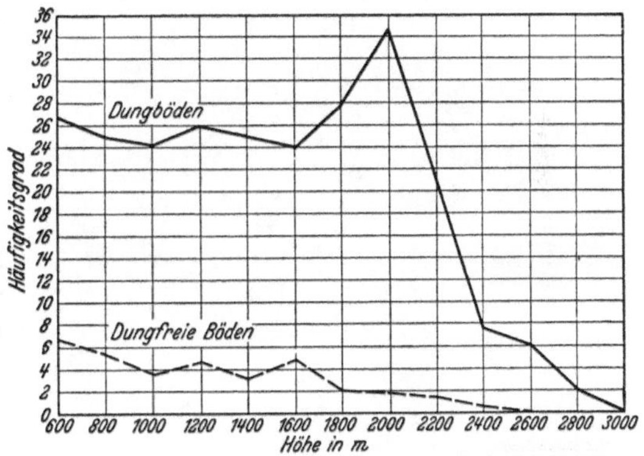

Abb. 104. *Bacillus mycoides.* Häufigkeit des Vorkommens in Dungböden und dungfreien Böden. (Nach E. GRUNDMANN.)

Kulturböden (S. 287) ebenfalls durch den Gehalt an gewissen organischen Stoffen bedingt ist, kann noch nicht entschieden werden.

Es ergibt sich nun eine bestimmte Organismenfolge, bedingt offenbar durch die verschieden schnelle Entwicklung der einzelnen Formen, die wiederum von der Zugänglichkeit des Materials abhängt, wenn man komplexes Pflanzenmaterial[3] in den Boden bringt oder Mist von Pflanzenfressern in einer Kulturschale auslegt[4]. Zuerst treten *Bakterien, Actinomycetes* und *Mucoraceae* auf, die die wasserlöslichen Bestandteile verzehren, danach *cellulosezersetzende Bakterien* und *Ascomycetes* (Abb. 98) als Verzehrer der Cellulose (die bei alleinigem Einbringen überhaupt das Wachstum von *Pilzen* begünstigt), zuletzt *Basidiomycetes*, die das Lignin abbauen[5]. Wahrscheinlich werden schließlich noch *Actinomycetes* besonders stark hervortreten (vgl. S. 272), worauf man bei solchen Versuchen noch nicht geachtet hat.

---

[1] GRUNDMANN, E.: Arch. Mikrobiol. **5,** 57 (1934). — MISCHUSTIN, J. N., u. O. I. PUCHINSKAJA: Mikrobiologija **10,** 439 (1941), ref. Zbl. Bakter. II **105,** 152.

[2] TAYLOR, C. B.: J. of Hyg. **42,** 23 (1942); **49,** 162 (1951).

[3] WAKSMAN, S. A.: Arch. Mikrobiol. **2,** 136 (1931); Z. Pflanzenernährg. A **19,** 1 (1930).

[4] STOLL, K.: Zbl. Bakter. II **90,** 97 (1934).

[5] Über die Pilzfolge bei der Fäulnis von Holz vgl. MANGENOT, F.: Rev. gén. Bot. **59,** 381, 439, 477, 544 (1952).

Vom kulturellen Verhalten darf man nicht ohne weiteres auf das Vorkommen in der Natur schließen. Denn *Asp. niger*, mit seiner ausgesprochenen Vorliebe für Tannin (S. 117f.), ist viel weniger an Waldböden gebunden als *Mucoraceae*, die Tannin nicht verarbeiten können[1]. Allgemein treten Formen mit anspruchsloser Ernährung häufiger auf als solche mit spezialisierten Ansprüchen, wie das Beispiel der verbreiteten *Karlingia rosea* (S. 80) im Gegensatz zu selteneren, namentlich in den Ansprüchen an Wirkstoffe spezialisierteren Formen niederer Pilze zeigt[2].

Die Mikroflora des ungedüngten, sich selbst überlassenen Bodens, in dem sporenbildende Bakterien sich offenbar im Ruhezustand befinden, hat WINOGRADSKY[3] als autochthone Mikroflora bezeichnet. Es handelt sich um kleine Kolonien von wenigen bis zu 100 Zellen, kurze Stäbchen und Kokken von fast *Azotobacter*-ähnlichem Aussehen (Abb. 105), die unmittelbar an den Humusteilchen sitzen. Sie entsprechen wohl den anderwärts beschriebenen[4] „verdichteten" Kolonien, die für alten Ackerboden charakteristisch sein sollen (Abb. 96), während beim

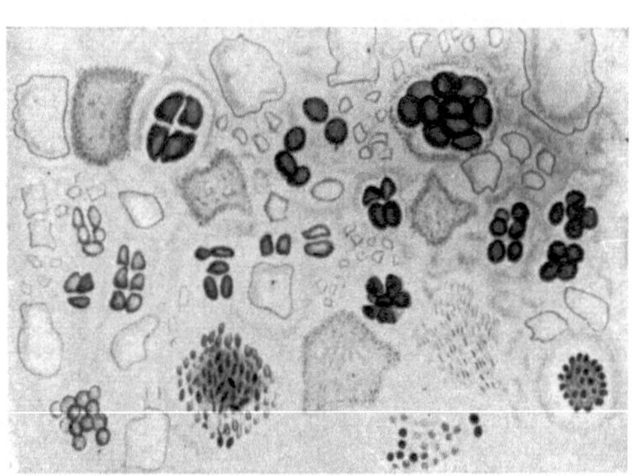

Abb. 105. Direktes mikroskopisches Bild der Mikroflora. Zeichnung nach gefärbtem Präparat. Vergr. 400mal. (Nach S. WINOGRADSKY.)

Vorhandensein leicht abbaubarer organischer Massen sich „ausgebreitete" Kolonien von Bakterien finden (Abb. 97). Als besonders typischer Vertreter der autochthonen Mikroflora wird *Bact. globiforme* beschrieben[5], in der Jugend ein Stäbchen, im Alter und bei Nahrungserschöpfung ein Kokkus; die sehr ökonomische Arbeit dieses Bakteriums braucht allerdings kein besonderes Kriterium zu sein (vgl. S. 119f.).

Es ist heute noch sehr schwer, sich ein richtiges Bild über diese Dinge zu machen, da es sich um sehr Verschiedenartiges handeln kann: Ruheformen von Bakterien, gegebenenfalls eine Art „Cysten" wie bei dem Nitritbildner (S. 19), oder auch um Entwicklungsformen, etwa von *Actinomycetes (Streptomyces, Proactinomyces, Mycobacteria* und

---

[1] RIPPEL, A.: Siehe S. 274, Anm. 1. — Vgl. weiter S. WINOGRADSKY: Siehe S. 258, Anm. 3.

[2] QUANTZ, L.: Jb. Bot. **91**, 120 (1943).

[3] WINOGRADSKY, S.: Ann. Inst. Pasteur **39**, 299 (1925); **40**, 455 (1926).

[4] ROSSI, G.: Siehe S. 266, Anm. 5.

[5] CONN, H. I.: Zbl. Bakter. II **76**, 65 (1928). — CONN, H. I., u. M. A. DARROW: Soil Sci. **39**, 95 (1935). Es dürfte sich um einen Actinomyceten handeln: CONN, H. I., u. I. DIMNICK: J. Bacter. **54**, 291 (1947). — HOPF, M.: Siehe S. 267, Anm. 3.

Corynebacteria). In australischen Böden hat man bis zu 65% der Mikroflora an *Corynebacteria* gefunden[1], in ungarischen Szik- (Alkali-)Böden[2] bis zu 100% der Mikroflora an *Actinomycetes*, die auch z. B. in vom Wind aufgeschütteten Dünen stark hervortreten[3]. Auf das starke Hervortreten der *Actinomycetes* in Naturböden und den Übergang des Kulturbodens zum Winter in diesen Zustand wurde S. 272 bereits hingewiesen. Die physiologischen Eigenschaften, namentlich der *Proactinomycetes*, ergänzen dieses Bild. Sie vermögen heterocyclische Kohlenstoff-Stickstoff-Verbindungen zu zersetzen (S. 201), Humusstoffe[4], Sterine[5], auch Oxalsäure[6], was ebenfalls nicht von gewöhnlichen Mikroorganismen durchgeführt werden kann. Mit dem Zurückbleiben von resistenteren Stoffen hat man aber nach allgemeiner Anschauung im ungedüngten und Naturboden zu rechnen. Man darf also wohl Vertreter der *Actinomycetes* als den wesentlichen Bestandteil der autochthonen Mikroflora des Bodens ansehen. Direkte Isolierungen von CHOLODNY-Platten (S. 267f.)[7] haben im Zusammenhang mit den erwähnten Gesichtspunkten einen deutlichen Hinweis in dieser Richtung ergeben.

Auch ein gewisser Gehalt des Bodens an Wirkstoffen darf nicht übersehen werden. So ließ sich mittels eines Mikroorganismentestes (S. 135) Biotin noch in 9 m Tiefe nachweisen; und der Gehalt daran wird durch den herbstlichen Laubfall bis zu einer Tiefe von 30 cm erhöht[8].

Bedeutung der übrigen Nahrungsstoffe. Auch sie beeinflussen die Zahl der Mikroorganismen, die bei Zufuhr künstlicher Düngemittel ansteigt, deren Nährstoffe auf sie ebenso wirken wie auf die höheren Pflanzen. Daraus hat man eine Reihe von Anwendungen gezogen. *Azotobacter* z. B. kann zum Nachweis des Verhaltens der Phosphorsäure im Boden benutzt werden; diese bleibt als schwerlösliches Phosphat an Ort und Stelle der Einbringung liegen, und von dieser Stelle aus nimmt die durch Phosphat über die Normalzahl hinaus bewirkte Vermehrung des Bakteriums schnell ab, was bereits in einer Entfernung von 5 cm der Fall ist[9]. Ferner können *Azotobacter*, *Aspergillus* und andere Mikroorganismen dazu verwendet werden, an der Stärke ihres Wachstums den Gehalt eines Bodens an Phosphorsäure oder Kalium abzuschätzen, Methoden, die eine gewisse praktische Bedeutung zur Ermittlung des Nährstoffbedarfs der höheren Pflanzen gewonnen haben, wenn auch die Unmöglichkeit der Herstellung eindeutiger Bedingungen und die Schwierigkeit der Übertragbarkeit auf

---

[1] JENSEN, H. L.: Proc. Linnean Soc. N. S. Wales **55**, 231 (1930); **56**, 345 (1931); **57**, 364 (1932); **58**, 181 (1933); **59**, 19 (1934).

[2] BOKOR, R.: Die Mikrobiologie der Szik- (Alkali-)Böden, in D. FEHÉR: Siehe S. 279, Anm. 3.

[3] SNOW, L. M.: Soil Sci. **39**, 233 (1935).

[4] KÜSTER, E.: Arch. Mikrobiol. **15**, 1 (1950).

[5] SCHATZ, A.: J. Bacter. **58**, 117 (1949).

[6] MÜLLER, H.: Arch. Mikrobiol. **15**, 137 (1950).

[7] HOPF, M.: Siehe S. 267, Anm. 3.

[8] ROULET, M. A.: Experimentia (Basel) **4**, 149 (1948). — Über Wirkstoffe im Boden: Annual Rev. Microbiol. **6**, 186/187 (1952).

[9] KRIUCHKOVA, A. P., u. E. P. POPOWA: Mikrobiologija **4**, 593 (1935).

das Freiland ihren Wert herabsetzen[1]. Nach dem gleichen Prinzip lassen sich die aus quellenden Samen herausdiffundierenden Stoffe nachweisen[2].

Endlich kann das Fehlen von Spurenstoffen[3] durch geeignete Mikroorganismen nachgewiesen werden. Die ausbleibende Schwarzfärbung der Sporen von *Asp. niger* kann bei Kultur auf Erde das Fehlen von Kupfer anzeigen (S. 102)[3]. In Böden, in denen *Azotobacter* fehlte, aber sein Vorhandensein nach den sonstigen Bedingungen angenommen werden müßte, konnte der Mangel an Molybdän als Ursache festgestellt werden[4], *Trichoderma* soll zum Nachweis von Bormangel im Boden geeignet sein[5]. Welche weiteren Möglichkeiten noch bestehen, läßt sich natürlich noch nicht erkennen; es liegt ein gewisser Parallelfall vor zu den Methoden, vermittels geeigneter Mikroorganismen auf organische Wirkstoffe oder Aminosäuren zu prüfen (S. 131 u. 135).

Die Reaktion des Bodens. Sie ist für das Vorkommen der Mikroorganismen äußerst wichtig. Ihre Schwankung im jahreszeitlichen Verlauf (hoher p_H-Wert im Sommer, tiefer im Winter, vgl. Abb. 102, S. 271),

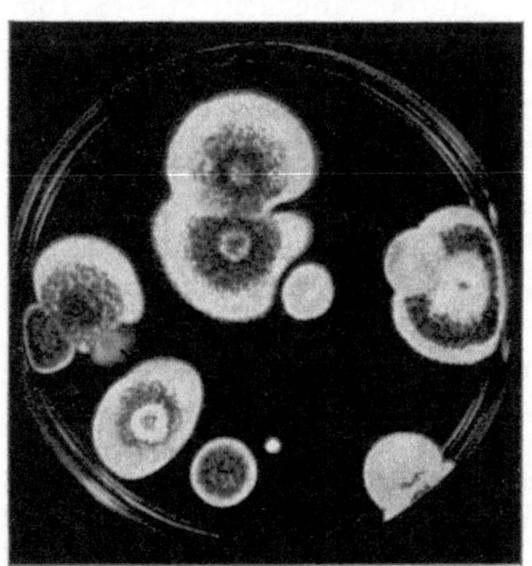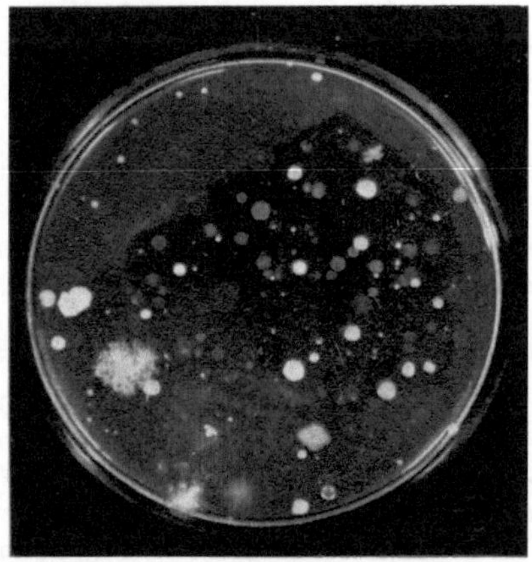

Abb. 106. Kolonien von Mikroorganismen auf mit dem gleichen Boden geimpften Agarplatten. Links sauer: nur *Pilze*, in der Hauptsache *Penicillium*; rechts neutral: nur *Bakterien*; es sind 2 Kolonien von *Bac. mycoides* zu erkennen; oben sich diffus verbreitender Bakterienschleier. Photo in Aufsicht. $^1/_2$ natürl. Größe.

(Phot. R. Meyer.)

[1] Literatur bei A. Rippel, in Blancks Handbuch der Bodenlehre. Erg.-Bd. S. 587, 1939.

[2] Stille, B.: Arch. Mikrobiol. **15**, 149 (1950).

[3] Mulder, G.: Siehe S. 102, Anm. 4.

[4] Niel, C. B. van: Arch. Mikrobiol. **6**, 215 (1935). — Bortels, H.: Arch. Mikrobiol. **8**, 1 (1937). — Auch *Asp. niger* soll zum Nachweis von Mo-Mangel brauchbar sein: Nicholas, O. J. D., u. A. H. Fielding: Nature (London) **166**, 342 (1950). — Hewitt, E. J., u. D. G. Hallas: Plant a. Soil. **3**, 366 (1951). — Jensen, H. L.: Suomen Kemistilehti A **24**, 197 (1951). — Stapp, C., u. C. Wetter: Landw. Forsch. **5**, 167 (1953); für Mg, Zn, Fe, Mo, Cu. — Spicher, G.: Zbl. Bakter. II **108**, 225 (1954). — Bortels, H., u. C. Wetter: Nachr.bl. dtsch. Pflanzenschutzdienst **6**, 2 (1954); auch für Mangan.

[5] Hanna, W. J., u. E. P. Purvis: Soil Sci. **52**, 275 (1941).

geht der Schwankung der Bakterienzahl parallel[1]. Daß in sauren Böden die *Bakterien* zurücktreten zugunsten der *Pilze*, ist durch zahlreiche Beispiele belegt, teils bei Untersuchung von Böden mit verschiedenem Reaktionszustand, teils bei künstlichem Säurezusatz zu einem einheitlichen Boden (nachfolgende Übersicht, 1. Beispiel). Abb. 106 zeigt dies bei KOCHschen Platten mit Nährboden verschiedener Reaktion bei gleichem Ausgangsmaterial. Zufuhr von kohlensaurem Kalk ist zweifellos notwendig, wenn ein saurer Boden kultiviert wird, und das in diesem Falle beobachtete Ansteigen der Bakterienzahlen und der Bakterientätigkeit geht mit einem erhöhten Ertrag der Kulturpflanzen parallel. Wenn diese Regel auch im allgemeinen gilt, so ist sie doch nicht in jedem Einzelfall zutreffend. Entweder handelt es sich dann um eine Überlagerung durch andere Faktoren, oder es wäre mit säuretoleranten Bakterien zu rechnen; endlich werden bei Waldböden gerade die charakteristischen *Basidiomycetes*, die *Hutpilze*, nicht durch das Plattenverfahren erfaßt, das Verhältnis der *Pilze* zu den *Bakterien* muß also zugunsten der letztgenannten ausfallen. Welche Ursachen im Einzelfall in Frage kommen, kann nicht ohne weiteres erkannt werden.

Zwei Beispiele dazu seien in nachfolgender Tabelle gegeben. Im Falle des Moorbodens[2] zeigt sich eine deutliche Abhängigkeit des Überwiegens der *Pilze* über die *Bakterien* bei zunehmender Acidität; die

Bodenreaktion und Mikroorganismengehalt.

Boden	Humusgehalt %	p$_H$-Wert	*Bakterien*	Davon Sporen in %	*Pilze*	Anteil der *Pilze* in %
Moorboden	nicht	2,42	14000	100	34000	70,8
,,	bestimmt	4,18	360000	11	180000	33,3
Waldboden aus Ungarn	0,73	5,20	44800000		280000	0,62
desgleichen	1,13	6,80	5400000	nicht	150000	2,70
Waldboden aus Skandinavien . . .	1,36	4,76	23900000	bestimmt	180000	0,75
desgleichen	0,92	4,74	4900000		354000	6,7

nicht wiedergegebenen Zahlen anderer p$_H$-Werte liegen in kontinuierlicher Reihe. Die Bakterien liegen zudem um so mehr in inaktiver Form (als Sporen) vor, je saurer der Boden ist. Im Falle der Waldböden sind die beiden ersten als die Böden mit höchstem und niedrigstem Gehalt an Bakterien ungarischer Waldböden[3] ausgewählt: Man sieht, daß sich das zu erwartende Verhältnis gerade umkehrt, der mehr saure Boden hat den weitaus höheren Bakteriengehalt und einen geringeren Pilzanteil. Die Zahlen des Humusgehaltes zeigen ferner, daß auch die

---

[1] Über die Herkunft einer sauren Reaktion vgl. S. 310.

[2] DREWES, K.: Zbl. Bakter. II **76**, 114 (1928). 0—15 bzw. 75—100 cm Tiefe.

[3] FEHÉR, D.: Untersuchungen über die Mikrobiologie des Waldbodens, S. 158. Berlin: Springer 1933. — Ganz ähnliches ergibt sich aus A. JANKE u. Mitarb.: Arch. Mikrobiol. **5**, 223, 338 (1934).

Menge dieser Stoffe nicht entscheidend sein kann, wie man in anderen Fällen annimmt[1]. Im Falle der zwei nordischen Böden sind der mit dem höchsten und der mit dem zweitniedrigsten Bakteriengehalt ausgesucht; der p_H-Wert ist gleich, aber Bakterienzahl und Pilzanteil sind gänzlich verschieden. Derartige Beispiele könnten von vielen Untersuchern beigebracht werden; sie mögen die Schwierigkeit in der Bestimmung der Bedeutung eines Faktors im Einzelfalle erläutern. Es handelt sich eben nur um statistisch faßbare Zusammenhänge. Bei einer größeren Anzahl von Böden, aus der die obigen ausgewählt sind, ergibt sich denn auch das normale Bild: Zurücktreten der *Bakterien* und absolute und relative Zunahme der *Pilze* bei stärker saurer Reaktion (vgl. die Übersicht S. 283).

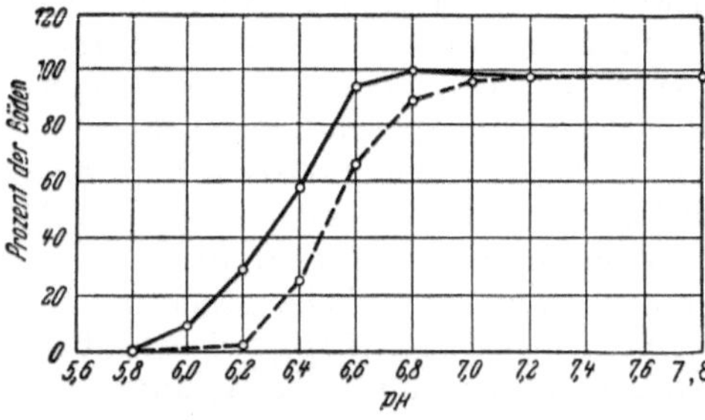

Abb. 107. *Azotobacter chroococcum.* Abhängigkeit der Entwicklung von der Reaktion. Die ausgezogene Linie gibt an, ob überhaupt eine Entwicklung stattfindet, die gestrichelte, ob *Azotobacter* sich kräftig entwickelt. (Nach H. R. Christensen.)

Einige Bakterien sind gegen freie Säure sehr empfindlich. *Nitrit-* und *Nitratbildner* sind zweifellos streng an eine neutrale Reaktion des Bodens gebunden (S. 295f.); die entstehenden salpetrige und Salpetersäure würden in einem sauren Boden stark toxisch wirken. Andererseits können *schwefeloxydierende Bakterien* des Bodens sehr viel Säure vertragen. An neutrale Reaktion gebunden sind auch *Eiweißzersetzer* und *aerobe Cellulosezersetzer*, ferner insbesondere noch *Azotobacter chroococcum*, für den Abb. 107 das eindeutig zeigt[2]; man hat diesen Organismus auch zur Feststellung des Reaktionszustandes des Bodens und dessen Pufferungsvermögen benutzt. Indessen finden sich auch zahlreiche Angaben über das Vorkommen von *Azotobacter* in sauren Böden, z. B. in extrem sauren Böden des humiden Nordens[3], wobei man teilweise der Art und Menge der organischen Substanz und anderen Faktoren die größere Bedeutung zuspricht. In malaiischen Quarzitböden mit einem p_H-Wert von 4,5—5,3 wird sogar das Vorkommen einer Form von *Azotobacter* angegeben[4], die noch bei einem p_H-Wert von 3,6 wachsen, allerdings von *Azotobacter* unserer Böden verschieden sein soll (S. 125). Im übrigen könnte auch mit einem gelegentlichen Vorkommen in einer weniger sauren Inhomogenität auf kleinstem Raum gerechnet werden oder auch mit dem gelegentlichen Vorkommen von Dauerformen, wie den „Cysten" der *Nitritbildner* (S. 19), die geradezu als charakteristisch für die mehr

---

[1] Vgl. z. B. M. Deyl: Plants, soil and climate of Pop Ivan. Opera Cechia **2**, 173 (1940).

[2] Aus H. Lundegårdh: Klima und Boden, 3. Aufl. Jena: G. Fischer 1948.

[3] Fehér, D.: Arch. Mikrobiol. **9**, 20 (1938).

[4] Altson, R. A.: J. Agricult. Sci. **26**, 268 (1936). — Eine solche als *Az. indicum* bezeichnete Form beschrieben R. L. Starkey u. D. K. De: Soil. Sci. **47**, 329 (1939). — Jensen, H. L.: Proc. Linnean Soc. N. S. Wales **72**, 299 (1948).

oder weniger sauren Waldböden angesehen werden[1]. Auch diese Ausführungen sollen die Schwierigkeit solcher Fragen zeigen.

Bedeutung des Sauerstoffs. Sie wurde S. 265f. bereits kurz erwähnt. Es mag genügen, nochmals festzustellen, daß allgemein in der Natur, von „Kunstprodukten‟ (wie Stalldünger u. a.) abgesehen, nur wassergesättigte Böden bzw. das Wasser selbst als Standort einer überwiegend anaeroben Mikroflora in Frage kommen, vor allem in sauerstoffarmer Tiefe (vgl. die Bildung von Schwefelwasserstoff, S. 307). Oder es kann starke Verschmutzung mit organischen Stoffen bei entsprechender Sauerstoffbeanspruchung zu Sauerstoffmangel führen, was

Abb. 108. *Hyalopus cristallinus*. Fruktifikation in Bodenhohlraum. Lebendaufnahme in Auflicht. Vergr. 72mal. (Nach KUBIENA.)

in Abwässern der Fall ist oder auch in verhältnismäßig wenig verschmutztem Wasser, wenn hohe Temperatur, geringe Wasserführung, sinkender Barometerdruck, der die Löslichkeit des Sauerstoffs herabsetzt, zusammenkommen und die nächtliche Atmung der Wasserbewohner mehr Sauerstoff verbraucht als verfügbar ist. Es kann auf diese Weise ein explosionsartiges Fischsterben in warmen Sommernächten auftreten.

Umgekehrt werden im aeroben Boden die Aeroben überwiegen, obwohl dort auch Anaerobe oder fakultativ Anaerobe vorhanden sind und nach der Tiefe absolut oder relativ zunehmen (S. 264 und Abb. 95, S. 265). Daß sie im normalen Boden (in dem sie zwar vorhanden sind) im allgemeinen keine wesentliche Rolle spielen, zeigt das Beispiel der fraglichen Denitrifikation (S. 299f.). Das Fehlen von *Cellulosezersetzern* in Moorböden (S. 287) mag in erster Linie der schlechten Durchlüftung, in zweiter Linie erst der Versäuerung zuzuschreiben sein, zum wenigsten hinsichtlich der *Pilze*, während für *Azotobacter* und *Nitrifikanten* wohl beide Umstände gleichwertig in Frage kommen. Charakteristisch ist noch das unmittelbar mikroskopisch beobachtete Auftreten von Pilzfruchtkörpern in Bodenhohlräumen, was zweifellos mit der dort besseren Sauerstoffversorgung zusammenhängt (Abb. 108).

---

[1] ROMELL, L. G.: Sv. bot. Tidskr. **26**, 303 (1932). — WINOGRADSKY, S.: Ann. Inst. Pasteur **50**, 250 (1933).

Ein interessanter anaerober Standort sind Schlammvulkane, deren Ausbrüche durch die von anaeroben Mikroorganismen gebildeten Gase hervorgerufen werden. In kleinerem Umfange vollziehen sich anaerob verursachte Gasausbrüche (Methan und Kohlensäure) in jedem Sumpfwasser. Gelegentlich kann es zum Emporheben von Inseln bzw. Inselchen kommen, die sich eine Zeitlang schwimmend erhalten.

Konzentration der Kohlensäure. Über die Auswirkung der höheren Kohlensäurekonzentration in der Bodenluft (S. 292) ist noch wenig bekannt[1].

Besondere Standortsfaktoren. Von der Mikroflora kochsalzhaltiger und an Natriumsulfat reicher Böden wurde bereits S. 98

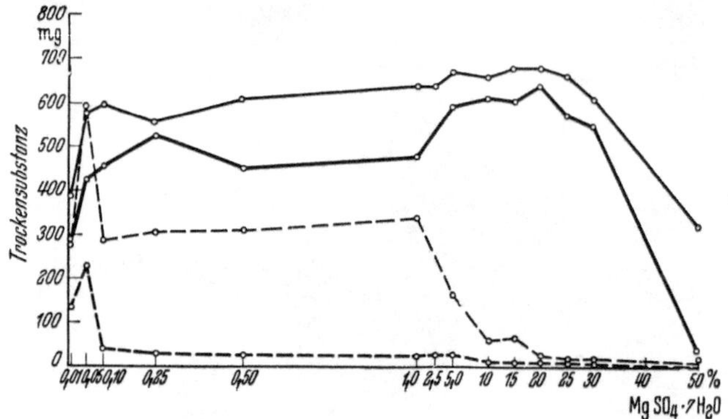

Abb. 109. Verschiedenartiges Verhalten von *Aspergillus flavus* (ausgezogene) und *Mucor pusillus* (gestrichelte Linie) gegen Magnesiumsulfat. Je 2 Versuche. (Nach A. STARC.)

gesprochen. Abb. 109 zeigt ergänzend das Verhalten von *Asp. flavus* und *Mucor pusillus* gegen Magnesiumsulfat, das S. 98 erwähnt wurde. Derartige Erscheinungen dürften gelegentlich von ökologischer Bedeutung sein können. Das scheint z. B. für an Borsäure reiche Böden zuzutreffen. Die autochthone anaerobe Mikroflora von Schlammvulkanen, die an Borsäure reich sind, zeichnet sich durch erheblich höhere Resistenz gegenüber Borsäure aus im Vergleich zu den gleichen physiologischen Gruppen des normalen Standortes[2]. *Denitrifikanten* aus Schlammvulkanen z. B. vertrugen 1% Borsäure gegen nur 0,15% bei solchen aus gewöhnlicher Erde. Aus boraxhaltigem Boden von Larterello[3] in Italien wurde ein Pilz der Gattung *Cephalosporium* isoliert, der noch in einer Lösung von 10% Natriumborat und 12,5% Borsäure, also in einer gesättigten Lösung, wuchs.

Regionale Verbreitung.

Die geschilderten Schwierigkeiten bei der Feststellung der Mikroorganismen machen es natürlich z. Z. noch kaum möglich, etwas über die allgemeine Verbreitung auszusagen. Wir müssen uns daher auf ein

[1] Vgl. A. BURGES u. E. FENTON: Trans. Brit. Mycol. Soc. 36, 104 (1953).
[2] RUBENTSCHIK, L.: Mikrobiologija 5, 451 (1936).
[3] LUCHETTI, G.: Soc. Intern. Microbiol. Sez. Ital. 9, 162 (1937).

paar in regionaler Hinsicht ergänzende Angaben beschränken. Zunächst ist auf eine grundlegende Tatsache hinzuweisen, daß nämlich die Mikroorganismen in allen Standortsbedingungen noch einen Schritt weitergehen als die höhere Pflanze: Wo diese keine Entwicklungsmöglichkeit mehr findet, schiebt sich die Grenze für die Mikroorganismen noch etwas weiter hinaus, ob es sich um Temperatur, Salzgehalt, Sauerstoffarmut usw. handelt[1]. Auch die Ausbildung eines physiologischen Spezialistentums gehört in diesen Zusammenhang: die Fähigkeit, elementaren Stickstoff verarbeiten zu können, die chemotrophe Ausgestaltung der Autotrophie und auch die Fähigkeit, alle für höhere Organismen unverwertbaren organischen Stoffe verarbeiten zu können.

Bakterien scheinen weitgehend Kosmopoliten zu sein, von der S. 273f. erwähnten Anpassung an höhere Temperatur nach regionaler Gliederung abgesehen. Im deutschen Stalldünger und in japanischen Böden hat man eine ganz ähnliche Zusammensetzung der anaeroben Mikroflora gefunden[2]. Als aerobe Sporenbildner werden für USA die gleichen Formen genannt, ob es sich um Boden, Wasser, Milch, Faeces oder Staub handelt, und die gleichen Formen erscheinen wiederum in den europäischen Waldböden von Ungarn bis Skandinavien. Als häufigster Vertreter wurde *Bac. cereus*[3] festgestellt, während die Beteiligung der übrigen Sporenbildner wechselnd angegeben wird. Von Nichtsporenbildnern werden *Nitrobacter, Nitrosomonas, Azotobacter chroococcum* von den Tropen bis zur Arktis[4] gefunden; am häufigsten wird *Ps. fluorescens* genannt; selbst in den trockensten Böden der Sahara kommt diese Form vor[5].

Die regionale Gliederung der *höheren Pilze* scheint mannigfaltiger zu sein. Die folgende Übersicht bringt den Durchschnitt der Bakterien- und Pilzzahlen von 13 ungarischen und 11 skandinavischen Waldböden[6]. Die Zahl der *Bakterien* nimmt also nach Norden hin ab, die der *Pilze*

Mikroorganismengehalt ungarischer und skandinavischer Waldböden.

	Ungarische	Skandinavische Böden
Bakterien je 1 g	16 274 400	11 040 000
Pilze je 1 g	182 000	292 000
Pilze in %	11,1	25,8
p_H-Wert	6,1	5,0

absolut und relativ zu. Das könnte auf der stärkeren Versäuerung der nordischen Böden beruhen, die im p_H-Wert zum Ausdruck kommt,

---

[1] RIPPEL-BALDES, A.: Universitas **5**, 449 (1950).

[2] SASAKI, S.: Zbl. Bakter. I Orig. **131**, 211 (1934). — GLATHE, H.: Zbl. Bakter. II **90**, 65 (1934/35). — WAKAMATSU, T.: Kitasato Arch. of Exper. Med. **25**, 163 (1953).

[3] Vgl. S. 72, Anm. 1.

[4] Doch soll *Beijerinckia* eine tropische Form sein und *Azotobacter* den arktischen Gebieten fehlen; das letztgenannte dürfte allerdings kaum zutreffen. — Für Nord-Grönland (wo allerdings *Azotobacter* fehlt): JENSEN, H. L.: Medd. om Grönland **142**, 23 (1951).

[5] KILLIAN, CH., u. D. FEHÉR: Ann. Inst. Pasteur **55**, 573 (1935).

[6] FEHÉR, D.: Siehe S. 279, Anm. 3.

eine Abhängigkeit, die allerdings nicht in Einzelfällen zu erscheinen braucht: Die S. 279 angeführten Beispiele sind in den Durchschnittszahlen enthalten. Oder die sinkende Temperatur ist für die absolute und relative Abnahme der Bakterien verantwortlich zu machen, und man sieht diesen Faktor als entscheidend an bei der vertikalen Abnahme des Bakteriengehaltes am Wiener Schneeberg[1]. Sollte die Temperatur der entscheidende Faktor sein, so darf man indessen nach den Tropen zu keine ungemessene Zunahme der Bakterienzahlen erwarten: schon die Nährstoffarmut tropischer Böden müßte solche Einflüsse überlagern. Tatsächlich sind auch viele tropische Böden recht arm an *Bakterien,* z. B. Lateritböden[2]. So kann es auch verständlich sein, daß in tropischen Böden die (mikroskopischen) *Pilze* an Zahl die *Bakterien* übertreffen können[3].

In den Tropen scheinen allerdings zwar viele mikroskopische Pilze vorhanden zu sein, die *Basidiomycetes* aber stark zurückzutreten[4]. Das ist wohl dadurch zu erklären, daß die Armut der tropischen Böden an dauernd vorhandenen organischen Stoffen (Humusstoffen) diesen langsam wachsenden Formen nicht genügend zeitlichen Entwicklungsraum bietet, während das frisch in den Boden gelangende organische Material von den kurzlebigen sonstigen Pilzen schnell zersetzt werden kann.

Als gesichert erscheint ferner, daß unter den mikroskopischen Pilzen die Gattung *Aspergillus* nach Süden an Arten- und Individuenzahl reicher wird und die *Mucoraceae* immer mehr zurücktreten. Möglicherweise ist bei dieser Pilzgruppe jedoch die gleichmäßigere und höhere Feuchtigkeit nördlicher Gegenden entscheidend und das Zurücktreten nach Süden auf die in diesen Gebieten häufigeren Trockengebiete zurückzuführen. Ein instruktives Beispiel dieser Art[5] deutet darauf hin:

| | Häufigkeit in % der Pilzflora bei Boden von | | |
	Murmansk	Leningrad	Steppe bei Woronesch
Penicillium	39	31	31
Aspergillus	1	—	20
Mucoraceae	20	18	2

---

[1] FEHÉR, D.: Siehe S. 279, Anm. 3.

[2] CORBET, A. S.: Biological processes in tropical soils. Cambridge: W. Heffer u. Sons 1935. — ADACHI, M.: J. Soc. Trop. Agr. Formosa **1930**, 274; **1932**, 168.

[3] OBRAZCOWA, A. A.: Ber. Akadem. Wiss. UdSSR. 1—2, **63**, 255 (1936/37); ref. Zbl. Bakter. II **97**, 256. — SCHWEZOWA, O.: Arb. Allruss. Inst. landw. Mikrobiol. **4**; ref. Zbl. Bakter. II **94**, 282.

[4] SCHIMPER, A. F.: Pflanzengeographie auf physiologischer Grundlage, 3. Aufl. Von F. C. VON FABER. Jena: G. Fischer 1935. (Ausführlichere Angaben in der 1. Aufl., S. 246, 1908.) — Der subtropische Regenwald Brasiliens ist kein bevorzugter Standort: SINGER, R.: Mycologia (N.Y.) **45**, 865 (1953).

[5] RAILLO, A.: Zbl. Bakter. II **78**, 515 (1929). — Vgl. im übrigen die Angaben bei A. NIETHAMMER: Die mikroskopischen Bodenpilze. s'Gravenhage: W. Junk 1937. — In tunesischen Böden wurden *Mucorales* und *Penicillien* mehr in den feucht-sauren Böden des Nordens, *Aspergillen* und *Fungi imperfecti* mehr in den heiß-trockenen Gegenden des südlichen Landesinnern gefunden: MUSKAT, J.: Arch. Mikrobiol. **22**, 1 (1955).

Das Zurücktreten der *Mucoraceae* nach Süden hin ist also unverkennbar, und z. B. auf der Tobaheide von Sumatra[1] wurde ein gänzliches Zurücktreten dieser Gruppe festgestellt. Eigenartig verhalten sich die niederen *Phycomyceten*. Einerseits galten sie früher als Wasserformen; doch stellte man sie dann *(Saprolegniales)* auch als Bodenbewohner fest[2]. Andererseits glaubte man sie wegen der vermeintlichen Gebundenheit an Feuchtigkeit mehr oder weniger an die Tropen gebunden, was indessen nicht zutrifft: Sie finden sich z. B. in Kulturböden von Nordschweden in gleichem Artenreichtum wie in den Tropen, in schwedischen Naturböden allerdings in geringer Zahl[3]. Die beiden verbreitetsten Typen sind *Karlingia rosea* (S. 80) und *Olpidium pendulum*. Wie weit einzelne Formen lokalisiert sind, ist noch genauer festzustellen[4]. Es wird sich auch später erst erkennen lassen, ob dieser Gegensatz zu den regional anscheinend stärker differenzierten höheren Pilzen tatsächlich zutrifft. Die niederen *Phycomyceten* würden dann in dieser Hinsicht mehr den Bakterien ähneln. Auch *Schizosaccharomycetes*, deren Verbreitung auf Tropen und Subtropen beschränkt sein sollte, hat man in gemäßigten Breiten gefunden[5].

Für *Asp. niger* konnte auch in kleinerem Raum eine regionale Verschiedenheit des Vorkommens festgestellt werden: Innerhalb Deutschlands zeigt der Pilz, unabhängig von Bodenlage und -beschaffenheit, eine starke Zunahme von Norddeutschland nach Süddeutschland (s. Übersicht; vgl. noch S. 287 f.)[6].

Häufigkeit von Aspergillus niger in Prozent der untersuchten Böden.

	100%	95—70%	65—50%	unter 50%
Südliches Deutschland	19	23	1	2
Mittleres ,, ...	3	12	5	1
Nördliches ,, ...	0	2	10	27

Für die Waldböden der gemäßigten Breiten sind besonders *Penicillium*-Arten charakteristisch, die im Nadelwald allein 22% der Pilzflora bilden[7], wobei *Basidiomycetes* nicht berücksichtigt sind. Für diese, die sich der zahlenmäßigen Feststellung im Boden entziehen, ist man auf Beobachtung der nach der jeweiligen Jahres- und Vorjahrswitterung äußerst launenhaft auftretenden Fruchtkörper beschränkt,

---

[1] Szilvinyi, A. v.: Arch. Hydrobiol. Suppl.-Bd. 14. Tropische Binnengewässer **6**, 512 (1936).

[2] Höhnk, W.: Abh. naturforsch. Vereins Bremen **29**, 207 (1935); Veröff. Inst. Meeresforsch. Bremerhaven **1**, 52, 126 (1952).

[3] Harder, R.: Nachr. Akad. Wiss. Göttingen, Math.-Phys. Kl. II b Biol.-physiol.-chem. Abt. Nr. 1, 1 (1954). — Gaertner, A.: Arch. Mikrobiol. **21**, 4 (1954).

[4] Auch marine *Chytridiales* scheinen kaum Besonderheiten vor den übrigen Standorten aufzuweisen. Harder, R., u. E. Übelmesser: Arch. Mikrobiol. **22**, 87 (1955).

[5] Stadntschenko, N. W.: Mikrobiologija **9**, 101 (1940); ref. Bot. Zbl. **35**, 84.

[6] Rippel, A.: Arch. Mikrobiol. **11**, 1 (1940).

[7] Cobb, M. J.: Soil Sci. **33**, 325 (1932).

was natürlich eine große Erschwerung bedeutet[1]. Aber auch hinsichtlich der sonstigen, durch Kulturverfahren erfaßbaren Pilze bietet die zahlenmäßige Erfassung große Schwierigkeiten, da man den Pilz auch wirklich mit Sicherheit auffinden muß, wenn er vorhanden ist. Das ist meist nicht der Fall, da offenbar die Gegenwart anderer Mikroorganismen oft eine Entwicklung verhindert. So ist z. B. *Asp. niger*, welchen Pilz man mit Hilfe des S. 187 (über die Mikroverteilung s. Abb. 100, S. 269) erwähnten elektiven Tanninverfahrens mit größerer Sicherheit erkennen kann, zweifellos viel weiter verbreitet, als nach den vorherigen Angaben anzunehmen war[2]. Ein gleiches ergab sich für niedere *Phycomyceten* durch Einführung der Fangmethode (Auslegen von Ködern wie Pollen usw.).

Es ergibt sich daraus, daß man *Pilze* mehr nach der leichten Kultivierbarkeit als nach dem tatsächlichen Vorkommen erfassen kann. Für *Bakterien* gilt ähnliches, obwohl hier für den Nachweis der „physiologischen Gruppen" weit günstigere Verhältnisse vorliegen. Hinsichtlich der *Pilze*[3] sei noch erwähnt: Unter den *Ascomycetes* finden sich vorwiegend *Fungi imperfecti* (S. 89f.), vor allem, wenn wir die Gattungen *Penicillium* und *Aspergillus* hinzurechnen, von denen die meisten Vertreter in Kultur keine Ascusfrüchte bilden. Wir erhalten also vorwiegend die typische Arbeitsform (vgl. dazu S. 84). Ob dies der tatsächlichen Stellung in der Natur entspricht, oder ob es sich, wenigstens teilweise, um ein Kunstprodukt der Isolierung (Elektiverfolg) handelt, wissen wir nicht. An Schwierigkeiten solcher Art kranken die Versuche, Einblick in die lokale und regionale Verbreitung der Mikroorganismen zu gewinnen.

Ausbreitung der Mikroorganismen.

Der leichten Ausbreitungsmöglichkeit der Mikroorganismen sind Grenzen gesetzt durch die Entwicklungsmöglichkeit auf dem neuen Standort, wenn also die spontane Infektion zur Dauerbesiedlung werden soll. Mit veränderten Bedingungen scheint die Neubesiedlung unter natürlichen Verhältnissen ziemlich schnell zu erfolgen, selbst in dem extremen Fall bei kultiviertem und gekalktem Hochmoor mit *Nitrifikanten* u. a., die dem natürlichen Hochmoor fehlen, allgemein gesprochen, der Übergang von der autochthonen zur Kulturmikroflora, wie er sich auch teilweise mit Beginn einer jeden Vegetationszeit vollzieht (S. 272). Jedenfalls hat sich bisher noch kein Hinweis ergeben, daß unter natürlichen Verhältnissen eine künstliche Zufuhr von Mikroorganismen des Kulturlandes für die praktische Landwirtschaft nützlich wäre, mit Ausnahme der *Knöllchenbakterien*. Allerdings läßt sich in

---

[1] Einen Beitrag zum Vorkommen auf kleinerem Raum bietet K. FRIEDRICH: Ökologie der höheren Pilze. Pflanzenforschg. 22 (1940); Ber. dtsch. bot. Ges. 60, 218 (1942). — HUECK, H. J.: Vegetatio 4, 84 (1953).

[2] RIPPEL, A.: Siehe S. 274, Anm. 1.

[3] Vgl. die oben S. 284, Anm. 5 zitierte Zusammenstellung von A. NIETHAMMER.

extremen Fällen das Fehlen bzw. die Neubesiedlung in kurzfristigen Laboratoriumsversuchen nachweisen: Cellulosezersetzung und Nitratbildung kommen im Hochmoorboden trotz Kalkung und Nährstoffzufuhr innerhalb eines Monats nur bei künstlicher Impfung in Gang[1].

Einige weitere Beobachtungen seien hier mitgeteilt. Die verschiedenen Rassen der *Knöllchenbakterien* (S. 330) finden sich nur da, wo die jeweils zugehörige Pflanzenart vorkommt; z. B. fehlten in Mitteleuropa die Bakterien der die *Sojabohne* infizierenden Rasse. Im Laufe einiger Jahre stellte sie sich allerdings ein, wobei indessen die Frage offenbleibt, ob es sich um Zuwanderung oder um eine allmähliche Zunahme von einem geringen Vorkommen an den Samen her oder endlich um eine Anpassung im Boden schon vorhandener Rassen handelt. *Azotobacter chroococcum* fehlt den Naturböden, auch wenn sie an sich (Kalkböden) geeignet sein müßten, nach Untersuchungen in der Gegend des Neusiedlersees[2], in der *Carex humilis*-Formation von Mitteldeutschland[3], auf sonstigen Kalkböden[4] usw. Das Bakterium besiedelt am Neusiedlersee Hygrophyten- und gemäßigten Halophytenstandort, fehlt aber den hochgelegenen Steppen- und Sandstandorten sowie den extremen Halophytenstandorten. Die Ursache des Fehlens liegt dort im Falle der Sodaböden an dem ungünstigen, zu hohen p_H-Wert (9,5). Im übrigen sind schlechte Durchlüftung und Wasserführung, ein geringer Gehalt an Humus und sonstigen Nährstoffen für das Fehlen verantwortlich zu machen, und ein gleiches dürfte für viele Naturböden gelten. Bei dem Übergang in Kulturland dringt *Azotobacter* am Neusiedlersee in dieses ein, und zwar leichter in die hochgelegene Steppenformation, wo Bodenlockerung und bessere Wasserführung den Ausschlag geben, als in die Sandböden, wo die Düngung entscheidend ist. *Azotobacter* ist offenbar ein typischer Kulturbegleiter.

Für *Asp. niger* wird nacheiszeitliches Vordringen von Süden nach Norden hin angenommen; anders ist die Verbreitung dieses Pilzes in Deutschland kaum zu erklären[5]. Denn der völlig bodenvage Organismus findet sich in der gleichen Pflanzengenossenschaft, bei gleicher Bodenreaktion und bei unvergleichbar ungünstigeren Wärmeverhältnissen (Höhenlagen!) im südlichen Deutschland sehr häufig (vgl. S. 285), im nördlichen viel seltener. Trifft diese Annahme zu, so wäre sie ein Hinweis darauf, daß eine Ausbreitung eines Mikroorganismus nicht immer mit der Schnelligkeit erfolgt, die man erwarten könnte. Natürlich könnten dabei auch die antagonistischen Wirkungen anderer Mikroorganismen eine wesentliche Rolle spielen.

In vielen Fällen von pflanzenparasitären Mikroorganismen ist man gut über die Ausbreitung im Gefolge der menschlichen Kultur von Erdteil zu Erdteil unterrichtet, was jedenfalls beweist, daß solche Räume ohne den Menschen nicht

---

[1] CHRISTENSEN, H. R.: Zbl. Bakter. II **43**, 1 (1915).

[2] WENZL, H.: Beih. Bot. Zbl. I **52**, 73 (1934); Zbl. Bakter. II **89**, 353 (1934); Arch. Mikrobiol. **5**, 358 (1934).

[3] KRAUSE, W.: Planta **31**, 91 (1940).

[4] HOPF, M.: Arch. Mikrobiol. **14**, 661 1950). — FISCHER, W.: Arch. Mikrobiol. **14**, 353 (1949).

[5] RIPPEL, A.: Siehe S. 285, Anm. 6.

überwunden werden konnten. Eine Zusammenstellung derartiger Beispiele von besonders bekannten Schädlingen ist nachstehend gegeben[1], wobei ausschließlich Arten berücksichtigt sind, die in Europa aus Nordamerika eingeschleppt wurden. Dies geschah allerdings besonders häufig, da einerseits von dort zahlreiche Kulturpflanzen nach Europa kamen, andererseits das Klima dort und in Europa sich ziemlich entspricht. Manche Schädlinge nahmen auch den umgekehrten Weg, wie *Peridermium strobi*, der Weymutskiefern-Blasenrost, der die in Europa eingeführten Bäume befiel und von hier aus nach Nordamerika eingeschleppt wurde, wo er die natürlichen Bestände befiel, die vorher diesen Parasiten nicht beherbergten.

Verschleppung phytoparasitärer Pilze von USA nach Europa

	Erstes Auftreten in Europa
Phytophthora infestans (Krautfäule der Kartoffel)	1830
Uncinula necatrix (echter Mehltau des Weinstocks)	1845
Puccinia malvacearum (Malvenrost)	1869
Plasmopara viticola (Blattfallkrankheit, falscher Mehltau, des Weinstocks)	1878
Podosphaera leucotricha (Mehltau des Apfelbaums)	um 1880
Sphaerotheca mors uvae (amerikanischer Stachelbeermehltau)	1901
Microsphaera alni var. quercina (Eichenmehltau)	1907
Pseudomonas tabaci (Wildfeuer, Brennfleckenkrankheit des Tabaks) . .	1924

Die aktive Ausbreitung[2] der Mikroorganismen spielt naturgemäß nur eine lokale Rolle, sei es durch Eigenbewegung von *Bakterien* und niederen *Pilzen*, sei es durch Abschleudern der ganzen Sporangien bei *Pilobolus*, durch aktives Ausschleudern der Sporen aus den Asken der *Ascomycetes*, durch Abschleudern von Conidien[3] oder durch Abschleudern der Basidiosporen bei den *Hutpilzen*, deren Hüte eine Art Abschleuderungsmechanismus darstellen. Um welche Mengen von Sporen es sich dabei handeln kann, zeigt das Beispiel des großen, konsolartigen Fruchtkörpers eines Baumschwammes, des Zunderschwammes, *Polyporus fomentarius*, der in 180 Tagen 9000—18000 Milliarden Sporen ausstreute, also rund 2 Milliarden je Stunde[4].

Wichtiger ist die passive Ausbreitung durch Wasserströmungen (Hydrochorie) bei Wasserformen und durch Wind (Anemochorie) bei

---

[1] Vgl. noch H. BLUNCK: Biologe 13, 107 (1944). Die hier gegebenen Zahlen weichen in geringfügigen Einzelheiten ab.

[2] INGOLD, C. T.: Dispersal in Fungi. Oxford: Clarendon Press 1953.

[3] WEBSTER, J.: New Phytologist 51, 229 (1952). Der *Fungus imperfectus Nigrospora sphaerica* schleudert die Conidien durch hydrostatischen Druck 6,7 cm weit und 2 cm hoch.

[4] BJORNEKAER, K.: Frisia 2, 1 (1938). — BUCHWALD, N. F.: Frisia 2, 42 (1938). Eine Spore wiegt 10^{-10} g.

Landformen, wie das Vorkommen von Mikroorganismen selbst in hohen Luftschichten (S. 261) zeigt. Es sei noch hinzugefügt, daß sich auch Sporen der *Rostpilze* noch in 4950 m Höhe über dem Mississippital nachweisen ließen *(Puccinia triticina)*[1]. Jedoch soll bei *Basidiomycetes* die anemophile Verbreitung die genetische Isolierung insularer Arten nicht verhindern können[2].

Noch bedeutsamer dürfte die Verbreitung durch Tiere (Zoochorie) sein, zumal die Beziehung zu Tieren eine große biologische Mannigfaltigkeit aufweist. Für gewöhnliche und *Nektarhefen* ist das S. 347f. erwähnt. In dem S. 272 erwähnten Wacholderhang fanden sich 17,6% der Mikroflora an *Hefen* und in Ameisenhäufchen auf diesem Gelände 35—40%, was deutlich die Abhängigkeit auch von dieser Insektengruppe anzeigt. Oft werden wohlriechende Stoffe als Anlockungsmittel ausgeschieden, eine Art Honigtau, wie von den Pycniden der *Rostpilze* oder den Conidienlagern des Mutterkornpilzes *(Claviceps purpurea)*. Andere Pilze bilden nach Aas riechende Stoffe als Anlockungsmittel, wie die Stinkmorchel *(Phallus impudicus)*.

Die Sporen der *Rostpilze* sehen wie Pollenkörner aus und werden von Bienen eingesammelt. Bei *Hutpilzen* faßt man den fleischigen Hut nicht nur als Sporenausstreuungsmechanismus, sondern auch als Anlockungsmittel für Insekten bzw. Insektenlarven, Asseln, Erdwürmer, Schnecken usw. auf[3]. Jedenfalls beeinträchtigt der Aufenthalt in den Verdauungsorganen die Keimfähigkeit der Pilzsporen und Bakterien nicht. Daß auch das Vorkommen von *Bact. coli* und von *Bac. mycoides* von dem Vorhandensein tierischer Exkremente abhängt, wurde bereits erwähnt. Die lokale Verbreitung durch Tiere ist auch für das Vorkommen lokal beschränkter geographischer Rassen bei *Crucibulum vulgare* verantwortlich zu machen[4].

Besondere Bedeutung gewinnt die Verbreitung von Schädlingen durch Tiere; der Einfluß des Menschen wurde schon erwähnt; zur Verbreitung menschenpathogener Mikroorganismen durch Insekten vgl. S. 389. Pflanzenschädlinge werden, wie erwähnt, vielfach von Tieren verbreitet, *Mutterkorn, Rostpilze*, ferner *Plasmodiophora brassicae* (Erreger der Kohlhernie) z. B. durch Regenwürmer[5] usw. In vielen Fällen schafft das Tier durch Verletzungen erst die Eintrittspforten für den Parasiten, also auch für dessen Verbreitung, wie es ausgesprochen bei der *Monilia*fäule des Obstes *(Sclerotinia fructigena)* der Fall ist. Alle diese Erscheinungen sind so mannigfaltig, dabei noch wenig systematisch untersucht, daß hier Andeutungen genügen müssen[6].

---

[1] STAKMAN, E. C., u. Mitarb.: J. Agricult. Res. **24**, 599 (1923).

[2] PARKER-RHODES, A. F.: New Phytologist **50**, 84 (1951).

[3] TSCHASTUCHIN, W.: J. Bot. UdSSR. **17**, 154 (1932); ref. Bot. Zbl. N. F. **24**, 172.

[4] FRIES, N.: Arch. Mikrobiol. **13**, 182 (1942).

[5] GLEISBERG, W.: Nachr.bl. dtsch. Pflanzenschutzdienst **2**, 89 (1922).

[6] Einige Zusammenstellungen z. B. bei L. CAESAR: 49. Ann. Rep. Entomol. Soc. Ontario **198** Toronto 1919. — BOND, F. V., u. W. PIERCE: Phytopathology **10**, 189 (1920).

Zusammenleben der Organismen.

Während bei der bisherigen Betrachtung der Einzeltypus in Erscheinung trat, wird dessen Stellung innerhalb der Organismenwelt und der gesamten nichtbelebten Natur durch sein Verhältnis zu den übrigen Organismentypen bedingt, von ihrem Gegeneinander-, Füreinander- und Nacheinanderwirken. Darin liegt auch mit begründet, was öfter hervorgehoben wurde, daß wir in Reinkultur Verhältnisse schaffen, die in der Natur nicht verwirklicht sind, weil der Organismus aus seinen natürlichen Lebensbedingungen herausgerissen ist, die nicht nur physikalisch und chemisch, sondern auch durch das Zusammenleben der Organismen, also biologisch bedingt sind.

Ein Überblick über diese Verhältnisse von der Seite der Mikroorganismen her ergibt folgende Stufen des Zusammenlebens:

1. Stellung innerhalb des gesamten Stoffkreislaufes in der Natur.

2. Unmittelbares Nacheinanderleben (Metabiose), z. T. übergehend in Teilkreisläufe der Stoffe.

3. Unmittelbares Zusammenleben in der höchst entwickelten Form mit gegenseitiger Unterstützung (Mutualismus) und morphologischer Durchdringung der beiden Partner: Symbiose[1]. Der kleinere Symbiont lebt in dem größeren Wirt. In fortgeschritteneren Fällen ist diese Symbiose cyclisch, d. h. bei der vegetativen Vermehrung oder der sexuellen Fortpflanzung des Wirtes ist dafür gesorgt, daß der Symbiont diesem von vornherein mitgegeben wird. Die typische mutualistische Symbiose ist allerdings nur eine Abstraktion und niemals in reiner Form verwirklicht; sie trägt stets gewisse parasitäre Züge. In manchen Fällen erscheint das Zusammenleben als bewußte (beim Menschen) oder unbewußte (bei Pflanzen und Tieren) Züchtung der Mikroorganismen, also als Domestikation[2].

4. Unmittelbares Zusammenleben mit Ausnützung, unter Umständen bis zur völligen Abtötung des einen Partners, ebenfalls mit morphologischer Durchdringung: Parasitismus. Der kleinere Parasit lebt in dem größeren Wirt. Doch kann auch die Symbiose als Parasitismus des höheren Organismus auf dem niederen erscheinen, wie bei der Mycorrhiza (S. 339). Der Parasitismus kann ebenfalls zum cyclischen Zusammenleben entwickelt sein.

Kreislauf der Stoffe.

Eingangs wurde die Stellung der Mikroorganismen in dieser Hinsicht bereits angedeutet. Jedes Element auf der Erde, das irgendwie in den aufbauenden Stoffwechsel des organischen Geschehens einbezogen wird, muß die Stufe des mikrobiologischen Abbaus durchlaufen. Die Stufe des Aufbaus wird repräsentiert von den grünen Pflanzen und den, von den grünen Algen abgesehen, (quantitativ allerdings nicht erheblich ins Gewicht

---

[1] Auf eine eingehende Analyse des Begriffes der Symbiose kann hier verzichtet werden. — Man vgl. die Ausführungen von H. BURGEFF: Naturwiss. 31, 279 (1943), zu R. SCHAEDE: Die pflanzlichen Symbiosen. Jena: G. Fischer 1943. 2. Aufl. 1948. SCHAEDE stellt den Parasitismus als Dyssymbiose der Eusymbiose gegenüber.

[2] RIPPEL-BALDES, A.: Naturwiss. 33, 305 (1946).

Schema des Kreislaufs der Stoffe.

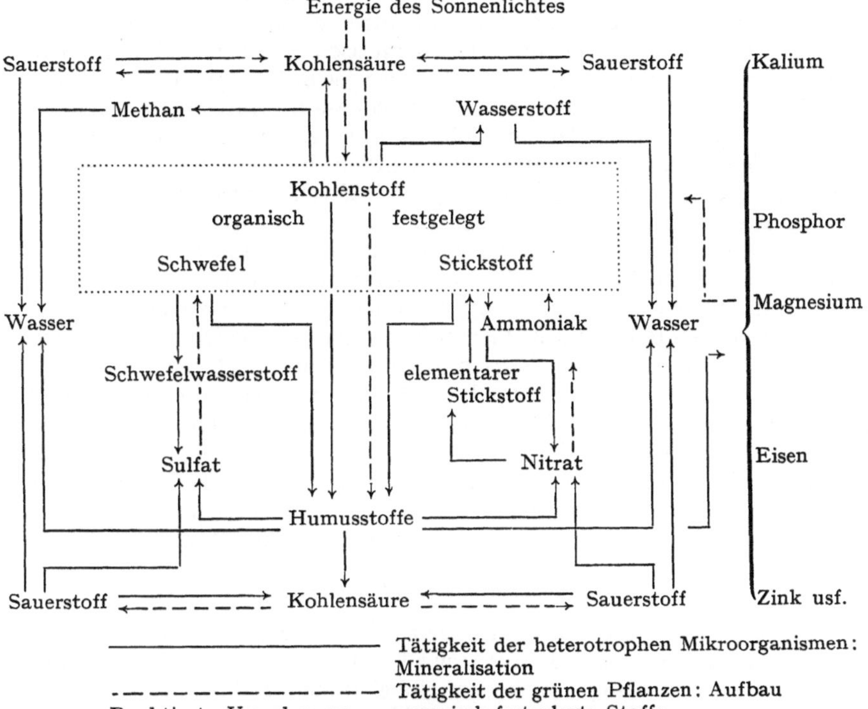

—————————— Tätigkeit der heterotrophen Mikroorganismen: Mineralisation
— — — — — — — — Tätigkeit der grünen Pflanzen: Aufbau
Punktierte Umrahmung = organisch festgelegte Stoffe

fallenden) autotrophen Mikroorganismen (S. 104 ff.). Der tierische Organismus schiebt sich umformend und teilweise mineralisierend zwischen aufbauende und abbauende Stufe, steht aber in seiner Gesamtheit dieser näher, da die Veratmung organischer Stoffe über den Ansatz dominiert. Dergestalt macht jedes Bioelement einen Kreislauf vom Anorganischen über das Organische wieder zum Anorganischen durch, und alles steht in gegenseitiger Abhängigkeit: die grünen Pflanzen, von denen wiederum die Tiere abhängig sind, von den Mikroorganismen, die ihnen das aufgebaute organische Material wieder zu aufnahmefähigen anorganischen Verbindungen verarbeiten, es mineralisieren; die Mikroorganismen von den grünen Pflanzen, deren organische Substanz ihnen die zu ihrem Leben notwendigen Energie- und Nahrungsquellen liefert. Unbeschadet also der Tatsache, daß auch grüne Pflanzen teilweise mineralisieren (sei es in der Atmung der grünen Teile, sei es in dem rein heterotrophen Leben der Wurzeln oder einiger chlorophyllfreier Pflanzen), und der weiteren Tatsache, daß auch Mikroorganismen autotroph oder heterotroph assimilieren können (welch letztgenannter Fall von lokaler Bedeutung werden kann, S. 299ff.), ergibt sich dieses Bild in der Gesamtbilanz des organischen Kreislaufes der Stoffe auf der Erde, der durch das vorstehende Schema veranschaulicht wird.

19*

Die beiden Motore, die diesen Kreislauf in Gang halten, sind für die grünen Pflanzen die Energie des Sonnenlichtes, für die Mikroorganismen der Sauerstoff[1]; nur bei seinem Hinzutreten kann die Mineralisation vollendet erfolgen. Damit ist, energetisch gesehen, die aus dem Sonnenlicht gezogene Energie wieder frei geworden, gemäß der S. 180 gegebenen Formel: Reduktion der Kohlensäure primär zu Kohlenhydrat, Oxydation wieder zu Kohlensäure. Entsprechendes vollzieht sich an den übrigen Elementen. Hinsichtlich der sonstigen allgemeinen Bedingungen sei auf die Ausführungen S. 270 ff. verwiesen, und später seien nur einige Ergänzungen gegeben.

Als Beleg dafür, daß wir die Arbeit der chemo-autotrophen Mikroorganismen vernachlässigen dürfen, sei erwähnt, daß sich für die im Boden im wesentlichen in Frage kommenden *Nitrifikanten* nur eine Menge von 0,1—0,3% des Kohlenstoffumsatzes im Boden ergibt. Auch die Tätigkeit der photosynthetisch im Wasser und auch der gegebenenfalls mit ultraroten Strahlen (S. 107) im Boden arbeitenden *grünen* und *Purpurbakterien* dürfte nicht viel höher einzuschätzen sein, anders natürlich, namentlich im Wasser, die der *Algen* einschließlich der *Cyanophyceae*. Das schließt jedoch nicht aus, daß autotrophe Bakterien unter Umständen eine gewisse Pionierarbeit bei der Anreicherung extrem armer Standorte mit organischer Substanz leisten könnten.

Kreislauf des Kohlenstoffs.

Im Kreislauf des Kohlenstoffs[2] zeigt sich die gegenseitige Abhängigkeit der Organismen sehr deutlich: wir können die ganze Erde als einen einheitlichen Organismus auffassen, wobei Boden und Wasser mit ihrer Zersetzung der organischen Substanz das Atmungsorgan darstellen, das die Mineralisation des organisch gebundenen Kohlenstoffs zu Kohlensäure bewirkt. Es ist mehr als ein bloßer Vergleich: denn das Kennzeichen eines Organs ist seine korrelative Beziehung zu den übrigen Organen des Organismus, seine Abhängigkeit von diesen und seine Notwendigkeit für diese, was hier restlos zutrifft.

Der Kreislauf des Kohlenstoffs ist, auf kurze, menschliche Zeiträume gesehen, quantitativ geschlossen. Seit ALEXANDER VON HUMBOLDT vor etwa 150 Jahren den Kohlensäuregehalt der freien Atmosphäre gemessen hat, ist er konstant auf 0,03 Vol.-% geblieben und erreicht nur lokal, unmittelbar über dem Boden, höhere Werte sowie in der Bodenluft, in der mehrere, gelegentlich sogar bis zu 10, vereinzelt bis zu rund 20% Kohlensäure gemessen wurden. Kohlensäurebildung und Kohlensäurefestlegung müssen also jährlich in unverändertem Gleichgewicht stehen. Das gilt für die gesamte Erde, also nicht nur für den festen Boden und die darüber befindliche Atmosphäre, sondern auch für das Meer mit seiner Atmosphäre, ebenso für den Austausch zwischen beiden Standorten. Für lange, geologische Zeiträume wird das Gleich-

---

[1] Über die allgemeine Bedeutung der Sauerstoffs vgl. H. STRUGHOLD: Die Bedeutung des Sauerstoffs für das Leben. Schr. Univ. Heidelberg 3, 86 (1948).

[2] LUNDEGÅRDH, H.: Der Kreislauf der Kohlensäure. Jena: G. Fischer 1924; Klima und Boden. 4. Aufl. Jena: G. Fischer 1954.

gewicht allerdings kaum zutreffen, da immer mehr Kohlensäure durch Verwitterung basischer Tiefengesteine zu Carbonaten festgelegt und in Gesteinen abgelagert wird (S. 311f.), ein Vorgang, der auch durch die Mengen von Kohlensäure nicht aufgehalten werden kann, die durch vulkanische Vorgänge aus dem Erdinnern frei werden. Über die absoluten Mengen des auf der Erde verfügbaren Kohlenstoffs, auf Kohlensäure umgerechnet, unterrichtet die folgende Übersicht[1]. Der Kohlensäurevorrat der Atmosphäre würde also nur zur Erzeugung eines 35 Jahre dauernden Pflanzenwuchses ausreichen, falls die Mineralisation fehlte. Die Übersicht zeigt ferner, welche Mengen von Kohlenstoff im Meer vorhanden sind, welche großen Mengen in Gesteinen festgelegt sind und auf welch winzigen Anteil des auf der Erde vorhandenen Kohlenstoffs das organische Leben beschränkt ist, das hier, wie überall, in engste Grenzen zusammengedrängt ist.

Menge des Kohlenstoffs auf der Erde, auf Kohlensäure umgerechnet.

Lufthülle der Erde	2 100 Billionen kg CO_2
Pflanzendecke der Erde	1 100 ,, ,, ,,
Jährliche Pflanzenproduktion auf der Erde.	60 ,, ,, ,,
Humusstoffe des Bodens mindestens.	1 100 ,, ,, ,,
Meerwasser, Kohlendioxyd, mindestens	68 250 ,, ,, ,,
Meerwasser, organische Substanz, Mehrfaches der vorstehenden Zahl[2]	
Kohle, Bitumen usw. (davon $1/_{10}$ abbauwürdige Kohle) mindestens	3 Trillionen ,, ,,
Carbonatgesteine	33 ,, ,, ,,

Die Kohlensäurebildung des Bodens ist verschieden nach dessen Gehalt an organischer Substanz, demgemäß im Waldboden mit 10 bis 25 kg CO_2 höher als im Ackerboden mit 2 bis 5 kg je Stunde und ha. Bei diesem kommen vornehmlich *Bakterien* und *Actinomycetes* als Kohlensäurebildner in Betracht, im Waldboden mehr *Pilze*. Im Jahresdurchschnitt der Erde kann man für Wald und Kulturland mit einer Bildung von etwa 8000 kg CO_2 je ha rechnen, unter Berücksichtigung der im Winter geringeren Kohlensäurebildung, die im übrigen ganz dem Verlauf der Mikroorganismenzahlen folgt (Abb. 102, S. 271).

Die Kohlensäurebildung des Bodens vollzieht sich einmal aus den in diesen gelangenden organischen Stoffen, Wurzel- und Stoppelrückstände, Stallmist, Gründüngung im Kulturboden, Reisig- und Laubabfall in den Waldböden, dazu aus den absterbenden Pflanzenteilen, den absterbenden Tieren und endlich aus den in den Humusstoffen vorliegenden, dem Boden eigentümlichen Stoffen. Ferner ist die Atmung der Pflanzenwurzeln beteiligt, deren Leistung für den Ackerboden zu

---

[1] Zahlen teils nach H. SCHROEDER: Die Stellung der Pflanze im irdischen Kosmos. Berlin: Bornträger 1920; Naturwiss. **7**, 8 (1920) — teils nach V. M. GOLDSCHMIDT: Geochemie. In Handwörterbuch der Naturwissenschaften, 2. Aufl., Bd. IV, S. 886. Jena: G. Fischer 1934 — teils nach eigener Schätzung.

[2] Die jährliche Produktion an organischer Masse im Meer wird entsprechend 16 Billionen kg CO_2 angegeben: STEEMANN-NIELSEN, E.: Nature (London) **169**, 956 (1952); J. Cons. permanent intern. Exploration Mer Charlottenlund Slot **19**, 309 (1954).

etwa $^1/_3$ der gebildeten Kohlensäuremengen angegeben wird, eine Zahl, die indessen noch zu hoch sein wird. Denn die Mikroorganismen der engeren Rhizosphäre (S. 322f.) sind an dieser „Wurzelatmung" stark beteiligt, und zwar zu etwa 35%[1]. Bodenatmung und Bakteriengehalt gehen nicht unbedingt parallel, einmal, weil unter Umständen die Kohlensäurebildung vorwiegend von *Pilzen* durchgeführt werden kann (Waldboden), sodann, weil die Kohlensäurebildung von zahlreichen anderen Faktoren abhängt, so von dem Alter[2] der Bakterienzelle usw. In einem mit Stalldünger gedüngten, sterilisierten und künstlich wieder geimpften Boden wurden bei einer Zahl bis zu 200 Millionen Bakterien in 1 g Boden 0,245 mg CO_2 je 1000 Millionen Bakterien gebildet, bei über 800 Millionen Bakterien in 1 g Boden (wenn also vorwiegend ältere Bakterien vorlagen) jedoch nur 0,039 mg CO_2 auf 1000 Millionen Bakterien[3].

Von den höheren Pflanzen wird die Kohlensäure aus der Atmosphäre aufgenommen; die aus dem Boden aufsteigende Kohlensäure nimmt vorwiegend diesen Umweg, was durch die schnelle Diffusion des Gases, bei Unterstützung durch Luftströmungen, bedingt ist. Ein unmittelbares Abfangen der aus dem Boden aufsteigenden Kohlensäure durch die Pflanze scheint, im ganzen gesehen, nur unwesentlich in Frage zu kommen. In einem Rübenfeld beispielsweise decken die Blätter den Boden erst zu einem kleinen Teil, wenn das frühjährliche Maximum der Kohlensäurebildung des Bodens erreicht ist. Kohlensäure ist für die höhere Pflanze kein ausgesprochener Standortfaktor, und das Pflanzenwachstum ist, nach bisherigen Versuchen, nicht oder nur unwesentlich durch Maßnahmen zur verstärkten Bildung von Kohlensäure zu beeinflussen, obwohl die Konzentration der Luftkohlensäure bei weitem nicht das Optimum für die Verarbeitung durch die höhere Pflanze darstellt. Die Annahme, daß anorganische Düngung in erster Linie nicht so sehr durch die anorganischen Nährstoffe wirke als durch die Anregung der Mikroorganismentätigkeit und damit erhöhter Bodenatmung und Kohlensäureaufnahme durch die höhere Pflanze, dürfte entschieden zu weit gehen. Auch mit der künstlichen Zufuhr von industrieller Kohlensäure zu den Pflanzen hat man noch keine einwandfreien Ergebnisse erzielt. Gleichwohl bedarf das Problem einer weiteren Prüfung[4].

Welchen Einfluß die höhere Kohlensäurekonzentration der Bodenluft unmittelbar auf die Mikroorganismen hat, ist nicht bekannt (S. 282), wenn man von der schädlichen Wirkung zu hoher Konzentrationen absieht. Indessen wirkt sich die Kohlensäurebildung des Bodens durch Herstellung der Gare (S. 311) indirekt auf besseres Pflanzenwachstum aus. Kohlenstoff in organisch gebundener Form tritt andererseits als unmittelbarer Standortfaktor bei der Mycorrhizaernährung von Saprophyten unter den höheren Pflanzen auf (S. 339) und besitzt weiterhin

---

[1] STILLE, B.: Arch. Mikrobiol. **9**, 477 (1938).
[2] Über den Einfluß des Alters der Zellen vgl. oben S. 157.
[3] CUTLER, D. W., u. L. M. CRUMP: Problems in soil microbiology. London: Longmanns, Green u. Co. 1935.
[4] Vgl. E. H. REINAU: Arch. Gartenbau **2**, 144 (1954).

in Form der Humusstoffe eine überragende Bedeutung für die gesamte Biologie des Bodens (S. 301 ff.).

Kreislauf des Stickstoffs[1].

Im Gegensatz zu Kohlenstoff bzw. Kohlensäure ist Stickstoff ein **ausgesprochener Standortfaktor.** Alle Umsetzungen vom organisch gebundenen zum mineralisierten Stickstoff, einschl. der Wirkung des gebundenen elementaren Stickstoffs, vollziehen sich lokal. Da außerdem der Stickstoff in der Natur als Nahrungsfaktor stets mehr oder weniger im Minimum ist, was für Tier, Pflanze und Mensch gilt, so wird er zu einem lokalen Faktor von höchster Bedeutung, zumal seine lokale Beeinflussung in erheblichem Maße möglich ist. So erhält er seine Bedeutung nicht nur für die Zwecke der praktischen Landwirtschaft, sondern auch für die mannigfachen Symbiosen bzw. Domestikationserscheinungen.

Die Mineralisation des organisch gebundenen Stickstoffs führt zunächst zum **Ammoniak**, wobei alle die organische Substanz abbauenden Mikroorganismen beteiligt sind, wenn auch die Zersetzung von Eiweiß vorwiegend durch besondere Formen erfolgt (S. 241). Sie vollzieht sich nur unter aeroben Verhältnissen gut, wofür S. 250 die theoretischen Gründe angeführt wurden, nimmt also mit der durch Bodenbearbeitung verbesserten Durchlüftung zu, ist z. B. in Sandboden intensiver als in weniger gut durchlüfteten Böden. Vom Ammoniak erfolgt die Bildung von Nitrat in **einem Zuge**, ohne daß Nitrit auftritt (S. 111)[2]. Damit vollzieht sich energetisch der gleiche Vorgang wie bei der Kohlensäure: Die Oxydation von Ammoniak zu Nitrat macht den Reduktionsvorgang rückgängig, der bei der Verarbeitung des Nitrats durch die höhere Pflanze mit Hilfe der Energie des Sonnenlichtes (unmittelbar oder mittelbar über gebildetes Kohlenhydrat) erfolgt. Ob allerdings Nitrat im Boden gebildet wird, hängt außer von der Durchlüftung insbesondere von der Konzentration der Wasserstoffionen ab. Für Moorböden sind beide Faktoren, für saure Böden ohne stagnierende Nässe ist die Reaktion allein bestimmend. Ein gutes Maß für die Arbeit des Bodens gibt das Verhältnis von Ammoniak zu Nitrat im natürlichen Boden. In sauren oder schlecht durchlüfteten Böden bleibt die Mineralisation auf der Stufe des Ammoniaks stehen, dessen Bildung zwar ebenfalls nur bei Sauerstoffzutritt erfolgt (vgl. S. 250)[3], aber offenbar etwas weniger empfindlich gegen sinkenden Sauerstoffdruck ist als die von Nitrat, das sich dann nicht oder nur in Spuren findet. Bei neutralen und gut durchlüfteten Böden dreht sich das Verhältnis um; nur ein kurzes Beispiel sei angeführt[4]:

---

[1] Vgl. noch G. R. CLEMO u. G. A. SWAN: Nature (London) **164**, 811 (1949).

[2] Über Nitratbildung vgl. noch S. 306 und 314.

[3] Zum Beispiel erfolgt in feucht und fest, also unter streng anaeroben Verhältnissen lagerndem Stalldünger keine nennenswerte Ammoniakbildung.

[4] Hin und wieder findet man andere Angaben, z. B. Nitratbildung in leichten Böden bei p_H 4,5 bis 5,5: GERRETSEN, F. C.: Trans. 4. Intern. Congr. Soil Sci. 2, 114 (1950).

Ammoniak- und Nitratgehalt verschiedener Böden.

Bodenart	Reaktion des Bodens	mg Stickstoff je 100 g Boden als	
		Ammoniak	Nitrat
Moostorf	sauer	6,4	Spur
Heidehumus	sauer	4,4	Spur
Niederungsmoor	neutral	Spur	6,6

Da Kulturpflanzen saurer Böden (Kartoffel, Hafer, Buchweizen) vorwiegend Ammoniakpflanzen sind und für die Wildpflanzen des Hochmoors Nitrat als Stickstoffquelle sogar unbrauchbar oder wenigstens schlecht, Ammoniak aber gut verwertbar ist[1], und ferner die bevorzugte Aufnahme von Ammoniak oder Nitrat u. a. von der Konzentration der Wasserstoffionen abhängt (S. 149), so ist klar, daß eine ökologische Anpassung der Pflanzen an die natürliche Stickstofform ihres Standortes erfolgt ist.

Soweit im Wasser Nitrate vorkommen, kann es sich um mit dem fließenden Wasser herangebrachtes Nitrat handeln, und bei dem Vorkommen von Nitrit um solches, das von der Nitratreduktion (S. 203), herrührt. Doch kann sich auch im Wasser, vornehmlich im Schlamm, Nitratbildung vollziehen, ob und in welchem Umfange, wird von den Durchlüftungsverhältnissen abhängen. In Abwässern, mit großem Gehalt an organischer Substanz, deren Verarbeitung zu einem völligen Sauerstoffschwund führen kann, wird niemals Nitratbildung eintreten.

In solchem Wasser vorhandene Nitrate können dagegen denitrifiziert werden (S. 202f.). Dazu kommt im Wasser die Nitratammonifikation, die man als Quelle der Ammoniakbildung in Seen erkannt hat (S. 203). Weitere Untersuchungen werden zeigen müssen, unter welchen Bedingungen der Durchlüftung, Verunreinigung mit organischen Stoffen usw. beide Vorgänge ablaufen.

Jedenfalls liegen im Wasser die Bedingungen für die Denitrifikation viel günstiger als im Boden. Zwar werden auch in bestdurchlüftetem Boden denitrifizierende Bakterien gefunden, unter Umständen sogar mehr als in schlechter durchlüfteten; aber diese denitrifizieren nur unter Bedingungen, die für diesen Vorgang günstig sind. So wird es nur dann zu einer Denitrifikation kommen können, wenn der Boden sehr lange unter Wasser steht; aber auch dann setzt der Boden anaeroben Verhältnissen lange Widerstand entgegen, bedingt durch die adsorptiv an die Bodenkolloide gebundenen Mengen von Sauerstoff; Sandböden sind in dieser Hinsicht schlechter gestellt. Ständig nasse Böden werden schon deshalb keine Denitrifikation zeigen, weil bei ihnen ja die Verhältnisse eine Nitratbildung verhindern. So spielt also die Denitrifikation im Boden keine irgendwie in Betracht kommende Rolle, und was man dafür gehalten hat, erfuhr eine andere Deutung. Ob für den Boden eine Nitratammonifikation in Frage kommen kann, ist noch völlig unbekannt.

---

[1] MARTHALER, H.: Jb. Bot. **88**, 723 (1939). — MÜLLER-STOLL, W.: Planta **35**, 225 (1947).

Besonders wichtig ist die Frage der Bindung des elementaren Luftstickstoffs durch Mikroorganismen[1]. Die Symbiosen der *Knöllchenbakterien* mit *Leguminosen* (S. 324 ff.), von *Streptomyces alni* mit Erlen (S. 333) und noch andere Fälle vermögen den vollen Bedarf der Pflanze an Stickstoff zu decken und werden im Falle der *Leguminosen* zu einem landwirtschaftlich wichtigen Faktor. Durch Anbau und Unterpflügen von *Leguminosen* (Gründüngung, vgl. S. 302) kann zudem der assimilierte und später im Boden mineralisierte Stickstoff für eine darauffolgende Ernte anderer Pflanzen zugute kommen. Hier interessiert vor allem noch die Frage nach der Leistung der frei lebenden stickstoffbindenden Bakterien für den Stickstoffhaushalt des Bodens.

Ihre Tätigkeit ist beschränkt durch die Menge des ihnen zur Verfügung stehenden Kohlenstoffmaterials. Die im Laboratorium erzielte Menge von rund 20 mg Stickstoff je 1 g verbrauchte Kohlenstoffquelle (S. 125) dürfte annähernd das Maximum des Erreichbaren darstellen. Diese wird praktisch kaum viel gesteigert werden können, zumal alle die Stickstoffbindung fördernden Faktoren zwar auf die Geschwindigkeit der Stickstoffbindung wirken, nicht aber auf die erreichbare Höhe. Es ist also kaum mit einer wesentlich in Betracht kommenden Leistungssteigerung des Bakteriums zu rechnen. Daraus ergeben sich Gesichtspunkte für die mögliche Arbeit im Boden. Eine Ernte an Kulturpflanzen entzieht dem Boden rund 100 kg N je ha (teils etwas weniger, teils etwas mehr)[2]. Eine Rübenernte liefert etwa 5000 kg Zucker je ha; das ergibt für 20 mg N gebunden auf 1 g verarbeiteten Zucker gerade die Menge an Stickstoff, die dem Boden entzogen wird. Oder: wenn der Boden je Jahr und ha 8000 kg Kohlensäure bildet, so entspräche das 5480 kg Zucker, wenn dieses Material allein für die CO_2-Bildung in Frage käme. Und wir kämen wieder, bei 20 mg gebundenem N je 1 g verbrauchte Kohlenstoffquelle, auf rund 100 kg Stickstoff, den Entzug durch die Ernte. Mit anderen Worten: Der gesamte Kohlenstoffumsatz des Bodens müßte nur den Stickstoffbindern zugute kommen, was natürlich unmöglich ist[3].

Nun hat man durch künstlichen Zusatz von Zucker zum Boden eine kräftige Stickstoffbindung im Boden erzielen können, die sich auf bis zu 10 mg N je 1 g Zucker belief, und die sich in der Ernte entsprechend bemerkbar machte (A. KOCH). Unter solchen Bedingungen entwickelt sich offenbar *Azotobacter* selektiv und herrscht infolge seiner Schnellwüchsigkeit vor. Praktisch spielt eine solche Maßnahme natürlich keine Rolle; die obigen Berechnungen zeigen, daß man mindestens den

---

[1] Es sei hier darauf hingewiesen, daß man auch eine photochemische (ohne Mitwirkung von Mikroorganismen verlaufende) Stickstoffbindung festgestellt haben will, ebenso Nitratbildung usw. Literatur bei A. RIPPEL, in Blancks Handbuch der Bodenlehre. — Vgl. noch N. R. DHAR: Nature (London) **159**, 65 (1947).

[2] In der ersten Auflage dieses Buches wurde nur mit der Zusatzdüngung von 50 kg gerechnet.

[3] Vgl. weiter die Berechnungen einiger Autoren bei A. RIPPEL, in Blancks Handbuch der Bodenlehre. 1. Erg.-Bd., S. 534. Berlin: Julius Springer 1939.

gesamten Zucker einer Rübenernte aufwenden müßte, um genügend Stickstoff auf diesem Wege heranzuschaffen. Nur gelegentlich scheint man bei extensiven tropischen Betrieben Abfälle der Zuckerfabrikation mit gewissem Erfolg verwendet zu haben. Doch wäre an die Verwendung einer billigeren Energiequelle zu denken, etwa an Cellulose, die zwar von den frei lebenden Stickstoffbindern nicht angegriffen wird, ihnen aber auf dem Umwege über celluloseabbauende Bakterien zugute kommen kann (S. 316). Es gelang jedoch lediglich, Stickstoffbindung in gewissen Grenzen analytisch nachzuweisen, nicht aber im Pflanzenversuch[1], wie auch das S. 299f. in anderem Zusammenhang angeführte Beispiel zeigt. Bei dem langsamen Abbau der Cellulose im Boden zehren offenbar zu viele Mikroorganismen von den Abbauprodukten, so daß für die stickstoffbindenden Bakterien nicht genügend Kohlenstoffmaterial übrigbleibt. Auch andere Maßnahmen, z. B. die Brachebehandlung des Bodens, die das Kohlenstoffmaterial für die Stickstoffbinder mobilisieren solle, haben keinen Anhaltspunkt für eine Stickstoffbindung ergeben, ebensowenig die langfristig durchgeführte Stickstoffbilanz sonstiger ungedüngter Böden[2].

Man hat allerdings diese Dinge bisher zu einseitig von dem Kulturboden aus gesehen. In ihm kann man schätzungsweise mit einer Stickstoffbindung von etwa 5 kg je Jahr und ha rechnen, mit der natürlich der große Stickstoffbedarf unserer Kulturpflanzen nicht zum kleinsten Teil gedeckt werden kann. In Naturböden mit ihrem viel geringeren Stickstoffbedarf, der z. B. bei einem Kiefernwald nur etwa $^1/_4$ des der landwirtschaftlichen Kulturfläche beträgt, und bei einer mit *Calluna* bestandenen Heidefläche wohl noch viel geringer sein dürfte, werden sich geringe Mengen von gebundenem Stickstoff verhältnismäßig viel stärker auswirken. Es ist nun wichtig, daß *Bac. amylobacter* in der Natur viel weiter verbreitet ist als *Azotobacter*, da er auch in schlecht durchlüfteten Böden und bei etwas saurer Reaktion leben kann, wo *Azotobacter chroococcum* (vgl. indessen *Az. indicum*, S. 125) fehlt, den er auch in für diesen günstigen Böden an Zahl weit übertreffen kann. Im Mittel von 7 Böden der Gegend des Lunzer Untersees fand man je 1 g Boden 8800 *Azotobacter* und 319000 *Bac. amylobacter*, im Mittel von 24 Waldböden 1852 *Azotobacter* und 24667 *Bac. amylobacter*[3].

Weiter hat man versucht, *Azotobacter* in die Rhizosphäre der Pflanze (S. 323) zu bringen und seinen Kohlenstoffbedarf durch deren Wurzelausscheidungen decken zu lassen, bei N-Bindung und Belieferung der Pflanze. Abgesehen davon, daß man sich kaum vorstellen kann, wie die Pflanze die großen Kohlenstoffmengen außerhalb der Wurzel bereitstellen sollte, haben derartige Versuche, über deren positiven Ausfall namentlich in der russischen Literatur berichtet wurde, bei Nachunter-

---

[1] Koch, A.: Zbl. Bakter. II **27**, 1 (1910).

[2] Vgl. A. Rippel: Mikrobiologie des Bodens, S. 121 ff. Berlin: Julius Springer 1933. Handbuch der Landwirtschaft, Bd. 1. Berlin: P. Parey 1954.

[3] Janke, A., u. Mitarb.: Arch. Mikrobiol. **5**, 223 (1935). — D. Fehér, S. 279, Anm. 3.

suchungen keine Bestätigung ergeben[1]. Wo aber eine *Azotobacter*-Impfung eine gewisse Wirkung hatte (vgl. S. 323), beruhte diese nicht auf einer Stickstoffbindung[2]. Hinsichtlich der Unwahrscheinlichkeit einer Stickstoffbindung ohne wesentliche Energiequelle sei auf S. 124 verwiesen.

Die Stickstoffbindung durch *Cyanophyceae* oder durch frei lebende stickstoffbindende Bakterien in Symbiose mit *grünen Algen* (S. 318) wird sich im Boden kaum bemerkbar machen, da einerseits das Licht nicht eindringt, andererseits die für die Algenbesiedlung nur in Frage kommende Bodenoberfläche zu stark austrocknet und nur gelegentlich die günstigen Feuchtigkeitsbedingungen bieten kann. Im Wasser dagegen wird, soweit Licht eindringt, eine Stickstoffbindung auf den beiden erwähnten Wegen eine bedeutsame Rolle spielen können, wie es z. B. für die Stickstoffbindung in Reisfeldern angenommen wird[3]. Und Teichdüngungsversuche haben ergeben, daß die von der Entwicklung des Planktons abhängige Fischproduktion hinsichtlich des Stickstoffs mit der biologischen Stickstoffbindung auskommt[4]. Beide Formen der häufigeren frei lebenden stickstoffbindenden Bakterien kommen im Wasser vor, *Bac. amylobacter* im Bodenschlamm, *Azotobacter* im Plankton bzw. epiphytisch auf *Algen* im Süßwasser und im Meere; Wasserformen[5] sind *Azotobacter agile* und *A. vinelandii*.

Das Kohlenstoff-Stickstoff-Verhältnis im Boden.

Wir kehren nun zu der Mineralisation des organisch gebundenen Stickstoffs im Boden zurück. Folgender Versuch von A. KOCH zeigt eine für die Stickstoffumsetzungen im Boden grundlegende Tatsache:

Wirkung eines Zusatzes von Cellulose zum Boden auf den Pflanzenertrag.

	Ernte (Hafer) je Gefäß in g				
	1. Jahr	2. Jahr	3. Jahr	4. Jahr	Gesamt nach 11 Jahren
Ohne Papier	125,5	144,0	72,0	68,5	1296,0
Mit 120 g Papier . . .	3,5	nicht bepflanzt	60,4	117,5	1214,0

[1] STARC, A.: Arch. Mikrobiol. **13**, 164 (1943/44). — ALLISON, F. E.: Soil Sci. **64**, 413, 489 (1947). — CLARK, F. E.: Soil Sci. **65**, 193 (1948). — SCHMIDT, O. C.: Z. Pflanzenernährg. **40**, 40 (1948); **42**, 148 (1948). — FÅHRAEUS, G., u. Mitarb.: Lantbrukshögskolan. **24** (1948). — POSCHENRIEDER, H.: Landw. Jb. Bayern **26**, 53 (1949). — VIRTANEN, A. J., u. H. LINKOLA: Naturwiss. **41**, 70 (1954). — Eine Zusammenfassung: JENSEN, H. L.: VI. Congr. Internat. Microbiol. Rom 3, 878 (1953).

[2] WICHTMANN, H.: Arch. Mikrobiol. **17**, 54 (1952). — SPICHER, G.: Zbl. Bakter. II **107**, 353 (1952/54).

[3] DE, P. K.: Proc. Roy. Soc. (London) B **127**, 121 (1939); Soil Sci. **70**, 137 (1950).

[4] FISCHER, H.: Naturwissenschaftliche Grundlagen des Pflanzenbaus und der Teichwirtschaft. Stuttgart: E. Ulmer 1920.

[5] KLUYVER, A. J., u. W. J. VAN REENEN: Arch. Mikrobiol. **4**, 280 (1933). — FÜCHTBAUER, H.: Arch. Mikrobiol. **15**, 352 (1951).

Die Zugabe von Cellulose (als Filtrierpapier) zeigt in den ersten Jahren einen vernichtenden Einfluß auf die Ernte von Hafer. Im 4. Jahr haben jedoch die Papierpflanzen aufgeholt, und nach 11 Jahren ist der Gesamtertrag gleich dem der ohne Papier belassenen Gefäße. Die Zugabe von Cellulose bewirkt nämlich eine intensive Vermehrung der Mikroorganismen, namentlich auch der *Pilze*, die ihrerseits den im Boden verfügbaren mineralisierten Stickstoff verbrauchen und der höheren Pflanze entziehen; der normale Kreislauf der Stoffe erfährt hier also eine Umkehr. Erst nach Verbrauch des größten Teils der zugesetzten Kohlenstoffmenge werden auch die Mikroorganismen allmählich abgebaut, und der aus ihren stickstoffhaltigen Bestandteilen mineralisierte Stickstoff kann nun den höheren Pflanzen zugute kommen, was sich in dem Emporschnellen der Ernte zeigt. Gleichzeitig zeigt die Gleichheit der Gesamternte, daß von einer Stickstoffbindung keine Rede sein kann (S. 298). In diesem Versuch steckt der Schlüssel für das Verständnis einer Reihe von biologisch wichtigen Erscheinungen in Naturböden.

Es hat sich immer wieder gezeigt, daß bei Erhöhung des C/N-Verhältnisses[1] im Boden die gleiche Erscheinung eintritt, z. B. wenn zu einer Stickstoffdüngung in organischer Form, etwa als Eiweiß beliebiger Herkunft, stickstofffreie Kohlenstoffverbindungen hinzugefügt werden, wobei keine oder unvollkommene Mineralisation eintritt. Es ist dabei für die Wirkung gleichgültig, ob die Mikroorganismen den schon in mineralisierter Form vorliegenden Stickstoff verbrauchen oder den organisch gebundenen, oder ob dessen Mineralisation durch das Vorhandensein der überschüssigen Kohlenstoffquellen verhindert, die organische Stickstoffquelle also vor dem Abbau geschützt wird (S. 131). So ist es das Prinzip der Rotte des Stalldüngers, einen großen Teil der Kohlenstoffverbindungen der Einstreu (Stroh) vergären zu lassen, damit das C/N-Verhältnis gesenkt wird und der Stalldüngerstickstoff nach Einbringung in den Boden mineralisiert werden kann, was bei Einbringen von unverrottetem Dünger nicht der Fall wäre. Aus dem gleichen Grunde verwendet man als Gründünger keine alten (stickstoffarmen) Pflanzen, sondern junge mit engem C/N-Verhältnis.

Diese **Assimilation des Stickstoffs** ist also eine Umkehrung des Mineralisationsvorganges. Der Kohlenstoff wird selbstverständlich von Anfang an zum größeren Teil mineralisiert, ist aber in solchem Überschuß vorhanden, daß er die Mineralisation des Stickstoffs nicht zuläßt. Im allgemeinen rechnet man damit, daß das C/N-Verhältnis nicht höher als 20 : 1 sein darf, wenn normale Mineralisation stattfinden soll; auf diesen Betrag ist es auch bei der Stalldüngerrotte von ursprünglich 40 : 1 abgesunken. Dieses **ungefähre** Verhältnis 20 : 1 hat einen physiologischen Grund: Es bedeutet, daß dann 5% Stickstoff vorhanden sind, was annähernd dem Eiweißgehalt von Mikroorganismen entspricht ($5\% \ \mathrm{N} \times 6{,}25 = 31{,}25\%$ Eiweiß), so daß bei der die Assimilation weit

---

[1] Es erscheint fast überflüssig, zu bemerken, daß es sich hierbei um einen **physiologischen** Begriff handelt. Liegt z. B. Kohlenstoff als nichtverarbeitbare Kohle vor (wie es in Müll usw. der Fall sein kann), so wird der Begriff natürlich sinnlos, da er sich nur auf verarbeitbare Kohlenstoffverbindungen beziehen kann.

überwiegenden Atmung der Mikroorganismen der überschüssige Stickstoff mineralisiert erscheinen muß.

In gleicher Weise dürfte der Bodenphosphor betrachtet werden; die Grenze, bei der eine Mineralisation bzw. Festlegung erfolgt, wird von KAILA zu etwa 0,2% P angegeben[1]. Über das analoge Verhalten des Schwefels vergleiche man S. 306. Der Begriff des C/N-Verhältnisses ist also einseitig und müßte durch die erweiterten Begriffe des C/P- bzw. C/S-Verhältnisses ergänzt werden.

In der Natur haben diese Erscheinungen weitgehende Folgen. Im Waldboden kommt durch den Abfall des stickstoffarmen Reisigs und der ebenfalls stickstoffarmen herbstlich vergilbten Blätter (aus denen vorher etwa $^3/_4$ der Stickstoffsubstanzen in die Zweige zurückwandern), ein sehr weites C/N-Verhältnis (bzw. entsprechend Phosphorsäure, Schwefel) zustande, ebenso auf Zwergstrauchformationen (*Calluna-, Vaccinium-, Rhododendron-* usw. Formationen) sowie auf Mooren infolge der unvollkommenen Zersetzung, so daß die Stickstoffaufnahme der Pflanzen im Mineralisationsvorgang erschwert bis unmöglich gemacht ist. In der Mycorrhiza haben die Pflanzen dieser Standorte ein Mittel gefunden, sich die Mikroorganismenkonkurrenten unmittelbar zu ihrer Stickstoffversorgung einzufangen. Auf diese Symbiose werden wir S. 338 ff. zurückkommen; es sei hier nur ein weiterer Gesichtspunkt erwähnt: Unsere Kulturpflanzen sind offenbar Pflanzen des mineralisierenden Bodens; sie stammen aus steppenartigen Formationen. Wären sie an eine unselbständige Ernährung (in Hinsicht auf die Mineralisation) angepaßt wie die typischen Mycorrhizapflanzen, so hätten sie wohl niemals durch Zusatz von Handelsdüngern zu solch hoher Produktion von Pflanzenmasse getrieben werden können, wie das tatsächlich der Fall ist. Diese Zugabe ist also lediglich eine Verstärkung der natürlich vor sich gehenden Mineralisation, an die sie angepaßt sind. *Orchideen* würden als Mycorrhizapflanzen bei Mineraldüngung eingehen.

Humusbildung.

S. 293 wurden bereits die Humusstoffe des Bodens[2] erwähnt. Man versteht darunter die aus anderen organischen Stoffen zu den organischen Bestandteilen des Bodens umgewandelten Stoffe, die diesem die mehr oder weniger braune Farbe verleihen (soweit diese nicht etwa durch Eisenoxyd bedingt ist). In ihrer Fähigkeit zur Bildung von

---

[1] KAILA, A.: Soil Sci. **68**, 279 (1949).

[2] Vgl. K. MAIWALD: Organische Substanz des Bodens. In Blancks Handbuch der Bodenlehre, Bd. 7, S. 113. Berlin: Julius Springer 1931; 1. Erg.-Bd., S. 377, 1939. — LUNDEGÅRDH, H.: Höhere Pflanzen in ihrer Einwirkung auf den Boden. In Blancks Handbuch der Bodenlehre, 1. Erg.-Bd., S. 336. — RIPPEL, A.: Forschungsdienst, Sonderheft 17, 54 (1941). — SCHEFFER, F., u. P. SCHACHTSCHABEL: Agrikulturchemie. Tl. I: Boden, 3. Aufl. 1952; Tl. c: Humus und Humusdüngung. Stuttgart: F. Enke 1941. — LAATSCH, W.: Dynamik der mitteleuropäischen Mineralböden. 3. Aufl. Dresden-Leipzig: Th. Steinkopf 1955; Beitr. z. Agrarwissenschaft, Heft III, 1948. — WELTE, E.: Z. Pflanzenernährg. **46** (91), 244 (1949). — SCHEFFER, E., u. E. WELTE: Landw. Forschg. **1**, 190 (1950). Ferner Literatur S. 200, Anm. 4.

Humusstoffen besitzen organische Dünger, Stalldünger, Gründünger[1] usw. die für den Boden besonders wertvollen Eigenschaften. Die Humusstoffe sind amorphe Stoffe von kolloidaler Beschaffenheit und jedenfalls von sehr heterogener Zusammensetzung und Entstehungsweise, in Alkali löslich, mit Säuren fällbar, mit Ausnahme gewisser Vorstufen (Fulvosäuren), unlöslich in Acetylbromid, von mehr oder weniger saurem Charakter (Huminsäuren) oder in weiterer Ausbildung braunkohleähnlich (Humine). Rein chemisch sind diese Stoffe nur erst sehr unvollkommen zu definieren; im übrigen sei auf die Literatur verwiesen[2].

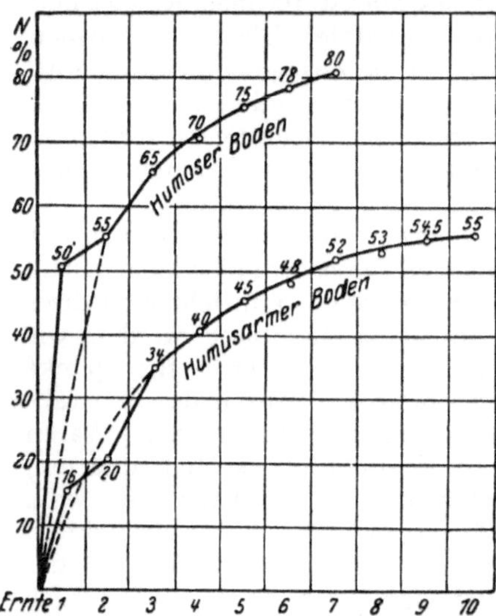

Abb. 110. Zersetzung des Gründüngerstickstoffs auf verschiedenen Böden. Die Zahlen der Abszisse bedeuten die aufeinanderfolgenden Erntejahre. (Nach F. Löhnis.)

Für den Boden ist wichtig, daß die Humusstoffe, jedenfalls die des Ackerbodens, stickstoffhaltig und sehr resistent gegen den Angriff von Mikroorganismen sind. Im normalen Ackerboden stellen sie den Kohlenstoff- und Stickstoffvorrat dar, aus dem sich Kohlensäurebindung und Stickstoffmineralisation des ungedüngten Bodens vollziehen. Abb. 110 zeigt, daß die Zersetzung des Stickstoffs von Gründünger (ebenso von Stalldünger) nur langsam verläuft, also genügend Zeit zum Übergang in die Humusanreicherung verbleibt.

Das C/N-Verhältnis beträgt in den Humusstoffen des Ackerbodens etwa 10 : 1, so daß der Stickstoff ohne weiteres mineralisiert werden kann. Normaler Ackerboden enthält etwa 2% Humusstoffe, ein fruchtbarer Schwarzerdeboden 6—10%, gelegentlich noch mehr. Infolge der schweren Angreifbarkeit erfolgt die Mineralisation des Stickstoffs sehr langsam. Der Vorrat eines normalen Ackerbodens an dem in den Humusstoffen festgelegten Stickstoff würde bei fehlender Neuzufuhr von Stickstoff und gleichbleibender mittelgroßer Ernte mindestens 300 Jahre ausreichen, woraus die „Unerschöpflichkeit" besonders fruchtbarer Böden erhellt und die verhältnismäßig geringe jährliche Mineralisation des ungedüngten Bodens, die somit weit unter 1% des Stickstoffvorrates liegt.

---

[1] Der Gründünger bezweckt einmal eine Stickstoffanreicherung des Bodens, wenn es sich um die stickstoffbindenden Leguminosen handelt, im Falle nichtstickstoffbindender Pflanzen, wie Senf, eine Humusanreicherung, sowie in diesem Fall die Erhaltung des aufgenommenen Stickstoffs, der sonst im Winter ausgewaschen würde.

[2] Siehe Anm. 2, S. 301.

Die Entstehung der Humusstoffe, soweit rein mikrobiologische Gesichtspunkte in Frage kommen, wurde S. 200 ff. besprochen. Es sei wiederholt, daß dafür entweder eine direkte Umwandlung organischer Stoffe (Gerbstoffe, Lignin usw.) durch Mikroorganismen in Frage kommt, oder sekundäre Entstehung aus Mikroorganismensubstanz selbst, wobei offenbar den bei dem Eiweißabbau frei werdenden aromatischen Gruppen besondere Bedeutung zukommen dürfte. Die schwere Angreifbarkeit des Stickstoffs könnte durch dessen heterocyclische Bindung erklärt werden (S. 201)[1]. Ein Punkt ist noch besonders wichtig: Der Mineralisationsvorgang im Boden erfolgt nicht in einem Zuge von einem bestimmten Ausgangsmaterial aus, sondern es tritt ein oftmaliger Wechsel ein zwischen Mikroorganismen, die erstmalig sich entwickeln, weiteren, die diese wieder abbauen (S. 268, Ablösen von *Pilzen* durch *Bakterien*) und so fort. Die Tatsache, daß der ökonomische Koeffizient nicht nur bei *Pilzen*, sondern auch bei *Bakterien* recht hoch sein kann (S. 120), zeigt weiter, daß der Abbau der organischen Substanz nicht etwa verschwenderisch verlaufen wird. Auf diese Weise erscheint es aber möglich, daß die an sich geringe Mikroorganismensubstanz doch summierend eine beträchtliche Menge an Stoffen ergeben kann, die sich in den Humusstoffen wiederfinden, zumal ja viele Mikroorganismen durch die Bildung braungefärbter amorpher Stoffe (S. 19, 39) schon rein äußerlich diese Tätigkeit erweisen.

An dieser Stelle interessiert die Menge der im Ackerboden befindlichen Bakterienmasse. Diese würde, wenn wir *Bact. coli* mit $0,8\,\mu$ Breite und $2\text{—}3\,\mu$ Länge $=$ rund $2\cdot10^{-10}$ mg Trockensubstanz zugrunde legen, je 1 g Boden bei 5 Milliarden Bakterien (S. 259) 1,0 mg Trockensubstanz betragen, die Menge des darin befindlichen Stickstoffs (bei 8%) 0,08 mg. Würde dieser Boden 2% Humusstoffe enthalten, mit 10% Stickstoff, so ergäben sich je 1 g Boden 20 mg Humusstoffe und 2 mg Stickstoff. Die Bakterien würden also $^1/_{20}$ der organischen Substanz des Bodens und $^1/_{25}$ von deren Stickstoff enthalten. Obwohl nur eine rohe Schätzung, gibt diese Zahl doch eine ungefähre Vorstellung von der Größenordnung. Die Mikroorganismenmasse in pilzreichen Böden, wie Waldböden, läßt sich kaum schätzen. Die S. 259 angegebene Zahl von 30 m Pilzmycellänge je 1 cm³ Boden würde, ein Hyphendurchmesser von $3\,\mu$ und eine Trockensubstanz von 20% angenommen, nur ungefähr 0,2 mg Pilzmasse entsprechen.

Abgesehen von der Bedeutung des Kohlenstoff- und Stickstoffvorrates des Bodens (wozu noch weitere Nährstoffe treten, S. 301), besitzen die Humusstoffe für die physikalisch-chemische Struktur des Bodens eine überaus wichtige Bedeutung, indem sie Durchlüftung (vgl. Gare, S. 311) und Wasserführung verbessern und auch gewisse Nährstoffe, wie Eisen (S. 101), in besonders wirksamer Form enthalten.

Welche Mikroorganismen den Abbau der Humusstoffe durchführen, ist noch wenig bekannt. Doch hat man Grund, anzunehmen,

---

[1] Vgl. aber W. FLAIG: Z. Pflanzenernährg. **51**, 93 (1950).

daß *Actinomycetes*, vornehmlich *Proactinomyces*-Arten[1], beteiligt sind (S. 201), also Vertreter der autochthonen Mikroflora des Bodens. Als sicher kann auch gelten, daß im Waldboden mit seinen zahlreichen Mycorrhizapilzen, ebenso an anderen Mycorrhizastandorten, diese Pilze, also *Basidiomycetes*, den Abbau der Humussubstanzen durchführen; ihre Fähigkeit, Lignin angreifen zu können, darf in diesem Zusammenhange erwähnt werden.

Der Ackerboden ist ein Mineralboden mit geringem Gehalt an Humusstoffen, sog. milder Humus (charakterisiert durch die stickstoffhaltigen Grauhuminsäuren[2], von olivbrauner Farbe, Umbraton), wobei die Huminsäuren durch Calcium abgesättigt sind oder mit anorganischen Gelen des Bodens (Eisen-, Aluminium-, Kieselsäuregelen) Komplexe bilden, ebenso mit Phosphorsäure. Im Gegensatz dazu stehen die eigentlichen Humusböden in Wald, Moor usw. mit mehr oder weniger saurem Humus (Braunhuminsäuren[2], charakterisiert durch rotbraunen bis rötlichen Farbton, stickstofffrei oder stickstoffarm). Gewissermaßen das Extrem ist das Hochmoor mit Torfbildung[3], für die zunächst dauernde Feuchtigkeit[4], sodann Entwicklung bestimmter Pflanzen, von *Torfmoosen* (*Sphagnum*-Arten), *Wollgräsern* (*Eriophorum*-Arten) u. a. die entscheidenden Bedingungen liefern, wobei es zu starker Versäuerung kommt und die kaum zersetzten, nur unvollkommen umgeformten Pflanzenmassen sich so anhäufen, daß nur ungefähr 3% unverbrennlicher Anteil vorhanden ist. Neutralisation nach Herstellung der Durchlüftung mittels Entwässerung durch Drainage ist die Vorbedingung für die Mineralisationsfähigkeit des Hochmoores.

Versäuerung und dadurch verursachte mangelhafte Zersetzung, die weiterhin gefördert wird durch schlechte Durchlüftung infolge der Verfilzung, sind auch die Ursachen der in Wäldern, Heiden und Zwergstrauchformationen häufigen Bildung von Rohhumus. Grundbedingungen sind verhältnismäßig niedere Temperatur und große Feuchtigkeit, weshalb gemäßigte und kältere Breiten sein Verbreitungsgebiet sind. Zwei weitere Momente wirken mit: Einmal die Bodenbeschaffenheit, d. h. der Mangel des Bodens an basischen Bestandteilen, in erster Linie an kohlensaurem Kalk. Infolgedessen sind Sandböden die Stellen typischer Rohhumusbildung. Die *Buche* z. B. bildet nur auf ärmsten Sandböden Rohhumus, *Kiefer* und *Fichte* neigen jedoch stark dazu, weil sie ärmer an Basen sind als die Laubbäume. Außerdem enthalten die Nadelhölzer viele Harze, die die Zersetzung weiter hemmen. Häufig geht die Rohhumusbildung in Bildung von Trockentorf (torfähnliche Beschaffenheit, die sich aber nicht unter stagnierender Nässe bildet) über, der die Wälder vernichtet, bisweilen schon nach einer

---

[1] Sie zeichnen sich überhaupt durch die Fähigkeit aus, schwer angreifbare organische Stoffe zersetzen zu können; vgl. S. 116 über Abbau von Oxalsäure.

[2] Es scheint jedoch, daß im Ackerboden beide Typen der Huminsäuren vorkommen. KLAMROTH, B.: Beitrag zur Charakterisierung der Huminsäuren des Bodens. Diss. Göttingen 1954.

[3] Über Kohle siehe S. 313.

[4] Man denke in dieser Hinsicht auch an die Haltbarkeit von Holz, das unter Wasser liegt.

Generation. Diese Waldzerstörung ist in erster Linie eine Folge der reinen Nadelholzbestände; in natürlichen Wäldern und ihrem Mischbestand von Nadel- und verschiedenartigen Laubbäumen tritt sie nicht auf, und die moderne Forstkultur nimmt mehr und mehr darauf Rücksicht. Eine Gesundung der erkrankten Waldböden (Abbau des Trockentorfs) kann auch durch künstliche Zufuhr basischer Bestandteile, z. B. durch Kalkung, erfolgen, was aber aus wirtschaftlichen Gründen nur ausnahmsweise möglich ist.

Ist Bildung von Rohhumus bzw. Trockentorf eingetreten, so werden die oberen Bodenschichten durch die aus der Rohhumus- bzw. Trockentorfschicht hinabsickernden sauren Sickerwässer ausgelaugt, je nach dem Grade der Auslaugung, zu gelblichem bis rein weißem Bleichsand, der unten von der Ortsteinschicht (Abb. 111) begrenzt wird, die durch

Abb. 111. Ortsteinschicht in Heideboden. *a* Rohhumus, *b* Bleichsand, *c* Ortstein, *d* gelber Sand und darunter weißer Sand. Photo. (Nach E. Warming u. P. Graebner.)

Ausfällung von Humusstoffen und Eisen in der basenreicheren Tiefe zustande kommt und als undurchlässige Schicht den Baumwurzeln ein undurchdringliches Hindernis für das Vordringen in tiefere Schichten bildet. Hierdurch wird wiederum das Heranschaffen basischer Bestandteile aus tieferen Schichten und somit die Verbesserung des Bodens verhindert.

Außer den Bäumen spielt die Strauch- bzw. Zwergstrauch- und die Krautflora eine Rolle bei diesen Vorgängen, wobei nicht ohne weiteres erkennbar ist, ob sie verstärkend eingreift oder lediglich Begleitpflanzen stellt. Im slowakischen Erzgebirge fand man eine relative Zunahme der *Pilze*, Abnahme der Nitrifikation und erhöhte Bildung von Humusstoffen in folgender Reihenfolge[1]: 1. *Oxalis acetosella, Asperula odorata* (vorwiegend *Buche*); 2. *Oxalis acetosella, Majanthemum bifolium* (wenig *Buche*, vorwiegend *Fichte*); 3. *Vaccinium myrtillus, Homogyne alpina* (reine *Fichte*). In den Karpaten ergab sich eine Abnahme der Zersetzungsfähigkeit in den Pflanzenassoziationen[2]: *Adenostyles → Deschampsia → Vaccinium → Sphagnum*, und allgemein scheint die Mikroflora der Güte der Waldböden parallel zu gehen, wie das CAJANDER aufgestellt hat[3]. Wenn auch manche Erscheinungen sekundär sein dürften, so tragen doch alle dazu bei, die einmal eingeschlagene Richtung in Hinsicht auf die unvollkommene Zersetzung zu verstärken.

Die Vorgänge bei der Bildung von Humusstoffen in diesen Humusböden sind noch weniger bekannt als die im Ackerboden. Beide Typen sind nicht etwa dem Grad, sondern dem Wesen der Zersetzung nach verschieden[4]. Rein biologisch ergibt sich die weitere Folge des Vorherrschens der Mycorrhizapflanzen auf Humusböden, und daraus läßt sich wohl auch der Schluß ziehen, daß *Basidiomycetes* hier die eigentlichen Humuszersetzer sind. *Bakterien* werden nur von untergeordneter Bedeutung sein, gewinnen aber sofort größere Bedeutung, wenn die ungünstigen, zur extremen Anhäufung von Humusstoffen führenden Bedingungen beseitigt sind. Je nachdem, wie weit dies der Fall ist, kann sich demgemäß im Waldboden beispielsweise auch eine Nitratbildung vollziehen, und es kann somit die Ernährung der Bäume wenigstens zum Teil über die Mineralisation erfolgen.

Kreislauf der Mineralstoffe.

Der Kreislauf des Schwefels[5] hat, nach dem Schema S. 291, viel biologische und energetische Ähnlichkeit mit dem des Kohlenstoffs und Stickstoffs: Aufnahme der oxydierten Form, des Sulfats, durch die grüne Pflanze, unter Reduktion zu Schwefelwasserstoff mit Hilfe der Energie des Sonnenlichtes (unmittelbar oder mittelbar); Mineralisation des von den Pflanzen in organische Bindung übergeführten Schwefels zunächst zu Schwefelwasserstoff, dessen Oxydation zu Sulfat durch *grüne* und *Purpurbakterien* oder durch *farblose Schwefelbakterien* (S.105ff.), teilweise unter intermediärer Ablagerung von elementarem Schwefel; endlich Desulfurikation des Sulfates zu Schwefelwasserstoff (analog Denitrifikation und Nitratammonifikation). Eine weitere Übereinstimmung ist, daß in den Humusstoffen auch Schwefel vorhanden ist; Boden aus altem Buchenwald zeigte 90,4%, Ackerboden 85,6% des vorhandenen Schwefels in organischer Form, und bei Zugabe von schwefelfreiem Kohlenstoffmaterial zum Boden zeigte sich der größte Teil des vorhandenen Sulfatschwefels nach einiger Zeit organisch festgelegt[6], also genau so wie bei dem Stickstoff (S. 299f.). Auch kann eine

---

[1] SILLINGER, P., u. F. PETRU: Beih. Bot. Zbl. A **57**, 173 (1937).
[2] DEYL, M.: Studia Botan. Cechosl. 1, 11 (1938).
[3] SVINHUFVUD, V. E.: Act. Forst. fenn. **44**, Nr. 1 (1937).
[4] ROMELL, L. G.: Soil Sci. **34**, 161 (1932).
[5] Vgl. R. L. STARKEY: Soil Sci. **70**, 55 (1950).
[6] RIPPEL, A.: J. Landwirtsch. **76**, 1 (1928).

organische Bindung von Schwefel durchaus nicht nur im Zuge der Eiweißsynthese erfolgen (S. 99f.)[1].

In der Natur tritt am auffälligsten der Schwefelwasserstoff hervor. Soweit er aus organischer Bindung frei gemacht wird, ist er im gut durchlüfteten Erdboden nicht nachweisbar, sondern wird sofort weiteroxydiert, und zwar auch durch die gewöhnlichen Mikroorganismen; z. B. bildet *Asp. niger* aus Cystin kräftig Schwefelsäure[2]. Nur an anaeroben Standorten, vornehmlich in Gewässern, kann sich also Schwefelwasserstoff anhäufen; jedoch tritt der auf diesem Wege gebildete sehr zurück gegenüber dem aus der Desulfurikation stammenden. Bei Vorhandensein von Eisenverbindungen kommt es zur Ausfällung des schwarzen Schwefeleisenschlammes, der für den Schlamm in stagnierendem Süßwasser und in abgeschlossenen Meeresbecken charakteristisch ist. Daneben kann freier Schwefelwasserstoff angehäuft werden. Das Schwarze Meer, dessen tieferen Schichten, von dem Mittelländischen Meer durch die nur 50 m tiefe Schwelle in Dardanellen und Bosporus getrennt, an einem Austausch verhindert sind, besitzt (Abb. 112) eine sauerstoffreiche Oberschicht und einen nach unten steigenden Gehalt an Schwefelwasserstoff, der bei der größten Tiefe (2528 m) 6,55 cm³ H_2S/Liter erreicht. In solcher Umgebung ist

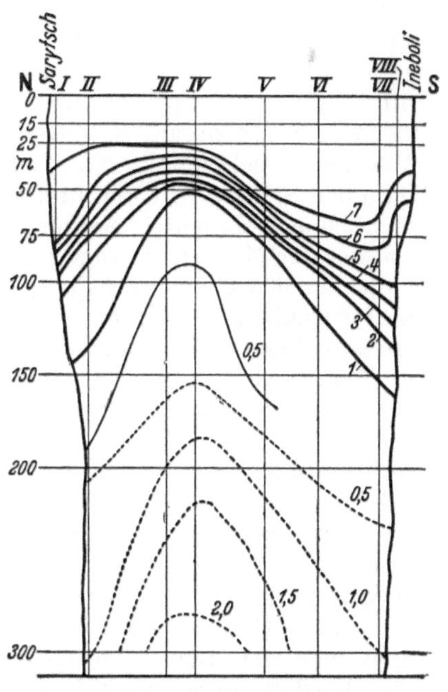

Abb. 112. N-S-Profil (Sarytsch-Ineboli) durch das Schwarze Meer. (Aus CORRENS[3], nach NIKITIN.)
—— Sauerstoff,
- - - - Schwefelwasserstoff in cm³/Liter.

höheres organisches Leben nicht möglich, und das Fehlen des *Aals* im Donaugebiet sowie das Vorkommen des auf das Süßwasser beschränkten Donaulachses, des *Huchens*, sind eine Folge des Schwefelwasserstoff-Gehaltes des Schwarzen Meeres, der ein Aufwärtswandern dieser Fische verhindert.

Auch in flacheren Gewässern kann bei einem durch starke Verschmutzung mit organischen Stoffen bedingtem Sauerstoffschwund (S. 281 f.) erhebliche Bildung von Schwefelwasserstoff erfolgen, wovon man sich beim Herausreißen tief wurzelnder Wasserpflanzen überzeugen kann, und wie die flachen Wasserbecken um das Schwarze Meer mit ihrem schwarzen Limanschlamm zeigen (der übrigens als Heilschlamm verwendet wird).

[1] RIPPEL, A., u. G. BEHR: Arch. Mikrobiol. 7, 584 (1936).
[2] RIPPEL, A.: Biochem. Z. 165, 473 (1925).
[3] CORRENS, C. W.: Einführung in die Mineralogie. J. Springer 1949.

Wo Licht eindringt oder ultrarote Strahlen (S. 107), vollzieht sich die Reoxydation des Schwefelwasserstoffs zu Sulfat bei Fehlen von Sauerstoff durch die *grünen* und *Purpurbakterien*[1], bei dessen Vorhandensein durch *farblose Schwefelbakterien*, die sich auf das Niveau der günstigsten Sauerstoff-Schwefelwasserstoff-Versorgung einstellen. Solche Bakterienniveaus kann man künstlich im Laboratorium als makroskopisch erkennbare Bakterienschicht herstellen.

Der Kreislauf der übrigen Mineralstoffe. Wie schon gesagt, werden alle Bioelemente in den organischen Kreislauf der Stoffe hineingezogen. Über die Wirkung im einzelnen sind wir jedoch noch sehr wenig unterrichtet. Phosphorsäure ist, wie Stickstoff und Schwefel, im Boden teilweise organisch festgelegt, und ihre Mineralisation, die von ähnlichen Gesichtspunkten aus zu betrachten ist wie die des Stickstoffs (vgl. oben S. 301), wird hin und wieder über die normale Mineralisation künstlich eingebrachter organischer Stoffe hinaus eine Rolle spielen, z. B. bei der Mycorrhizafrage (S. 339) und im Schlamm der Gewässer; in diesen ist vielfach die Phosphorsäure der begrenzende Faktor für die Entwicklung der Mikroorganismen des Wassers, ihre Mineralisation wird also besonders bedeutsam. Im übrigen handelt es sich lediglich um einen Kreislauf der Phosphorsäure; Reduktion zu Phosphorwasserstoff und Reoxydation und damit Ausweitung des Kreislaufs wie beim Schwefel könnte höchstens in kleinstem Umfange verwirklicht sein, da energetische Gründe dem entgegenstehen (S. 204f.).

Hinsichtlich des Molybdäns sei bemerkt, daß das S. 278 erwähnte Fehlen im Boden hauptsächlich für fruchtbare Böden gilt; in frischen Verwitterungsböden ist es häufiger[2], ein Zeichen dafür, daß sich für ein Spurenelement bei fehlender Neuzufuhr der dauernde Entzug durch die lebenden Organismen auswirken kann. Ebenso soll Bor durch Mikroorganismen des Bodens festgelegt werden[3]. Es erscheint durchaus möglich, daß fortschreitende Kenntnis noch weitere derartige Fälle aufzeigen wird. Es sei noch darauf hingewiesen, daß sich im Erdboden beispielsweise 100mal soviel Eisen findet wie verfügbarer Stickstoff, die Pflanze aber diese Stoffe in umgekehrtem Verhältnis braucht. Daraus erklärt sich, daß der Kreislauf des Stickstoffs sich auf die Organismen in kurzen Zeiträumen ganz anders auswirken muß als der des Eisens, das im Boden ebenfalls einen dauernden Kreislauf durchmacht[4], zumal die Schwermetalle teilweise in organischer Bindung vorliegen dürften. Dieser Kreislauf sei im folgenden für das sich ebenso verhaltende

---

[1] Über die Bedeutung des Lichtes für das Vorkommen von *Blaualgen* und *Purpurbakterien* im Farbstreifensandwatt vgl. C. HOFFMANN: Planta **37**, 48 (1949).

[2] TER MEULEN, H.: Rec. Trav. Chim. Pays-Bas (Amsterd.) **50**, 491 (1931. — KONISHI, K., u. T. TSUGE: Bull. Agr. Chem. Soc. Japan **9**, 129 (1939); **10**, 584 (1934).

[3] HANNA, W. J., u. E. R. PURVIS: Soil Sci. **52**, 257 (1941).

[4] Zum Beispiel reduziert *Bac. polymyxa* 3wertiges zu 2wertigem Eisen: ROBERTS, J. L.: Soil Sci. **63**, 135 (1947); ebenso *Bac. circulans* stark und andere Bakterien geringer: BROMFIELD, S. M.: J. Soil. Sci. **5**, 129 (1954); J. Gen. Microbiol. **11**, 1 (1954); vgl. S. 235.

Mangan geschildert[1]; aus dem gegebenen Schema geht alles Weitere hervor, insbesondere auch das Ineinandergreifen rein chemischer und biologischer Vorgänge (vgl. S. 312).

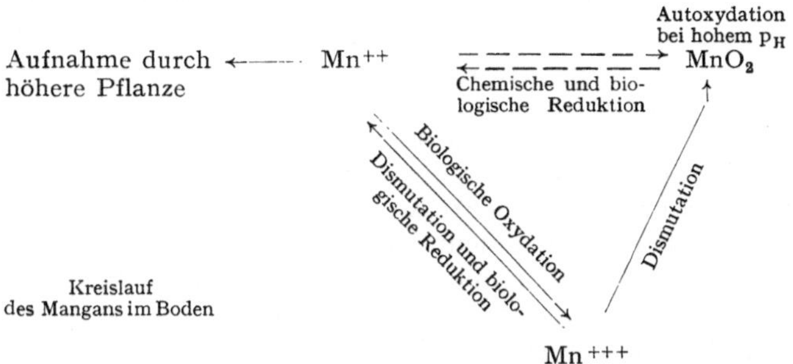

Geologische Bedeutung der Mikroorganismen.

Wenn auch die Wirkungen der Mikroorganismen bei dem Kreislauf der Stoffe, soweit es sich nicht um Kohlenstoff, Stickstoff, Schwefel, Phosphor handelt, nur unbedeutend erscheinen könnte, so zeigen sie doch Folgen, die sich z. T. in kürzeren, zum größten Teil jedoch erst in geologischen Zeiträumen zu recht bedeutsamen Vorgängen summieren können. Es handelt sich um die Beteiligung der Mikroorganismen an der Lösung und Fällung anorganischer Stoffe.

Für die Lösung anorganischer Stoffe stehen den Mikroorganismen anorganische und organische Säuren, einschl. der Kohlensäure, zur Verfügung, von denen die organischen praktisch wohl keine große Rolle spielen dürften, da sie, namentlich unter aeroben Verhältnissen, sofort weiterverarbeitet werden (vgl. indessen das S. 304 über die Wirkung von Huminsäuren Gesagte). Die bei der Ammoniakoxydation entstehende salpetrige und Salpetersäure können stark lösend wirken, z. B. durch Zerfressen von Zementröhren und Beton[2], Denkmalkalksteinen[3] u. ä. Die Verwitterung des Gesteins des Faulhorns in der Schweiz soll ebenfalls auf diese Säuren zurückzuführen sein. Die Wirkung wird aber mehr oder weniger lokal bleiben, da das Vorkommen der Bakterien durch neutrale Reaktion zu stark beschränkt ist.

Wichtiger erscheint die Schwefelsäure. Soweit sie bei der Oxydation von Schwefelwasserstoff im Wasser gebildet wird, kann sie dort naturgemäß keine Wirkung auf Gestein ausüben, zumal sie dort bald neutralisiert wird. Anders auf der festen Erdrinde. Sulfide, z. B. Pyrit (Eisenkies = Schwefeleisen), können direkt oxydiert werden. Ein in einer Ziegeleigrube in pyritführendem Tertiärton entstandener Teich hatte bei 3,2—3,6 p_H-Wert 30 mg freie Schwefelsäure im Liter, die aus der Oxydation des Pyrits entstanden war und jeden höheren

---

[1] QUASTEL, J. H.: J. Proc. Roy. Inst. Chem. **1946**, 3. — Vgl. indessen noch S. M. BROMFIELD u. V. B. D. SKERMAN: Soil Sci. **69**, 337 (1950).

[2] ISSATSCHENKO, B.: C. r. (Doklady) Acad. Sci. UdSSR. **2**, 287 (1936).

[3] KAUFFMANN, J.: C. r. Acad. Sci. (Paris) **234**, 2395 (1952).

Pflanzenwuchs im Teich verhinderte[1]. Auch die stark saure Reaktion von Grubenwasser (bituminöse Kohlen), kommt auf diese Weise zustande[2]. Wesentliche Auswirkung kann die Oxydation des in den Humusstoffen des Bodens organisch gebundenen Schwefels gewinnen. Die Ausblühungen an Fels- und Steinbruchwänden bestehen ebenso wie die an Mauersteinen[3] (zu Unrecht als Salpetersteine bezeichnet) nicht aus Nitraten, wie man früher annahm, sondern überwiegend, wie auch die Salze der in den Gesteinen zirkulierenden Lösungen, aus Sulfaten; Salpeter fehlt zumeist sogar vollständig[4]. Der organisch gebundene Schwefel der Humusdecke wird zu Schwefelsäure oxydiert, die aus Mangel an basischen Stoffen nicht neutralisiert werden kann (wobei noch die Fähigkeit vieler Mikroorganismen, hohen Säuregehalt zu vertragen, und die relative Ungiftigkeit freier Schwefelsäure hinzukommt). In stark sauren Waldböden und in Moorböden kann freie Schwefelsäure mehr als die Hälfte der Anionen ausmachen[5]. Sie versickert in das Gestein, löst dieses und kommt schließlich an den Felswänden nach Verdunsten des Wassers als Sulfat in Form der Ausblühungen zum Vorschein. So wird dieser Vorgang zu einem wichtigen Faktor in der Gesteinsverwitterung.

Man hat von solchen Erkenntnissen praktischen Gebrauch gemacht. Rohphosphat (= unlösliches, für die Pflanzen kaum verwertbares Tricalciumphosphat) wurde mit fein verteiltem Schwefel kompostiert; die von schwefeloxydierenden Mikroorganismen (S. 109f.) gebildete Schwefelsäure löst das Rohphosphat zu wasserlöslichem Monocalciumphosphat, wie es im Superphosphat als leicht aufnehmbares pflanzliches Düngemittel vorliegt. Man hat also die Superphosphatherstellung biologisch durchgeführt. Oder stark alkalische, dem Pflanzenwuchs schädliche Böden wurden mit fein verteiltem Schwefel versetzt und durch die gebildete Schwefelsäure Neutralisation des Alkalis und damit Verbesserung des Bodens erzielt.

Eine sehr bedeutsame Rolle spielt die, wenn auch als Säure sehr schwache, Kohlensäure. Die basischen Bestandteile schwerstlöslicher Silicate und Phosphate werden von *Bakterien* gelöst, die keine andere Säure bilden als Kohlensäure[6]. An Werksteinen, z. B. öffentlicher Londoner Gebäude, hat man die bakterielle Natur der dort außerordentlich schädlich auftretenden Korrosionen offenbar durch Kohlensäure nachgewiesen[7]. Diese Lösungswirkung der Kohlensäure hat zweifellos große Bedeutung für die Resorption der Pflanzennährstoffe im Boden durch die Wurzeln, wenn diese auch noch nicht quantitativ übersehbar ist. In sterilem Boden erwies sich jedenfalls die Phosphatresorption als

---

[1] OHLE, W.: Arch. f. Hydrobiol. **30**, 604 (1936). — Zur verschiedenartigen Oxydation von Pyrit, Markasit usw. vgl. Anm. 3.

[2] LEATHEN, W. W., u. Mitarb.: Appl. Microbiol. **1**, 61, 65 (1953). — TEMPLE, K. L., u. E. W. DELCHAMPS: Appl. Microbiol. **1**, 254 (1953).

[3] Über Zerstörung von Denkmalsteinen (kapillarer H_2S-Aufstieg und Oxydation) vgl. J. POCHEN u. O. COPPIER: C. r. Acad. Sci. (Paris) **231**, 1584 (1951).

[4] BLANCK, E., u. A. RIESER: Chemie d. Erde **2**, 15 (1925).

[5] STREMME, H. E.: Z. Pflanzenernährg. **50**, 89 (1950).

[6] Man vergleiche dazu aber die Angaben S. 19 über die Resorption schwer löslicher Stoffe durch den Schleim der Bakterien.

[7] PAINE, S. G., u. Mitarb.: Trans. Roy. Soc. (London) B **222**, 97 (1933). —

geringer[1]. Man vergleiche auch die Angabe S. 294 über den Anteil von Bakterien an der „Wurzelatmung".

Überschuß von Kohlensäure löst kohlensauren Kalk zu Calciumbicarbonat, das in dieser Form in großen Mengen vom Wasser abtransportiert wird. Aber schon im Ackerboden hat diese Lösung eine wichtige Folge: Sie führt nämlich weiter zu kolloidchemischen Umsetzungen, die den lockeren, der Pflanzenkultur so günstigen Garezustand des Bodens bewirken, d. h. den Übergang von dichter Einzelkornstruktur in lockere Krümelstruktur, vergleichbar der Kolloidausflockung durch Calcium, mit der Vergrößerung der Teilchen und damit auch der sie trennenden Räume; sie führt also im Boden zu besserer Durchlüftung und Wasserführung. Nach anderer Ansicht ist die „Lebendverbauung" der Bodenkrümel durch Mikroorganismen die Hauptursache der Garebildung[2]. Wahrscheinlich werden beide Vorgänge eng zusammenwirken.

Fällung anorganischer Stoffe[3]. Ein großer Teil des gelösten Calciumbicarbonats wird bereits kurz nach dem Verlassen des Bodens wieder als Calciumcarbonat ausgeschieden und führt zur Bildung von Süßwasserkalken, Kalktuffen. Hierbei sind weniger heterotrophe Mikroorganismen beteiligt als *grüne Algen*, *Moose* und andere Wasserpflanzen, die bei der Kohlensäureassimilation einen Teil der Kohlensäure aus dem Calciumbicarbonat herausnehmen und so den Kalk wieder ausfällen. Der gelöste Rest und der in Sulfaten gebundene Kalk gelangen schließlich in das Meerwasser, wo infolge mannigfacher mikrobiologischer und chemischer Umsetzungen schließlich kohlensaurer Kalk abgeschieden wird. Es kommen hierfür nicht, wie man früher annahm, besondere kalkfällende Bakterien in Frage, sondern alle Vorgänge, die zur Ausfällung von $CaCO_3$ führen, namentlich also auch solche, die eine Alkalisierung des Mediums bewirken, also: Ammoniakbildung, Denitrifikation, Desulfurikation, Zerstörung organischer Kalksalze und weiterhin direkte Umsetzungen von Calciumsulfat mit Carbonaten und Bicarbonaten, wie folgende Übersicht[4] zeigt. Infolge besonderer Verhältnisse an der Bakterienoberfläche soll $CaCO_3$-Ausfällung schon bei $^1/_7$ bis $^1/_8$ der chemisch notwendigen NH_3-Menge erfolgen, auch bei Anreicherung von CO_2[5]. Dieser Vorgang vollzieht sich noch heute in der tropischen Flachsee[6] (Bahama-Bank), und auf gleiche Weise sind die oft Tausende von Metern mächtigen Ablagerungen der ungeschichteten Kalksteine entstanden, wenn langsame Senkung des Meeresbodens die weitere Bedingung dazu schaffte. Auch Protozoen,

---

[1] GERRETSEN, F. C.: Plant a. Soil **1**, 51 (1948); Microbiol. españa **7**, 31 (1954).

[2] SEKERA, F.: Bodenkde. u. Pflanzenernährg. **29**, 169 (1943). — Weitere Literatur: N. R. SMITH: Annual Rev. Microbiol. **2**, 478 (1948). — LOCHHEAD, A. G.: Annual Rev. Microbiol. **6**, 198/199 (1952). — GLATHE, H., u. Mitarb.: Zbl. Bakter. II **107**, 481 (1952/54). — Diese Ansicht wurde bereits von A. KOCH ausgesprochen.

[3] Vgl. C. W. CORRENS: Die Sedimentgesteine. In BARTH-CORRENS-ESKOLA: Die Entstehung der Gesteine. Berlin: Julius Springer 1939. — SCHNEIDERHÖHN, H.: Erzlagerstätten. Jena: G. Fischer 1944.

[4] SMIT, J.: Chem. Weekbl. **35**, 494 (1938).

[5] ROZENBERG, L. A.: Mikrobiologija (russ.) **19**, 410 (1950); Ref. Ber. wiss. Biol. **75**, 276.

[6] BAVENDAMM, W.: Arch. Mikrobiol. **3**, 205 (1932).

insbesondere *Foraminiferen* (*Globigerinen*, vornehmlich in der Tiefsee; 37% des Meeresbodens = 25% der Erdoberfläche sind von Globigerinenschlamm bedeckt!) und *Coccolithophorinen* können beträchtliche Kalkabscheidungen bilden und gesteinsbildend wirken[1].

Formen der mikrobiologischen Ausfällung von Calciumcarbonat.

$$\text{I. } (NH_4)_2CO_3 + CaSO_4 = \underline{CaCO_3} + (NH_4)_2SO_4$$
$$\text{II. } 4\,NaNO_3 + 5\,,,C`` + 2\,H_2O = 4\,NaHCO_3 + 2\,N_2 + CO_2$$
$$2\,NaHCO_3 + CaSO_4 = \underline{CaCO_3} + Na_2SO_4 + CO_2 + H_2O$$
$$\text{III. } Ca(HCO_3)_2 + 2\,NH_4OH = \underline{CaCO_3} + (NH_4)_2CO_3 + 2\,H_2O$$
$$\text{IV. } Ca(HCO_3)_2 = \underline{CaCO_3} + CO_2 + H_2O$$
$$\text{V. } (CH_3COO)_2Ca + H_2O = 2\,CH_4 + CO_2 + \underline{CaCO_3}$$
$$\text{VI. } (CH_3COO)_2Ca + 4\,O_2 = \underline{CaCO_3} + 3\,CO_2 + H_2O$$
$$\text{VII. } CaSO_4 + 2\,,,C`` + H_2O = \underline{CaCO_3} + CO_2 + H_2S$$
$$\text{VIII. } CaSO_4 + CO_2 + 8\,H = \underline{CaCO_3} + H_2S + 3\,H_2O$$

Eisenausfällung[2] durch Schwefelwasserstoff führt in Gewässern zu oft mächtiger Ablagerung von Eisensulfid; auf solche Weise können Pyrit- und Markasitlager entstanden sein, auch die Ablagerungen des Kupfersulfids im Kupferschiefer sind durch Schwefelwasserstoffausfällung[3] zustande gekommen. Zu ganz anderen Eisenablagerungen in Raseneisenerz, Sumpf- und See-Erz führt die Oxydation des zweiwertigen zum dreiwertigen Eisen. Da Ferroeisen viel leichter wasserlöslich ist als das fast unlösliche Ferrieisen, so ist an Stellen austretenden Grundwassers der Nachschub und damit die Möglichkeit zu starken Ablagerungen gegeben. Allerdings wird die primäre Bedeutung der Mikroorganismen bestritten[4], und tatsächlich vollzieht sich die Ferro-Oxydation spontan durch den Luftsauerstoff, allerdings nur bei höherem p_H-Wert, während Ferro bei saurer Reaktion stabil ist. Wenn ferner die *Eisenbakterien* mikroaerophil sind[5], wäre die Möglichkeit zur Oxydation in einem Bereich gegeben, in dem die spontane Oxydation vielleicht noch nicht genügend wirkt. Jedenfalls findet man in den Ablagerungen stets Eisenorganismen. Auf ähnliche Weise können auch Ablagerungen von Mangan entstehen; die Manganknollen der Tiefsee stammen allerdings aus aufgelösten *Foraminiferen*schalen[6].

In Phosphatknollen jeglichen Alters hat man mikroskopisch *Bakterien* nachweisen können[7], und es ist sehr wohl möglich, daß Bak-

---

[1] BARTH, T. F. W., C. W. CORRENS u. P. ESKOLA: Die Entstehung der Gesteine. Berlin: J. Springer 1939. — Vgl. dort auch über die Abscheidung von Kieselsäure durch *Radiolarien* und *Diatomeen*.

[2] DORFF, P.: Biologie des Eisen- und Mangankreislaufes. Berlin: Verlagsges. f. Ackerbau 1935. — THUNMARK, S. v.: Bull. Geol. Inst. Upsala 29 (1942).

[3] Durch *Desulfurikanten* konnte auf Zinkplatten Zinksulfidbildung erzielt werden: ARNAUDI, C., u. G. BANFI: Ann. Microbiol. (Milano) 5, 26 (1952).

[4] HALVORSON, H. O., u. R. I. STARKEY: J. Phys. Chem. 31, 626 (1927); Soil Sci. 24, 381 (1927); 32, 141 (1931).

[5] Siehe S. 111, Anm. 7.

[6] CORRENS, C. W.: Nachr. Akad. Göttingen, Math.-naturwiss. Kl. 1, 219 (1941).

[7] CAYEUX, L.: C. r. Acad. Sci. (Paris) 203, 1198 (1937).

terientätigkeit bei Alkalisierung des Mediums Calciumphosphat fällt. Das Mineral Struvit (Ammoniummagnesiumphosphat) findet sich als Produkt mikrobiologischer Zersetzungsvorgänge in Düngerstätten, Kloaken, Guano u. ä. Auch bei der Entstehung der Kohle dürften Bakterien mitgewirkt haben, sei es auch nur auf indirektem Wege durch Zerstörung der Cellulose und Zurücklassen des Lignins. Endlich zieht man Bakterientätigkeit auch bei der Entstehung von Erdöl in Betracht, und unverkennbar ist die Ähnlichkeit der Bakterien im Tiefseeschlamm des Schwarzen Meeres, von dem 10% aus bituminösen Kohlenwasserstoffen bestehen, mit denen aus ölführendem Substrat[1]. Die Entstehung des Erdöls leitet man u. a. aus dem Fett von Algen her, bei gleichzeitiger Desulfurikation[2], wie überhaupt der häufige Schwefelwasserstoffgehalt von Ölwässern, bei geringem bis fehlendem Sulfatgehalt von Desulfurikation herrührt[2]. Ob die im Öl, auch bei steril an primärer Lagerstätte entnommenen Proben, aufgefundenen Bakterien wirklich autochthon sind oder von sekundärer Einwanderung herrühren, wird kaum eindeutig zu entscheiden sein[3].

Noch auf einen anderen Fall sei hier hingewiesen: Die natürlichen, z. B. chilenischen, Salpeterlager sind ebenfalls offenbar das Produkt ehemaliger Bakterientätigkeit. Sie liegen in einer abflußlosen Mulde über undurchlässigen Tonschichten bei fast völlig fehlenden Niederschlägen. Offenbar vollzog sich auf den Randhöhen, vielleicht aus dem dort abgelagerten Guano, eine intensive Bildung von Nitrat, das allmählich nach unten gewaschen und angehäuft wurde.

Alle diese Vorgänge sind noch wenig bekannt, und die erdgeschichtliche Tätigkeit der Mikroorganismen ist schwer einzuschätzen, zumal eine fossile Erhaltung und damit Nachweisbarkeit nur ausnahmsweise möglich sein dürfte[4]. Aber grundsätzlich werden sich von sehr frühen Zeiten her die gleichen mikrobiologischen Vorgänge auf der Erde abgespielt haben wie heute noch, da die organischen Massen, deren Erhaltung nur in Sonderfällen (Stein- und Braunkohle, Erdöl) möglich war[5], den gleichen Umsetzungen anheimgefallen sein müssen. Die Schwierigkeit liegt natürlich darin, den Anteil der sonst im Verlaufe der Erdentwicklung wirksamen Kräfte chemischer und physikalischer Natur gegen die Mikroorganismentätigkeit abzugrenzen.

---

[1] GINSBURG-KARAGITSCHEWA, T. L., u. Mitarb.: Mikrobiologija **3**, 513 (1934); Petroleum **33**, 7 (1937).

[2] PREVOT, A. R.: Ann. Inst. Pasteur **77**, 400 (1949).

[3] MÜLLER, A., u. W. SCHWARTZ: Arch. Mikrobiol. **14**, 291 (1949). Während die Verff. in dieser Arbeit den Beweis für ein autochthones Vorkommen als nicht erbracht ansehen, hält der zweitgenannte Autor ihn jetzt für erbracht: KNÖSEL, D., u. W. SCHWARTZ: Arch. Mikrobiol. **20**, 362 (1954). — Zur Erdöl-Mikrobiologie: BEERSTECHER, E.: Petroleum Microbiology. Houston/New York: Elsevier Press 1954.

[4] Über den Nachweis fossiler Bakterien in einem permischen Salzlager: RIPPEL, A.: Arch. Mikrobiol. **6**, 350 (1935).

[5] Für die ungeheuere Resistenz gewisser organischer Stoffe unter geeigneten Bedingungen mögen als Beispiele dienen die Erhaltung der Pollenkörnerstruktur in Mooren und die Erhaltung des Chlorophylls in bituminösen Gesteinen usw. von Trias und sogar Silur: TREIBS, A.: Ann. Chemie **509**, 103; **510**, 42 (1934).

Metabiose und Teilkreisläufe.

Im Grunde genommen ist das Verhältnis der Mikroorganismenwelt zu der höheren Pflanzenwelt eine Metabiose. Man könnte es fast als eine Symbiose auffassen, gemäß der S. 290 gegebenen Definition, da sie sich gegenseitig mit ihren Stoffwechselprodukten das Leben ermöglichen. Aber man beschränkt den Begriff der Symbiose auf das unmittelbare Zusammenleben zweier (selten einiger) Organismen, während die Sonderstellung jenes Falles durch den Begriff des Kreislaufs der Stoffe erfaßt wird. Es kann jedoch auch zu einem Kreislauf der Stoffe, auch des Kohlenstoffs, im kleinen kommen, so in einem geschlossenen Gewässer selbst kleinsten Ausmaßes, der sich den Verhältnissen der eigentlichen Metabiose nähert. Bei dieser ist jedoch vielfach charakteristisch, daß die Abhängigkeit einseitig ist und für extreme Fälle, daß zwei Vorgänge, die durch zwei verschiedene Organismen durchgeführt werden, als ein einziger Vorgang erscheinen können.

Ammoniak wird im Boden in einem Zuge zu Nitrat oxydiert durch zwei verschiedene Bakterienarten, *Nitrosomonas* (Ammoniak zu Nitrit) und *Nitrobacter* (Nitrit zu Nitrat) (S. 110f.). Niemals ist aber Nitrit nachzuweisen. Das ist aus folgendem Grunde verständlich: Die Nitratbildung aus Nitrit liefert, wie die energetischen Verhältnisse (S. 110) zeigen, erheblich weniger Energie als die Nitritbildung aus Ammoniak, d. h. der Umsatz muß größer sein, um eine bestimmte Menge von Kohlensäure autotroph verarbeiten zu können. Es wird also die zweite Stufe, Nitratbildung aus Nitrit, verhältnismäßig intensiver verlaufen müssen als die erste Stufe, Ammoniak zum Nitrit. Nitrit kann sich als Mangelstoff normalerweise also nicht anhäufen. Das Beispiel zeigt außerdem sehr instruktiv die Einseitigkeit dieser Metabiose: Das vom zweiten Metabionten gebildete Nitrat ist für den ersten, den Ammoniakoxydanten, wertlos. Um es verfügbar zu machen, muß sich erst die Nitratassimilation, lokal durch andere Mikroorganismen, auf die Gesamtheit gesehen, durch die grüne Pflanze, mit anschließender Ammoniakbildung durch einen weiteren Mikroorganismus, also ein großer oder ein kleiner Kreislauf der Stoffe, dazwischenschalten. Ähnlich liegen die Dinge hinsichtlich des im Erdboden gebildeten, aber sofort weiteroxydierten Schwefelwasserstoffs (S. 307).

Nicht immer ist das Nacheinander so unmittelbar verknüpft, daß das Zwischenprodukt nicht in Erscheinung tritt. Das gilt für Bildung und Oxydation des Schwefelwasserstoffs im Wasser (S. 307 f.), wo also das Nacheinander infolge äußerer Umstände (hier des Sauerstoffs) örtlich auseinandergerückt ist. Auch dadurch unterscheidet sich das neue Beispiel vom vorigen, daß das von dem zweiten Metabionten gebildete Produkt, das Sulfat, wieder für den ersten Metabionten, soweit es sich um *Desulfurikanten* handelt, verfügbar ist, so daß sich ein Kleinkreislauf des Schwefels zwischen nur 2 verschiedenen Mikroorganismenarten ergeben kann. Allerdings würde er im geschlossenen System (ohne neue Zufuhr von außen her) aus Mangel an organisch gebundenem Kohlenstoff bald zum Stillstand kommen; denn die Schwefelwasserstoff oxydierenden Bakterien bilden autotroph nicht so viel organische Substanz, wie die Desulfurikanten heterotroph zur Wiederbildung der gleichen Menge Schwefelwasserstoff benötigen.

Ganz allgemein löst jedenfalls bei dem Kreislauf der Stoffe eine Metabiose die andere ab (unter Zwischenschaltung von Teilkreisläufen): Wir können den ganzen Stoffkreislauf in Einzelreaktionen auflösen, so daß zwei oder mehr aufeinanderfolgende Stufen eine Metabiose darstellen, die mehr oder weniger als ein einheitlicher Vorgang erscheinen, je nach den Bedingungen. Wenn wir S. 3 sagten, daß man die Mikrobiologie gewissermaßen als die Zymologie der gesamten Organismenwelt betrachten könne, so sehen wir hier eine vollkommene Parallelität mit den bei enzymatischen Umwandlungen durchschrittenen Teilstufen und den mannigfachen Abzweigungen, die sich im Verlaufe der Gesamtreaktion ergeben.

Epiphytismus und Symbiose.

Das Verhältnis der beiden Partner ist in der typischen Symbiose recht eng und führt in fortgeschrittenen Fällen zur morphologischen Durchdringung der beiden Partner. Wir greifen jedoch etwas über die S. 290 gegebene Definition hinaus und fassen darunter auch Erscheinungen, die man in die Metabiose einreihen könnte. Die Berechtigung hierzu gibt die Tatsache, daß in der Symbiose nicht so sehr die normalen Endprodukte des Stoffwechsels die Beziehung zwischen den beiden Partnern herstellen, als sozusagen höhere stoffwechselphysiologische Erscheinungen (Wirkstoffe usw.). Außerdem ist die Abhängigkeit beiderseitig. Wir behandeln dabei auch den Epiphytismus, weil von ihm aus unmittelbare (nicht nur abstrakt erschlossene, sondern auch offensichtlich beschrittene) Wege zur Symbiose einerseits (z. B. bei der Mycorrhiza) führen und zum Parasitismus andererseits, die beide wiederum nicht völlig zu trennen sind, wie wir noch sehen werden[1]. Man verwendet daher auch für gewisse Fälle den Begriff „mutualistischer Parasitismus"[2].

Wie in der Symbiose auch parasitäre Züge auftreten, so erstreckt sich die Symbiose weiterhin nicht auf eine Abhängigkeit jeweils des einen Partners, sondern es ist charakteristisch, daß zwar eine solche Abhängigkeit auf jeder Seite besonders auffällig hervortreten kann (etwa Bindung des elementaren Luftstickstoffs), im übrigen aber die Einwirkungen der beiden Partner aufeinander sich auf alle Vorgänge des Stoffwechsels erstrecken, bis zu intimsten Beziehungen der Belieferung mit organischen Wirkstoffen. Erscheint in solchen Fällen die Symbiose außerordentlich eng, so kann sie in anderen Fällen oder auch in anderer Hinsicht wieder recht locker erscheinen, indem die beiden Partner nicht artspezifisch aufeinander eingestellt sind, wie wir z. B. bei der Mycorrhiza sehen werden. Endlich ist es nur in seltenen Fällen zu einem typischen cyclischen Zusammenleben gekommen, wobei der

---

[1] SCHAEDE, R. (siehe S. 290, Anm. 1) spricht deshalb von „Eusymbiose" und „Dyssymbiose" (Parasitismus).

[2] GÄUMANN, E.: Siehe S. 372, Anm. 1.

Symbiont in die sexuelle Sphäre des Wirtes eindringt und somit beide Partner während ihrer ganzen Entwicklung zusammenbleiben (S. 344ff.). Alles in allem ergibt sich eine außerordentliche Mannigfaltigkeit, die bedingt, daß sich die jeweilige Erscheinung nicht in ein Schema von Begriffsbestimmungen einordnen läßt.

Bakterien + Mikroorganismen.

Bakterien + Bakterien. *Cellulosezersetzende Bakterien* bieten ein Beispiel für das Zusammenleben und Zusammenwirken verschiedener Bakterien. Cellulose kann bei gleichzeitiger Denitrifikation anaerob zersetzt werden. Der völlig einheitlich erscheinende Vorgang stellte sich als die Tätigkeit zweier gänzlich verschiedener Bakterienarten, von *aeroben Cellulosezersetzern* und von anaerob arbeitenden *Denitrifikanten*, heraus: Die *Cellulosezersetzer* stellen dem *Denitrifikanten* organische Stoffe aus dem Abbau der diesen unzugänglichen Cellulose zur Ver-

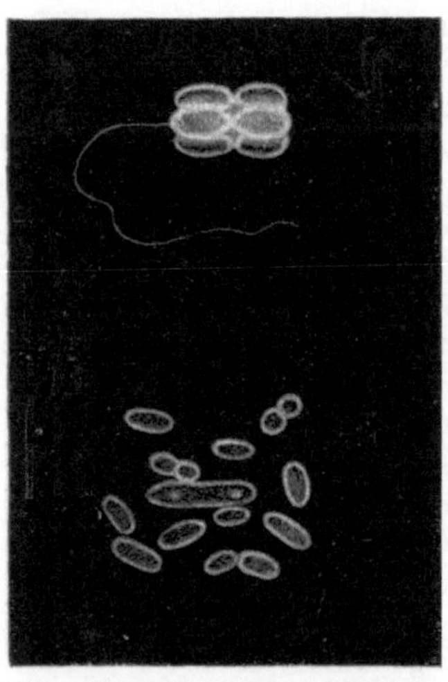

Abb. 113. *Chloronium mirabile*. Oben intakt, unten in die Komponenten zerfallen (hier Geißel nicht sichtbar). Dunkelfeld-Lebend-aufnahme. Vergr. 3000 mal. (Nach J. BUDER.)

fügung und erhalten von diesen den zum aeroben Leben notwendigen Sauerstoff, wohl in Form von Stickstoffoxydul (S. 202)[1]. *Cellulosezersetzer* können ferner mit *stickstoffbindenden Bakterien* zusammenleben, denen sie ebenfalls Kohlenstoffverbindungen aus dem Abbau der Cellulose liefern, während sie selbst gebundenen Stickstoff erhalten[2]. In beiden Fällen ist also die Unterstützung wechselseitig, und es läßt sich nicht sagen, auf welcher Seite der größere Vorteil liegt. Einseitige Abhängigkeit liegt in Fällen vor, in denen eine Bakterienart einer anderen einen organischen Wirkstoff zur Verfügung stellt, wofür zahlreiche Fälle bekannt sind[3]; in anderen erfolgt eine wechselseitige Belieferung (vgl. für *Pilze* S. 318f.).

Im Zusammenleben von Bakterien untereinander könnte *Chloronium mirabile*[4] (Abb. 113) die Herstellung einer neuen, aus zwei verschiedenen Arten bestehenden morphologischen Einheit darstellen: Zentral liegt ein farbloser, mit einer Geißel versehener,

<hr>

[1] RIPPEL, A.: Angew. Bot. **1**, 78 (1919). — GROENEWEGE, J.: Bull. Jard. Botan. Buitenzorg., III., S. **2**, 261 (1920).

[2] BUCKSTEEG, W.: Zbl. Bakter. II **95**, 1 (1936), konnte einen Erfolg allerdings nur in Rohkulturen, nicht in Reinkulturen von *Cytophaga* und *Azotobacter* erzielen. —Vgl. weiter H. L. JENSEN: Proc. Linnean Soc. N. S. Wales **65**, 543 (1940); **66**, 89, 239 (1941); **72**, 73 (1947) (ohne Erfolg mit *Cytophaga*, aber positiv mit cellulosezersetzendem *Corynebacterium*, ebenso mit *Bac. amylobacter* und *Cellulosezersetzern*).

[3] Vgl. noch P. M. WEST u. A. G. LOCHHEAD: Soil Sci. **50**, 409 (1940).

[4] BUDER, J.: Ber. dtsch. bot. Ges. **31**, 80 (1913).

bakterienartiger Organismus $(0,8 \times 3\mu)$, um diesen in regelmäßiger Anordnung, meist zu 4—6 Längsreihen gruppiert, ein Mantel von 10—30 kleinen grünen Zellen von 0,7 bis 1 μ Breite, bei 1—2 μ Länge. In der Natur findet sich dieses Gebilde an Stellen geringen Sauerstoffmangels und schwacher Schwefelwasserstoffbildung, und es liegt nahe, die grünen Zellen für photosynthetisch arbeitende *grüne Bakterien* zu halten, die den farblosen Zellen die Kohlenstoffversorgung sichern; diese könnten ihrerseits jenen unbeweglichen die Möglichkeit der aktiven Beweglichkeit verschaffen. Beide Partner sind anscheinend selbständig lebensfähig, doch fehlen Kulturversuche von längerer Dauer, die endgültigen Aufschluß geben könnten.

Für ähnliche Gebilde wurde die Bezeichnung Syncyanosen[1] vorgeschlagen, die allerdings voraussetzt, daß es sich bei den grünen Komponenten um *Cyanophyceae* handelt. In einem Fall lag ein bis 12 μ langes und bis 4 μ breites, sporenbildendes Stäbchen vor, von winzigen, nur 0,3 μ dicken, das Ende des Stäbchens freilassenden Zellen umgeben; in einem anderen Falle lagen um ein zentrales, bis 18 μ langes *Spirillum* fast blaugrüne, 1 μ dicke Zellen als Mantel. Beide finden sich, wie *Chloronium*, im Schlamm von Gewässern. Sicherlich sind derartige Genossenschaften noch weiter verbreitet, aber leider noch kaum untersucht. Ähnlich gestaltete Symbiosen finden sich zwischen *Cyanophyceae* und *Flagellaten* sowie anderen *Algen*. Auch kommen in *farblosen Flagellaten Cyanophyceae* vor (2 oder 4 Zellen je Individuum), die als Endocyanosen bezeichnet wurden[2,3].

Bakterien oder Pilze + Pilze. *Holzzerstörende Pilze* vermögen das Holz erst anzugreifen, wenn sich vorher *Bakterien* entwickelt haben, deren Wirkung aber nicht etwa darauf beruht, daß das Holz so verändert wird, daß die *Pilze* es abbauen können, sondern die *Bakterien* liefern den *Pilzen* einen organischen Wirkstoff, ohne den sie sich nicht entwickeln können[4]. Sporen vieler *Basidiomycetes* keimen nur in Gegenwart anderer Mikroorganismen[5], z. B. bestimmter *Hefen*, deren Wirkung z. T. aber darauf beruht, daß sie der Keimung schädliche Stoffe unwirksam machen. Ähnliches wurde für den Pilz *Trichoderma lignorum* angegeben, durch dessen Vorkultur die für das Wachstum der *Basidiomycetes* schädlichen, bei der Sterilisation des Substrates entstehenden Stoffe (S. 144) entfernt werden. Folgendes Beispiel zeigt eine wechselseitige Wirkung: *Rhodotorula rubra* und *Mucor Ramannianus* wachsen beide nicht in synthetischer Nährlösung, da jene Pyrimidin, dieser Thiazol (S. 132) benötigt, aber in Mischkultur miteinander, indem der

---

[1] PASCHER, A.: Ber. dtsch. bot. Ges. **32**, 339 (1914).

[2] PASCHER, A.: Jb. Bot. **71**, 386 (1929).

[3] Über sonstige Symbiosen zwischen farblosen Flagellaten vgl. E. TSCHERMAK-WOESS: Österr. botan. Z. **97**, 188 (1950). *Petalomonas symbiontica* hat am klebrigen Periplast einen Überzug von Stäbchenbakterien, die einzeln als Nahrung aufgenommen werden.

[4] FRIES, N.: Sv. bot. Tidskr. **31**, 42 (1937).

[5] FRIES, N.: Arch. Mikrobiol. **12**, 266 (1941); Symb. Botan. Upsalienses (1943). — Bakterien sind auch notwendig zur Keimung der Sporen von *Tuber* (Trüffel): SAPPA, F.: N. Giorn. Botan. Ital. **47**, 155 (1940).

eine Organismus dem anderen die für den Aufbau des Aneurins notwendige Komponente zur Verfügung stellt[1]. Solchen, für zahlreiche andere Fälle bekannten[2] Vorgängen, wird in der Natur für das Zusammenleben der Mikroorganismen eine bedeutsame Rolle zukommen.

Bakterien + Grünalgen. Eine Lebensgemeinschaft können *grüne Algen* und *Azotobacter* bilden, wobei dieser von der *Alge* organischen Kohlenstoff erhält, so daß er elementaren Stickstoff binden kann, mit dem er wiederum die *Alge* beliefert; die Genossenschaft vermag also mit elementarem Stickstoff und Kohlensäure zu arbeiten; nachfolgend ein Beispiel[3]. Es ist nachgewiesen, daß *Azotobacter* organische Stickstoff-

Azotobacter + *Chlorella*   3,28 mg N je 100 cm³ Lösung

Chlorella allein   0,24 mg N je 100 cm³ Lösung

verbindungen ausscheidet (und zwar nicht auf dem Wege der Autolyse) und *Algen* organische stickstofffreie Verbindungen[4]. Weiterhin hat man in Aquarien und in *Algen*anflügen wesentliche Stickstoffbindung feststellen können; die Auswirkungen dieser Vorgänge auf den Stickstoffhaushalt der Gewässer wurden bereits S. 299 besprochen.

Pilze + Algen.

Das Zusammenleben von *Pilzen* und *Algen* ist in der „vollkommenen" Flechte[5] gewissermaßen zum Prototyp der Symbiose entwickelt; als Beispiel mögen *Xanthoria parietina*, die lebhaft orange gefärbte, auf Baumrinden und Felsen häufige, lappig auf dem Substrat ausgebreitete *Flechte* und die strauchartig verästelte und über das Substrat sich erhebende Renntierflechte, *Cladonia rangiferina*, dienen. Beide Partner, *Pilz* und *Alge*, sind in der *Flechte* zu einem als einheitlicher neuer Organismus wirkenden Gebilde verschmolzen. Diese Symbiose wirkt sich auf Gestalt, Stoffwechsel und Fortpflanzung aus.

Die Gestalt wird im wesentlichen vom *Pilz* bestimmt, der allein, ohne die *Alge*, zwar Andeutungen der fertigen Flechtenform zeigt, deren eigentliche Ausgestaltung jedoch erst in der Symbiose mit der *Alge* erfolgt. Im Querschnitt zeigt der *Pilz* beiderseits eine feste Rindenschicht, dazwischen ein zentrales lockeres Geflecht, in dessen oberem

---

[1] MÜLLER, F. W.: Ber. schweiz. bot. Ges. **51**, 165 (1941). — UTIGER, H.: Ber. schweiz. bot. Ges. **52**, 537 (1942). — Über das Wirkstoffbedürfnis der Gattung *Rhodotorula* siehe H. KNOBLOCH u. Mitarb.: Z. Naturforsch. **26**, 421 (1947).

[2] Zum Beispiel können *Polyporus adustus* und *Nematospora gossypii* in Mischkultur kultiviert werden, wobei jener Biotin liefert, diese Aneurin: KÖGL, F., u. N. FRIES: Hoppe-Seylers Z. **249**, 93 (1937).

[3] SCHROEDER, M.: Zbl. Bakter. II **85**, 177 (1932).

[4] ROBERG, M.: Jb. Bot. **72**, 369 (1930); **82**, 65 (1935). — ALEYEV, B. S.: Microbiologija **3**, 506 (1934).

[5] TOBLER, F.: Biologie der Flechten. Berlin: Bornträger 1925; Ber. deutsch. bot. Ges. **66**, 429 (1953). — QUISPEL, A.: Rec. Trav. bot. néerl. **40**, 413 (1943/45); Leeuwenhoek **17**, 69 (1951).

Teil die *Algen* (auch als Gonidien bezeichnet[1]) eingebettet sind (Abb. 114). Beide Partner kommen in der Natur getrennt vor und lassen sich getrennt in Reinkultur kultivieren.

Die Auffassung, daß die *Flechte* auch stoffwechselphysiologisch etwas Neues darstelle, gründete sich im wesentlichen auf das Vorkommen sonst nicht beobachteter Stoffe, der Flechtensäuren. Jedoch bildet der Pilz von *Xanthoria parietina* in Reinkultur ebenfalls den für diese Flechte charakteristischen Farbstoff, das Parietin (= Physcion)[2], das zudem (S. 42) auch von *Schimmelpilzen* gebildet wird, also nicht einmal für den Flechtenpilz charakteristisch ist. Das physiologisch Neue könnte höchstens darin liegen, daß die Gegenwart des Partners bevorzugte Bedingungen für die Bildung solcher Stoffe schafft. Im übrigen hat die *Alge* zweifellos die Bedeutung der photosynthetischen Verarbeitung der Kohlensäure, während dem *Pilz* die Aufgabe der Wasser- und Nährsalzversorgung zukommen dürfte. Vom *Pilz* gebildete Kohlensäure und organische Säuren dürften die Lösung anorganischer Stoffe namentlich bei solchen Formen durchführen, die sich auf felsiger Unterlage oft tief in das Gestein einfressen. Gerade die Besiedlung solcher Standorte mit der Fähigkeit, das Austrocknen und in diesem Zustande hohe Temperaturen (65—100° C $^1/_2$ Std.) zu ertragen[3], zeigt, zu welchen Leistungen die Genossenschaft befähigt ist, und vielleicht könnte man eben diesen Umstand als das für sie charakteristische neue stoffwechselphysiologische Moment betrachten.

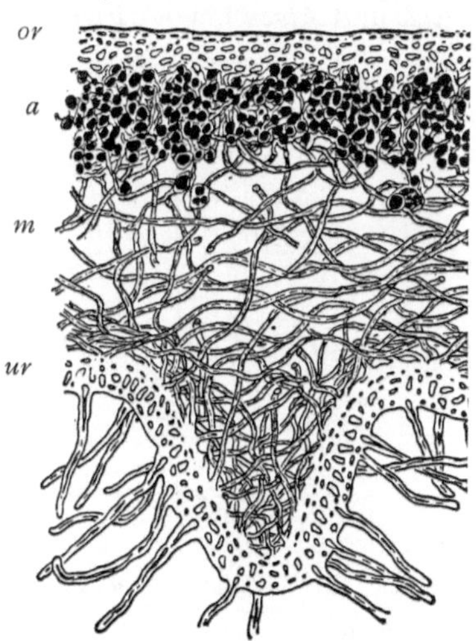

Abb. 114. *Lobaria pulmonaria.* Querschnitt durch den Thallus. *or* obere Rindenschicht, *a* Algenschicht, *m* Mark, *ur* untere Rindenschicht mit Rhizoiden. Zeichnung. Vergr. 200 mal. (Nach WEISE.)

Die sexuelle Fortpflanzung ist gänzlich vom *Pilz* beherrscht; die *Algen* schreiten niemals zur Fruktifikation. Nur in ganz seltenen Ausnahmefällen sind in der sexuellen Phase des *Pilzes* auch *Algen* zugegen, die bei der Entwicklung mitgegeben werden (Hymenialgonidien, Abb. 115). Überhaupt scheint die sexuelle Fortpflanzung des *Pilzes* in der Flechtensymbiose einen Rückgang zu erleiden[4]. Die vegetative Vermehrung ist jedoch zur cyclischen Symbiose[5] fortgeschritten durch Bildung

---

[1] Die Bezeichnung hat nichts mit der S. 58f. erwähnten Sporenform zu tun.

[2] THOMAS, E. A.: Ber. schweiz. bot. Ges. **45**, 191 (1936). — Beitr. z. Kryptogamenflora der Schweiz **9**, 1 (1939).

[3] LANGE, O. L.: Flora **140**, 39 (1953).

[4] RÄMSCH, H.: Arch. Mikrobiol. **10**, 279 (1939).

[5] Streng genommen handelt es sich dabei nicht um eine eigentlich cyclische Symbiose, für die das Zusammensein in der sexuellen Sphäre kennzeichnend wäre. Im weiteren Sinne mag aber dieser Begriff auch hier gelten.

besonderer Organe, in denen *Pilz* und *Alge* einen beide Partner enthaltenden Keim liefern. Isidien sind abbrechende Stückchen des Flechtenkörpers, Soredien kleine Gruppen von Algen, die von Pilzfäden umsponnen sind und die oft an scharf begrenzten Stellen (Soral) des Thallus[1] gebildet werden (Abb. 116).

Betrachtet man die Gesamtheit der *Flechten*, so löst sich das geschlossene Bild, wie es die „vollkommene" Symbiose bietet, in fließende Reihen auf, in denen die noch bestehende Labilität zum Ausdruck kommt. Hierhin gehört zunächst die Tatsache, daß die mannigfachsten *Pilze* und *Algen* bei der Flechtenbildung beteiligt sein können, wenn auch

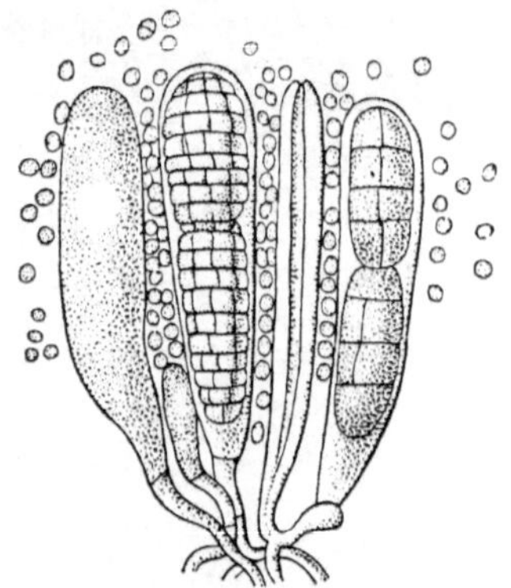

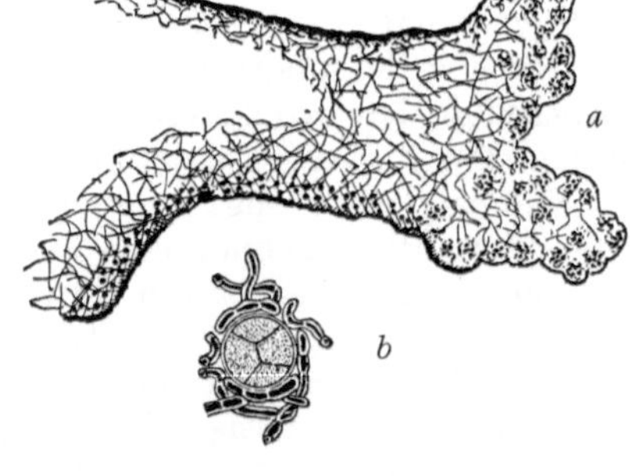

Abb. 115. Hymenialgonidien von *Endocarpon pusillum*. Aus Handwörterbuch der Naturwissenschaften, 2. Aufl., S. 793, Abb. 12. G. Fischer, Jena.

Abb. 116. *Parmelia physodes*. Soredien (b) und Soral (a). (Nach G. Bitter, a, u. W. Nienburg, b.)

gewisse Formen besonders häufig: als Algen *Cyanophyceae*, fädige und (diese vorherrschend) einzellige *Grünalgen*; als Pilze überwiegend *Ascomycetes* (unter ihnen hauptsächlich *Discomycetales*, weniger *Pyrenomycetales*), selten *Basidiomycetes*. In den gallertigen Kolonien von *Cyanophyceae* und in den Anflügen von *Grünalgen* sind stets *Pilze* nachzuweisen, wobei das morphologische Bild jedoch völlig von der *Alge* bestimmt wird, auch wenn es zu einer Weiterentwicklung durch regelmäßiges Umspinnen der *Algen* durch den *Pilz* führt.

In der Natur ist das getrennte Vorkommen von Pilz und Alge[2] weit häufiger verwirklicht als man bisher annahm, und es kommt oft nur zu Ansätzen der Flechtenbildung, wobei die jahreszeitlichen klimatischen Verhältnisse eine Rolle zu spielen scheinen. Unter Wasser erfolgt keine Flechtenbildung: die Algen bleiben pilzfrei[3]. Auch gelegentliches Einfangen von *Algen* durch *Basidiomyceten* (Abb. 117) kommt vor, unter Veränderung der Form des Fruchtkörpers. Endlich können zwei

---

[1] Als Thallus bezeichnet man den einfachen Vegetationskörper niederer Pflanzen, der noch nicht in Wurzeln und echte Stengel und Blätter gegliedert ist.

[2] Tobler, F.: Arch. Mikrobiol. **13**, 150 (1942); Ber. dtsch. bot. Ges. **66**, 30 (1953). — Mattick, Fr.: Ber. dtsch. bot. Ges. **66**, 263 (1953).

[3] Jaag, O.: Beitr. z. Kryptogamenflora der Schweiz **9**, 1 (1945)

verschiedene *Algen* an der Genossenschaft teilnehmen, wie in den Cephalodien, gallenartigen Auswüchsen mancher Flechten; auch mehrere *Pilze* können beteiligt sein. Das Zusammenleben ist also nicht einmal spezifisch auf je einen Organismus eingestellt[1]. Sogar das ziemlich regelmäßige Vorkommen von *Azotobacter* wird angegeben, wobei natürlich auch die Möglichkeit der Bindung des elementaren Luftstickstoffs auftauchen würde. Auch noch andere, in lockerer Gruppierung vorhandene Mikroorganismen könnten beteiligt sein, und zwar durch Belieferung des Pilzes mit organischen Wirkstoffen[2].

Abb. 117. *Polyporus betulinus.* Links von der Mitte nach hinten ein Auswuchs, der Algen in Pilzmasse verstrickt enthält; dort findet ein lebhaftes und aus der Form des Pilzfruchtkörpers herausfallendes Wachstum statt. $^1/_2$ natürl. Größe. (Nach F. Tobler.)

Parasitäre Wirkungen spielen bei dem Zustandekommen der *Flechte* ebenfalls eine Rolle. Es sind sog. Flechtenparasiten bekannt, *Pilze*, die ursprünglich zweifellos als Parasiten auf der Flechte auftreten, aber völlig „normal" in die Genossenschaft eintreten können[3]. Daß der *Pilz* zuweilen als Parasit der *Alge* auftritt, ist sicher, wie das Eindringen von Haustorien (S. 374) des *Pilzes* in die *Algen* und deren Abtötung beweist. Der Parasitismus des *Pilzes* auf der *Alge* ist sogar die Regel[4]. Allerdings nur im Frühling und Sommer; im Herbst wird die Verbindung wieder gelöst. Andererseits sind Fälle bekannt, in denen wiederum die *Alge* das Übergewicht zu haben scheint; blattbewohnende *Algen* der Tropen können sogar als Parasiten höherer Pflanzen auftreten.

Man sieht, welche Fülle von Möglichkeiten vorliegt, und so wird sich auch bei der einzelnen *Flechte* hin und wieder dieser oder jener Einfluß besonders geltend machen und selbst bei einem Objekt die Entwirrung aller Faktoren äußerst schwierig gestalten.

---

[1] Klement, O., u. H. Doppelbaur: Ber. dtsch. bot. Ges. **65**, 166 (1952); für marine Krustenflechten.

[2] Siehe S. 320, Anm. 2. — Zur Ernährungsphysiologie des Pilzes vgl. noch: Am Ende, J.: Arch. Mikrobiol. **15**, 185 (1950).

[3] Gerber, K.: Arch. Mikrobiol. **6**, 182 (1935).

[4] Tschermak, E.: Österr. bot. Z. **90**, 233 (1941).

Bakterien + Wurzeln höherer Pflanzen.

Ein lockeres Zusammenleben von Mikroorganismen mit den Wurzeln höherer Pflanzen, gewissermaßen als Epiphytismus auf den Wurzeln, bildet die Rhizosphäre[1] (Abb. 118). Der undurchwurzelte Boden ist nämlich erheblich ärmer an Mikroorganismen als der Boden unmittelbar an den Wurzeln, wie das Beispiel zeigt[2]. Grasland ist reicher an Bakterien als Ackerboden (vgl. Abb. 95, S. 265), und in Sandböden gewisser arider Gegenden ist der Boden in einiger Entfernung von der Wurzel sogar praktisch steril[3].

Die Ursachen, die zur Rhizosphäre führen, können sehr verschiedenartige sein. Im Falle des ariden Bodens wäre an Verbesserung der Wasserverhältnisse zu denken, wie das in einem anderen Falle nachgewiesen ist[4]. Ob der an den Wurzeln höhere p_H-Wert, den das Beispiel zeigt, Vorbedingung oder Folge intensiverer Bakterienentwicklung ist, läßt sich nicht erkennen. Weiterhin können die Mikroorganismen von absterbenden Wurzelteilen (Wurzelhaaren, Wurzelhaube) leben, endlich von organischen Stoffen, Wirkstoffen und Aminosäuren, die in gewissem Umfange von den Wurzeln ausgeschieden werden[5], sowie, bei jungen Wurzelhaaren, von Schleimstoffen, die durch Verquellen der Membran entstehen[6].

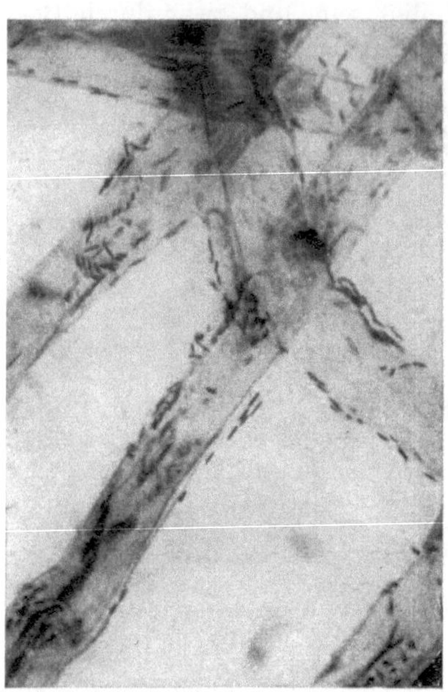

Abb. 118. *Sinapis alba*, Rhizosphäre der Wurzelhaare mit *Bacillus mesentericus*. Impfung steriler Pflanzenkultur mit Bakterien-Reinkultur, Hellfeldaufnahme nach gefärbtem Präparat. Vergr. 500 mal. (Nach R. STILLE.)

Die wesentliche Frage ist, wieweit spezifische Einflüsse in Frage kommen bzw. wieweit sich eine gegenseitige Beeinflussung zwischen

[1] Übersichten: KATZNELSON, H., u. Mitarb.: Bot. Rev. 14, 543 (1948). — CLARK, F. E.: Adv. Agronomy 1, 241 (1949). — GARRET, S. D.: Biol. Rev. 25, 220 (1950). — Annual Rev. Microbiol. 6, 195/196 (1952). — STALLINGS, J. H.: Bacter. Revs. 18, 131 (1954); z. T. hauptsächlich pflanzenpathogene Pilze.

[2] THOM, C., u. H. HUMFELD: J. Bacter. 23, 79 (1932). — Soil Sci. 34, 29 (1932). GLATHE, H., u. Mitarb.: Zbl. Bacter. II 107, 481 (1952/54).

[3] SABININ, D. A., u. S. G. MININA: Proc. a. Papers 2. Internat. Congr. Soil Sci. 3, 224 (1930).

[4] CLARK, F. E.: Proc. Soil Sci. Soc. USA. 12 [zit. nach Annual Rev. Microbiol. 2 475 (1948)].

[5] LOCHHEAD, A. G., u. R. H. THEXTON: Canad. J. Res. 25, 20 (1947). — WALLACE, R. H., u. A. G. LOCHHEAD: Soil Sci. 67, 63 (1949). — FRIES, N., u. B. FORSMAN: Physiol. Plantarum 4, 410 (1951). — KANDLER, O.: Z. Naturforsch. 6b, 437 (1951). — Allerdings konnte STOLP (s. folgende Anm.) keine Ausscheidung von Aneurin und Aminosäuren feststellen.

[6] STOLP, H.: Arch. Mikrobiol. 17, 1 (1952).

Mikroorganismengehalt der Rhizosphäre von Mais; Zahlen je 1 g trockenen Materials.

	Pilze	Bakterien	p_H-Wert
Undurchwurzelter Boden	100 000	5 000 000	4,8
Boden an den Wurzeln	800 000	26 000 000	5,2
Faser-Wurzeln	7 000 000	136 000 000	5,6

Mikroorganismen und höheren Pflanzen ergibt. Eine Rhizosphäre kann mit Reinkulturen höherer Pflanzen und Reinkulturen beliebiger Mikroorganismen, selbst *Hefen*, hergestellt werden, nicht nur im Boden, sondern auch in Wasserkulturen[1] (*Sinapis alba* mit *Bacillus asterosporus, mesentericus,* Abb. 118, *mycoides, subtilis,* einer *roten Hefe*); die stärkste Vermehrung im Bereich junger Wurzelhaare erfahren die Bakterien mit den geringsten Ernährungsansprüchen[1a]. Andererseits scheinen gewisse Mikroorganismen von der höheren Pflanze vertrieben zu werden, so *Cytophaga* von bestimmten Pflanzen[2], *Hefen* von *Pisum*[3]. *Azotobacter* findet sich bei *Mais* nicht unmittelbar auf den Wurzeln, aber in einiger Entfernung davon, *Pseudomonas fluorescens* siedelt sich leicht dort an und verdrängt *Azotobacter* aus der engeren Rhizosphäre[4]. Von *Chelidonium*-Wurzeln wird dieses Bakterium völlig abgeschreckt[5]. Man vergleiche auch die S. 370 erwähnten Fälle über antagonistische Beeinflussungen in der Rhizosphäre sowie des Vordringens von an Samen geimpften Bakterien in die Rhizosphäre. Jedenfalls scheinen auch beträchtliche Unterschiede zwischen der Mikroflora der Rhizosphäre und der des undurchwurzelten Bodens zu bestehen[6]. Denn Pflanzenwurzeln hemmen Bakterien des undurchwurzelten Bodens weit stärker als solche aus der eigenen Rhizosphäre. Besonders stark bakterienhemmend sind die Wurzeln von *Chelidonium maius, Crepis virens, Hieracium pilosella, Hypericum perforatum, Ranunculus acer, Viola tricolor*[7].

Ob die Pflanze irgendeinen Nutzen von den Mikroorganismen ihrer Rhizosphäre hat, ist unbekannt. Daß Versuche mit *Azotobacter*- u. a. Impfungen bisher noch kein eindeutiges Ergebnis hatten, ist bereits S. 298f. erwähnt. Es könnte aber durchaus mit Beeinflussungen anderer Art, z. B. in Hinsicht auf Wirkstoffe, zu rechnen sein. Jedenfalls konnte gezeigt werden, daß gewisse Bakterien Formveränderungen an den Wurzelhaaren (Gabelbildung) hervorrufen[8] (Abb. 119). Die Auswirkung der Rhizosphäre auf die Wurzelatmung wurde bereits S. 294 besprochen.

---

[1] STILLE, B.: Arch. Mikrobiol. **9,** 477 (1938). — STARKEY, R. L.: Soil. Sci. **45,** 207 (1938). — LINDFORD, M. B.: Soil Sci. **53,** 93 (1942). — [1a] S. 322, Anm. 6.

[2] ROKITZKAJA, A. J.: Pedology 3, 209 (1933), ref. Zbl. Bakter. II **90,** 91.

[3] RIPPEL, K.: Phytopathology 9, 507 (1936).

[4] STARC, A.: Arch. Mikrobiol. **13,** 164 (1943/44).

[5] BUKATSCH, FR., u. J. HEITZER: Arch. Mikrobiol. **17,** 79 (1952). — METZ, H.: Siehe Anm. 7.

[6] LOCHHEAD, A. G.: Canad. J. Res. **18,** 42 (1940). — TIMONINI, M. I.: Canad. J. Res. **18,** 303 (1940). — Für niedere *Phycomycetes* vgl. REINBOLDT, S. 269, Anm. 1.

[7] METZ, H.: Arch. Mikrobiol. Im Erscheinen.

[8] STOLP, H.: Siehe Anm. 1a. Die von O. KANDLER [Arch. Mikrobiol. **15,** 430 (1951)] angegebene Bildung von Heteroauxin, auf der bei Gegenwart von Bakterien die Hemmung des Wachstums infizierter Wurzeln zurückzuführen sei, konnte jedoch nicht bestätigt werden.

Die Leguminosen-Symbiose der Knöllchenbakterien[1], *Bact.* (= *Rhizobium*) *radicicola*, stellt ein ausgesprochenes Zusammenleben dar, das auf *Leguminosen* beschränkt ist, hier aber bei den meisten untersuchten Arten, auch Sumpf- und Wasserpflanzen[2], vorkommt und nur gelegentlich bei Arten fehlt (*Gleditschia*, aber auch bei vielen anderen *Caesalpiniaceen*[3]), bei denen ein besonders derber Filz von Wurzelhaaren das Eindringen der Bakterien verhindert. Die Symbiose ist nicht cyclisch; sie muß für jedes Individuum vom Boden aus hergestellt werden. Die Bakterien finden sich auch nur in den knöllchenförmig angeschwollenen Teilen der Wurzel, nicht in anderen, vor allem auch

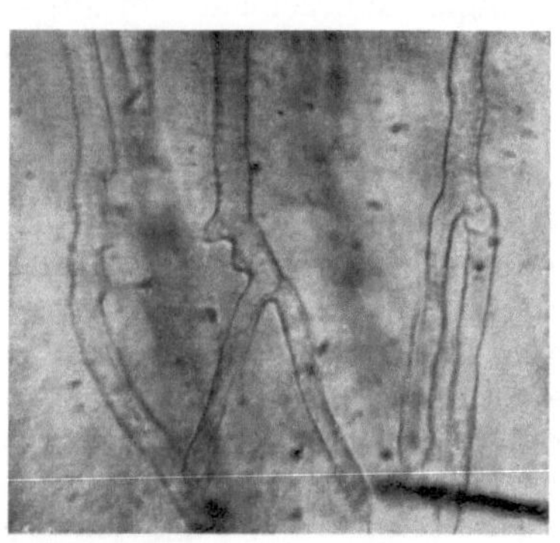 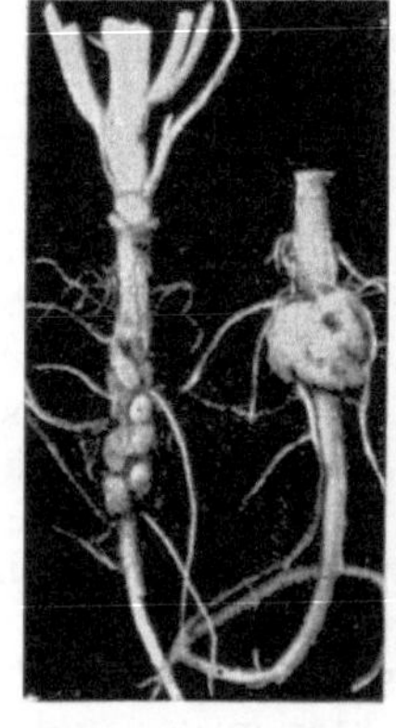 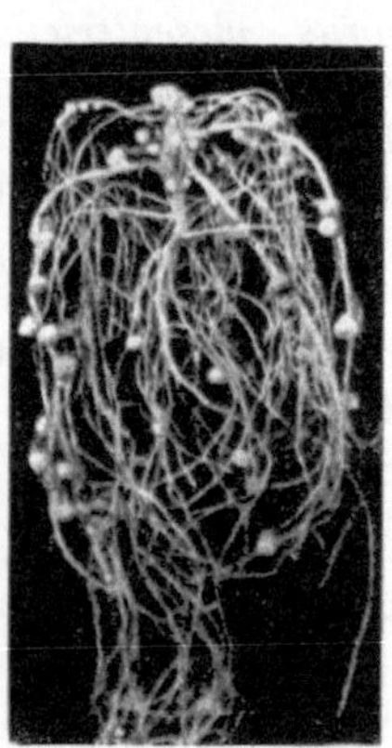

Abb. 119. Gabelbildung an Wurzelhaaren von *Mais* bei Beimpfung mit Bakterien der *Bac. circulans*-Gruppe. (Nach H. STOLP.)

Abb. 120. Wurzelknöllchen der *Leguminosen.* Links *Lupine*, rechts *Sojabohne.* $^{1}/_{2}$ natürl. Größe. (Phot. R. MEYER.)

nicht in den oberirdischen Teilen. Diese Knöllchen (Abb. 120) haben verschiedene Gestalt: rundlich bei *Bohne* und *Sojabohne*, oval bei *Klee*, korallenartig oder traubig bei der *Erbse*. Sie sitzen an den feinen Faser-

---

[1] Zusammenfassende Übersichten: FRED, E. B., J. L. BALDWIN u. E. McCOY: Root nodule bacteria and leguminous plants. Madison 1932. — RIPPEL, A.: Forschungsdienst, Sonderheft **6**, 215 (1937). — WILSON, P. W.: Bot. Revs. 3, 365 (1937). — RIPPEL, A. in BLANCKs Handbuch der Bodenlehre. Erg.-Bd., S. 498ff. 1939. — WILSON, P. W., u. W. R. SARLES: Tab. biol. 17 Tl. 3/4, 338 (1939). — WILSON, P. W.: The biochemistry of symbiotic nitrogen fixation. Madison Univ. of Wisconsin-Press 1940. — BURK, D., u. R. H. BURRIS: Annual Rev. Biochem. **10**. 587 (1941). — BURRIS R. H., u. P. W. WILSON: Annual Rev. Biochem. **14**, 685 (1945). — SCHAEDE R.: Die pflanzlichen Symbiosen, 2. Aufl. Jena: G. Fischer 1948. — ALLEN E. K., u. O. N.: Bacter. Revs. **14** 273 (1950). — DEMOLON, A.: Rev. gén. Bot. 58, 489, 562, 657 (1951); 59, 42 (1952). — ALLEN, O. N., u. J. L. BALDWIN: Anm. 3.

[2] SCHAEDE R.: Planta 31, 1 (1940).

[3] ALLEN O. N., u. E. K.: Proc. Soil. Sci. Soc. USA **12**, 203 (1947). Danach müßten die Leguminosen noch genauer untersucht werden. Bisher ist das erst bei etwa 10% der Fall. — ALLEN, O. N., u. J. L. BALDWIN: Soil Sci. **78**, 415 (1954). Bakterien aus Knöllchen von *Zygophyllaceen* sollen bei einigen *Leguminosen* (nicht mit ihnen verwandt!) Knöllchen ergeben: MOSTAVA, M. A., u. M. Z. MAHMOUD: Nature (London) **167**, 446 (1951).

wurzeln, nur bei der *Lupine* als gekröseartige Gebilde am Wurzelhals (Abb. 120) und bei der Sauerstoffbedürftigkeit der Bakterien stets in den oberen Bodenschichten.

In den Knöllchen, die von Abzweigungen der Leitungsbahnen der Wurzel durchzogen werden (Abb. 121), finden sich die Bakterien als Involutions-

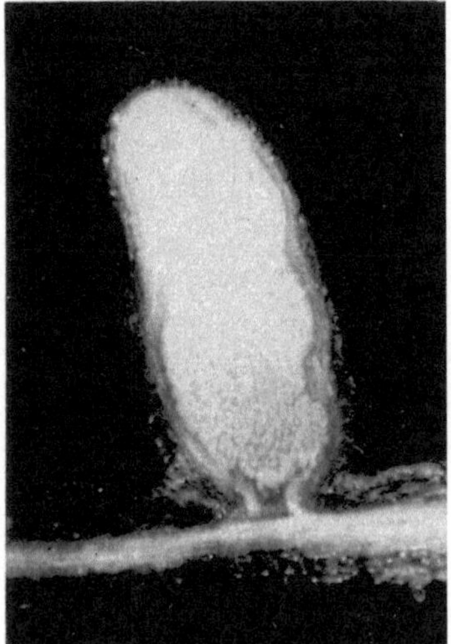
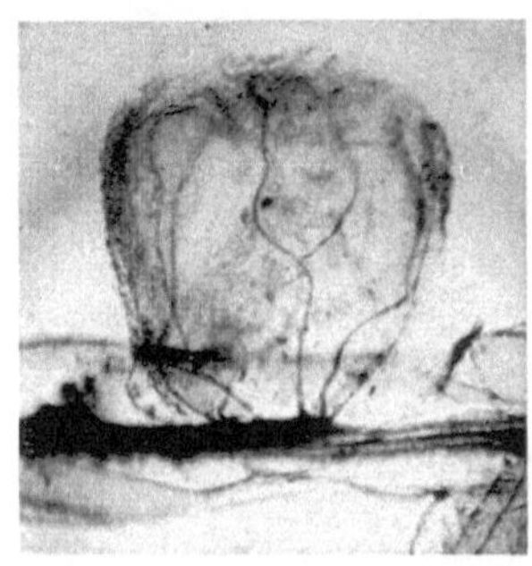

Abb. 121. Links Schnitt durch ein Knöllchen der *Erbse*, ungefärbt, das dichte Bakterioidengewebe zentral zeigend, seitlich Abzweigungen der Leitungsbahnen der Wurzel. Rechts in Nelkenöl aufgehelltes Knöllchen, die Abzweigungen der Leitungsbahnen der Wurzel zeigend. Vergr. etwa 15 mal. (Phot. R. Meyer.)

formen (S.59), sog. **Bakterioiden**[1] (Abb. 122), die nach verbreiteter Auffassung Verdauungsformen darstellen, auf welche Weise die Resorption des von den Bakterien gebundenen elementaren Stickstoffs durch die Pflanze erfolgen würde. Der größere Eiweiß- bei geringerem Nucleoproteidgehalt von Involutionsformen (S. 60) ist in dieser Hinsicht recht vorteilhaft. Diese Formen sind jedenfalls in vorgeschrittenem Stadium nicht mehr entwicklungsfähig, wie durch Mikromanipulatorisolierungen gezeigt wurde[2,3].

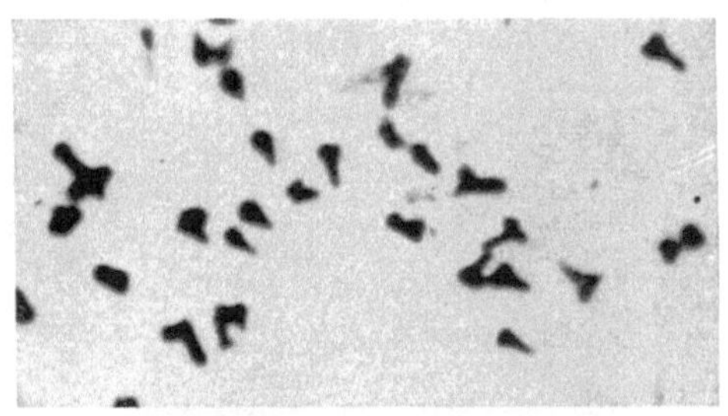

Abb. 122. *Bacterium radicicola*. Involutionsformen aus Knöllchen der *Erbse*. Hellfeldaufnahme nach gefärbtem Präparat. Vergr. 1000 mal. (Phot. R. Meyer.)

---

[1] Man findet allgemein die Schreibweise Bakteroiden; sprachlich dürfte Bakterioiden richtiger sein (vgl. Bacteriochlorophyll, Bacteriophage usw.).

[2] Almon, L.: Zbl. Bakter. II **87**, 289 (1940). — Diese Auffassung braucht einer beschränkten Vermehrungsfähigkeit [Heumann, W.: Ber. dtsch. bot. Ges. **65**, 230 (1952)] nicht zu widersprechen.

[3] Die Befunde von G. Spicher [Zbl. Bakter. II **107**, 383 (1954)] brauchen nicht dagegen zu sprechen, da das Ausmaß der Stickstoffbindung zu diesen mit Erde angesetzten Versuchen nicht bekannt ist.

Die Infektion[1] (Abb. 123) erfolgt an den jungen Wurzeln, bei der *Sojabohne* an den Anlagen der Seitenwurzeln[2], im übrigen durch die Wurzelhaare oder durch die Epidermis, falls die Wurzelhaare fehlen; die Wurzelhaare werden dabei vermehrt und verkrümmt (Abb. 124).

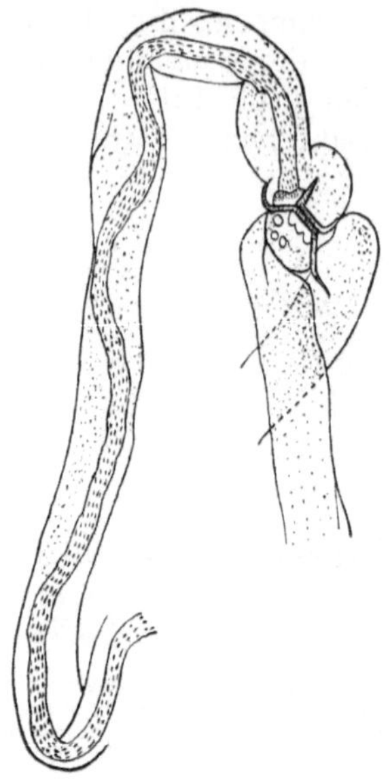

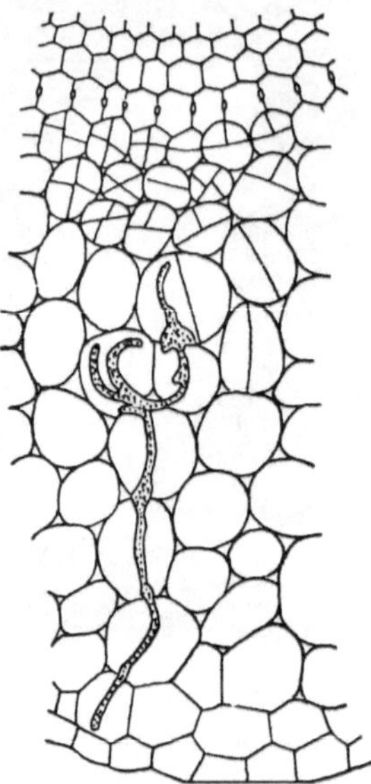

Abb. 123. *Pisum sativum (Erbse)*. Infektion der Wurzelhaare durch *Knöllchenbakterien*. Zeichnung. Vergr. 300 mal. (Nach A. Prazmowski aus R. Schaede.)

Abb. 125. *Pisum sativum (Erbse)*. Entstehung des Knöllchenmeristems, etwas schematisiert. Vergr. 120 mal. (Nach A. Prazmowski aus R. Schaede.)

In den Wurzelhaaren schieben sich die Bakterien, von Schleim zu einem Infektionsfaden zusammengehalten, der seinerseits von den Wirtszellen aus in einer Cellulosescheide eingeschlossen ist[3], vorwärts, gelangen in das Rindengewebe der Wurzel, das sie zur Teilung anregen (Abb. 125),

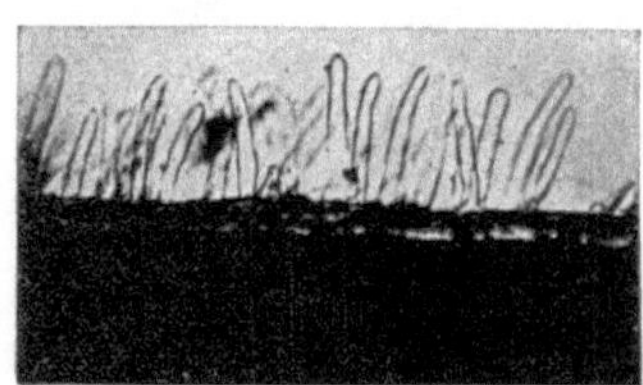 

Abb. 124. *Medicago (Luzerne)*. Links normale Wurzelhaare, rechts unter der Wirkung der *Knöllchenbakterien* verkrümmte. Hellfeld-Lebendaufnahme. Vergr. 50 mal. (Nach H. G. Thornton.)

---

[1] Über antibiotische Wirkung vgl. S. 370.

[2] Allen, O. N., u. E. K. Allen: Bot. Gaz. **102**, 121 (1940). — Nach P. S. Nutman [Ann. Bot. **12**, 81 (1948); **13**, 261 (1949)] sollen die Knöllchen von *Rotklee* metamorphosierte Seitenwurzelhomologe sein, was möglicherweise allgemein gelten könnte. — Histogenese der Erbsenknöllchen: Bond, L.: Bot. Gaz. **109**, 411 (1948). — Allgemeine Darstellung: Allen O. N., u. E. K.: Brookhaven Symposia in Biology Nr. 6, 209 (1954).

[3] Schaede R.: Beitr. Biol. Pflanz. **27**, 165 (1941).

und bilden dort weitere Infektionsschläuche. Die Bakterien wandern aus den Schläuchen in das Plasma der Wirtspflanze (Abb. 126), wo sie zu Bakterioiden umgebildet werden. Früher oder später hört auch die Teilung des Knöllchengewebes auf, dessen Zellen tetraploid sind[1]. Nur bei der *Lupine* fehlen die späteren Infektionsschläuche, und die Bakterien werden bei der Teilung von Zelle zu Zelle weitergegeben. Später wird das allmählich einschrumpfende Knöllchen entleert, etwa von der Zeit der vollen Blüte der Pflanze ab, d. h. wenn deren Stickstoffaufnahme im wesentlichen abgeschlossen ist. Der Rest der Knöllchen verrottet; die noch darin verbliebenen Bakterien gelangen in den Boden. Doch scheint der normale Weg ein anderer zu sein[2]: Der Infektionsfaden wird

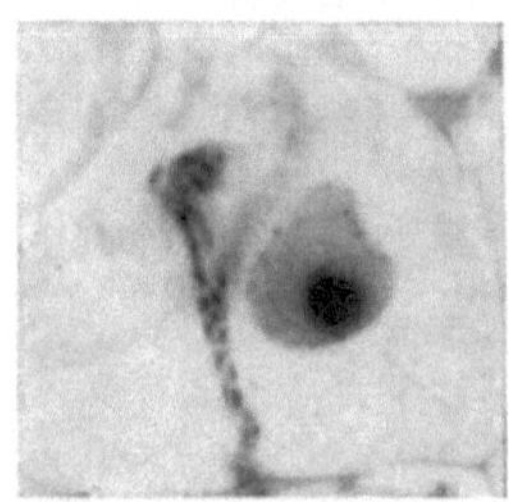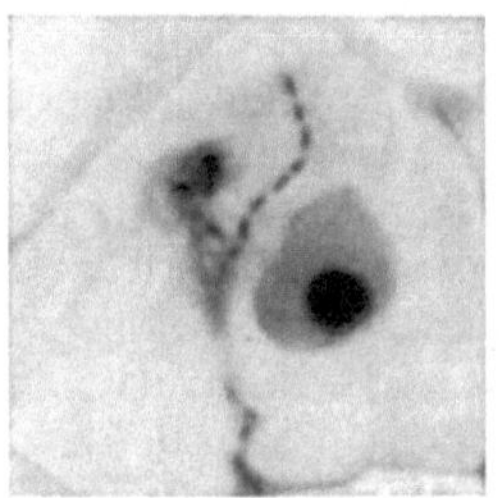

Abb. 126. *Neptunia oleracea.* Einwanderung der Bakterien aus den Infektionsschläuchen in das Cytoplasma. Beide gleiches Bild bei verschiedener Einstellung. Hellfeldaufnahme nach gefärbtem Präparat. Vergr. 1350 mal. (Nach R. SCHAEDE.)

nicht verdaut, sondern wächst bei der Verdauung der Bakterien weiter, infiziert Intercellularen und Mittellamelle, von wo aus die Bakterien in den Boden gelangen.

Die Pflanze vermag ihren vollen Stickstoffbedarf durch den von den *Bakterien* in den Knöllchen[3] gebundenen elementaren Luftstickstoff zu decken, gemäß den sich aus den sonstigen Ernährungsbedingungen ergebenden Anforderungen. Um so merkwürdiger ist, daß bei den in Reinkultur leicht kultivierbaren Bakterien noch keine Stickstoffbindung nachgewiesen werden konnte[4], auch nicht bei Gegenwart des roten Pigmentes (s. unten), von Oxalessigsäure usw.[5], ferner nicht bei Vorhandensein sterilen, atmenden Pflanzengewebes[6], zweifelhaft bei abgeschnittenen Knöllchen[7]. Es muß also offenbar ein besonders inniger

---

[1] WIPF L., u. D. C. COOPER: Proc. Nat. Acad. Sci. USA. **24**, 87 (1938). — In einer neueren Arbeit [J. Bot. **27**, 821 (1940)] nehmen die Verfasser an, daß die Knöllchen erst entstehen, wenn die Infektionsstränge auf normalerweise vorkommende tetraploide Zellen treffen.

[2] THORNTON, H. G.: Proc. Roy. Soc. (London) B **106**, 110 (1930).

[3] Nur bei Zufuhr von N_2 zu diesen kann N-Bindung erfolgen (Versuche mit ^{15}N): BURRIS, R. H., u. Mitarb.: Soil Sci. Soc. Amer. Proc. 1942, 258.

[4] Die positive Angabe eines Autors in jüngster Zeit mußte als Irrtum in 10er Potenz widerrufen werden!

[5] NYSS, H. F., u. P. W. WILSON: Proc. Soc. Exper. Biol. a. Med. **66**, 233 (1949).

[6] WILSON, P. W., u. Mitarb.: Arch. Mikrobiol. **3**, 322 (1932).

[7] MACHATA, T. A., u. Mitarb.: J. of Biol. Chem. **171**, 605 (1947). — TOVE, ST. R., u. Mitarb.: J. biol. Chem. **184**, 77 (1950); die N-Bindung soll durch Begleitbakterien verursacht werden. — Vgl. jedoch als positive Angabe: APRISON, M. H.: J. of Biol. Chem. **208**, 29 (1954). — MAGEE, W. E., u. R. H. BURRIS: Plant Physiol. **29**, 191 (1954).

Kontakt zwischen Bakterien und Wirt hergestellt sein, damit sich die Stickstoffbindung vollzieht. Die Pflanze vermag jedoch mit gebundenem Stickstoff, Ammoniaksalzen oder Nitraten völlig normal zu gedeihen; doch wird in diesem Falle die Infektion durch die Bakterien verhindert bzw. die Bindung des Luftstickstoffs eingeschränkt oder eingestellt. Auch bei dieser Stickstoffbindung ist Molybdän notwendig[1].

Die Pflanze liefert dem Bakterium die notwendigen Kohlenhydrate, die in den Knöllchen als Stärke abgelagert sind. Wichtig ist, daß die *Leguminosen* auf gleicher Blattfläche doppelt so stark assimilieren wie *Gramineen*[2] und das Vorhandensein von Knöllchen die Assimilation der Pflanze fördert[3]. Etiolierte (bei Lichtabschluß erwachsene) Pflanzen bilden keine Knöllchen, können aber durch Zufuhr von Zucker dazu gebracht werden[4]. Die fehlende Infektion bzw. Stickstoffbindung bei Vorhandensein gebundenen Stickstoffs kann ebenfalls vom Gesichtspunkt der Kohlenhydratversorgung[5] aus erklärt werden, weil die Verarbeitung gebundenen Stickstoffs durch die Pflanze bei gesteigertem Wurzelwachstum und gesteigerter Eiweißbildung deren Kohlenhydratvorrat zu stark beansprucht, ihn also für die Bakterien vermindert. Allgemein ist für die Höhe der Stickstoffbindung ein richtiges Kohlenstoff-Stickstoff-Verhältnis in der Pflanze entscheidend. Erhöhung der Assimilation der Pflanze durch erhöhte Belichtung, Kohlensäurekonzentration usw. wirkt dabei günstig auf die Stickstoffbindung, jedoch nur im Rahmen der Eigenart der Pflanze. So ist bei der *Sojabohne*, einer Kurztagspflanze, bei zu intensiver Belichtung, trotz hohem Kohlenhydratgehalt der Pflanze, die Stickstoffbindung geringer. Auch das bei jungen, auf den Stickstoff der Bakterien angewiesenen Leguminosenpflanzen auftretende „Hungerstadium" erklärt sich aus dem obigen Gesichtspunkt: Die Kohlenhydratversorgung der Pflänzchen ist noch nicht genügend, die Stickstoffbindung der Bakterien zu sichern.

Die näheren Zusammenhänge zwischen Kohlenhydratversorgung und Stickstoffbindung sind noch nicht bekannt. Das in den Knöllchen aufgefundene Hämoglobin[6] (Leghämoglobin; es bedingt die rötliche Farbe im Innern der Knöllchen), soll mit der Stickstoffbindung im

---

[1] BORTELS, H.: Arch. Mikrobiol. **8**, 13 (1937). — MULDER, E. G.: Plant a. Soil **1**, 94 (1948). — ANDERSON, A. J., u. D. SPENCER: Nature (London) **164**, 273 (1949); Austral. J. Sci. Res. **3**, 414 (1950). — MEAGHER, W. R., u. Mitarb.: Plant Physiol. **27**, 223 (1952).

[2] KOSTYCHEW, S.: Ber. dtsch. bot. Ges. **40**, 112 (1922).

[3] RIPPEL, A., u. W. KRAUSE: Arch. Mikrobiol. **5**, 14 (1934).

[4] Es finden sich jedoch gegenteilige Angaben: McGONAGLE, M. P.: Proc. Roy. Soc. Edinburgh. Sect. B **63**, Part 3, 219 (1950).

[5] Der hemmende Einfluß wird auch erklärt durch erhöhte Widerstandsfähigkeit der Wurzelhaare oder schwächere Angriffsfreudigkeit der Bakterien: DIENER, TH.: Phytopathol. Z. **16**, 129 (1950).

[6] KUBO, H.: Acta phytochim. (Tokyo) **11**, 195 (1939). — BURRIS, R. H., u. E. HAAS: J. of Biol. Chem. **155**, 227 (1944). — VIRTANEN, A. J.: Nature (London) **155**, 747 (1945). — VIRTANEN, A. J., u. J. K. MIETTINEN: Acta chem. scand. (Copenh.) **3**, 17 (1949). — LITTLE, H. N.: Amer. Chem. Soc. **71**, 1973 (1949).

Zusammenhang stehen[1]; vielleicht wirkt es als Redoxsystem[2]; mit dem Aufhören der Stickstoffbindung geht es durch Oxydation in ein grünes Pigment (Verdoglobin) über. Die Bakterien verarbeiten in künstlicher Kultur Hexosen und Pentosen, auch Glycerin und Mannit. Sie benötigen organische Wirkstoffe, vor allem Biotin (optimal 0,5 γ je Liter Nährlösung) und weitere, noch nicht bekannte, ferner Aneurin, das aber bei gewissen Stämmen unwirksam ist[3]. Durch den Gehalt an Wirkstoffen haben Pflanzenextrakte einen fördernden Einfluß auf das Wachstum der Bakterien.

Höchst eigenartig ist das Verhältnis der *Leguminosen* zu den *Bakterien* im einzelnen. Die Bakterien von verschiedenen Leguminosenarten können sich auch in Kultur sehr verschieden verhalten, was sich in der verschiedenartigen Zusammensetzung der Bakterien (viel oder wenig Schleim und umgekehrter Stickstoffgehalt, S. 123), in der Verschiedenheit der Wachstumsgeschwindigkeit, des Gasstoffwechsels, der Säurebildung, der Verwertung von Kohlenstoffquellen usw. äußert. Dazu kommt das verschiedenartige biologische Verhalten.

Auf der gleichen Pflanze kommen wirksame und unwirksame Stämme vor, die viel oder wenig Stickstoff binden und die bei künstlicher Kultur ineinander übergehen können[4]. So fand man bei Stämmen von *Klee*[5]:

Stickstoffbindung verschieden wirksamer Stämme von Bact. radicicola.

Negative Kulturen 1,78 bis 3,02 mg N je Pflanze gebunden
Zwei arme Stämme 3,81 ,, 4,48 mg N ,,   ,,   ,,
Gute Stämme   5,58 ,, 6,68 mg N ,,   ,,   ,,

Schlechte Stämme bilden bisweilen sehr große, aber unwirksame Knöllchen und können sogar schädigen, also parasitär wirken, bleiben im allgemeinen aber klein. Sie enthalten kein Leghämoglobin; die N-Bindung je Bakterieneinheit ist gleich der bei wirksamen Stämmen, aber die Bakterienvermehrung wird bald gehemmt und das Knöllchengewebe zerstört, offenbar durch Einwirkung der Pflanze[6]. Weiterhin können verschiedene Sorten einer Leguminosenart auf den gleichen Bakterienstamm verschieden reagieren. Das kann z. T. eine einfache Erklärung mit der verschiedenartigen innerphysiologischen Einstellung der Sorte in den gleichen Bakterienstamm (etwa Kohlenstoff-Stickstoff-Verhältnis) finden, liegt aber vielleicht komplizierter.

Davon abgesehen, ist ein besonderes Kennzeichen der Leguminosensymbiose die Aufspaltung der Bakterien in biologische Rassen, die jeweils an bestimmte Wirtspflanzen gebunden sind; in dieser Hinsicht

---

[1] KEILIN, D., u. J. D. SMITH: Nature (London) **159**, 692 (1947). — VIRTANEN, A. J., u. Mitarb.: Acta chem. scand. (Copenh.) **1**, 90 (1947).

[2] Das wird bestritten: SMITH, J. D.: Biochemic. J. **44**, 585 (1949).

[3] NILSSON, R., u. Mitarb.: Naturwiss. **27**, 389 (1939). — NIELSEN, N., u. G. JOHANSEN: C. r. Labor. Carlsberg **23**, 173 (1941).

[4] NUTMAN, P. S.: J. Bacter. **51**, 411 (1946); vgl. aber Anm. 6.

[5] KEENEY, D. L.: Soil. Sci. **34**, 417 (1932).

[6] CHEN, H. K., u. H. G. THORNTON: Proc. Roy. Soc. (London) B **129**, 208, 475 (1940).

scheint sich diese Symbiose von den anderen Symbiosen zu unterscheiden und mehr Ähnlichkeit mit der parasitären biologischen Rassenbildung (S. 375f.) zu zeigen. Es schien zunächst, daß sich die Bakterien
nur innerhalb des engeren Verwandtschaftskreises vertreten, z. B. die
Bakterien von *Klee* nur an *Trifolium*-Arten Knöllchen hervorrufen
können, nicht an der *Erbse* oder *Bohne* und umgekehrt. Auf diese Weise
kam man zu einer starken Aufspaltung der *Bakterien* zu mehr als einem
Dutzend Rassen[1], von denen die bisher am besten untersuchten, auch
morphologisch (vgl. Begeißelung, S. 59, Anm. 5) und kulturell etwas
verschiedenen, aufgezählt seien:

Rassenbildung bei Knöllchenbakterien.

Bact. radicicola	*leguminosarum*	auf	*Lathyrus, Pisum, Lens, Vicia*
,,	,,	*trifolii*	,,	*Trifolium*
,,	,,	*phaseoli*	,,	*Phaseolus*
,,	,,	*lupini*	,,	*Lupinus, Ornithopus*
,,	,,	*meliloti*	,,	*Melilotus, Medicago, Trigonella*
,,	,,	*japonicum*	,,	*Sojabohne*

Ausnahmen sind *Lupine* und *Serradella*, die zu ganz verschiedenen
Verwandtschaftskreisen der *Leguminosen* gehören, deren Bakterien sich
aber vertreten können.

Aber die *Sojabohnenbakterien* scheinen identisch zu sein mit denen
von *Vigna sinensis*, vielleicht sogar mit denen von *Lupinus*[2], diese
wiederum mit den auf *Wildleguminosen* aus den USA und den Tropen
vorkommenden. Weiterhin mehren sich die Fälle, in denen ein Übergang von Bakterienrassen auf Pflanzen beobachtet wurde, auf denen
sie nicht vorkommen sollen, wobei der Übergang allerdings oft nur
einseitig war bzw. eine Leguminosenart zu mehreren Gruppen der Bakterien gestellt werden kann[3]. Dafür ein Beispiel: Mit den *Bakterien*
von *Dalea* konnte Knöllchenbildung und Stickstoffbindung bei *Phaseolus*
beobachtet werden, jedoch nicht umgekehrt[4], und außerdem waren die
Daleabakterien auf *Phaseolus* der Impfung dieser Pflanze mit ihren
eigenen Bakterien unterlegen. In anderen Fällen ist es gelungen, auf
verschiedene Wurzeln der gleichen Pflanze verschiedene Bakterienrassen zu bringen[5]. Dies wird am besten beleuchtet durch Versuche,
bei denen von *Amorpha fruticosa* der verschiedensten Standorte zahlreiche Bakterienstämme isoliert wurden, die zum großen Teil mit anderen Pflanzen bessere Knöllchenbildung ergaben als mit der Art,
von der sie isoliert waren[6]. Diese Beispiele zeigen auch, daß die

---

[1] CARROL, W. R.: Soil Sci. **37**, 117, 227 (1934).

[2] BUSNELL, O. A., u. W. B. SARLES: Soil Sci. **44**, 409 (1937).

[3] WILSON, P. W.: Proc. Soil Sci. Soc. USA. **1**, 221 (1937).

[4] HANSEN, R., u. F. W. TANNER: Zbl. Bakter. II **85**, 129 (1932).

[5] Auch die Knöllchenbakterien von *Caragana arborescens* sind physiologisch
sehr verschieden und nicht einzuordnen. Infektion anderer *Leguminosen* ist möglich: GREGORY, K. F., u. O. N. ALLEN: Canad. J. Bot. **31**, 730 (1953).

[6] WILSON, l. K.: Trans. 3. Comm. Intern. Soc. Soil Sci. New Brunswick A 49
(1939).

Nurberücksichtigung der Kulturpflanzen kein vollkommenes Bild ergeben kann, sondern unbedingt die Verhältnisse in der gesamten Natur berücksichtigt werden müssen, ein Gesichtspunkt, der in der Landwirtschaft leider ungebührlich stark vernachlässigt wurde. Insgesamt kann man annehmen, daß es sich bei *Bact. radicicola* um eine Art handelt, die leicht veränderliche Rassen bilden kann.

Diese Frage erhält dadurch ein neues Gesicht, als spezifisch genetische Faktoren der Pflanze für die Infektion verantwortlich sein sollen; es kann also ein genetisch anders zusammengesetzes Individuum der gleichen Art anders reagieren als andere Individuen[1].

Überblickt man noch einmal alle Erscheinungen der Leguminosensymbiose mit den verschiedenartigen, von der Pflanze auf die Bakterien und von diesen auf die Pflanze ausgeübten Wirkungen, die in folgender Übersicht zusammengestellt sind, so scheint es sich zwar bei oberfläch-

Gegenseitige Beeinflussung von Leguminosen und Knöllchenbakterien.

Wirkung des Bakteriums	Wirkung der Pflanze
Förderung	**Förderung**
Stickstoffbelieferung	Stickstoffbindung
Erhöhung der Assimilation	Kohlenhydratbelieferung
	Vermehrung der Bakterien
Parasitär	Wirkstoffbelieferung der Bakterien
Vermehrung und Verkrümmung der Wurzelhaare	Herstellung eines günstigen Redoxpotentials
Kohlenhydratentzug	
Unwirksame bzw. schädliche Stämme	**Abwehr**
Biologische Rassenbildung	Gallenbildung
	Cellulosescheide um Infektionsfaden
	Polyploidie der Knöllchenzellen
	Verdauung der Bakterien

licher Betrachtung um eine mutualistische Symbiose zu handeln mit der Stickstoffbelieferung der Pflanze durch die Bakterien und bei diesen Sicherstellung der Ernährung durch die Pflanze. Aber es treten zahlreiche parasitäre Züge auf, so daß man sogar von einem gegenseitigen Parasitismus sprach (mutualistischer Parasitismus, S. 315) oder gar von einem Parasitismus der Pflanze auf den Bakterien. Auch hier sehen wir, daß es unmöglich ist, ein derartiges biologisches Doppelsystem mit schematischen Begriffen zu erfassen. Das Wesen der Erscheinung trifft man am ehesten, wenn man es als Domestikation der Bakterien durch die Pflanze auffaßt[2]. Diese vernichtet zwar die Bakterien, aber in nicht höherem Maße als der Mensch seine Haustiere, und die

---

[1] WILSON, J. K.: Cornell. Univ. Agr. Exper. Stat. Mem. **272** (1946); **279** (1948). AUGHTRY, J. D.: Cornell Univ. Agr. Exper. Stat. Mem. **280** (1948). — NUTMAN, P. S.: Heredity 3, 263 (1949); 8, 35 (1954). — THORNTON, H. G.: Proc. Roy. Soc. (London) B **139**, 171 (1952).

[2] RIPPEL-BALDES, A.: Naturwiss. **33**, 305 (1946). Natürlich darf man „Domestikation" nicht als bewußte Züchtung auffassen; darüber vergleiche man die zitierte Abhandlung.

Tatsache, daß Boden, auf dem *Leguminosen* gestanden haben, weit reicher an diesen *Bakterien* wird bzw. diese erst dann aufweist, zeigt, daß von einer wirklichen Vernichtung nicht gesprochen werden kann. Und das allmähliche Verschwinden der *Bakterien* bei Aufhören des Anbaues (dessen Ursache noch nicht ganz klar ist; vgl. S. 287) zeigt, daß die Bakterien ohne die Pflanze in dieser „Kulturform", wenn wir so sagen wollen, nicht existenzfähig sind. Anderseits bietet die Pflanze den Bakterien Nahrung und Unterkunft, und wenn sie auch Aufwendungen hierfür machen muß, so ist das nichts anderes, als was auch dem Menschen hinsichtlich seiner Haustiere widerfährt.

In diesem Vergleich liegt sicherlich ein tieferer Sinn: Es ist das Zusammenfinden einer Genossenschaft, deren Partner vermöge bestimmter Eigenschaften ein engeres Zusammenleben eingehen können und dabei selbst in gewisser Hinsicht umformend aufeinander wirken. Es ist dabei gleichgültig, ob der eine Partner unbewußt oder bewußt arbeitet, wie in diesem Falle der Mensch bei der Züchtung seiner Haustiere, allerdings auch erst nach Überschreiten des anfänglich sicher unbewußten Stadiums. Die „bewußte" Züchtung führt lediglich zu einer besseren Ausnützung der gegebenen Verhältnisse und ist von ihr nur quantitativ, nicht qualitativ unterschieden.

Die praktisch landwirtschaftliche Bedeutung der *Leguminosen* wurde S. 297 erwähnt. Beim Anbau auf Neuland oder von *Leguminosen,* die in der betreffenden Gegend noch nicht gebaut wurden, ist durch *Impfung* für das Vorhandensein der Bakterien bzw. der geeigneten Bakterienrasse zu sorgen; sie ist aber unter Umständen auch erfolgreich bei Vorhandensein der Bakterien, wenn diese zur Höchstleistung nicht genügen[1]. Man verwendet aus Reinkulturen (am zweckmäßigsten mit Erde vermischt) hergestellte Impfpräparate (Azotogen usw.), mit denen der Boden oder die Samen geimpft werden, wobei natürlich auf Verwendung der jeweils angepaßten Bakterienrasse zu achten ist.

Für die verschiedentlich gemachte Angabe, daß aus den intakten Knöllchen Stickstoffverbindungen ausgeschieden würden, die andere, mit der Leguminose in Mischkultur wachsende Pflanzen mitversorgen sollten, haben Nachuntersuchungen keinen eindeutigen Beweis erbringen können[2]. Es wäre auch zu unterscheiden, ob es sich um Ausscheidungen aus völlig lebenskräftigen Knöllchen handeln würde oder um frühzeitiges Absterben von Knöllchen über den Mineralisationsvorgang oder auch aus den gekeimten oder nichtgekeimten Erbsensamen[3].

---

[1] Vgl. u. a.: M. P. READ: J. Gen. Microbiol. **9**, 1 (1953).

[2] ENGEL, H., u. M. ROBERG: Ber. dtsch. bot. Ges. **56**, 337 (1938). — LUDWIG, C. A., u. F. E. ALLISON: Amer. J. Bot. **27**, 719 (1940). — Nur bisweilen (meist nicht) finden Abgabe: WYSS, O., u. P. W. WILSON: Soil Sci. **52**, 15 (1941). — Unter Umständen würde ausgeschiedener Stickstoff sofort im Boden festgelegt: EHRENBERG, P., u. Mitarb.: Z. Pflanzenernährg. **43**, 122 (1949). — MICHAEL, G., u. H. DÖRING: Z. Pflanzenernährg. **53**, 143 (1951).

[3] POHJAKALLIO, O., u. A. SALONEN: J. Sci. Agr. Soc. (Helsinki) **9**, 141 (1948). — EHRENBERG, P., u. Mitarb.: Anm. 2. — TAMM, E., u. U. SCHENDEL: Z. Pflanzenernährg. **64**, 147 (1954).

Actinomyceten + Pflanzenwurzeln.

Die Erlensymbiose[1] wurde S. 127 kurz erwähnt. Die Wurzelknöllchen, auch Rhizothamnien genannt, sind mehrjährig (übrigens auch Knöllchen baumartiger Leguminosen) und verholzen. Es sind rundliche Gebilde, aus korallenartigen Verzweigungen zusammengesetzt (Abb. 127); sie können die Größe eines kleinen Apfels erreichen. Das Eindringen des Symbionten, *Streptomyces alni*, in die Wurzel ist noch nicht bekannt. Jedenfalls ist die Symbiose ebenfalls nicht cyclisch, muß also jedesmal vom Boden aus erfolgen. Die verschiedenen einheimischen *Erlen*arten führen alle den gleichen Symbionten, ohne Rassenspezialisierung. Die Ausbreitung erfolgt anscheinend anders als bei den Bakterien der *Leguminosen*, indem der Symbiont über größere Strecken der Wurzel wandert; er findet sich auch im Parenchym der Markstrahlen der Wurzel. Der Stickstoffbedarf der Erle kann völlig durch den Symbionten gedeckt werden, wie Versuche mit Wasserkulturen zeigten. Der Symbiont soll auch in künstlicher Kultur Stickstoff binden, allerdings nur in geringem Umfange.

Abb. 127. *Alnus glutinosa (Erle)*. Wurzelknöllchen. Photo. Etwa ¹/₂ natürl. Größe. (Nach H. Burgeff.)

Eine ähnliche Symbiose mit *Streptomyces elaeagni* als Symbionten, wobei ebenfalls Stickstoff gebunden wird, findet sich bei *Ölweidengewächsen (Elaeagnus, Hippophae)*; der Symbiont ist von dem der *Erlen* verschieden, auf denen er keine Knöllchen zu bilden vermag und umgekehrt. Auch für *Myrica Gale* mit seiner *Actinomyceten*-Symbiose ist Stickstoffbindung nachgewiesen[2]. Bei den vorstehend genannten Pflanzen finden sich ebenfalls Häminkörper in den Knöllchen[3]. Auf ähnliche weitere Symbiosen, von denen S. 127 einige erwähnt sind, sei hier nicht eingegangen, da zu wenig darüber bekannt ist.

Pilze + Pflanzenwurzeln.

Während die Rhizosphäre eine Erscheinung des mineralisierten Bodens ist, bis zu einem gewissen Grade auch die *Leguminosen*symbiose,

---

[1] Plotho, O. v.: Arch. Mikrobiol. **12**, 1 (1941). — Quispel, A.: Acta Botan. Néerlandica **3**, 495, 512 (1954). Danach ist die in vorgenannter Arbeit angegebene Isolierung des Symbionten zweifelhaft.

[2] Bond, G.: Ann. Bot. N. J. **15**, 447 (1951).

[3] Egle, K., u. H. Munding: Naturwiss. **38**, 548 (1951).

finden wir im Humusboden (Wald- usw. Boden) einen analogen Fall in der Entwicklung des Zusammenlebens von Pilzen mit den Wurzeln höherer Pflanzen in Form der Mycorrhiza.

Der Rhizosphäre mit ihrem lockeren Zusammenleben entspricht die peritrophe Mycorrhiza[1]. Sie wird gebildet von einer *Pilzflora*, die ständig als lockerer Mantel die Baumwurzel umgibt, ohne indessen histologische Beziehungen zu dieser zu zeigen, gewissermaßen eine Mycoflora der Rhizosphäre. Wesentlich ist, daß es sich bei den *Pilzen* wenigstens z. T. um mehr oder weniger spezifische, dem undurchwurzelten Boden fehlende Begleitpilze aus den Gruppen der *Basidiomycetes*, *Mucoraceae* und *Penicillium*-Arten sowie um *Fungi imperfecti* handelt. Die Bedeutung sieht man darin, daß die *Pilze* die Konzentration der Wasserstoffionen regulieren, indem *Pilze* aus Kalkboden den p_H-Wert nach der sauren, verwandte Arten der gleichen Gattung aus sauren Böden nach der weniger sauren Seite hin verschieben; ein ähnlicher Gesichtspunkt wurde ja auch für die *Bakterien*-Rhizosphäre in Betracht gezogen. Es wird allerdings noch festzustellen sein, wieweit dies auch für die Pilze in undurchwurzeltem Boden zutrifft, da ja jeder Mikroorganismus nach dem ihm eigentümlichen p_H-Wert strebt (S. 148f.).

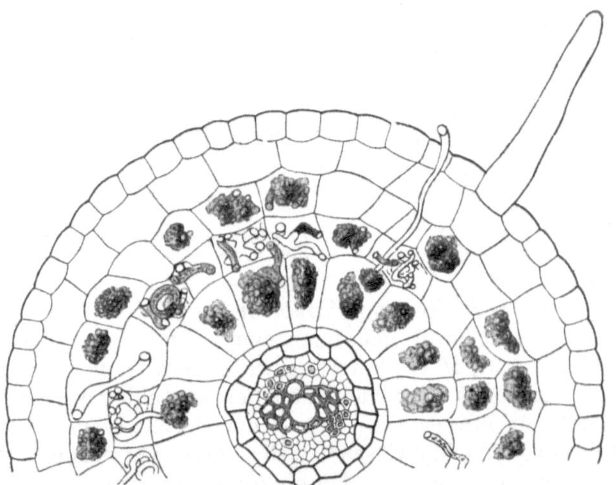

Abb. 128. *Polygala amara*. Querschnitt durch die Wurzel mit endotropher Mycorrhiza. Zeichnung. Vergr. 240 mal. (Nach M. Marcuse.)

Die eigentliche Mycorrhiza[2] wird gekennzeichnet durch die histologische Verbindung zwischen Pflanzenwurzel und *Pilz*; dieser

---

[1] Jahn, E.: Ber. dtsch. bot. Ges. **52**, 463 (1934); **53**, 847 (1935). — Kürbis, P.: Flora **131**, 129 (1936).

[2] Burgeff, H.: Naturwiss. **31**, 558 (1943). — Rayner, M. C.: Mycorrhiza. London: Wheldon u. Wesley 1927. — Schaede, R.: Die pflanzlichen Symbiosen, 2. Aufl. Jena: G. Fischer 1948. — Harley, J. L.: Annual Rev. Microbiol. **6**, 367 (1952). — Kelley, A. P.: Mycotrophy in Plants. Chronica Botanica. Waltham (Mass.) 1950. — Melin, E.: Annual Rev. Plant Physiol. **4**, 325 (1953).

bleibt aber auf die Wurzel beschränkt und dringt niemals weiter in der Pflanze vor. Die Symbiose ist also nicht cyclisch und wird ebenfalls jedesmal von außen hergestellt. In roher Gruppierung unterscheidet man ektotrophe und endotrophe Mycorrhiza. Bei jener tritt der Pilz außerhalb der Wurzel sehr auffällig in Erscheinung, bei dieser nicht. Jene tritt vornehmlich bei unseren *Waldbäumen* auf (Abb. 129), diese bei *Orchideen* u. a. (Abb. 128 von einer *Polygalacee*). Eine strenge Unterscheidung läßt sich allerdings nicht machen. Nach dem Eindringen in die Wurzel tritt der Pilz zur Wirtspflanze in bestimmte Beziehungen,

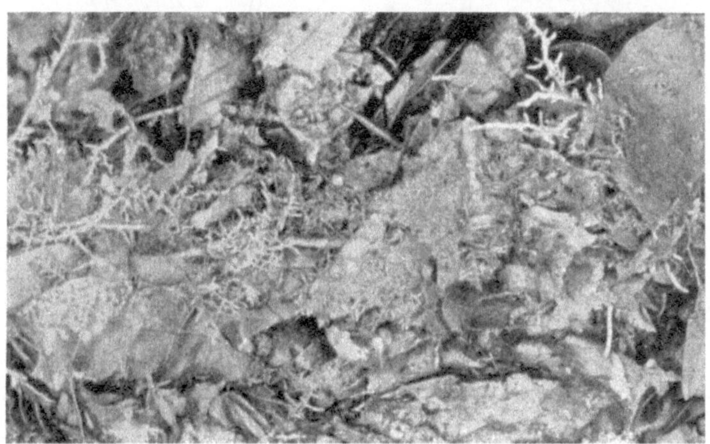

Abb. 129. Ektotrophe Baummycorrhiza unter Laub. *Fagus silvatica (Buche)*. Photo. Etwa $^1/_2$ natürl. Größe. (Nach C. M. RAYNER.)

die (von einigen noch unklaren Fällen abgesehen) zur Nährstoffbelieferung der Pflanze führen. Darauf deutet auch hin, daß die typischen Mycorrhizapflanzen keine Wurzelhaare bilden, die verpilzten Wurzeln mehr oder weniger verdickt, dazu gegabelt[1] sind und im Extremfalle überhaupt keine Wurzeln mehr ausgebildet werden. Die aufnehmenden Organe sind also in völliger Reduktion begriffen; an ihre Stelle ist der Pilz getreten. Im einzelnen finden sich, je nach der Pflanzenart, nach den Standortsbedingungen und auch nach dem Alter der Pflanzen, die mannigfachsten Abwandlungen. Zunächst sei eine kurze Charakteristik typischer Erscheinungen bei den wichtigsten Mycorrhizapflanzen gegeben.

Bei den Waldbäumen[2] sind wenige unverpilzte Langwurzeln vorhanden, im übrigen nur mehr oder weniger dickliche Kurzwurzeln, die ein starker Pilzmantel umgibt (Abb. 129). Der Pilz dringt in die Wurzel ein, infiziert die Zellen, wird später zwischen die Zellen gedrängt und

---

[1] LEVISOHN, J.: Nature (London) **169**, 715 (1952).

[2] MELIN, E.: Untersuchungen über die Bedeutung der Baummycorrhiza. Jena: G. Fischer 1925. — RAYNER, M. C., u. W. NEILSON-JONES: Problems in Tree Nutrition. London: Faber u. Faber 1944. — SCHMIDT, E. L.: Soil Sci. **64**, 459 (1947). Dazu die Literatur S. 334, Anm. 2.

liegt dann intercellular zwischen Epidermis und äußerer Rindenschicht, dringt aber auch tiefer in diese ein (sog. HARTIGsches Geflecht); einzelne

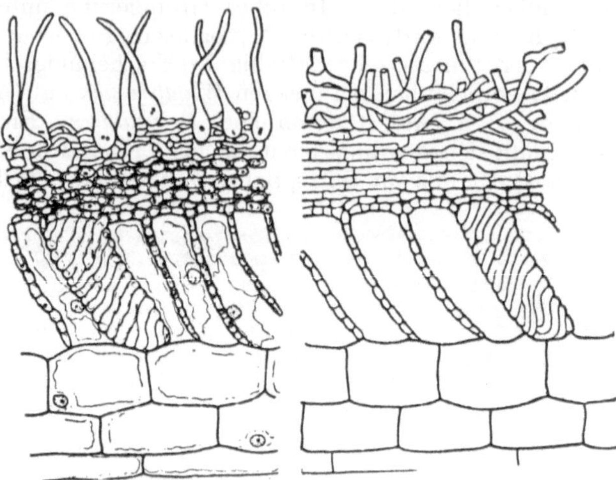

Abb. 130. Zwei Formen der ektotrophen Mycorrhiza der *Eiche*. Links nach BURGEFF, rechts nach MANGIN. Beide Abbildungen zeigen Pilzmantel (oben); Epidermis mit HARTIGschem Flechtwerk, innere Wurzelschichten (unten). Links zeigt der Mantel eine haarige Außenseite und eine pseudoparenchymatische Innenschicht, rechts ist er flockig. Vergr. 250mal. (Nach H. BURGEFF.)

Hyphen finden sich auch jetzt noch in den Zellen. Abb. 130 zeigt das HARTIGsche Geflecht. Die Belieferung der Pflanze erfolgt durch Guttation seitens des Pilzes, auf dem Röhrentüpfel der Rindenzellen der Pflanze stehen. Diese Form der Belieferung wurde „Halmophagie" (bzw. in anderen Fällen „Chylophagie") genannt.

Bei Orchideen[1] zeigt sich beim Vergleich der einzelnen Arten eine allmähliche Abstufung von der Ausbildung normaler Wurzeln mit Wurzelhaaren über deren Reduktion bis zum völligen Verschwinden der Wurzeln und alleiniger Ausbildung eines unterirdischen Stammteiles (Rhizom) (vgl. Abb. 131). Der Pilz hat also gänzlich die

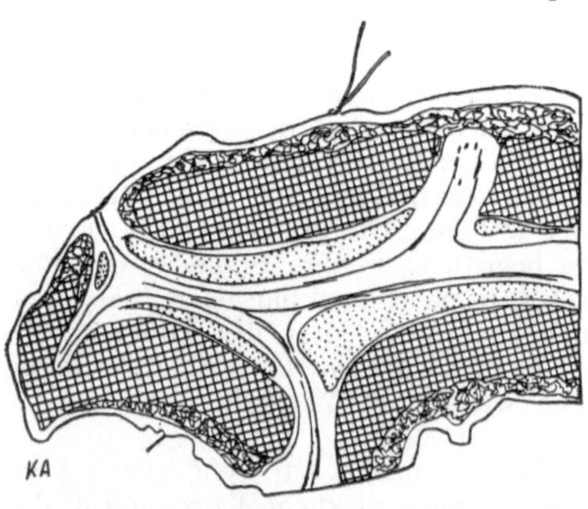

Abb. 131. *Zeuxine purpurascens (Orchidee)*. Längsschnitt durch den basalen Teil des Rhizoms. *KA* Keimachse. Punktiert: Speichergewebe; schraffiert: Pilzverdauungsgewebe; gekrauselt: Pilzwirtsgewebe. Zeichnung. Vergr. 8 mal. (Nach H. BURGEFF.)

----

[1] BURGEFF, H.: Saprophytismus und Symbiose. Jena: G. Fischer 1932. — Samenkeimung der Orchideen. Jena: G. Fischer 1936. — Samenkeimung und Kultur europäischer Erdorchideen. Stuttgart: G. Fischer 1954. — Dazu die Literatur S. 334, Anm. 2.

Stoffaufnahme übernommen. Die vom Pilz infizierten Zellen gliedern sich in Pilzwirtszellen mit normalen Pilzhyphen und Verdauungszellen, in denen die zu Knäueln geballten Pilzhyphen von der Pflanzenzelle verdaut werden; ein unverdaulicher Rest bleibt in der Zelle liegen (vgl. die schematische Abb. 128). Diese Form der Verdauung wurde „Tolypophagie" genannt. Eine ähnliche Form der Verdauung, die „Thamniscophagie", ist bei anderen Pflanzenfamilien verbreitet; es werden dabei keine Pilzknäuel verdaut, sondern „Arbuskeln", und es bleiben zahlreiche geformte Exkrete zurück.

Bei den *Orchideen* läßt sich ferner beim Vergleich verschiedener Arten eine stufenweise Reduktion in der Ausbildung des Blattapparates erkennen bis zum fast völligen Verschwinden der nur mehr als kleine Schuppen angedeuteten Blätter und gleichzeitigem, völligem oder fast völligem Schwund des Chlorophylls (Abb. 132). Bei solchen *saprophytischen Orchideen* (auch bei *Monotropa hypopitys*, *Fichtenspargel*) erfolgt die Verdauung des Pilzes durch „Ptyophagie", d. h. in den Verdauungszellen unterliegt der Pilz einer Art Plasmoptyse (S. 59); es entsteht kugeliges freies Plasma, das von einer Membran umgeben ist und von der Pflanze verdaut wird; der Vorgang kann sich mehrmals wiederholen. Diese Verhältnisse sind offenbar vom Gewebe der Pflanze abhängig; denn der gleiche Pilz wird von der Orchidee *Gastrodia elata* durch Ptyophagie, von der Orchidea *Galeola*, mit der er ebenfalls Mycorrhiza zu bilden vermag (s. unten), durch Tolypophagie genutzt.

Bei der Mycorrhiza der *Ericaceen* kommt der Pilz nur in der Epidermis vor, und bisher wurde bei natürlich gewachsenen Pflanzen noch keine Verdauung beobachtet *(Calluna, Vaccinium)*.

Die bei der Mycorrhiza der Waldbäume und Orchideen beteiligten Pilze sind *Basidiomycetes*[1], die bekannten *Hutpilze* des Waldes. Die Symbiose ist wenig spezifisch. Bei unseren Waldbäumen bevorzugen zwar einige Pilze bestimmte Baumarten, wie manchmal der Name andeutet, z. B. *Birkenröhrling (Boletus scaber)*, aber der *Fliegenpilz*

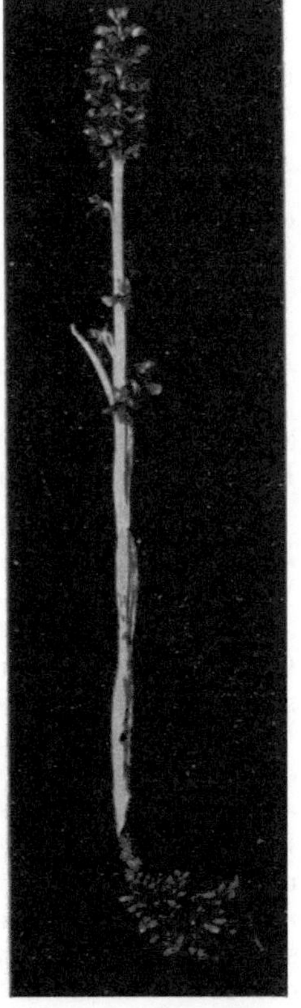

Abb. 132. *Neottia nidus avis (Vogelnest,* saprophytische *Orchidee).* Reduktion des Blattapparates. Wurzeln am Rhizom sind noch vorhanden. $^1/_2$ natürl. Größe. (Phot R. Meyer.)

---

[1] Bei anderen Pflanzenfamilien scheinen auch *Phycomycetes* vorzukommen, so bei der Mycorrhiza von *Lebermoosen* in Mischinfektion mit einem *Basidiomyceten*: Peyronel, B.: Nuovo Giorn. Botan. Ital., n. S. **49**, 362 (1942). Auch bei der *Ericaceen*-Mycorrhiza vermutet man *Phycomycetes* und hat *Mortierella*-Arten festgestellt, jedoch nur in Kulturversuchen (hier auch Verdauungsstadien!): Wolf, E.: Zbl. Bakter. II **107**, 523 (1952/54). Doch werden als Symbionten auch *Cladosporium*-Arten angegeben: Kox, E.: Arch. Microbiol. **20**, 111 (1954).

(Amanita muscaria) bildet Mycorrhiza auf mehreren *Kiefern*-Arten, auf *Fichte, Lärche, Birke*; und eine Baumart kann mit den verschiedensten Pilzen Mycorrhiza bilden; *Kiefer, Fichte, Lärche, Birke, Espe* zusammen bilden mit 50 Pilzarten Mycorrhiza. *Boletus*-Arten *(Röhrlinge)* scheinen strenger spezialisiert zu sein als *Blätterpilze (Amanita, Lactaria, Tricholoma)*[1].

Ähnliche, wenn auch anscheinend nicht ganz so labile Verhältnisse finden sich bei den *Orchideen*, für die ebenfalls *Basidiomycetes (Marasmius, Xerotus* u. a.) Mycorrhizapilze sind. Zwar wurde gefunden[2], daß „Zusammenhänge bestimmter Pilzgruppen mit bestimmten Pflanzen, von Pflanzengruppen mit bestimmten *Pilzen* bestehen", aber z. B. war eine *Orchidee* aus Madagaskar mit dem Pilz einer nordamerikanischen *Erdorchidee* zum Keimen zu bringen, und der gleiche Pilz bringt auch epiphytische, zu verschiedenen Gattungen gehörige *Orchideen* des tropischen Amerika wie *epiphytische* und *Erdorchideen* des indomalaiischen Archipels zur Keimung.

Bei den *Ericaceen* begegnen wir einer ähnlichen Erscheinung: Die erste Entwicklung des Keimlings wird durch den mycorrhizabildenden Pilz, aber auch durch nicht mycorrhizabildende Bodenpilze gefördert.

Die Bedeutung der Mycorrhiza ist nicht auf eine einheitliche Formel zu bringen. Indessen ist ein Grundplan vorhanden, der je nach Wirten, Symbionten und ökologischen Verhältnissen die verschiedenartigste Ausgestaltung erfährt, die ihn überdecken können. Dieser Grundplan kann nur aus den S. 299 ff. auseinandergesetzten Eigenschaften des Standortes hervorgehen: die durch den überschüssigen Kohlenstoff festgelegten Nährstoffe bzw. die mangelnde Mineralisation, die der *Pilz* durch unmittelbare Belieferung der Pflanze ersetzt. Denn auf solchen Böden finden sich vorwiegend die Mycorrhizapflanzen: *Waldbäume, Ericaceen, Orchideen, Gentianaceen, Pirolaceen, Polygalaceen* usf., auch niedere Pflanzen, wie *Pteridophyten*[3] und gewisse *Lebermoose*[4]. Man kann annehmen, daß $^3/_4$ der Pflanzen der mitteleuropäischen Flora Mycorrhizapflanzen sind, was der natürlichen, nicht durch die Kultur beeinflußten Standortsgliederung entspricht. Daß hierbei dem Stickstoff eine besonders wichtige Rolle zukommt, ergibt sich aus den S. 299 ff. gemachten Ausführungen; ebenso aber ergibt sich, da auch Schwefel (S. 306) und Phosphorsäure (S. 308) im Boden organisch festgelegt sind, gemäß den S. 300 f. über das C/N- bzw. C/P- bzw. C/S-Verhältnis gemachten Ausführungen, daß man, wie schon STAHL erkannte, allgemein von einer Belieferung der Pflanze mit den Bodennährstoffen durch den Pilz sprechen muß. Dieser ersetzt ja, wie oben gesagt, die Wurzelhaare, und sogar in Extremfällen die ganze Wurzel, wobei im einzelnen, je nach Pflanze, Boden usf., der eine oder andere Nährstoffaktor stärker in Erscheinung treten wird. Es

---

[1] Außer E. MELIN vgl. noch O. MODESS: Symbolae bot. Upsalienses **5**, 1 (1941).
[2] BURGEFF, H.: Siehe S. 336, Anm. 2.
[3] BURGEFF, H.: Manual of Pteridology. The Hague 1938.
[4] STAHL, M.: Planta **37**, 103 (1949).

ist nunmehr auch geglückt, mit ^{15}N und ^{32}P die Leitung von Stickstoff und Phosphor über den Pilz in die Wurzel nachzuweisen[1]. Stickstoffbindung wurde in keinem Falle festgestellt; wo sie angeblich gefunden wurde, hat man dies als Irrtum erkannt.

Bei den *Waldbäumen* tritt diese Nährstoffbelieferung wohl in reinster Form auf[2], während die Verhältnisse bei den *Ericaceen* am wenigsten durchsichtig sind, da dort, wie erwähnt, keine Verdauung des Pilzes beobachtet wurde und die Förderung des Keimlings nicht das Zusammenbleiben im späteren Leben zu erklären vermag. Nach MELIN soll übrigens bei den *Waldbäumen* der Pilz von den Bäumen Kohlenhydrate erhalten; doch ist dann nicht klar, was die Pilze mit dem starken Kohlenstoffüberschuß beginnen, den sie im Waldboden vorfinden.

Völlig klar liegen wiederum die Verhältnisse bei den chlorophylllosen Saprophyten, wie beim *Fichtenspargel (Monotropa hypopitys)* und zahlreichen, namentlich tropischen *Orchideen*, unter den einheimischen der *Widerbart (Epipogon aphyllus)* und der *Dingel (Limodorum abortivum)*, während das *Vogelnest (Neottia nidus avis*, Abb. 132, S. 337) wenig von der bräunlichen Farbe verdecktes Chlorophyll besitzt, das aber nur aus Chlorophyll a (S. 40f.) besteht[3]. In diesen extremen Fällen muß also der Pilz auch den gesamten Kohlenstoff zum Aufbau der Pflanze herbeischaffen, eine Leistung, die besonders bei großen tropischen Formen augenfällig wird, wie bei der 16 m und länger werdenden *Galeola hydra*, die keine Spur eines Assimilationsapparates besitzt, aber mit Hunderten von Blüten und Früchten besetzt ist. Hingegen vermag das einheimische *Zweiblatt (Listera ovata)* in der Natur als erwachsene Pflanze ohne Mycorrhiza zu leben. Andererseits finden sich in der Natur, z. B. von der grünen *Cephalanthera grandiflora*, völlig chlorophyllfreie Pflanzen, die normal blühen; bei einer nicht-mycotrophen Pflanze wäre das nicht möglich, da diese an Kohlenstoffmangel zugrunde gehen würde.

Alle *Orchideen* aber benötigen den Pilz zur Keimung des ursprünglich pilzfreien, vom Boden aus infizierten Samens bzw. zur ersten Entwicklung des Keimlings (Abb. 133)[4]. Die Samen der *Orchideen* sind nämlich außerordentlich klein, im Extremfall, bei *Schomburgkia undulata*, wiegen sie nur 0,3 γ, also nur $3 \cdot 10^{-7}$ g. Sie bestehen nur aus wenigen Zellen, dazu fehlen die Reservestoffe[5]; die erste Entwicklung des Keimlings ist also völlig auf die Kohlenstoffversorgung seitens des

---

[1] MELIN, E., u. H. NILSSON: Physiol. Plantarum **3**, 88 (1950); Sv. bot. Tidskr. **46**, 281 (1952); Nature (London) **171**, 134 (1953). — HARLEY, J. L., u. C. C. McCREADY: New Phytologist **51**, 56, 342 (1952).

[2] Literatur bei E. BJÖRKMAN: Symbolae bot. Upsalienses, **6**, Nr. 2 (1942). —

[3] MONTFORT, C.: Ber. dtsch. bot. Ges. **58**, 41 (1940). — MONTFORT, C., u. G. KÜSTERS: Bot. Archiv **40**, 571 (1940).

[4] *Pirolaceen* keimen teils mit, teils ohne Pilz, benötigen diesen aber zur Weiterentwicklung des Keimlings aus dem „Walzenstadium": LIHNELL, D.: Symbolae bot. Upsalienses **6**, H. 3 (1942).

[5] Siehe S. 339.

Pilzes angewiesen. Die Samen lassen sich bei Zufuhr von Zucker steril aufziehen. Ebenso läßt sich der Pilz getrennt kultivieren, was allerdings in vielen Fällen aus technischen Gründen noch nicht möglich war, und die Synthese der Mycorrhiza läßt sich im Reagensglas vornehmen, was bei zahlreichen *Orchideen* gelungen ist. Bei gewissen *Orchideen (Vandeen)* konnte auch nachgewiesen werden, daß der Pilz bei dem Keimling als Lieferant organischer Wirkstoffe auftritt[1]. Die Symbiose erstreckt sich also auf alle Äußerungen des Stoffwechsels.

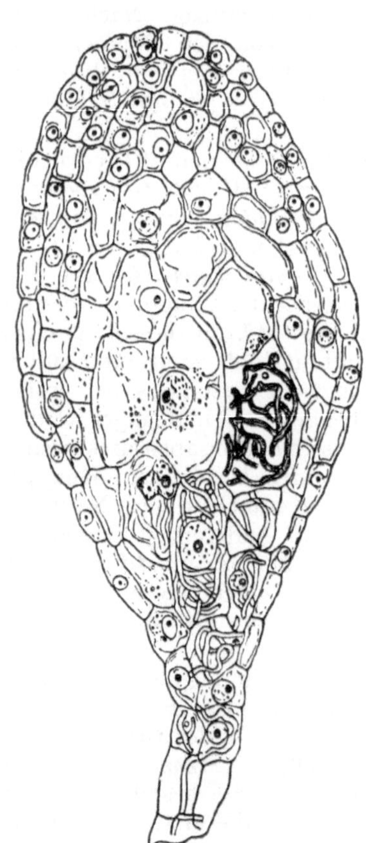

Abb. 133. *Laelio Cattleya (Orchidee)*. Keimlingsinfektion. Zeichnung. Vergr. 260mal. (Nach H. BURGEFF.)

Der erste Angriff des Pilzes auf die Pflanze ist zweifellos parasitär. Das kommt z. B. darin zum Ausdruck, daß bei einem für die Symbiose ungeeigneten Pilz zwar Infektion und Keimung der Samen erfolgen, der Keimling aber durch den Pilz abgetötet werden kann. Weiter zeigt die Pflanze Abwehrmaßnahmen: die Verdauung des Pilzes, dessen Einschließen in der Zelle durch Cellulosescheiden (wie bei typischen Parasiten, S. 380), ferner die oben erwähnte Verdrängung des Symbionten bei den *Waldbäumen* von dem ursprünglich intracellulären zum intercellulären Aufenthalt, endlich die Bildung eines pilzhemmenden Stoffes in infizierten *Orchideen*-Knollen[2]. Die Möglichkeit solcher Zusammenhänge ergibt sich eindeutig aus dem Beispiel des *Hallimasch (Armillaria mellea)*, der einerseits ein ausgesprochener Baumparasit ist, andererseits bei der Orchidee *Galeola septentrionalis* als Symbiont der endotrophen Mycorrhiza auftritt[3].

Daß tatsächlich Parasitismus der Ausgangspunkt zum Zustandekommen der Mycorrhiza ist (oder war), zeigt sich darin, daß eine „Pseudomycorrhiza" überall, auch auf Kulturpflanzen, also auf Pflanzen ohne typische Mycorrhiza, verbreitet ist. Der in die Wurzel eingedrungene Pilz zeigt ganz ähnliche „Verdauungsformen" wie bei der echten Mycorrhiza. Aber die Pseudomycorrhiza nützt der Pflanze nicht, sondern bedingt eine, unter Umständen allerdings geringfügige,

---

[1] BURGEFF, H.: Ber. dtsch. bot. Ges. **52**, 384 (1934). — SCHAFFSTEIN, G.: Jb. Bot. **86**, 720 (1938).

[2] GÄUMANN, E., u. Mitarb.: Phytopatholog. Z. **17**, 36 (1950).

[3] HAMADA, M.: Jap. J. Bot. **10**, 151 (1939); **10**, 387 (1940).

Schädigung. Sie ist im günstigsten Falle ein „toleranter Parasitismus". Der parasitäre Charakter wird weiter dadurch unterstrichen, daß sich die Pseudomycorrhiza der Kulturpflanzen hauptsächlich auf vernachlässigtem, verkrautetem Gelände, findet[1].

Cyanophyceen + höhere Pflanzen.

Auch *Cyanophyceae* treten häufig als Symbionten höherer Pflanzen auf. Bei dem Wasserfarn *Azolla* (Abb. 134) sitzt eine *Anabaena* in Höhlungen der Blätter, bei *Blasia* und anderen *Lebermoosen* ein *Nostoc* in kleinen Höhlungen des Thallus. In korallenartig verzweigten, aus den

Abb. 134. *Azolla filiculoides.* Längsschnitt durch den Oberlappen eines Blattes; in der Höhlung die Ketten der *Blaualge.* Zeichnung. Vergr. 130mal. (Nach E. STRASBURGER aus R. SCHAEDE.)

Wurzeln entstehenden Gebilden von *Cycas*-Arten (zu den *Gymnospermen* gehörig) lebt eine Blaualge intercellular[2], ferner die gleiche *Blaualge* (ob spezialisiert?) erst intercellular, dann intracellular in Schwielen der Blattbasen des unterirdischen Stammes von *Gunnera*-Arten.

Wie man sieht, erstreckt sich die *Cyanophyceen*-Symbiose auf Pflanzen der verschiedensten systematischen Zugehörigkeit und auf die verschiedensten Teile der Pflanze. Da für *Nostocaceae* Stickstoffbindung erwiesen ist (S. 126), so wird man darin den Sinn der Symbiose erblicken können, wie für *Anabaena*-haltige und *Anabaena*-freie *Azolla* gezeigt wurde[3]. Allerdings konnte gerade hier die symbiontische Blaualge nicht isoliert werden, und man hält andererseits eine Vitaminwirkung der Alge nicht für ausgeschlossen[4].

[1] WINTER, A. C.: Naturwiss. **40**, 393 (1953); Z. Pflanzenernährg. **60**, 221 (1953). — SIEVERS, E.: Arch. Mikrobiol. **18**, 289 (1952/53). — Auch bei Obstbäumen: OTTO, G.: Naturwiss. **41**, 555 (1954). — Zur allgemeinen Frage von Boden- und Wurzelpilzen: GARRETT, S. D.: New Phytologist **50**, 149 (1951).

[2] Vgl. DOUIN, R.: C. r. Acad. Sci. (Paris) **236**, 956 (1953). Es soll sich nicht, wie bisher angenommen, um *Nostoc punctiforme* handeln.

[3] BORTELS, H.: Arch. Mikrobiol. **11**, 155 (1940).

[4] SCHAEDE, R.: Planta **35**, 319 (1947).

Bakterien als Epiphyten und Symbionten oberirdischer Pflanzenteile.

Auch bei den oberirdischen Pflanzenteilen können wir die Entwicklungsreihe Epiphytismus-Symbiose verfolgen. Daß mit dem Staub Mikroorganismen auf Blätter usw. gelangen, ist selbstverständlich. Davon abgesehen, beherbergen die Blätter jedoch eine typische epiphytische Mikroflora, die sich bereits auf den Samen findet oder vom Boden aus auf die Samen bzw. Früchte gelangt; also nicht auf dem Wege über die Luftinfektion. Auch dringen von den Samen aus Bakterien in die Rhizosphäre vor[1]. Bei Aufzucht auf sterilem Substrat und Verhinderung der Luftinfektion fand man bei *Weizen*[2]:

Mikroorganismengehalt auf Oberfläche von Samen und Keimlingen.

```
Samen . . . . . . . . . .   18000 bis  56000 Keime je Samen
Keimling 2—3  cm lang    1800  ,,    5200    ,,    ,, Keimling
   ,,    10—15 cm  ,,    90000  ,, 380000    ,,    ,,    ,,
```

Vorwiegend handelt es sich um *Bact. herbicola*, *Sporenbildner* und *Schimmelpilze*. Bei Möglichkeit einer Infektion vom Boden oder von der Luft her herrschten jedoch *Milchsäurebakterien*, einschl. *Bact. coli*, vor. Die Bakterien sind zu dichten, aber nicht mehrschichtigen Streifen parallel zur Längsrichtung der Zellen auf den Blättern angeordnet; nach vollendeter Streckung der Zellen liegen sie regellos verteilt.

Ein ähnliches Bild zeigen im Freien aufgewachsene *Getreidepflanzen*. Bei feuchtem Wetter fanden sich vorwiegend *Milchsäurebakterien* (*Bact. coli* gedeiht hier jedoch nicht[3], im Gegensatz zu obiger Angabe, kann jedoch z. B. durch Verregnen von Fäkalien-Abwässern auf Pflanzen gelangen und dort längere Zeit am Leben bleiben[4]), bei trockenem Wetter *Bact. herbicola* und *Sporenbildner*. Offenbar haften die schleimbildenden *Milchsäurebakterien* am Blatt, während die *Sporenbildner* bei Regen abgewaschen werden. Das Vorkommen von *Milchsäurebakterien* auf grünen Pflanzenteilen erklärt das Ingangkommen der Milchsäuregärung bei der Silage (S. 227) ohne besonderen Zusatz von Bakterien. Es ist möglich, daß die Bakterien auf den Blättern von Spuren organischer Stoffe der Pflanze leben, da die Cuticula nicht ganz undurchlässig ist.

Die Bakterien dringen von der Blattoberfläche in den Spaltöffnungen bis zu den Kraterwänden über dem Porus vor, aber nicht unter diesen; die von der Keimscheide umschlossenen Blätter der *Getreidepflanzen* sind stets steril. Diese Beobachtung deckt sich mit der oft gemachten Feststellung, daß das Innere der Pflanzen normalerweise steril ist. Das hat sich für Wurzeln und Sprosse steril aufgezogener *Erbsen*- und *Mais*-Pflänzchen eindeutig ergeben[5]. In die Pflanze eingebrachte Bakterien sterben meist nach kurzer Zeit ab; in einigen Fällen aber können

---

[1] Morrow, M. B., u. Mitarb.: J. Agricult. Res. **56**, 197 (1938).

[2] Wöller, H.: Zbl. Bakter. II **79**, 173 (1934). Vgl. die ausführliche handschriftliche Dissertation.

[3] Taylor, C. B.: J. of Hyg. **42**, 23 (1942).

[4] Lehner, A., u. W. Nowak: Landw. Forsch. **6**, 54 (1954); Z. Hygiene **140**, 594 (1955).

[5] Stolp, H.: Arch. Mikrobiol. **17**, 1 (1952).

sie sich weiterentwickeln[1]. Jedenfalls scheinen von den Zellen bactericide Stoffe ausgeschieden zu werden[2], und es ist nicht unmöglich[3], daß das Drüsengewebe von Wasserspalten, die im Grunde genommen ideale Eingangspforten für Mikroorganismen darstellen müßten (S. 346), bactericide Stoffe bilden. In den Guttationströpfchen von *Weizen* wurden die auf Pflanzen vorkommenden Bakterien gefunden, namentlich *Bact. herbicola*[4].

Auf jeden Fall ist keine allgemeine intracellulare Bakteriensymbiose in den Pflanzenzellen vorhanden. Hingegen enthalten gewisse Pflanzenteile, namentlich Früchte und Kartoffelknollen, häufiger *Bakterien*, als man bisher annahm, so fast regelmäßig das Innere der Kürbisfrucht, in der in 91% der Fälle *Bac. mesentericus* gefunden wurde[5], ferner die Hülsen von *Bohnen*, *Tomaten*früchte, *Kartoffel*knollen usf. Da aber diese Mikroflora mit dem Alter dieser Organe zunimmt, so handelt es sich zweifellos um eine Infektion von außen her, die dadurch einwandfrei nachgewiesen werden konnte[6], daß man die Blütennarbe der *Tomate* mit dem in der Natur sehr seltenen rechtswendigen Stamm von *Bac. mycoides* (S. 53) beimpfte; in der Frucht wurde dann diese Form wiedergefunden. Gerade die genannten Pflanzenorgane können zudem nicht als voll lebendes Gewebe angesprochen werden. Es handelt sich lediglich um Grenzfälle des Parasitismus, keine Symbiosen, und die aufgefundenen Mikroorganismen dürften intercellulär leben. Das gilt auch für Samen, die, wie die von *Erbsen* und *Mais*, zu 30—40% von Bakterien infiziert sein können; doch waren je Samen nur 1—10 Keime nachweisbar, die also offenbar mit den Pollenschläuchen eingeschleppt waren.

In manchen Fällen zieht die Pflanze Nutzen von epiphytischen Bakterien, ohne daß es zu einer eigentlichen Symbiose kommt. Wieweit dies bei der Keimung von Samen der Fall sein könnte, wird gleich zu erörtern sein. Im Falle der Nischenblätter (z. B. bei dem Farn *Platycerium*) sammeln sich in von den Blättern gebildeten Nischen organische Reste, deren Mineralisationsprodukte der Pflanze unmittelbar zufließen. Sicherlich sind bis zu solchen Einrichtungen viele Übergänge mit kleineren oder größeren Wirkungen vorhanden.

Auch bei gewissen **tierfangenden** Pflanzen spielt die Mineralisation durch *Bakterien* eine Rolle, so bei *Sarracenia*-Arten, deren Blätter in kannenartige Tierfallen umgewandelt sind. Es scheint aber, daß die höhere Entwicklung tierfangender Einrichtungen sich mehr und mehr durch Bildung bactericider Stoffe und pflanzeneigner proteolytischer Enzyme von den Mikroorganismen unabhängig macht: Bei den Kannen von *Nepenthes* ist der Verdauungssaft anfangs steril, zumal die Kannen dann noch geschlossen sind, dazu stark sauer (p_H 4), was eine Mitwirkung

---

[1] Söding, H.: Ber. dtsch. bot. Ges. **57**, 465 (1940).

[2] Söding, H.: Ber. dtsch. bot. Ges. **59**, 458 (1941). Daß Pflanzen microbicide Stoffe **enthalten**, ist allgemein bekannt; eine andere Frage ist die, ob sie **aus geschieden** werden und so wirken.

[3] Haberlandt, G.: Ber. dtsch. bot. Ges. **60**, 445 (1942).

[4] Düggeli, M.: Zbl. Bakter. II **13**, 56 (1904).

[5] Marcus, O.: Arch. Mikrobiol. **13**, 1 (1942).

[6] Burcik, E.: Arch. Mikrobiol. **14**, 332 (1949).

von *Bakterien* jedenfalls stark einschränkt, und zugeführtes Eiweiß wird ohne Hilfe von Mikroorganismen verdaut. Erst bei geöffneten Kannen wird der Saft neutral, und es finden sich dann Bakterien (*Ps. fluorescens, Bact. prodigiosum*) als Eiweißabbauer[1].

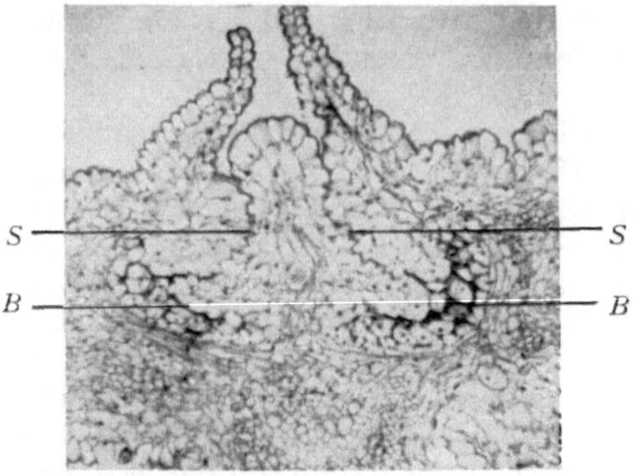

Abb. 135. *Dioscorea macroura* Querschnitt durch den mittleren Teil der jungen Vorläuferspitze. *B* die noch ganz kleinen Buchten erst schwach mit Bakterien besetzt. *S* die fest geschlossenen Spalten. Hellfeldaufnahme nach gefärbtem Präparat. Vergr. 125 mal. (Nach R. Schaede.)

In wenigen Fällen hat sich eine echte Bakteriensymbiose auf Blättern entwickelt: Ein Übergangsstadium sozusagen bildet das Vorkommen von *Bakterien* in der Träufel-(Vorläufer-)Spitze von *Dioscorea macroura* (Abb. 135). Sie finden sich dort in Binnenräumen, die sekundär bei der Entwicklung des Blattes aus Furchen des Blattes entstehen und zu geschlossenen Buchten umgestaltet werden[2]. Die Epidermiszellen in den Buchten wachsen zu schlauchartigen Haaren aus, zwischen denen sich die Bakterien finden, die später, wenn das Blatt einige Monate alt ist, von der Pflanze abgebaut werden. Über eine etwaige Bedeutung der Bakterien, die in Kultur kräftig Stickstoff binden sollen[3], ist noch nichts bekannt; Abschneiden der Spitze schadet jedenfalls der Entwicklung des jungen Blattes nicht. Auch ist noch nicht festgestellt, welche Bakterien in der Heimat der Pflanze (tropisches Westafrika) vorhanden sind.

Bei den tropischen, ostasiatischen, australischen, afrikanischen *Rubiaceen*, Kräuter, Sträucher, Bäume (u. a. *Pavetta*- und *Psychotria*-Arten) finden sich Knötchen auf den Flächen der Blattspreiten (Abb. 136), hervorgerufen durch ein Bakterium *(Mycobact. rubiacearum)*, das darin ähnliche Involutionsformen bildet wie die Leguminosenbakterien. Die Bakterien dringen durch spaltöffnungsähnliche Poren in Höhlungen ein,

Abb. 136. *Psychotria*, Blatt mit Bakterienknötchen. ¹/₂ natürl. Größe. (Phot. nach F. v. Faber.)

[1] De Zeeuw, I.: Biochem. Z. **269**, 187 (1934). — Frühere Zusammenfassung: Neger, F. W.: Handwörterbuch der Naturwissenschaften, 2. Aufl. Insektivoren. Bd. V, S. 655, 1934.
[2] Schaede, R.: Jb. Bot. **88**, 1 (1939).
[3] Orr, M. Y.: Notes Roy. Bot. Garden Edinburgh **14**, 57 (1923); **15**, 133 (1926).

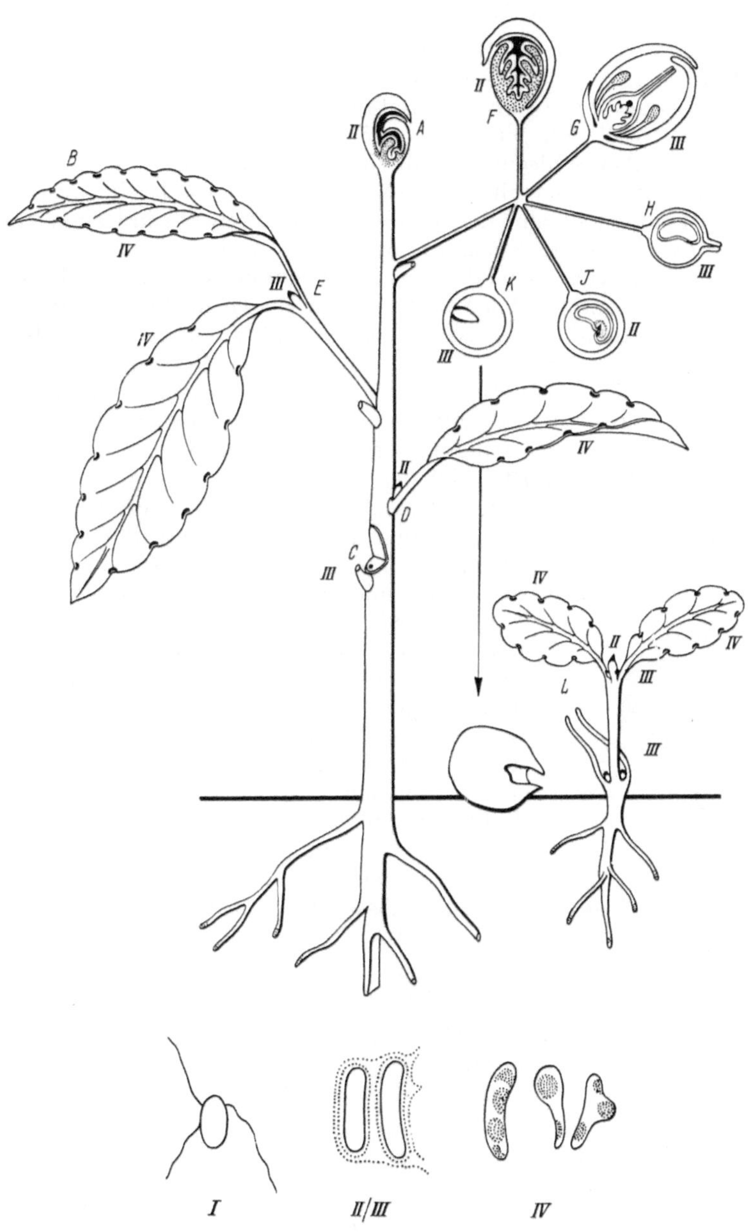

Abb. 137. *Ardisia crispa*. Schema des Bakterienkreislaufes. Bakterien schwarz. Meristem punktiert.
Römische Ziffern entsprechen den verschiedenen Bakterienstadien. *A* terminale Knospe, *B* Blattknötchen,
C schlafende Knospen, *D* Axillarknospen, *E* Inflorescenzknospen, *F* junge Blütenanlagen, *G* geschlossene
Blüte, *H—K* Früchte verschiedenen Reifegrades, *L* Keimling, *I* bewegliches Bakterienstadium, *II* und *III*
nicht bewegliches Stadium, reversibel, *IV* irreversibles Stadium. (Nach PH. DE JONG.)

die ursprünglich als Sekretbehälter angelegt sind, und entwickeln sich intercellular. Sie sind auch auf dem Vegetationskegel vorhanden, gelangen von da in die Blüten- und Samenanlagen und schließlich durch die Mikropyle in die Samen zwischen Embryo und Endosperm. Die Symbiose ist also cyclisch. Die Bakterien binden in künstlicher Kultur elementaren Stickstoff[1], und die bei 50° C von den Bakterien befreiten Pflanzen gedeihen schlechter als die bakterienhaltigen. Falls jene nicht durch die Wärme geschädigt sein sollten, würde diese Beobachtung auf Stickstoffbindung als Sinn der Symbiose hindeuten. Die in Reinkulturen nachgewiesene geringe Stickstoffbindung ist noch kein voller Beweis, zumal bei den Knöllchenbakterien der Leguminosen eine solche noch nicht nachgewiesen werden konnte, dieses Kriterium für die Symbiose also versagen kann[2]. Viele *Rubiaceen* mit Bakterienknötchen gedeihen gut auf N-Mangel-Böden[3].

Eine ebenfalls cyclische Symbiose liegt bei den tropischen ost-asiatischen *Ardisia*-Arten[4] (zur Familie der *Myrsinaceae* gehörig) mit *Bakterien* vor; die Übertragung erfolgt ähnlich wie in dem vorge-schilderten Fall. Abb. 137 zeigt den Entwicklungsverlauf schematisch. In den Einkerbungen der Blattränder finden sich Wasserspalten, in welche die Bakterien eindringen und die sie zu Bakterienknötchen um-wandeln. Das in den Knötchen ebenfalls In-volutionsformen bildende *Bact. folicola* bindet in künstlicher Kultur keinen Stickstoff. Seine Be-deutung liegt in folgendem: Auch hier können die Pflanzen durch Behandlung der Samen keimfrei gemacht werden; sie kümmern aber, die Sprosse treiben nicht aus, sondern werden zu blumenkohlartigen Gebilden (Abb. 138). Es gelang nun, die Krüppel durch Hinzufügen der Bakterienreinkultur wieder zu normalen Pflan-zen austreiben zu lassen[5]. Danach muß man annehmen, daß die Bakterien einen organischen Wirkstoff ausscheiden, über dessen Natur nichts bekannt ist.

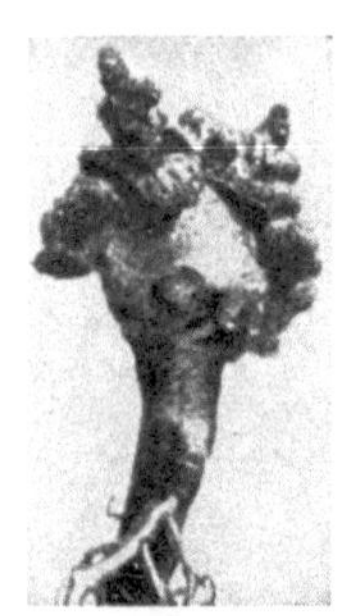

Abb. 138. *Ardisia crispa*, bak-terienfreier Krüppel, 2³/₄ Jahre alt. (Phot. nach H. MIEHE aus R. SCHAEDE.)

Pilze als Epiphyten und Symbionten oberirdischer Pflanzenteile.

Pilze wurden schon S. 342 als Bestandteile der epiphytischen Mikro-flora von Blättern erwähnt. Indessen handelt es sich dabei um ein mehr gelegentliches Vorkommen; darüber hinaus sind jedoch eine Reihe

[1] FABER, C. v.: Jb. Bot. **51**, 285 (1912); **54**, 243 (1914).

[2] Vgl. hierzu E. B. FRED (s. S. 324, Anm. 1), S. 30, und die Referate von MIEHE zu den Arbeiten von v. FABER: Z. Bot. **5**, 175 (1913); **7**, 132 (1915).

[3] STEVENSON, G. B.: Ann. Bot. N. S. **17**, 343 (1953).

[4] MIEHE, H.: Jb. Bot. **53**, 1 (1913); **58**, 29 (1917).

[5] JONG, PH. DE: On the symbiosis of Ardisia crispa (Thunb.). Diss. Leiden 1938. Dieser Autor zieht auch noch in Betracht, daß die Bakterien vor einer „Über-dosierung" des Vegetationspunktes mit Sauerstoff schützen könnten. — Versuche von R. BOK sprachen nicht dagegen [Proc. Nederl. Acad. Wetensch. **44**, 1128 (1941)].

von besonderen Fällen bekannt. Auf Baumblättern scheinen *Pilze* gegenüber *Bakterien* vorzuherrschen: *Dematium, Cladosporium, rote* und *farblose Hefen* u. a. Die beiden erstgenannten können dabei zu Schwächeparasiten (S. 373) werden. Eine typische Ausgestaltung erfährt diese Mikroflora in dem Rußtau[1], dem schwarzen Pilzüberzug auf Blättern und Zweigen, der vornehmlich im Gefolge der zuckerhaltigen Ausscheidungen von Blattläusen vorkommt. Auf *Laubbäumen* handelt es sich vorwiegend um *Dematium pullulans* und *Cladosporium herbarum*, bei *Nadelhölzern* um eine ganze Reihe anderer *Pilze*, daneben *Hefen* und *Bakterien*.

In Gegenden mit hoher Luftfeuchtigkeit, z. B. den antarktischen Waldgebieten Südchiles, überziehen *Pilze* die Bäume mit einem dichten grauen bis schwarzen Schleier. In Mitteleuropa scheint nur in feuchten, nebligen Lagen höherer Gebirge, z. B. des Fichtelgebirges, eine ähnlich üppige Entwicklung von Rußtau vorzukommen, hier verursacht durch *Hormiscium pinophilum* (= *Antennaria pityophila*), ferner durch *Apiosporium Rhododendri* auf *Rhododendron* in den Alpen[2].

Die Entwicklung dieser *Rußtaupilze*, namentlich der in verhältnismäßig trockenem oder wenigstens zeitweise trockenem Klima sich entwickelnden, stellt offenbar eine biologische Auslese nach der Möglichkeit des Ertragens wenigstens vorübergehender Trockenheit dar. Charakteristisch sind starke Schleimentwicklung und Ausbildung brauner oder schwarzer Zellschnüre oder brauner, schleimumhüllter Zellklumpen, z. T. ohne Entwicklung von Mycel. Teilweise handelt es sich um ähnliche Wuchsformen, wie sie für das Wachstum von Pilzen bei großer Lufttrockenheit angegeben werden (S. 138). Man wird zweifellos in der Dunkelfärbung von Sporen und Mycel einen Schutz gegen Bestrahlung sehen dürfen, da der Zusammenhang mit dem Lichtstandort klar hervortritt (vgl. S. 146), zumal ja auch *Cladosporium* als häufigster in der Luft vorkommender Pilz festgestellt wurde (s. S. 261).

Regelmäßiges Vorkommen von *Pilzen* findet sich an allen Stellen organischer Ausscheidungen durch die Pflanze; so kommen schwarzgefärbte Pilze auf Wachsausscheidungen von *Bambus* und *Ahorn*-Arten in Japan vor[3]; die Pilze verzehren das Wachs. Sicherlich sind derartige Fälle weit verbreitet, aber noch kaum untersucht.

Bekannter ist die Besiedlung süßer Früchte, vornehmlich durch *Hefen*. Auf diese primären Brutstätten gelangen die *Hefen* zur Zeit der Fruchtreife durch Regen, Wind, Insekten aus den sekundären Brutstätten des Bodens. *Sacch. apiculatus* fehlt unreifen Früchten (auf denen *Dematium* und *Schimmelpilze* vorkommen)[4]; die *Hefen* finden ihre eigentliche Entwicklungsmöglichkeit offenbar erst durch den Austritt zuckerhaltiger Säfte. Einen derartigen Standort bildet auch der Blutungssaft z. B. von *Birken* im Frühjahr, mit einer reichen Mikroflora von *Sproß*- und *Mycelhefen*, darunter der fettbildenden *Endomyces vernalis*.

---

[1] NEGER, F. W.: Flora N. F. **10**, 67 (1917). — BOAS, F.: Z. Pflanzenkrkh. **28**, 114 (1918). — MOLISCH, H.: Siehe S. 273, Anm. 3.
[2] HEGI, G.: Flora von Mitteleuropa, Bd. 5, Tl. 3, S. 1644. München: Lehmann.
[3] MOLISCH, H.: Siehe S. 273, Anm. 3.
[4] NIEHAUS, CH. J.: Zbl. Bakter. II **87**, 97 (1932).

Einen typischen Standort für *Hefen* aller Art, z. T. jedoch besonderer Formen, bilden die **Nektarausscheidungen der Blüten**[1]. Als Verbreiter kommen die Nektar saugenden Insekten in Frage; Blüten, von denen man Insektenbesuch fernhält, bleiben steril, ebenso bei dauerndem, den Insektenbesuch verhinderndem Regenwetter. Besonders interessant ist *Candida (Nektaromyces) Reukaufii* (S. 87), eine viel Fett bildende Hefe, die unter den Bedingungen des Nektars die eigentümliche Eindecker- (bzw. Kreuz-) Form ausbildet und in altem bzw. durch Regen verdünntem Nektar auch natürliche Verfettung zeigt[2] (Abb. 67, S. 87). Im übrigen handelt es sich um zahlreiche, im Stoffwechsel sehr verschiedene *Sproß-* und *Mycelhefen* (vgl. S. 86 f.). Außerdem finden sich stets *Bakterien*, häufig anscheinend *Bact. herbicola.*

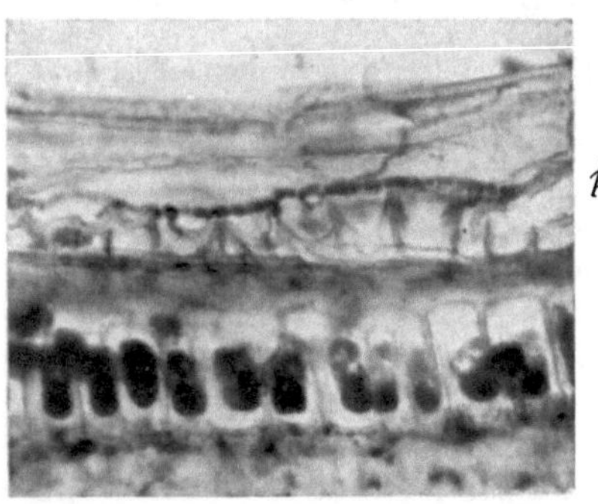

Abb. 139. Pilz (*p*) in der Fruchtschale von *Secale cereale (Roggen)*. Hellfeldaufnahme nach gefärbtem Präparat. Vergr. 175 mal. (Nach O. Marcus.)

Wie bei den *Bakterien* findet auch bei *Pilzen*[3] normalerweise kein Eindringen in das gesunde Pflanzengewebe statt, das jenseits der Grenze eines gemäßigten Parasitismus läge; die oben für Bakterien gemachten Ausführungen gelten auch hier. *Hefen* können sich in Früchten, in die sie wohl durch Insektenstiche gelangen, längere Zeit halten. Beim Apfel findet sich nicht selten ein durch den Pilz *Phyllostica tirolensis* infiziertes Kerngehäuse ohne äußerlich sichtbare Veränderung. Der Pilz kann in junge Früchte eingeimpft werden, die ganz normal ausreifen, bei Entwicklung des Pilzes im Kerngehäuse; Fäulnis tritt jedoch erst bei den Lagerfrüchten ein[4].

Im übrigen finden sich in Früchten, z. B. bei Getreidefrüchten[5] (Abb. 139), fast regelmäßig Pilze, die jedoch nicht in die Samen unterhalb der Samenschale vordringen, ferner im Fruchtfleisch einer ganzen Reihe von Pflanzen, z. B. von Wacholderbeeren, die sich, je nach dem Standort, bis zu 88% als verpilzt erwiesen. Einzelne Pilze kehren dabei häufiger wieder; doch läßt sich über eine bestimmte Begleitflora noch nichts aussagen.

---

[1] HAUTMANN, F.: Arch. Protistenkde **48**, 213 (1942). — ZINKERNAGEL, H.: Zbl. Bakter. II **78**, 191 (1929). — NIETHAMMER, A.: Arch. Mikrobiol. **13**, 45 (1942), dazu zahlreiche weitere Arbeiten.

[2] MARTIN, H. H.: Arch. Mikrobiol. **20**, 141 (1954).

[3] Siehe Anm. 4.

[4] Zur folgenden Darstellung: MARCUS, O.: Arch. Mikrobiol. **13**, 1 (1942). — Die positiven Angaben von A. NIETHAMMER [Arch. Mikrobiol. **13**, 43 (1942) und frühere Arbeiten] über das Vorkommen von *Hefen* und *Pilzen* im Innern von Samen beziehen sich nur auf gelegentliches Vorkommen und bedürfen der Überprüfung, zumal Verfasserin selbst frühere positive Angaben nicht bestätigen konnte.

[5] Vgl. noch: HYDE, M. B., u. H. B. GALLEYMORE: Ann. Appl. Biol. **38**, 348 (1951). — SKOLKO, A. J., u. J. W. GROVES: Canad. J. Bot. **31**, 779 (1953).

Wenn es sich also um kein eigentliches Zusammenleben handelt, so braucht ein solches Vorkommen nicht immer ohne jede Bedeutung zu sein, und man spricht geradezu von einer Spermatosphäre, um die Mikroflora der Früchte bzw. Samen vor und nach der Keimung zu charakterisieren[1]. Ein solcher Pilz könnte dem Keimling organische Wirkstoffe liefern (vgl. die *Calluna*-Mycorrhiza S. 338); und umgekehrt werden aus quellenden Samen mit dem Eintritt der Quellung (zwischen 10 und 18 Std.) Stoffe ausgeschieden, die durch das Wachstum eines Schimmelpilzes nachzuweisen sind[2]; somit ist wiederum die Möglichkeit einer Wirkung auch des Pilzes auf die Wurzel des Keimlings gegeben bzw. eines antagonistischen Schutzes gegen Infektion durch Parasiten, wie er noch S. 370 erwähnt werden wird. Oder die Pilze könnten keimungshemmende Stoffe zerstören, die sich häufig in der Samenschale finden; bei Pilzinfektion in einer Kürbisfrucht kann man häufig feststellen, daß die Samen in der ungeöffneten Frucht bereits gekeimt sind. Endlich könnten Pilze die Keimung fördern durch die Zerstörung keimungshemmender Zellwandschichten der Samenschale, wie das für die Samen der Schneebeere *(Symphoricarpus racemosus)* angegeben ist[3]; es ist auch eine allgemeine Erfahrung, daß Früchte bzw. Samen mit festen Hüllschichten erst in der Erde „rotten" müssen, bevor sie keimfähig werden.

Wenn man vom *Taumellolch* absieht (S. 379 f.), dessen Pilz wohl als Parasit anzusprechen ist, hat sich bei Pilzen kein Fall einer cyclischen Symbiose bei oberirdischen Pflanzenteilen (also mit der Weitergabe durch die Samen) nachweisen lassen.

Mikroorganismen als Symbionten von Tieren.

Wie die gesunde Pflanze ist auch das gesunde Tier frei von Mikroorganismen, soweit es nicht typische Symbionten beherbergt und abgesehen von den Verdauungsorganen, die jedoch in gewissem Sinne nicht zu den inneren Teilen, sondern zur Oberfläche gehören. In sie gelangen Mikroorganismen mit der Nahrung und können zu einem mehr oder weniger charakteristischen Bestandteil werden. Im tierischen Darm ist *Bact. coli* der normale Bewohner, aber in der Natur ohne Fäkalien auf die Dauer nicht lebensfähig (S. 226 u. 275). Es kommt bei *Warm-* und *Kaltblütlern*, z. B. *Austern*[4], vor und unterscheidet sich in diesen Fällen nur dadurch, daß das Warmblütlerbakterium eine Abtötungstemperatur über, das Kaltblütlerbakterium unter 60° hat[5]. Auch im menschlichen Darm ist *Bact. coli* der normale Darmbewohner. Der Darm ist bei der Geburt steril[6], wird aber bald durch die aufgenommene Nahrung infiziert, und *Bact. coli* siedelt sich an. Man wird seine Bedeutung in der Regulierung der Zersetzungsvorgänge, namentlich in den

---

[1] SLYKHUIS, T.: Canad. J. Res. Sect. C **25**, 155 (1947).
[2] STILLE, B.: Arch. Mikrobiol. **15**, 149 (1950).
[3] PFEIFFER, N. E.: Contr. Boyce Thompson Inst. **6**, 103 (1934).
[4] TANIKAWA, E.: Arch. Mikrobiol. **8**, 288 (1937).
[5] DARANYI, J. v.: Zbl. Bakter. I Orig. **148**, 155 (1941).
[6] Vgl. jedoch S. ROUFOGALIS: Z. Hyg. **123**, 195 (1941).

unteren Darmabschnitten (Hemmung der Fäulnisbakterien), sehen können, doch ist auch eine gewisse Bedeutung für die Ausnützung der Nahrung oder durch Belieferung mit organischen Wirkstoffen möglich[1]. *Ratten* sollen mit pflanzlicher Kost $+5\%$ Casein nicht gedeihen, jedoch bei Verabreichung von *Bact. coli*[2]. Das Bakterium kann auch pathogen auftreten (Darmkatarrhe, Infektionen der Gallenblase und Harnwege). Diese Darmmikroflora ist bis zu einem gewissen Grade beeinflußbar und stark von der Nahrung abhängig, doch hält sich die medizinische Anwendung solcher Erscheinungen vorerst noch in bescheidenen Grenzen. Als Beispiel sei erwähnt, daß Fütterungsversuche an *Goldfischen* bei tierischer Nahrung vorwiegend *Bact. coli, Streptokokken* und *Bac. welchii* in der Darmflora ergab, bei pflanzlicher Nahrung *Bact. acidophilum* und *Bact. bifidum*; die Umstellung erfolgt sehr schnell[3]. Fast die gleichen Ergebnisse wurden an *Ratten* und *Menschen* erhalten[4]; mit Muttermilch ernährte Säuglinge führen fast ausschließlich *Bact. bifidum* als Darmmikroflora[5]. Bei absolutem Hunger soll der Darm von *Fischen* gänzlich steril sein[6]; keimfrei aufgezogene Ratten gehen zum größten Teil in den ersten Tagen an Verdauungsstörungen ein[7], während Hühner steril aufgezogen wurden[8].

Bei den *Wiederkäuern* ist der Pansen ein ausgesprochener Gärmagen (in geringerem Umfange bei *Pferd* und *Schwein* Blind- und Dickdarm), in dem Abbau cellulosereicher Pflanzennahrung erfolgt[9]. Hier finden sich *anaerobe Cellulosezersetzer* und sehr viel *Streptokokken*[10]. Daß die *Pansenbakterien* dem Tier die Verwertung der Zellwandbestandteile ermöglichen, ist sicher, nicht dagegen, auf welchem Wege sie erfolgt. Da dem Tier celluloselösende Enzyme fehlen, so muß es sich von den Bakterien gebildete Zwischen- oder Endprodukte des Celluloseabbaues zunutze machen. Da die anaerobe Cellulosevergärung fast ausschließlich Essigsäure liefert (S. 235 f.), so wäre damit auch eine günstige Basis geschaffen; denn sie führt nur zu einem energetischen Verlust von etwa 8%. Auch Belieferung mit organischen Wirkstoffen ist denkbar. Eine gewisse Bedeutung dürften die Pansenbakterien auch für den Stickstoff-

---

[1] Vgl. die allgemeinen Ausführungen von W. STEPP, J. KÜHNAU u. H. SCHROEDER: Die Vitamine und ihre klinische Anwendung, 4. Aufl. Stuttgart: Enke 1939. ORLA-JENSEN, S., und Mitarb.: Zbl. Bakter. II **104**, 202 (1941). — WERLE, E.: Z. Vitamin- usw. Forschg (Wien) **1**, 504 (1947/48).

[2] PICCIONI, M., u. Mitarb.: Acta vitaminol. (Milano) **7**, 3 (1953).

[3] TANIKAWA, E.: Arch. Mikrobiol. **10**, 26 (1939).

[4] HULL, TH. G., u. L. F. RETTGER: J. Bacter. **2**, 47 (1917).

[5] Vgl. K. BOVENTER: Erg. Hyg. **26**, 193 (1949).

[6] OBST, M. M.: J. Inf. Dis. **24**, 158 (1919). — HUNTER, A. C.: J. Bacter. **5**, 353 (1920).

[7] GUSTAFSON, B.: Acta path. scand. (Copenh.) Suppl.-Bd. **73** (1948).

[8] REYNIERS, J. A.: Nature (London) **163**, 67 (1948).

[9] Auch im Blinddarm des Schweines scheint Cellulose durch Bakterien abgebaut zu werden: TRAUTMANN, A., u. TH. ASHER: Biedermanns Zbl. **14**, 353 (1942). Über Magen- und Darmsymbionten der Wirbeltiere: MANGOLD, E.: Erg. Biol. **19**, 1 (1942).

[10] SMIT, J.: Ann. Inst. Pasteur **77**, 395 (1949). — SIJPESTEIJN, A. K.: J. Gen. Microbiol. **5**, 869 (1951). — HALL, E. R.: J. Gen. Microbiol. **7**, 350 (1952). — Vgl. auch S. 351, Anm. 1.

haushalt haben: Einmal werden sie durch Öffnen der Zellen eine bessere Verwertung der Zellinhaltstoffe ermöglichen, sodann wäre an eine Assimilation von für das Tier nicht verwertbaren Stickstoffverbindungen durch die Bakterien zu denken, aus deren Resorption diese verfügbar würden. Direkte mikroskopische Bakterienzählungen ergaben ein fast völliges Verschwinden der Bakterien vom Pansen zum Dünndarm[1]. Die daraus berechnete Eiweißmenge würde sich beim Rind auf 23,24 g je Tier und Tag belaufen, d. h. auf etwa 2% des Bedarfs. Da aber bei der Zählung nur die Gesamtbilanz aufgestellt, nicht aber ermittelt werden konnte, wieviel Bakterien auf dem Wege vom Pansen zum Dünndarm jeweils wieder zuwachsen und resorbiert werden, so bedeutet diese Zahl nur einen Minimalwert; der wahre Wert muß höher liegen. Wenn Versuche zutreffen, wonach ein Teil des Stickstoffs beim Wiederkäuer durch Nichteiweiß ersetzt werden könne (Amidfütterung, z. B. mit Harnstoff), so liegt von bakteriologischen Befunden aus keine Schwierigkeit vor, zumal Versuche ergeben haben, daß z. B. Zugabe von Harnstoff die Bakterienzahl des Pansens um 74% erhöhte[2].

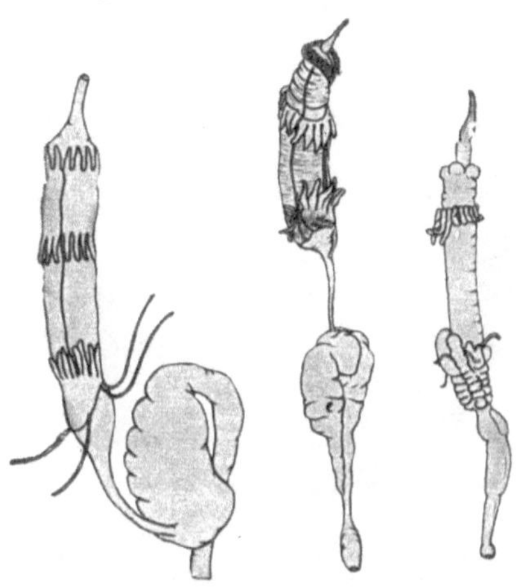

Abb. 140. Käferdärme mit Gärkammern. a) von *Potosia cuprae* (nach WERNER), b) von *Oryctes nasicornis* (nach MINGAZZINI), c) von *Sinodendron cylindricum* (nach BUCHNER).

Ein ähnlicher Fall, Gärkammern (Abb. 140), findet sich bei *holzfressenden Insekten*, wie der Larve des in Ameisenhaufen lebenden *Rosenkäfers* u. a. Auch hier scheint die Zersetzung der Cellulose durch *anaerobe Cellulosezersetzer* für das Tier bedeutsam zu sein[3].

BUCHNER[4] unterscheidet drei Gruppen des Zusammenlebens von Tieren mit Mikroorganismen; die erste, das Vorkommen von Symbionten in den Verdauungsorganen, wurde soeben besprochen. Die zweite Gruppe besitzt eine intracellulare Symbiose; sie ist außerordentlich verbreitet und in der mannigfachsten Weise ausgestaltet bei zahllosen

---

[1] KÖHLER, W.: Arch. Mikrobiol. **11**, 432 (1940). — RIPPEL, A.: Jb. Akad. Wiss., S. 41. Göttingen 1941/42.

[2] WATH, J. G. VAN DER: Thesis Univ. Pretoria 1942. — Kurzes Sammelreferat über englische Arbeiten zur Frage der Pansenbakterien: PHILLIPSON, A. T.: Proc. Roy. Soc. (London) B. **139**, 196 (1952).

[3] MÜLLER, W.: Arch. Mikrobiol. **5**, 84 (1934). — BUCHNER, P.: Holznahrung und Symbiose. Berlin: Julius Springer 1928. — In der Amöbe *Pelomyxa palustris* soll *Myxococcus pelomyxae* Cellulose zersetzen: KELLER, H.: Z. Naturforsch. **4b**, 293 (1949).

[4] BUCHNER, P.: Endosymbiose der Tiere mit pflanzlichen Mikroorganismen. Basel u. Stuttgart: Birkhäuser 1953. — KOCH, A.: Naturwiss. **37**, 313 (1950); 50 Jahre Insektensymbiose.

Insekten. Für den Fall der *Leuchtbakterien* (S. 47) liegen die Dinge klar (Abb. 141); für alle anderen ist der Sinn der Symbiose jedoch noch recht dunkel.

Bei *Protozoen* scheinen Symbiosen sehr verbreitet zu sein[1], und zwar in zwei Formen: Farblose Bakterien-Symbionten finden sich vielfach bei Amöben, z. B. bei *Pelomyxa* und bei *Endamoeba histolytica*, der Ruhramöbe; wahrscheinlich ist die Belieferung mit Wirkstoffen durch das Bakterium entscheidend, ohne dessen Vorhandensein sie nicht wachsen. Eine zweite Gruppe lebt mit photosynthetisch arbeitenden Algen zusammen als Zoochlorellen *(Amöben, Ciliaten)* mit *Protococcaceae (Grünalgen)* oder als Zooxanthellen *(Radiolarien, Foraminiferen, Ciliaten)* mit braungelb gefärbten *Dinoflagellaten* (?). Als Sinn dieser Symbiose käme nicht nur die Beschaffung von Assimilaten durch die Alge in Frage, sondern auch der bei der Photosynthese gebildete Sauerstoff.

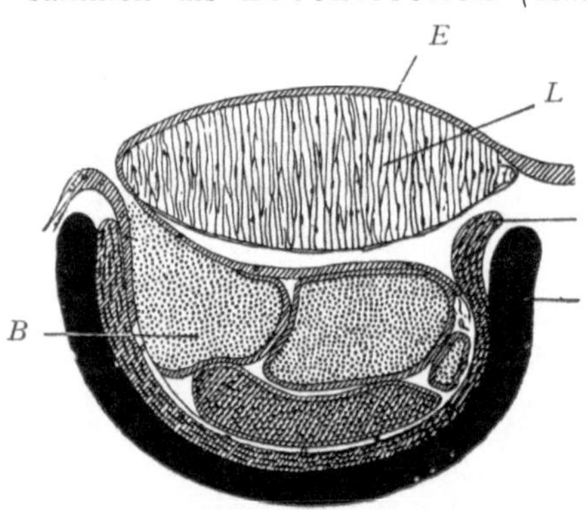

Abb. 141. *Sepiola intermedia*, Leuchtorgan. *B* Bakterien, *R* Reflektor, *P* Pigment, *L* Linse, *E* Haut. Schematische Zeichnung. (Nach PIERANTONI aus P. BUCHNER.)

Weiter aufwärts im Tierreich ist die Symbiose stärker ausgebildet bei Formen mit einseitiger Nahrung (Blut- und Pflanzensaft-Saugern, wie *Läuse, Wanzen, Blattläuse* u. a.), insbesondere aber auch bei Übergang zu holzreicher Nahrung (holzfressende Insekten, wie *Borkenkäfer, Bockkäfer*, die *Mehlmotte* usw.). Diese Einengung der Nahrung gegenüber der ursprünglich carnivoren Lebensweise der Raubinsekten, von denen diese Symbiontenträger abstammen, könnte das Fehlen gewisser Wirkstoffe zur Folge haben, und auf die Belieferung des Tieres damit führt man den Sinn dieser Symbiose zurück.

Hierfür spricht ein in bestimmten Fällen geglückter Nachweis, daß z. B. bei der in kohlenhydratreicher Nahrung lebenden Larve von *Sitodrepa panicea (Brotkäfer)* das symbiontenfreie Tier mit einseitiger Nahrung allein nicht gedeiht (Erbswurst), aber bei Zufuhr von Wirkstoffen in Form von *Hefe*[2]; ferner die Beobachtung, daß die Symbionten

[1] LEINER, M., u. Mitarb.: Z. Naturforsch. 6b, 158 (1951); Arch. Protistenkde 98, 227 (1953); Z. Morph. u. Ökologie Tiere 42, 529 (1954). — KARLSSON, J. L., u. Mitarb.: Exper. Parasitol. 1, 347 (1952). — GEIMAN, Q. M., u. CH. E. BECKER: Ann. N. Y. Acad. Sci. 56, 1048 (1953). — LILLY, D. M.: Ann. N. Y. Acad. Sci. 56, 910 (1953). — NAKAMURA, M.: Bacter. Revs. 17, 189 (1953). — SAITO, M.: Kitasato Arch. Exper. Med. 25, 245, 253, 263 (1953). — BRENT, M. M.: Biol. Bull. 106, 269 (1954).

[2] KOCH, A.: Z. Morph. u. Ökol. Tiere 32, 137 (1936). — Naturwiss. 37, 313 (1950). — Vgl. auch A. HUGER: Naturwiss. 41, 170 (1954). — Zusammenfassung über Wirkstoffe: KOCH, A. u. Mitarb.: Naturwiss. 38, 339 (1951). — Über weitere Fälle und Angaben bestimmter Wirkstoffe vgl.: PANT, N. C., u. G. FRAENKEL: Science (Lancaster, Pa.) 112, 498 (1950). — FINK, R.: Z. Morph. u. Ökol. Tiere 41, 78 (1952). — PUCHTA, O.: Naturwiss. 41, 71 (1954). — GRÄBNER, K. E.: Z. Morph. u. Ökol. Tiere 41, 471 (1954). — BEWIG, F. u. W. SCHWARTZ: Naturwiss. 41, 435 (1954).

bei geschlechtsreifen Tieren offenbar überflüssig werden, wie aus dem Einschmelzen der Mycetome (s. unten) und der Entfernung der Symbionten in diesem Entwicklungsstadium zu erkennen ist. Der Käfer *Oryzaephilus surinamensis*, vermag sich dagegen aus sterilen Eiern ebensogut zu entwickeln wie aus symbiontenhaltigen[1]. Auf eine ganz andere Bedeutung, die Verarbeitung von Stoffwechselschlacken des Tieres, könnte die Beobachtung hindeuten, daß die Bakterien der Küchenschabe ausgezeichnet mit Harnsäure wachsen[2].

Kennzeichnend ist vor allem die sinnreiche Ausgestaltung der den Symbionten beherbergenden Organe, die in engerem oder

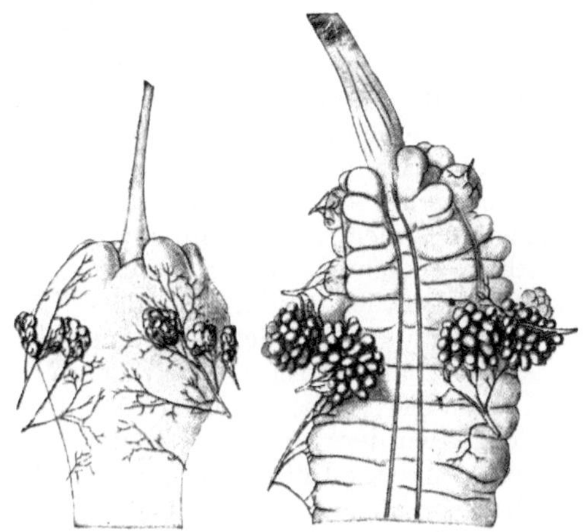

Abb. 142. Pilzorgane zweier *Leptura*-Larven (Bockkäfer). Zeichnung. (Nach P. BUCHNER.)

weiterem Zusammenhange mit dem Darmsystem stehen (Abb. 142); sei es, im höchstentwickelten Falle, durch Neuschöpfungen am Darm, als bereits vorhandene Anhangsorgane des Darmes oder, im primitivsten Falle, im Darmlumen selbst.

Die Symbiose dokumentiert somit ihre Herkunft aus der normalen Darmmikroflora.

Damit verbunden sind äußerst sinnreiche Übertragungseinrichtungen, Beschmierapparate und Pilzspritzen (Abb. 143), die bei der Eiablage die äußerliche Infektion des Eies und somit den cyclischen Ablauf der Symbiose gewährleisten. Eine eigenartige Übertragung hat die Wanze *(Coptosoma)*: es werden von einer derben Hülle umgebene Bakterienklümpchen zwischen

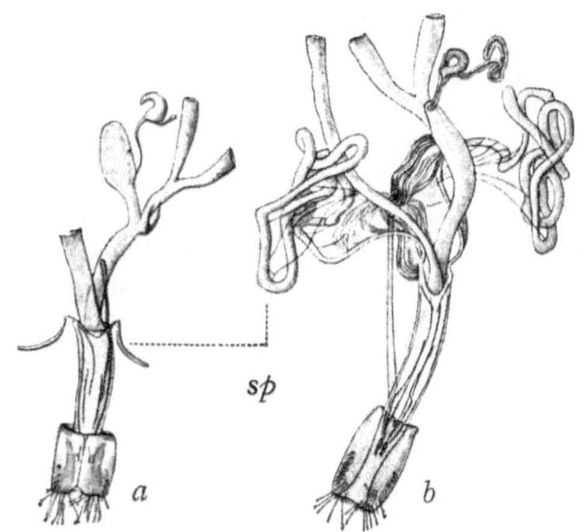

Abb. 143. Pilzspritzen *(sp)* und weibliches Hinterende zweier Bockkäfer. a) *Rhagium bifasciatum*, b) *Oxymirus cursor*. Zeichnung. (Nach P. BUCHNER.)

die Eizellen abgelegt und von den frisch geschlüpften Tieren ausgesogen, wobei die Infektion durch den Symbionten erfolgt.

---

[1] Siehe Seite 352, Anm. 2.
[2] KELLER, H.: Z. Naturforsch. **5b**, 269 (1950).

Die Symbiose weist zweifellos noch viele labile Züge auf, was sich darin ausprägt, daß oft nicht nur ein Hauptsymbiont, sondern daneben noch ein oder mehrere Nebensymbionten vorkommen und bei *Coptosoma* auch beliebige andere Mikroorganismen, gewöhnliche *Bodenbakterien*, aufgenommen und verdaut werden können. Der Hauptsymbiont ist vielfach als „Riesensymbiont" ausgebildet. Ferner weist die Beobachtung, daß in künstlicher Kultur gezüchtete Symbionten zu Parasiten des Wirtes werden können, auf die schon bei den pflanzlichen Symbiosen wiederholt erwähnte Tatsache des teilweise parasitären Charakters der Symbionten hin, ebenso wohl die auch hier beobachtete Polyploidie der besiedelten Zellen. Die Symbionten, die erst in den wenigsten Fällen künstlich gezüchtet werden konnten, sind *Bakterien*, *Actinomyceten*, *Hefen*, gelegentlich wohl auch andere *Pilze*.

Die dritte Gruppe des Zusammenlebens von Mikroorganismen mit Tieren ist charakterisiert durch das Verzehren von Mikroorganismen durch das Tier, wobei eigenartige Domestikationserscheinungen entwickelt wurden. In dieser Gruppe finden wir die überragende Bedeutung des Stickstoffs wieder, die für die Symbiose zwischen Pflanzen und Mikroorganismen eine so bedeutsame Rolle spielt, die aber für die beiden vorher erwähnten Gruppen der tierischen Symbiose teilweise stark zurückzutreten scheint; denn die Verhältnisse in Pansen und Gärkammern leisten nach unseren bisherigen Kenntnissen in dieser Hinsicht nicht sehr viel. Für die intracellulare Symbiose wurde früher keine Stickstoffbindung durch den Symbionten festgestellt und erst in neuerer Zeit behauptet, wobei die Bestätigung abzuwarten bleibt[1]; es liegen vielmehr, z. B. für *Blattläuse*[2], Anzeichen vor, daß dem Tier der organisch gebundene Stickstoff des Substrates zur Nahrung dient. Für das Tier scheint weniger die Umformung von Stickstoffquellen entscheidend zu sein, als vielmehr die Möglichkeit des Heranschaffens genügender Mengen organischen Stickstoffs, ohne daß, namentlich bei holz- bzw. kohlenhydratreicher Nahrung, das Tier zu viel unverdaulichen Ballast aufnehmen muß. Dieser Gesichtspunkt ergibt sich für die dritte Gruppe des Zusammenlebens von Tieren mit Mikroorganismen.

Viele Tiere bevorzugen Mikroorganismen, die sie in der Natur vorfinden, als Nahrung: *Schnecken*, vornehmlich *Nacktschnecken*, fressen mit Vorliebe *Hutpilze*, auch die für den Menschen giftigen Arten[3]; *Käfer* fressen *Schimmelpilze*[4]. Die Larve des *Blattrandkäfers* (*Sitona*

---

[1] Toth, L.: The biological fixation of atmospheric nitrogen. Hungarian Museum of Nat. Sc. Budapest 1946; Ann. Roy. Agr. College Sweden **17**, 6 (1950); Zool. Anz. **146**, 191 (1951); Arch. Mikrobiol. **18**, 242 (1953). — Virtanen, A. J.: Siehe S. 125, Anm. 4. — Ein negativer Befund für die Symbionten von *Aphiden* mit dem Isotop ^{15}N liegt vor von J. D. Smith: Nature (London) **162**, 930 (1948); vgl. ferner S. 356, Anm. 3 für Termiten. — Peklo, J., u. J. Satava: Experientia (Basel) **6**, 190 (1950).

[2] Lindemann, Chr.: Naturwiss. **34**, 26 (1947). — Z. vgl. Physiol. **31**, 112 (1948). Vgl. auch E. A. Steinhaus: Insect Microbiology. Ithaca (N. Y.): Comstock Publ. Co. 1946.

[3] Frömming, E.: Angew. Bot. **22**, 157 (1940); **23**, 24 (1941). — Über Käfer auf Pilzen: Benick, L.: Acta zool. fenn. **70**, 1 (1953).

[4] Klippel, R.: Z. hyg. Zool. **40**, 65 (1952).

lineata) frißt die Wurzelknöllchen der *Erbse* und anderer *Leguminosen* aus. Für *Protozoen*[1] (auch für *Myxomycetes*[2] und *Myxobacteria*[3]) sind Mikroorganismen wenigstens teilweise die übliche Nahrung; sie können in Reinkultur mit einer gleichzeitig hinzugesetzten Bakterienkultur gezüchtet werden, die ihnen die Nahrung liefert. Verwendet man allerdings z. B. *Bact. coli*, so kann, bei zu hoher Temperatur, das Bakterium parasitär für das Tier werden. Doch macht sich im Boden eine Dezimierung der Bakterien durch *Protozoen*, auf die man aus gewissen (aber anders zu deutenden) Erscheinungen bei partieller Sterilisation des Bodens geschlossen hat, nicht bemerkbar[4].

Die Larve der Gallmücke *Oligarces paradoxus*[5] lebt von *Schimmelpilzen*, deren Hyphen sie aussaugt; diese Gallmücke bildet indessen keine Gallen. In den von den eigentlichen Gallmücken auf Pflanzen gebildeten Gallen finden sich bei den *Asphondylia*-Arten, die aber keine Pilzorgane besitzen, regelmäßig Pilze, sog. *Ambrosiapilze*, auf der Innenwand der Galle, die von der sich entwickelnden Larve abgeweidet werden: sog. Ambrosiagallen. Ähnliches ist der Fall bei den *Holzwespen (Siriciden)* und vor allem bei den pilzzüchtenden Borkenkäfern, z. B. bei den als Obstbaumsplintkäfer gefürchteten Schädlingen *Xyleborus dispar* und *X. saxeseni* (namentlich an *Pflaumenbäumen*), ferner bei dem nicht zu den Borkenkäfern gehörigen *Hylecoetus dermestoides* (in Stümpfen von *Buchen, Fichten* usw.). Die stets im nährstoffreichen Splintholz gebildeten Bohr- und Larvengänge der Borkenkäfer sind von einem Pilz ausgekleidet, dessen Rasen vom Tier abgeweidet wird; der Pilz bildet an den Hyphen eiweißreiche Anschwellungen. Es ist klar, daß er dem Tier die Stickstoffnahrung aus den tieferen Schichten des Holzes, in die er vordringt, konzentriert bzw. dem Tier ballastarme Nahrung sichert[6].

Auch in diesen Fällen finden sich keine Pilzorgane. Die Weiterverschleppung erfolgt bei den *Borkenkäfern* offenbar durch dickwandige Dauerzellen, die gefressen werden und in den Exkrementen unverletzt erscheinen. Bei *Hylecoetus* finden sich am Hinterende der weiblichen Imago Taschen mit dickwandigen Sporen, die auch zur Zeit der Puppenwiege bei dem Pilz vorkommen und gefressen werden; der Pilz scheint

---

[1] Raub-Protozoen: ANSCOMBE, F. J., u. B. N. SINGH: Nature (London) **161**, 140 (1948). — Nahrungswahl: GRITTNER, J.: Biol. Zbl. **70**, 128 (1951). — Vgl. weiter S. 352, Anm. 1.

[2] RAPER, K. B.: J. Agr. Res. **55**, 289 (1937); **58**, 157 (1939). — Amer. J. Bot. **27**, 436 (1940); **28**, 69 (1941).

[3] NORÉN, B.: Sv. bot. Tidskr. **47**, 309 (1953). — KÜHLWEIN, H.: Arch. Mikrobiol. **19**, 365 (1953).

[4] KOFFMAN, M.: Arch. Mikrobiol. **5**, 246 (1934). — Auch *Nematoden* gehören im Boden zu den Bakterienfressern; ihre ökologische Bedeutung wird auf etwa 10% derjenigen der Bodenprotozoen geschätzt: NIELSEN, C. O.: Natura Jutlandica **2**, 1 (1949).

[5] ULRICH, H.: Abstammungslehre **71**, 1 (1936).

[6] Die eben behandelten Erscheinungen findet man ausführlich dargestellt bei F. W. NEGER: Biologie der Pflanzen. Stuttgart: F. Enke 1913. — Ferner P. BUCHNER: Holznahrung und Symbiose. Berlin: Julius Springer 1928.

zu den *Endomycetales* zu gehören. Bei den *Holzwespen*, die anscheinend *Basidiomycetes* züchten, finden sich regelrechte Pilzspritzen als Übertragungseinrichtung.

Noch einen Schritt weiter gehen in der Domestikation die pilzzüchtenden Blattschneiderameisen der Tropen (*Atta*-Arten). Die Tiere schneiden Segmente aus Blättern, schleppen sie in ihr Nest, bearbeiten sie mit ihren Mundwerkzeugen (Abb. 144) und häufen sie an. Durch die Bearbeitung (Lenkung des p_H-Wertes, Einspeichelung) werden „Unkrautpilze" unterdrückt, und nur eine Art, *Hypomyces*

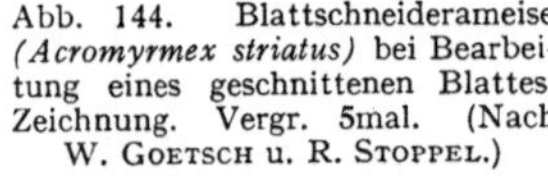

Abb. 144. Blattschneiderameise *(Acromyrmex striatus)* bei Bearbeitung eines geschnittenen Blattes. Zeichnung. Vergr. 5mal. (Nach W. GOETSCH u. R. STOPPEL.)

Abb. 145. *Hypomyces ipomoeae.* a) Normales Mycel mit Sporenträgern, b) die durch Verbiß entstandenen Ambrosia-Köpfchen, die nur in den Pilzgärten der Ameisen auftreten. Zeichnung. Vergr. 100mal. (Nach W. GOETSCH u. R. STOPPEL.)

ipomoeae, kommt zur Entwicklung[1]. Der Pilz bildet eiweißreiche Anschwellungen (Abb. 145), die durch den Verbiß der Tiere zustande kommen und nur in den Pilzgärten mit den Ameisen auftreten; sie dienen dem Tier zur Nahrung. In ähnlicher Weise züchten andere Ameisen und Termiten *Pilze*[2]; besonders bei *Termiten* werden gewaltige, mehrere Stockwerke umfassende unterirdische Pilzgärten angelegt. Gewisse *Termiten* führen auch *Flagellaten*, die Cellulose abbauen und das Tier mit den Zwischen- bzw. Endprodukten beliefern sollen[3].

---

[1] GOETSCH, W., u. R. STOPPEL: Biol. Zbl. **60**, 393 (1940). — GOETSCH, W., u. R. GRÜGER: Biol. Gen. **16**, 41 (1942).

[2] RANT, A.: Ann. Jard. bot. Buitenzorg **32**, 125 (1923). - · GOETSCH, W., u. R. GRÜGER: Siehe Anm. 1.

[3] GOETSCH, W., u. Mitarb.: Naturwiss. **32**, 48 (1944). Auch hier wird Stickstoffbindung durch gleichzeitig anwesende Bakterien angegeben. — SCHMIDT, H.: Verh. dtsch. Zoologen Kiel **1948**, 344 (1949); Anz. Schädlingskde **20**, 140 (1949). — HUNGATE, R. E.: Annual Rev. Microbiol. **4**, 53 (1950). — PIERANTONI, H.: Naturwiss. **38**, 346 (1951). — Celluloseverdauung auch bei *Termiten* ohne symbiontische *Flagellaten*: MISRA, J. N., u. V. RAGANATHAN: Proc. Indian Acad. Sci. A **39**, 100 (1954).

Mikroorganismen und Mensch.

Eine Symbiose mit Mikroorganismen besitzt der Mensch nicht, von der oben erwähnten Darmflora abgesehen, ist indessen schon sehr weit in der Domestikation der Mikroorganismen fortgeschritten; die Züchtung von Mikroorganismen mit Ausbeutung ihrer Körpermasse oder Stoffwechselprodukte ist auf dem Wege, ein Parallelfall der Züchtung von Kulturpflanzen zu werden[1]. Wie die nachfolgende Übersicht zeigt, handelt es sich bei der praktischen Bedeutung der Mikroorganismen um eine ungeheure Fülle von Erscheinungen, die keinen Vorgang des menschlichen Lebens unberührt lassen, sei es auch in negativem Sinne. Um nur ein Beispiel zu nennen: Die Milch, deren hygienische Behandlung, Haltbarmachung, Verarbeitung zu Sauermilch und Käse zu einem großen Teil mikrobiologische Methoden erfordert, besaß in Deutschland unter Vorkriegsverhältnissen einen Geldwert, der den des gesamten Bergbaus (einschl. der Steinkohle) überstieg.

Negative Bedeutung.

Schutz von Mensch und Tier durch hygienische Maßnahmen (S. 161 ff., 262 f., 387 f.), Anwendung von Heilmitteln usw.

Schutz der Pflanzen gegen Schädlinge (S. 382 f.).

Schutz technisch wichtiger, organischer Stoffe (Bauholz, Filmstreifen, Gelatineschicht der photographischen Platten, Spinnstoffe, Papier usw.).

Beseitigung der Abfallstoffe (Abwasserreinigung usw., S. 262 f.).

Konservierung von Nahrungs- und Futtermitteln durch Trocknen, Konzentrieren, Kälte, Wärme, Bestrahlung, Vergasung, künstlicher Zusatz mikrobicider Stoffe, Erzeugung mikrobicider Stoffe auf biologischem Wege (Silage, S. 227) usw.

Positive Bedeutung.

I. Landwirtschaft:

Lenkung des Kreislaufs der Stoffe einschließlich Humuswirtschaft (S. 299 ff.).

Verwertung geologisch entstandener Nährstofflager, Salpeterlager, Phosphatlager (S. 312 f.).

II. Genußmittel:

Alkoholgärung (S. 218 ff.).

Essigsäure (S. 188 f.), Citronensäure (S. 187) und Milchsäuregärung (S. 226 f.).

Tabakfermentation (Eiweiß- und Nicotinabbau, Bildung von Geruchs- und Geschmackstoffen).

Fermentation von Kakao[2], Tee, Kaffee (noch wenig bekannt).

III. Heilmittel:

Serumtherapie (S. 388 f.).

Vitamine (S. 35, 41, 132 ff.), einschl. der Gewinnung von Sorbose (S. 189 f.), Ausgangsmaterial für die chemische Ascorbinsäure-Synthese[3].

Antibiotica (S. 364 ff.).

Mutterkorn (S. 361 f.).

Gluconsäure (S. 182 f., therapeutisch als Calciumsalz).

Blutplasma-Ersatzmittel (Dextran, S. 228).

---

[1] Vgl. noch K. Mothes: Die Kulturpflanze 2, 237 (1954).

[2] Es sollen dabei Polyphenole zerstört werden: Forsyth, W. G. C.: Biochemic. J. **50** (Proc.) III—IV (1951).

[3] Vitamine der B_{12}-Gruppe werden aus Faulschlamm gewonnen: Bernhauer, K., u. W. Friedrich: Angew. Chem. **66**, 776 (1954).

IV. Nahrungs- und Futtermittel:
   a) Sammeln.
     Eßbare Pilze, Chroococcaceen, Mannaflechte, isländisches Moos, Rentier-
      flechte.
   b) Abfallverwertung.
     *Hefe*schlempe der Kartoffelbrennerei als Grundlage der Schweinehaltung
      (S. 219).
     Bierhefe (Verwendung zu Nährpräparaten usw., S. 219 f.).
   c) Bewußte Züchtung.
     Preßhefe (S. 219).
     Eiweißhefe (S. 220).
     Fettbildung (S. 32 ff., 120 f.).
     *Algen*züchtung.
     Champignon- usw. Züchtung.
   d) Nahrungsveredlung.
     Käseherstellung (S. 227) und Sauermilch.
     Sojabohnenveredlung Ostasiens.

V. Sonstige technische Verwertung:
     Technische Verwertung der verschiedensten Art von anfallender Mikro-
      organismenmasse.
     Treibstoffgewinnung: Aceton-Butanol-Gärung (S. 233).
     Gewinnung von Gärgasen (S. 263).
     Gewinnung verschiedener organischer Säuren.
     Herstellung verschiedener chemischer Präparate, z. B. Itaconsäure (S. 186),
      Ausgangsmaterial für unzerbrechliches Kunstglas; 2,3-Butylenglykol
      (S. 234), im Krieg Ausgangsmaterial, über Butadien, für Kautschuk-
      gewinnung; jetzt verschiedenartige Verwendung als Lösungs- und Im-
      prägniermittel usw.
     Gewinnung von Farbstoffen (S. 45).
     Röste der Gespinstpflanzen (S. 233).
     Lederverarbeitung (S. 117).
     Ausbeutung mikrobiologisch gebildeter Kalkausfällungen (S. 311 f.), von
      Salpeter- (S. 313), Eisen- und Kupferlager (S. 312).

Die Mehrzahl dieser Vorgänge wurde bereits erwähnt; hier seien noch einige allgemeine Gesichtspunkte hervorgehoben, die sich auf die fortschreitende unmittelbare Einbeziehung der Mikroorganismen in die menschliche Nahrungswirtschaft erstrecken. Noch heute finden sich alle Stufen der Ausbeutung von Mikroorganismen nebeneinander, vom Einsammeln der Naturprodukte und der unbewußten Züchtung fortschreitend zur bewußten Züchtung und weiter zum Arbeiten mit Reinkulturen, endlich der Leistungsauswahl und Leistungssteigerung, wie sie etwa das moderne Gärungsgewerbe und die Antibioticaforschung zeigen.

    Im Falle der *Rentierflechte (Cladonia rangiferina)* bilden Mikroorganismen die Grundlage der Tierhaltung (Rentier) in arktischen Gebieten, schaffen damit erst die Möglichkeit des ständigen Aufenthaltes des Menschen in diesen Gebieten abseits vom Meere. Auch hier prägt sich die Tatsache aus, auf die wir an anderer Stelle (S. 283 hingewiesen haben, daß das Leben der Mikroorganismen einen Schritt weiter geht als das der höheren in der Anpassung an extreme Verhältnisse. Mit der Möglichkeit der Entwicklung einer höheren Pflanzenwelt tritt natürlich die Ausbeutung der natürlich vorkommenden Mikroorganismen zurück, zumal diese ja nur in seltenen Fällen genügende Massenentwicklung in der Natur zeigen. Als Kuriosa seien erwähnt das Vorkommen und Einsammeln eßbarer

*Chroococcaceen*nester dicht unter der Erdoberfläche in Ostasien[1] sowie der *Manna-flechte (Lecanora esculenta)*, aus der in innerasiatischen Steppengebieten Brot gebacken wird, und die gleiche Verwendung des entbitterten *isländischen Mooses (Cetraria islandica*, ebenfalls eine *Flechte)*; in diesen beiden Fällen handelt es sich also um „Notstandsgebiete", in denen Mikroorganismen aushelfen können, wo höhere Pflanzen infolge der Ungunst des Klimas versagen.

Allgemein geübt wird das Einsammeln der *Hutpilze*; auf dem Markt einer deutschen Großstadt wurden z. B. 31 Marktpilze verkauft, darunter 13 wichtige Arten. Teilweise ist man zur gärtnerischen Züchtung fortgeschritten, wie in der Kultur des *Champignon, Psalliota campestris*[2]. Offenbar handelt es sich um eine durch die Kultur ausgelesene Form, da der *Wildchampignon* sich praktisch nicht züchten läßt; er stellt auch ganz andere Kulturansprüche[3]. Dieser besitzt ferner 4-, der Kulturchampignon (wie *Psalliota bispora*, der vielleicht seine Wildform darstellt[4]) 2-sporige Basidien. Von einheimischen Pilzarten läßt sich noch das *Stockschwämmchen, Pholiota mutabilis*, künstlich züchten durch Aussaat der Sporen oder einer Reinkultur auf schattig und feucht gehaltenem Holz oder auf Baumstubben im Walde, ebenso der *Austern-pilz, Pleurotus ostreatus*. Auf Buchenprügeln züchten die Japaner den *Shiitake, Cortinellus Shiitake*[5]. Der weiteren Züchtbarkeit von *Hut-pilzen* sind bisher dadurch Grenzen gesetzt, daß sie (*Steinpilz, Pfiffer-ling, Reizker* usw.) praktisch nicht kultivierbar sind. Als Kuriosum sei noch erwähnt, daß die Korjäten Ostasiens aus dem *Fliegenpilz* ein berauschendes Getränk bereiten.

Die Erfahrungen bei der *Preßhefe*züchtung haben zu einem starken Aufschwung in der Z ü c h t u n g   v o n   H e f e geführt, zwecks mannigfacher Verwendung, wie S. 219f. bereits erwähnt wurde, einschl. der nur zu Futter- oder Nahrungsgewinnung gezüchteten E i w e i ß - oder M i n e r a l h e f e. Namentlich die Kriegserfahrung hat gezeigt, daß auch für den Menschen die für Pflanze und Tier so wichtige Stickstofffrage, in diesem Falle also das Eiweißproblem, immer seine ungeheure Bedeutung behalten wird. Natürlich könnten nicht nur *Hefen* in Frage kommen, sondern alle Mikroorganismen, eine Aufgabe, die hinsichtlich der *Bakterien* noch kaum in Angriff genommen ist (s. unten). Vor den *Pilzen* besitzen die *Hefen* (Entsprechendes würde für *Bakterien* und *Actinomycetes* gelten) den Vorteil, daß sie kein Chitin besitzen (S. 85), das unverdaulich ist und zudem den Zugang zu den Zellinhaltstoffen sperrt. Außerdem sind *Hefen* im Lüftungsverfahren (submerse Kultur) auf verhältnismäßig kleinem Raum in besserer Ausbeute züchtbar als *Fadenpilze* (vgl. S. 361). Man hat versucht, kohlenhydratreiches organisches Material mit *Pilzen*, wie *Oospora lactis*, zu beimpfen, es dadurch an Eiweiß anzureichern und als Futtermittel zu verwenden;

---

[1] MOLISCH, H.: Siehe Anm. 5. Es handelt sich um eine *Grünalge*.
[2] ZYCHA, H.: Hedwigia (Dresden) **77**, 294 (1938); Angew. Bot. **21**, 46 (1939). — STOLLER, B. B.: Economic Bot. **8**, 48 (1954).
[3] CAYLAY, D. M.: Ann. Appl. Biol. **24**, 311 (1937).
[4] WAHL, I.: Phytopathology **40**, 793 (1950).
[5] MOLISCH, H.: Pflanzenbiologie in Japan, S. 199 ff. Jena: G. Fischer 1926.

oder man hat aus Pilzmasse eine Art Wurst hergestellt. Das alles sind indessen Bestrebungen, die nur in Notzeiten eine gewisse Bedeutung erlangen konnten[1].

Es fragt sich nur, ob die Züchtung von Mikroorganismen steigende Bedeutung gewinnen könnte[2]. Ein Blick auf eine Parallelentwicklung ist lehrreich: Salpeter wurde früher zur Herstellung von Schießpulver in größeren Mengen gebraucht. Man verschaffte sich diesen in besonderen „Salpeterhütten", Aufschichtungen eines aus Reisig usw. gebildeten lockeren Materials, vermischt mit organischen Abfällen aller Art, in denen sich der natürliche Mineralisationsvorgang bis zur Bildung von Nitraten vollzog, die durch Wasser ausgelaugt wurden. Diese Entwicklung wurde abgelöst durch die Ausbeutung der natürlichen Salpeterlager, des in früheren Erdperioden durch die Tätigkeit von Nitrifikanten entstandenen Chilesalpeters (S. 313), die größere Mengen lieferten und auch den steigenden Verbrauch zu Düngezwecken ermöglichten. Die Bändigung des elementaren Luftstickstoffs im HABER-BOSCH-Verfahren und die Möglichkeit der Überführung des gebildeten Ammoniaks in Salpetersäure hat eine neue Entwicklung geschaffen: die chemische Technik hat damit den biologisch gebildeten Salpeter in der Großherstellung und -anwendung verdrängt.

Da drängt sich die Frage auf, ob bei der Eiweißversorgung künftig eine ähnliche Entwicklung vor sich gehen wird. Grundsätzlich kann man die Frage der synthetischen Herstellungsmöglichkeit von Eiweiß bejahen. Aber die Dinge liegen bei einem Nahrungsmittel doch wesentlich anders als bei einem chemischen Rohstoff. Der Organismus ist auf eine bestimmte Zusammensetzung seiner Nahrung angewiesen, einschließlich gewisser Ballaststoffe, an den Gehalt an organischen Wirkstoffen usf. So wird eine künstliche Nahrung wohl niemals die natürliche völlig ersetzen können. Da zudem das Eiweiß der verschiedenen Organismen chemisch und biologisch nicht gleichwertig ist, dürfte künftig auch das Heranziehen noch weiterer Mikroorganismen als der Eiweißhefe (die sich ja u. a. durch die Armut an Cystin auszeichnet, S. 122, die allerdings durch geeignete Züchtung vielleicht behoben werden könnte) Bedeutung gewinnen können[3]. Die Tatsache, daß Bakterien ebenfalls höchst ökonomisch arbeiten (S. 120), kann den Kreis der technisch verwertbaren Mikroorganismen erheblich erweitern. So wurde *Bac. glycinophilus* bei hoher ökonomischer Ausnützung in Massenkultur (Lüftungsverfahren) gezüchtet, ferner *Azotobacter chroococcum*; dieser Organismus erwies sich dabei vitaminreicher als *Hefe*[4]. Auch die

---

[1] Eine neueste Zusammenfassung: THATCHER, F. S.: Ann. Rev. Microbiol. **8**, 449 (1954).

[2] Vgl. A. RIPPEL: Siehe S. 124, Anm. 3.

[3] Das Mycel von *Pen. notatum* (Rückstände der Penicillin-Gewinnung) enthält Eiweiß, das in seiner biologischen Wertigkeit etwa dem der Mineralhefe oder dem Kartoffeleiweiß entspricht. FINK, H., u. Mitarb.: Z. physiol. Chem. **292**, 251 (1953).

[4] RIPPEL, A., u. Mitarb.: Arch. Mikrobiol. **12**, 285 (1942). — RADLER, F.: S. 153, Anm. 3. — LEE, S. B., u. R. H. BURRIS: Ind. Eng. Chem. Ind. Edit. **35**, 354 (1943). — Über Massenzüchtung von *Bact. coli* durch Luftumwälzung zwecks Gewinnung von Endotoxin vgl. R. S. ROBERTS: J. Comp. Path. a. Ther. **59**, 284 (1949).

Gewinnung organischer Wirkstoffe durch Mikroorganismen kann dabei erhöhte Bedeutung gewinnen. Andererseits setzt der hohe Gehalt der Mikroorganismen an Nucleoproteiden (S. 96f.) einer zu reichlichen Verwendung als Nahrungsmittel gewisse Grenzen, da der Körper mit dem Phosphorsäureüberschuß, den Purin- und Pyrimidinbasen, wohl kaum ganz fertig werden wird. Ob sich hier künftig Möglichkeiten ergeben können, die diesen Übelstand umgehen, läßt sich nicht voraussehen. Es sei aber noch auf die S. 60, 325 über die Zusammensetzung von Involutionsformen gemachten Ausführungen verwiesen.

Zu dem Eiweißproblem tritt das Problem der Fettgewinnung mit Hilfe von Mikroorganismen[1]. Die Verwendung von *Fadenpilzen*, wie *Endomyces* und *Oospora* (S. 33), scheiterte früher an der Unwirtschaftlichkeit der für die Züchtung notwendigen Oberflächenkulturen. Die Möglichkeit jedoch, *Fusarium* und andere *Fadenpilze* im Lüftungsverfahren zu züchten[2], ferner gewisse Sproßhefen *(Candida = Nectaromyces; Torulopsis)* wie *Preßhefe* oder *Eiweißhefe* ebenfalls im Lüftungsverfahren zu züchten, unter Erzielung der maximal möglichen Fettausbeute[3] (wobei die *Hefen* auf gleichem Raum etwa doppelt so hohe Ausbeute ergeben als *Fadenpilze*), weiterhin die Züchtung von *Fadenpilzen* und *Sproßhefen* im kontinuierlichen Zulaufverfahren[4] eröffnet neue Ausblicke, zumal das Fett den Fetten höherer Pflanzen, etwa dem Olivenöl, gleicht. Hier sei noch hingewiesen auf die Fettgewinnung durch autotrophe *Algen, Grünalgen* und *Diatomeen*[5]. Die Algenkultur kann darüber hinaus durch Gewinnung von organischer Substanz überhaupt bedeutsam werden[6].

Ein sehr wesentlicher praktischer Gesichtspunkt für die Züchtung heterotropher Mikroorganismen ist die Verwertung von Pflanzenabfällen (gegebenenfalls nach Aufbereitung), ein Weg, den man bereits bei der Züchtung der *Eiweißhefe* auf Sulfitablaugen (S. 220) beschritten hat, der aber sicherlich noch stark ausbaufähig sein wird und z. B. auch Bedeutung gewinnen könnte für die Verarbeitung von Algenrückständen, falls die Algenkultur größeren Umfang annehmen sollte.

Noch auf einen besonderen Fall sei hier hingewiesen: Auch das *Mutterkorn* mit den zahlreichen wirksamen Alkaloiden (S. 244), das bisher als Naturprodukt eingesammelt wurde, ließ sich bei künstlicher

---

[1] Vgl. hierzu noch die S. 32, Anm. 7 zitierten Zusammenfassungen.

[2] DAMM, H.: Chem.-Ztg 67, 47 (1943). — BERNHAUER, K., u. Mitarb.: Biochem. Z. 319, 77, 94, 102 (1948).

[3] RIPPEL, A.: Naturwiss. 31, 248 (1943). — Arch. Mikrobiol. 14, 113 (1949). — NILSSON, R., u. Mitarb.: Sv. Kem. Tidskr. 55, 41 (1943).

[4] SCHULZE, K. L.: Arch. Mikrobiol. 15, 315 (1951).

[5] HARDER, R., u. H. v. WITSCH: Ber. dtsch. bot. Ges. 60, 146 (1942). — Forschgsdienst, Sonderh. 16, 270 (1942). — WITSCH, H. v.: Arch. Mikrobiol. 14, 128 (1949). — DENFFER, D. v.: Arch. Mikrobiol. 14, 159 (1949). — KAHTEN, H.: Arch. Mikrobiol. 14, 602 (1950).

[6] Eine Zusammenstellung von Originalarbeiten verschiedener Autoren bei J. S. BURLEW: Algal Culture. Carnegie Institution. Washington 1953. — Weiter: WEISS, H.: Zbl. Bakter. II 107, 230 (1952/54). — PRUESS, L., u. Mitarb.: Appl. Microbiol. 2, 125 (1954). — MEFFERT, M. E., u. H. STRATMANN: Zbl. Bakter. II 108, 154 (1954).

Impfung im Freiland im Großbetrieb züchten[1]. Vielleicht eröffnet die Züchtbarkeit in künstlicher Kultur die Aussicht auf technische Großgewinnung[2]. Die Schwankungen im Alkaloidgehalt natürlich eingesammelter Proben scheinen durch genetische Faktoren entscheidend bedingt zu sein[3].

Der Parasitismus.

Lytische Erscheinungen.

Autolyse. Die Autolyse ist gewissermaßen ein Selbstparasitismus; sie wurde S. 175f. besprochen. Ob irgendwelche Beziehungen etwa zur Lysogenese bestehen, ist unbekannt.

Bacteriophagen (D'Herelle-Phänomen)[4]. Die Erscheinung äußert sich makroskophisch so, daß in dem homogenen Bakterienrasen Löcher entstehen (Abb. 146), in denen die Bakterien zerstört sind und von denen aus das infektiöse Agens weiter geimpft werden kann. D'Herelle hatte daher kleinste, bakterienzerstörende Lebewesen, Bacteriophagen angenommen. Es handelt sich indessen um eine den Bakterien eigentümliche Virus-Erkrankung, die zumeist mit der Auflösung (Lyse) der Zelle endet. Bacteriophagen kommen bei den meisten, wenn nicht allen Bakterien vor.

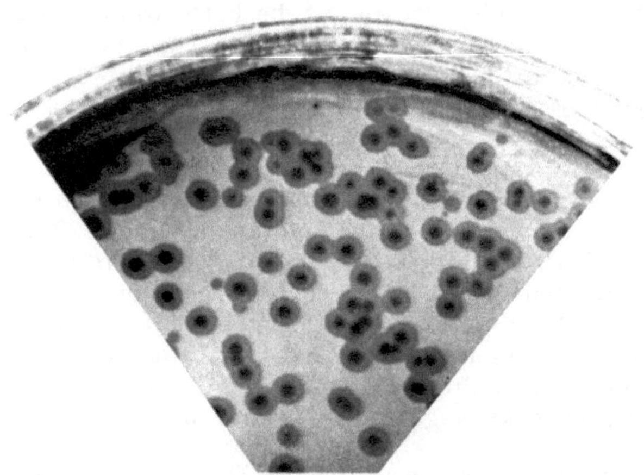

Abb. 146. Rand einer Petrischale mit der durch Bakteriophagen verursachten Lochbildung. Zentraler dunkler Teil = völlig aufgelöste Bakterien; darum eine Zone, in der noch Zelltrümmer vorhanden sind; dazwischen unverletzter Bakterienrasen. (Phot. MENNIGMANN.)

[1] BEKESY, N. v.: Zbl. Bakter. II 99, 321 (1938). — Biochem. Z. 303, 368 (1940).

[2] Daß die in Kultur gewonnenen Sklerotien alkaloidhaltig seien [SCHWEIZER, G.: Phytopatholog. Z. 13, 317 (1941)], wird allerdings bestritten: MICHENER, H. D., u. N. SNELL: Amer. J. Bot. 37, 52 (1950). — Züchtung im Submersverfahren: TYLER, V. E., u. A. E. SCHWARTING: J. Amer. Pharmac. Assoc. scient. Ed. 41, 590 (1952).

[3] SCHULZE, T.: Pharmazie 8, 412 (1953).

[4] LURIA, S. E.: General Virology. New York: John Wiley u. Sons; London: Chapman u. Hall 1953. — WEIDEL, O.: Fortschr. Bot. 15, 513 (1954). — EVANS, E. A.: Ann. Rev. Microbiol. 8, 237 (1954).

Erst das Elektronenmikroskop hat die Phagen sichtbar werden lassen (Ruska). Die am besten untersuchten sind die von *Bact. coli* mit 7 Typen, T1—T7 (T von Typus), die zu 4 serologisch verschiedenen Typen gehören (T1, T2; T4; T6, T3; T7, T5). Sie bestehen (Abbildung 147) aus einem hexagonal-prismatischen Kopf (Durchmesser zwischen 50 und 100 mμ), der fadenförmige Desoxy-ribonucleinsäure enthält in einer Proteinhülle, die sich als Schwanz von 10 mμ Durchmesser und 10—150 mμ Länge, je nach dem Typus, fortsetzt. Mit dem Schwanzende werden die Phagen an die Bakterienoberfläche adsorbiert, in vielen Fällen als stammspezifischer Vorgang. Der Schwanz wirkt als „Injektionskanüle", durch welche die Desoxy-ribonucleinsäure in das Bakterium eindringt[1]. Die zurückbleibende Proteinhülle kann abgeschert werden, ohne daß die sich weiter in der Bakterienzelle abspielenden Vorgänge davon beeinflußt werden.

Die in die Bakterienzelle eingedrungene Desoxy-ribonucleinsäure des Phagen beeinflußt deren Stoffwechsel derart, daß er nur noch zugunsten der Phagenvermehrung abläuft (von Luria als „Parasitismus auf genetischer Grundlage" bezeichnet). Nach einer gewissen Latenzzeit, je nach Art 13—40 min, platzen die Bakterien

Abb. 147. T6-Phagen von *Bact. coli*. Elektronenoptisch. Vergr. etwa 50000. (Nach C. Williams u. D. Fraser[2].)

und entlassen mehrere hundert Phagen, die wieder neue Bakterien infizieren können. Am Anfang der Latenzzeit sind noch keine infektiösen Phagen (etwa durch Aufbrechen der Zellen) festzustellen, die also erst in der zweiten Hälfte der Infektionszeit reifen.

Neben „Wildtypen" der einzelnen T-Phagen treten spontane „Mutanten" auf, die sich im Lochcharakter oder anderen Eigenschaften vom Ausgangstyp unterscheiden. Wird ein Bakterium gleichzeitig mit zwei Phagen-Mutanten des gleichen T-Typs infiziert, die sich in mindestens zwei ihrer Eigenschaften unterscheiden, so enthält die Nachkommenschaft aus diesem Bakterium außer den Phagen, die sich von den „Eltern" in keiner Weise unterscheiden, solche, die Eigenschaften von jedem Elter haben. Der substantielle Träger dieser Eigenschaften muß die Desoxy-ribonucleinsäure sein, die ja allein in das Bakterium eindringt. Was dabei vor sich geht, kann noch nicht entschieden werden. Teils hält man[3] einen Mechanismus für wahrscheinlich, der zumindesten formal dem der höheren Organismen entspricht, der sich also auf die Vorstellungen zurückführen ließe, wie sie bei der klassischen Genetik entwickelt sind. Teils nimmt man aber einen davon ganz verschiedenen

[1] Hershey, A. D., u. M. Chase: J. Gen. Physiol. **36**, 39 (1952).
[2] Williams, C., u. D. Fraser: J. Bacter. **66**, 458 (1953).
[3] Visconti, N., u. M. Delbrück: Genetics **38**, 5 (1953).

Mechanismus an. Einen entscheidenden Schritt vorwärts zur Klärung der Befunde hat die Entdeckung[1] gebracht, daß ein Desoxy-ribonucleinsäure-Molekül aus zwei komplementären Ketten von Nucleotiden besteht. Die genetische Information wäre dann durch die Sequenz der Nucleotide festgelegt.

Auch bei *Actinomyceten* wurden Phagen (Actinophagen) vom Kopf-Schwanz-Typ festgestellt[2]. Bei *Pilzen* wurde noch nichts Derartiges gefunden; es erscheint nicht ausgeschlossen, daß die bei ihnen schon stabilisierten Kernverhältnisse solche Vorgänge nicht erlauben.

Lysogenie[3]. In dem geschilderten Falle bezeichnet man den Phagen als „virulent" für das Bakterium. Manche Bakterienarten können jedoch Phagen in Form von „Prophagen" über Generationen weitergeben, ohne daß man die Existenz dieses Phagen äußerlich wahrnehmen kann. Der Phage ist „temperent" für das Bakterium, dieses „lysogen" in Hinsicht auf den Phagen. Ein lysogenes Bakterium ist gegen die virulente Mutante desselben Phagen immun. Durch gewisse äußere Einflüsse (Röntgenbestrahlung, organische Peroxyde, andere mutagene oder cancerogene Stoffe) können lysogene Bakterien plötzlich Phagen freilassen, die sich dann normal virulent gegen das Bakterium verhalten.

Es kann auch zur Lyse ohne Phagenbildung kommen; vielleicht ergeben sich von hier aus Zusammenhänge mit der „normalen" Autolyse.

Antibiose[4].

Unspezifische Hemmstoffe. Viele der von Mikroorganismen gebildeten Stoffwechselprodukte wirken als unspezifische Hemmstoffe (früher auch als Kampfstoffe bezeichnet), z. B. Äthylalkohol und organische Säuren. Sie halten praktisch andere Mikroorganismen, namentlich Eiweißzersetzer, fern, bis diese Stoffe durch Spezialisten zerstört sind, was namentlich unter aeroben Verhältnissen geschieht. Daher schützt die anaerobe Aufbewahrung alkoholischer Getränke und von Silage vor dem Verderben, und die Käsereifung kann erst in Gang kommen, wenn die Milchsäure zuvor zerstört ist (S. 227). Vielfach schädigen sich die Mikroorganismen selbst durch ihr eigenes Stoffwechselprodukt (vgl. S. 215 f. für Alkohol).

Antibiose[5]. Hingegen handelt es sich bei der eigentlichen Antibiose zwar nicht um völlig, aber doch in begrenztem Sinne spezifische

---

[1] WATSON, J. D., u. F. H. C. CRICK: Nature (London) **171**, 737 (1953).

[2] REILLY, H. CHR., u. Mitarb.: J. Bacter. **54**, 451 (1947). — WOODRAFF, H. B., u. Mitarb.: J. Bacter. **54**, 535 (1947). — SMITH, R. M., u. Mitarb.: J. Bacter. **54**, 545 (1947).

[3] LWOFF, A.: Bacter. Revs. **17**, 269 (1953).

[4] Frühere Bezeichnung: Antagonismus (PASTEUR-JOUBERT 1877, DE BARY 1879); später Antibiose (VUILLEMIN 1889, WARD 1899).

[5] Zusammenfassende Literatur: WAKSMAN, S. A.: Microbial antagonism and antibiotic substances. The Commonwealth Fund. New York 1947. — FLOREY, H. W., u. Mitarb.: Antibiotics. London 1949. — HENNEBERG, G.: Zbl. Bakter. I Orig. **155**, 76 (1950). — VOGEL, H.: Die Antibiotica. Nürnberg: Carl 1951. — Dazu die laufenden Zusammenfassungen in Annual Rev. Microbiol. und Annual Rev. Biochem.

Erscheinungen der Hemmung (bacteriostat) oder Abtötung (bactericid, in beiden Fällen in Hinsicht auf Wirkung gegen Bakterien) eines Mikroorganismus durch einen anderen; die Konzentration des im Gegensatz zu den unspezifischen Hemmstoffen schon in starker Verdünnung wirksamen Stoffes, des Antibioticums, bestimmt natürlich den Grad der Wirkung. Es finden sich alle denkbaren Gegenwirkungen zwischen *Bakterien, Actinomyceten* und *Pilzen,* unter denen allerdings die *Phycomyceten* auffallend schwache Antibiotica-Bildner sind, ihrerseits aber von Bakterien gehemmt werden[1]. Man kennt diese Erscheinung schon seit beinahe 100 Jahren unter dem Begriff des Antagonismus, als man beobachtete, daß auf Platten mit zahlreichen Mikroorganismen-Kulturen einzelne Kolonien bei anderen eine Hemmzone bewirkten. Aber erst die praktische Anwendung hat das besondere Interesse an diesen Fragen geweckt.

Das erste Antibioticum, von dem sowohl die Wirkung wie die chemische Konstitution bekannt wurde, war das von *Sparassis ramosa,* der krausen Glucke, gebildete Sparassol, das den auf gleichem Substrat wachsenden *Hausschwamm* hemmt (1923, FALCK, WEDEKIND[2]).

Zwar hatte man schon versucht, die antagonistische Wirkung der Pyocyanase (das Pyocyanin von *Ps. aeruginosa,* EMMERICH u. LÖW 1899) zu Krankheitsheilungen zu benutzen, ohne aber greifbare Erfolge zu erzielen. Diese traten erst mit der Auffindung des Penicillins 1929

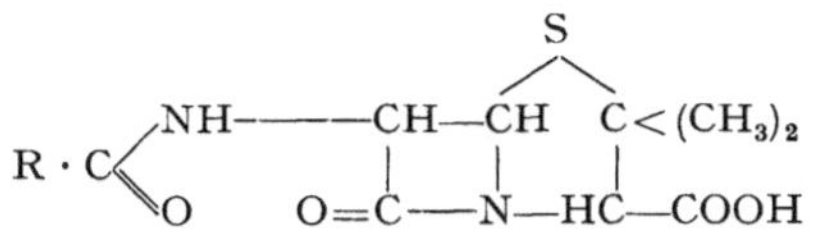

$$
\begin{array}{l}
\qquad\qquad\qquad\qquad\qquad\; S \\
\qquad\qquad\qquad\qquad\quad \diagup\; \diagdown \\
\quad\text{NH}\!-\!\!-\!\!-\!\text{CH}\!-\!\text{CH}\quad \text{C}\!<\!(\text{CH}_3)_2 \\
\text{R}\cdot\text{C}\diagup\qquad\quad | \qquad | \qquad | \\
\qquad\diagdown\text{O}\quad\; \text{O}\!=\!\text{C}\!-\!\!-\!\text{N}\!-\!\text{HC}\!-\!\text{COOH}
\end{array}
$$

Penicillin (Säure). R bei verschiedenen Penicillinformen verschieden (z. B. Benzyl-).

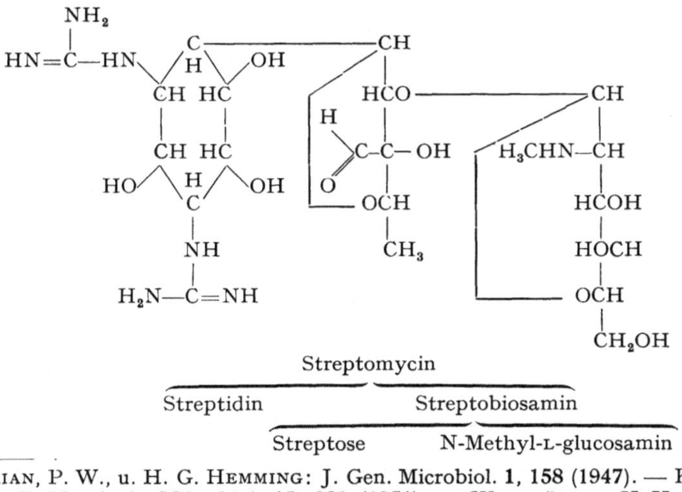

$$
\begin{array}{l}
\text{NH}_2 \\
\;| \\
\text{HN}\!=\!\text{C}\!-\!\text{HN}\diagdown\quad\diagup\text{C}\!-\!\!-\!\!-\!\!-\!\text{CH}\quad\cdots \\
\qquad\qquad\qquad\; \text{H}\;\diagdown\diagup\;\text{OH}
\end{array}
$$

Streptomycin

Streptidin   Streptobiosamin

Streptose   N-Methyl-L-glucosamin

[1] BRIAN, P. W., u. H. G. HEMMING: J. Gen. Microbiol. **1,** 158 (1947). — KREHL-NIEFFER, R. M.: Arch. Mikrobiol. **15,** 389 (1951). — WALLHÄUSER, K. H.: Siehe S. 371, Anm. 1. — RITTER, R.: Arch. Mikrobiol. **22,** 248 (1953).

[2] FALK, R.: Ber. dtsch. chem. Ges. **56,** 2555 (1923). — WEDEKIND, E., u. K. FLEISCHER: Ber. dtsch. chem. Ges. **56,** 2556 (1923).

durch FLEMING (Konstitutionsermittlung 1941 durch CHAIN, FLOREY u. Mitarb.) ein, das von *Pen. notatum, chrysogenum* u. a. gebildet wird. Es kommen mindestens 6 verschiedene Penicilline natürlich vor[1], die sich durch die Substituenten R (s. Formel) unterscheiden. Das praktisch wichtigste ist Penicillin G = Benzyl-Penicillin (R = $C_6H_5 \cdot CH_2$-). Es ist besonders gegen grampositive Bakterien (*Pneumokokken, Gonokokken* usw.) wirksam. Es folgte das Streptomycin (durch WAKSMAN) mit etwas größerem Wirkungsbereich, z. B. gegen Penicillin-resistente Stämme, *gramnegative Bakterien* und gewisser Wirkung gegen *Tuberkelbakterien.* In ihm ist (s. Formel) eine Base, Streptidin (mit Cyclohexanring) glucosidisch mit dem Disaccharid Streptobiosamin (Streptose + L - N - Methylglucosamin) verbunden. Mit dem von *Streptomyces griseus* gebildeten Streptomycin wurden *Actinomyceten*-Antibiotica[2] erschlossen, die zu den heute gebräuchlichsten gehören: Aureomycin, mit noch größerem Wirkungsbereich, von *Str. aureofaciens*, bemerkenswert durch Chlorgehalt (s. Formel). Ihm sehr nahestehend

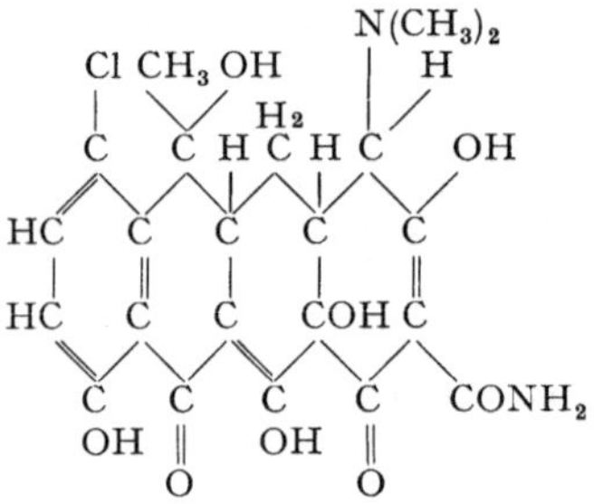

```
                              N(CH3)2
   Cl CH3 OH         |    H
    |   \ /    H2   |   /
    C    C  H C H C    OH
   //\  /\ /\ /\  /\  /
 HC   C    C    C    C
  |   ||   |    |    ||
 HC   C    C   COH   C
  \\ / \  / \\ / \  / \
   C    C    C    C    CONH2
  OH   ||  OH    ||
        O          O
```

Aureomycin

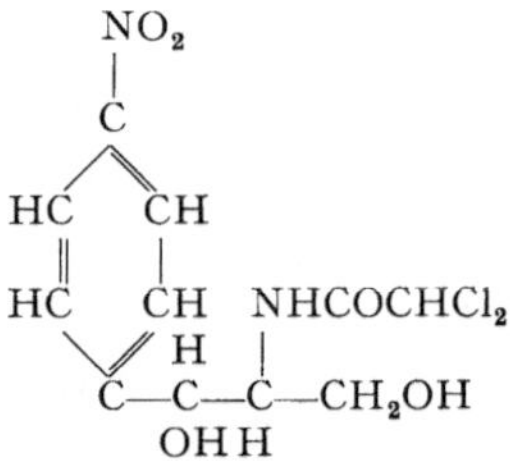

```
           NO2
            |
            C
           /\\
        HC    CH
        ||     |
        HC    CH   NHCOCHCl2
         \\  //  H  |
           C--C--C--CH2OH
             OH H
```

Chloromycetin

Terramycin, von *Str. rimosus*; ferner Chloromycetin (= Chloramphenicol), von *Str. venezuelae*, ebenfalls chlorhaltig und mit einer Nitrogruppe, das auch gegen *Rickettsien* wirksam ist[3].

Die von *Actinomyceten* gebildeten Antibiotica sind die z. Z. am meisten verwendeten. Es werden überhaupt von vielen *Pilzen (Ascomycetes,* einschl. *Fungi imperfecti,* und *Basidiomycetes)* und *Bakterien* Antibiotica gebildet. *Bakterien*-Antibiotica sind vielfach Peptide wie das Gramicidin und Tyrocidin (cyclisches Peptid, u. a. mit D-Phenylalanin).

Unter den durch BROCKMANN u. Mitarb. bearbeiteten bzw. aufgefundenen *Actinomyceten*-Antibiotica sind interessant als Chromopeptide die Actinomycine (S. 43 f.). Besonders merkwürdig ist das Valinomycin,

---

[1] Zur Biosynthese: ARNSTEIN, H. R. V., u. P. T. GRANT: Biochem. J. **57**, 353, 360 (1954).

[2] Die antagonistische Wirkung der *Actinomyceten* wurde bereits von R. LIESKE (Morphologie und Biologie der Strahlenpilze. Leipzig: Bornträger 1921) aufgefunden.

[3] Eine Übersicht über die Technik der Gewinnung neuer Antibiotica: LINDNER, F., u. K. H. WALLHÄUSSER: Arch. Mikrobiol. **22**, 219 (1955).

das in ringförmiger Anordnung aus D- und L-Valin, Milchsäure und Oxy-
isovaleriansäure aufgebaut ist (s. Formel). Erwähnt sei noch das (wegen

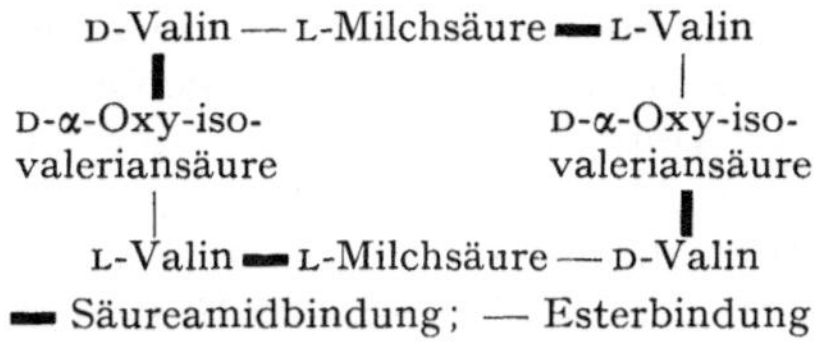

$$\text{D-Valin} \longrightarrow \text{L-Milchsäure} \longrightarrow \text{L-Valin}$$

D-α-Oxy-iso-   D-α-Oxy-iso-
valeriansäure   valeriansäure

$$\text{L-Valin} \longrightarrow \text{L-Milchsäure} \longrightarrow \text{D-Valin}$$

■ Säureamidbindung; — Esterbindung

Valinomycin (Stellung der einzelnen Komponenten nicht in allen Einzelheiten
sicher). Nach H. GEEREN[1].

seiner Giftigkeit allerdings nicht zu Heilzwecken zu verwendende) Patulin
aus *Pen. patulum u. expansum* (identisch mit Clavacin aus *Asp. clavatus*
und Claviformin aus *Asp. claviformis*), das, wie die Formel zeigt, eine
Verwandtschaft zur Kojisäure (S. 186) besitzt.

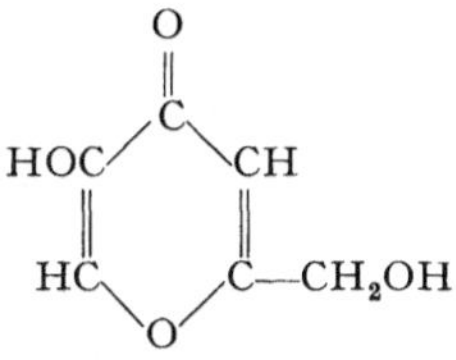

Kojisäure 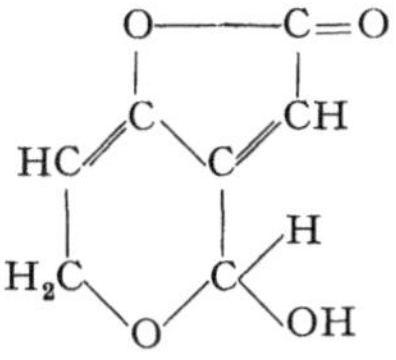   Patulin

Über die Wirkung der Antibiotica[2] sind sehr viele Untersuchungen
angestellt, die aber noch keine zusammenfassende Darstellung erlauben.
Es sei nur gesagt, daß es naheliegt, an Verdrängungsreaktionen (analog
der Sulfonamid-Wirkung, S. 159) zu denken. Penicillin hemmt die
ersten Stadien des Nucleinsäureaufbaus, Streptomycin die Oxalessig-
säure-Brenztraubensäure-Reaktion. Nur im Falle des Notatin, gebildet durch *Pen. notatum*, ist die Wirkung genau bekannt: Es handelt
sich um eine Glucose-oxhydrase, die nach dem S. 182f. angegebenen Weg
Wasserstoffsuperoxyd bildet und dadurch wie ein Antibioticum wirkt.
Morphologisch allerdings zeigen Bakterien unter Antibiotica-Einwirkung
schwere Störungen: Es kommt zur Ausbildung der S. 58ff. erwähnten
Involutionsformen.

Auch über die Bildung der Antibiotica ist noch nichts Sicheres bekannt. Teilweise könnten Gesichtspunkte in Frage kommen, wie sie
S. 45 für die Farbstoffbildung auseinandergesetzt wurden, wenn auch

---

[1] GEEREN, H.: Die Konstitution des Valinomycins. Diss. Göttingen 1954.
Das Valinomycin findet sich nicht in der Nährlösung, sondern, bis zu 4% der
Trockensubstanz, in Mycel und Sporen.

[2] TSCHECHE, R.: Angew. Chem. **62**, 153 (1950). — JULIUS, H. W.: Annual Rev.
Microbiol. **6**, 411 (1952). — ALBERT, A.: VI. Internat. Congr. Microbiol. Rom 1953.
Symposium: Growth Inhibition (S. 10). — UMBREIT, W. W.: Pharmacol. Rev. **5**,
275 (1953). — WYSS, O., u. Mitarb.: Bacter. Revs. **17**, 17 (1953). — UMBREIT,
W. W.: Ann. Rev. Microbiol. **8**, 167 (1954).

die Zusammenhänge nicht immer klar hervortreten. Wie Abb. 148 zeigt, ist es doch auffallend, daß das Maximum der Streptomycin-Bildung nach dem der Trockengewichtsbildung liegt, was für eine Bildung in vorgerücktem Stadium (Autolyse?) spricht; in anderen Fällen ist der Zusammenhang nicht zu erkennen. Aber allgemein dürfte die Bildung von Antibiotica nicht als ein „Normalvorgang" der Zelle aufzufassen sein, sondern als Folge eines etwas in Unordnung geratenen Stoffwechsels, in dem die vorhandenen Bausteine in anomaler Weise verknüpft werden. Auch scheinen bei der gleichen Art Rassen mit starker Bildung eines Antibioticums erheblich schwächer zu wachsen als solche ohne Antibioticum-Bildung, was ebenfalls auf einen anomalen Stoffwechsel

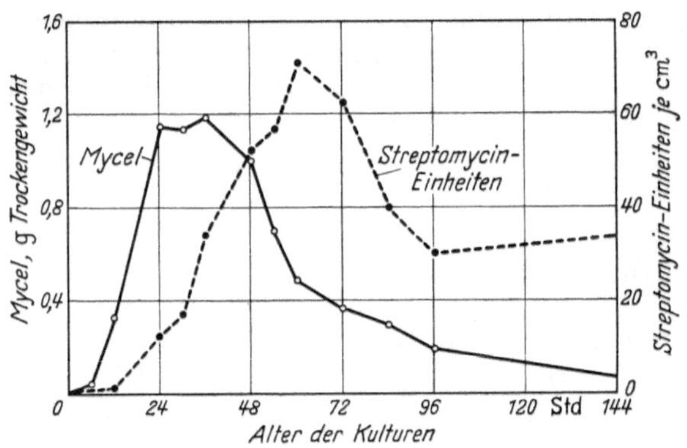

Abb. 148. *Streptomyces griseus.* Bildung von Mycel und Streptomycin. (Nach Gottlieb nud Anderson[1].)

bei Bildung der Antibiotica hinweist[2]. Daß in den Antibioticis normale Zellbausteine vorhanden sind, zeigen ja die Formeln. Zum Beispiel sind in der Penicillin-Formel Cystein und Iso-valin zu erkennen, und das entspricht auch der Synthese (S. 258).

Bei wiederholter Anwendung der Antibiotica am gleichen Objekt kann die Wirkung verlorengehen, weil sich resistente Stämme durchsetzen, die durch Selektion vorhandener seltener Mutanten entstehen. Es wurden sogar Mutanten aufgefunden, die Antibiotica zum Gedeihen nötig haben. Im übrigen besitzen zahlreiche Mikroorganismen die Fähigkeit, ein Antibioticum abzubauen, z. B. Penicillin durch das Enzym Penicillinase. Streptomycin galt als unangreifbar; aber eine *Pseudomonas*-Art vermag es als einzige Kohlenstoffquelle zu verwenden[3].

Die Wirkung eines Antibioticums definiert man nach Einheiten. Eine Penicillin-Einheit z. B. (Oxford-Einheit, entspricht einer internationalen Einheit) ist die Menge, die in 50 cm³ Bouillon das Wachstum von *Staphylococcus aureus* (es ist natürlich stets der gleiche Stamm zu verwenden) gerade hemmt; sie entspricht 0,6 γ reinem Penicillin.

[1] Gottlieb, D., u. H. W. Anderson: Bull. Torrey Bot. Club 74 (1947).

[2] Frommer, W.: Untersuchungen an Rhodomycin-bildenden Streptomyceten-Stämmen. Diss. Göttingen 1954.

[3] Pramer, D., u. R. L. Starkey: Science (Lancaster, Pa.) 113, 127 (1951).

Die antibiotische Wirkung wird in einem Test geprüft: Entweder
läßt man den Antagonisten und das Testobjekt (mit Vorliebe wird *Staphylococcus aureus* als Testobjekt verwendet) lebend aufeinander wirken,
oder man setzt Kulturfiltrat des Antagonisten hinzu; dieser Fall ist der
häufigere. Getestet wird in Flüssigkeitskultur oder auf Agarplatten,
am häufigsten im „Lochtest": Das Filtrat des Antagonisten wird in ein
ausgestanztes Loch der mit dem Testobjekt beimpften Platte gebracht;
um das Loch entwickelt sich, je nach der Stärke des Antibioticums,
eine Hemmzone, an die sich unter Umständen auch ein Förderungswall

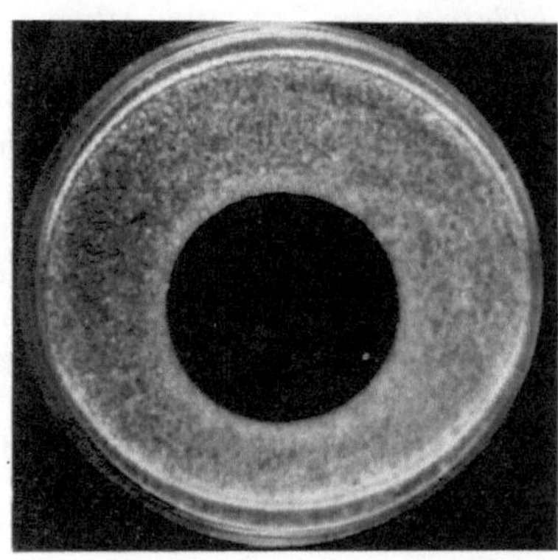

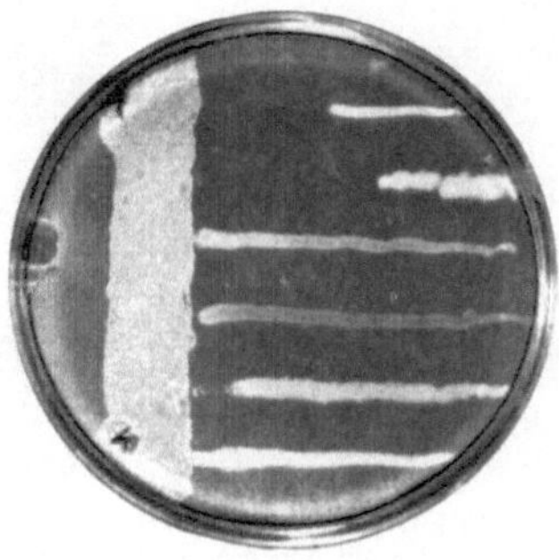

Abb. 149. Abb. 150.

Abb. 149. Hemmzone auf Agarplatte im Lochtest. Antagonist: *Penicillium expansum* (Patulin), Testobjekt:
Bacillus mycoides. (Phot. K. H. Wallhäusser.)

Abb. 150. Links: Strich des Actinomycin-bildenden *Streptomyces chrysomallus*. Rechts von oben nach
unten: *Staphylococcus aureus, Bac. anthracis, Typhus-Bakterien, Paratyphus A-Bakterien, Paratyphus
B-Bakterien, Bact. enteritidis Gärtneri*. (Photo N. Pfennig.)

anschließen kann (Abb. 149). Vorteilhaft ist eine Färbung mit Tetra-
zolium (S. 238), die unter Umständen eine größere Hemmzone zeigt,
als nach dem sichtbaren Bakterienwachstum anzunehmen war, da anfänglich herangewachsene Bakterien abgestorben sein können[1]. Die
Gegenwirkung von Antagonist und Testobjekt ist von Kulturbedingungen, Alter der Kulturen usw. abhängig[1,2]. Ein zur Orientierung aus-
gezeichnetes Verfahren ist der Strichtest: Der auf antibiotische Wirkung
zu prüfende Organismus wird auf einer Petrischale als Strich aufge-
bracht. Senkrecht zu diesem werden verschiedene Testbakterien gesetzt, die je nach der antibiotischen Beeinflussung mehr oder weniger
von jenem entfernt bleiben (Abb. 150).

In biologischer Hinsicht ist zu fragen, wie sich die antibiotischen
Wirkungen im natürlichen Standort tatsächlich auswirken, da sie
einen wesentlichen Faktor im Zusammenleben der Organismen darstellen könnten. Tatsächlich sind eine ganze Reihe derartiger Fälle
bereits bekannt. So wirkt *Azotobacter chroococcum* formverändernd auf

---

[1] Wallhäusser, K. H.: Arch. Mikrobiol. **16**, 201 (1951). In dieser und der
folgenden Arbeit eine eingehende Analyse der Hemmzone.
[2] Oppermann, A.: Arch. Mikrobiol. **16**, 364 (1951).

Knöllchenbakterien (S. 59), ebenso *Actinomyceten* auf *Bac. mycoides*[1], während umgekehrt *Azotobacter agile* von *Actinomyceten* im Boden zerstört wird[2]. Mannigfache Wirkungen hat man bei Symbiosen und parasitären Erkrankungen (S. 382) festgestellt: Verhinderung der Infektion von *Leguminosen* durch *Knöllchenbakterien* beim Vorhandensein antagonistisch wirkender Mikroorganismen[3]; doch ist die antagonistische Wirkung von *Pen. expansum* gegen *Knöllchenbakterien* nur in sterilem oder partiell sterilisiertem Boden vorhanden, nicht in normalem[4]. Die normale Flora der Rhizosphäre bildet also einen natürlichen Schutzwall. Das von *Penicillium*-Arten, *Trichoderma* und *Asp. fumigatus* gebildete Gliotoxin (stickstoff- und schwefelhaltig) sowie andere antagonistisch wirksame Stoffe sollen in gewissen Böden toxisch gegen die Mycorrhizabildung wirken[5]. Daß indessen starke Antibiotica-Bildner sich im Boden nicht ohne weiteres durchsetzen können, zeigte die Beobachtung, daß unter 477 *Streptomyces*-Arten die Formen mit stärkster antibiotischer Wirkung am seltensten waren[6].

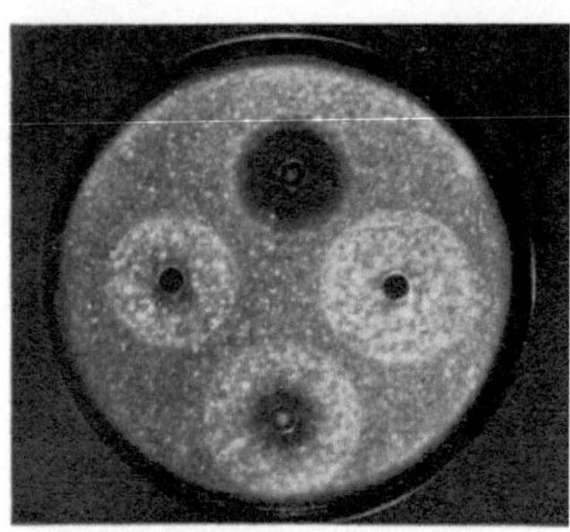

Abb. 151. Wirkung der Bodenfiltration auf die antibiotische Wirkung. Oben normales Filtrat; im Sinne des Uhrzeigers: Ackerboden, Nadelwaldboden, Lehmboden. Hemmzonen stark reduziert oder verschwunden starke Förderung. Antagonist: *Pen. expansum* (Patulin), Testobjekt: *Bac. mycoides* (K. H. Wallhäuser).

Im Boden können antagonistisch wirksame Stoffe nachgewiesen werden[7]. Andererseits hat man mit einer Adsorption oder mit einer Zerstörung des antibiotischen Stoffes zu rechnen; Penicillin wird von vielen Mikroorganismen abgebaut, und Patulin geht durch Oxydation in einen fördernden Stoff über[8]. Endlich kann ein Antagonist selbst wieder durch einen anderen antibiotisch wirkenden Mikroorganismus zurückgedrängt werden[9]. Durch Böden filtrierte, antibiotisch

---

[1] BORODULINA, J. S.: Microbiologija **4**, 561 (1935). — NAKHIMOWSKAJA, M. J.: Microbiologija **6**, 131 (1937). — Vgl. weiter E. PRUCHANSKAJA: C. r. Acad. UdSSR 3, 461 (1934), ref. Zbl. Bakter. II **92**, 383.

[2] NICKELL, L. G., u. P. R. BURKHOLDER: J. Amer. Soc. Agr. **39**, 771 (1947).

[3] ROBINSON, G. W.: Soil Sci. Soc. Amer. Proc. **10**, 206 (1946).

[4] STOLP, H.: Siehe S. 322, Anm. 6.

[5] BRIAN, P. W., u. Mitarb.: Nature (London) **155**, 637 (1945).

[6] STAPP, C.: Zbl. Bakter. II **107**, 129 (1953). — Zur Wechselwirkung zwischen *Pilzen* und *Actinomyceten* vgl.: REHM, H.-J.: Zbl. Bakter. II **107**, 418 (1952/54).

[7] NEMAN, A. S., u. A. G. NORMAN: Soil Sci. **55**, 377 (1943). — GROSSBARD, E.: Nature (London) J. Gen. Microbiol. **6**, 295 (1952). — GOTTLIEB, D., u. Mitarb.: Phytopathology **42**, 493 (1952). — JEFFERYS, E. G.: J. Gen. Microbiol. **7**, 295 (1952). — WINTER, A. G.: Z. Bot. **40**, 153 (1952). — Wirkung im Boden, Sammelbericht: STALLINGS, J. H.: Bacter. Revs. **18**, 131 (1954).

[8] WALLHÄUSSER, K. H.: Naturwiss. **38**, 190 (1951).

[9] Auf diese Weise erklären A. G. LOCHHEAD u. G. B. LANDERKIN [Plant and Soil **1**, 271 (1949)] die Mißerfolge beim Versuch, den durch *Streptomyces scabies* verursachten Kartoffelschorf durch antibiotisch wirkende Mikroorganismen zu unterdrücken. — L. E. KIESSLING [Kühn-Archiv Halle **38**, 184 (1933)] gibt diesbezügliche Erfolge an.

wirksame Kulturlösungen von Mikroorganismen können wirkungslos werden, oder sogar in eine Förderung umschlagen[1] (Abb. 151). Man wird also keine allzu weitreichenden Wirkungen erwarten können, sondern solche mehr lokaler Natur, insbesondere bei Symbiosen und parasitären Erkrankungen (vgl. S. 382).

Parasitismus zwischen Pilzen.

Von den eben besprochenen Fällen abgesehen, bei denen es zweifelhaft sein kann, ob man überhaupt von Parasitismus reden will, ist bisher noch kein Fall von endocellularem Parasitismus von *Bakterien* in *Pilzen* bekannt, die aber von außen her durch *Bakterien* und *Actinomyceten* zerstört werden können (Abb. 99, S. 268). Hingegen kommt Parasitismus von *Pilzen* auf *Pilzen* vor, so von *Cicinnobolus* in *Erysiphaceen* (Mehltaupilzen) und in anderen Fällen[2]. Besonders beachtenswerte Fälle finden sich bei den *Mucoraceae*[3] *Parasitella* (Abb. 152) und *Chaetocladium*. *Parasitella* bildet in Berührung mit dem befallenen Organismus der gleichen Familie, etwa einer *Rhizopus*-Art, einen „Schröpfkopf", in den nach Perforierung der Wandung Plasma und Kerne des befallenen Pilzes sich ergießen, ohne daß die beiderseitigen Kerne verschmelzen. Der Schröpfkopf wächst zu einer „Galle" aus (bei

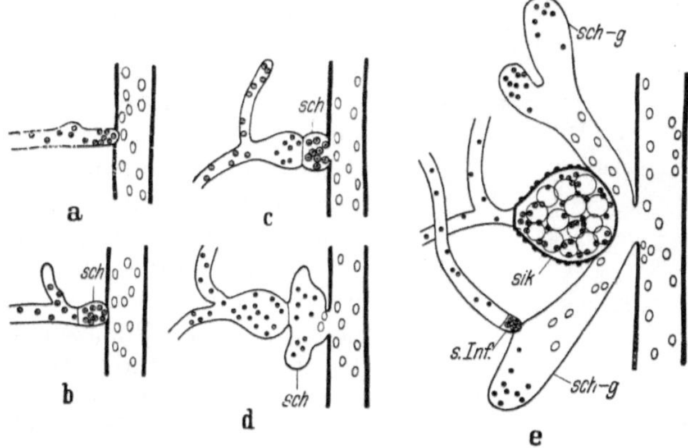

Abb. 152 a—e. *Parasitella* (von links herkommend) auf einer anderen *Mucoracee* (senkrecht verlaufend) parasitierend. a—e) aufeinanderfolgende Entwicklungsstadien; *sch* Schröpfkopfzelle, bei *sch—g* zur Galle erweitert; *sik* Sikyospore; *s. Inf.* sekundäre Infektion der Galle durch den Parasiten. Die Zellkerne des Parasiten sind dunkel gehalten, die des befallenen Pilzes einfache Kreise. Schematische Zeichnung. Vergr. etwa 400mal. (Nach H. BURGEFF.)

Chaetocladium ist das noch in ausgeprägterem Maße der Fall), während das angrenzende Stück der Hyphe des Parasiten zu einer Speicher- und Dauerzelle (Sikyospore) wird. Anscheinend hat sich diese eigenartige Form des Parasitismus bei *Mucoraceae* aus Sexualreaktionen entwickelt, die zur Bildung der Zygote (S. 81 f.) führen.

---

[1] Vgl. K. H. WALLHÄUSSER: Arch. Mikrobiol. **16**, 201, 237 (1951).

[2] WINTER, A. G.: Arch. Mikrobiol. **14**, 240 (1949), dortige Abb. 10, 22, 23.

[3] BURGEFF, H.: Untersuchungen über Sexualität und Parasitismus bei Mucorineen. Jena: G. Fischer 1924.

24*

Parasitismus bei Pflanzen und Tieren.

Während bei Pflanzen die großen, praktisch besonders wichtigen Seuchen durch *Pilze* hervorgerufen werden (Mykosen), wenn auch durch *Bakterien* verursachte sehr häufig sind, liegen die Dinge bei den Tieren, einschließlich des Menschen, umgekehrt: Hier stellen Bakteriosen die großen Seuchen dar. In beiden Fällen können wir den Verlauf der Krankheit von der Infektion über eine bestimmte Inkubationszeit bis zur äußerlich sichtbaren Erkrankung und gegebenenfalls endgültigen Zerstörung des befallenen Organismus verfolgen. In allen diesen Stadien greifen bestimmte Schutzeinrichtungen oder Abwehrkräfte ein, die wir unter dem Begriff der Immunitäts- oder Resistenzerscheinungen zusammenfassen.

Mikroorganismen als Parasiten auf Pflanzen[1].

Bakterienkrankheiten der Pflanzen[2]. Besonderes Interesse hat der durch *Ps. tumefaciens* verursachte **Pflanzenkrebs[3]** auf Pflanzen der verschiedensten systematischen Zugehörigkeit; doch ist deren Anfälligkeit sehr verschieden: *Solanaceen* scheinen anfällig, *Papiloniaceen* resistent zu sein[4]. An beliebigen Pflanzenteilen entstehen nach der auch durch künstliche Impfung mit der Reinkultur des Bakteriums möglichen Infektion krebsartige Wucherungen (Abb. 153) mit richtungslosem Wachstum, spindelförmigen Zellen, Polyploidie (Vermehrung des Chromosomenbestandes), Eigenschaften, die sich auch beim tierischen und menschlichen Krebs finden. Wie dieser können nen auch bei Pflanzen krebsartige Wucherungen durch gewisse Stoffe, z. B. Ameisensäure, künstlich hervorgerufen werden. Nach Bildung eines Primärtumors treten auch, jedoch nur bei Verwundung, Sekundärtumoren auf, die dann frei von Bakterien sind und sich in vitro unbegrenzt weiterzüchten lassen. Das Bakterium bildet zunächst einen Stoff, der bereits 4 Tage nach der Infektion die Pflanzenzelle in eine typische Krebszelle

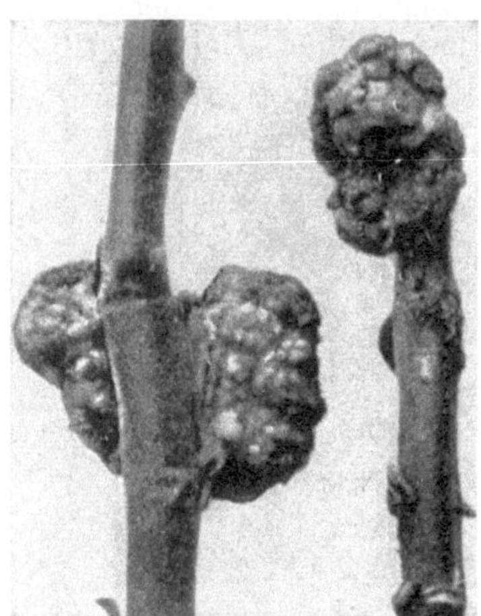

Abb. 153. Durch künstliche Impfung mit *Pseudomonas tumefaciens* verursachte „Krebs"-Tumoren an *Pelargonium* (links) und *Tabak* (rechts. ¹/₂ natürl. Größe.
(Phot. nach D. KOSTOFF u. J. KENDALL.)

---

[1] GÄUMANN, E.: Pflanzliche Infektionslehre, 2. Aufl. Basel: Birkhäuser 1951.

[2] Zusammenstellung bei C. STAPP, in Handbuch der Pflanzenkrankheiten, 5. Aufl. Berlin: P. Parey 1932.

[3] Zusammenfassungen: STAPP, C.: Naturwiss. 34, 81 (1948). — RIKER, A. J., u. A. C. HILDE: Annual Rev. Microbiol. 5, 223 (1951). — DE ROPP, R. S.: Bot. Rev. 17, 629 (1951). — BRAUN, A. C.: Ann. N. Y. Acad. Sci. 54, 1153 (1952). — STAPP, C.: Zbl. Bakter. II 107, 172 (1952/54).

[4] TAMM, B.: Arch. Mikrobiol. 20, 773 (1954).

umzuwandeln vermag, die sich nun, dem tierischen Krebs analog, völlig autonom, ohne weitere Mitwirkung von Bakterien, entwickeln und zu neuen Tumoren führen kann. Man vermutet, daß dieser Stoff Heteroauxin (β-Indolylessigsäure) ist, was aber noch nicht ganz sichergestellt ist[1]. Ob auch beim tierischen Krebs eine Primärreaktion von Bakterien vorhanden ist oder sein kann, ist unbekannt; bei den späteren Entwicklungsstadien sind jedenfalls keine Bakterien beteiligt.

Im übrigen sind zahlreiche Bakterienerkrankungen der verschiedensten Pflanzen bekannt. Die Bakterien gehören überwiegend zu den fluorescierenden Formen, zur Gattung *Pseudomonas* (S. 72). Soweit sie wasserlösliche fluorescierende Farbstoffe enthalten, werden sie unter diesem Namen geführt, während man für diejenigen mit unlöslichem Farbstoff die Gattung *Xanthomonas* geschaffen hat (beide früher als *Phytomonas* geführt). Die Erkrankungen treten in der verschiedensten Form auf: als Infektion der Leitungsbahnen (mit allgemeinen Welkeerscheinungen), als Flecken auf Blättern, Früchten und Samen, als nekrotische Stellen auf Stengeln, Rinden usw. Etwas größere Bedeutung hat in Deutschland die Fettfleckenkrankheit der Bohne *(Ps. phaseolicola)* und das Wildfeuer an Tabak *(Ps. tabaci)*.

Pilzkrankheiten der Pflanzen[2]. Hier läßt sich die stufenweise Entwicklung des Parasitismus verfolgen. Die natürliche Widerstandsfähigkeit der Pflanze einem beliebigen Pilz gegenüber (abgesehen von den Fällen, in denen nur die lebende Pflanze befallen wird) wird durch Abtöten der Pflanze mit Hitze zerstört. Ein ähnlicher Vorgang vollzieht sich bei Verletzungen: So sind Wunden die Eingangspforten für zahlreiche Schädlinge: Wundparasiten. Typische Beispiele sind der Obstbaumkrebs[3], verursacht durch *Nectria galligena* und, an anderen Laubbäumen, *N. cinnabarina* sowie die Infektion unreifer Früchte durch *Sclerotinia fructigena* (*Monilia*-Fäule) oder von Lagerobst durch andere *Pilze*, namentlich *Penicillium*-Arten. Ferner ist die durch Alter oder sonstwie geschwächte Pflanze im Vergleich zu der in voller Lebenskraft stehenden anfällig: Schwäche- und Altersparasiten. Die bei alternden Blättern auftretenden Blattfleckenpilze sind hierfür ein Beispiel, ferner die bei reifendem Getreide durch *Cladosporium herbarum* verursachte Schwärze, die sich bereits dem reinen Epiphytismus nähert (S. 347), ebenso das oben erwähnte Vorkommen von *Pilzen* in Früchten. Vollparasiten hingegen, z. B. *Rostpilze*, greifen nur die in voller Lebenskraft stehende Pflanze an. Sie sind in künstlicher Kultur viel schwieriger[4] züchtbar als *saprophytische Pilze*; bei *Rost-* und *Mehltaupilzen* ist die Kultur überhaupt noch nicht gelungen.

Im rein äußerlichen Verhalten der Parasiten auf der Wirtspflanze können Ekto- und Endoparasiten unterschieden werden, beide

---

[1] Außer der unter Anm. 3, S. 372 genannten Literatur: APPLER, H.: Biol. Zbl. **70**, 452 (1951). HENDERSON, J. H. M., u. J. BONNER: Americ. J. Bot. **39**, 444 (1952). — Vgl. auch A. C. BRAUN: Bot. Gaz. **114**, 363 (1953).

[2] FISCHER, ED., u. G. GÄUMANN: Biologie der pflanzenbewohnenden parasitischen Pilze. Jena: G. Fischer 1929. — GÄUMANN, G.: Siehe S. 372, Anm. 1.

[3] Der Name ,,Krebs" ist auch bei einer Reihe weiterer Bakterien- und Pilzkrankheiten üblich, die mit dem obenerwähnten Pflanzenkrebs gar nichts zu tun haben.

[4] Pectin scheint auch in künstlicher Kultur eine ausgezeichnete Kohlenstoffquelle für parasitische Pilze zu sein und erlaubt sogar die Entwicklung von Brandsporen bei *Brandpilzen*: GERHARDT, FR.: Arch. Mikrobiol. **13**, 380 (1943).

natürlich durch Übergänge verbunden. Typische Ektoparasiten sind die *Mehltaupilze (Erysiphaceae)*, die auf der Pflanze leben und in diese durch die Cuticula der Epidermis hindurch ihre Saugorgane, Haustorien (Abb. 154), senden. Zwischen ihnen und den reinen Epiphyten (S. 346 ff.) finden sich die verschiedensten Übergänge.

Die Mehrzahl der pflanzenparasitären Pilze sind Endoparasiten, falls man darunter das Vorkommen innerhalb der Pflanze, nicht aber innerhalb der Zelle versteht. *Peronosporaceae, Rostpilze* usw., leben in den Intercellularräumen, die im Grunde zur Blattoberfläche gehören, und senden ebenfalls ihre Haustorien in die Zellen. Entsprechend dem geschilderten Verhalten dringen viele dieser Pilze nur durch die Spaltöffnungen in die Pflanze ein (Abb. 57, S. 80). Wieder andere, wie *Botrytis*, ferner zahlreiche sog. *Blattfleckenpilze* leben mit Vorliebe zwischen den Zellwänden, deren Pectinmittellamelle sie auflösen[1]. Hinzu kommen noch mehr oder weniger starke Einwirkungen auf die Zelle, die zu lokaler Abtötung führen, so daß der Pilz sich selbst weitere Entwicklungsmöglichkeit schafft. Solche Pilze dringen nach Durchbohren der Epidermisaußenwand in die Pflanze ein; das gleiche ist auch bei den Basidiosporen der *Rostpilze* der Fall, während deren Aecidio- und Uredosporen durch die Spaltöffnungen eindringen; der Grund für dieses verschiedene Verhalten liegt in der Biologie des Auftretens dieser verschiedenen Sporenformen (S. 376),

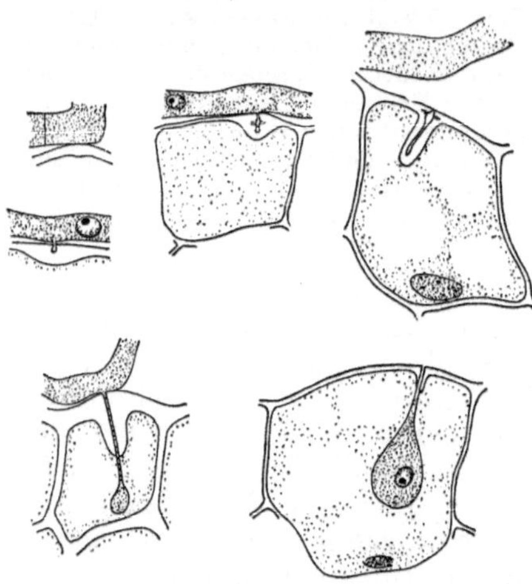

Abb. 154. *Erysiphe communis* auf *Geranium maculatum.* Entwicklung der Haustorien und Cellulosescheiden. Zeichnung. Vergr. 800 mal. (Nach Gr. Smith aus E. Gäumann.)

indem entweder ganz junge, noch nicht mit fertigen Spaltöffnungen versehene oder ältere Blätter infiziert werden. Auch die den jungen Keimling infizierenden Basidiosporen der *Brandpilze* müssen aus diesem Grunde die Außenmembran durchbohren.

Typische Endoparasiten sind in einzelligen und höheren Pflanzen lebende *Archimycetes* und niedere *Oomycetes* (S. 79 ff.), z. B. die Erreger der Kohlhernie *(Plasmodiophora brassicae)*, von Kartoffelkrebs *(Synchytrium endobioticum)*, die durch *Olpidium* verursachten Keimlingserkrankungen sowie die zahlreichen Endoparasiten in *Algen.*

Das weitere gegenseitige Verhalten von Parasit und Wirtspflanze soll hier nur in kurzen Zügen geschildert werden, soweit es die biologische Rassenbildung und die stufenweise Entwicklung bis zum cyclischen Parasitismus erkennen läßt, ohne daß auf sonstige Einzelheiten eingegangen werden kann. Es ergibt sich eine ganz ähnliche Entwicklung wie bei dem symbiontischen Verhältnis, z. B. bei den Knöllchenbakterien.

In der Wirtswahl sind Schwächeparasiten oft wenig wählerisch, pleophag, und befallen die verschiedenartigsten Pflanzen, z. B. *Botrytis cinerea (Sclerotinia)*, der *Grauschimmel.* Von solchen Fällen führt eine abgestufte Reihe zu Formen von immer ausgeprägterer Spezialisation, die schließlich streng auf eng verwandte Arten oder sogar auf

---

[1] Siehe S. 373, Anm. 4.

eine einzige Wirtspflanzenart beschränkt sind. Hierbei tritt noch eine Differenzierung des Pilzes ein: Die biologische Rassenbildung. Befällt ein Parasit mehrere Pflanzenarten, so können sich die verschiedenen Herkünfte des Pilzes verschieden verhalten, etwa in der Länge und Breite der Sporen, zwar nicht im Einzelfalle, aber bei Anwendung variationsstatistischer Berechnungen, da die Unterschiede zu gering sind und nur im Gipfel von Variationskurven zum Ausdruck kommen. In vielen Fällen ist jedoch auch dieses nicht möglich: Daß verschiedene Rassen des Pilzes vorliegen, ist nur im biologischen Verhalten zu erkennen, d. h. daran, welche Pflanzenart von der jeweiligen Pilzrasse infiziert wird bzw. ob eine Pflanzenart von einer Pilzrasse bestimmter Herkunft stärker infiziert wird oder ob nur auf ihr eine Infektion möglich ist.

Noch eine weitere Differenzierung (auf seiten der Pflanze) ist zu beobachten, wenn nur eine einzige Pflanzenart befallen wird: Die Sortenwiderstandsfähigkeit. Einer einheitlichen Pilzrasse gegenüber ist also etwa *Weizen* nicht gleich *Weizen*, sondern die einzelnen Sorten sind in sehr verschiedenem Grade empfänglich, und die einzelnen biologischen Rassen des Pilzes befallen die einzelnen Sorten einer Kulturpflanze in sehr verschiedenem Grade (s. dazu S. 330f.). Es kommt so zu einem Gegeneinanderspiel von Dutzenden von Pflanzen- und Pilzrassen.

Daß derartige Verhältnisse die Bekämpfung der Krankheiten äußerst erschweren, liegt auf der Hand. Indessen besteht ein gewisser Vorteil, daß solche Kenntnisse es ermöglichten bzw. veranlaßten, widerstandsfähige Sorten zu züchten, d. h. Resistenz- bzw. Immunitätszüchtung zu treiben. Es werden so einerseits teuere und umständliche Bekämpfungsmaßnahmen erspart; andererseits ist dadurch oft die einzige Möglichkeit gegeben, gegen bestimmte Krankheiten, wie die durch *Rostpilze* verursachten, vorzugehen, bei denen eine andere Art der Bekämpfung versagt. Doch sind auch dieser Methode Grenzen gesetzt dadurch, daß auf einer resistenten Sorte schließlich doch eine schädliche Rasse auftritt, entweder durch das Emporkommen einer vorher unterdrückten Rasse oder durch Neuentstehung, wofür in der möglichen Bastardierung, z. B. bei *Rost-* und *Brandpilzen*, sowie in der ebenfalls möglichen mutativen Neuentstehung die Voraussetzungen gegeben sind.

Trotz dem Vorkommen pleophager Parasiten wird man den Kern des Parasitismus in einer zunehmenden Spezialisation sehen können. Der Wirtswechsel stellt eine weitere Fortentwicklung dar. Entscheidend dürfte dabei nicht die Tatsache sein, daß ein zweiter Wirt besiedelt wird, sondern der regelmäßige Wechsel der morphologischen Erscheinungsform des Pilzes auf verschiedenen Wirten. Der Wirtswechsel ist bei *Rostpilzen (Uredineen)* verbreitet, kommt allerdings nicht bei allen Formen vor. Von anderen Pilzen ist nur ein Fall eines *Ascomyceten* bekannt: *Sclerotinia Ledi* bildet seine Conidien auf *Vaccinium uliginosum*, der *Moorbeere*, aus, während er die Fruchtknoten von *Ledum palustre*, des *Sumpfporst*, zu Sklerotien umbildet, aus denen sich später die Sexualgeneration entwickelt.

Als Beispiel für die Rostpilze diene im nachfolgenden Schema der *Schwarzrost* des Getreides, *Puccinia graminis.* Der Pilz infiziert im Frühjahr von den im Boden keimenden Teleutosporen aus die Blätter der *Berberitze (Berberis vulgaris).* Auf deren Oberseite erscheinen zuerst Pycniden (haploide Generation), wobei als Anlockungsmittel für Insekten eine Art Honigtau ausgeschieden wird, später auf der Unterseite nach Kopulation die Aecidien (von da an dicaryotische Generation).

Schema des Wirtswechsels von Puccinia graminis (Schwarzrost).

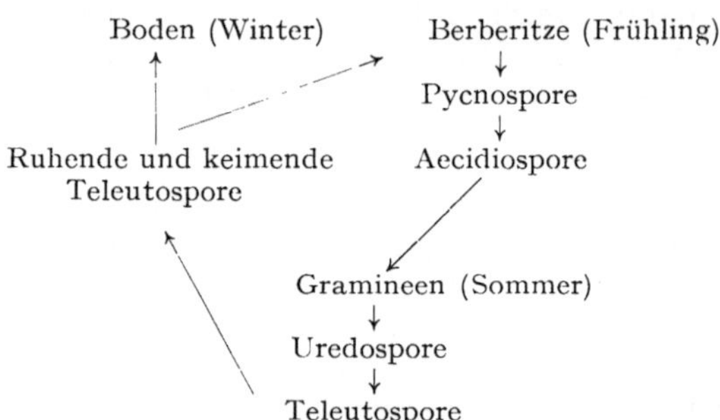

Die Aecidiosporen infizieren das *Getreide,* auf dem die der sofortigen Weiterverbreitung auf andere Getreidearten dienenden Uredosporenlager entstehen und später, beim Altern der Pflanze, die Teleutosporenlager, die der Überwinterung dienen. Diese keimen im nächsten Frühjahr im Boden als Basidien mit Basidiosporen aus, die nach vorangegangener Reduktionsteilung wieder haploid sind und die *Berberitze* infizieren. Bei diesem Wirtswechsel kommt es zu Kombination mit biologischer Rassenbildung des Pilzes: Der *Schwarzrost* kommt außer auf *Roggen, Weizen, Hafer, Gerste* auf verschiedenen *Wildgräsern (Quecken* usw.) vor; aber es handelt sich um eine Anzahl biologischer Rassen, alle mit der *Berberitze* als Zwischenwirt.

Besonders schön tritt die mit Wirtswechsel kombinierte Rassenbildung bei dem *Blasenrost* auf den Nadeln der *Kiefer, Coleosporium,* hervor; es ist die Aecidiengeneration. Die Uredo- und Teleutosporengeneration des Pilzes lebt auf den verschiedensten Pflanzen, ohne daß morphologisch eine Unterscheidung möglich ist. Diese kann nur biologisch geschehen, ob nämlich die Sporen eines Aecidiums bestimmter Herkunft eine bestimmte Pflanze infizieren. Diese zweiten Wirtspflanzen sind z. B. *Senecio (Greiskraut), Tussilago (Huflattich), Solidago (Goldrute)* und noch weitere *Compositen,* ferner *Campanula (Glockenblume), Euphrasia (Augentrost), Pulsatilla (Kuhschelle)* usw., so daß man den Pilz jeweils als *Coleosporium Senecionis, Solidaginis* usw. bezeichnet. Solche Fälle finden sich bei zahlreichen *Rostpilzen.*

Bei vielen *Rostpilzen* fehlt der Wirtswechsel, wobei auch in zahlreichen Fällen die eine oder andere der verschiedenen Sporenformen nicht mehr ausgebildet wird, z. B. nur die Teleutosporenform. Die Überwinterung erfolgt in solchen Fällen auf der einen Wirtspflanze, entweder in den das ganze Jahr über vorhandenen Blättern, wie beim *Gelbrost* des *Weizens (Puccinia glumarum)* auf der Wintersaat, oder auch, bei anderen Pflanzen, im unterirdischen Rhizom.

Die höchste Stufe des Parasitismus, die ihn mit der Symbiose verbindende, ist der cyclische Parasitismus. Vielfach perenniert ein Parasit in der Pflanze, so natürlich auch Baumparasiten, ferner der Pilz der Krautfäule der *Kartoffel (Phytophthora infestans)* in den Knollen, andere Pilze in bzw. an Knospen usw. Aber solches Vorkommen geht nicht über die normalen Beziehungen eines Parasiten zum Wirt hinaus. Bei dem Pilz der Krautfäule der *Kartoffel* z. B., der bei uns keine Oozygoten als eigentliche Überwinterungsformen bildet, gelangt der Pilz von den Blättern in die Knollen, aber nicht durch Hinabwachsen, sondern dadurch, daß heruntergefallene Sporen die Knollen direkt infizieren. Das in der Knolle überwinternde Mycel infiziert wieder die oberirdischen Teile ebenfalls nicht durch Hinaufwachsen in der Pflanze, sondern durch an der Knolle gebildete Sporen, die durch Regen und Wind an die Blätter gelangen. Bei *Sclerotinia fructigena (Monilia*fäule des *Obstes* nach der Nebenfruchtform, S. 84, dieses *Ascomyceten)* kann zwar eine Blüteninfektion stattfinden, die aber nur zur Zerstörung der Blüte und der Zweigspitzen führt, mit Überwinterung an den befallenen Zweigen. Ein ganz anderes Bild bieten einige *Rostpilze*[1], die in unterirdischen Pflanzenteilen perennieren, z. B. *Puccinia fusca* in der *Anemone (Anemone nemorosa)*, *Uromyces Pisi* in *Wolfsmilch (Euphorbia cyparissias*; als zweiter Wirt kommt hier die *Erbse* in Frage), *Puccina suaveolens* in *Ackerdistel (Cirsium arvense)* usw. Die austreibenden Pflanzen zeichnen sich durch bleiche Farbe, schmächtigeren Wuchs und kleinere Blätter aus; sie sind übersät mit den Sporenlagern. In der erwähnten *Euphorbia* lebt der Pilz zunächst nur als „Raumparasit" und bildet erst später, im alternden Gewebe, Haustorien aus. Immerhin sind hier aber die Pflanzen so stark geschädigt, daß es meist zu keiner Bildung von Blüten und Früchten kommt. Ein eigentlicher cyclischer Parasitismus liegt also nicht vor.

Zu diesem leiten andere Fälle über: Die durch den *Ascomyceten Pleospora trichostoma* (Nebenfruchtform: *Helminthosporium gramineum)* verursachte Streifenkrankheit der *Gerste* (Abb. 155) sowie einige durch *Brandpilze* verursachte Erkrankungen: Steinbrand des *Weizens (Tilletia tritici)*, Flugbrand des *Hafers (Ustilago avenae)* und Hartbrand der *Gerste (Ustilago hordei)*. Der junge Keimling wird infiziert, indem der Pilz die Epidermis durchbohrt; das Pilzmycel wächst mit der Pflanze in die Höhe, ohne daß diese bei den Brandarten zunächst geschädigt erscheint, während bei der Streifenkrankheit oft schon ganz junge Pflanzen abgetötet werden. Später erscheinen bei der Streifenkrankheit

---

[1] Für *Rostpilze* hatte ERIKSSON vor langer Zeit cyclisches, durch Samen übertragbares Zusammenleben behauptet, was aber nicht bestätigt werden konnte. Immerhin deuten manche Tatsachen darauf hin, daß man die Frage in anderer Form nicht ganz aus den Augen verlieren sollte. Ein gewisser cyclischer Parasitismus dieser Art liegt vor bei *Peronospora manchurica* auf *Sojabohne*: HILDEBRAND, A. A., u. L. W. KOCH: Scient. Agricult. 31, 505 (1951).

die vertrocknenden und aufreißenden Streifen auf Blättern und Blattscheiden, bei den erwähnten Flugbrandarten die schwarzen Brandsporenlager, zu denen das Blütchen umgewandelt ist, während bei Weizensteinbrand die Früchte, äußerlich wenig verändert aussehend, innen die schwarzen Brandsporenlager enthalten. Bei den Brandarten kommt

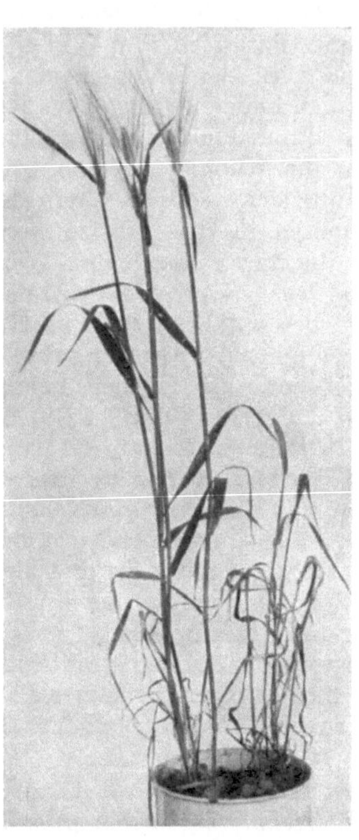 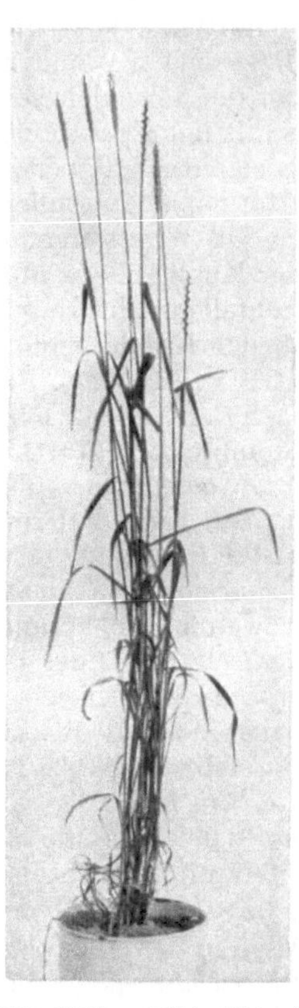

Abb. 155. *Pleospora trichostoma (Helminthosporium gramineum)*, Streifenkrankheit der Gerste. Links gesunde, rechts total infizierte Pflanze. Etwa $^1/_8$ naturl. Größe. (Phot. R. Meyer.)

Abb. 156. *Ustilago tritici.* Weizenflugbrand. Drei Ähren erkrankt, Pflanze im übrigen gesund. Etwa $^1/_{10}$ natürlicher Größe. (Phot. R. Meyer.)

es so zu keiner Fruchtbildung mehr, bei der Streifenkrankheit nur bei leichter Erkrankung. Während im Falle des Steinbrands des *Weizens* und des Hartbrands der *Gerste* die Brandsporen durch äußerliches Verschmutzen auf gesunde Samen gelangen und von dort aus den Keimling infizieren, vollzieht sich beim Flugbrand des *Hafers* und bei der Streifenkrankheit der *Gerste* der Vorgang etwas anders: Die Sporen gelangen auf gesunde Blüten, keimen dort sofort aus und siedeln sich mit einem kleinen Dauermycel an deren Innenseite und in der Fruchtschale (aber nicht unter die Samenschale vordringend) an, von wo aus bei der Keimung der Früchte die Infektion des Keimlings erfolgt.

Beim Flugbrand des *Weizens (Ustilago tritici)* und der *Gerste (Ustilago nuda,* Abb. 156) ist eine vollendete Blüteninfektion und somit ein völlig cyclischer Parasitismus entwickelt, wenn man als dessen Kriterium das Eindringen des Parasiten in die Samen betrachtet. Die aus den zu Brandsporenlagern umgestalteten Blüten ausstäubenden Brandsporen gelangen auf gesunde Blüten, keimen auf der Blütennarbe, der Pilz wächst auf den Wegen der Pollenschläuche in die Samenanlage, wo er sich als kleines Mycel zwischen Embryo und Endosperm festsetzt und so auch in den reifen Samen verbleibt, die in keiner Weise geschädigt erscheinen. Auch die daraus aufwachsende Pflanze sieht völlig gesund

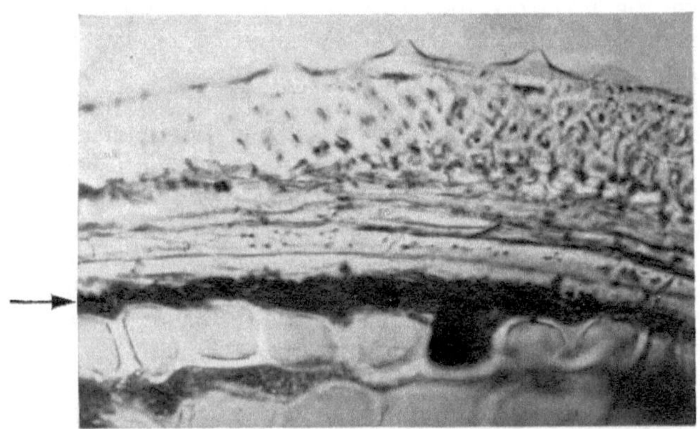

Abb. 157. *Lolium temulentum* (Taumellolch). Querschnitt durch die Frucht, die Pilzschicht (→) zwischen Samenschale und Aleuronschicht zeigend. Hellfeldaufnahme nach gefärbtem Präparat. Aleuronzellen (mit einer Ausnahme) leer, daher ungefärbt. Vergr. 350mal. (Phot. R. MEYER.)

aus (Abb. 156): Kranke und gesunde Triebe sind von gleicher Größe; erst bei der Blüte tritt die zerstörende Wirkung des Pilzes in der Ausbildung der schwarzen Brandsporenlager hervor. Durch höhere Temperatur, bessere Versorgung mit Nährstoffen usw. kann man das Wachstum der Pflanze so beschleunigen, daß es dem Pilz sozusagen enteilt und die Pflanze gesund bleibt[1]. Oft sind auch nur einige der Bestockungstriebe befallen (Abb. 156 von einer Pflanze mit mehreren Bestockungstrieben).

Zum cyclischen Parasitismus ist auch das Vorkommen eines Pilzes, *Chaetomium Kunzeanum,* eines *Ascomyceten,* im Samen (im Embryo und zwischen Samenschale und Aleuronschicht, Abb. 157) und intercellular in der ganzen Pflanze des Taumellolches, *Lolium temulentum*[2], zu rechnen. Er kommt in fast 100% der Samen vor, weniger häufig bei anderen *Lolium*-Arten. Die Giftigkeit der Samen, verursacht durch das

---

[1] BREFELD, O.: Untersuchungen auf dem Gesamtgebiete der Mykologie, Heft 11. — TISCHLER, G.: Flora **104**, 1 (1911). — RIPPEL, A., u. O. LUDWIG: Angew. Bot. **9**, 541 (1927). Hier werden diese „syngenen" den „metagenen" Parasiten gegenübergestellt.

[2] Streng genommen handelt es sich nur in diesem Falle um einen cyclischen Parasitismus, während im Falle des Weizenflugbrandes je zwei Individuen zur Entwicklung notwendig sind, von denen das eine nicht fruktifiziert.

Alkaloid Temulin, ist auf den Pilz zurückzuführen. Fruchtkörper werden von dem Pilz auf der Pflanze nicht gebildet. Zwischen pilzfreien und verpilzten Pflanzen ist im Wachstum von *Lolium temulentum* höchstens eine ganz geringe Schädigung festzustellen, bei *L. multiflorum* ist die Schädigung jedoch viel stärker[1]; der parasitäre Charakter tritt hier also deutlicher in Erscheinung. Stickstoffbindung findet nicht statt. Ob sich von dem S. 348 erwähnten häufigen Vorkommen von *Pilzen* in Früchten bzw. Samen außerhalb der Samenschale eine Brücke zu derartigen fortgeschrittenen Erscheinungen schlagen läßt, kann z. Z. noch nicht gesagt werden.

Resistenz und Immunität bei Pflanzen. Unter Resistenz[2] verstehen wir die natürliche, angeborene, also passive, Widerstandsfähigkeit einer Pflanze einem Parasiten gegenüber. Sie kann, abgesehen von dem normalen Gesundheitszustand der Pflanze, wie er durch geeignete Kulturmaßnahmen erzielt wird, rein äußerlicher, morphologischer Natur sein, indem gewisse Sorten der *Gerste* vom Flugbrand *(Ustilago nuda)* nur deshalb nicht befallen werden, weil sie verdeckt abblühen, die Narben also nicht nach außen treten; nur durch diese kann aber die Infektion erfolgen, in gleicher Weise wie beim Flugbrand des *Weizens*, bei welcher Pflanze die Narben jedoch stets nach außen treten. Künstliche Freilegung der Blütennarben solcher Gerstensorten führt zum Infektionserfolg. In vielen anderen Fällen werden, wie es auch bei diesen Brandarten der Fall ist, nur junge Pflanzen infiziert, nicht ältere, weil bei diesen die Zellwände bereits so erstarkt sind, daß dem Einbohren zu großer Widerstand entgegengesetzt wird. In allen diesen Fällen erfolgt nur ein einmaliges Eindringen. Bei dem Beulenbrand des *Maises (Ustilago zeae)* kann jedoch die Infektion an beliebigen noch verhältnismäßig jungen Teilen der Pflanze stattfinden, so daß die Brandbeulen allerorts entstehen können. In gewissem Sinne können auch die Wundparasiten in diesem Zusammenhange erwähnt werden.

Dem eingedrungenen Parasiten gegenüber findet sich eine zweite Gruppe von Resistenzerscheinungen histologischer Natur. Oft versucht die Pflanze, den Parasiten durch Ausbildung einer Korkschicht abzuriegeln, wie es bei dem Schorf der Kartoffelknolle, verursacht durch *Actinomyceten,* der Fall ist. Das kommt allerdings bei Blättern nicht in Frage; hier bildet die Pflanze um den eingedrungenen Parasiten eine Cellulosescheide (Abb. 154, S. 374), deren Erfolg allerdings meistens zweifelhaft ist, da der Pilz schließlich hindurchstößt. Endlich kann der Pilz durch Ausscheidung von Gummi, Harzen usw. seitens der Pflanze zurückgedrängt werden.

---

[1] Günnewig, G.: Beitr. Biol. Pflanz. **20**, 227 (1933). — Nach H. Bredemann [Zbl. Bakter. II **107**, 151 (1952/54)] lassen sich die Samen von *Lolium remotum* durch Heißwasserbeize pilzfrei machen. Auch stirbt der Pilz vor Erlöschen der Keimfähigkeit der Samen ab.

[2] Gäumann, E.: Zbl. Bakter. I Orig. **158**, 205 (1952). — Baldacci, E.: La resistenza delle piante alle malattia. Genova-Roma-Napoli-Città di Castello 1942. — Hart, H.: Annual Rev. Microbiol. 3, 289 (1949).

Eine dritte Gruppe von Resistenzerscheinungen ist das Vorkommen chemischer Stoffe, die den Parasiten hemmen. So hemmt ein steril gewonnener Preßsaft einer widerstandsfähigen Sorte von *Mais* die Entwicklung des Maisbrandes *(Ustilago zeae)*, nicht aber der Preßsaft einer anfälligen Sorte. Das mögliche Vorkommen von Hemmstoffen für Mikroorganismen in der Pflanze wurde bereits S. 349 erwähnt; hier sei noch erwähnt, daß bei gefärbten *Zwiebeln* das Vorhandensein von Protocatechusäure und Catechol eine Pilzinfektion verhindert[1].

Diese Frage leitet nun zu der weiteren über, ob es in der Pflanze eine Immunität im engeren Sinne, also eine erworbene aktive Reaktion gegen den eingedrungenen Parasiten gibt, entsprechend den tierischen Immunitätserscheinungen. Das scheint nicht der Fall zu sein, obwohl es verschiedentlich behauptet wurde. So wollte man Präcipitations- und Agglutinationsreaktionen festgestellt haben, was aber einer eingehenden Kritik nicht standhielt. An und für sich könnten solche Reaktionen in der Pflanze sich ja auch nur lokal abspielen, da dieser der allgemeine Stoffkreislauf wie beim tierischen Organismus fehlt; man kann also keine allgemeine Immunisierung erwarten.

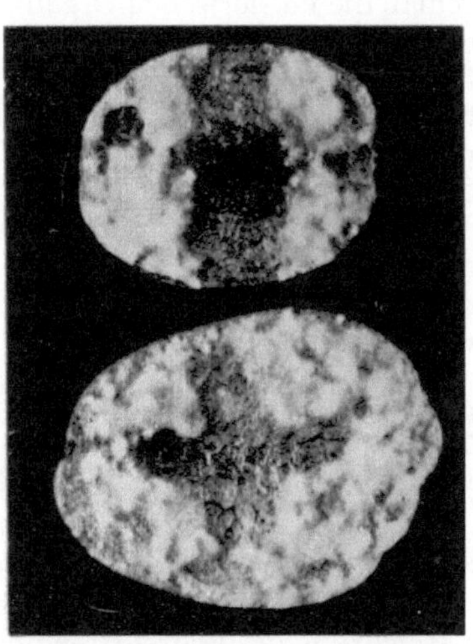

Abb. 158. Gegen *Phytophthora infestans* vaccinierte Kartoffelknollen. Die dunklen, pilzfreien Streifen vorher mit einem wenig pathogenen Stamm beimpft, dann die ganze Schnittfläche mit einem normal pathogenen Stamm. Nur die nicht vaccinierten Bezirke befallen. (Phot. nach K. O. MULLER.)

Aufschlußreich sind Versuche an der *Kartoffel*[2]. Die Kulturformen sind gegen den Pilz der Krautfäule, *Phytophthora infestans* (S. 81 u. 288), anfällig: Primitive amerikanische Kartoffelsorten sind jedoch resistent, und es gelang, das für die Resistenz verantwortliche Gen in unsere Kulturformen einzubauen, diese also widerstandsfähig zu machen. Vaccinierte man, indem man über die Schnittfläche der Knolle einen Pilzstamm ausstrich, gegen den diese widerstandsfähig ist, und danach einen Pilzstamm, gegen den die Knolle normal anfällig ist, so ist die Knolle diesem gegenüber immun geworden, wie Abb. 158 zeigt, auf der die erste Impfung in Form eines Kreuzes bzw. eines Bandes erfolgte, die zweite über die ganze Schnittfläche. Doch reichte die „Immunisierung" nur so weit, wie die ursprüngliche Behandlung erfolgte; die übrigen Teile sind normal anfällig. In der Pflanze sind also keine Stoffe vorhanden, die von vornherein über Anfälligkeit bzw. Nichtanfälligkeit entscheiden, sondern die Pflanze befindet sich in einer „indifferenten Ausgangslage", und erst

---

[1] LINK, K. P., u. Mitarb.: J. of Biol. Chem. **81**, 369 (1929); **84**, 719 (1929); **100**, 379 (1933). — RAMSAY, G. B., u. Mitarb.: Phytopathology **36**, 245 (1946).

[2] MÜLLER, K. O., u. H. BÖRGER: Arb. Biol. Reichsanst. Land- u. Forstw. **23**, 189 (1941).

der Pilzangriff führt die Entscheidung herbei. Vererbt wird also nicht die Widerstandsfähigkeit an sich, sondern die Fähigkeit, den resistenten Zustand zu erwerben. Zudem handelt es sich nicht um spezifische Erscheinungen; denn diese Vaccinierung verleiht auch Resistenz gegen andere Pilzparasiten und bleibt außerdem lokal beschränkt. Daher vermeidet man bei Pflanzen den engeren Begriff der Immunität und spricht allgemein nur von Resistenzerscheinungen.

Bei der Bekämpfung der Pflanzenkrankheiten spielen demgemäß die im tierischen Organismus so wichtigen biochemischen Immunreaktionen keine Rolle. Selbst wenn sie bekannt wären, wäre bei den Pflanzen die Behandlung des Individuums wenigstens bei den Feldfrüchten (bei Obstbäumen würde der Fall anders liegen) schon deshalb nicht möglich, weil sie nicht wirtschaftlich und praktisch nicht durchführbar wäre. Auch die Vernichtung des eingedrungenen Parasiten durch Gifte spielt aus ähnlichen Gründen keine Rolle. Nur im Falle der *Mehltaupilze* ist Abtötung des Parasiten, der die Pflanze bereits befallen hat, möglich, z. B. durch feinverteilten Schwefel, jedoch nur, weil diese Pilze außen auf der Pflanze sitzen (S. 374).

Begreiflicherweise hat man versucht, Antibiotica bzw. Antibiotica-Bildner zur Bekämpfung von Pflanzenkrankheiten heranzuziehen, ist jedoch, bei den mannigfachen biologischen und abiologischen Gegenwirkungen (vgl. S. 369 ff.) zu teilweise sehr widersprechenden Ergebnissen gelangt, so daß hier nur auf einige zusammenfassende Literatur hingewiesen sei[1]. In ähnlicher Weise wie im Falle der *Leguminosenbakterien* sieht man in der natürlichen Mikroflora der Rhizosphäre einen Schutzwall gegen Parasiten, z. B. gegen den Weizenparasiten *Ophiobolus*[2].

Im übrigen zielt die Bekämpfung der Pflanzenschädlinge auf die Vernichtung der Brutstätten und darüber hinaus auf die Verhinderung der Infektion, indem man entweder das Saatgut desinfiziert, beizt, und so durch Vernichtung daran sitzender oder durch Fernhalten hinzukommender Parasiten deren Entwicklung verhindert. Oder man verhindert durch Aufbringung von Spritzmitteln mit fungiciden Stoffen (Kupfer usw.) die Keimung und Infektion des Parasiten auf den Blättern. Der in der Pflanze sitzende Parasit ist nicht mehr zu bekämpfen, es sei denn durch Ausschneiden befallener Stellen bei Bäumen. Nur beim Flugbrand des *Weizens* und der *Gerste* ist die Abtötung des in den Samen sitzenden Pilzes durch eine „Heißwasserbeize" möglich; die näheren Zusammenhänge sind noch unbekannt.

Das wichtigste Mittel (S. 375) ist Züchtung und Anbau widerstandsfähiger Sorten, Resistenzzüchtung (Immunitätszüchtung), allerdings mit der ebenda gegebenen Einschränkung, also eine indirekte Maßnahme. Dazu gesellen sich noch weitere: Bei einjährigen Pflanzen geeignete Aussaatzeit, nicht zu dichte Saat (Erniedrigung der pilzfördernden

[1] WEINDLING, R.: Annual Rev. Microbiol. **4**, 247 (1950). — DARPOUX, H.: Bull. Soc. Bot. France. Mem. 140—144, 1951. —HORSFALL, J. C., u. A. E. DIMOND: Annual Rev. Microbiol. **5**, 209 (1951). — KÖHLER, H.: Nachr.bl. dtsch. Pflanzenschutzdienst N.F. **7**, 108 (1953). — NISSEN, T. V.: Tidskr. Planteavl. **56**, 633 (1953). STALLINGS, J. H.: Bacter. Revs. **18**, 131 (1954).

[2] WINTER, G.: Arch. Mikrobiol. **14**, 240 (1949); **15**, 42, 72 (1950); **16**, 136 (1951). — RÜMKER, R. v.: Phytopathol. Z. **18**, 55 (1951). — LIKAIS, R.: Arch. Mikrobiol. **18**, 49 (1952/53).

Luftfeuchtigkeit), Fruchtwechsel (Vermeidung einer Verseuchung des Bodens mit dem Parasiten), Mischkultur mit anderen Pflanzen (Seuchengefahr bei der Monokultur) usf. Alles richtet sich jeweils nach der Biologie des Parasiten und der Pflanze.

Ein sehr instruktives Beispiel dieser Art sei erwähnt. Gegen die Blattfallkrankheit des Weinstocks (*Plasmopara viticola*, Abb. 57, S. 80), wird während der Vegetationszeit mehrere Male mit Kupferkalkbrühe (Kupfersulfat, durch kohlensauren Kalk neutralisiert, eines der wichtigsten Pflanzenschutzmittel) gespritzt. Der Pilz bildet in den absterbenden Blättern Oozygoten, die im Boden im Frühjahr mit Sporangien und darin entstehenden beweglichen Zoosporen auskeimen, die nur in tropfbar flüssigem Wasser keimen und infizieren können. Die Möglichkeit dazu gibt starker Regen, der sie auf die Blätter spritzt. Von dieser Primärinfektion aus schickt der Pilz nach außen durch die Spaltöffnungen seine Sporangienträger. Sodann erfolgt die zweite Infektion in der gleichen Weise wie bei der ersten, da auch hier bewegliche Zoosporen entstehen. Dieser Vorgang wiederholt sich im Laufe der Vegetationszeit bei jedem starken Regen. Die Kupferkalkbrühe soll nun auf der Blattunterseite einen Überzug bilden, aus dem so viel Kupfer in Lösung geht, daß die Zoosporen bzw. ihre Keimungsstadien abgetötet werden. Die Unterseite der Blätter muß geschützt werden, da sich nur dort die Spaltöffnungen befinden, durch die allein der Pilz eindringen kann. Durch Beobachten starker Regenfälle von der Zeit des Laubausbruchs der Rebe an kann man nun genau sagen, wann die erste, zweite usw. Infektion erfolgt sein muß. Berücksichtigt man weiter, daß die Inkubationszeit im Laufe des Sommers mit zunehmender Wärme von anfänglich 15 bis 18 Tagen bis herunter zu 5 bis 6 Tagen sinkt, so weiß man weiter, wann nach der Infektion der Pilz äußerlich erscheint und die anschließende Infektion hervorrufen kann. Die Beobachtungen können an einer Zentralstelle gemacht und von ihr aus Anweisungen über den Zeitpunkt der Notwendigkeit des Spritzens gegeben werden, der einzelne Winzer ist also dieser Sorge enthoben. So liegt ein Schulbeispiel für eine auf Grund der genauen Kenntnis der Biologie des Parasiten durchgearbeitete Bekämpfung eines Schädlings vor.

Mikroorganismen als Parasiten auf Tieren.

Wie schon erwähnt, kommen Pilze als Erreger von Krankheiten höherer Tiere[1], einschl. des Menschen, verhältnismäßig selten in Frage. In der Hauptsache handelt es sich um oberflächliche Infektionen, Haut- und Ohrerkrankungen, ferner solche der Atmungswege einschl. der Lunge. Vertreter der gewöhnlichen *Schimmelpilz*-Gattungen können pathogen auftreten, namentlich an höhere Temperatur angepaßte Arten, wie *Asp. fumigatus*, *Mucor pusillus*. Vertreter der *Dematiaceae* (*Fungi imperfecti* mit dunkelgefärbtem Mycel und Conidien) verursachen in tropischen Gebieten knotige Geschwulste an den unteren Extremitäten (Chromoblastomykosen), ferner Haarerkrankungen (*Sporotrichon*), *Torulopsidoideae* Erkrankungen des Zentralnervensystems, hefeähnliche Mikroorganismen und *Candida*-Arten (*Mucedinaceae*) Erkrankungen der Atmungsorgane oder des Mund- und Rachenraumes (*Candida albicans*, *Soorpilz*) usf. In vielen Fällen ist die Zugehörigkeit solcher Pilze noch sehr mangelhaft bekannt. *Actinomyces*-Arten verursachen Aktinomykosen (Strahlenpilzerkrankung); hierzu gehört auch der Madurafuß (chronische Erkrankung des Unterschenkels).

---

[1] Die pathogenen *Eumyceten* behandeln H. DELITSCH: Vorratspflege u. Lebensmittelforschg **5**, 281 (1942). — NICKERSON, W. J.: Biology of pathogenic fungi. Ann. cryptogamici et phytopathologici, Bd. VI. Waltham, Mass. USA. 1947.

Verbreiteter sind Pilzerkrankungen niederer Tiere, von Wassertieren durch *Archimycetes* und niedere *Oomycetes*, wie es deren Vorkommen (S. 264) entspricht, z. B. durch *Saprolegnia*-Arten u. a. Häufig werden Insekten durch höhere Pilze befallen, so die Stubenfliege (Massensterben im Herbst!) durch *Empusa muscae*, zu der stark insektenpathogenen Familie der *Entomophthoraceae, Zygomycetes*, gehörig. Eine weitere insektenpathogene Familie ist die der *Laboulbeniaceae* (zu den *Ascomycetes* gehörig, aber stark abseits stehend). Unter den *Basidiomycetes* finden sich keine tierpathogenen Formen.

Hier sei noch der sehr eigenartige Tierfang durch Pilze[1] erwähnt, entweder durch einfache Mycelschlingen[2] (Nematodenfang durch *Hyphomyceten*, S. 90), oder bei dem wohl zu den *Saprolegniaceae* gehörigen *Zoophagus insidians*[3] auf kompliziertere Weise: Der Pilz bildet (Abb. 159) Kurzhyphen mit stark lichtbrechendem Inhalt, an denen *Rotatorien* bei Berührung mit dem Munde, wenn sie die Oberfläche von Wasserpflanzen abweiden, hängenbleiben, da bei Reizung die Kurzhyphe eine schleimige Substanz als

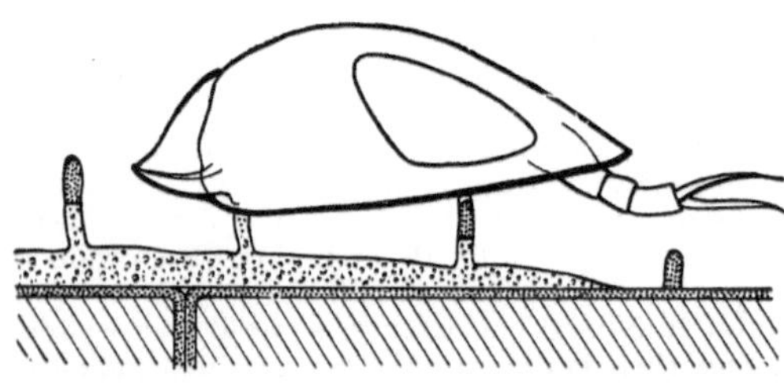

Abb. 159. *Zoophagus insidians*, Fang von *Rotatorien*. Vergr. 150 mal. (Zeichnung nach H. SOMMERSTORFF.)

Klebstoff bildet. Die Kurzhyphe wächst dann in das Tier hinein und saugt es aus. Zum Tierfang ist also sozusagen das Prinzip des Netzes und des Angelhakens verwendet.

Die eigentlichen, d. h. besonders wichtigen Erkrankungen der Warmblüter[4] werden dagegen durch Bakterien verursacht, und es wurde eingangs schon erwähnt, daß die Mikrobiologie gerade von seiten der Medizin her ursprünglich entscheidende Impulse erhielt, ausgehend von dem Kampf gegen Menschen- und Tierseuchen. Und anders als bei den vorher besprochenen Pflanzenkrankheiten steht das Individuum im Mittelpunkt der Bekämpfung, und die im Körper zu erweckenden Abwehrkräfte haben zur erfolgreichen Führung dieses Kampfes erheblich beigetragen, wie er durch die Namen EDWARD JENNER,

---

[1] Sammelbericht: DRECHSLER, CH.: Biol. Rev. Cambridge philos. Soc. **16**, 265 (1941).

[2] ZOPF, W.: Nova Acta Leopold. Carol. dtsch. Akad. Naturforsch. **52**, Nr. 7 (1888). — Die Pilze. Breslau 1890.

[3] SOMMERSTORFF, H.: Österr. bot. Z. **61**, 361 (1911). — ARNAUDOW, N.: Sommerstorff-Jb. Sofianer Univ. **15—16**, 1—32 (1918/20). — Ein anderer Pilz bei R. ARNAUDOW: Flora N. F. **16**, 109 (1923). — Nematodenfangende Pilze: DUDDINGTON, C. L.: Trans. Brit. Mycol. Soc. **34**, 598 (1951); Nature (London) **173**, 500 (1954). — DIXON, S. M.: Trans. Brit. Mycol. Soc. **33**, 144 (1952). — SOPRUNOV, F. F., u. N. Ja. SOPRUNOVA: Mikrobiologija **21**, 23 (1952); ref. Ber. wiss. Biol. **79**, 258. — PROWSE, G. A.: Trans. Brit. Mycol. Soc. **37**, 134 (1954).

[4] Auch Kaltblüter haben *Bakterien*-Erkrankungen: *Insekten* (S. 47), Bauchwassersucht des *Karpfens* usw.

Louis Pasteur, Robert Koch, Emil v. Behring eingeleitet und von zahlreichen anderen weitergeführt wurde.

Resistenz. Jeder Tierkörper[1] besitzt gegenüber dem eingedrungenen Parasiten eine natürliche, angeborene Resistenz, die, anders als bei den Pflanzen, nicht so sehr durch das Verhüten des Eindringens bedingt ist, das durch Nahrung und Atmung zwangsmäßig, gelegentlich auch durch Wunden (Wundstarrkrampf, Übertragung von Fleckfieber durch *Läuse* usw.) erfolgt, auch nicht durch aktives Eindringen des Parasiten (von gewissen tierischen Parasiten abgesehen); die Resistenz beruht vielmehr auf den ererbten Abwehrkräften des Körpers.

Die weißen Blutkörperchen, Leukocyten, besitzen die Fähigkeit, die eingedrungenen Bakterien aufzulösen und zu zerstören; man spricht von Phagocytose. Daneben finden sich in den Körpersäften unorganisierte Stoffe, die Bakterien aufzulösen bzw. unwirksam zu machen vermögen (Alexine). Diese Stoffe sind von vornherein vorhanden; ihre Bildung und Wirkung wird nicht erst durch den eingedrungenen Parasiten ausgelöst; sie sind demnach unspezifisch. Man nimmt an, daß sie teilweise identisch sind mit dem später zu erwähnenden Komplement. Auch Speichel und Harn haben bactericide Eigenschaften. Als Reaktion auf den eingedrungenen Parasiten kann auch das dann meist einsetzende Fieber betrachtet werden; doch ist darüber noch wenig bekannt[2].

Die natürliche Resistenz ist in der verschiedensten Weise abgestuft: Einerseits verhalten sich einzelne Organe verschieden, andererseits Individuen nach ihrem Lebensalter (Kinder haben ihre besonderen Krankheiten, doch verläuft der Typhus bei ihnen milde) oder nach ihrer sonstigen Konstitution. So gibt es Typhus-, Cholera-, Diphtherie- usw. Bazillenträger, die selbst nicht erkranken, aber den für andere ansteckungsfähigen Parasiten enthalten. Auch nach Rassen ist die Resistenz verschieden (z. B. kommt Scharlach bei Farbigen nicht vor), endlich nach Arten bzw. größeren Gruppen: *Schildkröten* und andere *Reptilien* erkranken durch das Tetanustoxin nicht, die *Kaltblüter*-Tuberkulose ist dem Menschen ungefährlich.

Immunität. Diesen Erscheinungen gegenüber steht die erworbene Immunität, die Widerstandsfähigkeit des Individuums gegen den Parasiten, an dem es einmal erkrankt war. Sie ist also ganz spezifisch von dem Individuum auf den jeweiligen Parasiten eingestellt[3].

---

[1] Vgl. u. a. R. Müller: Lehrbuch der Hygiene. Tl. II. Medizinische Mikrobiologie. München u. Berlin, 4. Aufl. 1950. — Hallmann, L.: Bakteriologie und Serologie, 2. Aufl. Stuttgart: Gg. Thieme 1955. — A. J. Salle: Siehe S. 392.

[2] Über die Isolierung hochwirksamer, hitzelabiler, fiebererregender Stoffe aus Bakterien vgl. P. Weger: Naturwiss. **34**, 59 (1947). — Westphal, O., u. O. Lüderik: Angew. Chem. **66**, 407 (1954).

[3] Da Immunitätsreaktionen auch zum Nachweis der Verwandtschaft von Mikroorganen bzw. zur Identifizierung von Stämmen benutzt werden, ist es von Wichtigkeit, daß z. B. bei *Pneumococcus* (S. 65) ein spezifisches Protein durch „Transformation" erworben werden kann: Austrian, R., u. C. McLeod: J. of Exper. Med. **89**, 451 (1949)

Allgemein bezeichnet man jeden Stoff, der im Körper die Bildung eines nur auf ihn eingestellten **Antikörpers** (Abwehrstoff, Schutzstoff, Immunstoff)[1] hervorruft, als **Antigen** (zusammengezogen aus Antisomatogen). Es handelt sich nicht nur um Eiweißkörper, sondern es können auch einfache Kohlenhydrate bzw. deren Derivate die Bildung von Antikörpern hervorrufen[2], z. B. bei *Pneumokokken* Cellobionsäure (das Disaccharid Cellobiose mit einer Carboxylgruppe), ein Abbauprodukt des Schleims der Bakterienzelle. Es wurde überhaupt schon die Frage aufgeworfen, ob nicht Eiweißkörper durch ihren Gehalt an Kohlenhydratgruppen als Antigene wirken. Das die Antikörper enthaltende Blutserum bezeichnet man als Immunserum. Die Antikörper sind veränderte Serum-Globuline.

Auch die eingedrungenen Parasiten müssen als Antigen wirken. Besondere, außerdem noch von Bakterien gebildete Stoffe sind **Toxine**, starke Gifte. Sie rufen ebenfalls die Entstehung spezifisch wirkender Antikörper (**Antitoxine**) hervor. Das Unwirksammachen der Toxine erfolgt durch chemische Bindung. Ptomaine (Leichengifte, S. 244f.) sind keine Antigene.

Bakterientoxine sind **Endotoxine** oder **Ektotoxine**. Letztgenannte werden von den lebenden Bakterien nach außen abgeschieden, bei den Bakterien von Diphtherie, Tetanus (Starrkrampf), Botulismus (*Bac. botulinus*, Fleischvergiftung); es handelt sich um Eiweißkörper[3]. Sie wirken an ganz anderer Stelle als an ihrer lokal begrenzten Infektionsstelle. Bei Tetanus z. B. sitzen die Bakterien nur lokal in der Wunde; das ausgeschiedene Toxin gelangt mit der Blutbahn in das Zentralnervensystem, von wo aus es Krampferscheinungen der Körpermuskulatur hervorruft. Die außerordentliche Giftigkeit des Tetanustoxins mag daraus ersehen werden, daß noch 0,00015 mg je kg Meerschweinchen tödlich wirken. Das stärkste Toxin scheint das Botulismustoxin zu sein, von dem die 1 mg Stickstoff enthaltende Menge 10^8 tödliche Mäusedosen enthält (Tetanustoxin entsprechend bis zu $7,5 \times 10^7$ solcher Dosen)[3]. Das von *Bac. welchii* und *Bac. oedematicus* gebildete Toxin erwies sich als Lecithinase, also als ein Lecithin abbauendes Enzym[4]. Die Bildung von Antitoxinen bedingt nur eine Immunität gegen das Toxin, nicht gegen die lebenden Bakterien.

---

[1] Neuere Zusammenfassungen über Abwehrmechanismen bei HAUROWITZ, F.: Biol. Rev. Cambridge Philos. Soc. **27**, 247 (1952). — SMITH, E. L., u. B. V. JAGER: Annual Rev. Microbiol. **6**, 207 (1952). — HAUROWITZ, F.: Annual Rev. Microbiol. **7**, 389 (1953). — SCHMIDT, H.: Zbl. Bakter. I Orig. **153**, 142* (1949). — DOERR, R.: Die Immunitätsforschung. Ergebnisse und Probleme in Einzeldarstellungen. Wien: Springer 1948. — COONS, A. H.: Ann. Rev. Microbiol. **8**, 333 (1954). — HOWIE, J. W., u. A. J. O'HEA: Mechanisms of microbial pathogenicity. 5. Symp. Soc. Gen. Microbiol. University Press. Cambridge 1955.

[2] Zusammenfassungen bei O. WESTPHAL, in: NORD-WEIDENHAGEN: Siehe S. 172, Anm. 6. — HAWORTH, N., u. M. STACEY: Annual Rev. Biochem. **17**, 97 (1948).

[3] MICHEEL, F.: Naturwiss. **33**, 239 (1946/47). — PILLEMER, L., u. K. C. ROBBINS: Annual Rev. Microbiol. **3**, 265 (1949). — BURROWS, W.: Annual Rev. Microbiol. **5**, 181 (1951). — Der Begriff „Toxin" soll durch „lösliches bakterielles Antigen" ersetzt werden: OAKLEY, C. L.: Ann. Rev. Microbiol. **8** 411 (1954).

[4] MACFARLANE, M. G.: Biochemic. J. **42**, 587 (1948).

Diese Bakterienerkrankungen bezeichnet man auch als Intoxikationskrankheiten, die übrigen Cholera, Typhus, Pest, Tuberkulose, Milzbrand, Schweinerotlauf usw., als Infektionskrankheiten. Bei diesen werden vom Erreger keine löslichen Toxine ausgeschieden, sondern die Endotoxine werden, soweit vorhanden, durch Auflösen der Bakterien frei. Diese Auflösung erfolgt entweder lokal im infizierten Gewebe oder z. B. in der Blutbahn. In diesem Falle spricht man von Sepsis, von Septicämie weiter dann, wenn die Bakterien sich in der Blutbahn noch vermehren. Ein durchgreifender Unterschied besteht allerdings nicht.

Von Immunreaktionen seien die wichtigsten kurz erwähnt. Unter Agglutination versteht man die (im Gegensatz zur unspezifischen Ausflockung der Bakteriensuspensionen durch Salze) spezifische Zusammenballung der Bakterien durch das Immunserum. Hier wirken die ganzen Bakterien (einschl. der unter Umständen spezifisch reagierenden Geißeln) als Antigen. Demgegenüber ist die Präcipitation (durch das Immunserum in einem zellfreien Bakterienextrakt verursachter Niederschlag) eine Reaktion auf gelöste Eiweiß- oder sonstige Stoffe. Bakteriolysine sind spezifische Stoffe in einem Immunserum mit der Fähigkeit, die betreffenden Bakterien aufzulösen. Entsprechend wirken Hämolysine durch Auflösung artfremder, in das Blut eingeführter roter Blutkörperchen. Bei diesen Reaktionen ist ein kompliziertes System wirksam, das aus einem nur im Immunserum vorhandenen, thermostabilen Immunkörper, dem Amboceptor, dem thermolabilen, in jedem System vorkommenden Complement und dem Antigen besteht. In vollständiger Reaktion bindet der Amboceptor Complement und Antigen. Man benutzt diese Reaktion z. B. in Form der Wassermann-Reaktion zum Nachweis der Syphilis, verursacht durch *Spirochaeta pallida*; sie kann sinngemäß auch zum Nachweis anderer Infektionen (z. B. der Rotzkrankheit, verursacht durch *Corynebact. mallei*) verwendet werden.

Immun- und Enzymreaktionen. Es fällt auf, daß Immunreaktionen sehr viel Ähnlichkeit mit Enzymreaktionen haben. Wie die Enzyme haben auch die Antikörper (nicht aber alle Antigene) Proteinnatur; aber es handelt sich doch nur um eine äußerliche Ähnlichkeit, dadurch hervorgerufen, daß in beiden Fällen Eiweißträger mit einer Anzahl von Hilfsstoffen arbeiten. Die Verschiedenheit geht ohne weiteres daraus hervor, daß z. B. Pepsin alle genuinen Eiweißkörper spaltet, während die verschiedenen Eiweißarten und auch jedes artfremde Eiweiß als spezifische Antigene wirken. Enzym- und Immunreaktionen greifen also offenbar an verschiedenen Gruppen an. Gemäß ihrer Proteinnatur können Enzyme als Antigene wirken[1].

Immunisierung. Von erheblich praktischem Interesse ist die Immunisierung gegen einen Parasiten. Aktive Immunisierung erfolgt bei vielen natürlichen Erkrankungen, wobei der Körper Immunstoffe bildet, die eine spätere Erkrankung verhindern oder abschwächen.

---

[1] Eine eingehende Darstellung durch O. WESTPHAL, in NORD-WEIDENHAGEN: Siehe S. 172, Anm. 6, (S. 1129ff.).

Dieses Prinzip wendet man bei der künstlichen Immunisierung (Schutz- und Heilimpfung von JENNER 1796 zuerst bei den Pocken durchgeführt) an, um einer Erkrankung vorzubeugen. Impfstoffe aus abgetöteten oder in ihrer Wirkung abgeschwächten Erregern bezeichnet man als Vaccine, den Vorgang selbst als Vaccination.

Bei der Schutzpockenimpfung handelt es sich darum, daß man die Virulenz des Erregers durch Kultur (Passage) auf Kälbern abschwächt und die abgeschwächten Parasiten auf den Menschen überträgt. Es kommt dabei nur zu leichter Erkrankung, aber es werden genügend Schutzstoffe vom Körper gebildet, die eine spätere Erkrankung verhindern. Der Erreger ist ein kleines rundliches Gebilde von höchstens 0,2 μ Durchmesser und zweifelhafter Stellung (Virus?).

Gegen Typhus (*Bact. typhosum*, PFEIFFER und KOLLE) und Cholera (*Vibrio comma*, KOLLE) spritzt man abgetötete Bakterien ein; diese werden auf Agar gezogen, mit steriler Kochsalzlösung abgeschwemmt und bei 54 bis höchstens 56° C abgetötet. Die Aufschwemmung erhält noch einen Zusatz von 0,5% Carbol zwecks Sterilhaltung.

Gegen Tuberkulose (*Mycobact. tuberculosis*, ROBERT KOCH) gibt es noch keine Immunisierung. Doch kann Tuberkulin (ein Sammelbegriff für eine Anzahl verschiedenartig hergestellter Präparate) zum Nachweis einer Frühtuberkulose verwendet werden (Fieber bzw. lokale Entzündung beim Einspritzen bzw. Einreiben). Bei dem CALMETTE-Verfahren werden jahrelang in Rindergalle mit 0,5% Glycerin gezüchtete *Tuberkelbakterien*, die dabei sehr stark an Virulenz eingebüßt haben, *per os* eingeführt. Das in zahlreichen Ländern geübte Verfahren war in Deutschland wegen des Vorfalles in Lübeck (1930/31) in Mißkredit gekommen, jedoch handelte es sich um einen unglücklichen Zufall. Die Verabreichung an Kinder bezweckt eine vorbeugende Immunisierung.

Passive Immunisierung ist das Einbringen fertiger Schutzstoffe. Bei Diphtherie und Starrkrampf (*Corynebact. diphtheriae* bzw. *Bac. tetani*, v. BEHRING) infiziert man Pferde und spritzt das mit Schutzstoffen beladene Serum dem Menschen ein. Bei Diphtherie kann das Verfahren sowohl vorbeugend wirken wie heilend, falls die Erkrankung nicht zu weit fortgeschritten ist, bei Starrkrampf jedoch nur vorbeugend. Namentlich in Kriegszeiten hat das Starrkrampfserum bei Verwundungen zahlreichen Soldaten das Leben gerettet.

Auch Kombinationen der beiden genannten Immunisierungsarten werden angewendet: Simultanschutzimpfung, z. B. beim Schweinerotlauf (*Bact. murisepticum*, auch Erreger der Mäusesepticämie), bei Diphtherie und Milzbrand (*Bac. anthracis*, ROBERT KOCH).

Die Wirkungsdauer der oben geschilderten Impfungen ist recht verschieden; sie beträgt bei Diphtherie und Starrkrampf nur 2—3 Wochen, bei Cholera 1 Jahr, bei Pocken, Fleckfieber, Typhus mehrere Jahre, unter Umständen das ganze Leben des geimpften Individuums.

Auf die Behandlung von Infektionskrankheiten durch chemische Stoffe (Malaria, Schlafkrankheit, beide aber nicht durch Bakterien, sondern durch tierische Organismen hervorgerufen) sei hier nicht eingegangen und nur die segensreiche Wirkung des Germanins gegen die Schlafkrankheit erwähnt. Doch müssen noch die Sulfonamide (DOMAGK) erwähnt werden, unter ihnen das Prontosil und andere Präparate, mit denen man große Erfolge gegen solche parasitäre Bakterien erzielt hat, die bisher schwer zu bekämpfen waren, wie *Streptokokken*[1] bei Gelenkrheumatismus, *Pneumokokken* bei Lungenentzündung usw.; ihre Wirkung ist S. 159f. erklärt. Überhaupt dürfte die Weiterentwicklung der Chemotherapeutica noch große Fortschritte bringen[2]. Auch auf die

---

[1] Die *Streptokokken*infektion bei Scharlach kann jedoch durch passive und aktive Immunisierung bekämpft werden.

[2] Letzte Zusammenfassung: E. McCoy: Ann. Rev. Microbiol. **8**, 257 (1954).

so bedeutsam gewordenen, aus Mikroorganismen isolierten **Antibiotica** (S. 364 ff.) sei hier nochmals hingewiesen.

Virulenz. Der Erreger der Pocken ist durch **Passage** über Kälber in seiner **Virulenz** dem Menschen gegenüber stark abgeschwächt, ebenso *Tuberkelbakterien* durch bestimmte künstliche Kulturbedingungen. Diese Erscheinungen halten sich durchaus im Rahmen dessen, was S. 61 ff. über die Variabilität der Mikroorganismen gesagt wurde. Insbesondere zeigt sich hier offenbar eine direkte **Anpassung an das Substrat,** was auch in zahlreichen weiteren Fällen festgestellt wurde. Diese Beobachtungen gewinnen eine besondere Bedeutung für die Frage der **Entstehung von Seuchen** und für die Frage nach dem natürlichen **Vorkommen der Krankheitserreger**[1]. Häufig können wir Tiere als deren Träger bzw. Überträger feststellen, so beim Fleckfieber *(Rickettsia Prowazeckii) Läuse, Flöhe, Milben, Zecken,* bei der Pest *(Bact. pestis) Ratten* und *Steppenmurmeltier* (Überträger die Laus)[2]. Die leichte Übertragbarkeit zeigt der Vergleich der Größenverhältnisse von *Floh* und *Bakterien* (Abb. 160). Beim Fleckfieber ist die *Laus* am gefährlichsten, und es ist wahrscheinlich, daß sich die auf ihr vorkommende Form der Parasiten zu der besonders stark menschenpathogenen entwickelte.

Abb. 160. Vorderteil eines Flohbeines in gleicher Vergrößerung wie die dazwischenliegenden Bakterien *(Bacillus mycoides).* Vergr. 250mal. (Phot. R. MEYER.)

Ob die nicht an einen Zwischenträger gebundenen Formen des Erdbodens und des Wassers plötzlich pathogene Eigenschaften gewinnen können (*Cholerabakterien* in Wasser, *Milzbrand-* und *Starrkrampfbakterien* im Boden) oder auch nur an bestimmten Stellen in pathogener Form vorliegen [es sei auf die S. 65 f. wiedergegebene Angabe[3] verwiesen, wonach *Bac. anthracis* (Milzbrand) mit *Bac. mycoides* und *cereus* identisch sein soll] ist noch nicht bekannt. Bei Cholera scheint das Gangesdelta ein endemischer Seuchenherd zu sein, wobei aber die Frage unentschieden bleibt, warum das Bakterium gerade dort sich so gut hält. Es ist dabei zu beachten, daß nicht nur der Parasit in Frage kommt, sondern auch die Veränderlichkeit in der Anfälligkeit des gegebenenfalls infizierten Organismus eine wohl ebenso große Rolle spielt. Daß auch sonst harmlose oder gar nützliche Bakterien, wie *Bact. coli,* unter besonderen

---

[1] MARTINI, D.: Wege der Seuchen, 2. Aufl. Stuttgart: F. Enke 1943.

[2] ZINSSER, H.: Ratten, Läuse und die Weltgeschichte. Stuttgart: G. HATJE 1949.

[3] Die abfällige Bemerkung eines Rezensenten hierzu gibt dem Verf. Veranlassung, zu betonen, daß diese Meinung eindeutig als solche des zitierten Autors gekennzeichnet ist. Im übrigen dient sie doch als Beleg dafür, daß man sich Gedanken über die fraglichen Zusammenhänge gemacht hat, die in der medizinischen Mikrobiologie leider so wenig Beachtung finden. — Man vgl. hierzu die Bemerkungen in BERGEYs Systematik, S. 719.

Umständen stark pathogen werden können, wurde S. 350 bereits erwähnt, und allgemein kann jedes sonst harmlose Bakterium, etwa in die Blutbahn gelangt, zur Sepsis führen.

Rückblick auf Symbiose und Parasitismus.

Überblickt man alle Erscheinungen von Symbiose und Parasitismus, so fällt bei den tierischen Organismen auf, daß sich bei den höheren Tieren, *Wirbeltieren*, keine Symbiose entwickelt hat mit Ausnahme der sehr peripher liegenden Leuchtorgane gewisser *Fische* und des Pansengärmagens der *Wiederkäuer*, da ja die überall vorhandene Darmmikroflora kaum als fortgeschrittene Symbiose betrachtet werden kann. Demgegenüber steht die Fülle der symbiontischen Einrichtungen bei *Insekten*. Welches die Ursachen für diese gewiß recht auffallende Erscheinung sind, kann natürlich nicht entschieden werden. Doch ist zu vermuten, daß das S. 352f. nach BUCHNER erwähnte Prinzip der Spezialisation auf einseitige Nahrung für niedere Tiere allgemein ein entscheidender Faktor sein könnte. Daß *Wirbeltiere* in dieser Hinsicht günstiger gestellt sein müssen, kann ebenfalls vermutet werden. Die Funktion des Pansens stellt ja, nicht wie bei den *Insekten*, eine Nahrungsergänzung, sondern eine Nahrungsverarbeitung dar. Jedenfalls sehen wir, daß alle diese Symbiosen sich aus der natürlichen Umgebung heraus entwickelten, mit der das Tier durch die Nahrungsaufnahme in Berührung kam.

Für die höheren Pflanzen scheinen sich einige allgemeine Gesichtspunkte zu ergeben. In keinem Falle ist die Symbiose mit *Pilzen* zu einer cyclischen Symbiose fortgeschritten, da auch beim *Taumellolch* zweifellos ein vorwiegend parasitärer Charakter vorliegt, sondern das Zusammenleben bleibt entweder lokal begrenzt (Mycorrhiza) und ist dann symbiontisch, oder es entwickelt sich (wobei nicht der Einzelfall ins Auge gefaßt ist, sondern die Gesamtheit) zum ausgesprochenen Parasitismus. Das geht ganz klar daraus hervor, daß gerade die engsten Verwandten der Mycorrhizapilze, die *Basidiomycetes*, bei ihrem weiteren Eindringen in unterirdische und oberirdische Teile der Pflanze zu ausgesprochenen Parasiten, namentlich der Bäume, werden. Es gilt sogar für gewisse Einzelfälle, wie für *Armillaria mellea*, der sowohl als Mycorrhizapilz wie als Symbiont auftreten kann (S. 340). Dabei bleibt die allgemeine Stoffwechseltendenz (Verzehren des Lignins bei den Parasiten, von Humusbestandteilen, an deren Entstehung das Lignin einen besonderen Anteil hat, bei den Mycorrhizapilzen) erhalten.

Andererseits dringen die sonstigen Parasiten oberirdischer Pflanzenteile zwar bis in die generative Phase der Pflanze vor und können sogar, wie gewisse *Brandpilze*, dort ein pseudo-symbiontisches Verhalten in der Entwicklung zum cyclischen Parasitismus zeigen. Aber das parasitäre Übergewicht kann offenbar nicht endgültig gebrochen werden, und die Pseudosymbiose erstreckt sich, wie oben erwähnt, nur auf eines der beiden zur Entwicklung des Parasiten notwendigen Individuen. Ob ein tieferer Zusammenhang darin liegt, daß gerade bei *Brandpilzen* die Neigung zur Herstellung des cyclischen Parasitismus besonders stark ausgeprägt ist, also bei einer Pilzgruppe, die in die weitere Verwandtschaft der so stark zur Symbiose neigenden echten *Basidiomyceten* gehört, könnte eine verführerische Annahme sein.

Hinsichtlich der *Bakterien* liegen die Dinge wieder etwas anders, da hier ja echte Fälle cyclischer Symbiose bekannt sind. Offenbar ist, wieder im ganzen gesehen, das parasitäre Übergewicht der Bakterien nicht so stark entwickelt, daß es nicht öfters zugunsten einer Symbiose ausgeglichen werden könnte. Das entspricht ja auch der oben bereits festgestellten Tatsache, daß die allgemein verbreiteten, großen Pflanzenseuchen pilzlicher Natur sind, während Bakterienerkrankungen im allgemeinen keine derartigen Ausmaße annehmen.

Das ist das Bild, das sich nach dem augenblicklichen Stand unserer Kenntnisse etwa ergibt. Die fortschreitende Erforschung der gewiß sehr zahlreichen, bisher noch unbekannten Fälle ausgesprochen symbiontischer und parasitärer Vorkommen und der mannigfachen, meist wenig beachteten „Ansätze" zu solchen, auf die hin und wieder hingewiesen wurde (S. 320), wird zeigen müssen, ob diese Auffassung richtig ist. Eine solche Erweiterung und Vertiefung unserer Kenntnisse wird wohl später einmal die Möglichkeit bieten, die Zusammenhänge umfassender und richtiger zu sehen.

Hinweise auf zusammenfassende Literatur.

Neben den zahlreichen botanischen, biochemischen bzw. enzymologischen und medizinischen Lehr- und Handbüchern sei in Auswahl folgende Spezialliteratur ab 1900 erwähnt (hinsichtlich der Sondergebiete vgl. die betreffenden Abschnitte, z. B. Systematik, Enzyme, Mycorrhiza usw.):

FISCHER, A.: Vorlesungen über Bakterien. Jena: G. Fischer 1903.

LAFAR, F.: Handbuch der Technischen Mykologie, 2. Aufl. Jena: G. Fischer 1904 bis 1907.

BENECKE, W.: Bau und Leben der Bakterien. Leipzig u. Berlin: B. G. Teubner 1912.

BAUMGÄRTEL, TR.: Grundriß der theoretischen Bakteriologie. Berlin: Julius Springer 1924.

JANKE, A.: Allgemeine technische Mikrobiologie I. Dresden u. Leipzig: Th. Steinkopff 1924.

FUHRMANN, F.: Einführung in die Grundlagen der technischen Mykologie. Jena: G. Fischer 1926.

LIESKE, R.: Kurzes Lehrbuch der allgemeinen Bakterienkunde. Berlin: Bornträger 1926.

LÖHNIS, F.: Vorlesungen über landwirtschaftliche Bakteriologie, 2. Auf. Berlin: Bornträger 1926.

CHARPENTIER, P. G.: Les microbes. Paris: Bieder 1927.

ROSSI, G. DE: Microbiologia agraria e tecnica. Torino 1927.

TANNER, F. W.: Bacteriology. London: Chapman a. Hall 1928.

BUCHANAN, R. E., and E. J. FULMER: Physiology and Biochemistry of Bacteria. Baltimore (Md.): Williams a. Wilkins 1930.

RAHN, O.: Physiology of Bacteria. Philadelphia: Blakiston's Son 1932.

WAKSMAN, S. A.: Principles of Soil Microbiology, 2. Aufl. London: Baillière, Tindall a. Cox 1932.

RIPPEL, A.: Vorlesungen über Boden-Mikrobiologie. Berlin: Julius Springer 1933.
DUBOS, R. J.: The Bacterial Cell. Cambridge (Mass.): Harvard Univ. Press 1945.
JANKE, A.: Arbeitsmethoden der Mikrobiologie, Bd. I. Dresden u. Leipzig: Th. Steinkopff 1946.
ANDERSON, C. G.: Introduction to Bacteriological Chemistry, 2. Aufl. Baltimore: Williams a. Wilkins 1948.
PORTER, J. R.: Bacterial Chemistry and Physiology. New York: John Wiley a. Sons. London: Chapman a. Hall 1948.
FOSTER, J. W.: Chemical Activities of Fungi. New York: Academic Press, Inc. Publs. 1949.
KELLEY, F. C., and K. E. HITE: Microbiology. New York: Appleton-Century-Crofts, Inc. 1949.
STEPHENSON, M.: Bacterial Metabolism, 3. Aufl. London: Longmans, Green & Co. 1949.
PRESCOTT, S. C., u. C. G. DUNN: Industrial Microbiology, 2. Aufl. 1949.
LILLY, V. G., and H. L. BARNETT: Physiology of Fungi. New York-Toronto-London: McGraw-Hill Book Comp. 1951.
WERKMAN, C. H., and P. W. WILSON: Bacterial Physiology. New York: Acad. Press 1951.
WAKSMAN, S. A.: Soil Microbiology. New York: John Wiley u. Sons; London: Chapman u. Hall 1952.
FROBISHER, M.: Fundamentals in Microbiology, 5. Aufl. 1953.
KRUEGER, W.: Principles of Microbiology. Philadelphia u. London: W. B. Saunders 1953.
SCHUSSNIG: Handbuch der Protophytenkunde, Bd. I. Jena: G. Fischer 1953.
LAMANNA, C., u. M. F. MALETTE: Basic Bacteriology. Williams a. Wilkins Co. 1953.
SALLE, A. J.: Fundamental Principles of Bacteriology. 4. Aufl. New York-Toronto-London: McGraw-Hill Book Comp. 1954.

Ferner die folgenden periodischen Veröffentlichungen:

Annali di Microbiologia. Italien (Originale aus dem Gesamtgebiete).
Annual Review of Microbiology. USA.
Annual Review of Biochemistry. USA.
Antibiotics and Chemotherapy. USA (Originale).
Antonie van Leeuwenhoek. Holland (Originale aus dem Gesamtgebiet).
Applied Microbiology. USA (Originale).
Archiv für Mikrobiologie. Deutschland (Originale aus dem Gesamtgebiete).
Bacteriological Reviews. USA (Beilage zum Journal of Bacteriology).
Berichte über die gesamte Physiologie. Deutschland (Referate).
Berichte über die wissenschaftliche Biologie. Deutschland (Referate).
Biological Abstracts. USA (Referate).
Canadian Journal of Microbiology. Canada (Originale).
Chemisches Zentralblatt. Deutschland (Referate).
Fortschritte der Botanik. Deutschland (Botanische Sammelberichte einschl. mikrobiologischer Fragen).
Journal of Antibiotics. Ser. A (engl. Ausgabe). Japan (Originale).
The Journal of Applied Bacteriology. England (Originale und Sammelberichte).
Journal of Bacteriology. USA (Originale aus dem Gesamtgebiete).
The Journal of General Microbiology. England (Originale aus dem Gesamtgebiete).
Microbiologija, UdSSR. (Originalarbeiten).
Zentralblatt für Bakteriologie usw. Deutschland. Teil I (medizinisch, je eine Reihe mit Originalarbeiten und eine mit Referaten) und Teil II (landwirtschaftlich und allgemein; Originale und Referate zusammen).

Sachverzeichnis.

Spaltöffnungen 342, 344, 374, 383.
Spaltpilze s. *Schizomycetes.*
Spaltungsgärung 167.
Sparassis ramosa, Sparassol 365.
Spermatosphäre 349.
Spermazelle 61.
Spezialanpassungen 68, 135.
Spezialisation 374 f.
Sphaerotheca mors uvae 288.
Sphaerotilus natans 77.
Sphagnum 304, 306.
Spinnstoffe 357.
Spinulosin 41 f.
Spirilloxanthin 39, 107.
Spirillum, Spirillaceae 4, 12, 18, 25—30, 61, 73, 109, 260, 264, 317; — *amyliferum* 31, 73; — *itersonii* 203; — *jenense* 12; — *parvum* 12; — *rubrum* 12, 73, 94; — *serpens* 26, 35; — *thiospirillum* 73; — *undula* 73; — *volutans* 28, 35, 73, 94.
Spirochaeta, Sp. pallida 387.
Spirophyllum ferrugineum = *Didymohelix ferr.*
Spitzenweine 215, 219.
Sporangien, -träger 58, 80 ff., 383,
Sporen (s. a. Endo-, Aecidio-, As:o-, Basidio-, Chlamydo-, Pycno-, Teleuto- 19 f., 33, 37, 41, 47 ff., 53, 56 ff., 70 ff., 80 ff., 96, 102, 136 ff., 169, 289.
Sporenbildner 98, 102, 191, 241, 283, 342.
Sporenmutterzelle 50 f., 72.
Sporocytophaga, Sp. globulosa, myxococcoides 79, 144.
Spordinia grandis 138.
Sporotrichon 383.
Sporovibrio desulfuricans s. *Vibrio des.*
Sporozoen 92.
Spritzmittel 162, 382 f.
Sproßhefen 85 f., 347 f.
Sprossung 57, 82 f., 85 f., 87, 218, 220.
Spurenelemente 103, 308.
Squalen 35.
Stachelbeere 288.
Stalldünger 294, 300, 302.
Ställe, Keimgehalt 261.
Standortsfaktor 294 f.
Staphylococcus 52, 136; — *aureus* 157, 368 f.; — *pyogenes* = *Micrococcus pyog.*
Stärke 32, 88, 116, 215, 221, 231, 233, 235.
Starrkrampf s. *Bacillus tetani.*
Statistische Gesetze 153, 157.
Staub, Mikroflora 260 f., 283, 342.
Stearinsäure 33.
Steinbrand s. *Tilletia tritici.*
Steinkohle s. Kohle.
Steinpilz s. *Boletus edulis.*
Stemphylium 90.
Steppen, Steppenboden 284, 287, 301.
Steppenmurmeltier 389.

Stereum rugosum 196.
Sterigmen 88.
Sterile Aufzucht 342, 346, 350, 352.
Sterilisation (s. a. Desinfektion) 4, 6, 140, 143 ff., 161 ff., 317.
Sterine 35, 68.
Sternformen 23, 61, 147.
Steuerungszentrum 23.
Stickland-Reaktion 248.
Stickstoff, elementarer, Bindung 67, 71 f. 75, 102 f., 107, 123 ff., 204, 237, 259, 291, 295, 297 ff., 300, 316, 318, 321, 324 ff. 333, 339, 344 ff., 354, 360; —, Entstehung s. Denitrifikation.
Stickstoffernährung 34, 51, 87, 118 f., 121, 122 ff., 130 ff., 149, 151 f., 155 f., 160 f., 215, 226, 338 ff., 350 f., 354 ff.
Stickstoff-/Kohlenstoffverhältnis 34, 87, 121, 131, 299 ff., 338 f.
Stickstoffkreislauf 291, 295 ff.
Stickstoffoxydul 202.
Stickstoffverbindungen, Abbau 130 f., 197 ff., 240 ff.; —, heterocyclische 76, 129, 277, 303.
Stimulation 161.
Stinkmorchel s. *Phallus.*
Stockschwämmchen s. *Pholiota.*
Stofftransport bei *Pilzen* 139.
Stoffwechselprodukte (allgemeines) 37 ff. 51, 153 f., 170.
Strahlen (s. a. Elektronen-, Infrarot-, Licht-, Radium, Röntgen-, Ultraviolett-), mitogenetische 146; —, Variabilität durch 62, 64, 66, 133, 364; —, Wetterstrahlen 147.
Strahlenpilze (s. *Actinomycetes*), *Erkrankungen durch* 383.
Strahlungsdruck der Sonne 143.
Streifenkrankheit s. *Pleospora trichostoma.*
Streptidin 365 f.
Streptobacterium 70, 72, 101, 222; — *casei* 66,; — *cereale* = *Bact. delbrückii*; — *dextranicum* 228; — *plantarum* 66, 130, 134.
Streptobiosamin 365 f.
Streptococcus 52, 70, 136, 229, 350; — *allantoicus* 252; — *citrovorum* 159; — *dextranicus* 228; — *faecalis* 226, 235, 243; — *lactis* 52, 70, 141, 143, 222, 227; — *mesenteroides* 18, 70, 220, 223, 228; *pyogenes* 71.
Streptomyces 62 f., 128, 370; *Str. albus* 75; — *alni* 75, 127, 297, 333; — *aureofaciens* 75, 366; — *chrysomallus* 369; — *coelicolor* 44, 75, 224, — *Elaeagni* 75, 127, 333; — *griseus* 75, 102, 366, 368; — *nitrificans* 111; — *rimosus* 366; — *scabies* 75, 199; — *venezuelae* 366.